中国城镇水务行业年度发展报告
（2024）

Annual Report of Chinese Urban Water Utilities（2024）

中国城镇供水排水协会　主编
China Urban Water Association

中国建筑工业出版社

图书在版编目（CIP）数据

中国城镇水务行业年度发展报告. 2024 = Annual Report of Chinese Urban Water Utilities（2024）/ 中国城镇供水排水协会主编. -- 北京 ：中国建筑工业出版社，2025. 3. -- ISBN 978-7-112-30928-3

Ⅰ. TU991. 31

中国国家版本馆 CIP 数据核字第 2025JY5187 号

本报告汇集了中国城镇水务行业的年度发展情况，主要内容分为 4 篇：第 1 篇，水务行业发展概况；第 2 篇，水务行业发展大事记；第 3 篇，地方水务工作经验交流；第 4 篇，水务行业调查与研究。

本报告有助于读者全方位了解中国城镇水务行业的年度发展态势及重点工作，对行业管理、企业决策及相关研究都具有一定的参考价值和借鉴意义，可供主管城镇水务工作的各级政府部门和相关规划、设计、科研人员与管理者学习参考。

责任编辑：王美玲　于　莉

责任校对：李美娜

中国城镇水务行业年度发展报告

（2024）

Annual Report of Chinese Urban Water Utilities（2024）

中国城镇供水排水协会　主编

China Urban Water Association

*

中国建筑工业出版社出版、发行(北京海淀三里河路 9 号)

各地新华书店、建筑书店经销

北京鸿文瀚海文化传媒有限公司制版

建工社（河北）印刷有限公司印刷

*

开本：787 毫米×1092 毫米　1/16　印张：32¾　字数：597 千字

2025 年 3 月第一版　　2025 年 3 月第一次印刷

定价：**198. 00** 元

ISBN 978-7-112-30928-3

（44647）

《中国城镇水务行业年度发展报告（2024）》编审委员会

各章节主要编撰人员

章节	编者	编者单位
第1篇　水务行业发展概况		
第1章　城镇供水发展概况	张盼同[1,2]、张彬[1,2]、侯培强[1,2]、王哲[3]、沈珺[3]、顾芳[3]、高伟[3*]	1. 中国水协编辑出版委员会； 2.《给水排水》杂志社； 3. 中国水协秘书处
第2章　城镇排水发展概况	李金龙[1,2]、张彬[1,2]、夏韵[1,2]、沈珺[3]、王哲[3]、顾芳[3]、高伟[3*]	1. 中国水协编辑出版委员会； 2.《给水排水》杂志社； 3. 中国水协秘书处
第2篇　水务行业发展大事记		
第3章　行业发展大事记		
3.1　2024年国家发布的主要相关政策	沈珺、顾芳、高伟*	中国水协秘书处
3.2　2024年中国水协大事记	沈珺、顾芳、高伟*	中国水协秘书处
3.3　城镇水务行业2024年度十大新闻	沈珺、顾芳、高伟*	中国水协秘书处
3.4　中国水协2024年会	李骜、魏桂芹、高伟*	中国水协秘书处
3.5　中国水协团体标准	许晨、顾芳、高伟*	中国水协秘书处
3.6　2024年度中国水协科学技术奖获奖项目	刘亮、张晶晶、顾芳、高伟*	中国水协秘书处
3.7　中国水协科学技术成果鉴定	刘亮、张晶晶、顾芳、高伟*	中国水协秘书处
3.8　中国水协典型工程项目案例	张辰[1,2]、杨雪[1,2]、魏桂芹[3]、高伟[3*]	1. 中国水协规划设计专业委员会； 2. 上海市政工程设计研究总院（集团）有限公司； 3. 中国水协秘书处
第3篇　地方水务工作经验交流		
第4章　聚焦技能发展　培育行业工匠——合肥水务集团借力技能竞赛促进企业专业技术人才队伍建设	谢伟	合肥水务集团有限公司
第5章　以高质量党建助力城镇污水高效能治理——深圳环境水务集团以“邻利你我”理念促进沙河水质净化厂建设	张剑、黄海、潘维、胡翔、栾畅	深圳市环境水务集团有限公司

续表

章节	编者	编者单位
第6章　坚持对标改革　提升供水服务　持续优化营商环境——上海城投水务（集团）有限公司优化营商环境实践	朱煜、许梦非、鲍月全、马嘉忆	上海城投水务（集团）有限公司
第4篇　水务行业调查与研究		
第7章　贯彻落实《节约用水条例》推进城市节水高质量发展	高伟	中国水协秘书处
第8章　黄河流域水源、水质问题及对策	贾瑞宝[1]、王明泉[1]、宋艳[1]、李桂芳[1]、侯伟[1]、王永磊[2]、潘章斌[1]、陈发明[1]、胡芳[1]、辛晓东[1]、孙莉[1]、刘红[1]、顿咪娜[1]、贾钧淇[3]、林明利[3]	1. 山东省城市供排水水质监测中心； 2. 山东建筑大学； 3. 中国城市规划设计研究院
第9章　珠江流域水源、水质问题及对策	龚利民[1,2*]、汪义强[1,2]、刘丽君[1]、周娅琳[1,2]、官钰希[2]、卢小艳[2]、李一璇[2]、潘伟杰[2]、邹苏红[2]、潘博伦[2]、王莉娟[2]、赵旺[2]、范漳[2]、林立[3,5]、宁昕[3,5]、林桂全[3]、郑家荣[4]、陈诚[5]、邹康兵[5]、简颖臻[5]、巢猛[6]，胡小芳[6]、韩梅平[7]、苏宇亮[7]、陈文照[8]、胡广民[8]、黄剑明[9]、华勃[9]、胡腾一[10]、高文斌[11]、孙小燕[11]、梁坚翔[12]、刘付明[12]、罗文杰[13]、魏燕丽[13]、唐善锋[14]	1. 中国水协科学技术委员会； 2. 深圳市环境水务集团有限公司； 3. 广东省城镇供水协会； 4. 广西城镇供水排水协会； 5. 广州市自来水有限公司； 6. 东莞市水务集团供水有限公司； 7. 珠海水务环境控股集团有限公司； 8. 中山公用水务投资有限公司； 9. 佛山市水业集团有限公司； 10. 清远市供水拓展有限责任公司； 11. 惠州市供水有限公司； 12. 肇庆市水务集团有限公司； 13. 韶关市水务投资集团有限公司； 14. 国家城市供水水质监测网南宁监测站
第10章　南水北调中线受水区城市供水安全保障对策	刘锁祥[1,2]、张静[2]、杨璟[2]、何鑫[1,2]、孙迪[3]、张可欣[4]、沙净[4]、胡建坤[5]、张自力[6]、张娟[6]	1. 中国水协城市供水分会； 2. 北京市自来水集团有限责任公司； 3. 北京市水务局； 4. 郑州水务集团有限公司； 5. 天津水务集团有限公司； 6. 河北建投水务投资有限公司

续表

章节	编者	编者单位
第11章　城镇污水处理费价改革研究与展望	蒋勇[1,2*]、刘立超[1,3]、王卫君[3]、张思华[3]、徐士森[3]	1. 中国水协城市排水分会； 2. 北京城市排水集团有限责任公司； 3. 北京北排水务设计研究院有限公司
第12章　德国排水介绍（一）——德国污染控制和排水系统管理相关调研报告	赵杨[1]、赵方方[2]	1. 北京雨人润科生态技术有限责任公司； 2. 德国杜塞尔多夫排水公司
第13章　德国排水介绍（二）——德国排水系统情况介绍和启示	唐建国[1]、赵方方[2]、蔡晙雯[3]、魏源源[1]	1. 上海市城市建设设计研究总院（集团）有限公司； 2. 德国杜塞尔多夫排水公司； 3. 汩鸿（上海）环保工程设备有限公司

[*] 表示责任作者或审定人。

前　言

《中国城镇水务行业年度发展报告（2024）》总结2024年我国城镇水务行业发展现状及成果，分析行业发展特点、需求，包括四部分内容，共13章。

第1篇为水务行业发展概况，包括第1、2章。本篇依据住房城乡建设部《中国城乡建设统计年鉴》(2023)、中国水协《2023年城镇水务统计年鉴（供水）》《2023年城镇水务统计年鉴（排水）》，对全国及部分区域、流域、城市群城镇水务设施投资建设、设施状况水平、服务能力、水务企业运营与管理等进行了汇总分析。

第2篇为水务行业发展大事记，包括第3章。本篇梳理选录了2024年度中共中央、国务院及有关部委印发的涉及城镇水务行业发展相关政策文件，汇总展示了中国水协年度重要活动和主要工作成绩。

第3篇为地方水务工作经验交流，包括第4章～第6章。本篇选录了合肥水务集团有限公司、深圳市环境水务集团有限公司和上海城投水务（集团）有限公司分别在技能发展促人才队伍建设、党建助力城镇污水高效能治理和持续优化营商环境方面的工作经验和成效。

第4篇为水务行业调查与研究，包括第7章～第13章。本篇聚焦2024年度行业发展热点、难点和痛点。以城市节水、流域水源现状与应对策略为主线，收录了“贯彻落实《节约用水条例》推进城市节水高质量发展”“黄河流域水源、水质问题及对策”“珠江流域水源、水质问题及对策”“南水北调中线受水区城市供水安全保障对策”4篇研究报告；以城镇排水高质量发展为主线，收录“城镇污水处理费价改革研究与展望”“德国排水介绍（一）——德国污染控制和排水系统管理相关调研报告”“德国排水介绍（二）——德国排水系统情况介绍和启示”3篇研究报告。

附录选编了政府及中国水协印发的部分重要文件，包括《城镇水务行业设备更新推荐目录》《中国水协已发布团体标准名单》《国家发展改革委　住房城乡建设部　生态环境部　关于推进污水处理减污降碳协同增效的实施意见》（发改环资〔2023〕1714号）、《住房城乡建设部　生态环境部　国家发展改革委　财政部　市场监管总局　关于加强城市生活污水管网建设和运行维护的通知》（建城〔2024〕18号）、《节约用水条例》（国令第776号）、《国家发展改革委　水利部　工业和信息化部　住房城乡建设部　农业农村部关于加快发展节水产业的指导意见》（发改环资〔2024〕898号）、《国家发展改革委　财政部印发〈关于加力支持大规模设备更新和消费品以旧换新的若干措施〉的通知》（发改环资〔2024〕1104号）、《财政部　税务总局　水利部关于印发〈水资源税改革试点实施办法〉的通知》（财税〔2024〕28号）、《中共中央办公厅　国务院办公厅关于推进新型城市基础设施建设打造韧性城市的意见》。

《中国城镇水务行业年度发展报告（2024）》的编撰出版得到有关主管部门、地方水协、行业有关专家和企事业单位的支持，在此表示衷心的感谢。报告若有不妥之处，敬请读者批评指正，不吝赐教。

《中国城镇水务行业年度发展报告（2024）》编委会

2025年1月10日

目录

第1篇 水务行业发展概况

第2篇 水务行业发展大事记

第4篇 水务行业调查与研究

附录

第1篇　水务行业发展概况

本部分依据住房城乡建设部《中国城乡建设统计年鉴》(2023)，从城镇水务市政公用设施投资建设、设施状况水平、服务能力等方面展示城镇供水排水概况；依据中国水协《2023年城镇水务统计年鉴（供水）》，对城镇供水“经营主体”“水源与净水工艺”“水厂供水规模及水质管控”“管道、管网与漏损”“抄表到户”“年平均出厂水压力”“水价”等方面进行技术分析；依据中国水协《2023年城镇水务统计年鉴（排水）》，对城镇排水“污水处理提质增效”“企业性质”“服务人口与服务面积”“污泥处理与处置方式”等方面进行技术分析。

第 1 章　城镇供水发展概况

根据住房城乡建设部《中国城乡建设统计年鉴》(2023)，截至 2023 年底，我国城市和县城供水市政公用设施建设固定资产投资、综合生产能力、供水管道长度、年供水总量、用水人口、人均日生活用水量和供水普及率分别为 1029.26 亿元、40758.99 万 m^3/d、146.76 万 km、817.85 亿 m^3、71674.84 万人、179.01L/(人·d) 和 99.19%，较 2022 年分别增长 2.65%、增长 6.06%、增长 5.09%、增长 2.15%、增长 0.36%、增长 2.55%、增长 0.13 个百分点；我国建制镇和乡供水市政公用设施建设固定资产投资、综合生产能力、管道长度、年供水总量、用水人口、人均日生活用水量和供水普及率分别为 157.08 亿元、15484.05 万 m^3/d、76.83 万 km、164.12 亿 m^3、18412.35 万人、106.58L/(人·d) 和 90.32%，较 2022 年分别减少 2.22%、增长 0.25%、减少 7.00%、增长 1.12%、减少 0.47%、增长 1.96%、增长 0.15 个百分点。

1.1　全国城镇供水概况

1.1.1　供水市政公用设施建设固定资产投资

根据住房城乡建设部《中国城乡建设统计年鉴》(2023)，截至 2023 年底，我国城市供水市政公用设施建设固定资产投资为 756.15 亿元，较 2022 年增长 6.00%；县城供水市政公用设施建设固定资产投资为 273.11 亿元，较 2022 年减少 5.62%；建制镇供水市政公用设施建设投入 141.01 亿元，较 2022 年减少 3.22%；乡供水市政公用设施建设投入为 16.07 亿元，较 2022 年增长 7.53%。2014～2023 年我国城市和县城、建制镇和乡供水市政公用设施建设投资如图 1-1 和图 1-2 所示。

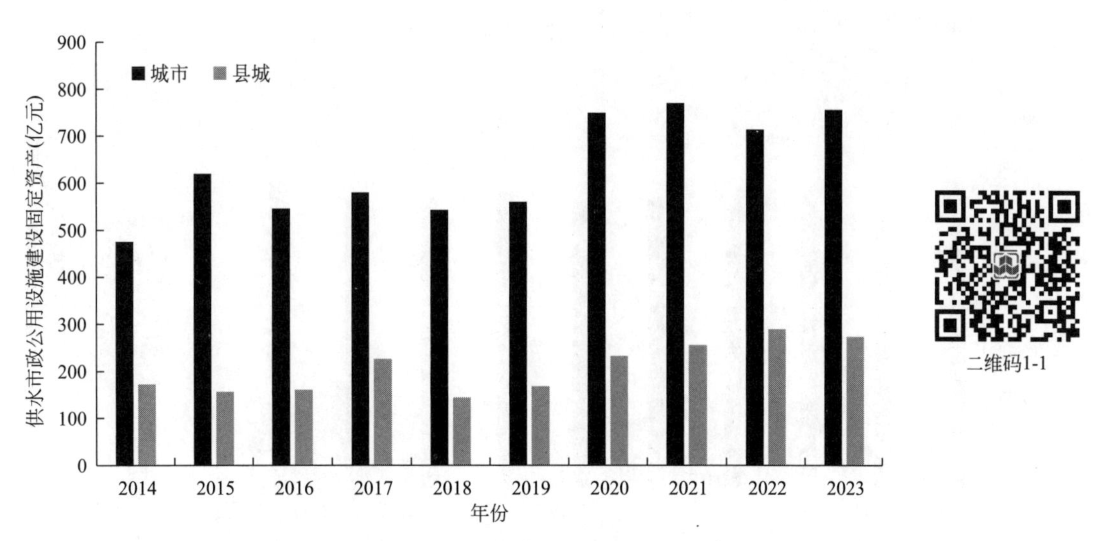

二维码1-1

图 1-1　2014～2023 年我国城市和县城供水市政公用设施建设固定资产投资变化情况

数据来源：住房城乡建设部《中国城乡建设统计年鉴》(2014～2023)。

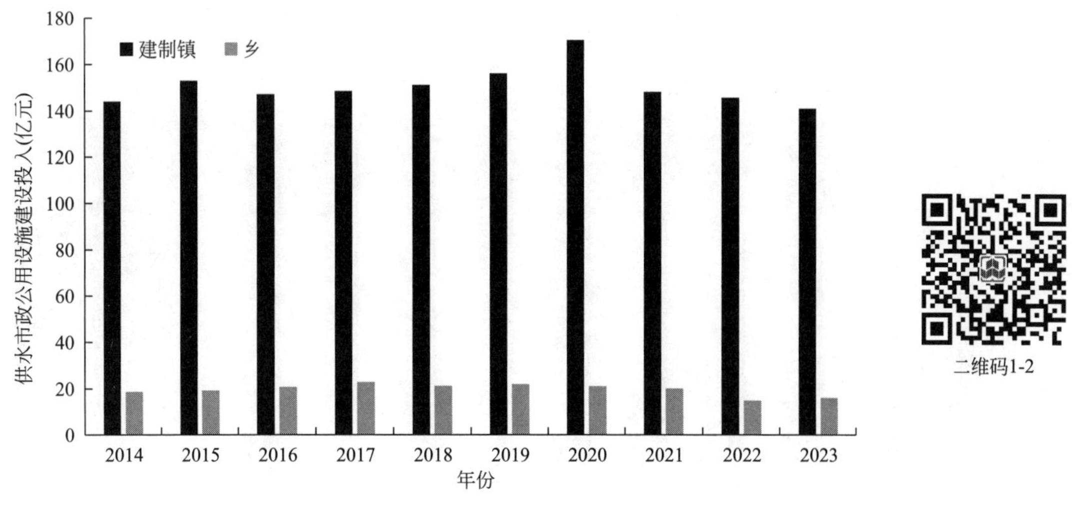

二维码1-2

图 1-2　2014～2023 年我国建制镇和乡供水市政公用设施建设投入变化情况

数据来源：住房城乡建设部《中国城乡建设统计年鉴》(2014～2023)。

1.1.2　设施状况

根据住房城乡建设部《中国城乡建设统计年鉴》(2023)，截至 2023 年底，我国城市供水综合生产能力和供水管道长度分别为 33620.99 万 m^3/d 和 115.31 万 km，较 2022 年分别增长 6.70%、增长 4.55%；县城供水综合生产能力和供水管道长度分别为 7138.00 万 m^3/d 和 31.44 万 km，较 2022 年分别增长 3.16%和增长 7.15%。2014～

2023 年我国城市和县城供水综合生产能力和供水管道长度如图 1-3 和图 1-4 所示。

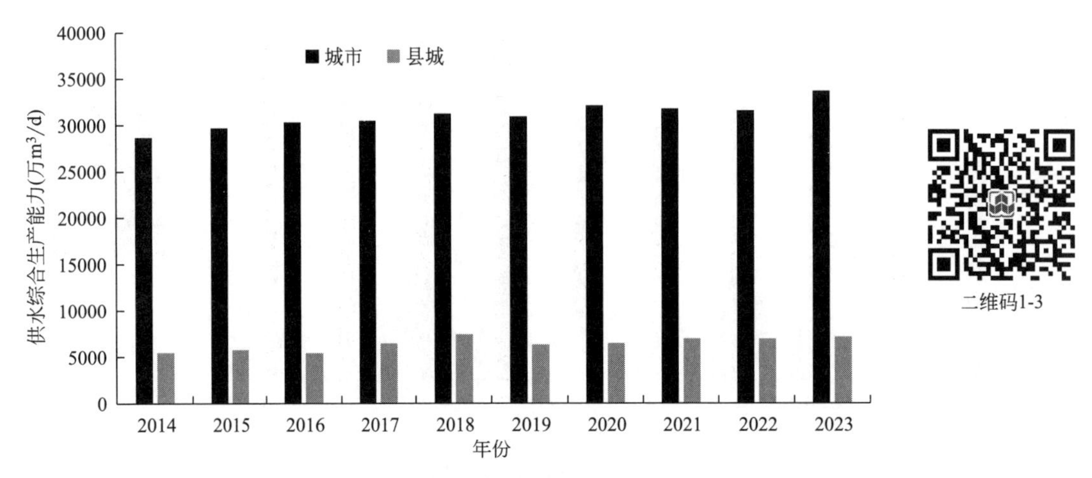

图 1-3　2014～2023 年我国城市和县城供水综合生产能力变化情况

数据来源：住房城乡建设部《中国城乡建设统计年鉴》(2014～2023)。

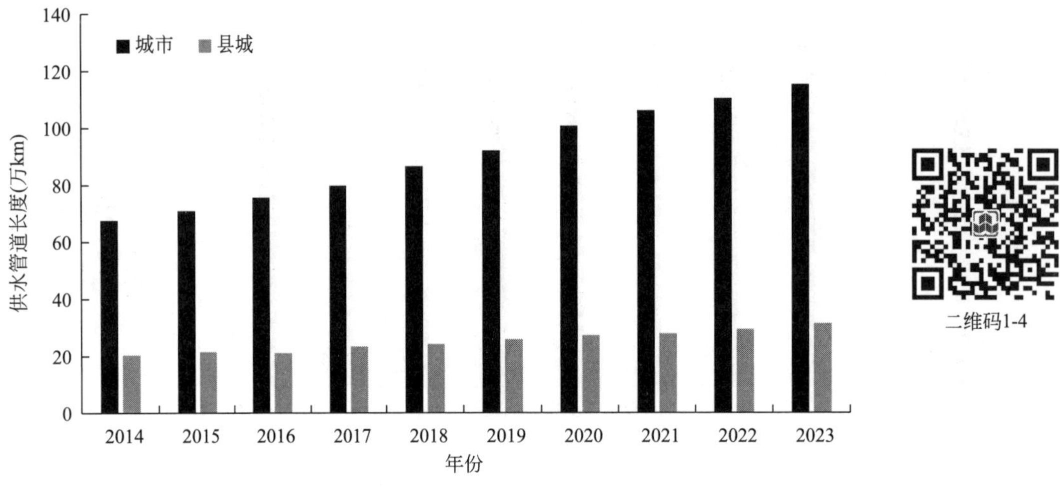

图 1-4　2014～2023 年我国城市和县城供水管道长度变化情况

数据来源：住房城乡建设部《中国城乡建设统计年鉴》(2014～2023)。

截至 2023 年底，我国建制镇供水综合生产能力和供水管道长度分别为 13774.88 万 m^3/d 和 62.87 万 km，较 2022 年分别减少 0.05%和减少 7.22%；乡供水综合生产能力和供水管道长度分别为 1709.17 万 m^3/d 和 13.96 万 km，较 2022 年分别增长 2.74%和减少 5.99%。2014～2023 年我国建制镇和乡供水综合生产能力和供水管道长度如图 1-5 和图 1-6 所示。

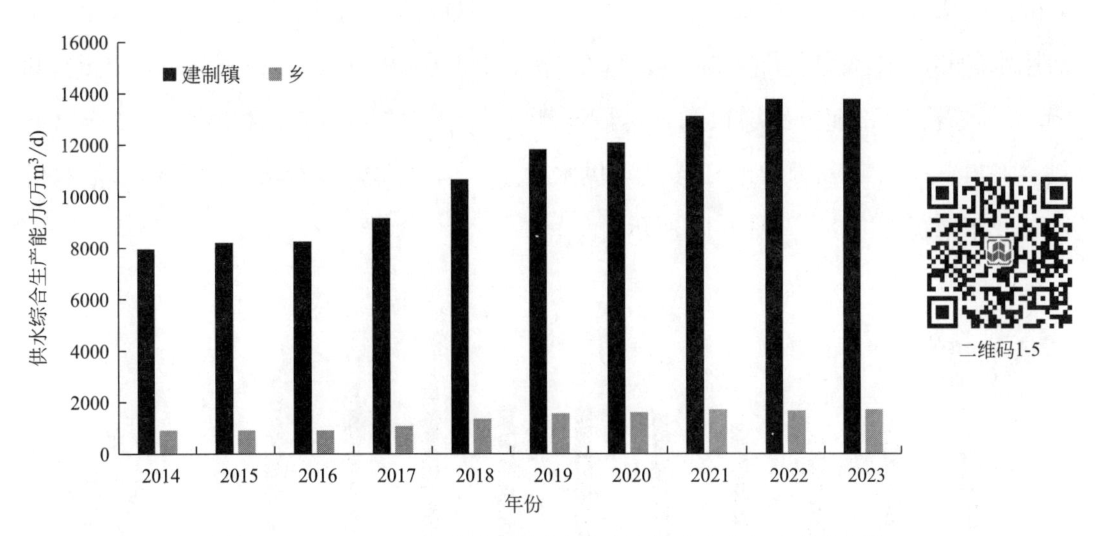

图 1-5　2014～2023 年我国建制镇和乡供水综合生产能力变化情况

数据来源：住房城乡建设部《中国城乡建设统计年鉴》(2014～2023)。

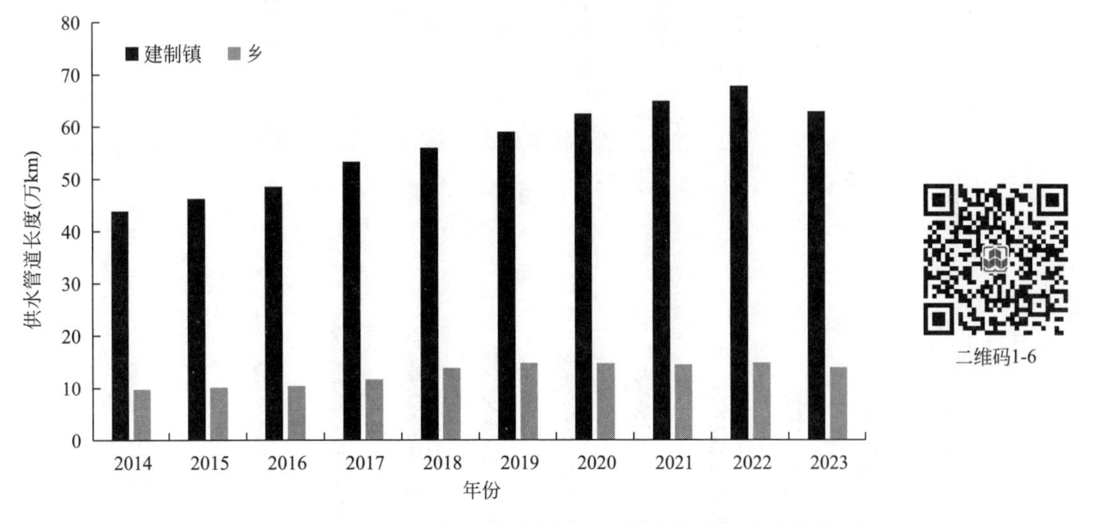

图 1-6　2014～2023 年我国建制镇和乡供水管道长度变化情况

数据来源：住房城乡建设部《中国城乡建设统计年鉴》(2014～2023)。

1.1.3　服务水平

根据住房城乡建设部《中国城乡建设统计年鉴》(2023)，截至 2023 年底，我国城市年供水总量、用水人口、人均日生活用水量和供水普及率分别为 687.56 亿 m^3、56504.65 万人、188.80L/(人・d) 和 99.43%，较 2022 年分别增长 1.95%、增长

0.65%、增长2.20%和增长0.04个百分点；县城年供水总量、用水人口、人均日生活用水量和供水普及率分别为130.29亿m^3、15170.19万人、142.53L/(人·d)和98.27%，较2022年分别增长3.25%、减少0.69%、增长3.91%和增长0.41个百分点。2014～2023年我国城市和县城年供水总量、用水人口、人均日生活用水量和供水普及率情况如图1-7～图1-10所示。

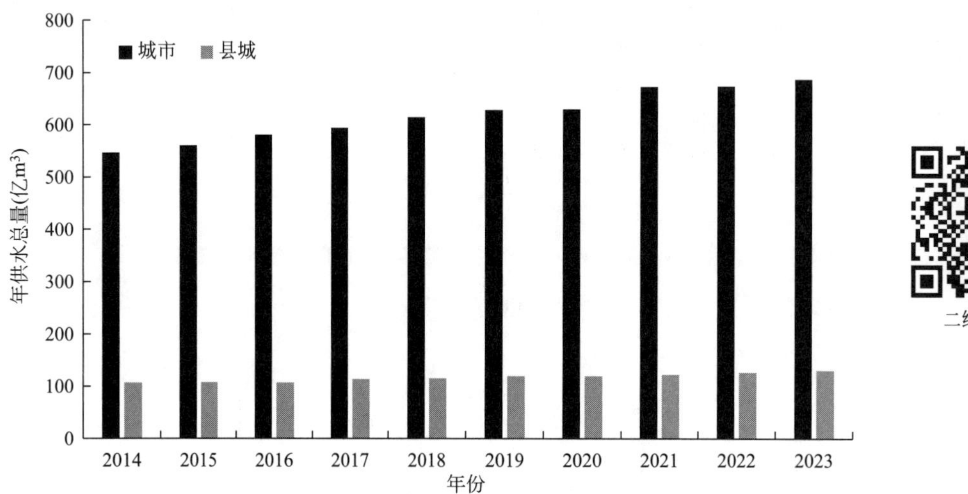

二维码1-7

图1-7　2014～2023年我国城市和县城年供水总量变化情况

数据来源：住房城乡建设部《中国城乡建设统计年鉴》(2014～2023)。

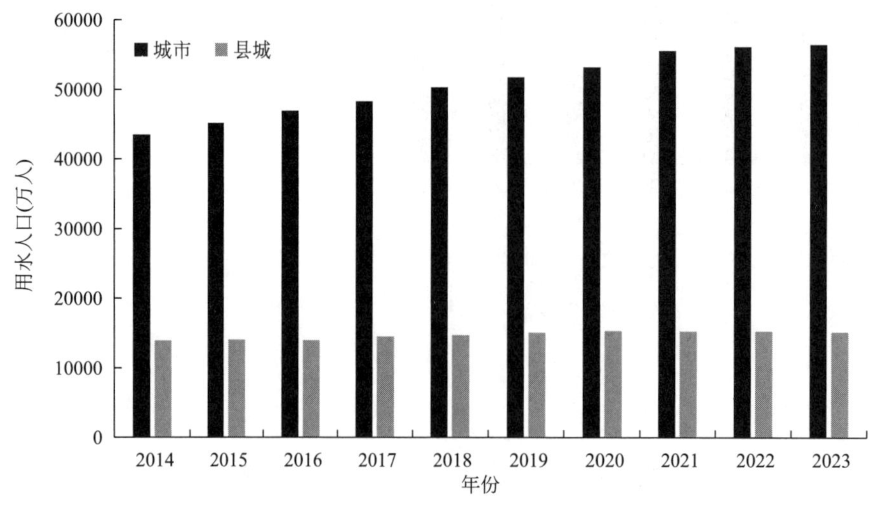

二维码1-8

图1-8　2014～2023年我国城市和县城用水人口变化情况

数据来源：住房城乡建设部《中国城乡建设统计年鉴》(2014～2023)。

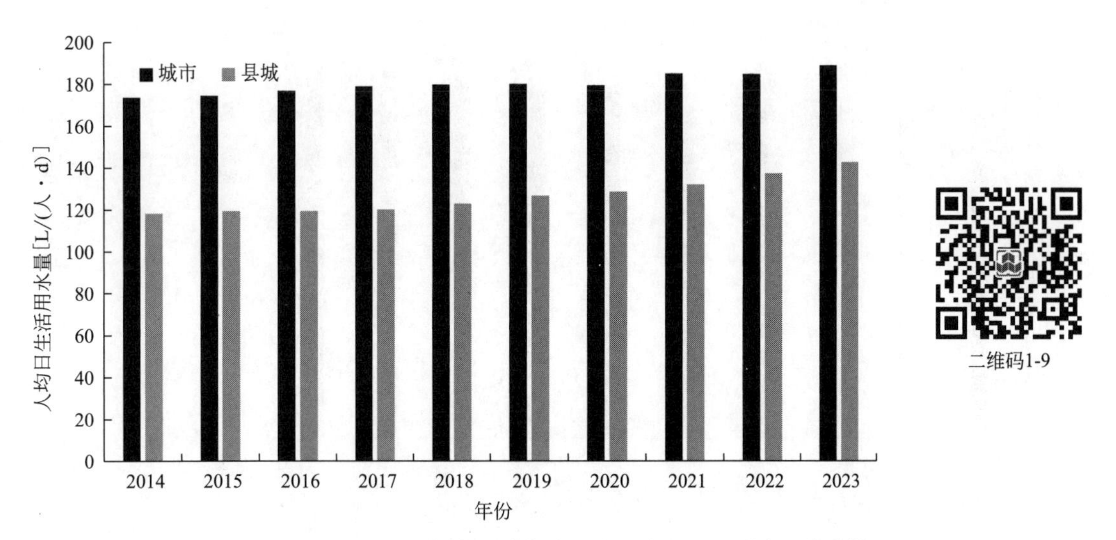

图 1-9　2014～2023 年我国城市和县城人均日生活用水量变化情况

数据来源：住房城乡建设部《中国城乡建设统计年鉴》(2014～2023)。

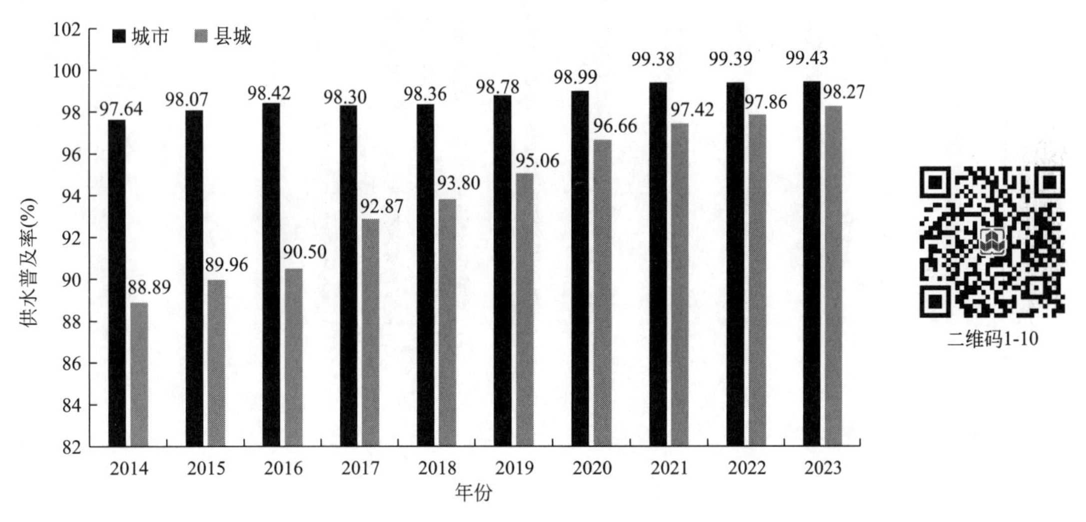

图 1-10　2014～2023 年我国城市和县城供水普及率变化情况

数据来源：住房城乡建设部《中国城乡建设统计年鉴》(2014～2023)。

截至 2023 年底，我国建制镇年供水总量、用水人口、人均日生活用水量和供水普及率分别为 151.20 亿 m^3、16700 万人、107.25L/(人·d) 和 90.79%，较 2022 年分别增长 1.14%、减少 0.60%、增长 2.10%和增长 0.03 个百分点；乡年供水总量、用水人口、人均日生活用水量和供水普及率分别为 12.92 亿 m^3、1712.35 万人、100.07L/(人·d) 和 86.01%，较 2022 年分别增长 0.97%、增长 0.73%、增长 0.61%和增长 1.31 个百分点。2014～2023 年我国建制镇和乡年供水总量、用水人口、人均日生活用水量和供水普及率情况如图 1-11～图 1-14 所示。

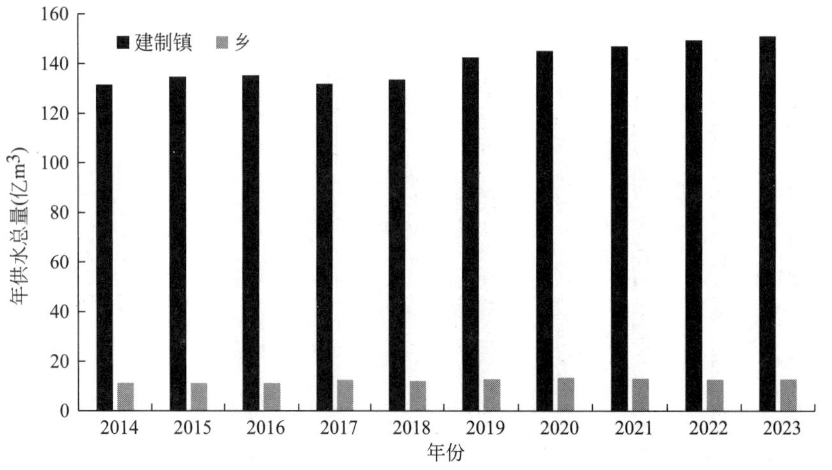

图 1-11　2014～2023 年我国建制镇和乡年供水总量变化情况

数据来源：住房城乡建设部《中国城乡建设统计年鉴》(2014～2023)。

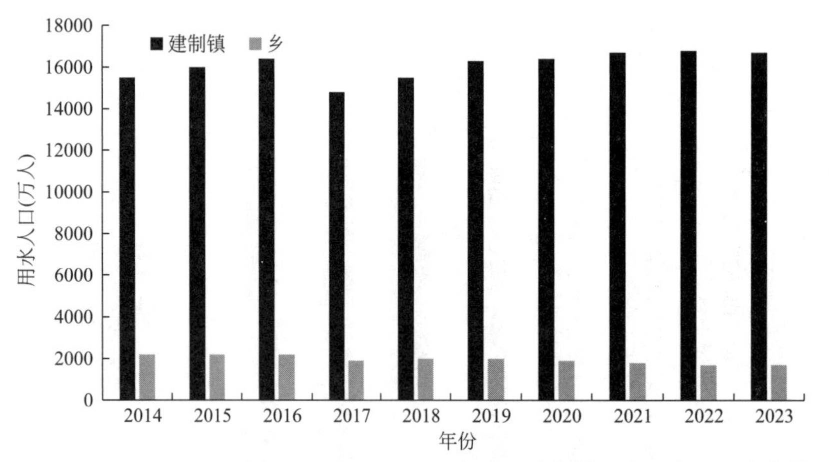

图 1-12　2014～2023 年我国建制镇和乡用水人口变化情况

数据来源：住房城乡建设部《中国城乡建设统计年鉴》(2014～2023)。

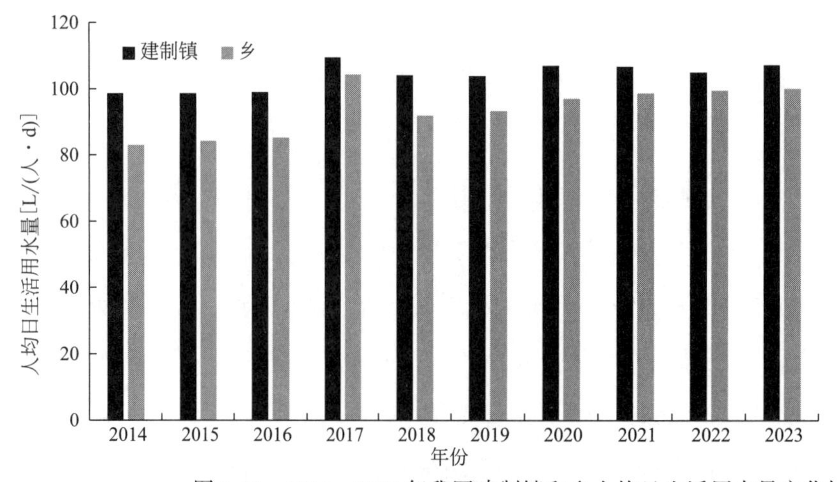

图 1-13　2014～2023 年我国建制镇和乡人均日生活用水量变化情况

数据来源：住房城乡建设部《中国城乡建设统计年鉴》(2014～2023)。

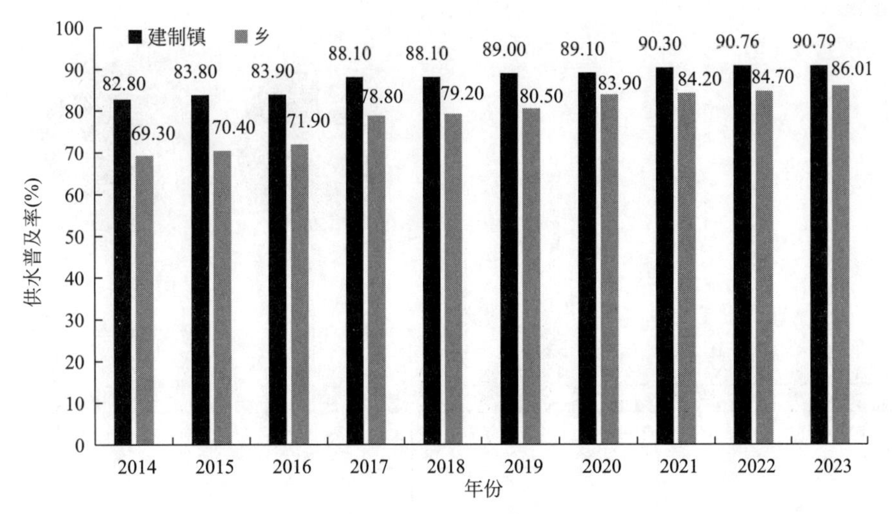

二维码1-14

图1-14 2014～2023年我国建制镇和乡供水普及率变化情况

数据来源：住房城乡建设部《中国城乡建设统计年鉴》(2014～2023)。

1.2 区域供水设施与服务

1.2.1 东中西部及31个省（自治区、直辖市）情况

1. 供水市政公用设施建设固定资产投资

根据住房城乡建设部《中国城乡建设统计年鉴》(2023)，截至2023年底，东部地区城市供水市政公用设施建设固定资产投资为379.74亿元，占全国城市总量的比例为50.22%；县城为63.35亿元，占全国县城总量的比例为23.20%。中部地区城市供水市政公用设施建设固定资产投资为213.36亿元，占全国城市总量的比例为28.22%；县城为110.12亿元，占全国县城总量的比例为40.32%。西部地区城市供水市政公用设施建设固定资产投资为163.04亿元，占全国城市总量的比例为21.56%；县城为99.63亿元，占全国县城总量的比例为36.48%。2023年我国东中西部各省（自治区、直辖市）城市和县城供水市政公用设施建设固定资产投资情况如图1-15所示。

2. 设施状况

根据住房城乡建设部《中国城乡建设统计年鉴》(2023)，截至2023年底，东部地区城市供水综合生产能力、供水管道长度分别为18991.76万m^3/d、66.85万km，占全国城市总量的比例分别为56.49%和57.98%；县城供水综合生产能力、供水管

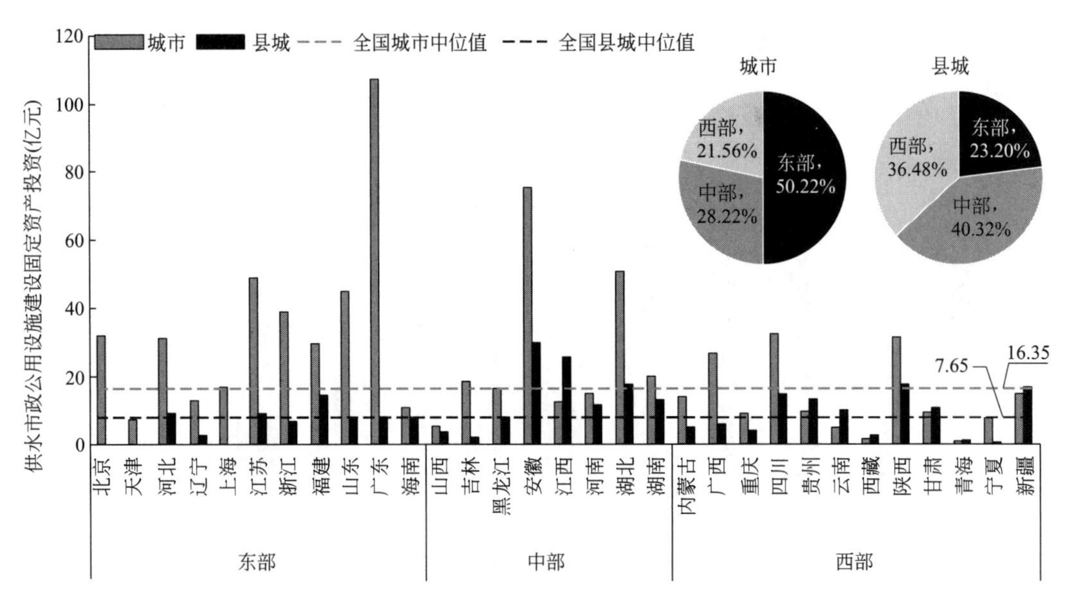

图 1-15　2023 年我国东中西部各省（自治区、直辖市）城市和县城供水市政公用设施建设固定资产投资情况

数据来源：住房城乡建设部《中国城乡建设统计年鉴》(2023)。

道长度分别为 2389.39 万 m^3/d、10.00 万 km，占全国县城总量的比例分别为 33.47%和 31.81%。

中部地区城市供水综合生产能力、供水管道长度分别为 7831.28 万 m^3/d、26.98 万 km，占全国城市总量的比例分别为 23.29%和 23.14%；县城供水综合生产能力、供水管道长度分别为 2650.19 万 m^3/d、11.51 万 km，占全国县城总量的比例分别为 37.13%和 36.62%。

西部地区城市供水综合生产能力、供水管道长度分别为 6797.95 万 m^3/d、21.77 万 km，占全国城市总量的比例分别为 20.22%和 18.88%；县城供水综合生产能力、供水管道长度分别为 2098.37 万 m^3/d、9.93 万 km，占全国县城总量的比例分别为 29.40%和 31.57%。

2023 年我国东中西部各省（自治区、直辖市）城市和县城供水综合生产能力和供水管道长度情况如图 1-16 和图 1-17 所示。

根据住房城乡建设部《中国城乡建设统计年鉴》(2023)，截至 2023 年底，东部地区城市建成区供水管道密度 18.11km/km^2，人均供水管道长度① 2.25m/人；县城建成区供水管道密度 12.93km/km^2，人均供水管道长度 2.35m/人。中部地区城市建

① 城市人均供水管道长度=城市供水管道长度/用水人口。

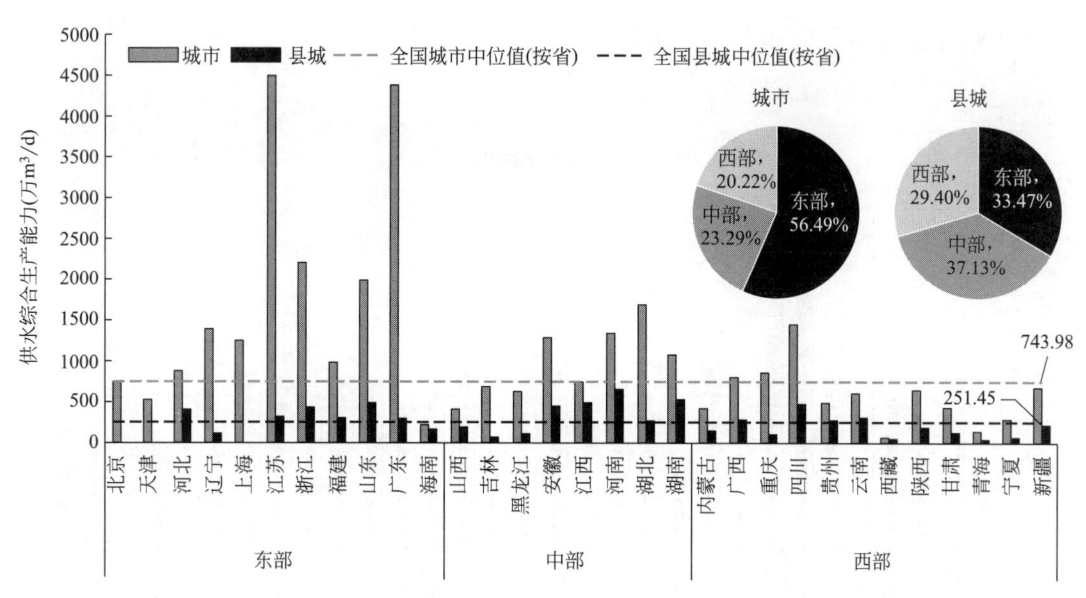

图1-16　2023年我国东中西部各省（自治区、直辖市）城市和县城供水综合生产能力情况

数据来源：住房城乡建设部《中国城乡建设统计年鉴》(2023)。

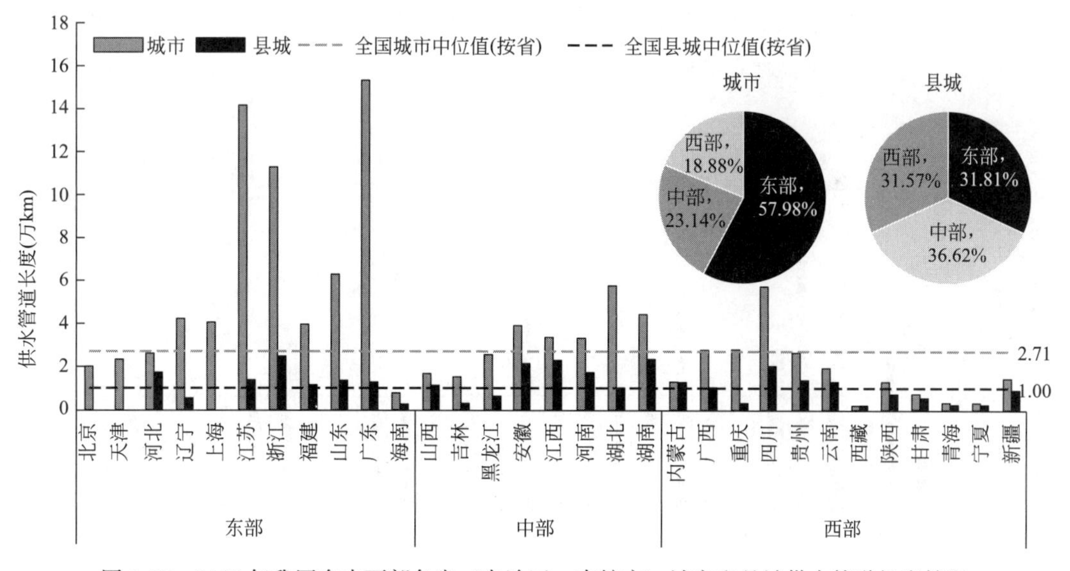

图1-17　2023年我国东中西部各省（自治区、直辖市）城市和县城供水管道长度情况

数据来源：住房城乡建设部《中国城乡建设统计年鉴》(2023)。

成区供水管道密度14.31km/km²，人均供水管道长度1.88m/人；县城建成区供水管道密度13.47km/km²，人均供水管道长度2.01m/人。西部地区城市建成区供水管道密度12.78km/km²，人均供水管道长度1.72m/人；县城建成区供水管道密度12.35km/km²，人均供水管道长度1.91m/人。

2023年我国东中西部各省（自治区、直辖市）城市和县城年建成区供水管道密度和人均供水管道长度如图 1-18 和图 1-19 所示。

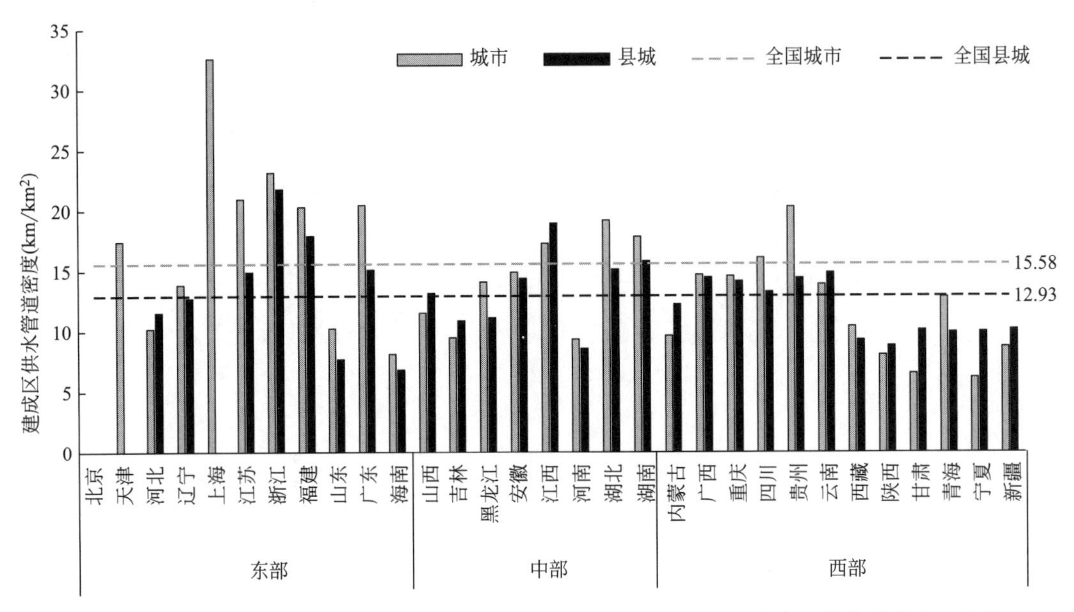

图 1-18　2023 年我国东中西部各省（自治区、直辖市）城市和县城建成区供水管道密度情况

数据来源：住房城乡建设部《中国城乡建设统计年鉴》(2023)。

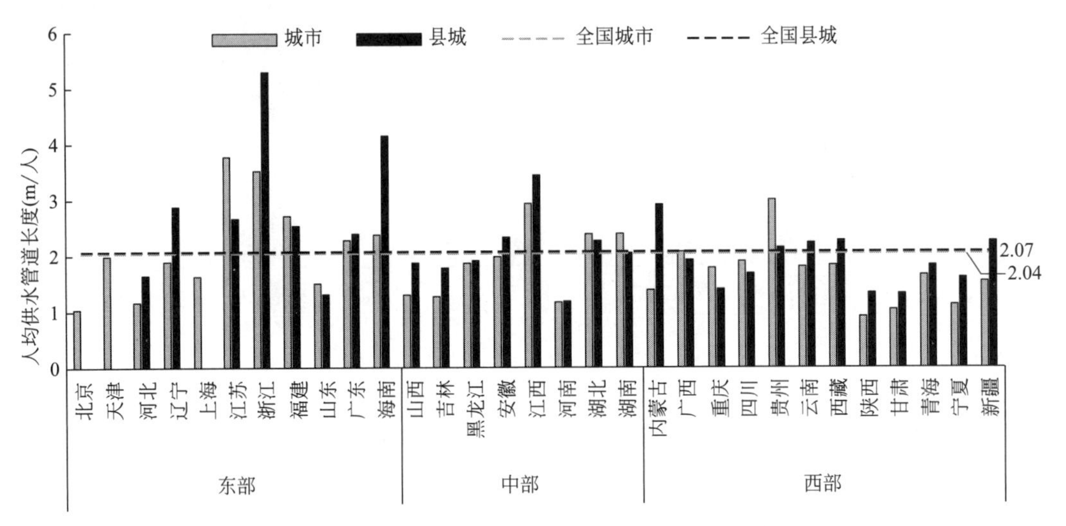

图 1-19　2023 年我国东中西部各省（自治区、直辖市）城市和县城人均供水管道长度情况

数据来源：住房城乡建设部《中国城乡建设统计年鉴》(2023)。

3. 服务水平

根据住房城乡建设部《中国城乡建设统计年鉴》(2023)，截至 2023 年底，东部地区城市年供水总量和用水人口分别为 380.16 亿 m^3 和 29658.32 万人，占全国城市总量的比例分别为55.29%、52.49%，人均日生活用水量、供水普及率分别为194.82L/(人·d)、99.72%；县城年供水总量和用水人口分别为43.54亿m^3和4248.18万人，占全国县城总量的比例分别为33.42%、28.00%，人均日生活用水量、供水普及率分别为155.14L/(人·d)、99.36%。

中部地区城市年供水总量和用水人口分别为160.94亿m^3和14185.75万人，占全国城市总量的比例分别为23.41%、25.10%，人均日生活用水量、供水普及率分别为175.37L/(人·d)、99.07%；县城年供水总量和用水人口分别为48.32亿m^3和5714.98万人，占全国县城总量的比例分别为37.09%、37.67%，人均日生活用水量、供水普及率分别为141.51L/(人·d)、97.91%。

西部地区城市年供水总量和用水人口分别为146.46亿m^3和12660.58万人，占全国城市总量的比例分别为21.30%、22.41%，人均日生活用水量、供水普及率分别为189.21L/(人·d)、99.22%；县城年供水总量和用水人口分别为38.42亿m^3和5207.03万人，占全国城县城总量的比例分别为29.49%、34.33%，人均日生活用水量、供水普及率分别为133.37L/(人·d)、97.78%。

2023年我国东中西部各省（自治区、直辖市）城市和县城年供水总量、用水人口、人均日生活用水量和供水普及率情况如图1-20～图1-23所示。

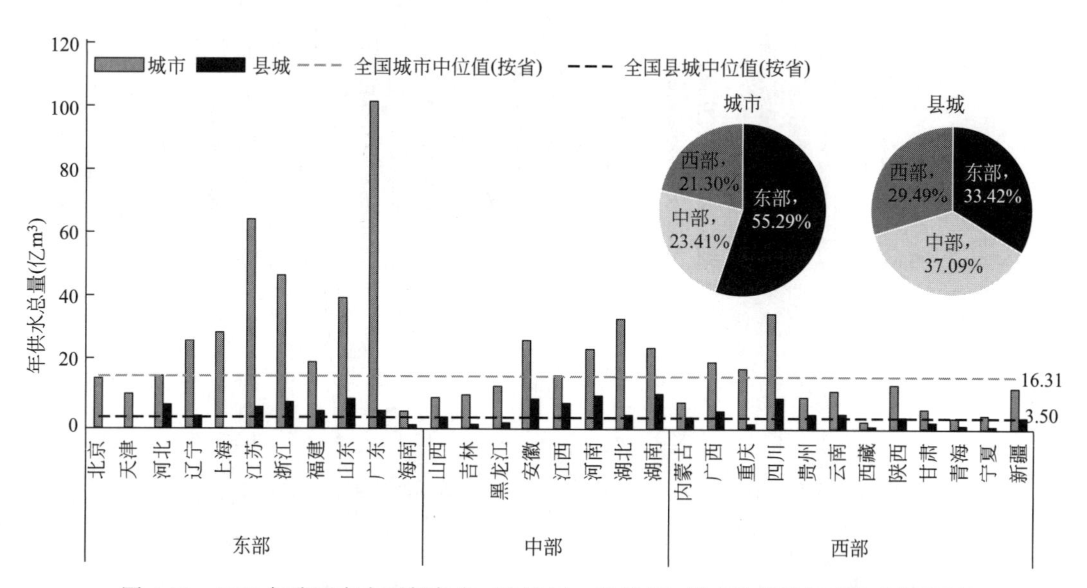

图1-20　2023年我国东中西部各省（自治区、直辖市）城市和县城年供水总量情况

数据来源：住房城乡建设部《中国城乡建设统计年鉴》(2023)。

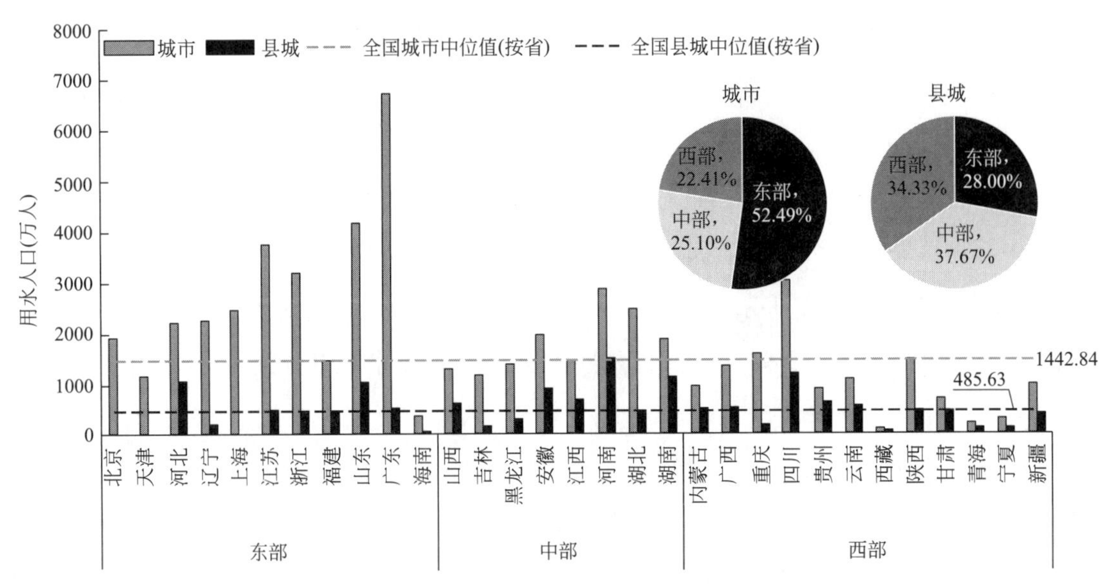

图 1-21　2023 年我国东中西部各省（自治区、直辖市）城市和县城用水人口情况

数据来源：住房城乡建设部《中国城乡建设统计年鉴》(2023)。

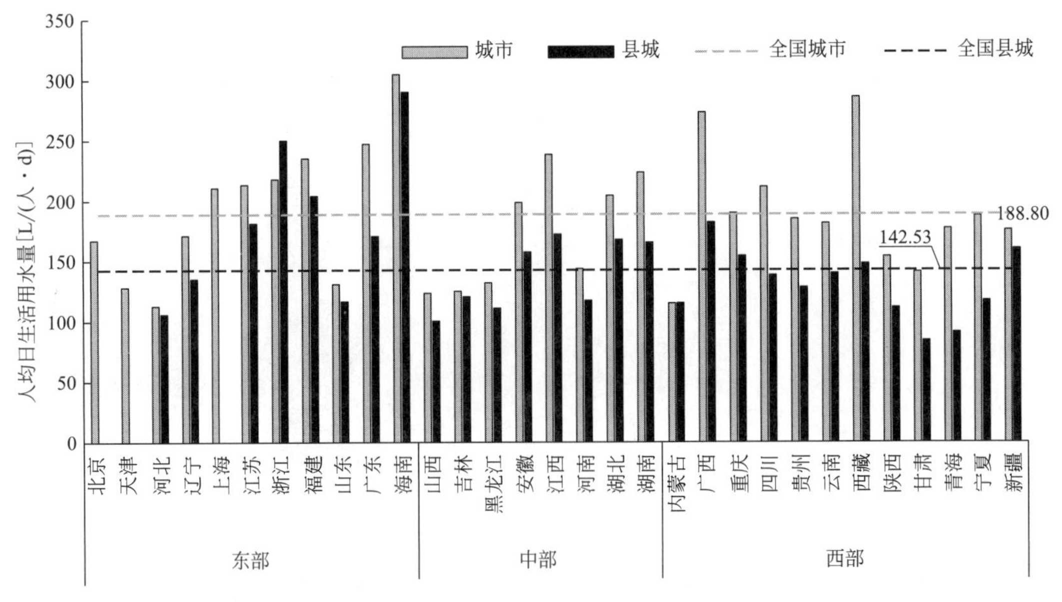

图 1-22　2023 年我国东中西部各省（自治区、直辖市）城市和县城人均日生活用水量情况

数据来源：住房城乡建设部《中国城乡建设统计年鉴》(2023)。

1.2.2　七大流域情况

我国七大流域包括长江流域、黄河流域、珠江流域、淮河流域、海河流域、松花江流域、辽河流域，本报告对七大流域城市（附录 1）供水数据进行对比分析。

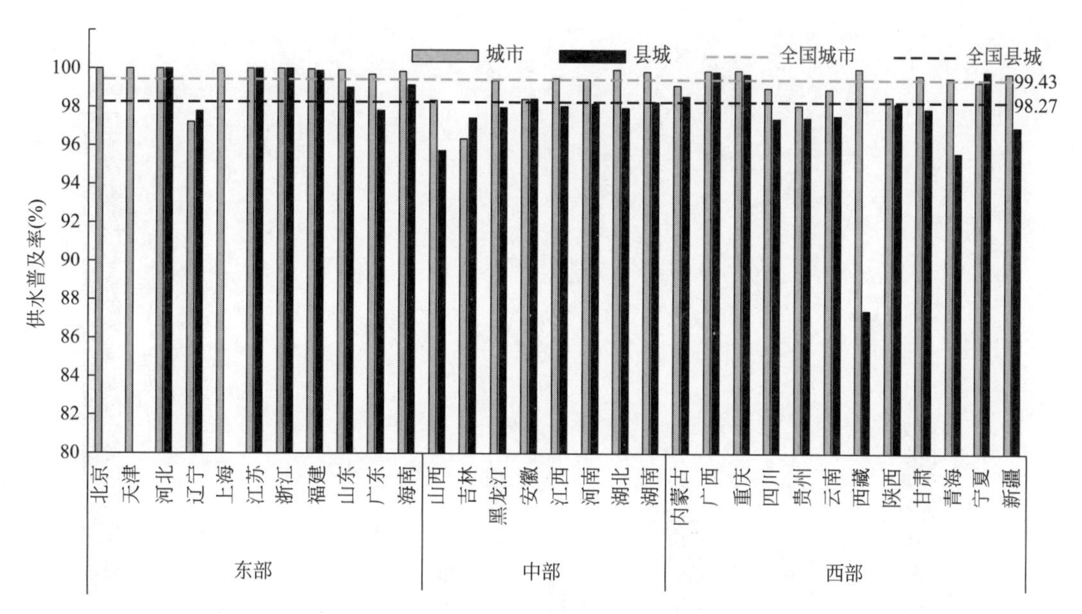

图1-23　2023年我国东中西部各省（自治区、直辖市）城市和县城供水普及率情况

数据来源：住房城乡建设部《中国城乡建设统计年鉴》（2023）。

1. 供水市政公用设施建设固定资产投资

根据住房城乡建设部《中国城市建设统计年鉴》（2023），截至2023年底，长江流域城市供水市政公用设施建设固定资产投资为258.24亿元，占全国城市总量的比例为34.15％；黄河流域为90.38亿元，占比为11.95％；珠江流域为133.70亿元，占比为17.68％；淮河流域为61.75亿元，占比为8.17％；海河流域为68.63亿元，占比为9.08％；松花江流域为29.43亿元，占比为3.89％；辽河流域为14.75亿元，占比为1.95％。2023年七大流域城市供水市政公用设施建设固定资产投资占全国城市总量的比例情况对比如图1-24所示。

2. 设施状况

根据住房城乡建设部《中国城市建设统计年鉴》（2023），截至2023年底，长江流域城市供水综合生产能力、供水管道长度分别为13242.67万m^3/d和46.88万km，占全国城市总量的比例分别为39.39％和40.66％。黄河流域城市供水综合生产能力、供水管道长度分别为2522.47万m^3/d、5.99万km，占全国城市总量的比例分别为7.50％和5.20％。珠江流域城市供水综合生产能力、供水管道长度分别为4442.84万m^3/d、15.32万km，占全国城市总量的比例分别为13.21％和13.29％。淮河流域城市供水综合生产能力、供水管道长度分别为3239.33万m^3/d、11.64万km，占全国

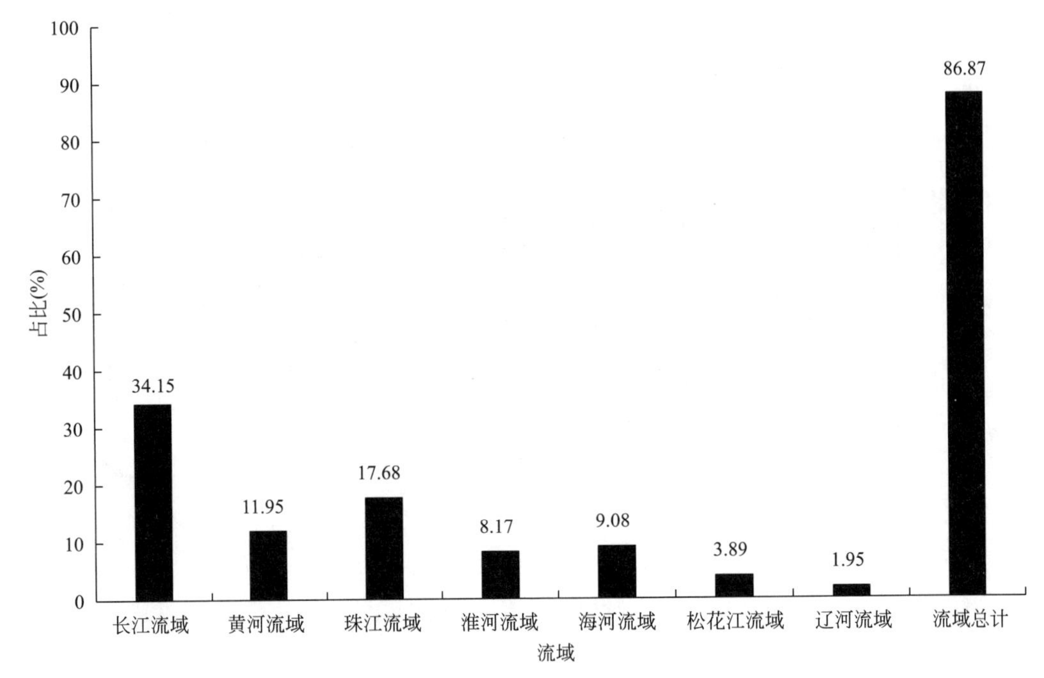

图 1-24 2023 年七大流域城市供水市政公用设施建设固定资产投资情况对比

数据来源：住房城乡建设部《中国城市建设统计年鉴》(2023)。

城市总量的比例分别为 9.63%和 10.10%。海河流域城市供水综合生产能力、供水管道长度分别为 2547.58 万 m^3/d、7.95 万 km，占全国城市总量的比例分别为 7.58%和 6.89%。松花江流域城市供水综合生产能力、供水管道长度分别为 1177.48 万 m^3/d、3.57 万 km，占全国城市总量的比例分别为 3.50%和 3.10%。辽河流域城市供水综合生产能力、供水管道长度分别为 991.65 万 m^3/d、2.66 万 km，占全国城市总量的比例分别为 2.95%和 2.31%。

2023 年七大流域城市供水综合生产能力、供水管道长度占全国城市总量的比例情况对比如图 1-25 所示。

根据住房城乡建设部《中国城市建设统计年鉴》(2023)，2023 年度，长江流域城市建成区供水管道密度、人均供水管道长度分别为 19.21km/km^2、2.41m/人；黄河流域分别为 8.75km/km^2、1.11m/人；珠江流域分别为 19.88km/km^2、2.20m/人；淮河流域分别为 13.06km/km^2、1.87m/人；海河流域分别为 12.18km/km^2、1.30m/人；松花江流域分别为 12.25km/km^2、1.58m/人；辽河流域分别为 12.04km/km^2、1.66m/人。2023 年七大流域城市建成区供水管道密度、人均供水管道长度情况对比如图 1-26 和图 1-27 所示。

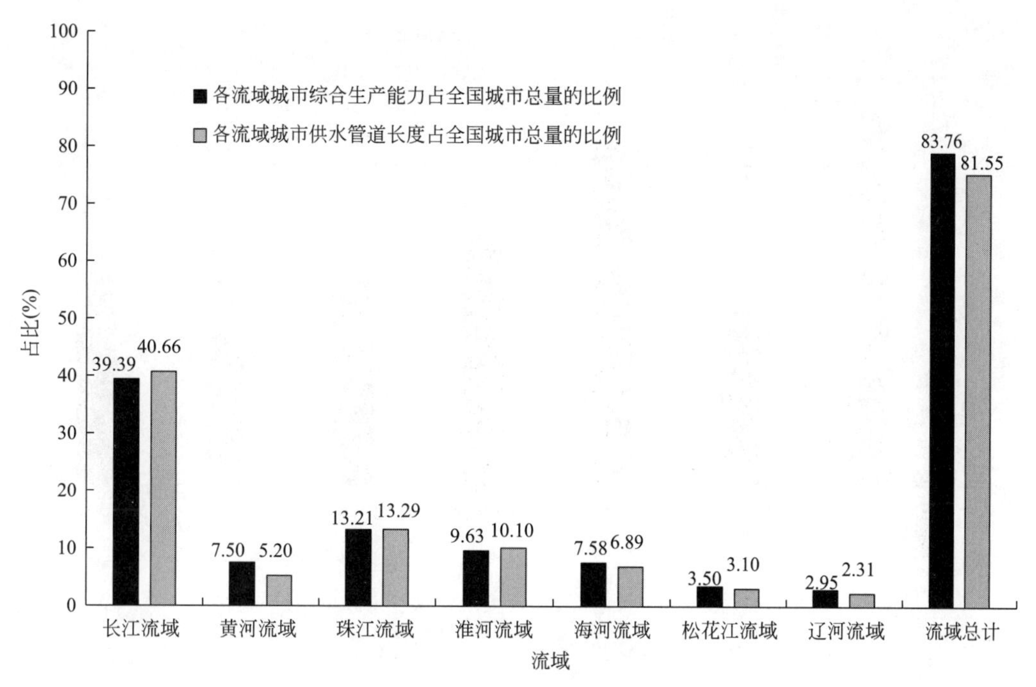

图 1-25　2023 年七大流域城市供水综合生产能力、供水管道长度占全国城市总量的比例情况对比

数据来源：住房城乡建设部《中国城市建设统计年鉴》(2023)。

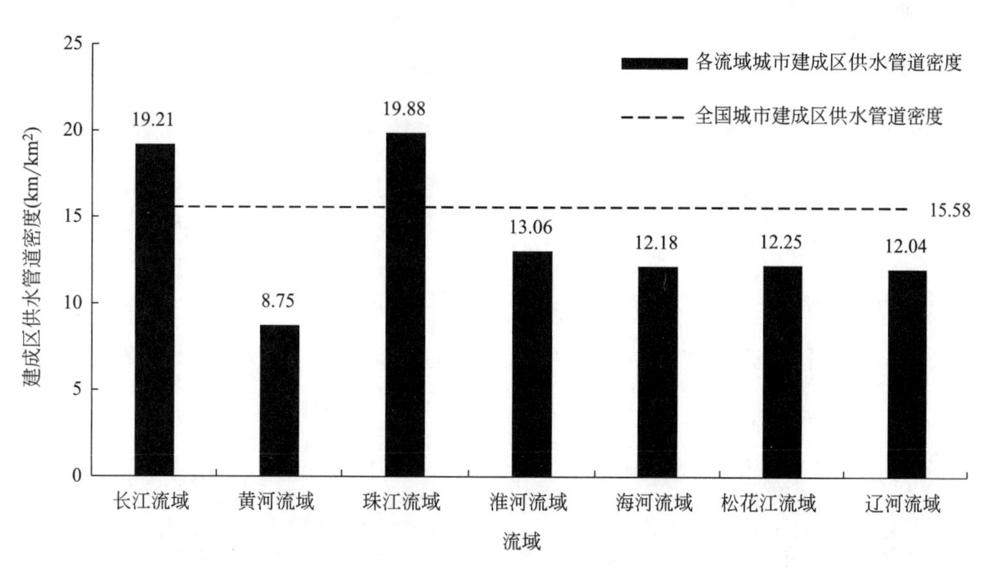

图 1-26　2023 年七大流域城市建成区供水管道密度情况对比

数据来源：住房城乡建设部《中国城市建设统计年鉴》(2023)。

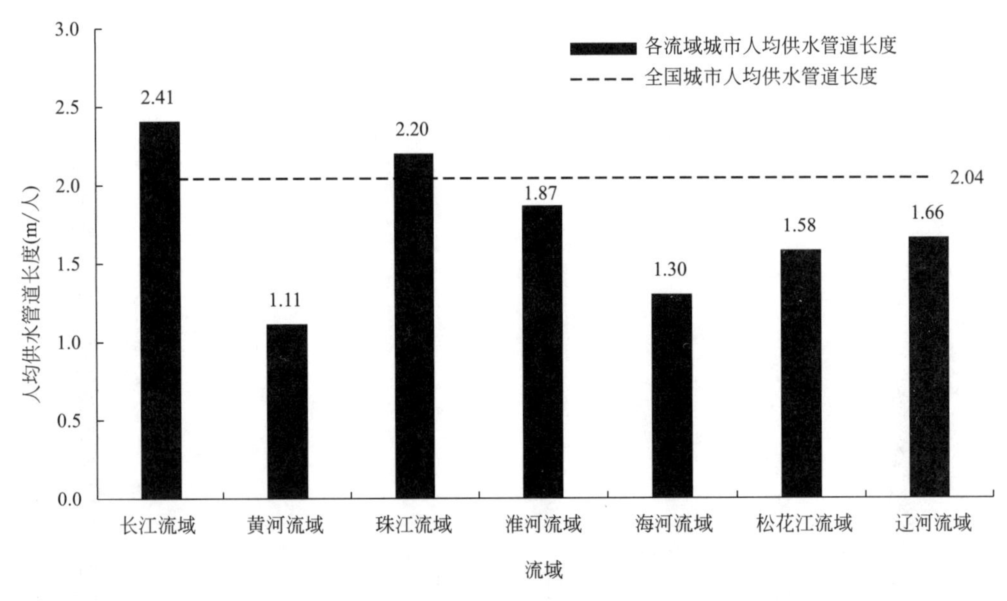

图 1-27　2023 年七大流域城市人均供水管道长度情况对比

数据来源：住房城乡建设部《中国城市建设统计年鉴》(2023)。

3. 服务水平

根据住房城乡建设部《中国城市建设统计年鉴》(2023)，2023 年度，长江流域城市年供水总量和用水人口分别为 260.73 亿 m^3 和 19465.73 万人，占全国城市总量的比例分别为 37.92%、34.45%，人均日生活用水量为 210.12L/(人・d)。

黄河流域城市年供水总量和用水人口分别为 49.04 亿 m^3 和 5375.26 万人，占全国城市总量的比例分别为 7.13%、9.51%，人均日生活用水量为 144.15L/(人・d)。

珠江流域城市年供水总量和用水人口分别为 105.32 亿 m^3 和 6963.55 万人，占全国城市总量的比例分别为 15.32%、12.32%，人均日生活用水量为 250.34L/(人・d)。

淮河流域城市年供水总量和用水人口分别为 67.53 亿 m^3 和 6232.53 万人，占全国城市总量的比例分别为 9.82%、11.03%，人均日生活用水量为 149.49L/(人・d)。

海河流域[①]城市年供水总量和用水人口分别为 49.91 亿 m^3 和 6112.70 万人，占全国城市总量的比例分别为 7.26%、10.82%，人均日生活用水量为 134.61L/(人・d)。

松花江流域城市年供水总量和用水人口分别为 21.21 亿 m^3 和 2259.67 万人，占全国城市总量的比例分别为 3.09%、4.00%，人均日生活用水量为 130.39L/(人・d)。

① 由于北京市部分数据缺失，计算建成区供水管道密度时不包含北京市。

辽河流域城市年供水总量和用水人口分别为 20.05 亿 m^3 和 1603.31 万人，占全国城市总量的比例分别为 2.92%、2.84%，人均日生活用水量为 173.10L/(人·d)。

2023 年七大流域城市年供水总量和用水人口占全国城市总量比例情况，以及人均日生活用水量情况对比如图 1-28 和图 1-29 所示。

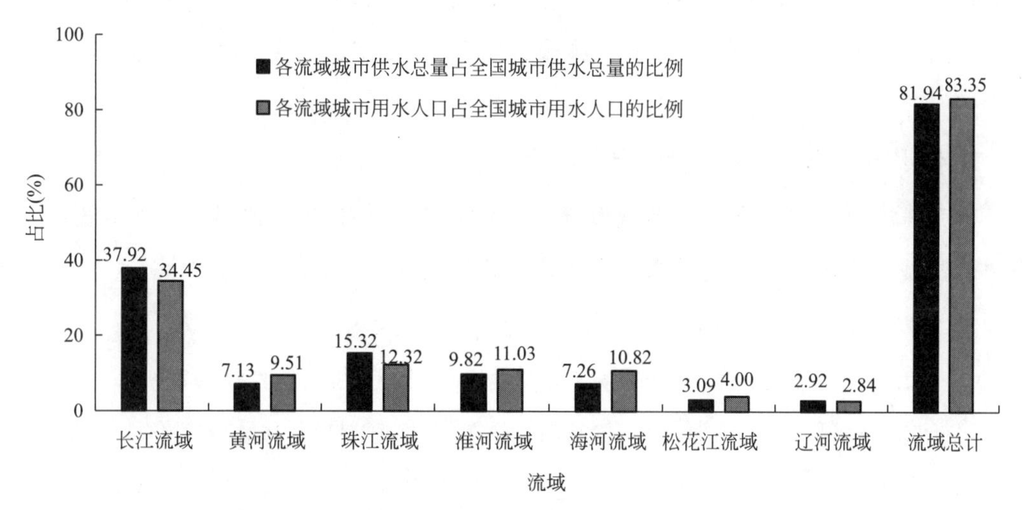

图 1-28　2023 年七大流域城市年供水总量和用水人口占全国城市总量比例情况对比

数据来源：住房城乡建设部《中国城市建设统计年鉴》(2023)。

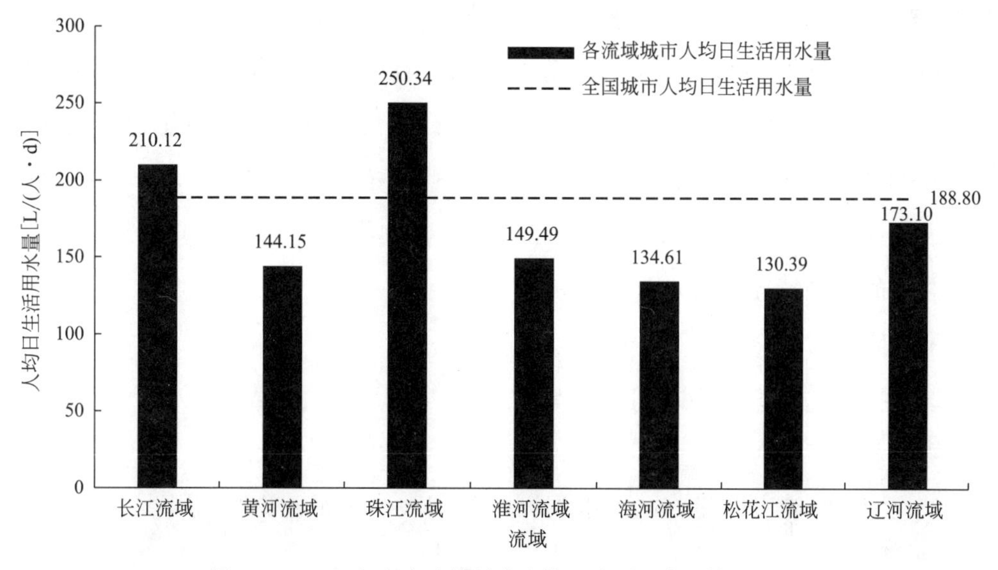

图 1-29　2023 年七大流域城市人均日生活用水量情况对比

数据来源：住房城乡建设部《中国城市建设统计年鉴》(2023)。

1.2.3 国家级城市群情况

《中华人民共和国国民经济和社会发展第十四个五年规划和2035年远景目标纲要》提出："优化提升京津冀、长三角、珠三角、成渝、长江中游等城市群，发展壮大山东半岛、粤闽浙沿海、中原、关中平原、北部湾等城市群，培育发展哈长、辽中南、山西中部、黔中、滇中、呼包鄂榆、兰州－西宁、宁夏沿黄、天山北坡等城市群。"

1. 供水市政公用设施建设固定资产投资

根据住房城乡建设部《中国城市建设统计年鉴》(2023)，截至2023年底，京津冀城市群城市供水市政公用设施建设固定资产投资为47.08亿元，占全国城市总量的比例为6.23%；长三角城市群为99.22亿元，占比为13.12%；珠三角城市群为94.79亿元，占比为12.54%；成渝城市群为36.65亿元，占比为4.85%；长江中游城市群为55.86亿元，占比为7.39%；山东半岛城市群为41.57亿元，占比为5.50%；粤闽浙沿海城市群为45.39亿元，占比为6.00%；中原城市群为31.15亿元，占比为4.12%；关中平原城市群为31.82亿元，占比为4.21%；北部湾城市群为27.71亿元，占比为3.66%；哈长城市群为14.87亿元，占比为1.97%；滇中城市群为11.36亿元，占比为1.50%；呼包鄂榆城市群为3.96亿元，占比为0.52%；兰州—西宁城市群为2.49亿元，占比为0.33%，辽中南城市群为1.40亿元，占比为0.18%；山西中部城市群为7.73亿元，占比为1.00%；黔中城市群为5.10亿元，占比为0.66%；宁夏沿黄城市群为8.00亿元，占比为1.04%；天山北坡城市群为0.26亿元，占比为0.03%。2023年19个城市群供水市政公用设施建设固定资产投资占全国城市总量的比例情况对比如图1-30所示。

2. 设施状况

2023年19个城市群供水综合生产能力、供水管道长度及占全国城市总量的比例情况见表1-1。

2023年19个城市群建成区供水管道密度和人均供水管道长度情况如图1-31和图1-32所示。

3. 服务水平

2023年19个城市群年供水总量、用水人口及占全国城市总量的比例情况见表1-2。2023年19个城市群人均日生活用水量情况如图1-33所示。

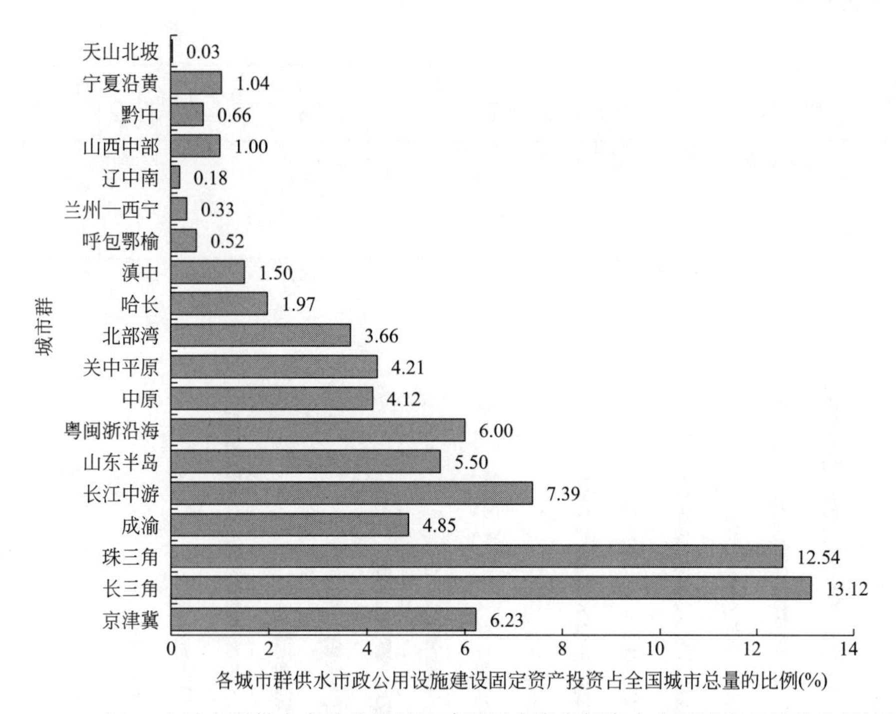

图 1-30　2023 年 19 个城市群供水市政公用设施建设固定资产投资占全国城市总量的比例情况对比

数据来源：住房城乡建设部《中国城市建设统计年鉴》(2023)。

2023 年 19 个城市群供水综合生产能力、供水管道长度及占全国城市总量的比例情况对比

表 1-1

序号	城市群	综合生产能力		供水管道长度	
		合计值(万 m^3/d)	占比(%)	合计值(万 km)	占比(%)
1	京津冀	1947.06	5.79	6.15	5.34
2	长三角	6700.36	19.93	22.84	19.84
3	珠三角	3247.04	9.66	11.27	9.78
4	成渝	1952.00	5.81	7.43	6.44
5	长江中游	2417.4	7.19	8.83	7.66
6	山东半岛	1552.72	4.62	4.92	4.26
7	粤闽浙沿海	1497.14	4.45	5.86	5.08
8	中原	1616.90	4.81	4.75	4.12
9	关中平原	554.44	1.65	1.26	1.10
10	北部湾	627.44	1.87	2.09	1.81
11	哈长	890.98	2.65	2.63	2.28
12	滇中	1116.27	3.32	3.28	2.84
13	呼包鄂榆	220.99	0.66	0.79	0.69
14	兰州—西宁	354.63	1.05	2.09	1.81
15	辽中南	424.07	1.34	1.11	1.05
16	山西中部	240.15	0.76	0.70	0.66
17	黔中	300.09	0.95	0.49	0.47

续表

序号	城市群	综合生产能力		供水管道长度	
		合计值(万 m³/d)	占比(%)	合计值(万 km)	占比(%)
18	宁夏沿黄	261.56	0.82	0.32	0.30
19	天山北坡	395.05	1.18	0.70	0.60
城市群总计		26165.29	77.82	87.15	75.58

数据来源：住房城乡建设部《中国城市建设统计年鉴》(2023)。

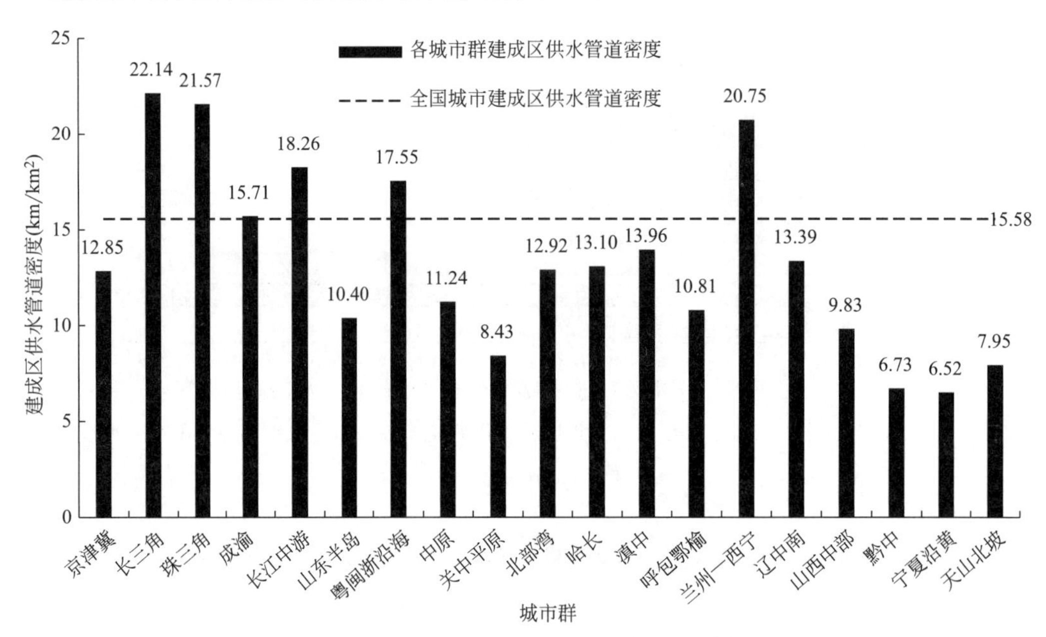

图 1-31　2023 年 19 个城市群建成区供水管道密度情况对比

数据来源：住房城乡建设部《中国城市建设统计年鉴》(2023)。

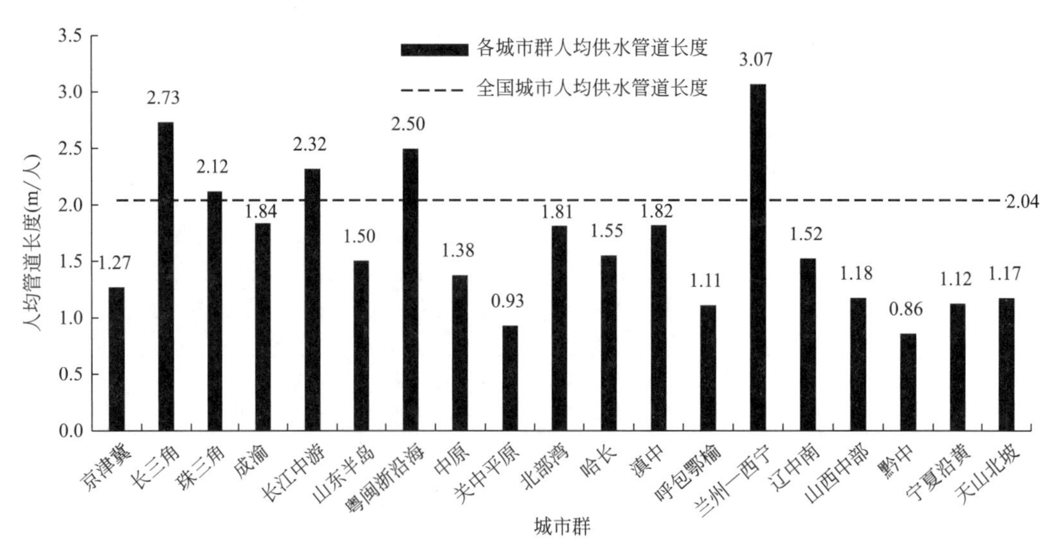

图 1-32　2023 年 19 个城市群人均供水管道长度情况对比

数据来源：住房城乡建设部《中国城市建设统计年鉴》(2023)。

2023 年 19 个城市群年供水总量、用水人口及占全国城市总量的比例情况对比　表 1-2

序号	城市群	供水总量		用水人口	
		合计值(亿 m^3)	占比(%)	合计值(万人)	占比(%)
1	京津冀	39.13	5.69	4849.00	8.58
2	长三角	125.30	18.22	8383.26	14.84
3	珠三角	80.62	11.73	5316.02	9.41
4	成渝	47.86	6.96	4042.14	7.15
5	长江中游	54.51	7.93	3811.20	6.74
6	山东半岛	31.44	4.57	3274.64	5.80
7	粤闽浙沿海	32.52	4.73	2348.83	4.16
8	中原	30.08	4.37	3450.76	6.11
9	关中平原	12.70	1.85	1359.01	2.41
10	北部湾	17.12	2.49	1151.05	2.04
11	哈长	16.85	2.45	1694.42	3.00
12	滇中	22.59	3.29	1802.48	3.19
13	呼包鄂榆	5.20	0.76	712.14	1.26
14	兰州—西宁	7.85	1.14	679.78	1.20
15	辽中南	7.98	1.16	730.14	1.29
16	山西中部	4.41	0.64	597.36	1.06
17	黔中	4.92	0.72	575.40	1.02
18	宁夏沿黄	3.86	0.56	280.74	0.50
19	天山北坡	6.72	0.98	591.86	1.05
城市群总计		548.54	79.78	45380.26	80.31

数据来源：住房城乡建设部《中国城市建设统计年鉴》(2023)。

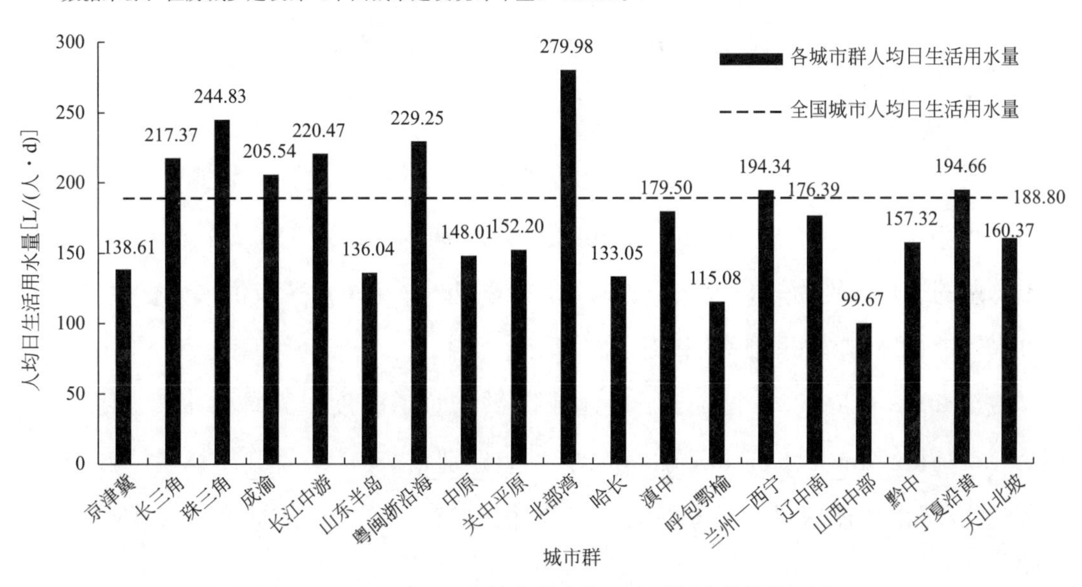

图 1-33　2023 年 19 个城市群人均日生活用水量情况对比

数据来源：住房城乡建设部《中国城市建设统计年鉴》(2023)。

1.2.4　36 个重点城市[①]情况

1. 供水市政公用设施建设固定资产投资

截至 2023 年底，36 个重点城市供水市政公用设施建设固定资产投资为 300.38 亿元，占全国城市总量的比例为 39.72%。2023 年 36 个重点城市供水市政公用设施建设固定资产投资情况如图 1-34 所示。

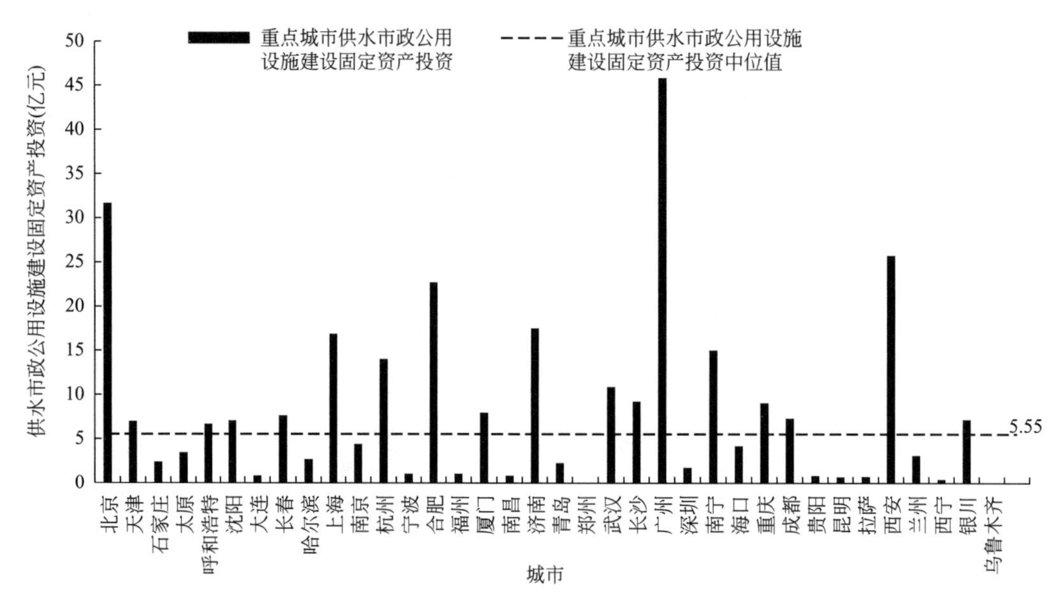

图 1-34　2023 年 36 个重点城市供水市政公用设施建设固定资产投资情况

数据来源：住房城乡建设部《中国城市建设统计年鉴》(2023)。

2. 设施状况

截至 2023 年底，36 个重点城市供水综合生产能力、供水管道长度分别为 12649.39 万 m^3/d、42.14 万 km，较 2022 年分别增长 5.41%、增长 4.36%，占全国城市总量的比例分别为 37.62%、36.54%。2023 年 36 个重点城市供水综合生产能力和供水管道长度情况如图 1-35 和图 1-36 所示。

截至 2023 年底，36 个重点城市建成区供水管道密度、人均供水管道长度分别为 16.78km/km^2、1.63m/人，较 2022 年分别增长 3.20%、1.88%。2023 年 36 个重点城市建成区供水管道密度、人均供水管道长度情况如图 1-37 和图 1-38 所示。

---

① 36 个重点城市包含 4 个直辖市、27 个省会城市、5 个计划单列市。

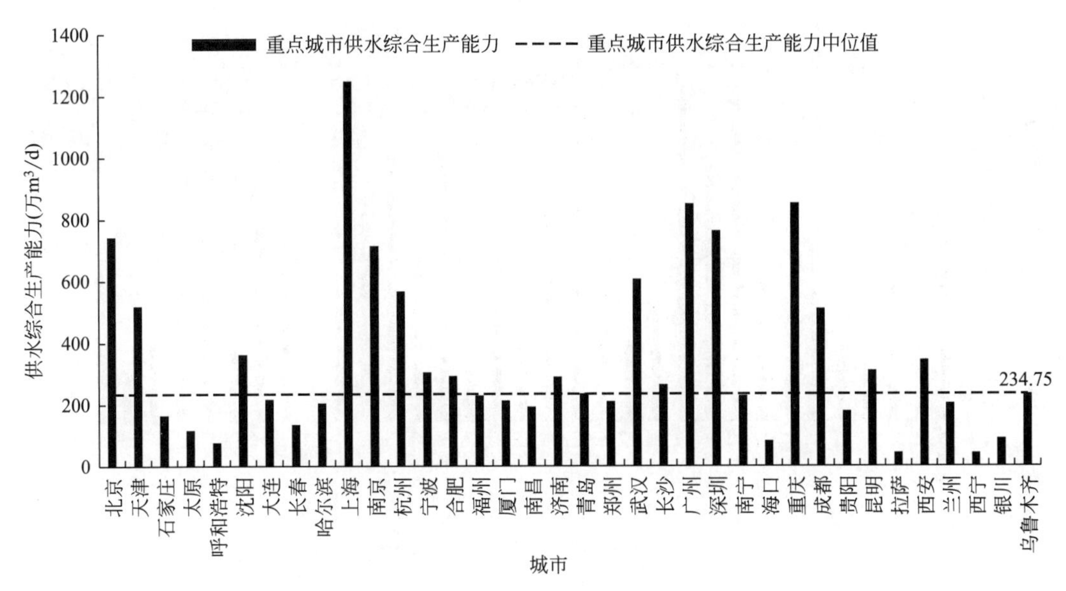

图 1-35　2023 年 36 个重点城市供水综合生产能力情况

数据来源：住房城乡建设部《中国城市建设统计年鉴》(2023)。

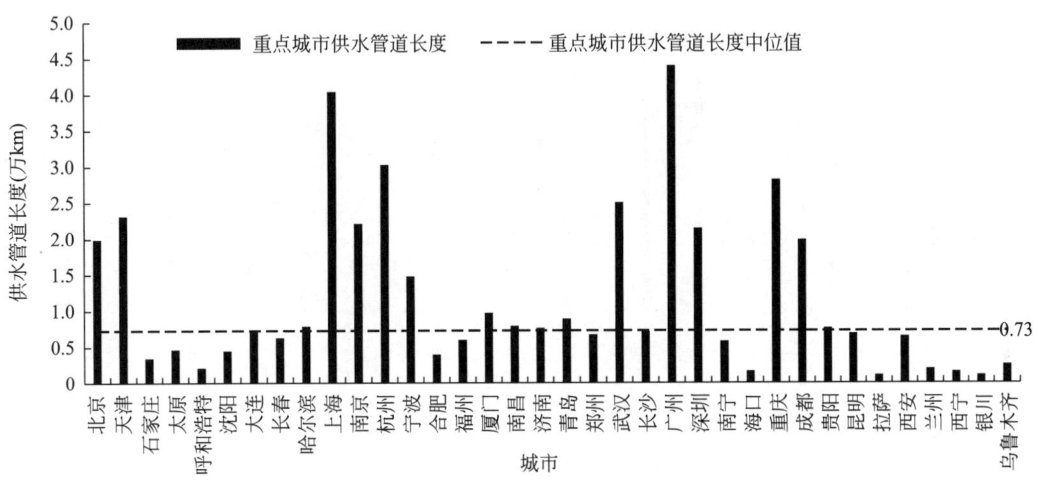

图 1-36　2023 年 36 个重点城市供水管道长度情况

数据来源：住房城乡建设部《中国城市建设统计年鉴》(2023)。

3. 服务水平

截至 2023 年底，36 个重点城市年供水总量和用水人口分别为 299.21 亿 m^3、25774.62 万人，较 2022 年分别增长 2.30%、2.72%，占全国城市总量的比例分别为 43.52%、45.62%。人均日生活用水量为 196.43L/(人・d)，较 2022 年增长 0.55%。2023 年 36 个重点城市年供水总量、用水人口、人均日生活用水量情况如图 1-39～图 1-41 所示。

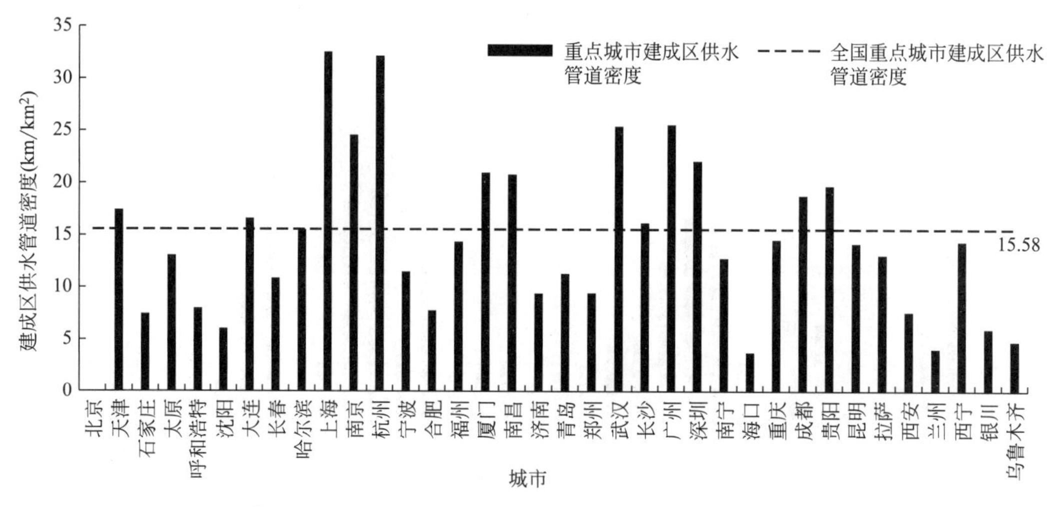

图 1-37 2023 年 36 个重点城市建成区供水管道密度情况

数据来源：住房城乡建设部《中国城市建设统计年鉴》(2023)。

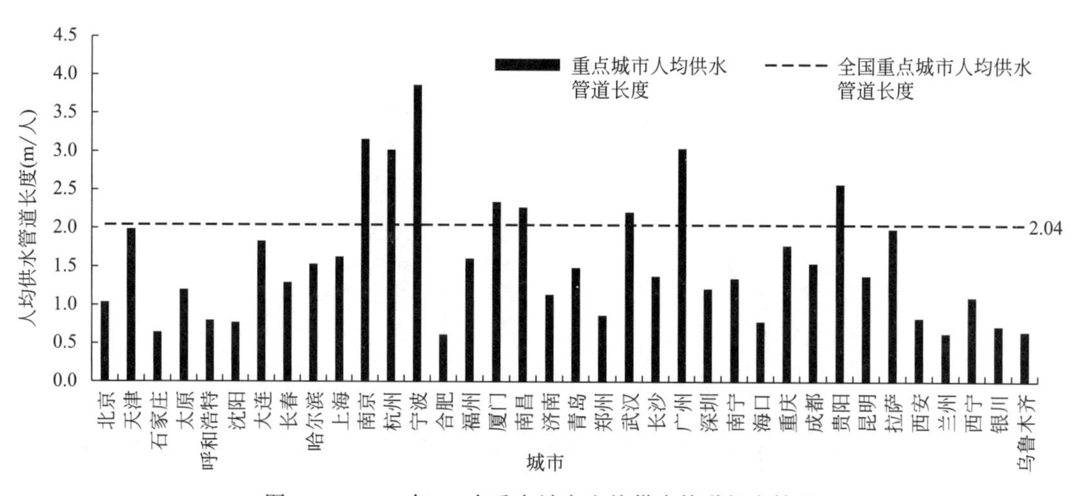

图 1-38 2023 年 36 个重点城市人均供水管道长度情况

数据来源：住房城乡建设部《中国城市建设统计年鉴》(2023)。

1.2.5 五类城市规模情况

根据《国务院关于调整城市规模划分标准的通知》，以城区常住人口为统计口径，将城市划分为五类，分别是城区常住人口 50 万人[①]以下的城市为小城市，城区常住人口 50 万人以上 100 万人以下的城市为中等城市，城区常住人口 100 万人以上 500 万人以下的城市为大城市，城区常住人口 500 万人以上 1000 万人以下的城市为特大城

① 以上包括本数，以下不包括本数。

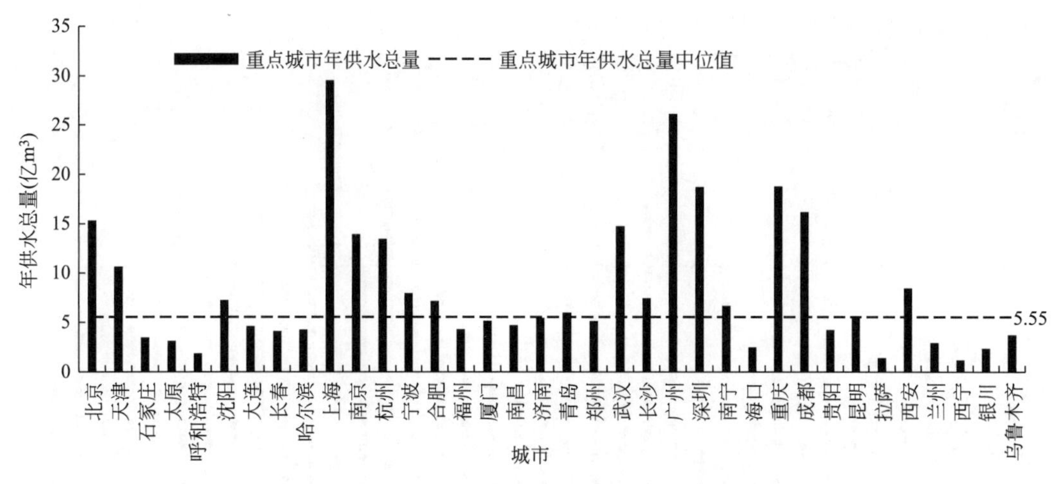

图 1-39　2023 年 36 个重点城市年供水总量情况

数据来源：住房城乡建设部《中国城市建设统计年鉴》(2023)。

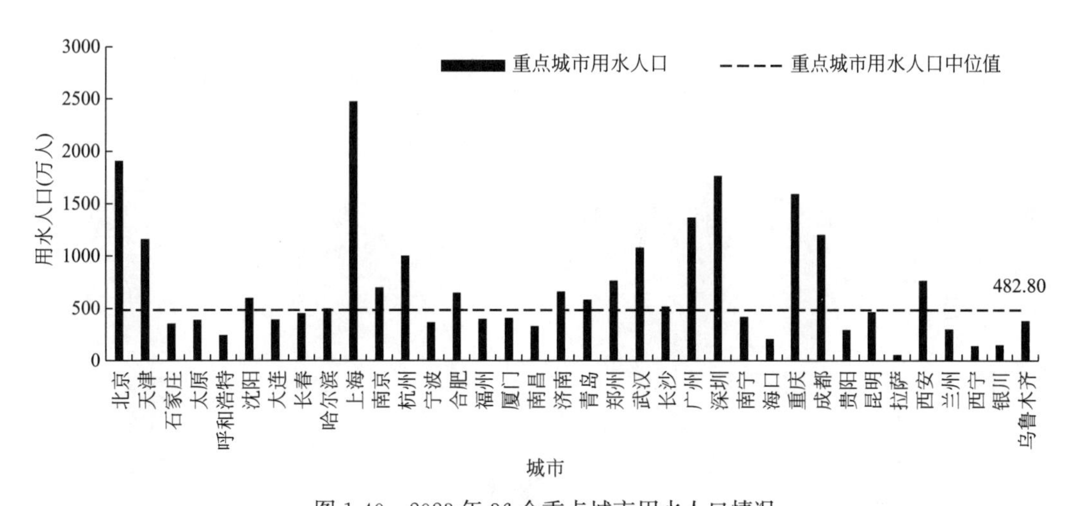

图 1-40　2023 年 36 个重点城市用水人口情况

数据来源：住房城乡建设部《中国城市建设统计年鉴》(2023)。

市，城区常住人口 1000 万人以上的城市为超大城市。

1. 供水市政公用设施建设固定资产投资

根据住房城乡建设部《中国城市建设统计年鉴》(2023)，截至 2023 年底，常住人口在 1000 万人（含）以上城市供水市政公用设施建设固定资产投资为 177.21 亿元，占全国城市总量的比例为 23.44%；常住人口在 500 万（含）～1000 万人城市为 104.18 亿元，占比为 13.78%；常住人口在 100 万（含）～500 万人城市为 161.91 亿元，占比为 21.41%；常住人口在 50 万（含）～100 万人城市为 95.31 亿元，占比为 12.60%；常住人口在 50 万人以下城市为 217.53 亿元，占比为 28.77%。2023 年五

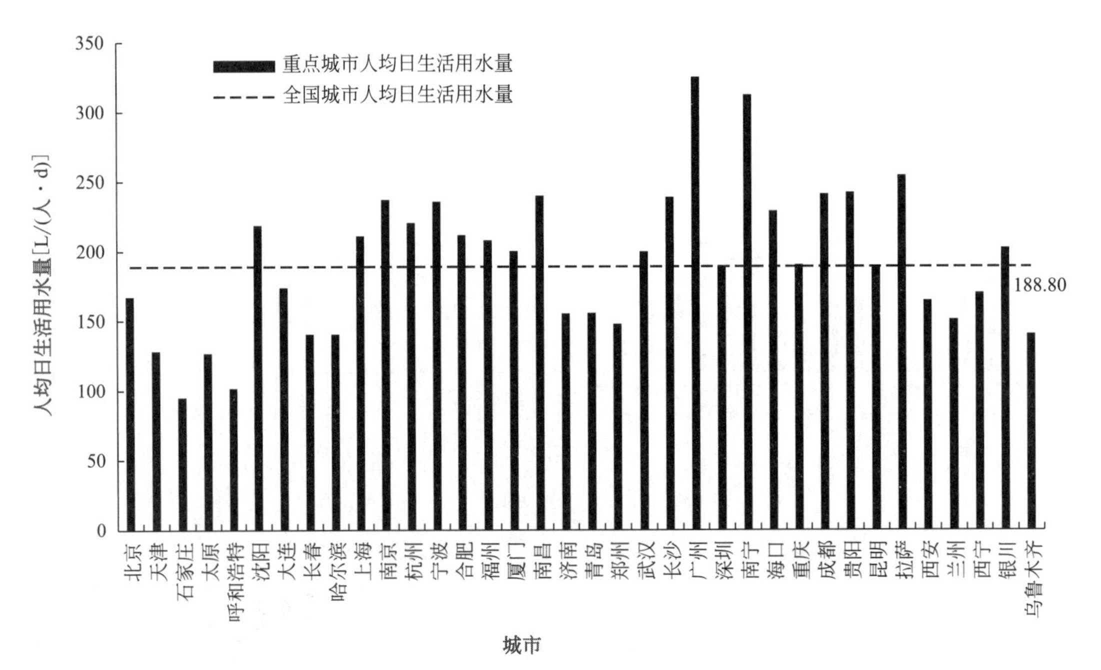

图 1-41　2023 年 36 个重点城市人均日生活用水量情况

数据来源：住房城乡建设部《中国城市建设统计年鉴》(2023)。

类城市规模城市供水市政公用设施建设固定资产投资占全国城市总量的比例情况对比如图 1-42 所示。

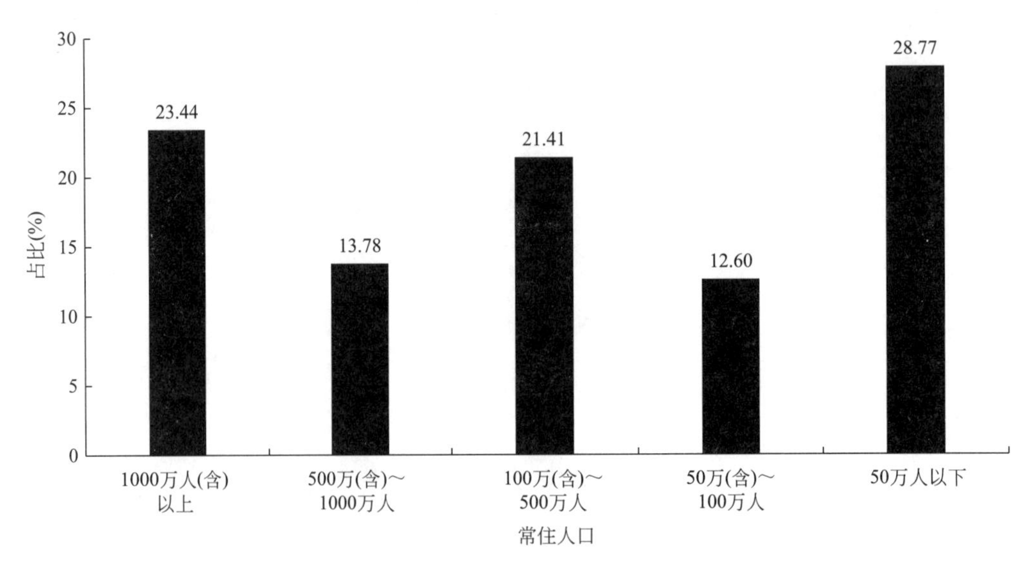

图 1-42　2023 年五类城市规模城市供水市政公用设施建设固定资产投资占全国城市总量的比例情况对比

数据来源：住房城乡建设部《中国城市建设统计年鉴》(2023)。

2. 设施状况

根据住房城乡建设部《中国城市建设统计年鉴》(2023)，截至 2023 年底，常住人口在 1000 万人（含）以上城市供水综合生产能力、供水管道长度分别为 7317.80 万 m^3/d、27.62 万 km，占全国城市总量的比例分别为 21.77%、23.95%；常住人口在 500 万（含）～1000 万人城市供水综合生产能力、供水管道长度分别为 3976.62 万 m^3/d、10.42 万 km，占全国城市总量的比例分别为 11.83%、9.03%；常住人口在 100 万（含）～500 万人城市供水综合生产能力、供水管道长度分别为 9728.75 万 m^3/d、31.87 万 km，占全国城市总量的比例分别为 28.94%、27.64%；常住人口在 50 万（含）～100 万人城市供水综合生产能力、供水管道长度分别为 5719.85 万 m^3/d、19.44 万 km，占全国城市总量的比例分别为 17.01%、16.86%；常住人口在 50 万人以下城市供水综合生产能力、供水管道长度分别为 6877.97 万 m^3/d、25.96 万 km，占全国城市总量的比例分别为 20.46%、22.51%。

2023 年五类城市规模城市供水综合生产能力、供水管道长度占全国城市总量的比例情况对比如图 1-43 所示。

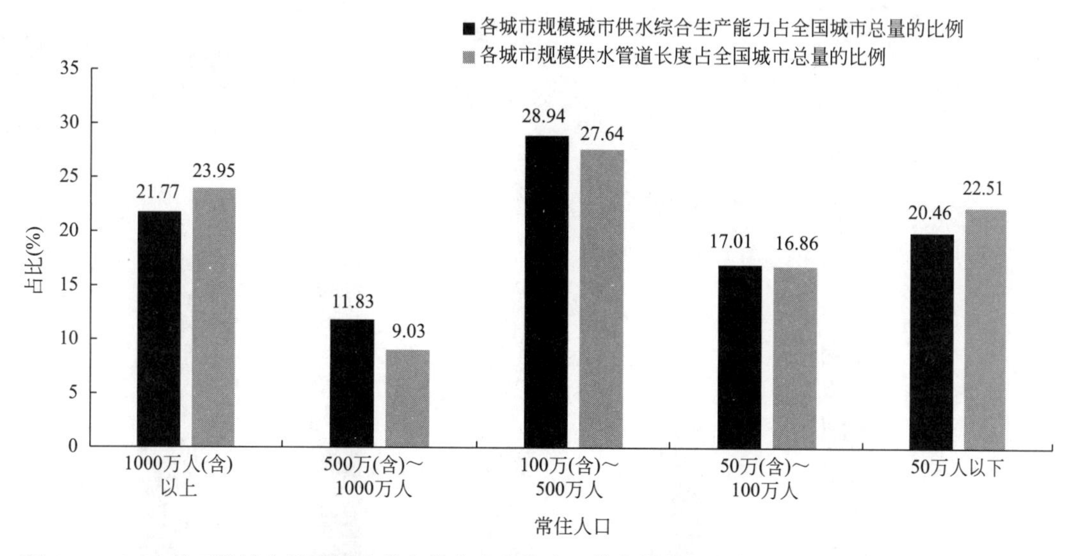

图 1-43　2023 年五类城市规模城市供水综合生产能力、供水管道长度占全国城市总量的比例情况对比

数据来源：住房城乡建设部《中国城市建设统计年鉴》(2023)。

根据住房城乡建设部《中国城市建设统计年鉴》(2023)，截至 2023 年底，常住人口在 1000 万人（含）以上城市建成区供水管道密度、人均供水管道长度分别为 22.39km/km^2、1.85m/人；常住人口在 500 万（含）～1000 万人城市建成区供水管道密度、人均供水管道长度分别为 12.56km/km²、1.33m/人；常住人口在 100 万(含)～500 万人城市建成区供水管道密度、人均供水管道长度分别为 14.69km/km²、2.16m/人；常住人口在 50 万（含)～100 万人城市建成区供水管道密度、人均供水管道长度分别为 14.33km/km²、2.28m/人；常住人口在 50 万人以下城市建成区供水管道密度、人均供水管道长度分别为 14.51km/km²、2.48m/人。2023 年五类城市规模城市建成区供水管道密度、人均供水管道长度情况对比如图 1-44 和图 1-45 所示。

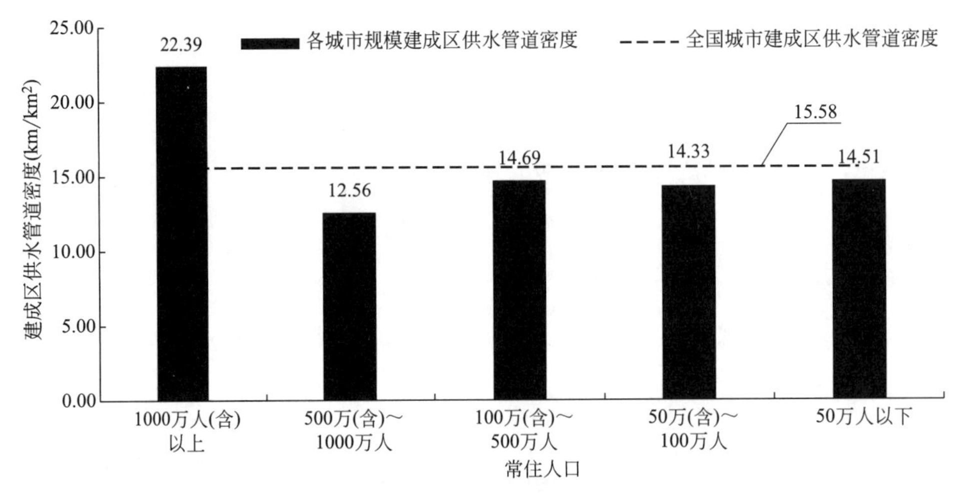

图 1-44　2023 年五类城市规模城市建成区供水管道密度情况对比

数据来源：住房城乡建设部《中国城市建设统计年鉴》(2023)。

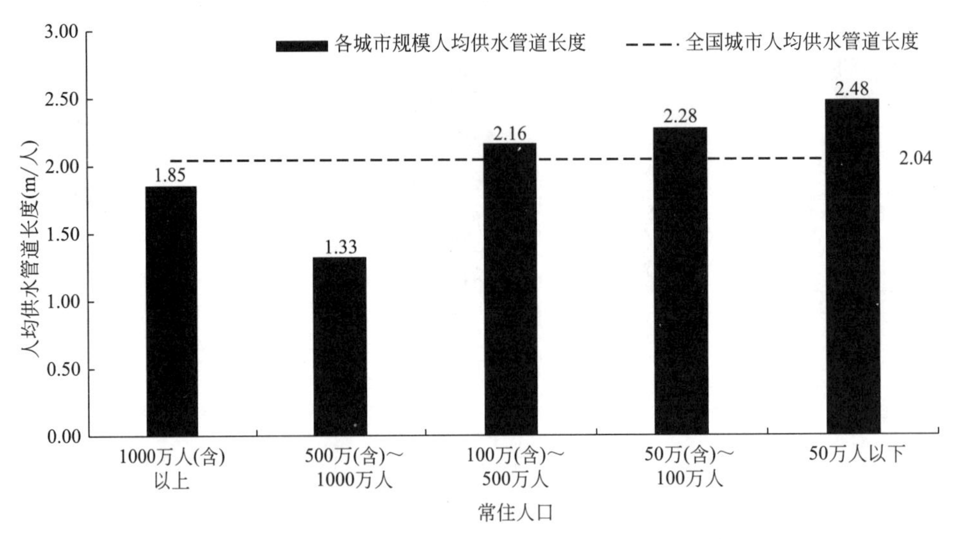

图 1-45　2023 年五大城市规模城市人均供水管道长度情况对比

数据来源：住房城乡建设部《中国城市建设统计年鉴》(2023)。

3. 服务水平

根据住房城乡建设部《中国城市建设统计年鉴》（2023），截至2023年底，常住人口在1000万人（含）以上城市年供水总量和用水人口分别为179.22亿m^3、14896.26万人，占全国城市总量的比例分别为26.07%、26.36%，人均日生活用水量为206.76L/(人·d)；常住人口在500万（含）～1000万人城市年供水总量和用水人口分别为86.64亿m^3、7855.23万人，占全国城市总量的比例分别为12.60%、13.90%，人均日生活用水量为177.78L/(人·d)；常住人口在100万（含）～500万人城市年供水总量和用水人口分别为187.72亿m^3、14748.86万人，占全国城市总量的比例分别为27.30%、26.10%，人均日生活用水量为183.18L/(人·d)；常住人口在50万（含）～100万人城市年供水总量和用水人口分别为112.30亿m^3和8442.58万人，占全国城市总量的比例分别16.33%、15.12%，人均日生活用水量为190.10L/(人·d)。常住人口在50万人以下城市年供水总量和用水人口分别为121.68亿m^3、10461.72万人，占全国城市总量的比例分别为17.70%、18.52%，人均日生活用水量为177.51L/(人·d)。

2023年五类城市规模城市年供水总量和用水人口占全国城市总量的比例情况对比，以及人均日生活用水量情况对比如图1-46和图1-47所示。

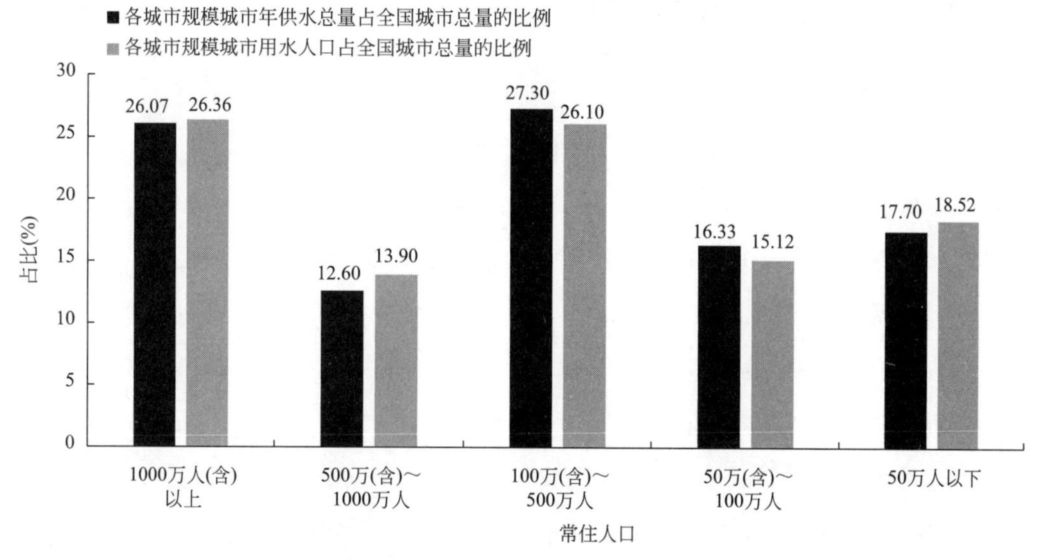

图1-46　2023年五类城市规模城市年供水总量和用水人口占全国城市总量的比例情况对比

数据来源：住房城乡建设部《中国城市建设统计年鉴》(2023)。

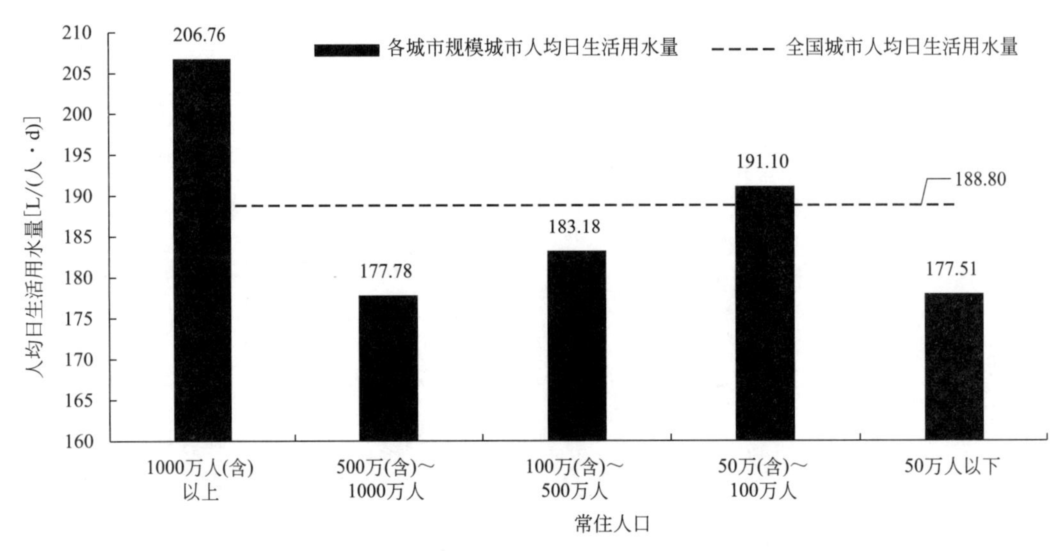

图 1-47 2023 年五大城市规模城市人均日生活用水量情况对比

数据来源：住房城乡建设部《中国城市建设统计年鉴》(2023)。

1.3 城镇[1]供水与社会经济发展水平

1.3.1 综合生产能力与水资源

1. 全国历年

根据住房城乡建设部《中国城乡建设统计年鉴》（2014～2023），2023 年度我国城镇年供水总量为 817.9 亿 m^3，较 2022 年增长 2.16%；人均日生活用水量为 179.01L/(人·d)，较 2022 年增长 2.52%。根据水利部《中国水资源公报》，2023 年度全国年水资源总量为 25782.5 亿 m^3，较 2022 年减少 4.82%；根据国家统计局年度数据库，人均水资源量为 1756.6m^3/人，较 2022 年减少 8.42%。2014～2023 年全国水资源情况与城镇年供水情况见表 1-3。

2. 31 个省（自治区、直辖市）

31 个省（自治区、直辖市）年供水总量与水资源总量情况见表 1-4。

① 本节城镇指设市城市、县城，不含建制镇和乡。

2014～2023 年全国水资源情况与城镇年供水情况　　表 1-3

年份	水资源总量[①]（亿 m^3）	年供水总量[①]（亿 m^3）	城镇年供水总量[②]（亿 m^3）	人均水资源量[③]（m^3/人）	人均日生活用水量[②]［L/(人·d)］
2014	27266.9	5920.2	653.0	1987.6	160.3
2015	27962.6	5812.9	667.4	2026.5	161.4
2016	32466.4	6021.2	687.2	2339.4	163.7
2017	28761.2	6015.5	706.6	2059.9	165.3
2018	27462.5	6043.4	729.1	1957.7	166.8
2019	29041.0	6040.2	747.4	2062.9	167.9
2020	31605.2	6103.2	748.6	2239.8	168.0
2021	29520.0	6094.9	795.3	2098.5	173.6
2022	27088.1	6183.4	800.6	1918.2	174.6
2023	25782.5	5906.5	817.9	1756.6	179.0

① 水利部《中国水资源公报》（2014～2023）；
② 住房城乡建设部《中国城乡建设统计年鉴》（2014～2023）；
③ 国家统计局年度数据库。

2023 年 31 个省（自治区、直辖市）年供水总量与水资源总量情况　　表 1-4

地区	水资源总量（亿 m^3）	年供水总量（亿 m^3）	年供水总量/水资源总量（%）
全国	25782.5	5906.5	22.91
西藏	4427.3	32.2	0.73
青海	855.4	24.9	2.91
重庆	698.4	70.8	10.14
云南	1502.3	162.3	10.80
四川	2166.8	252.5	11.65
海南	326.1	45.6	13.98
贵州	647.1	93.2	14.40
广西	1520.2	258.5	17.00
江西	1409.5	240.6	17.07
陕西	546.3	93.6	17.13
福建	979.4	168.1	17.16
广东	1956.0	400.4	20.47
吉林	498.8	105.4	21.13
浙江	730.1	169.6	23.23
湖南	1190.1	308.9	25.96
黑龙江	1015.0	288.9	28.46
湖北	1094.2	336.4	30.74
安徽	692.8	273.7	39.51
内蒙古	491.9	202.9	41.25

续表

地区	水资源总量(亿 m^3)	年供水总量(亿 m^3)	年供水总量/水资源总量(%)
辽宁	305.5	126.1	41.28
河南	472.3	208.8	44.21
山西	143.9	69.7	48.44
甘肃	222.6	115.8	52.02
新疆	868.3	633.3	72.94
河北	241.4	186.5	77.26
山东	249.8	223.4	89.43
北京	41.5	40.7	98.07
江苏	422.1	571.4	135.37
天津	17.8	32.7	183.71
上海	41.5	104.8	252.53
宁夏	8.1	64.8	800.00

数据来源：水利部《中国水资源公报》(2023)。

1.3.2 供水市政公用设施建设固定资产投资与全社会固定资产投资

1. 全国历年

根据住房城乡建设部《中国城乡建设统计年鉴》(2014～2023)，2023年度，我国城镇供水市政公用设施建设固定资产投资为1029.26亿元，较2022年增长2.65%；根据国家统计局年度数据库，2023年全社会固定资产投资（不含农户）为503036.03亿元，较2022年增长2.97%。2014～2023年全国城镇供水市政公用设施建设固定资产投资与全社会固定资产投资（不含农户）情况见表1-5。

2014～2023年全国城镇供水市政公用设施建设固定资产投资和全社会固定资产投资（不含农户）情况

表1-5

年份	全社会固定资产投资(亿元,不含农户)	供水市政公用设施建设固定资产投资(亿元)	供水市政公用设施建设固定资产投资/全社会固定资产投资(不含农户)(‰)
2014	309575.10	647.85	2.09
2015	337417.58	776.34	2.30
2016	362055.85	706.52	1.95
2017	385371.75	806.47	2.09
2018	408176.18	687.11	1.68
2019	430145.18	728.19	1.69
2020	442791.45	981.67	2.22
2021	464665.35	1025.79	2.21

续表

年份	全社会固定资产投资（亿元，不含农户）	供水市政公用设施建设固定资产投资（亿元）	供水市政公用设施建设固定资产投资/全社会固定资产投资（不含农户）（‰）
2022	488549.15	1002.71	2.05
2023	503036.03	1029.26	2.05

数据来源：住房城乡建设部《中国城乡建设统计年鉴》（2014～2023）、国家统计局年度数据库。

2. 31个省（自治区、直辖市）

2023年31个省（自治区、直辖市）城镇供水市政公用设施建设固定资产投资比上年增长与全国基础设施固定资产投资（不含农户）比上年增长情况对比如图1-48所示。

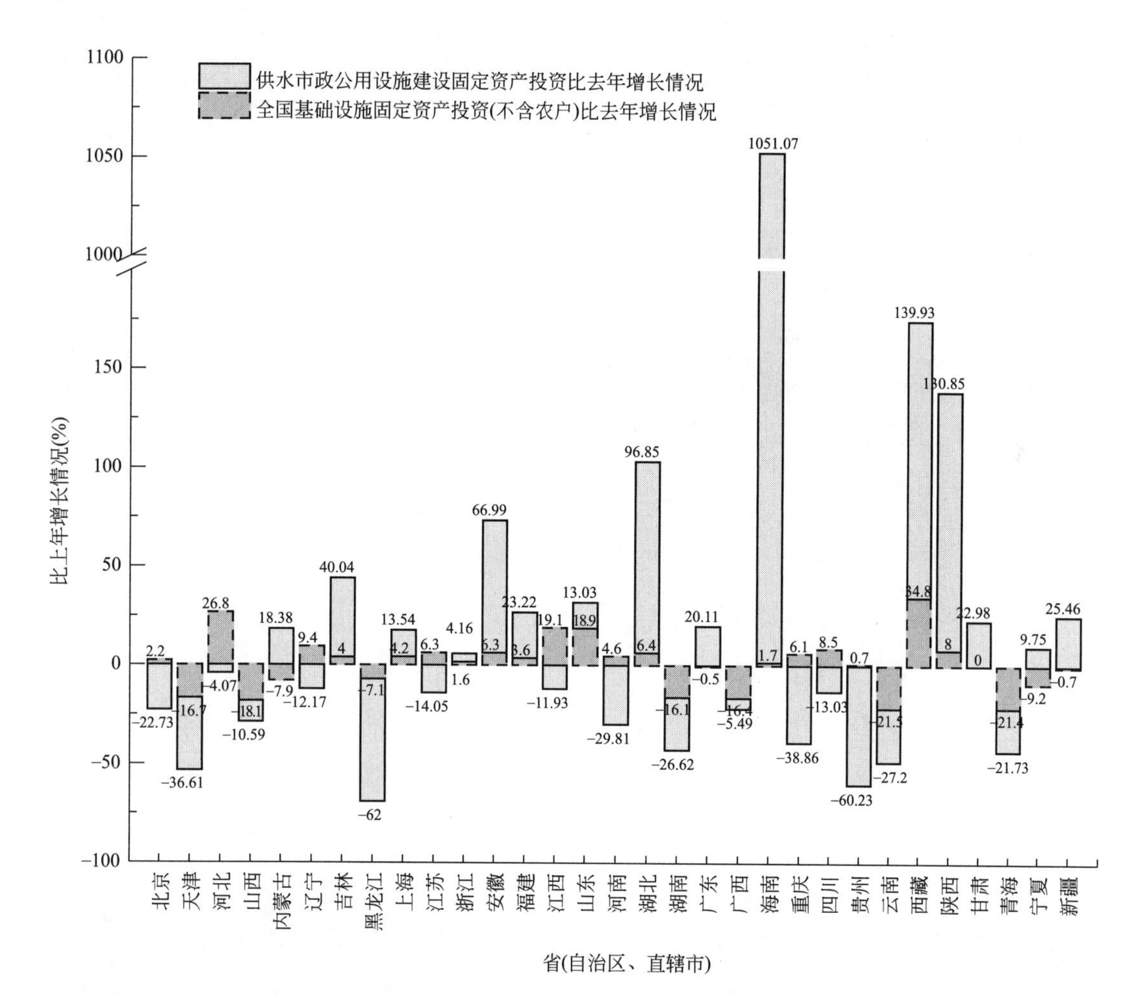

图1-48　2023年31个省（自治区、直辖市）城镇供水市政公用设施建设固定资产投资比上年增长与基础设施固定资产投资（不含农户）比上年增长情况对比

数据来源：住房城乡建设部《中国城乡建设统计年鉴》（2023）、国家统计局年度分省数据库。

1.3.3 城镇化发展过程中城市节水与居民用水

1. 全国历年

根据住房城乡建设部《中国城乡建设统计年鉴》，2023年度，我国城镇人均日生活用水量为179.01L/(人·d)，较2023年增长2.52%；我国城镇节约用水量[①]占供水总量的比例为10.25%，较2022年增长0.34个百分点；根据国家统计局年度数据库，截至2023年底，我国城镇化率为66.16%，较2022年底提高0.94个百分点。2014～2023年我国城镇化率与全国城镇人均日生活用水量情况见表1-6。

2014～2023年我国城镇化率与全国城镇人均日生活用水量情况　　表1-6

年份	城镇化率(%)	人均日生活用水量[L/(人·d)]	节约用水量占供水总量的比例(%)
2014	55.75	160.27	6.32
2015	57.33	161.39	6.67
2016	58.84	163.69	6.53
2017	60.24	165.33	8.72
2018	61.50	166.84	9.53
2019	62.71	167.94	7.34
2020	63.89	168.03	7.07
2021	64.72	173.58	10.10
2022	65.22	174.56	9.91
2023	66.16	179.01	10.25

数据来源：住房城乡建设部《中国城乡建设统计年鉴》(2014～2023)、国家统计局年度数据库。

2. 31个省（自治区、直辖市）

截至2023年底，我国城镇化率为66.16%，城镇化率低于60%的8个省（自治区），人均日生活用水量均值为171.02L/(人·d)，节约用水量占供水总量的比例为7.09%；城镇化率在60%～70%的14个省（自治区），人均日生活用水量均值为172.12L/(人·d)，节约用水量占供水总量的比例为11.09%；城镇化率大于70%的9个省（直辖市），人均日生活用水量均值为209.51L/(人·d)，节约用水量占供水总量的比例为7.44%。2023年31个省（自治区、直辖市）人均日生活用水量与城镇化率情况如图1-49所示。

---

① 节约用水量：指报告期新节水量，通过采用各项节水措施（如改进生产工艺、技术、生产设备、用水方式、换装节水器具、加强管理等）后，用水量和用水效益产生效果，而节约的水量。

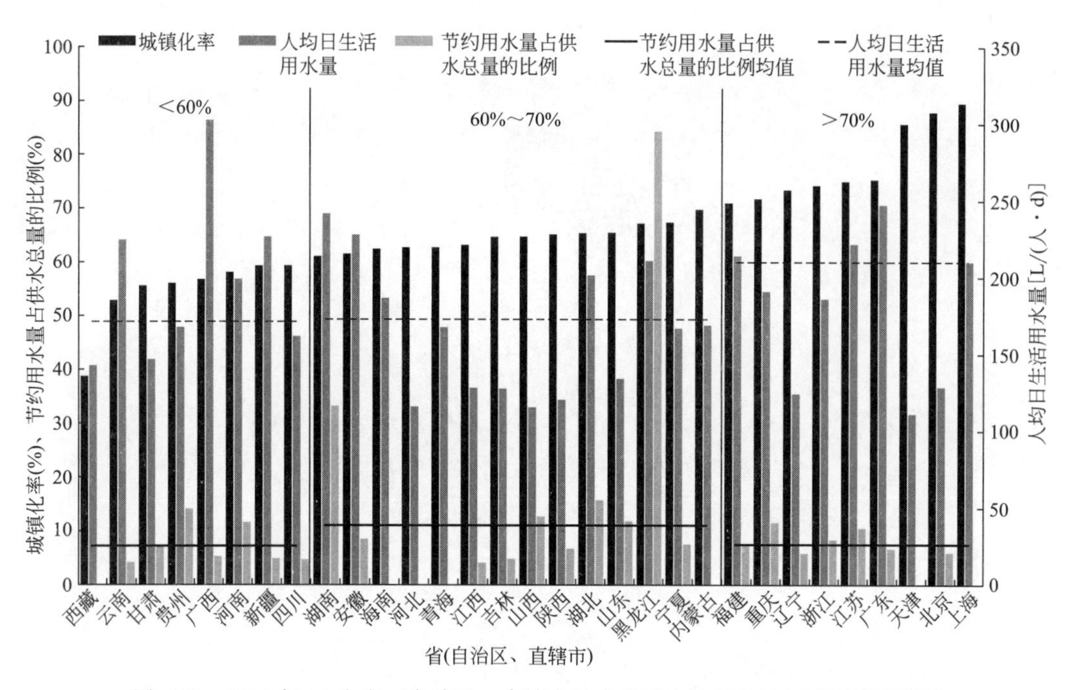

图 1-49　2023 年 31 个省（自治区、直辖市）人均日生活用水量与城镇化率情况

数据来源：住房城乡建设部《中国城乡建设统计年鉴》（2014～2023）和国家统计局年度数据库。

1.4　运营与管理

1.4.1　经营主体

1. 企业性质

对中国城镇供水排水协会（简称中国水协）《2023 年城镇水务统计年鉴（供水）》中供水单位经营主体企业性质进行统计，结果如图 1-50 所示。国有企业占比最多，占比为 80.85％，其次是事业单位占 8.35％，两者占比接近 90％。其余为：民营企业占 7.88％，外商投资占 2.92％。

2. 股权结构

对中国水协《2023 年城镇水务统计年鉴（供水）》中供水单位经营主体股权结构进行统计，结果如图 1-51 所示。国有独资占比最多，占比为 65.01％，其次是国有控股占 23.04％，两者占比超过 88％。其余为：民营控股占 5.25％，民营独资占 3.35％，外资参股占 2.75％，外资控股占 0.60％。

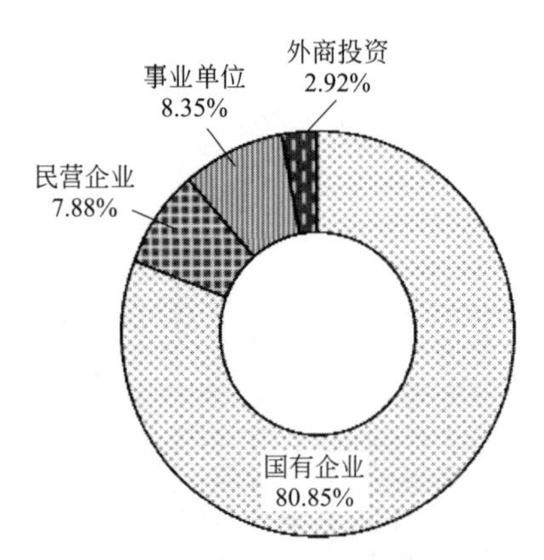

图 1-50　供水单位经营主体企业性质情况

数据来源：中国水协《2023 年城镇水务统计年鉴（供水）》。

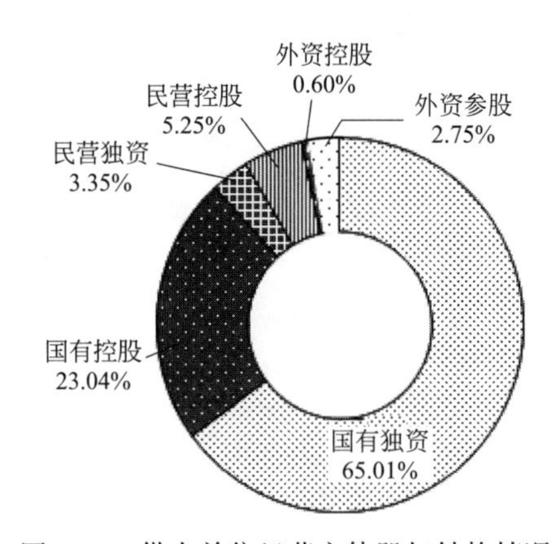

图 1-51　供水单位经营主体股权结构情况

数据来源：中国水协《2023 年城镇水务统计年鉴（供水）》。

3. 供水能力

对中国水协《2023 年城镇水务统计年鉴（供水）》中供水单位的供水能力规模情况进行统计，结果如图 1-52 所示。在供水能力规模分布方面，供水规模在 10.0 万（含）～50.0 万 m^3/d 的单位占比最多，为 30.48%，其次是 5.0 万（含）～10.0 万 m^3/d 的单位占比为 21.13%，1.0 万（含）～3.0 万 m^3/d 的单位占比为 20.35%，3.0 万（含）～5.0 万 m^3/d 的单位占比为 15.16%，50.0 万（含）～100.0 万 m^3/d 的单位占比为 6.13%。其余规模分布占比均小于 5%，具体为大于 100.0 万（含）m^3/d 的单位占比为 3.85%，0.5 万（含）～1.0 万 m^3/d 的单位占比为 2.43%，小于 0.5 万 m^3/d 的单位占比为 0.47%。

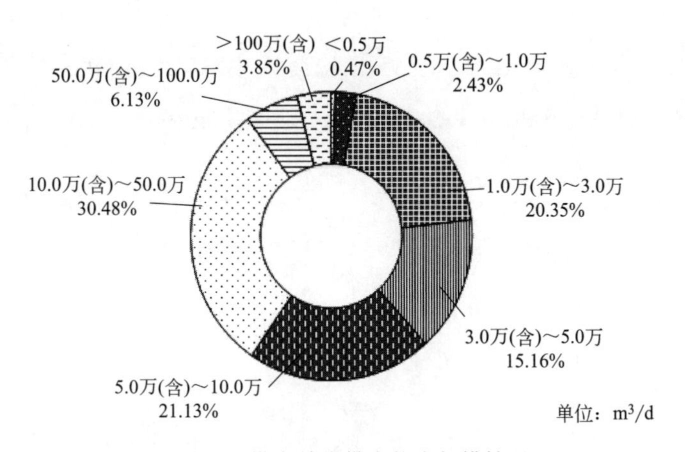

图 1-52　供水单位供水能力规模情况

数据来源：中国水协《2023 年城镇水务统计年鉴（供水）》。

1.4.2　水源与净水工艺

1. 水源类型及水质

对中国水协《2023 年城镇水务统计年鉴（供水）》中地表水和地下水水源氨氮浓度和高锰酸盐指数进行统计，以箱式图[①]的形式展示，结果如图 1-53 和图 1-54 所示。江河水氨氮浓度年最大值除异常值外的最小值（min）和最大值（max）、中位数（med）、下四分位数（Q1）和上四分位数（Q3）分别为 0.01mg/L、0.35mg/L、0.10mg/L、0.05mg/L、0.17mg/L，同比 2022 年中位值降低了 37.5%。湖库水氨氮浓度年最大值除异常值外的 min、max、med、Q1 和 Q3 分别为 0.01mg/L、0.33mg/L、0.09mg/L、0.04mg/L、0.16mg/L，同比 2022 年中位值降低了 55%。地下水氨氮浓度年最大值除异常值外的 min、max、med、Q1 和 Q3 分别为 0.01mg/L、0.27mg/L、0.05mg/L、0.02mg/L、0.12mg/L，同比 2022 年中位值降低了 44.44%。

江河水高锰酸盐指数年最大值除异常值外的 min、max、med、Q1 和 Q3 分别为 0.04mg/L、3.32mg/L、1.50mg/L、1.00mg/L、2.00mg/L，同比 2022 年中位值降低了 53.99%。湖库水高锰酸盐指数年最大值除异常值外的 min、max、med、Q1 和

① 箱式图可以快速评估数据分布的集中趋势、方差和偏度。箱须的总长度代表数据的分布范围，上限为最大值，下限为最小值。箱体的垂直距离反映数据的集中度，箱体的上限为数据的上四分位数，下限为数据的下四分位数，箱体中间的线为中位线，表示中位值，中位线的位置体现了数据的偏度，如若中位线在箱体中间位置上，并且上、下须大约等长时，该数据为对称的分布。如果两边不相等，则该数据的分布就是呈偏态的。同时箱式图还可以反映数据的方差，盒子和箱须越长，分布的方差就越大。

Q3 分别为 0.03mg/L、2.90mg/L、1.23mg/L、0.81mg/L、1.74mg/L，同比 2022 年中位值降低了 126.83%。地下水高锰酸盐指数年最大值除异常值外的 min、max、med、Q1 和 Q3 分别为 0.03mg/L、2.25mg/L、0.74mg/L、0.50mg/L、1.20mg/L，同比 2022 年中位值降低了 23.71%。

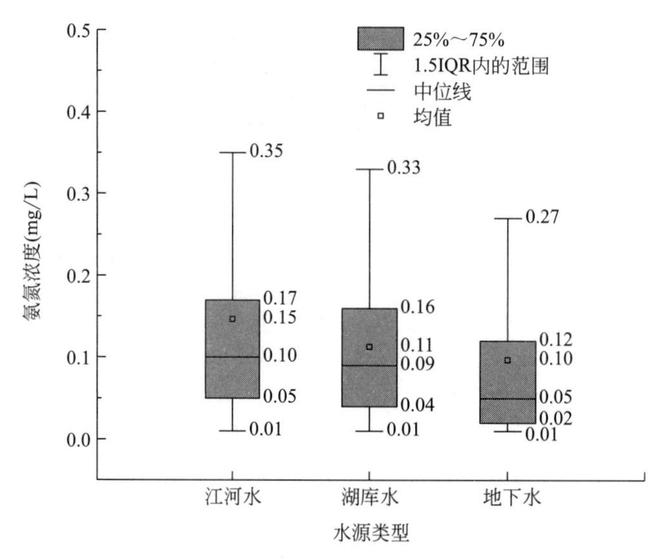

图 1-53　不同水源原水水质氨氮浓度年最大值分布情况

数据来源：中国水协《2023 年城镇水务统计年鉴（供水）》。

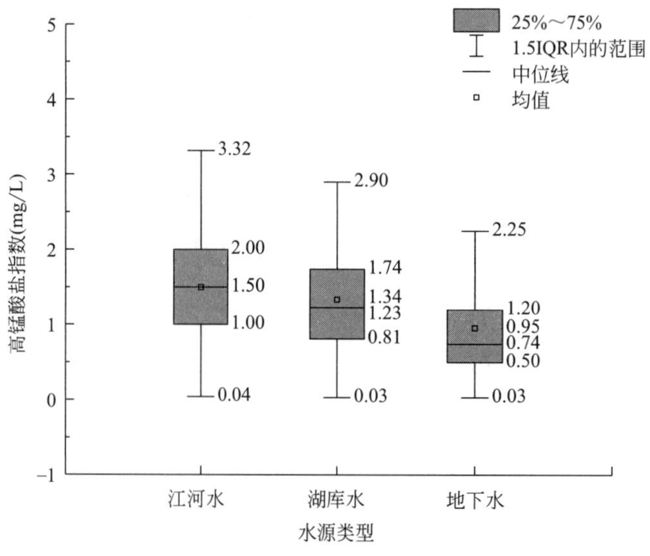

图 1-54　不同水源原水水质高锰酸盐指数年最大值分布情况

数据来源：中国水协《2023 年城镇水务统计年鉴（供水）》。

2. 净水工艺

对中国水协《2023年城镇水务统计年鉴（供水）》中水厂净水工艺进行统计，结果如图1-55所示。在以地下水为水源的水厂中，采用简易处理工艺的水厂占比最多，占比为87.91%，其次是常规处理工艺占比10.55%，深度处理工艺的水厂最少，占比1.54%。以地表水为水源的水厂中，采用常规处理工艺的水厂占比87.60%，深度处理工艺的水厂占比12.40%。

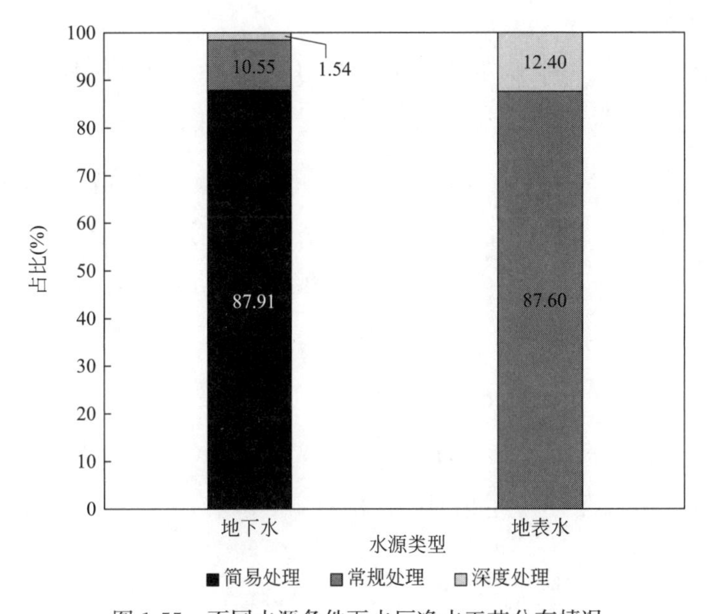

图1-55　不同水源条件下水厂净水工艺分布情况

数据来源：中国水协《2023年城镇水务统计年鉴（供水）》。

对中国水协《2023年城镇水务统计年鉴（供水）》中供水单位消毒工艺使用情况进行统计，结果如图1-56所示。在消毒剂使用方面，使用次氯酸钠消毒的单位占

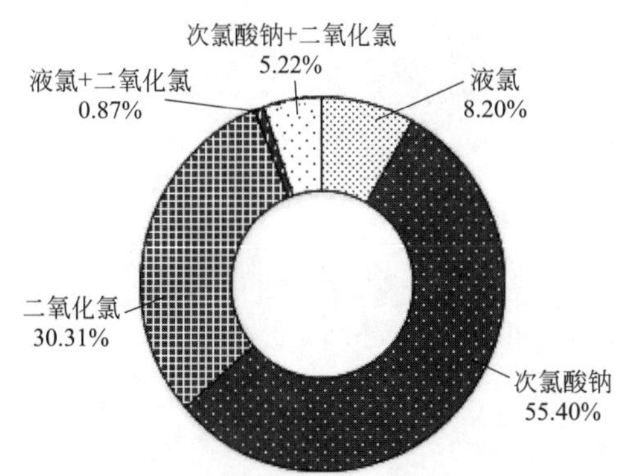

图1-56　消毒工艺使用情况

数据来源：中国水协《2023年城镇水务统计年鉴（供水）》。

比最多，占比为55.40%，同比2022年增长2.42个百分点；其次为使用二氧化氯消毒的单位占30.31%，同比2022年降低5.67个百分点；使用液氯消毒的单位占8.20%，使用液氯＋二氧化氯消毒的单位占0.87%，使用次氯酸钠＋二氧化氯消毒的单位占5.22%。

1.4.3 水厂供水规模及水质管控

1. 水厂供水规模

对中国水协《2023年城镇水务统计年鉴（供水）》中水厂供水能力进行统计，结果如图1-57所示。在水厂供水能力规模分布方面，供水规模在1.0万（含）～3.0万m^3/d的水厂占比最多，占比为22.56%，其次是5.0万（含）～10.0万m^3/d的水厂占比为20.80%，10.0万（含）～20.0万m^3/d的水厂占比为17.36%，3.0万（含）～5.0万m^3/d的水厂占比为14.72%。其余规模分布占比均小于10%，具体为20.0万（含）～30.0万m^3/d的水厂占比为5.99%，0.5万（含）～1.0万m^3/d的水厂占比为5.32%，小于0.5万m^3/d的水厂占比为5.20%，30.0万（含）～50.0万m^3/d的水厂占比为5.03%，50.0万（含）～100.0万m^3/d的水厂占比为2.64%，大于100.0万（含）m^3/d的水厂占比为0.38%。

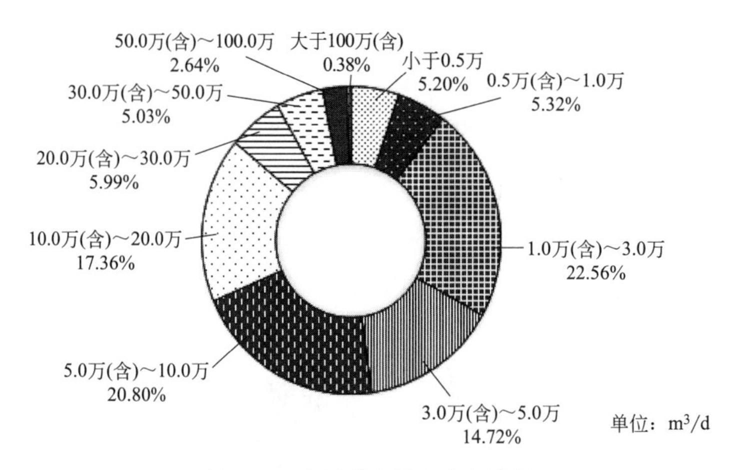

图1-57 水厂供水能力分布情况

数据来源：中国水协《2023年城镇水务统计年鉴（供水）》。

2. 沉后水水质指标

对中国水协《2023年城镇水务统计年鉴（供水）》中水厂沉后水浑浊度内控值进行统计，结果如图1-58所示。在实施内控的水厂中，沉后水浑浊度内控值小于

0.5NTU 的水厂占比为 10.91%，内控值在 0.5（含）～1.0NTU 的水厂占比为 15.31%，内控值在 1.0（含）～2.0NTU 的水厂占比为 24.21%，内控值大于 2.0（含）NTU 的水厂占比为 49.57%。

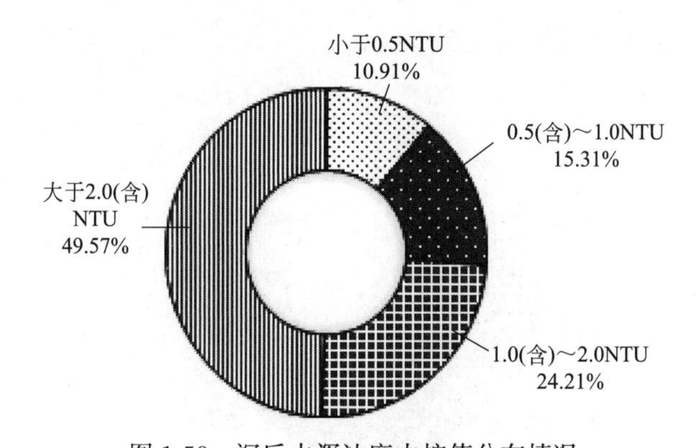

图 1-58　沉后水浑浊度内控值分布情况

数据来源：中国水协《2023 年城镇水务统计年鉴（供水）》。

3. 滤后水水质指标

对中国水协《2023 年城镇水务统计年鉴（供水）》中水厂滤后水浑浊度内控值进行统计，结果如图 1-59 所示。在实施内控的水厂中，滤后水浑浊度内控值小于 0.5NTU 的水厂占比为 44.72%，内控值 0.5（含）～1.0NTU 的水厂占比为 37.86%，内控值 1.0（含）～2.0NTU 的水厂占比为 15.96%，内控值大于或等于 2.0NTU 的水厂占比为 1.46%。

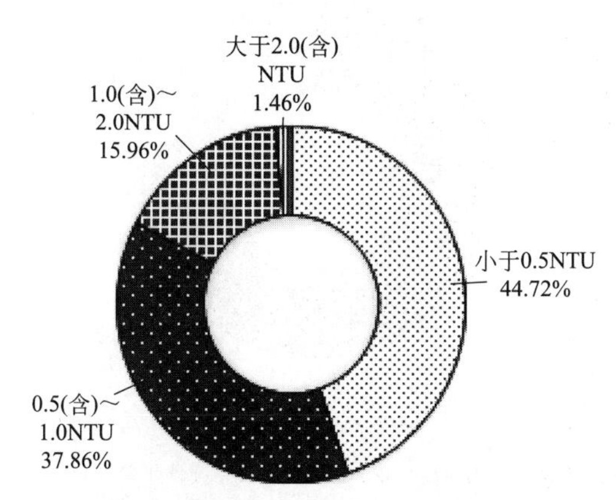

图 1-59　滤后水浑浊度内控值分布情况

数据来源：中国水协《2023 年城镇水务统计年鉴（供水）》。

4. 出厂水水质指标

对中国水协《2023 年城镇水务统计年鉴（供水）》中水厂出厂水浑浊度内控值

进行统计，结果如图 1-60 所示。出厂水浑浊度内控值在小于 0.3NTU 的水厂占比为 37.41%，0.3（含）～0.5NTU 的水厂占比为 23.20%，0.5（含）～1.0（含）NTU 的水厂占比为 38.83%，大于 1.0NTU 的水厂占比为 0.55%。整体来看，出厂水浑浊度内控值在 0.5NTU 以下的水厂占比约为 60%。

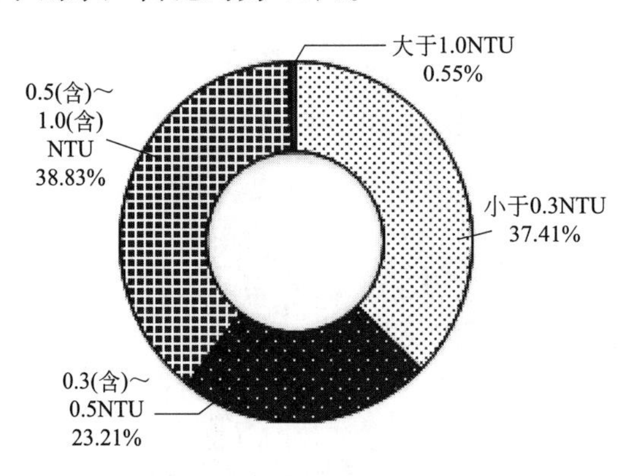

图 1-60　出厂水浑浊度值分布情况

数据来源：中国水协《2023 年城镇水务统计年鉴（供水）》。

对中国水协《2023 年城镇水务统计年鉴（供水）》中水厂出厂水高锰酸盐指数内控值进行统计，结果如图 1-61 所示。出厂水高锰酸盐指数小于 1.0mg/L 的水厂占比为 28.05%，1.0（含）～2.0mg/L 的水厂占比为 32.40%，2.0（含）～3.0（含）mg/L 的水厂占比为 38.54%，大于 3.0mg/L 的水厂占比为 1.01%。

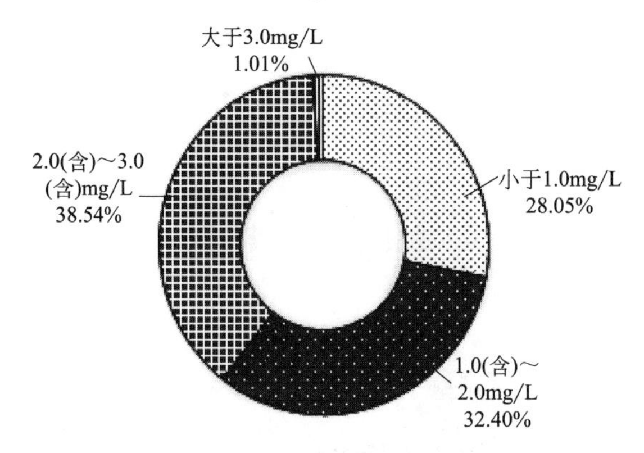

图 1-61　出厂水高锰酸盐指数内控值分布情况

数据来源：中国水协《2023 年城镇水务统计年鉴（供水）》。

1.4.4　管道、管网与漏损

1. 管道更新改造

对中国水协《2023 年城镇水务统计年鉴（供水）》中供水单位管道更新改造情

况进行统计，结果如图1-62所示。*DN*75（含）以上供水管道长度占总供水管道长度的比例除异常值外min、max、med、Q1和Q3分别为2.74%、99.97%、69.08%、51.56%、84.51%；当年建成*DN*75（含）以上供水管道长度占总*DN*75（含）以上供水管道长度的比例除异常值外min、max、med、Q1和Q3分别为0.01%、9.16%、1.99%、0.73%和4.18%；当年改造*DN*75（含）以上供水管道长度占总*DN*75（含）以上供水管道长度的比例除异常值外min、max、med、Q1和Q3分别为0.01%、15.24%、2.72%、0.73%、6.85%，可以看出50%的单位当年改造*DN*75（含）以上供水管道长度占比低于2.72%。

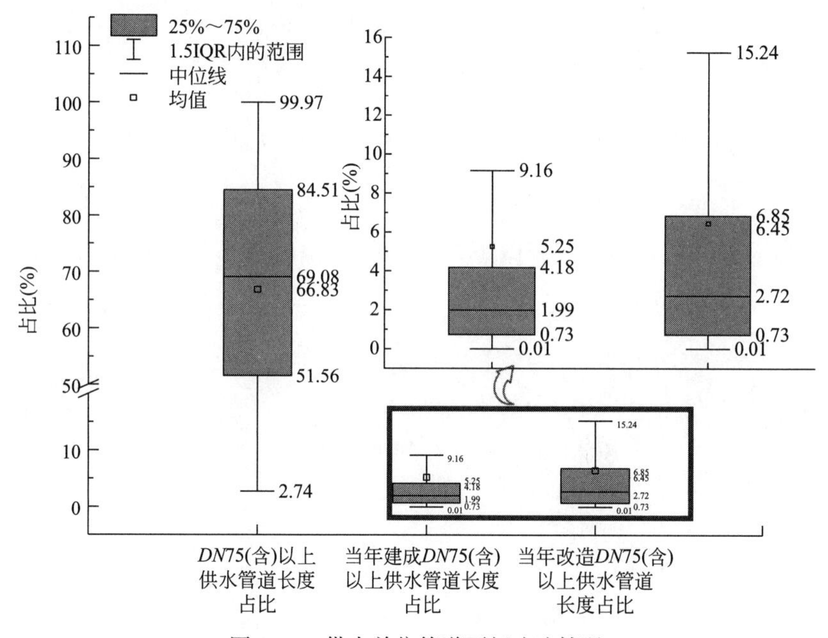

图1-62　供水单位管道更新改造情况

数据来源：中国水协《2023年城镇水务统计年鉴（供水）》。

2. 管道材质

对中国水协《2023年城镇水务统计年鉴（供水）》中供水单位供水管道材质使用现状进行统计，结果如图1-63所示。各类塑料管（PVC、PE、PB及其他）占比为36.94%，球墨铸铁管占比为27.04%，钢管占比为9.86%，灰口铸铁管占比为8.87%，预应力钢筋混凝土管占比为5.89%，不锈钢管占比为1.46%，其他管材占比为9.94%。

3. 管道漏损

对中国水协《2023年城镇水务统计年鉴（供水）》中供水单位的漏损率和产销

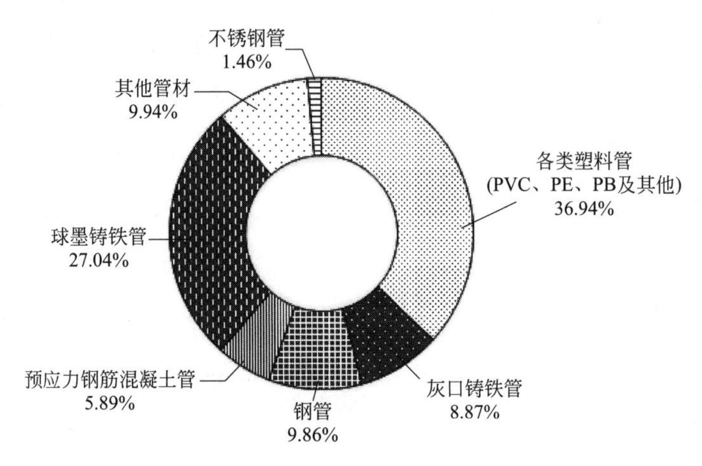

图 1-63　供水单位管道材质情况

数据来源：中国水协《2023 年城镇水务统计年鉴（供水）》。

差率进行统计，结果如图 1-64 所示。在漏损率方面除异常值外 min、max、med、Q1 和 Q3 分别为 0.03%、21.75%、8.83%、5.99%、12.30%，整体来看 50%左右的供水单位管道漏损率能够控制在 9%以下，75%的单位能将漏损率控制在 13%以下。在产销差率方面，除异常值外 min、max、med、Q1 和 Q3 分别为 0.01%、37.43%、15.50%、10.78%、21.45%。

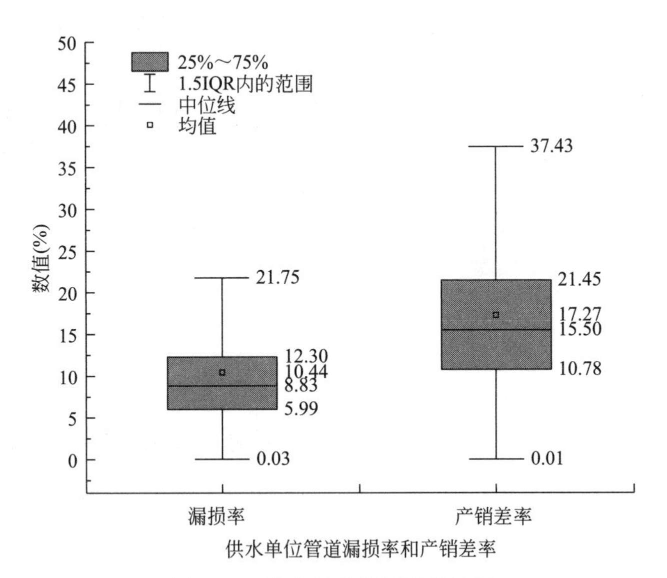

图 1-64　供水单位管道漏损情况

数据来源：中国水协《2023 年城镇水务统计年鉴（供水）》。

4. 年均出厂压力

对中国水协《2023 年城镇水务统计年鉴（供水）》中水厂年平均出厂水压力情

况进行统计，结果如图 1-65 所示。在年平均出厂水压力方面除异常值外 min、max、med、Q1 和 Q3 分别为 0.12MPa、0.60MPa、0.35MPa、0.30MPa、0.42MPa。整体来看，50%的水厂年平均出厂水压力在 0.30～0.42MPa。

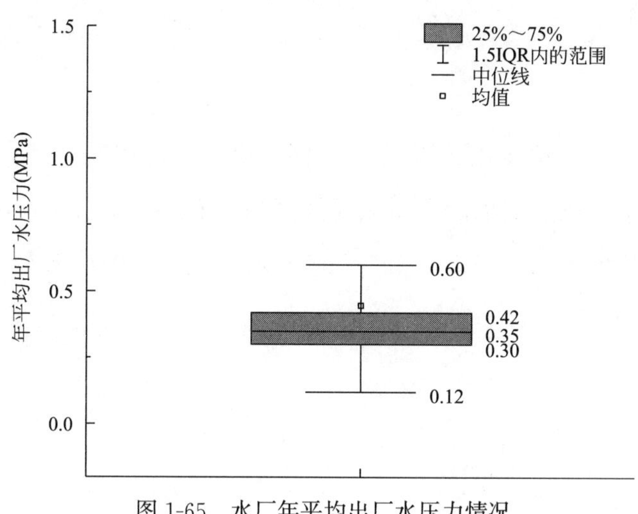

图 1-65　水厂年平均出厂水压力情况

数据来源：中国水协《2023 年城镇水务统计年鉴（供水）》。

1.4.5　抄表到户

对中国水协《2023 年城镇水务统计年鉴（供水）》中供水单位抄表到户情况进行统计，结果如图 1-66 所示。在抄表到户率方面除异常值外 min、max、med、

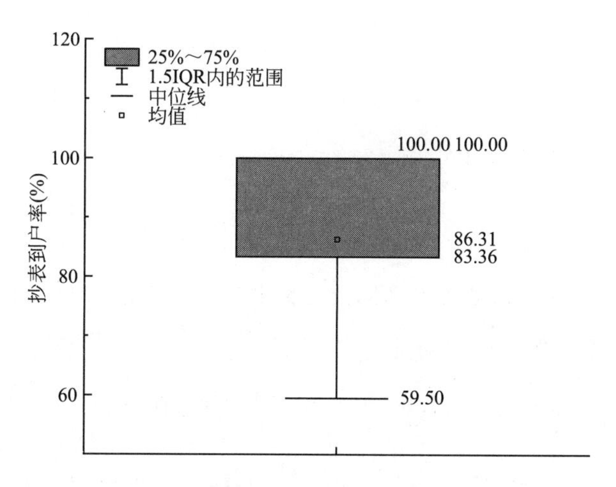

图 1-66　供水单位抄表到户率分布情况

数据来源：中国水协《2023 年城镇水务统计年鉴（供水）》。

Q1 和 Q3 分别为 59.50%、100%、100%、83.36%、100%。整体来看，抄表到户率 100%的供水单位占 54.81%，75%的单位抄表到户率都能达到 80%以上。

1.4.6 水价

1. 基础水价

对中国水协《2023 年城镇水务统计年鉴（供水）》中基础水价情况进行统计，结果如图 1-67 所示。在基础水价方面除异常值外 min、max、med、Q1 和 Q3 分别为 0.57 元/m^3、4.40 元/m^3、2.10 元/m^3、1.70 元/m^3、2.80 元/m^3。整体来看，50%的供水单位基础水价在 1.70～2.80 元/m^3。

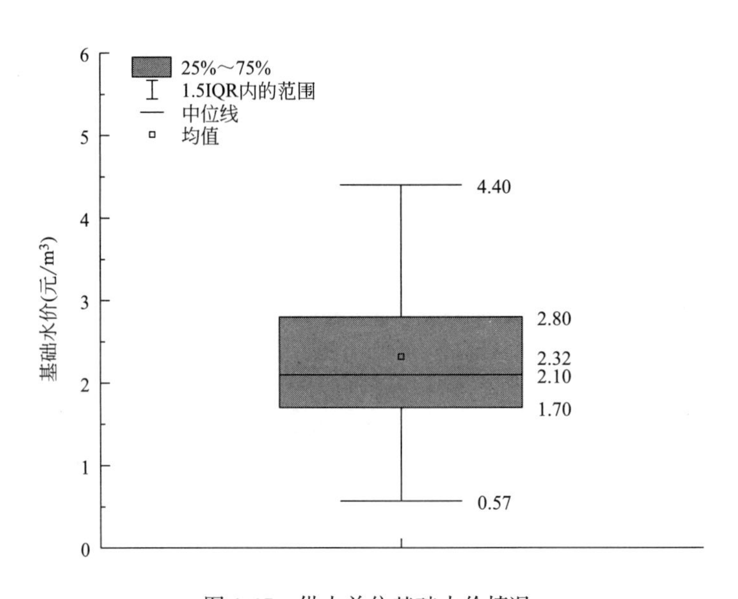

图 1-67　供水单位基础水价情况

数据来源：中国水协《2023 年城镇水务统计年鉴（供水）》。

2. 人均年水费支出占居民人均年可支配收入比例

根据国家统计局年度数据库可知，2023 年城镇居民人均年可支配收入为 51821 元，根据住房城乡建设部《中国城乡建设统计年鉴》(2014～2023) 可知，2023 年城镇居民人均年生活用水量①为 65.34m^3，根据中国水协《2023 年城镇水务统计年鉴

① 居民人均年生活用水量=（城市居民年生活用水量+县城居民年生活用水量）/（城市用水人口+县城用水人口）。

（供水）》可知，2023年基础水价均值为2.32元/m³，由此可以得出人均年水费支出占城镇居民人均年可支配收入比例为0.29%，远远低于相关文献建议的城市居民生活用水费用支出占家庭收入的适宜比例2.5%～3%。

第 2 章　城镇排水发展概况

根据住房城乡建设部《中国城乡建设统计年鉴》（2023），截至 2023 年底，我国城市和县城排水市政公用设施建设固定资产投资、排水管道长度、污水处理厂数量、污水处理厂处理能力、干污泥产生量、再生水生产能力、污水年处理量、再生水年利用量分别为 2743.91 亿元、121.97 万 km、4816 座、27030.58 万 m^3/d、1737.77 万 t、9886.34 万 m^3/d、759.86 亿 m^3、214.43 亿 m^3，较 2022 年分别增长 2.45%、增长 4.47%、增长 2.51%、增长 4.59%、增长 9.36%、增长 8.12%、增长 4.31%、增长 7.97%。2023 年我国建制镇和乡排水年度建设投入、污水处理厂及污水处理设施的处理能力、排水管道（渠）长度分别为 398.45 亿元、6028.21 万 m^3/d、39.68 万 km，较 2022 年分别增长 0.65%、增长 4.11%、减少 3.48%。

2.1　全国城镇排水与污水处理概况

2.1.1　排水市政公用设施建设固定资产投资

根据住房城乡建设部《中国城乡建设统计年鉴》（2023），2023 年度我国城市排水市政公用设施建设固定资产投资为 1964.40 亿元，较 2022 年增长 3.02%，其中污水处理设施、污泥处置设施、再生水利用设施、管网及其他设施建设固定资产投资分别为 723.47 亿元、24.60 亿元、34.63 亿元、1181.71 亿元，较 2022 年分别增长 6.98%、减少 130.75%、减少 1.82%、增长 3.52%。

2023 年度我国县城排水市政公用设施建设固定资产投资为 779.51 亿元，较 2022 年增长 1.00%，其中污水处理设施、污泥处置设施、再生水利用设施、管网及其他设施建设固定资产投资分别为 299.58 亿元、6.51 亿元、11.57 亿元、461.85 亿元，较 2022 年分别减少 3.84%、增长 12.83%、增长 28.66%、增长 3.28%。2014～2023

年我国城市和县城排水市政公用设施建设固定资产投资情况对比如图 2-1 所示。

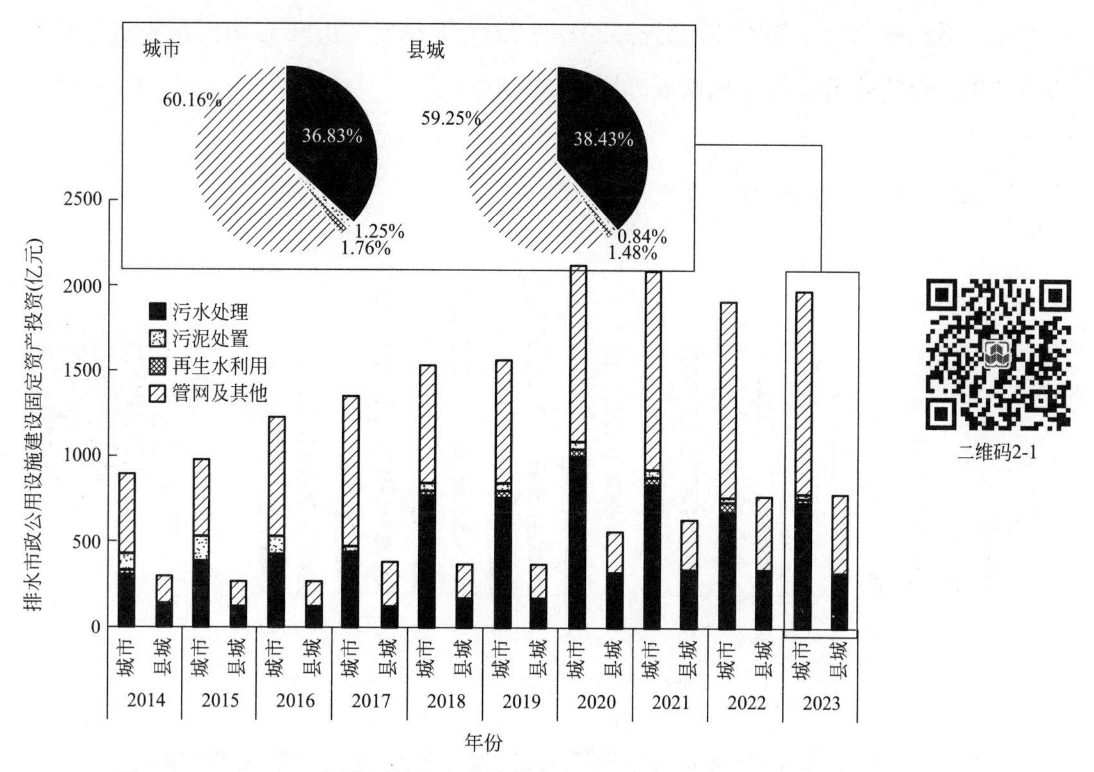

图 2-1　2014～2023 年我国城市和县城排水市政公用设施建设固定资产投资情况对比

数据来源：住房城乡建设部《中国城乡建设统计年鉴》（2014～2023）。

2023 年度建制镇的排水建设投入为 365.90 亿元，较 2022 年降低 3.77%，其中污水处理建设投入为 262.08 亿元，较 2022 年增长 0.82%。乡的排水建设投入为 32.55 亿元，较 2022 年减少 0.27%，其中污水处理建设投入为 23.70 亿元，较 2022 年增长 7.94%。

2.1.2　设施状况

根据住房城乡建设部《中国城乡建设统计年鉴》（2023），截至 2023 年底，我国城市排水管道长度达到 95.25 万 km，较 2022 年增长 4.09%，其中污水管道、雨水管道和雨污合流管道长度分别为 44.26 万 km、43.16 万 km、7.83 万 km，占比分别为 46.47%、45.32% 和 8.21%，较 2022 年分别增长 4.96%、增长 5.72%、减少 9.75%。

截至 2023 年底，我国县城排水管道长度达到 26.73 万 km，较 2022 年增长 5.82%，其中污水管道、雨水管道和雨污合流管道长度分别为 12.81 万 km、10.38

万 km、3.53 万 km，占比分别为 47.95%、38.84%和 13.21%，较 2022 年分别增长 6.99%、增长 9.20%、减少 8.36%。2014～2023 年我国城市和县城污水管道、雨水管道和雨污合流管道长度变化情况如图 2-2 所示。

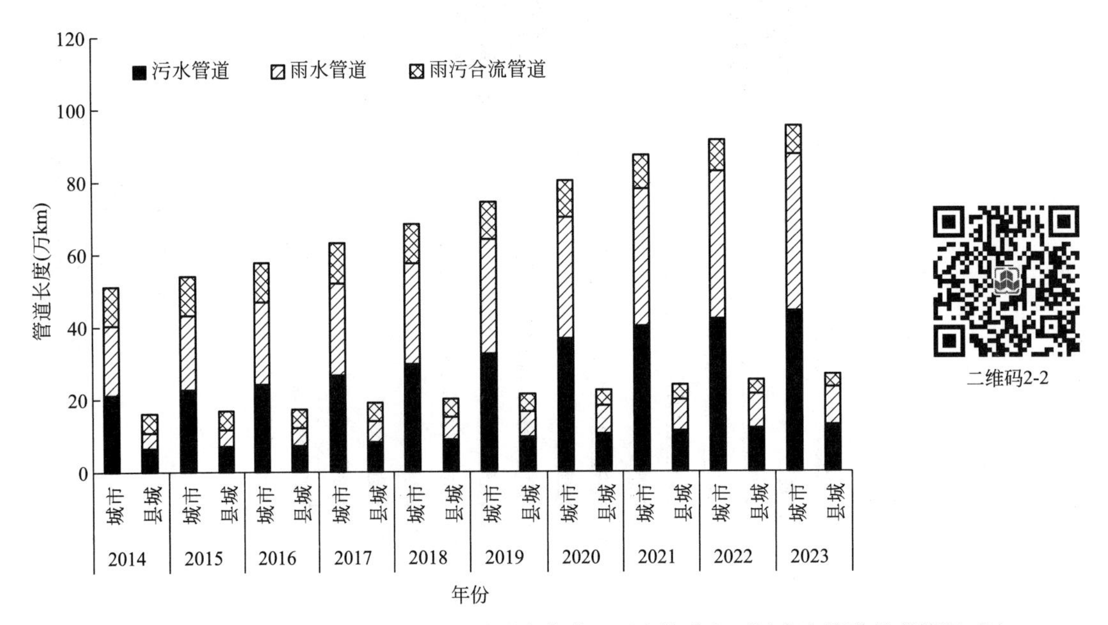

图 2-2　2014～2023 年我国城市和县城污水管道、雨水管道和雨污合流管道长度情况对比

数据来源：住房城乡建设部《中国城乡建设统计年鉴》(2014～2023)。

截至 2023 年底，我国城市和县城建成区排水管道密度分别为 12.67km/km²、11.26km/km²，城市和县城人均污水收集管道长度[①]分别为 0.92m/人、1.08m/人。2014～2023 年我国城市和县城建成区供水管道密度、建成区排水管道密度情况对比如图 2-3 所示，人均供水管道长度、人均污水收集管道长度情况对比如图 2-4 所示。

截至 2023 年底，我国城市污水处理厂数量和污水处理能力分别为 2967 座和 22652.91 万 m^3/d，较 2022 年分别增长 2.46%和 4.62%；我国县城污水处理厂数量和污水处理能力分别为 1849 座和 4377.67 万 m^3/d，较 2022 年分别增长 2.60%和 4.41%。2014～2023 年我国城市和县城污水处理厂数量及处理能力情况对比如图 2-5 所示。

2023 年我国城市污水处理厂干污泥产生量为 1505.44 万 t，较 2022 年增长 9.01%；我国县城污水处理厂干污泥产生量为 232.32 万 t，较 2022 年增长 11.64%。

① 城市人均污水收集管道长度=(城市污水管道长度+城市雨污合流管道长度) /用水人口，县城人均污水收集管道长度=(县城污水管道长度+县城雨污合流管道长度) /用水人口。

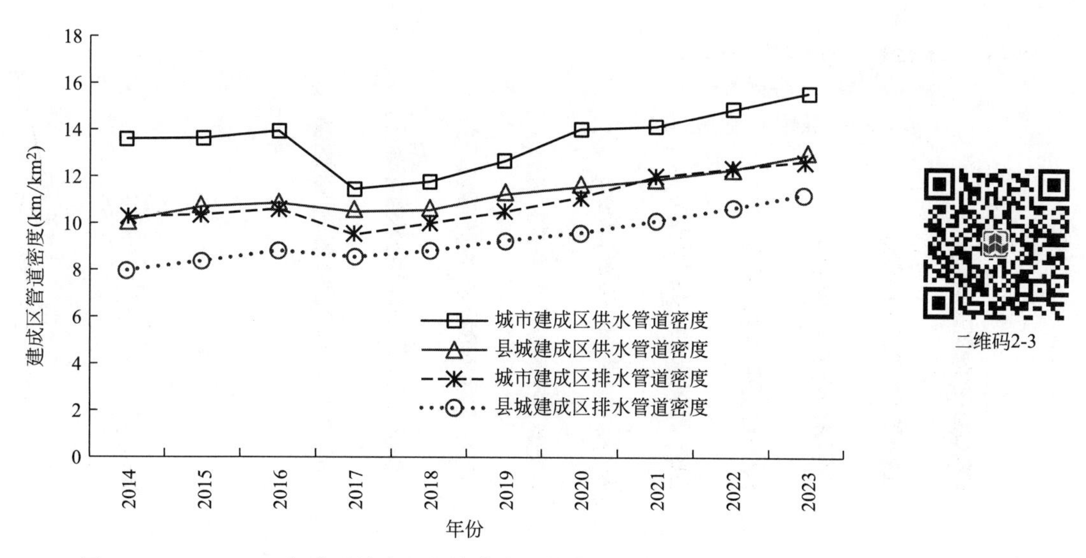

图 2-3　2014～2023 年我国城市和县城建成区供水管道密度、建成区排水管道密度情况对比

数据来源：住房城乡建设部《中国城乡建设统计年鉴》(2014～2023)。

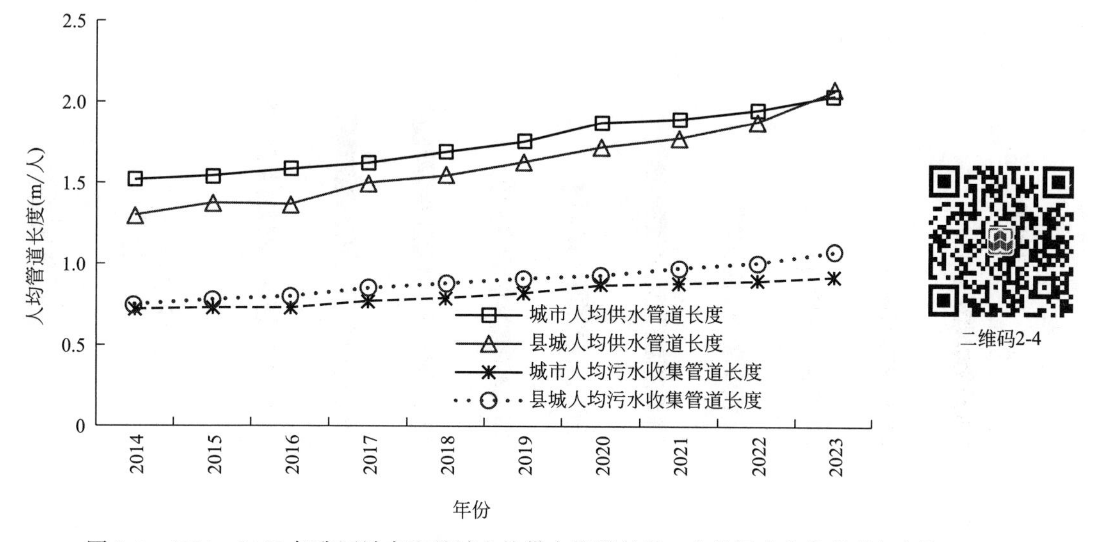

图 2-4　2014～2023 年我国城市和县城人均供水管道长度、人均污水收集管道长度情况对比

数据来源：住房城乡建设部《中国城乡建设统计年鉴》(2014～2023)。

2014～2023 年我国城市和县城污水处理厂干污泥产生量情况对比如图 2-6 所示。

截至 2023 年底，对生活污水进行处理的建制镇个数为 16001 个，占建制镇总数量的 82.62%；建制镇污水处理厂数量为 15486 座，处理能力为 3226.57 万 m^3/d，处理能力较 2022 年增长 2.73%，其他污水处理装置处理能力为 2567.62 万 m^3/d，较 2022 年减少 0.34%；建制镇排水管道长度为 23.23 万 km，较 2022 年增长 6.12%，

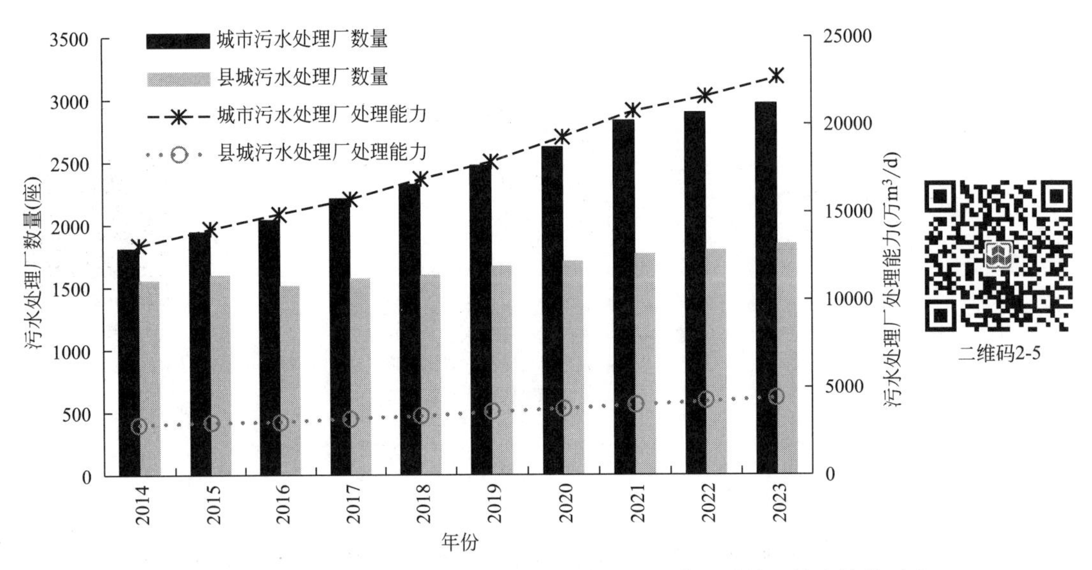

图 2-5　2014～2023 年我国城市和县城污水处理厂数量及处理能力情况对比

数据来源：住房城乡建设部《中国城乡建设统计年鉴》(2014～2023)。

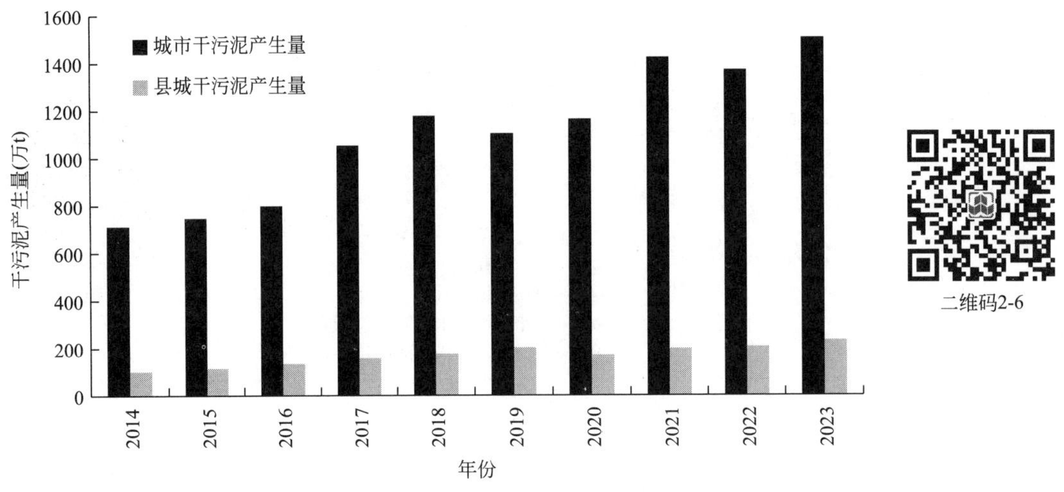

图 2-6　2014～2023 年我国城市和县城污水处理厂干污泥产生量情况对比

数据来源：住房城乡建设部《中国城乡建设统计年鉴》(2014～2023)。

排水管渠长度为 12.21 万 km，较 2022 年增长 1.12%。2014～2023 年我国建制镇排水与污水处理设施情况对比如图 2-7 所示。

截至 2023 年底，对生活污水进行处理的乡个数为 3870 个，占乡总数量的 48.86%；乡污水处理厂数量为 2753 座，处理能力为 121.59 万 m^3/d，较 2022 年减少 20.14%；其他污水处理装置处理能力为 112.43 万 m^3/d，较 2022 年减少 13.70%；乡排

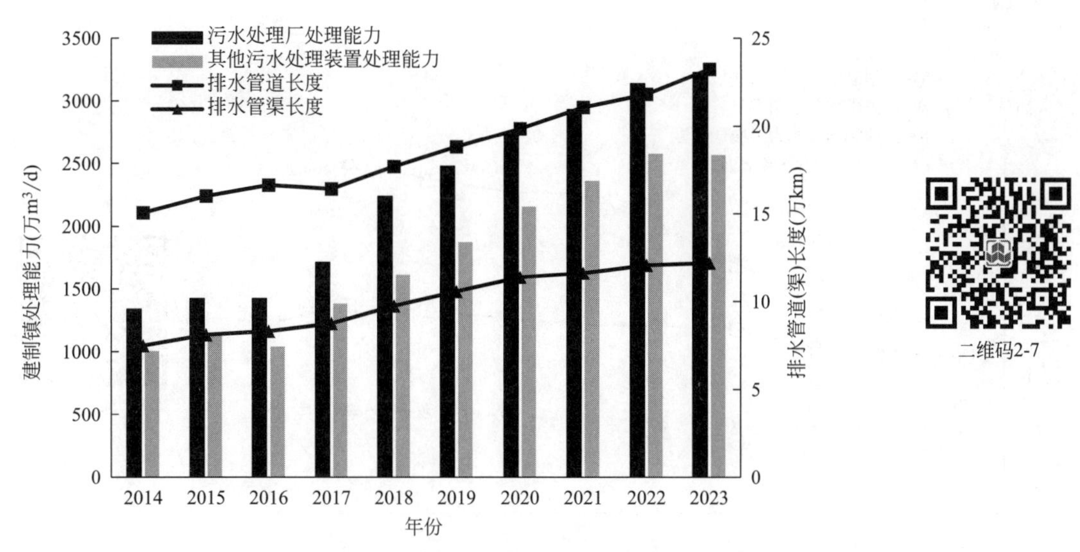

图 2-7　2014～2023 年我国建制镇排水与污水处理设施情况对比

数据来源：住房城乡建设部《中国城乡建设统计年鉴》(2014～2023)。

水管道长度为 2.35 万 km，较 2022 年增长 2.39%，排水管渠长度为 1.89 万 km，较 2022 年增长 0.93%。2014～2023 年我国乡排水与污水处理设施情况对比如图 2-8 所示。

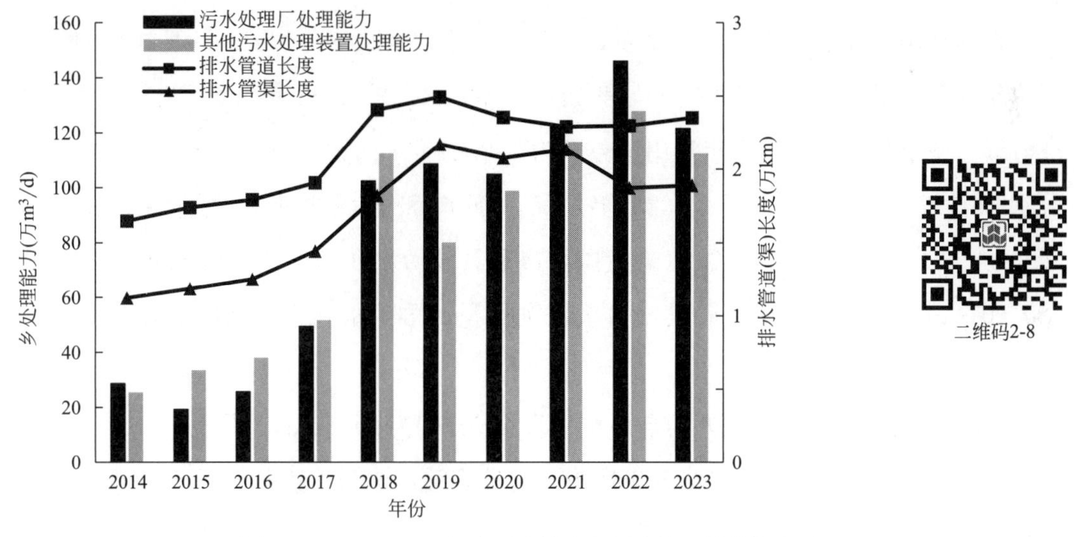

图 2-8　2014～2023 年我国乡排水与污水处理设施情况对比

数据来源：住房城乡建设部《中国城乡建设统计年鉴》(2014～2023)。

2023 年我国建制镇和乡排水管道（渠）密度分别为 7.93km/km²、7.47km/km²，2014～2023 年建制镇和乡供水管道密度、排水管道（渠）密度情况对比如图 2-9 所示。

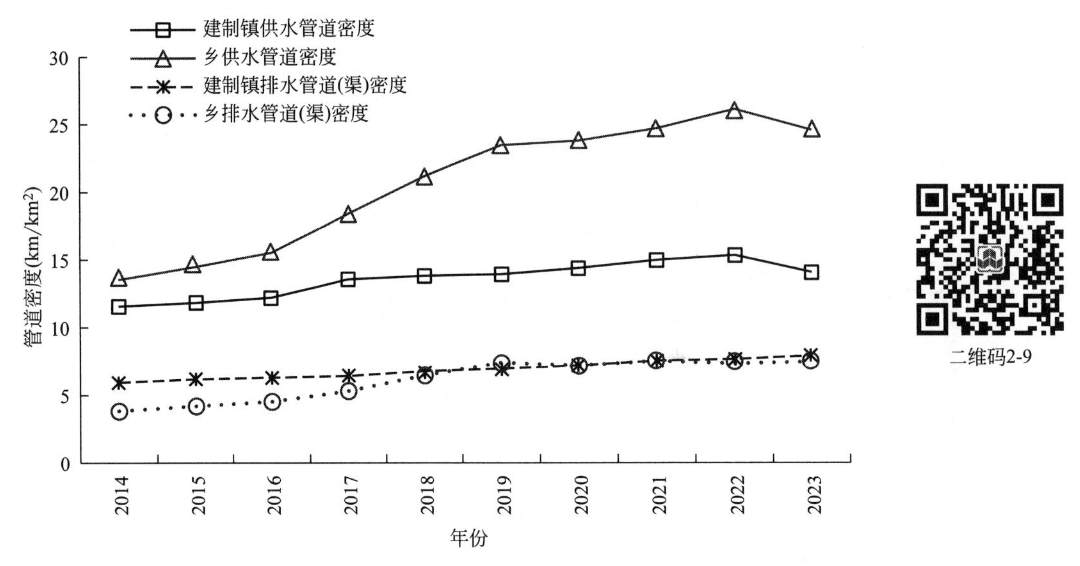

二维码2-9

图 2-9　2014～2023 年我国建制镇和乡供水管道密度、排水管道（渠）密度情况对比

数据来源：住房城乡建设部《中国城乡建设统计年鉴》（2014～2023）。

2.1.3　服务水平

根据住房城乡建设部《中国城乡建设统计年鉴》（2023），2023 年度城市和县城污水年处理量分别为 642.72 亿 m^3 和 117.14 亿 m^3，较 2022 年分别增长 4.07%和 5.67%。城市和县城再生水年利用量分别为 193.41 亿 m^3 和 21.02 亿 m^3，较 2022 年分别增长 7.17%、15.37%。2023 年，我国城市和县城再生水利用率①分别为 30.09%和 17.94%。2014～2023 年我国城市和县城污水处理量情况对比如图 2-10 所示，2014～2023 年我国城市和县城再生水利用量、再生水利用率情况对比如图 2-11 所示。

2023 年我国城市和县城人均日污水处理量②分别为 311.63L/(人・d)、211.55L/(人・d)。2014～2023 年我国城市和县城人均日生活用水量、人均日污水处理量情况对比如图 2-12 所示。

① 城市再生水利用率＝(城市再生水利用量/城市污水处理厂污水处理量)×100%，县城再生水利用率＝(县城再生水利用量/县城污水处理厂污水处理量)×100%。

② 城市人均日污水处理量＝城市污水处理厂年污水处理量/用水人口/年天数，县城人均日污水处理量＝县城污水处理厂污水处理量/用水人口/年天数。

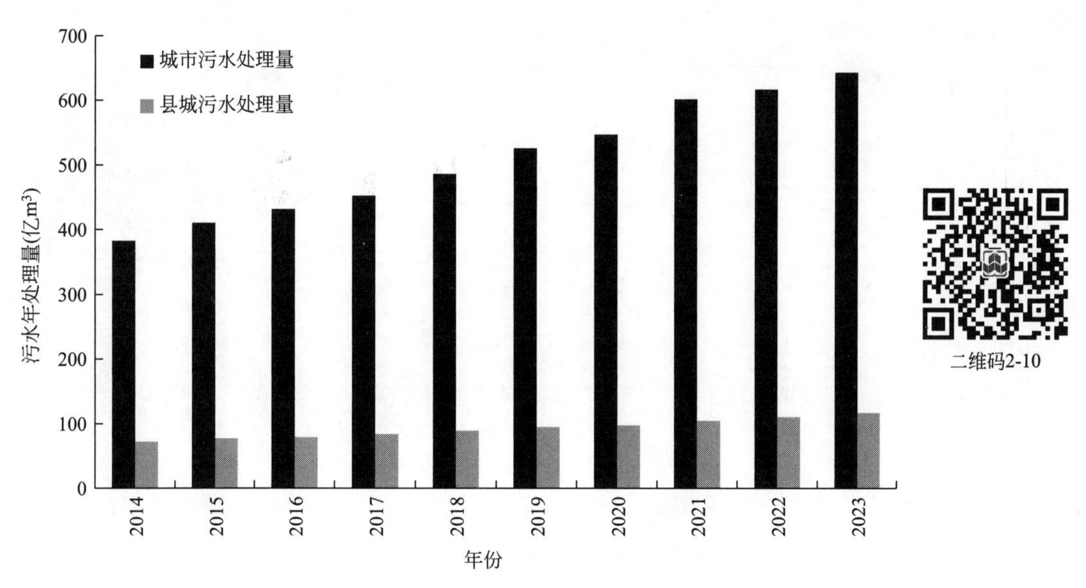

图 2-10　2014～2023 年我国城市和县城污水处理量情况对比

数据来源：住房城乡建设部《中国城乡建设统计年鉴》(2014～2023)。

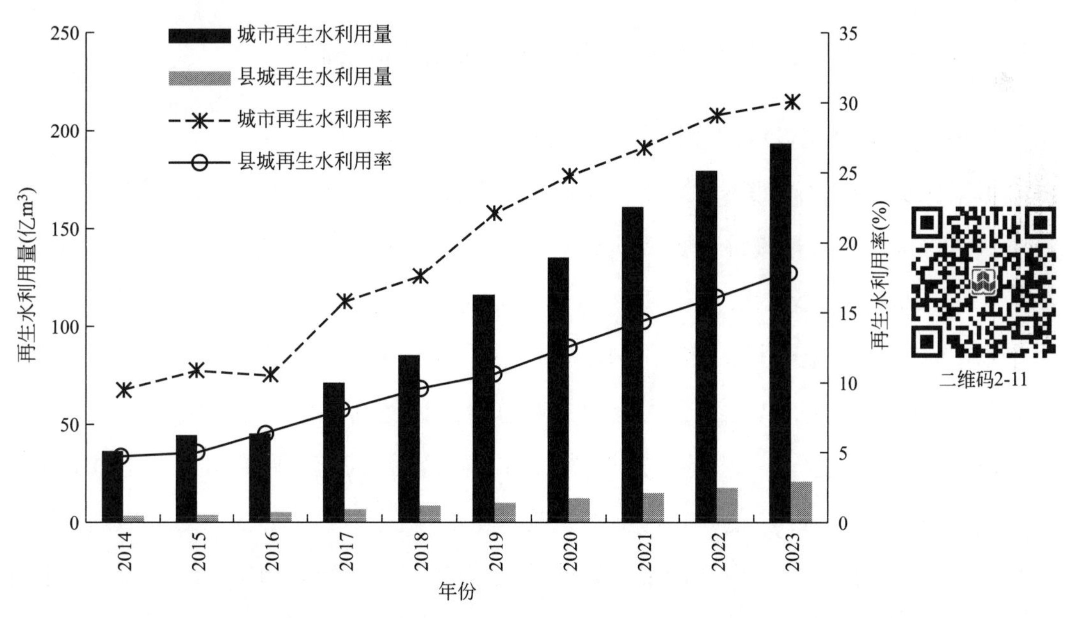

图 2-11　2014～2023 年我国城市和县城再生水利用量、再生水利用率情况对比

数据来源：住房城乡建设部《中国城乡建设统计年鉴》(2014～2023)。

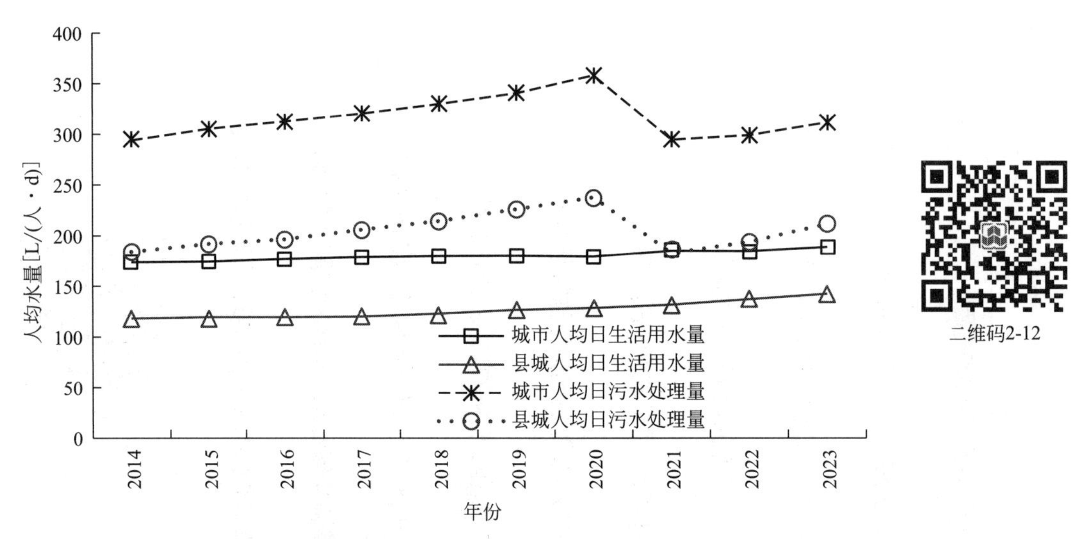

图 2-12　2014～2023 年我国城市和县城人均日生活用水量、人均日污水处理量情况对比

数据来源：住房城乡建设部《中国城乡建设统计年鉴》(2014～2023)。

2.2　区域排水与污水处理

2.2.1　东中西部及 31 个省（自治区、直辖市）情况

1. 排水市政公用设施建设固定资产投资

根据住房城乡建设部《中国城乡建设统计年鉴》(2023)，截至 2023 年底，东部地区城市排水市政公用设施建设固定资产投资为 931.07 亿元，占全国城市总量的比例为 47.40%；县城为 218.41 亿元，占全国县城总量的比例为 28.02%。中部地区城市排水市政公用设施建设固定资产投资为 567.73 亿元，占全国城市总量的比例为 28.90%；县城为 256.54 亿元，占全国县城总量的比例为 32.91%。西部地区城市排水市政公用设施建设固定资产投资为 465.60 亿元，占全国城市总量的比例为 23.70%；县城为 304.57 亿元，占全国县城总量的比例为 39.07%。2023 年我国东中西部各省（自治区、直辖市）城市和县城排水市政公用设施建设固定资产投资情况如图 2-13 所示。

2. 设施状况

截至 2023 年底，我国东部地区城市排水管道长度、污水处理厂数量及处理能力、干污泥产生量、再生水生产能力分别为 54.05 万 km、1447 座、12539.21 万 m^3/d、

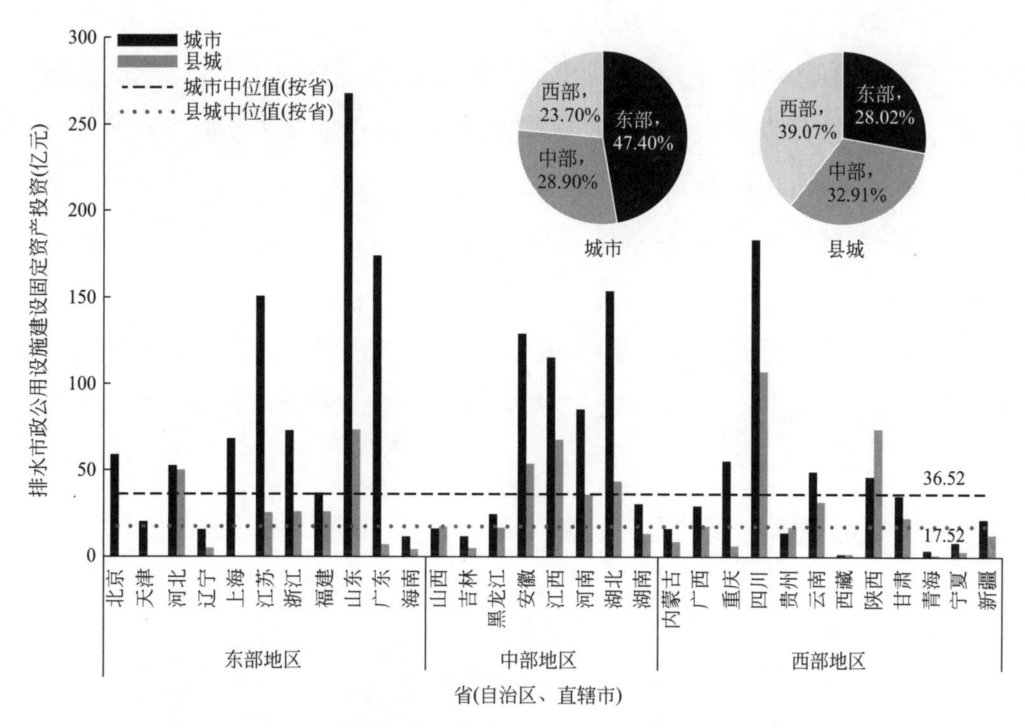

图 2-13　2023 年我国东中西部各省（自治区、直辖市）城市和县城排水市政公用设施建设固定资产投资情况

数据来源：住房城乡建设部《中国城乡建设统计年鉴》(2023)。

838.16 万 t、5439.99 万 m^3/d，在全国城市总量占比分别为 56.75%、48.77%、55.35%、55.67%、63.29%；县城排水管道长度、污水处理厂数量及处理能力、干污泥产生量、再生水生产能力分别为 7.89 万 km、407 座、1528.32 万 m^3/d、77.12 万 t、643.00 万 m^3/d，在全国县城总量占比分别为 29.52%、22.01%、34.91%、33.20%、49.81%。

截至 2023 年底，我国中部地区城市排水管道长度、污水处理厂数量及处理能力、干污泥产生量、再生水生产能力分别为 21.41 万 km、719 座、5661.61 万 m^3/d、317.14 万 t、1838.53 万 m^3/d，在全国城市总量占比分别为 22.48%、24.23%、24.99%、21.07%、21.39%；县城排水管道长度、污水处理厂数量及处理能力、干污泥产生量、再生水生产能力分别为 9.86 万 km、587 座、1678.76 万 m^3/d、88.03 万 t、346.48 万 m^3/d，在全国县城总量占比分别为 36.88%、31.75%、38.35%、37.89%、26.84%。

截至 2023 年底，我国西部地区城市排水管道长度、污水处理厂数量及处理能力、干污泥产生量、再生水生产能力分别为 19.78 万 km、801 座、4452.09 万 m^3/d、350.15 万 t、1316.90 万 m^3/d，在全国城市总量占比分别为 20.77%、27.00%、19.66%、23.26%、15.32%；县城排水管道长度、污水处理厂数量及处理能力、干污泥产生量、再生水生产能力分别为 8.98 万 km、855 座、1170.59 万 m^3/d、67.17 万 t、301.44 万 m^3/d，在全国县城总量占比分别为 33.60%、46.24%、26.74%、28.91%、23.35%。

2023 年我国东中西部各省（自治区、直辖市）城市和县城排水管道长度、污水处理厂数量及处理能力、干污泥产生量、再生水生产能力情况对比如图 2-14～图 2-18 所示。

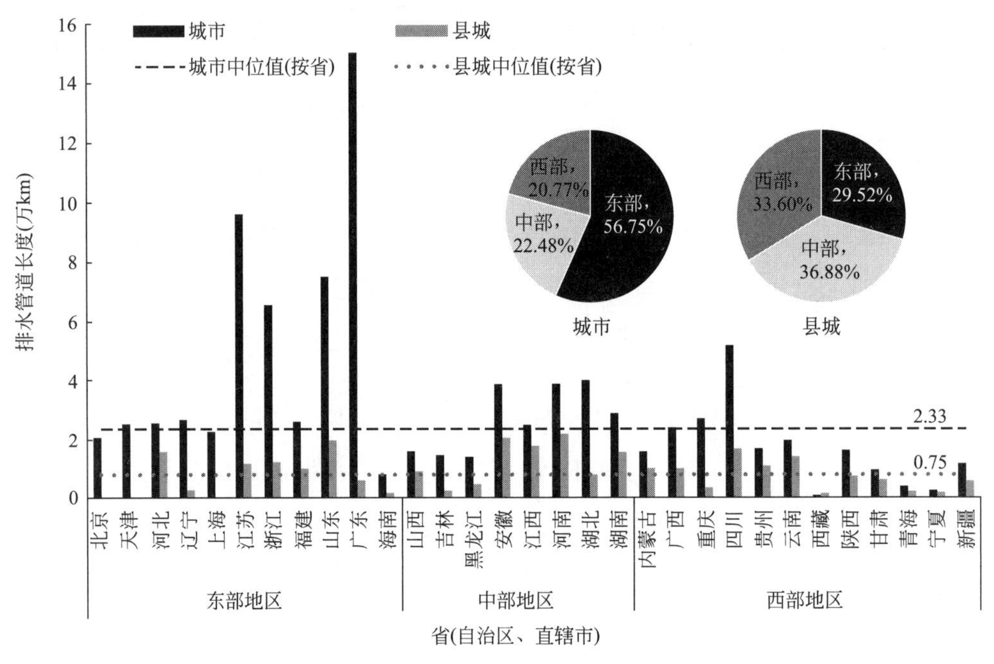

图 2-14　2023 年我国东中西部各省（自治区、直辖市）城市和县城排水管道长度情况对比

数据来源：住房城乡建设部《中国城乡建设统计年鉴》(2023)。

截至 2023 年底，我国东中西部地区城市建成区排水管道密度分别为 13.80km/km^2、11.62km/km^2、11.61km/km^2，城市人均污水收集管道长度分别为 1.03m/人、0.79m/人、0.90m/人；县城建成区排水管道密度分别为 11.34km/km^2、11.39km/km^2、11.06km/km^2，县城人均污水收集管道长度分别为 1.02m/人、1.04m/人、1.16m/人。2023 年我国东中西部各省（自治区、直辖市）城市建成区供水管道密度和建成区排水管道密度情况对比如图 2-19 所示，人均供水管道长度和人均污水收集管

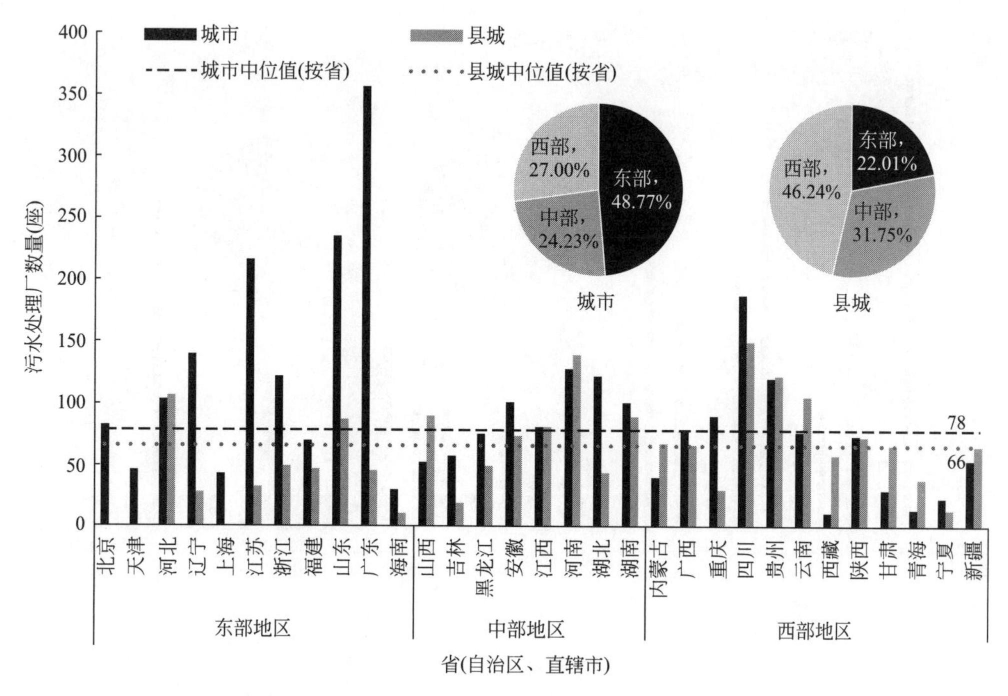

图 2-15　2023 年我国东中西部各省（自治区、直辖市）城市和县城污水处理厂数量情况对比

数据来源：住房城乡建设部《中国城乡建设统计年鉴》(2023)。

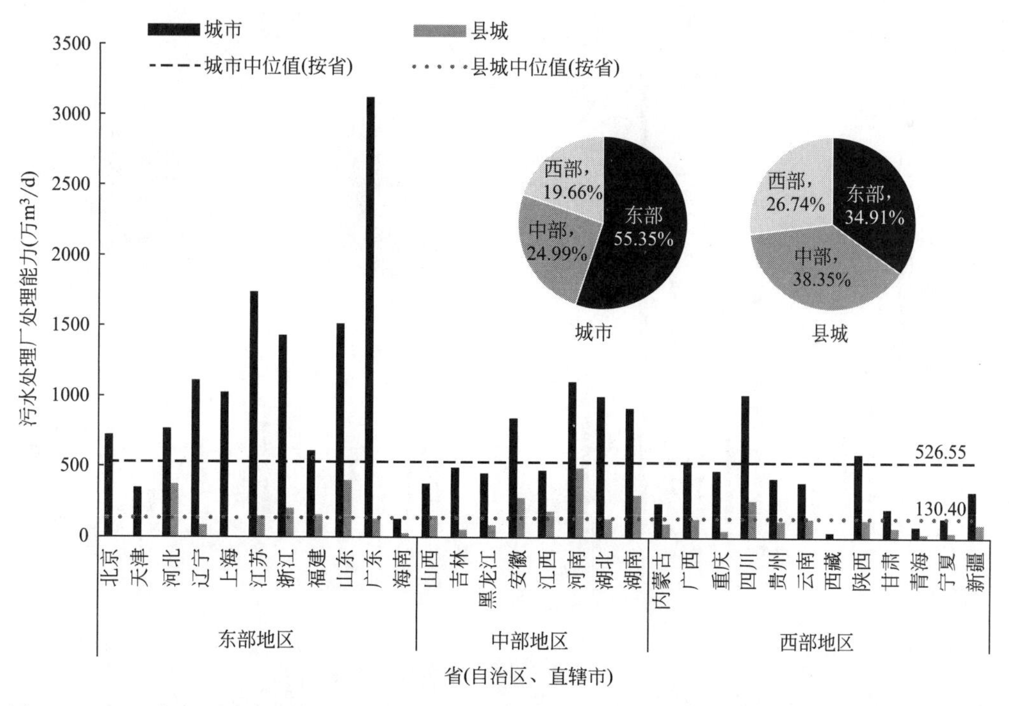

图 2-16　2023 年我国东中西部各省（自治区、直辖市）城市和县城污水处理厂处理能力情况对比

数据来源：住房城乡建设部《中国城乡建设统计年鉴》(2023)。

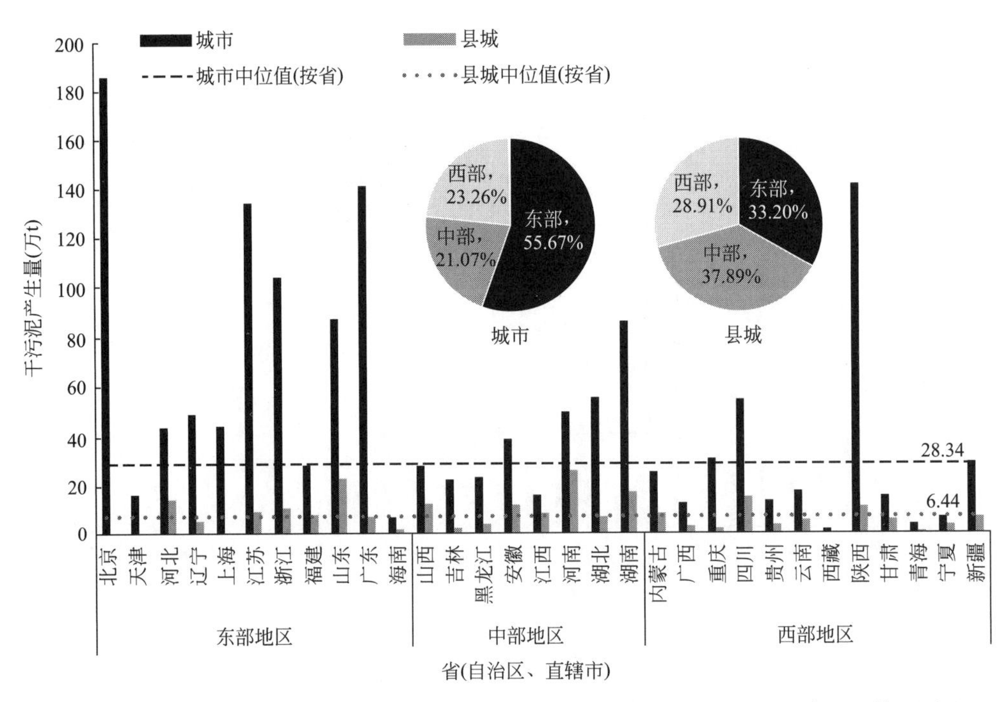

图 2-17　2023 年我国东中西部各省（自治区、直辖市）城市和县城干污泥产生量情况对比

数据来源：住房城乡建设部《中国城乡建设统计年鉴》(2023)。

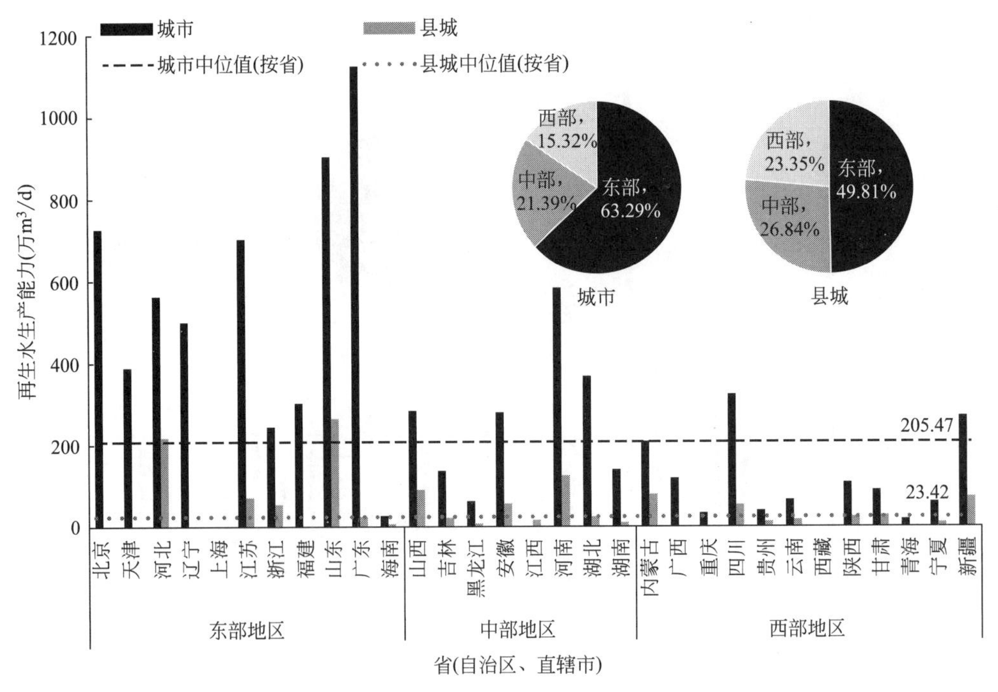

图 2-18　2023 年我国东中西部各省（自治区、直辖市）城市和县城再生水生产能力情况对比

数据来源：住房城乡建设部《中国城乡建设统计年鉴》(2023)。

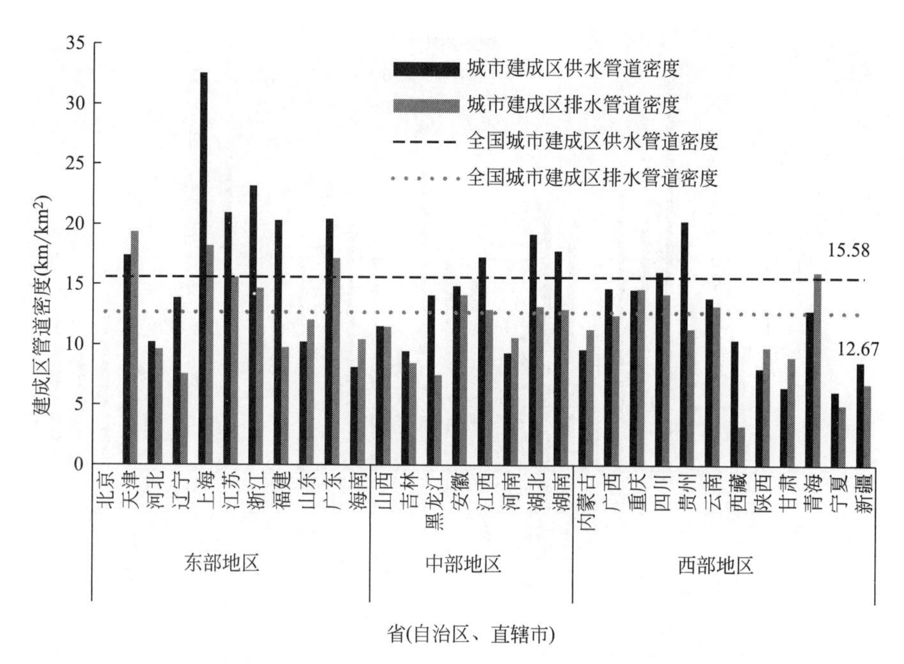

图 2-19 2023 年我国东中西部各省（自治区、直辖市）城市建成区供水管道密度和建成区排水管道密度情况对比

数据来源：住房城乡建设部《中国城乡建设统计年鉴》(2023)。

道长度[①]情况对比如图 2-20 所示；县城建成区供水管道密度和建成区排水管道密度情况对比如图 2-21 所示，人均供水管道长度和人均污水收集管道长度情况对比如图 2-22 所示。

3. 服务水平

2023 年，我国东部地区城市污水年处理量、再生水年利用量分别为 354.22 亿 m^3、122.42 亿 m^3，县城污水年处理量、再生水年利用量分别为 38.77 亿 m^3、11.20 亿 m^3；中部地区城市污水年处理量、再生水年利用量分别为 161.79 亿 m^3、39.98 亿 m^3，县城污水年处理量、再生水年利用量分别为 46.31 亿 m^3、5.03 亿 m^3；西部地区城市污水年处理量、再生水年利用量分别为 126.71 亿 m^3、31.01 亿 m^3，县城污水年处理量、再生水年利用量分别为 32.06 亿 m^3、4.78 亿 m^3。2023 年我国东中西部各省（自治区、直辖市）城市和县城污水处理量和再生水利用量情况对比如图 2-23 和图 2-24 所示。

2023 年我国东中西部各省（自治区、直辖市）城市生活污水集中收集率情况对比如图 2-25 所示。

① 本节中，城市（县城）服务水平中的全国均值指与全国城市（县城）总量的比值。

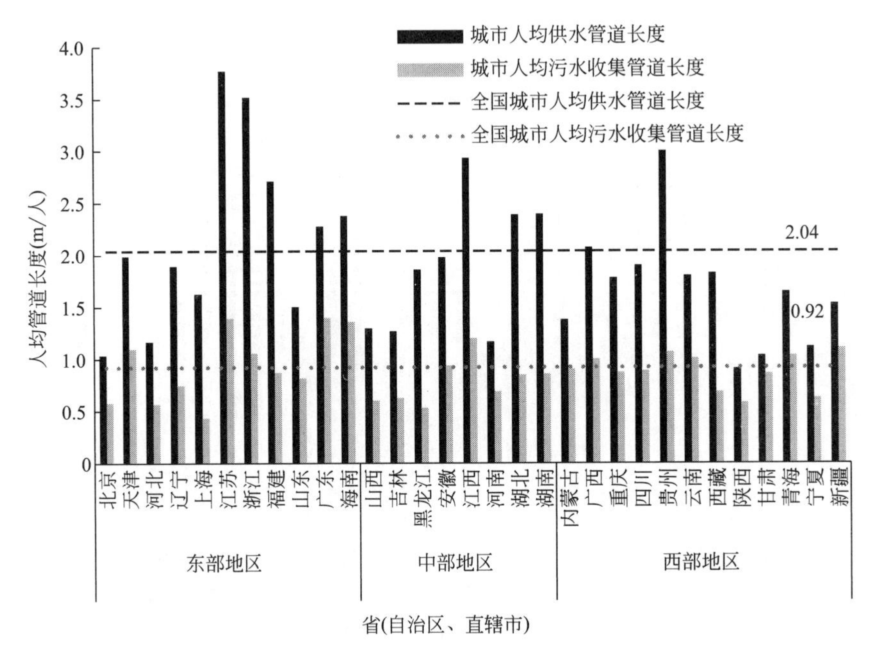

图 2-20　2023 年我国东中西部各省（自治区、直辖市）城市人均供水管道长度和人均污水收集管道长度情况对比

数据来源：住房城乡建设部《中国城乡建设统计年鉴》(2023)。

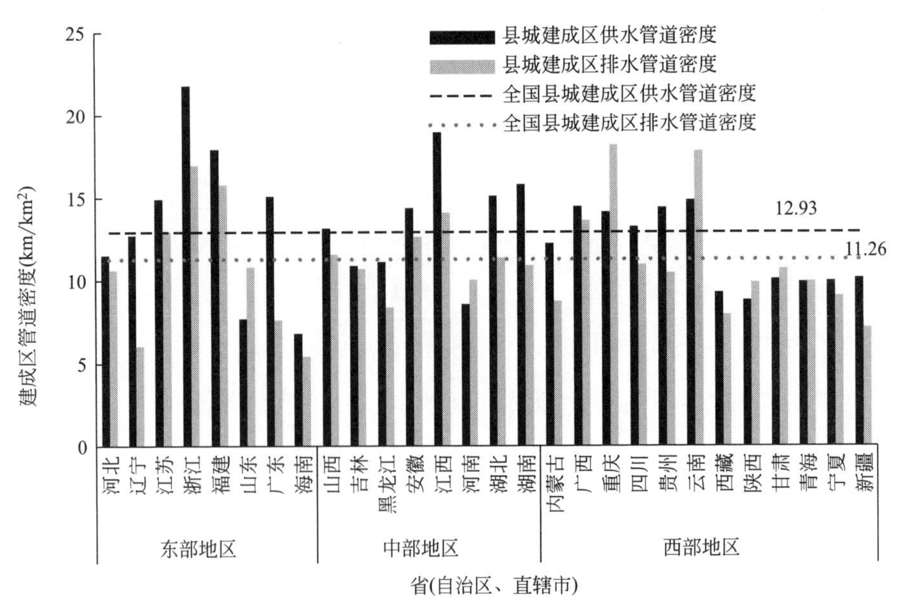

图 2-21　2023 年我国东中西部各省（自治区、直辖市）县城建成区供水管道密度和建成区排水管道密度情况对比

数据来源：住房城乡建设部《中国城乡建设统计年鉴》(2023)。

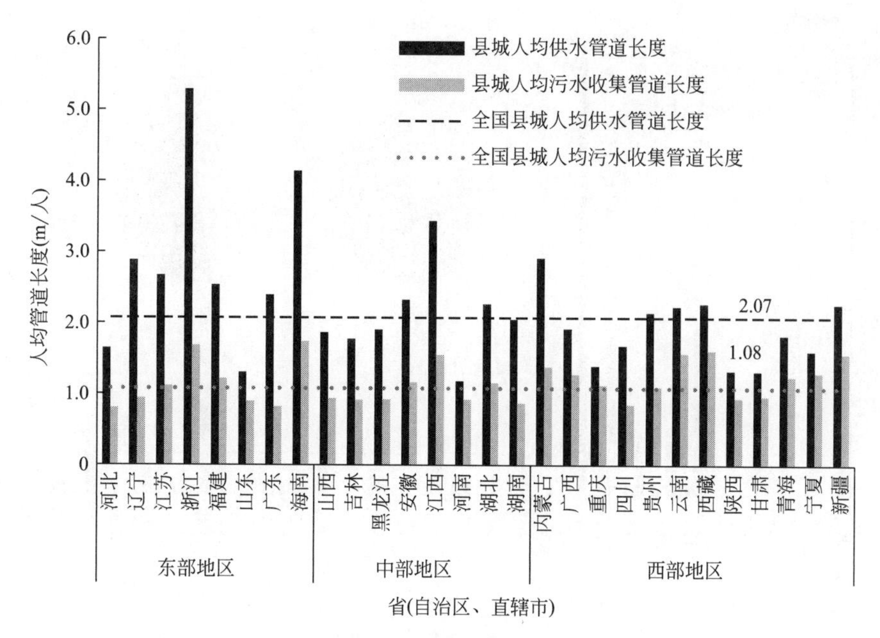

图 2-22　2023 年我国东中西部各省（自治区、直辖市）县城人均供水管道长度和人均污水收集管道长度情况对比

数据来源：住房城乡建设部《中国城乡建设统计年鉴》(2023)。

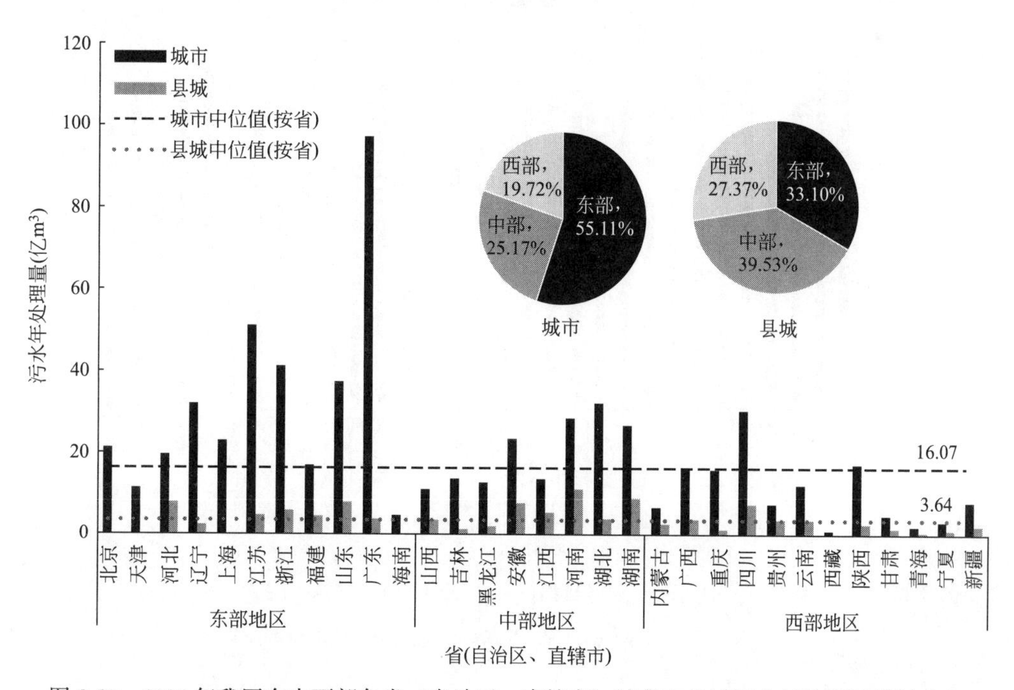

图 2-23　2023 年我国东中西部各省（自治区、直辖市）城市和县城污水年处理量情况对比

数据来源：住房城乡建设部《中国城乡建设统计年鉴》(2023)。

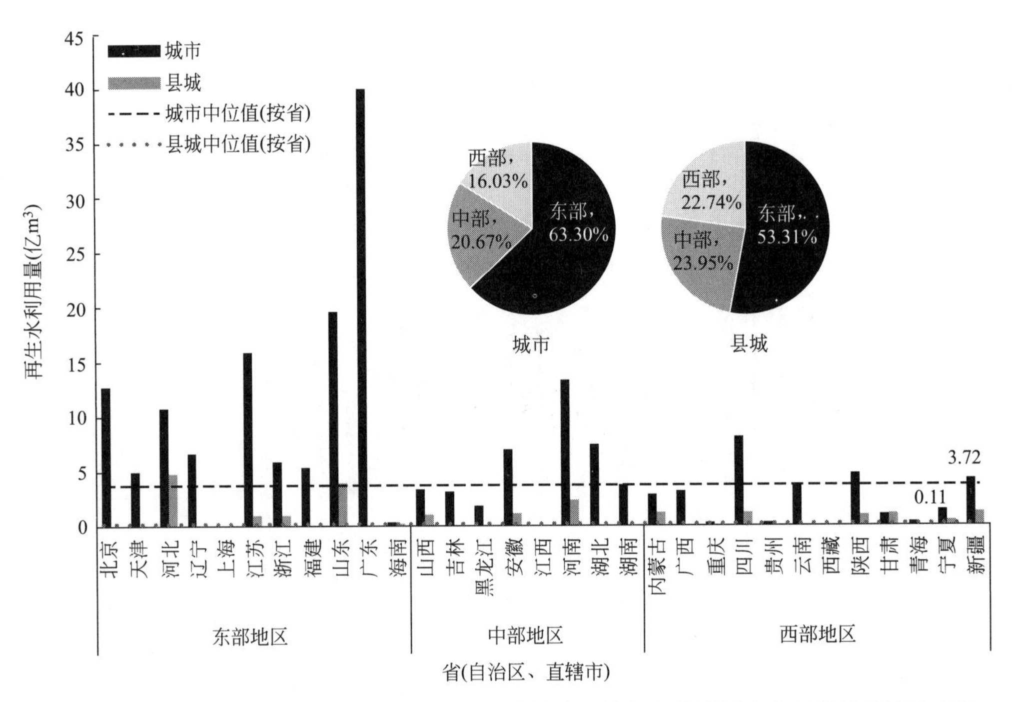

图 2-24　2023 年我国东中西部各省（自治区、直辖市）城市和县城再生水年利用量情况对比

数据来源：住房城乡建设部《中国城乡建设统计年鉴》(2023)。

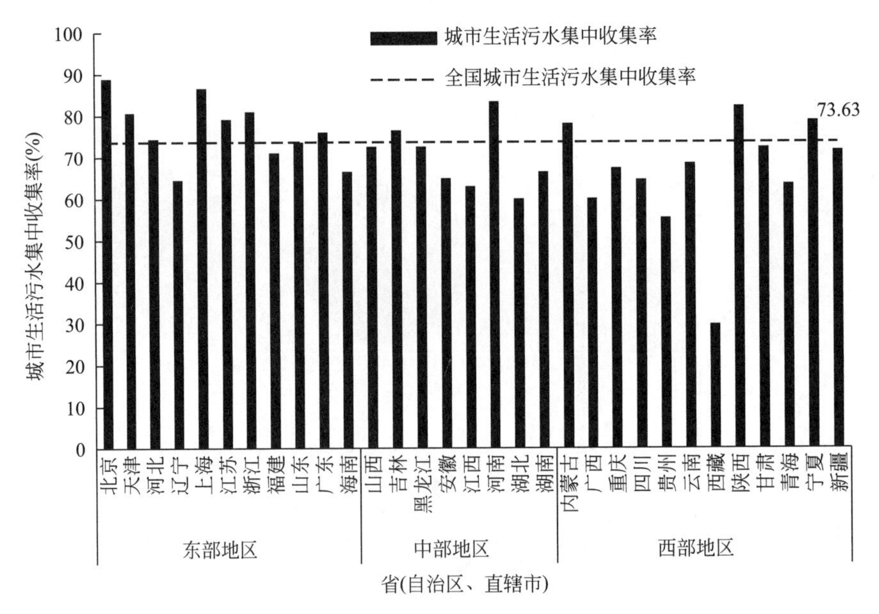

图 2-25　2023 年我国东中西部各省（自治区、直辖市）城市生活污水集中收集率情况对比

数据来源：住房城乡建设部《中国城乡建设统计年鉴》(2023)。

截至 2023 年底，我国东中西部地区城市人均日污水处理量分别为 327.21L/(人・d)、312.48L/(人・d)、274.20L/(人・d)，县城人均日污水处理量分别为 250.06L/(人・d)、

221.98L/(人·d)、168.69L/(人·d)。2023年我国东中西部各省（自治区、直辖市）城市和县城人均日生活用水量和人均日污水处理量情况对比如图2-26和图2-27所示。

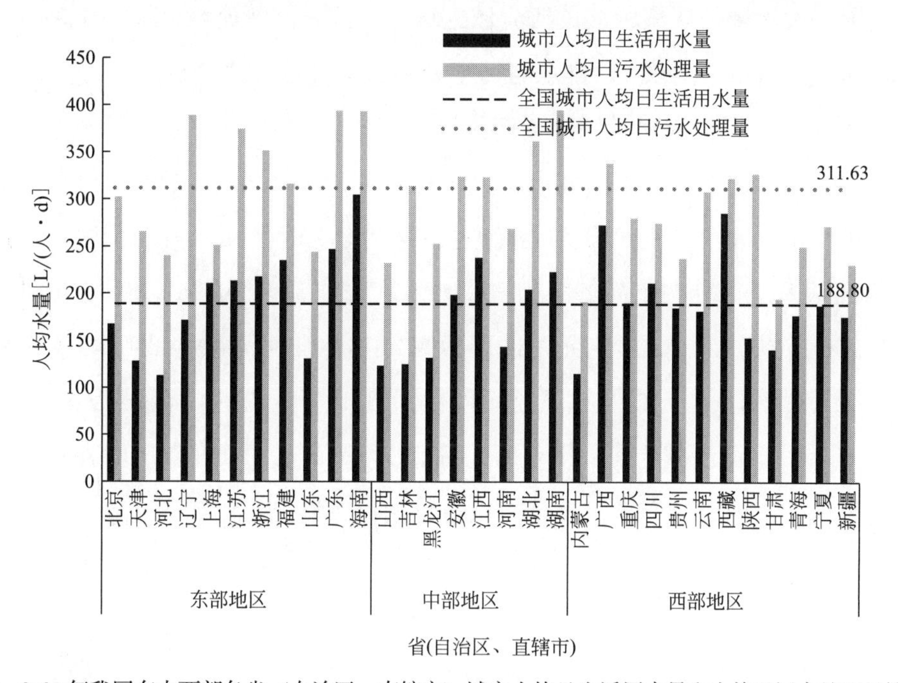

图2-26　2023年我国东中西部各省（自治区、直辖市）城市人均日生活用水量和人均日污水处理量情况对比

数据来源：住房城乡建设部《中国城乡建设统计年鉴》(2023)。

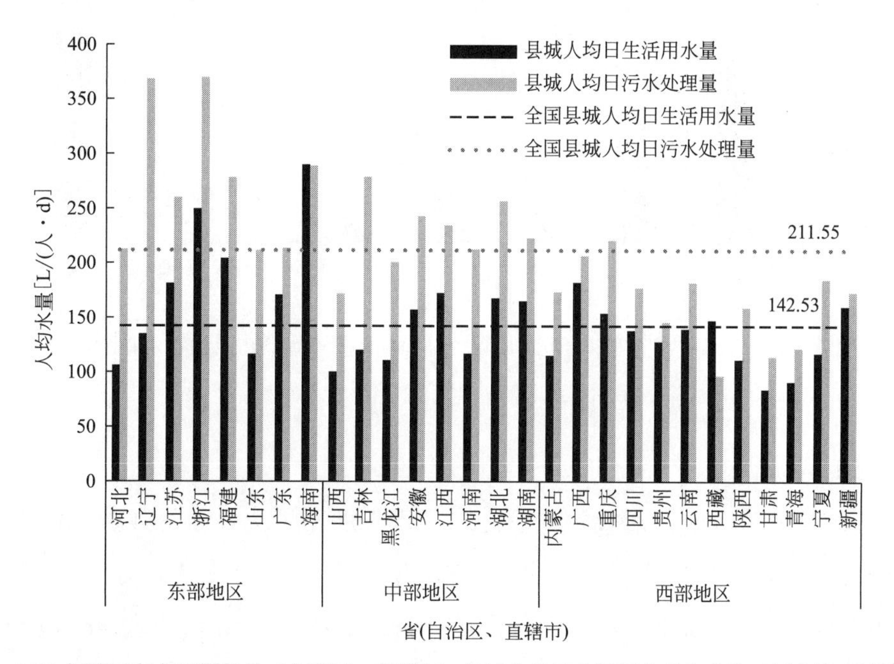

图2-27　2023年我国东中西部各省（自治区、直辖市）县城人均日生活用水量和人均日污水处理量情况对比

数据来源：住房城乡建设部《中国城乡建设统计年鉴》(2023)。

2.2.2 七大流域情况

对我国七大流域长江流域、黄河流域、珠江流域、淮河流域、海河流域、松花江流域、辽河流域城市（附录1）排水与污水处理情况进行对比分析。

1. 排水市政公用设施建设固定资产投资

根据住房城乡建设部《中国城市建设统计年鉴》(2023)，截至2023年底，长江流域城市排水市政公用设施建设固定资产投资为837.58亿元，占全国城市排水市政公用设施建设固定资产投资比例为42.64%；黄河流域为257.20亿元，占比为13.09%；珠江流域为193.05亿元，占比为9.83%；淮河流域为260.40亿元，占比为13.26%；海河流域为159.50亿元，占比为8.12%；松花江流域为27.82亿元，占比为1.42%；辽河流域为13.11亿元，占比为0.67%。2023年七大流域城市排水市政公用设施建设固定资产投资占全国城市总量比例情况对比如图2-28所示。

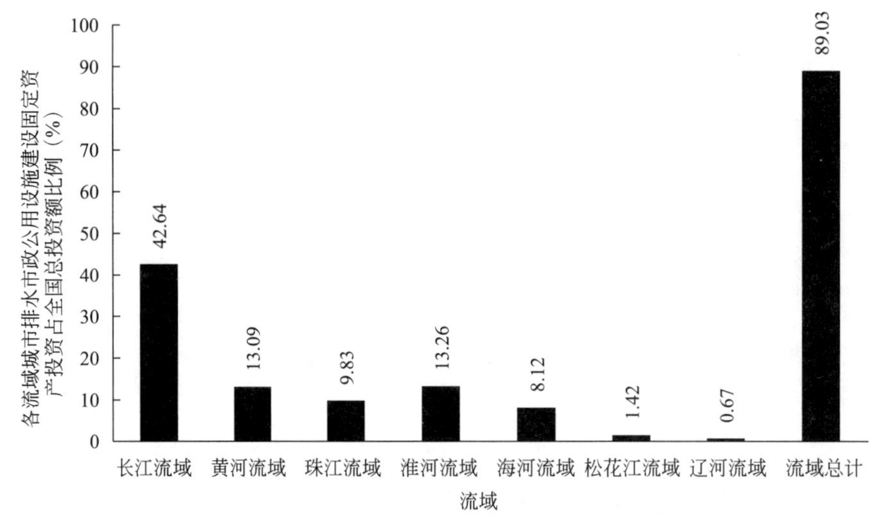

图2-28 2023年七大流域城市排水市政公用设施建设固定资产投资占全国城市总量比例情况对比

数据来源：住房城乡建设部《中国城市建设统计年鉴》(2023)。

2. 设施状况

截至2023年底，长江流域各城市排水管道长度、污水处理厂数量、污水处理厂处理能力、干污泥产生量、再生水生产能力总计分别为33.56万km、1020座、8053.64万m^3/d、480.89万t、1703.00万m^3/d，在全国城市总量占比分别为35.23%、34.38%、35.55%、31.94%、19.81%。

黄河流域各城市排水管道长度、污水处理厂数量、污水处理厂处理能力、干污泥产生量、再生水生产能力总计分别为7.28万km、244座、1874.39万m^3/d、219.20万t、897.37万m^3/d，在全国城市总量占比分别为7.65%、8.22%、8.27%、14.56%、10.44%。

珠江流域各城市排水管道长度、污水处理厂数量、污水处理厂处理能力、干污泥产生量、再生水生产能力总计分别为15.38万km、358座、3136.54万m^3/d、135.61万t、1163.18万m^3/d，在全国城市总量占比分别为16.15%、12.07%、13.85%、9.01%、13.53%。

淮河流域各城市排水管道长度、污水处理厂数量、污水处理厂处理能力、干污泥产生量、再生水生产能力总计分别为10.98万km、330座、2361.65万m^3/d、130.91万t、1249.97万m^3/d，在全国城市总量占比分别为11.53%、11.12%、10.43%、8.70%、14.54%。

海河流域各城市排水管道长度、污水处理厂数量、污水处理厂处理能力、干污泥产生量、再生水生产能力总计分别为8.13万km、277座、2116.53万m^3/d、261.63万t、1816.60万m^3/d，在全国城市总量占比分别为8.54%、9.34%、9.34%、17.38%、21.13%。

松花江流域各城市排水管道长度、污水处理厂数量、污水处理厂处理能力、干污泥产生量、再生水生产能力总计分别为2.50万km、110座、830.55万m^3/d、40.11万t、167.89万m^3/d，在全国城市总量占比分别为2.62%、3.71%、3.67%、2.66%、1.95%。

辽河流域各城市排水管道长度、污水处理厂数量、污水处理厂处理能力、干污泥产生量、再生水生产能力总计分别为2.01万km、86座、828.80万m^3/d、37.72万t、450.88万m^3/d，在全国城市总量占比分别为2.11%、2.90%、3.66%、2.51%、5.25%。

2023年七大流域城市排水管道长度、污水处理厂数量及处理能力、干污泥产生量、再生水生产能力占全国城市总量比例情况如图2-29所示。

截至2023年底，长江流域各城市建成区排水管道密度和人均污水收集管道长度分别为14.18km/km^2和0.91m/人，黄河流域分别为10.67km/km^2和0.69m/人，珠江流域分别为17.35km/km^2和1.33m/人，淮河流域分别为12.20km/km^2和0.87m/人，海河流域分别为12.45km/km^2和0.68m/人，松花江流域分别为7.98km/km^2和0.56m/人，辽河流域分别为8.30km/km^2和0.77m/人。2023年七大流域城市建成区

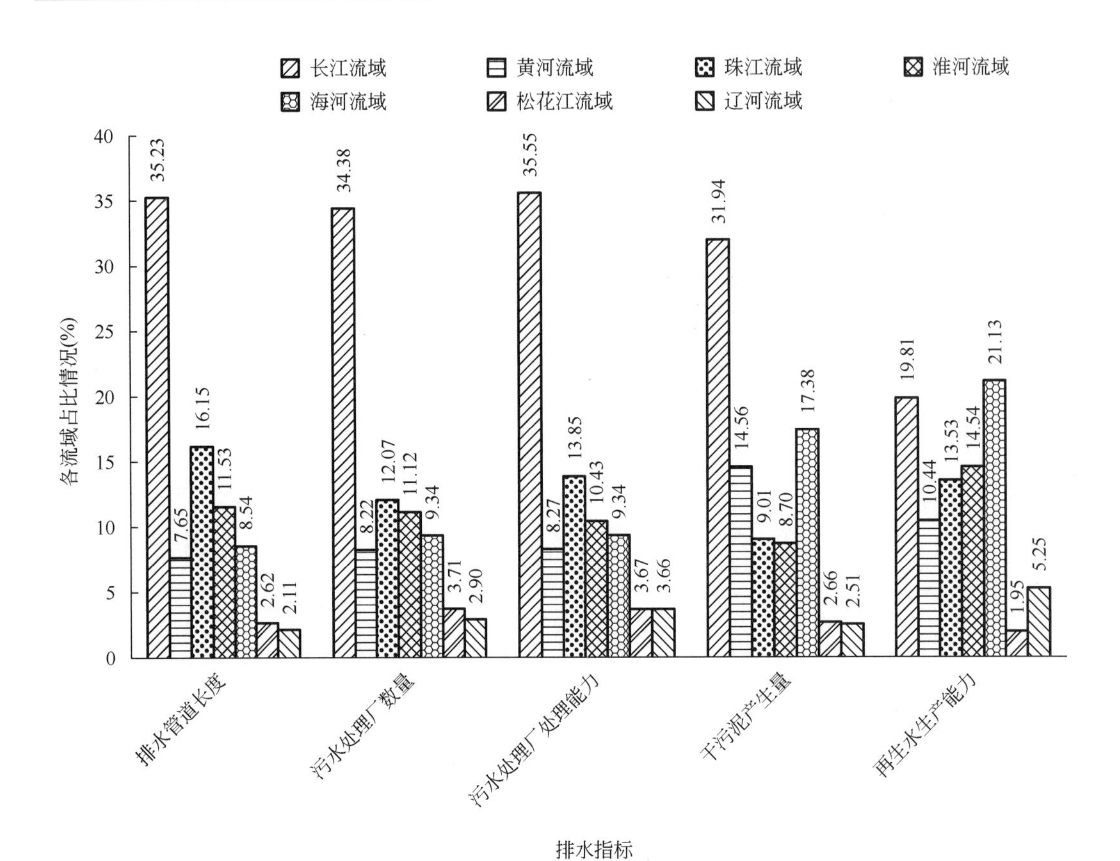

图 2-29　2023 年七大流域排水设施占全国城市总量比例情况对比

数据来源：住房城乡建设部《中国城市建设统计年鉴》(2023)。

供水管道密度和建成区排水管道密度情况对比如图 2-30 所示，人均供水管道长度和人均污水收集管道长度情况对比如图 2-31 所示。

3. 服务水平

截至 2023 年底，长江流域各城市污水年处理量和再生水年利用量分别为 226.45 亿 m^3 和 41.80 亿 m^3；黄河流域分别为 49.69 亿 m^3 和 19.13 亿 m^3；珠江流域分别为 97.61 亿 m^3 和 40.51 亿 m^3；淮河流域分别为 64.40 亿 m^3 和 27.82 亿 m^3；海河流域分别为 58.65 亿 m^3 和 31.18 亿 m^3；松花江流域分别为 23.10 亿 m^3 和 4.71 亿 m^3；辽河流域分别为 22.68 亿 m^3 和 4.86 亿 m^3。2023 年七大流域城市污水年处理量和再生水年利用量情况对比如图 2-32 所示。

截至 2023 年底，长江流域、黄河流域、珠江流域、淮河流域、海河流域、松花江流域、辽河流域各城市人均日污水处理量分别为 318.72L/(人・d)、253.24L/(人・d)、384.04L/(人・d)、283.08L/(人・d)、262.86L/(人・d)、280.08L/(人・

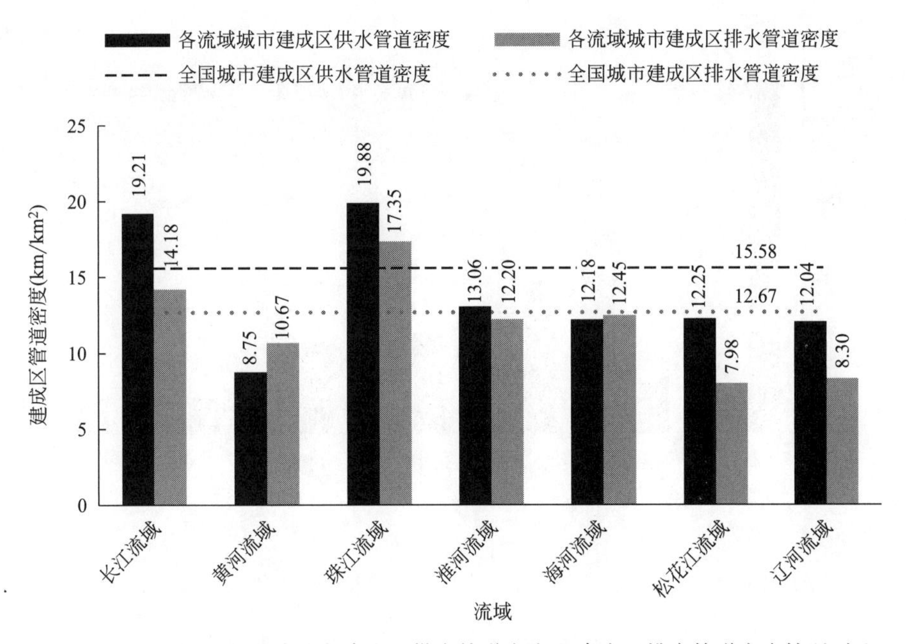

图 2-30　2023 年七大流域城市建成区供水管道密度和建成区排水管道密度情况对比

数据来源：住房城乡建设部《中国城市建设统计年鉴》(2023)。

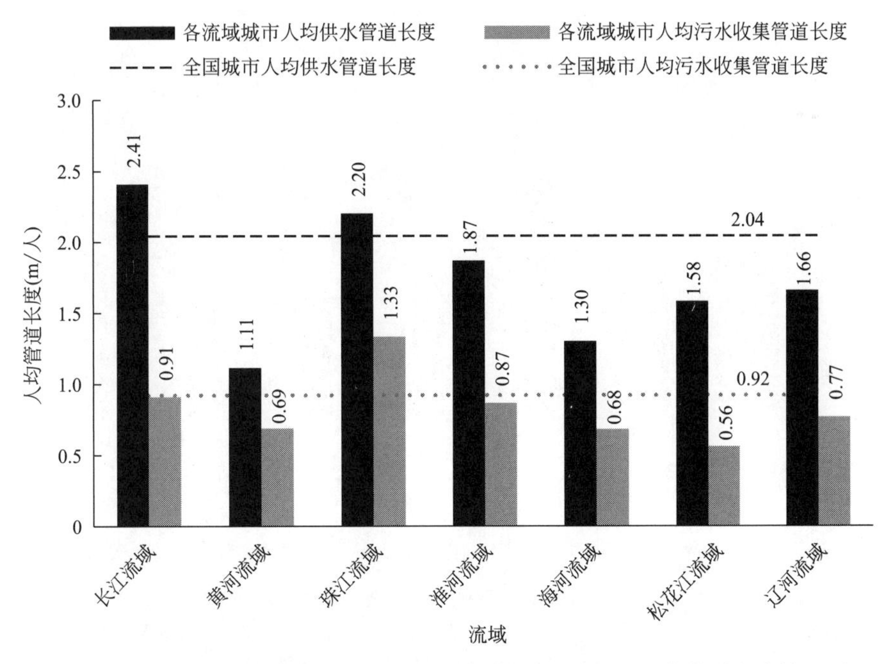

图 2-31　2023 年七大流域城市人均供水管道长度和人均污水收集管道长度情况对比

数据来源：住房城乡建设部《中国城市建设统计年鉴》(2023)。

d)、387.60L/(人・d)。2023 年七大流域城市人均日生活用水量和人均日污水处理量情况对比如图 2-33 所示。

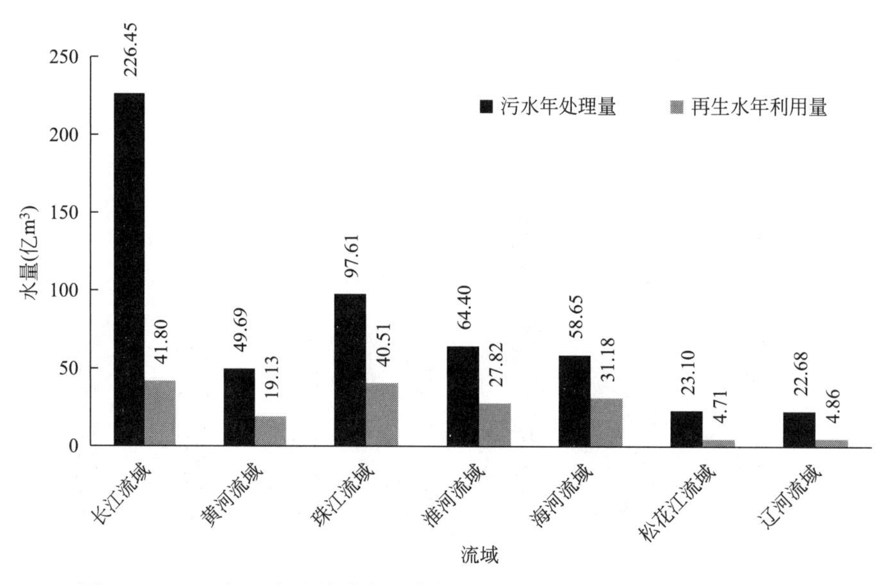

图 2-32　2023 年七大流域城市污水年处理量和再生水年利用量情况对比

数据来源：住房城乡建设部《中国城市建设统计年鉴》(2023)。

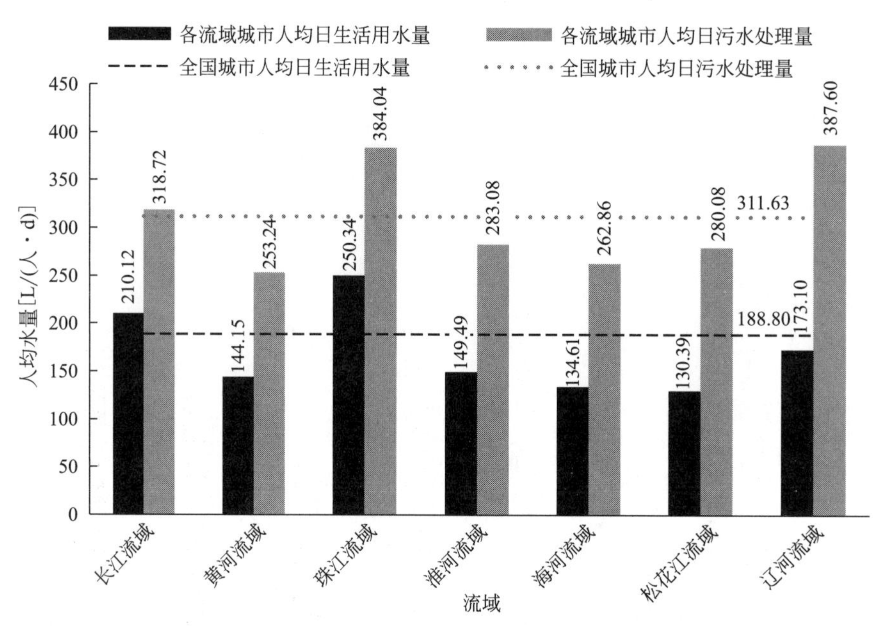

图 2-33　2023 年七大流域城市人均日生活用水量和人均日污水处理量情况对比

数据来源：住房城乡建设部《中国城市建设统计年鉴》(2023)。

2.2.3　国家级城市群情况

《中华人民共和国国民经济和社会发展第十四个五年规划和 2035 年远景目标纲要》提出："优化提升京津冀、长三角、珠三角、成渝、长江中游等城市群，发展壮大山东半岛、粤闽浙沿海、中原、关中平原、北部湾等城市群，培育发展哈长、辽中南、山西中部、黔中、滇中、呼包鄂榆、兰州—西宁、宁夏沿黄、天山北坡等城市群。”对19个城市群（附录2）排水与污水处理情况进行对比分析。

1. 排水市政公用设施建设固定资产投资

根据住房城乡建设部《中国城市建设统计年鉴》（2023），截至2023年底，京津冀城市群城市排水市政公用设施建设固定资产投资为116.69亿元，占全国城市排水市政公用设施建设固定资产投资比例为5.94%；长三角城市群为273.48亿元，占比为13.92%；珠三角城市群为137.71亿元，占比为7.01%；成渝城市群为204.49亿元，占比为10.41%；长江中游城市群为200.24亿元，占比为10.19%；山东半岛城市群为221.94亿元，占比为11.30%；粤闽浙沿海城市群为86.04亿元，占比为4.38%；中原城市群为126.80亿元，占比为6.45%；关中平原城市群为48.75亿元，占比为2.48%；北部湾城市群为24.08亿元，占比为1.23%；哈长城市群为14.82亿元，占比为0.75%；辽中南城市群为12.31亿元，占比为0.63%；山西中部城市群为7.22亿元，占比为0.37%；黔中城市群为5.79亿元，占比为0.29%；滇中城市群为27.81亿元，占比为1.42%；呼包鄂榆城市群为10.48亿元，占比为0.53%；兰州—西宁城市群为19.22亿元，占比为0.98%，宁夏沿黄城市群为8.16亿元，占比为0.42%；天山北坡城市群为6.23亿元，占比为0.32%。2023年19个城市群排水市政公用设施建设固定资产投资占全国城市总量比例情况对比如图2-34所示。

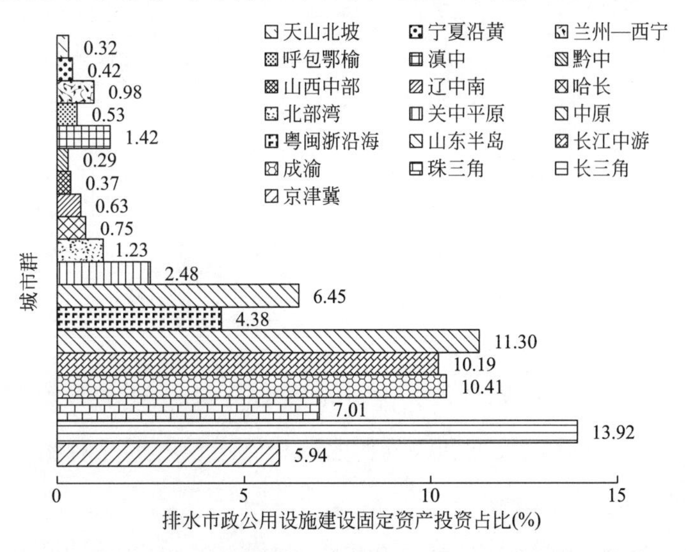

图2-34　2023年19个城市群排水市政公用设施建设固定资产投资占全国城市总量比例情况对比

数据来源：住房城乡建设部《中国城市建设统计年鉴》(2023)。

2. 设施状况

2023 年 19 个城市群排水管道长度、污水处理厂数量及处理能力、干污泥产生量、再生水生产能力及占全国设施总量比例情况对比见表 2-1。

2023 年 19 个城市群排水设施及占全国城市总量的比例情况对比　　表 2-1

城市群	排水管道长度		污水处理厂数量		污水处理厂处理能力		干污泥产生量		再生水生产能力	
	合计值（万 km）	占比（%）	合计值（座）	占比（%）	合计值（万 m^3/d）	占比（%）	合计值（万 t）	占比（%）	合计值（万 m^3/d）	占比（%）
京津冀	6.49	6.82	199	6.71	1675.73	7.40	237.41	15.77	1550.76	18.04
长三角	14.81	15.55	291	9.81	3738.49	16.50	248.94	16.54	785.82	9.14
珠三角	12.38	12.99	242	8.16	2492.43	11.00	115.15	7.65	1018.55	11.85
成渝	6.76	7.09	228	7.68	1301.32	5.74	74.18	4.93	302.91	3.52
长江中游	6.33	6.65	167	5.63	1765.60	7.79	119.85	7.96	442.30	5.15
山东半岛	5.92	6.21	181	6.10	1153.63	5.09	65.90	4.38	688.92	8.01
粤闽浙沿海	4.35	4.57	121	4.08	1008.68	4.45	40.12	2.67	266.02	3.09
中原	4.69	4.92	141	4.75	1300.00	5.74	61.92	4.11	766.79	8.92
关中平原	1.46	1.53	64	2.16	570.70	2.52	136.54	9.07	124.43	1.45
北部湾	2.10	2.20	64	2.16	487.42	2.15	16.66	1.11	105.22	1.22
哈长	1.83	1.92	60	2.02	665.65	2.94	31.85	2.12	144.89	1.69
辽中南	2.21	2.32	116	3.91	947.42	4.18	42.11	2.80	449.72	5.23
山西中部	0.99	1.04	25	0.84	219.40	0.97	13.93	0.93	191.24	2.22
黔中	1.24	1.30	94	3.17	355.07	1.57	11.18	0.74	16.42	0.19
滇中	1.07	1.13	40	1.35	276.60	1.22	9.79	0.65	46.10	0.54
呼包鄂榆	0.97	1.02	19	0.64	139.60	0.62	14.35	0.95	124.25	1.45
兰州—西宁	0.72	0.75	22	0.74	165.56	0.73	12.40	0.82	33.48	0.39
宁夏沿黄	0.21	0.22	22	0.74	134.35	0.59	6.01	0.40	58.80	0.68
天山北坡	0.61	0.64	28	0.94	189.30	0.84	10.37	0.69	182.80	2.13
总计	75.13	78.88	2124	71.59	18586.95	82.05	1268.68	84.27	7299.42	84.92

数据来源：住房城乡建设部《中国城市建设统计年鉴》(2023)。

2023 年 19 个城市群建成区供水管道密度和建成区排水管道密度情况对比如图 2-35 所示，人均供水管道长度和人均污水收集管道长度情况对比如图 2-36 所示。

3. 服务水平

2023 年 19 个城市群污水年处理量和再生水年利用量情况对比如图 2-37 所示，人均日生活用水量和人均日污水处理量情况对比如图 2-38 所示。

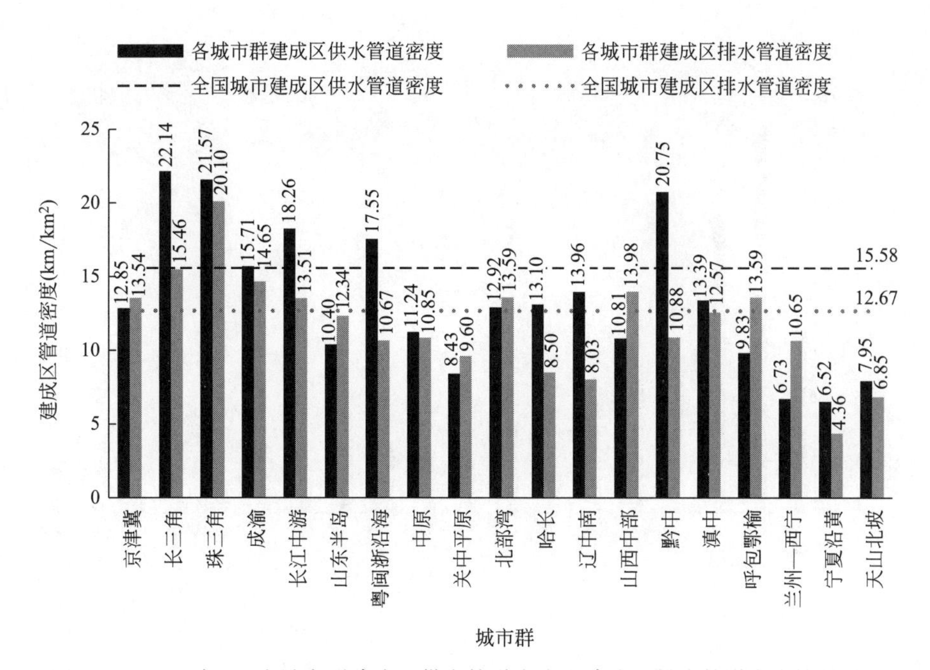

图 2-35　2023 年 19 个城市群建成区供水管道密度和建成区排水管道密度情况对比

数据来源：住房城乡建设部《中国城市建设统计年鉴》(2023)。

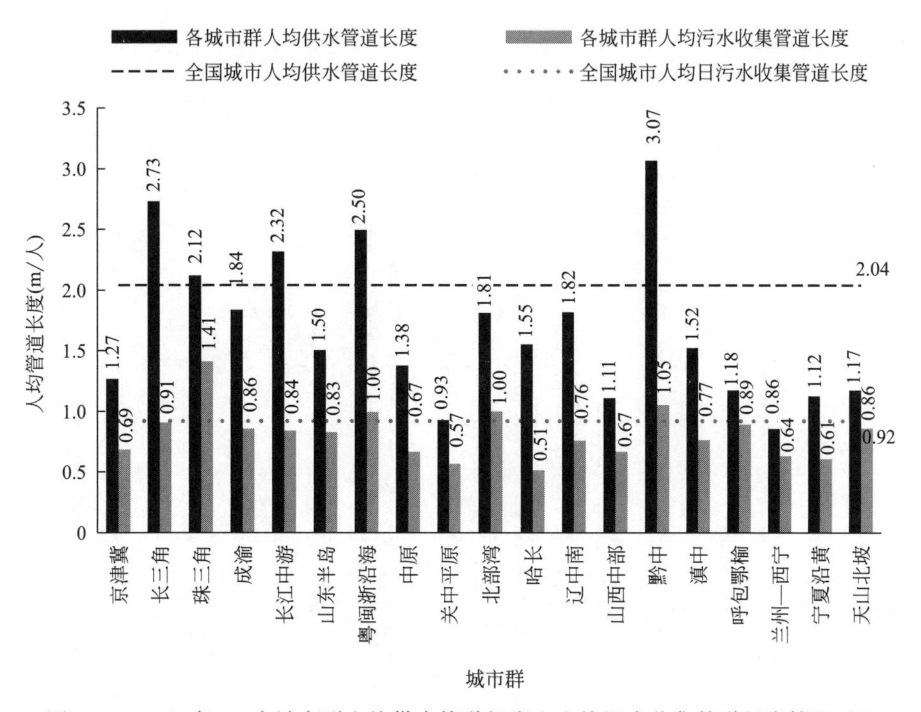

图 2-36　2023 年 19 个城市群人均供水管道长度和人均污水收集管道长度情况对比

数据来源：住房城乡建设部《中国城市建设统计年鉴》(2023)。

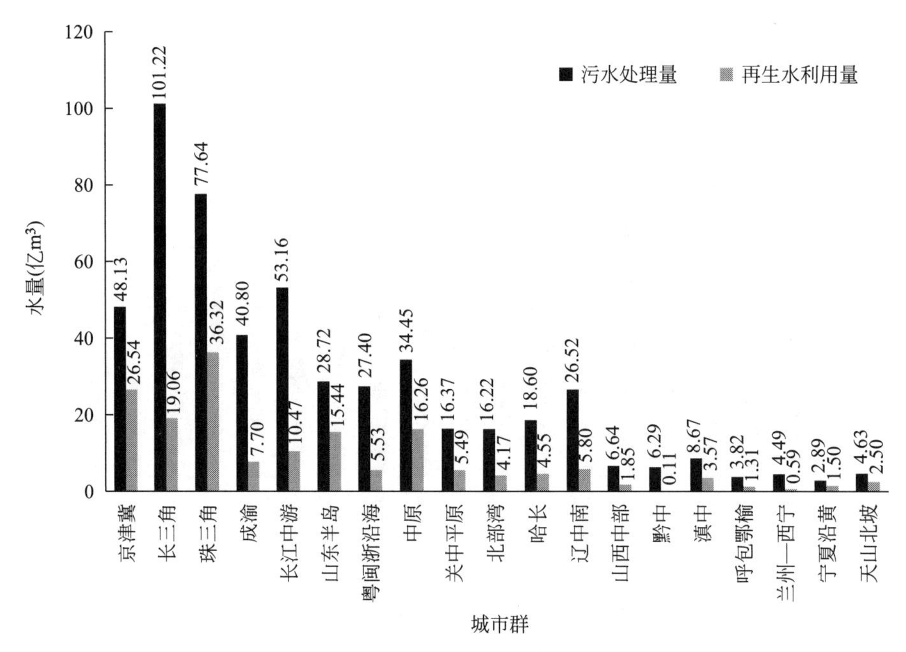

图 2-37　2023 年 19 个城市群污水年处理量和再生水年利用量情况对比

数据来源：住房城乡建设部《中国城市建设统计年鉴》(2023)。

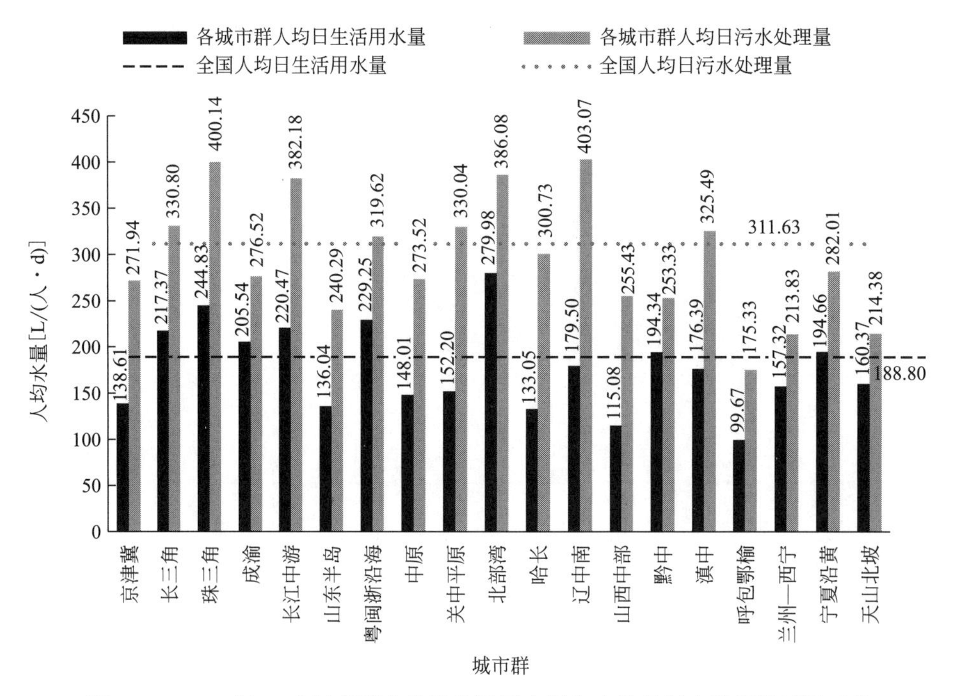

图 2-38　2023 年 19 个城市群人均日生活用水量和人均日污水处理量情况对比

数据来源：住房城乡建设部《中国城市建设统计年鉴》(2023)。

2.2.4　36个重点城市情况

1. 排水市政公用设施建设固定资产投资

截至2023年底，36个重点城市排水市政公用设施建设固定资产投资为721.20亿元，占全国城市排水市政公用设施建设固定资产投资比例为36.71%。2023年36个重点城市排水市政公用设施建设固定资产投资情况如图2-39所示。

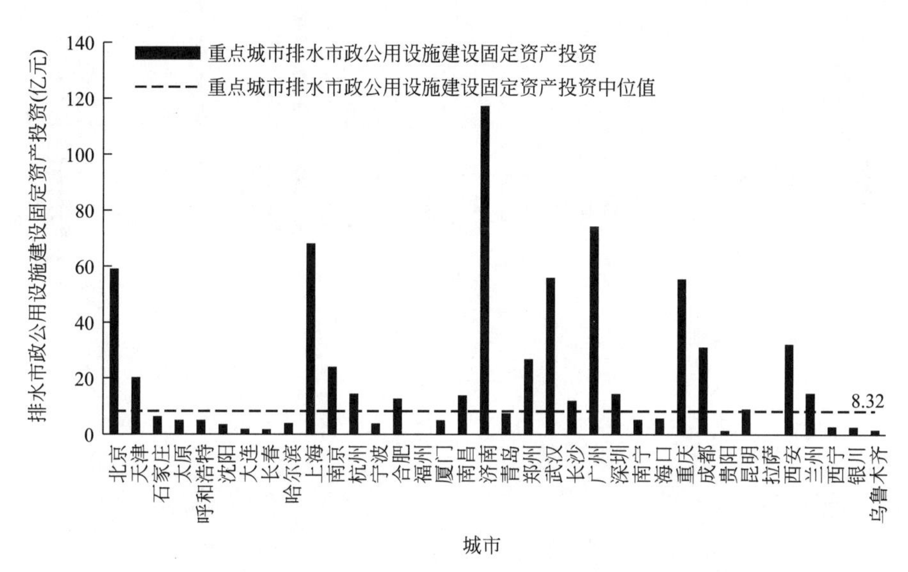

图2-39　2023年36个重点城市排水市政公用设施固定资产投资情况

数据来源：住房城乡建设部《中国城市建设统计年鉴》(2023)。

2. 设施状况

截至2023年底，36个重点城市排水管道长度、污水处理厂数量、污水处理厂处理能力、干污泥产生量、再生水生产能力分别为35.49万km、941座、10422.04万m^3/d、833.35万t、4239.30万m^3/d，在全国城市总量占比分别为37.26%、31.72%、46.01%、55.36%、49.32%。2023年36个重点城市排水管道长度、污水处理厂数量、污水处理厂处理能力、干污泥产生量、再生水生产能力情况对比如图2-40～图2-43所示。

截至2023年底，36个重点城市建成区排水管道密度、人均污水收集管道长度分别为14.00km/km^2、0.72m/人。2023年36个重点城市建成区供水管道密度和建成区排水管道密度情况对比如图2-44所示，人均供水管道长度和人均污水收集管道长度情况对比如图2-45所示。

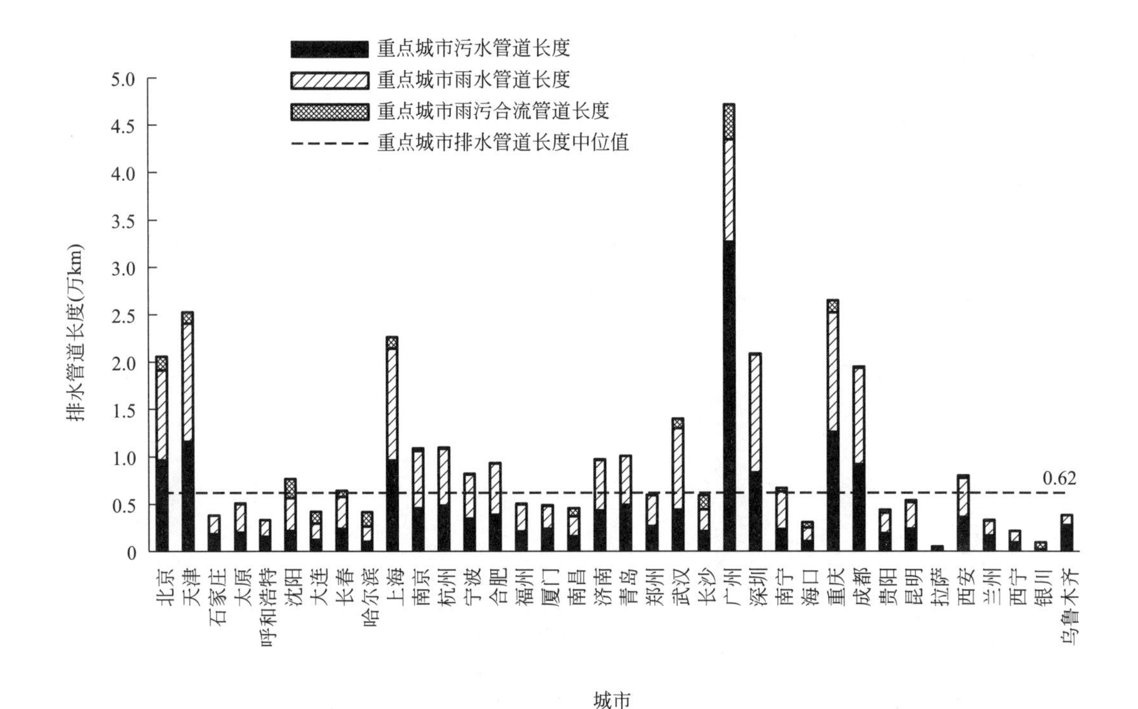

图 2-40　2023 年 36 个重点城市排水管道长度情况对比

数据来源：住房城乡建设部《中国城市建设统计年鉴》(2023)。

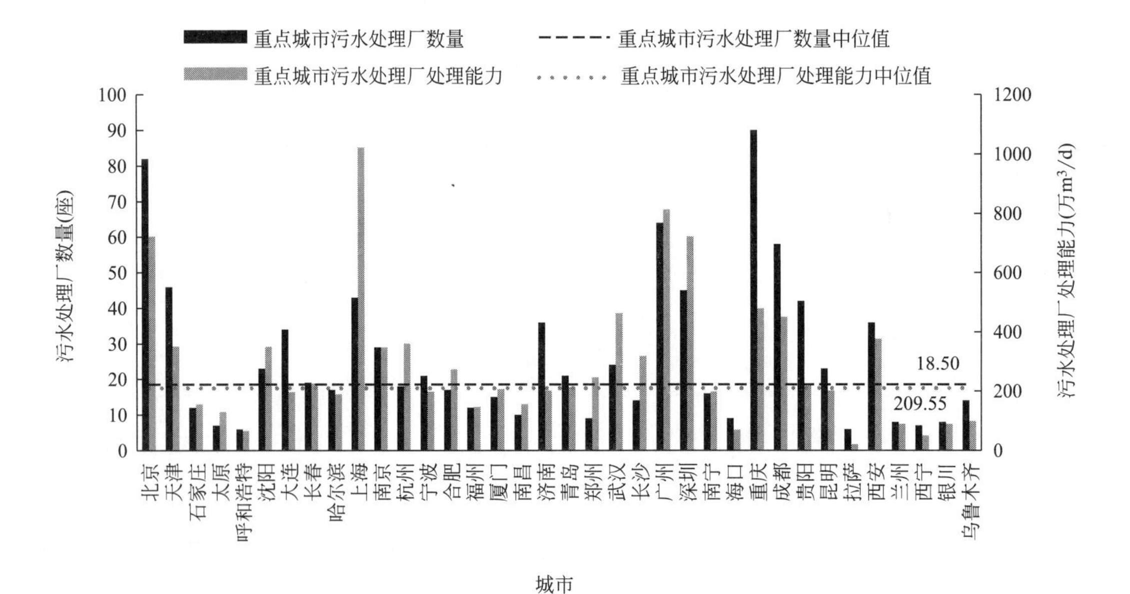

图 2-41　2023 年 36 个重点城市污水处理厂数量及处理能力情况对比

数据来源：住房城乡建设部《中国城市建设统计年鉴》(2023)。

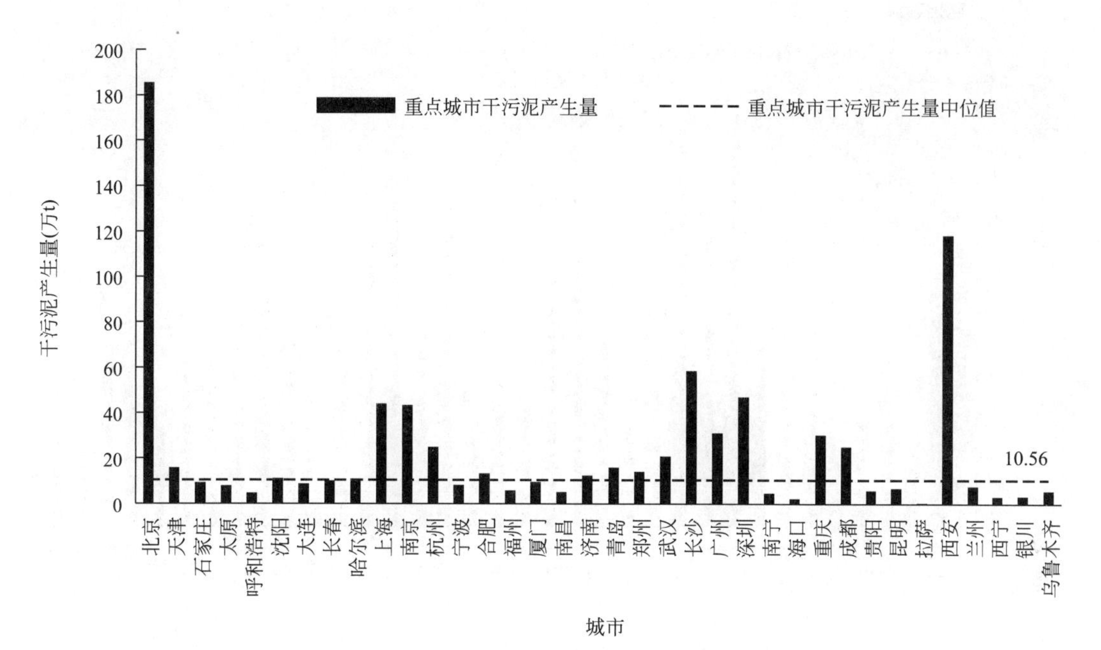

图 2-42　2023 年 36 个重点城市干污泥产生量情况对比

数据来源：住房城乡建设部《中国城市建设统计年鉴》(2023)。

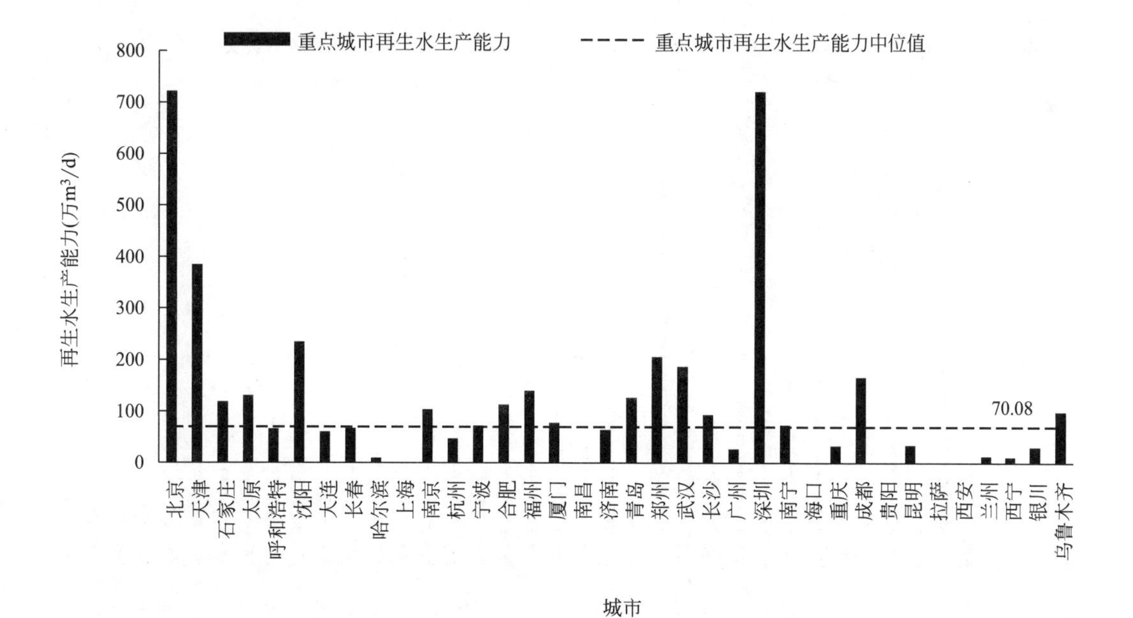

图 2-43　2023 年 36 个重点城市再生水生产能力情况对比

数据来源：住房城乡建设部《中国城市建设统计年鉴》(2023)。

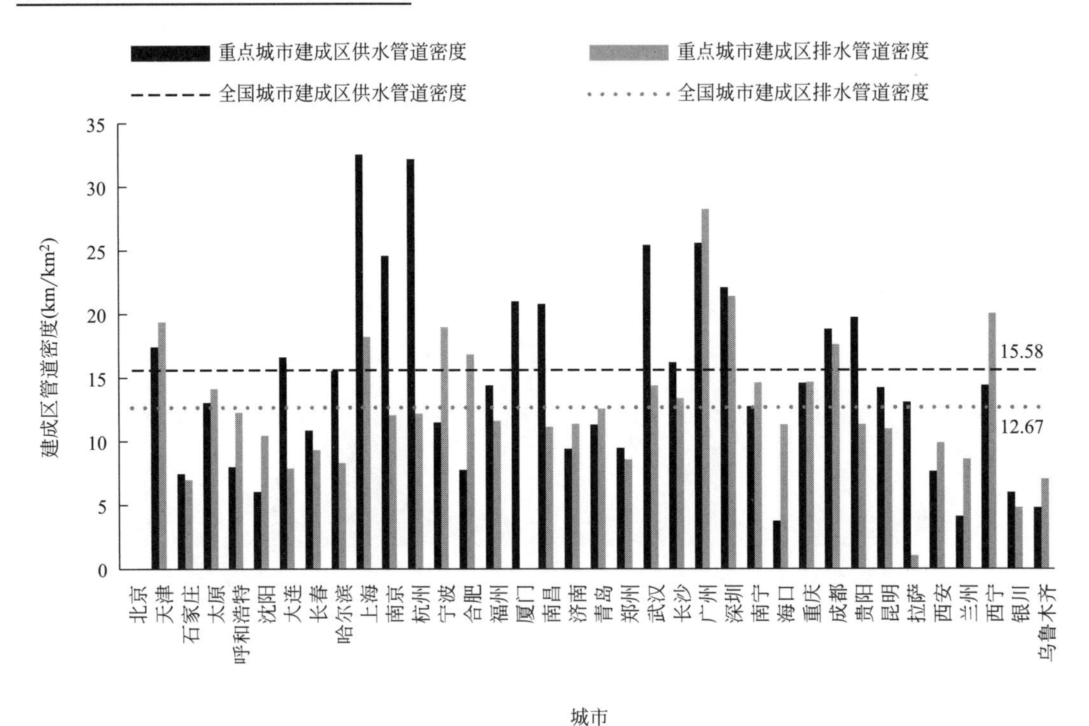

图 2-44　2023 年 36 个重点城市建成区供水管道密度和建成区排水管道密度情况对比

数据来源：住房城乡建设部《中国城市建设统计年鉴》(2023)。

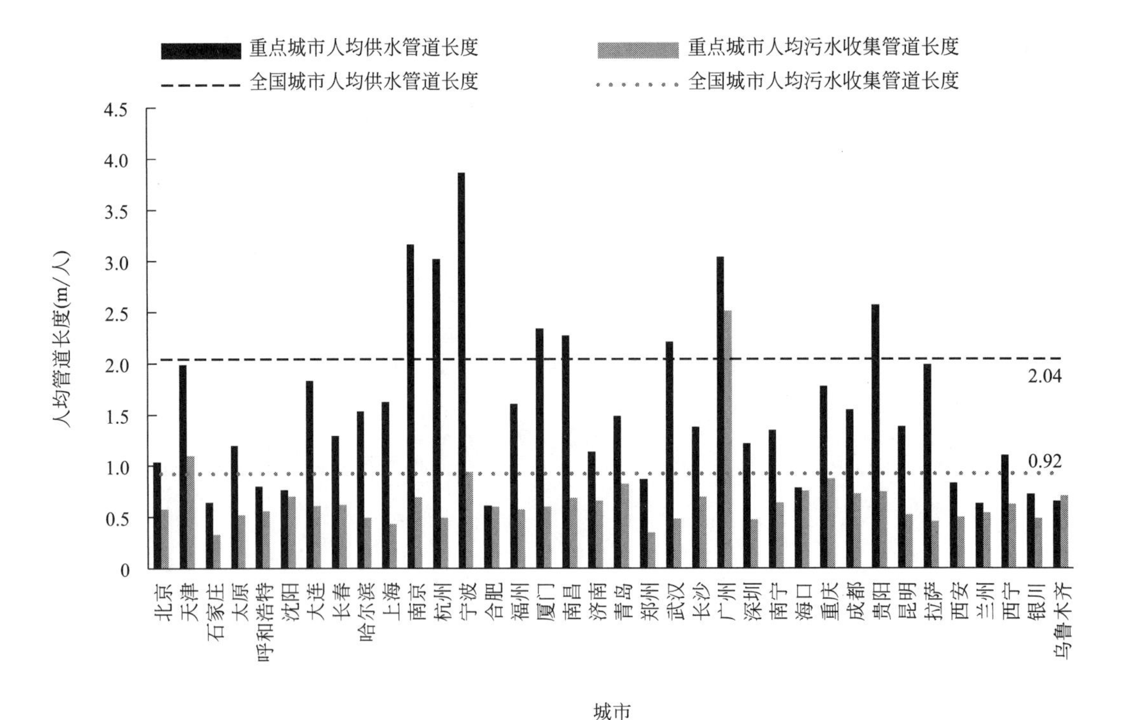

图 2-45　2023 年 36 个重点城市人均供水管道长度和人均污水收集管道长度情况对比

数据来源：住房城乡建设部《中国城市建设统计年鉴》(2023)。

3. 服务水平

2023 年 36 个重点城市污水年处理量和再生水年利用量情况对比如图 2-46 所示，人均日生活用水量和人均日污水处理量情况对比如图 2-47 所示。

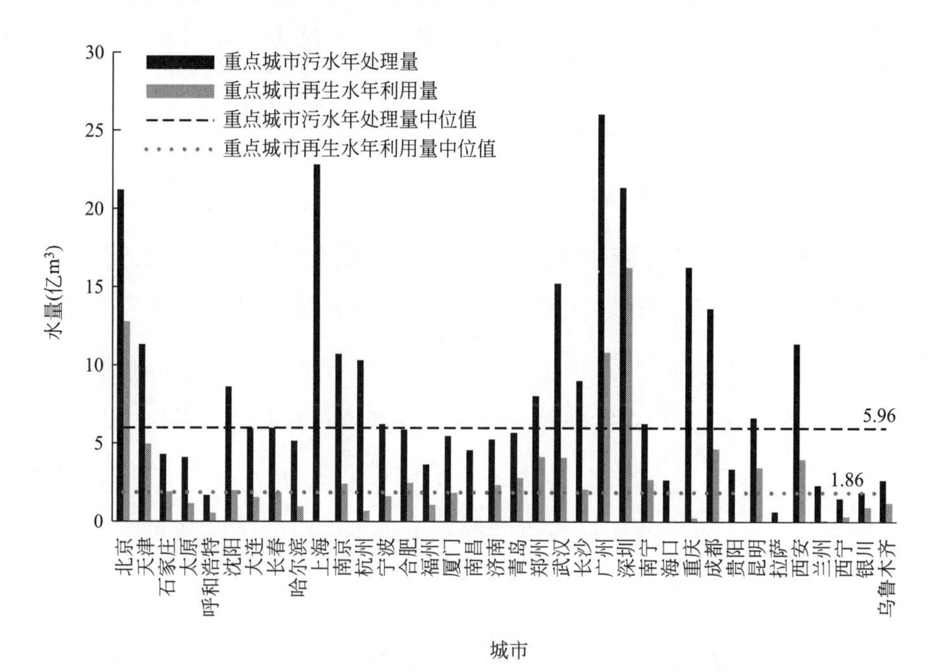

图 2-46　2023 年 36 个重点城市污水年处理量和再生水年利用量情况对比

数据来源：住房城乡建设部《中国城市建设统计年鉴》(2023)。

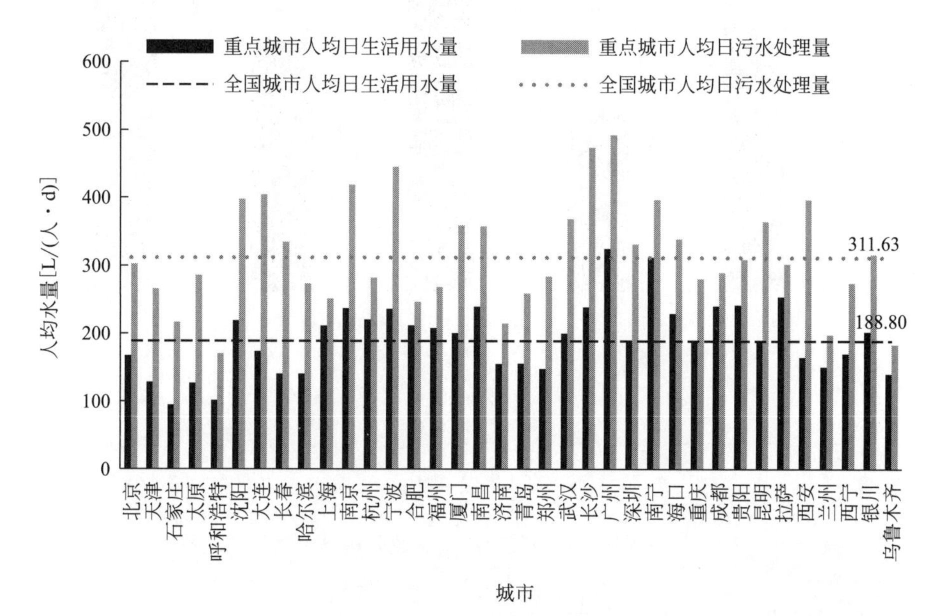

图 2-47　2023 年 36 个重点城市人均日生活用水量和人均日污水处理量情况对比

数据来源：住房城乡建设部《中国城市建设统计年鉴》(2023)。

2.2.5 五类城市规模情况

对我国城区常住人口在1000万人（含）以上、500万（含）～1000万人、100万（含）～500万人、50万（含）～100万人、50万人以下城市规模排水与污水处理情况进行对比分析。

1. 排水市政公用设施建设固定资产投资

根据住房城乡建设部《中国城市建设统计年鉴》(2023)，截至2023年底，常住人口在1000万人（含）以上城市排水市政公用设施建设固定资产投资为396.55亿元，占全国城市排水市政公用设施建设固定资产投资比例为20.19%；常住人口在500万（含）～1000万人城市为261.82亿元，占比为13.33%；常住人口在100万（含）～500万人城市为464.80亿元，占比为23.66%；常住人口在50万（含）～100万人城市为363.52亿元，占比为18.51%；常住人口在50万人以下城市为477.70亿元，占比为24.31%。2023年不同城市规模城市排水市政公用设施建设固定资产投资占全国城市总量比例情况对比如图2-48所示。

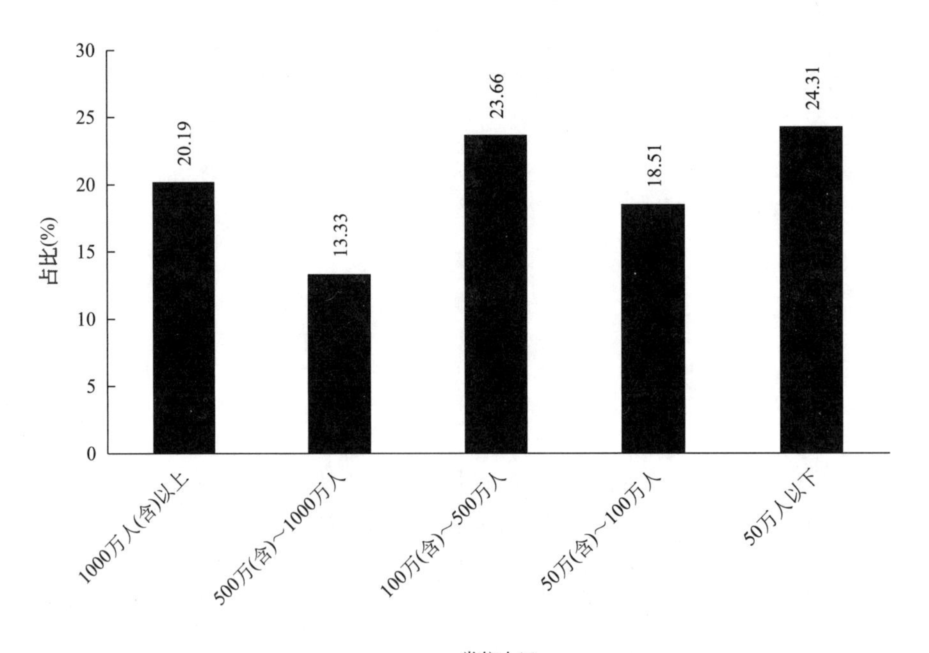

图2-48 2023年不同城市规模城市排水市政公用设施建设固定资产投资占全国城市总量比例情况对比

数据来源：住房城乡建设部《中国城市建设统计年鉴》(2023)。

2. 设施状况

截至2023年底，常住人口在1000万人（含）以上城市排水管道长度、污水处理厂数量、污水处理厂处理能力、干污泥产生量、再生水生产能力总计分别为23.89万km、527座、5766.95万m^3/d、441.79万t、2389.47万m^3/d，在全国城市总量占比分别为25.08％、17.76％、25.46％、29.35％、27.80％。

常住人口在500万（含）～1000万人城市排水管道长度、污水处理厂数量、污水处理厂处理能力、干污泥产生量、再生水生产能力总计分别为9.90万km、282座、3339.52万m^3/d、346.59万t、1282.32万m^3/d，在全国城市总量占比分别为10.40％、9.50％、14.74％、23.02％、14.92％。

常住人口在100万（含）～500万人城市排水管道长度、污水处理厂数量、污水处理厂处理能力、干污泥产生量、再生水生产能力总计分别为25.15万km、743座、6068.93万m^3/d、305.47万t、2445.78万m^3/d，在全国城市总量占比分别为26.41％、25.04％、26.79％、20.29％、28.45％。

常住人口在50万（含）～100万人城市排水管道长度、污水处理厂数量、污水处理厂处理能力、干污泥产生量、再生水生产能力总计分别为16.30万km、562座、3734.03万m^3/d、202.81万t、1198.48万m^3/d，在全国城市总量占比分别为17.12％、18.94％、16.48％、13.47％、13.94％。

常住人口在50万人以下城市排水管道长度、污水处理厂数量、污水处理厂处理能力、干污泥产生量、再生水生产能力总计分别为20.00万km、853座、3743.48万m^3/d、208.79万t、1279.37万m^3/d，在全国城市总量占比分别为21.00％、28.75％、16.53％、13.87％、14.88％。

2023年不同城市规模城市排水管道长度、污水处理厂数量及处理能力、干污泥产生量、再生水生产能力占全国城市总量比例情况如图2-49所示。

截至2023年底，常住人口在1000万人（含）以上城市建成区排水管道密度和人均污水收集管道长度分别为18.56km/km^2和0.88m/人，常住人口在500万（含）～1000万人城市分别为11.44km/km^2和0.61m/人，常住人口在100万（含）～500万人城市分别为12.04km/km^2和0.89m/人，常住人口在50万（含）～100万人城市分别为11.56km/km^2和1.06m/人，常住人口在50万人以下城市分别为11.31km/km^2和1.14m/人。2023年不同城市规模城市建成区供水管道密度和建成区排水管道密度情况对比如图2-50所示，人均供水管道长度和人均污水收集管道长度情况对比如图2-51所示。

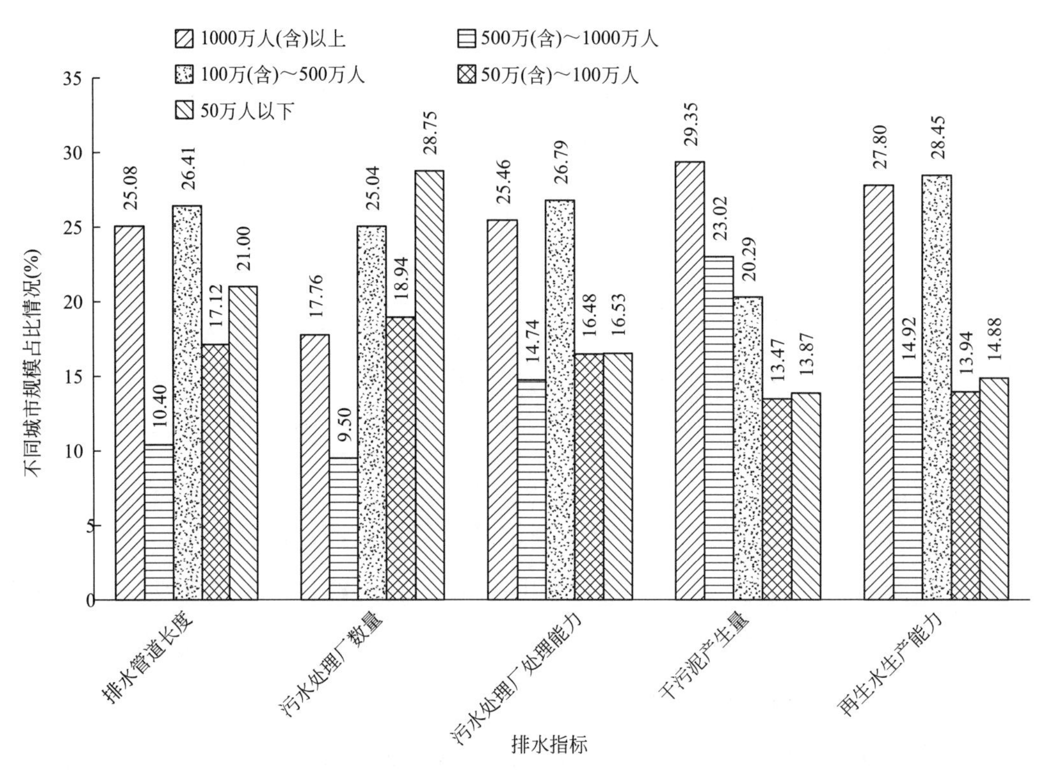

图 2-49　2023 年不同城市规模城市排水设施占全国城市总量比例情况对比

数据来源：住房城乡建设部《中国城市建设统计年鉴》(2023)。

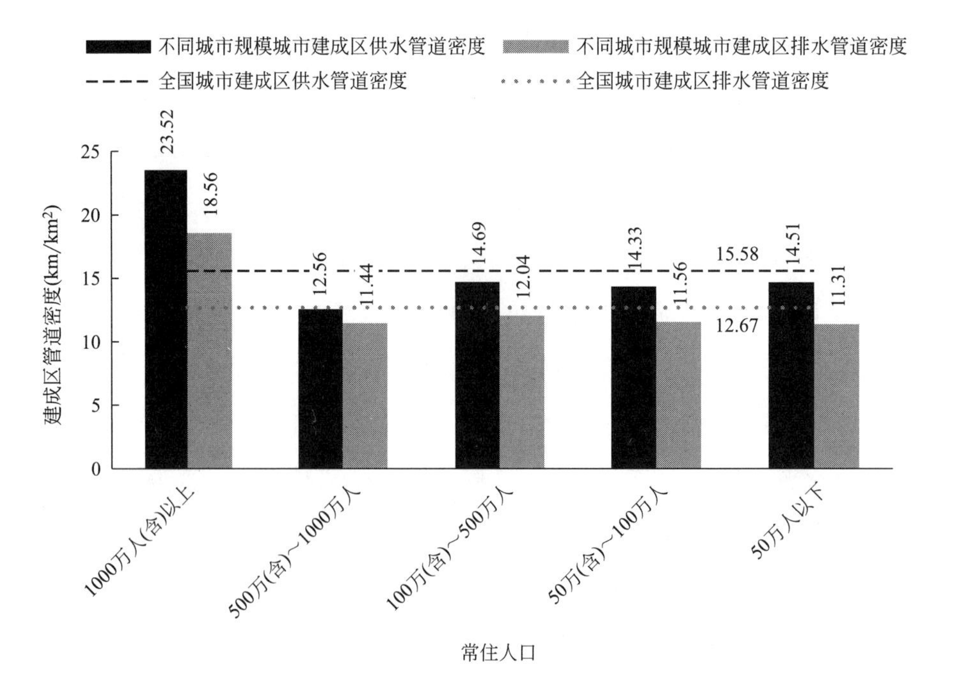

图 2-50　2023 年不同城市规模城市建成区供水管道密度和建成区排水管道密度情况对比

数据来源：住房城乡建设部《中国城市建设统计年鉴》(2023)。

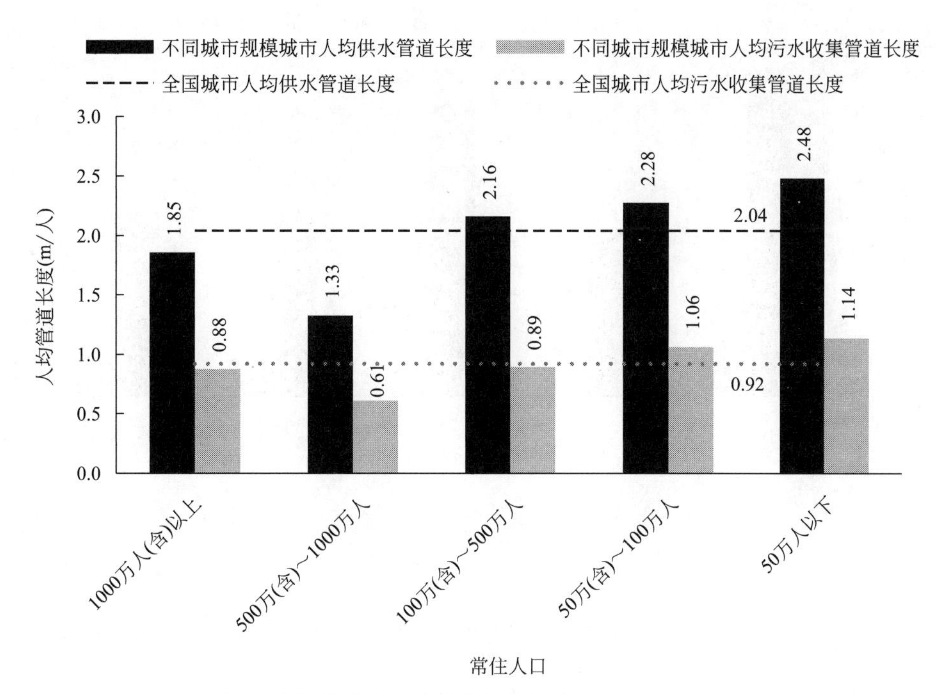

图2-51　2023年不同城市规模城市人均供水管道长度和人均污水收集管道长度情况对比

数据来源：住房城乡建设部《中国城市建设统计年鉴》(2023)。

3. 服务水平

截至2023年底，常住人口在1000万人（含）以上城市污水年处理量和再生水年利用量分别为171.74亿m^3和58.16亿m^3；常住人口在500万（含）～1000万人城市分别为93.99亿m^3和34.21亿m^3；常住人口在100万（含）～500万人城市分别为165.32亿m^3和50.15亿m^3；常住人口在50万（含）～100万人城市分别为106.34亿m^3和28.15亿m^3；常住人口在50万人以下城市分别为105.34亿m^3和22.75亿m^3。2023年不同城市规模城市污水年处理量和再生水年利用量情况对比如图2-52所示。

截至2023年底，常住人口在1000万人（含）以上城市、常住人口在500万（含）～1000万人城市、常住人口在100万（含）～500万人城市、常住人口在50万（含）～100万人城市、常住人口在50万人以下城市各城市人均日污水处理量分别为315.86L/(人・d)、327.81L/(人・d)、307.09L/(人・d)、341.05L/(人・d)、275.85L/(人・d)。2023年不同城市规模城市人均日生活用水量和人均日污水处理量情况对比如图2-53所示。

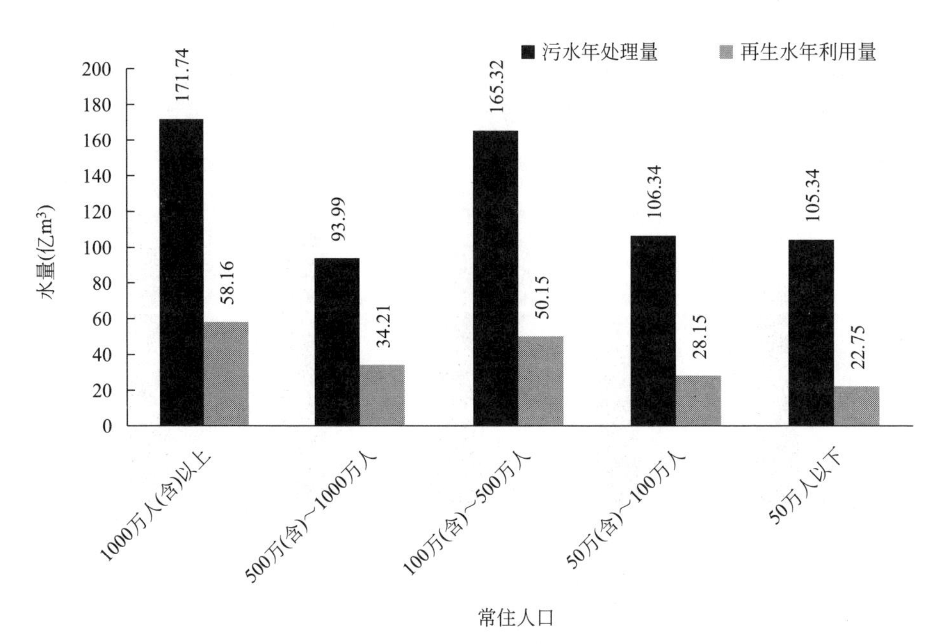

图 2-52　2023 年不同城市规模城市污水年处理量和再生水年利用量情况对比

数据来源：住房城乡建设部《中国城市建设统计年鉴》(2023)。

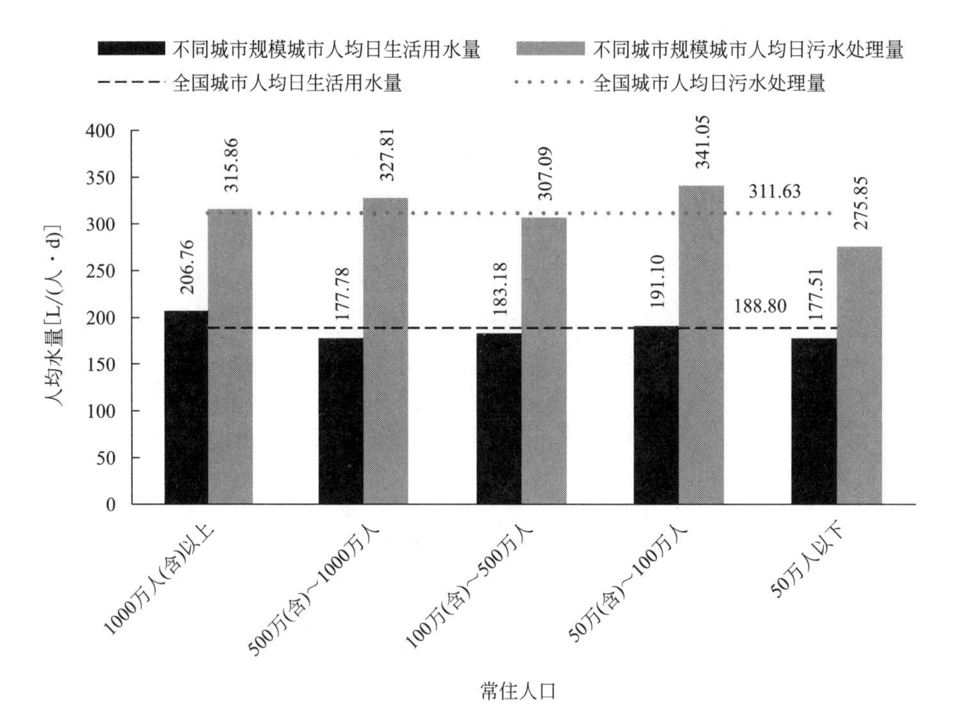

图 2-53　2023 年不同城市规模城市人均日生活用水量和人均日污水处理量情况对比

数据来源：住房城乡建设部《中国城市建设统计年鉴》(2023)。

2.3　城镇[①]排水与社会经济发展水平

2.3.1　排水市政公用设施建设固定资产投资与全社会固定资产投资

1. 全国历年

根据住房城乡建设部《中国城乡建设统计年鉴》（2023），2023年度，城镇排水市政公用设施建设固定资产投资为2743.91亿元，较2022年增长2.45%。根据国家统计局年度数据，全社会固定资产投资（不含农户）为503036.03亿元，较2022年增长2.88%。2014～2023年全国城镇排水市政公用设施建设固定资产投资与全社会固定资产投资（不含农户）情况见表2-2。

2014～2023年全社会固定资产投资与排水市政公用设施建设固定资产投资变化情况

表2-2

年份	全社会固定资产投资（亿元，不含农户）	排水市政公用设施建设固定资产投资（亿元）	排水市政公用设施建设固定资产投资占比（‰）
2014	309575.10	1196.05	3.86
2015	337417.58	1248.49	3.70
2016	362055.85	1485.48	4.10
2017	385371.75	1727.52	4.48
2018	408176.18	1897.52	4.65
2019	430145.18	1928.99	4.48
2020	442791.45	2675.69	6.04
2021	464665.35	2714.74	5.84
2022	488549.15	2676.80	5.48
2023	503036.03	2743.91	5.45

数据来源：住房城乡建设部《中国城乡建设统计年鉴》（2014～2023）、国家统计局年度数据。

2. 31个省（自治区、直辖市）

2023年31个省（自治区、直辖市）城镇排水市政公用设施建设固定资产投资比上年增长与全国基础设施固定资产投资（不含农户）比上年增长情况对比如图2-54所示。

① 本节城镇指设市城市、县城，不含建制镇和乡。

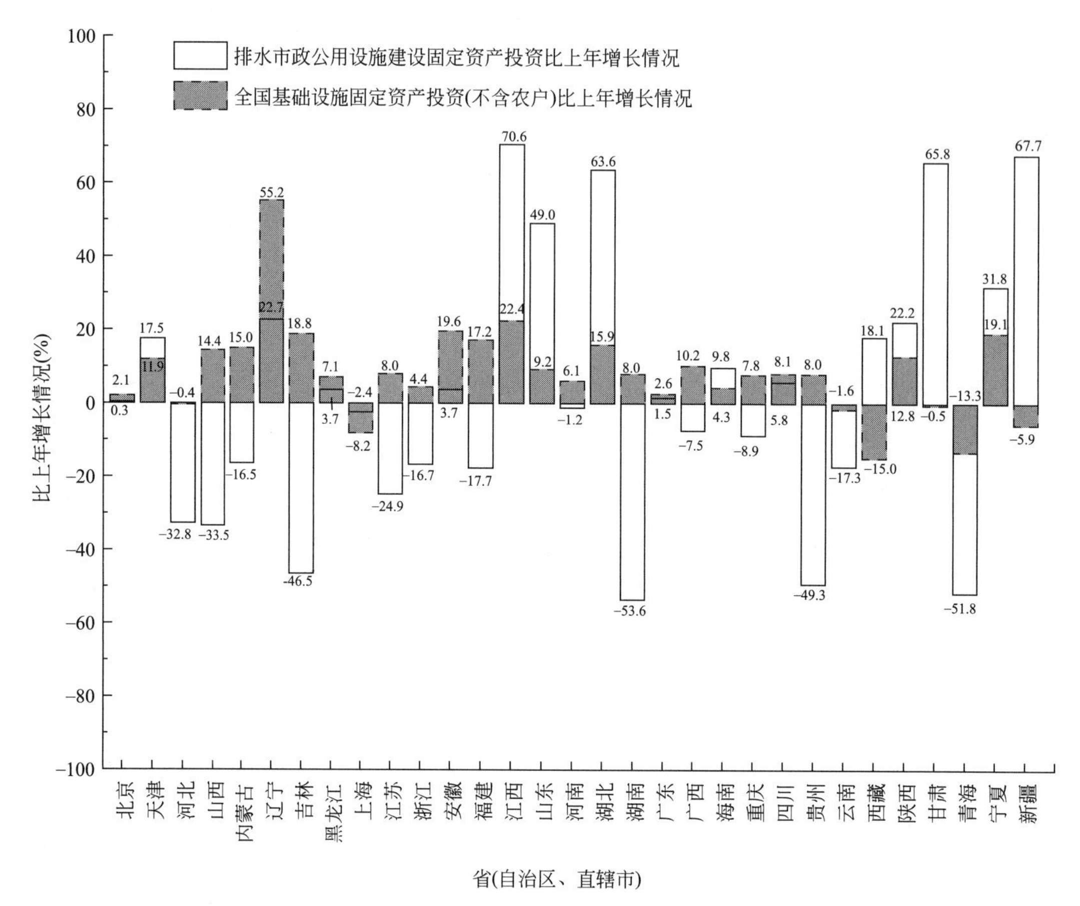

图 2-54　2023 年 31 个省（自治区、直辖市）城镇排水市政公用设施建设固定资产投资比上年增长与全国基础设施固定资产投资（不含农户）比上年增长情况对比

数据来源：住房城乡建设部《中国城乡建设统计年鉴》(2023)、国家统计局年度分省数据。

2.3.2　人均日污水处理量与城镇化

1. 全国历年

根据国家统计局年度数据库数据，2023 年末，全国常住人口城镇化率为 66.16%，比上年末提高 0.94 个百分点。根据住房城乡建设部《中国城乡建设统计年鉴》(2023) 数据，2023 年，城镇人均日污水处理量为 290.45L/(人・d)，较 2022 年增长 3.97%。2014～2023 年我国城镇化率与人均日污水处理量变化情况见表 2-3。

2014～2023 年我国城镇化率与人均日污水处理量变化情况对比　　表 2-3

年份	城镇化率(%)	人均日污水处理量[L/(人・d)]
2014	55.75	217.34
2015	57.33	225.89

续表

年份	城镇化率(%)	人均日污水处理量[L/(人·d)]
2016	58.84	229.70
2017	60.24	234.41
2018	61.50	242.60
2019	62.71	254.41
2020	63.89	257.93
2021	64.72	273.11
2022	65.22	278.93
2023	66.16	290.45

数据来源：住房城乡建设部《中国城乡建设统计年鉴》(2014～2023)、国家统计局年度数据。

2. 31个省（自治区、直辖市）

截至2023年底，城镇化率低于60%的8个省（自治区），人均日污水处理量均值为233.12L/(人·d)；城镇化率在60%～70%的14个省（自治区），人均日污水处理量均值为271.28L/(人·d)；城镇化率大于70%的9个省（直辖市），人均日污水处理量均值为320.46L/(人·d)。2023年31个省（自治区、直辖市）城镇化率与人均日污水处理量情况对比如图2-55所示。

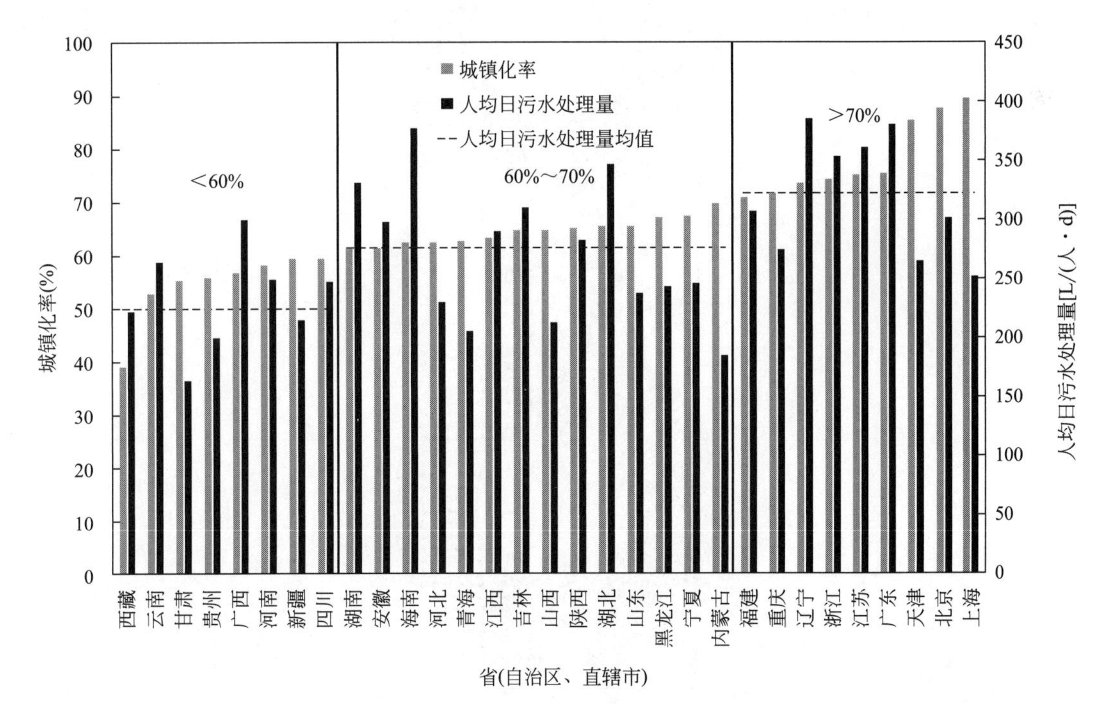

图2-55　2023年31个省（自治区、直辖市）城镇化率与人均日污水处理量情况对比

数据来源：住房城乡建设部《中国城乡建设统计年鉴》(2023)、国家统计局年度分省数据。

2.4 运营与管理

2.4.1 企业性质

对中国水协《2023 年城镇水务统计年鉴（排水）》中运营单位企业性质进行统计，在运营单位数量占比中，国有独资、国有控股、民营独资、民营控股、事业单位、外资参股、外资控股比例分别为 39.52%、30.12%、9.88%、10.84%、5.78%、1.21%、2.65%；在运营单位处理水量占比中，国有独资、国有控股、民营独资、民营控股、事业单位、外资参股、外资控股比例分别为 49.41%、34.07%、3.78%、4.54%、3.58%、1.64%、2.98%。不同企业性质的运营单位数量与处理水量情况对比如图 2-56 所示。

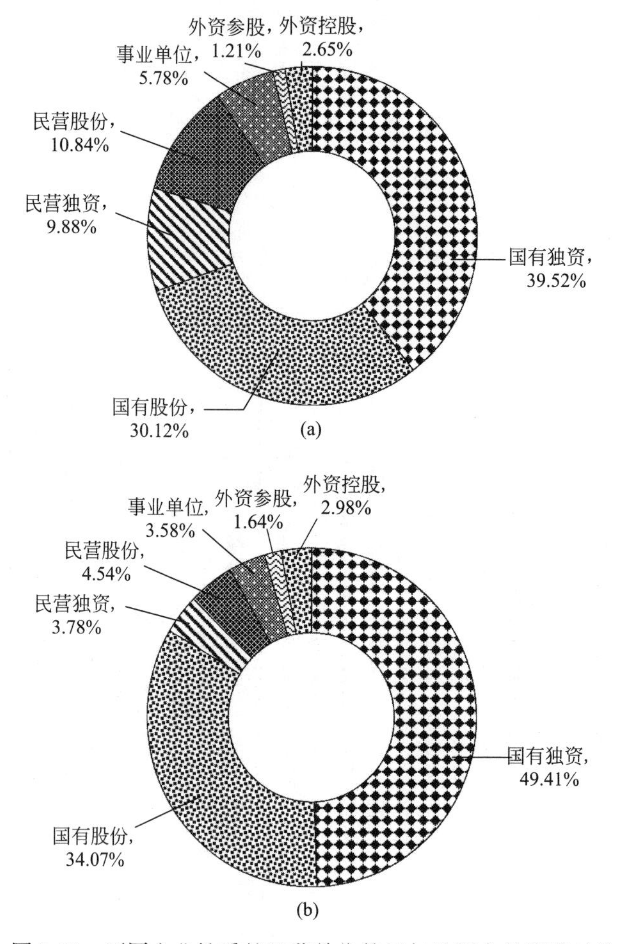

图 2-56 不同企业性质的运营单位数量与处理水量情况对比

数据来源：中国水协《2023 年城镇水务统计年鉴（排水）》。

（a）不同企业性质的运营单位数量；（b）不同企业性质的运营单位处理水量

2.4.2　服务人口与服务面积

对中国水协《2023年城镇水务统计年鉴（排水）》中运营单位服务人口与服务面积进行统计，处理每立方米污水对应的服务人口和服务面积分别为4.04人、896.08m²。污水处理量对应的服务人口和服务面积情况如图2-57所示。

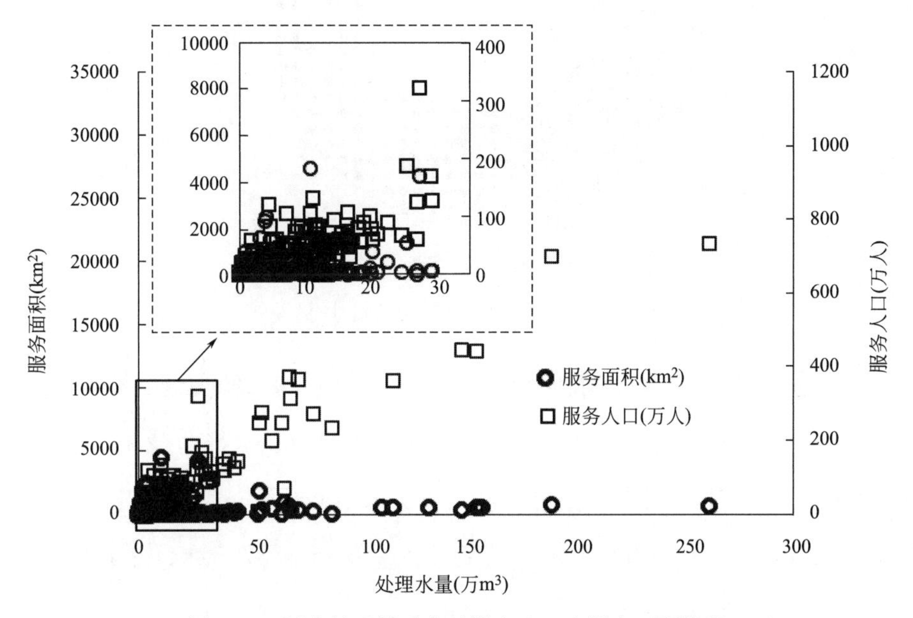

图2-57　污水处理量对应的服务人口和服务面积情况

数据来源：中国水协《2023年城镇水务统计年鉴（排水）》。

2.4.3　污水处理提质增效

1. 进水水质与污染物削减

对中国水协《2023年城镇水务统计年鉴（排水）》中城镇污水处理厂进水水质进行统计，全年污水处理厂进水BOD浓度为10.25～369mg/L，平均值和中位值分别为100.25mg/L和95.63mg/L，其中平均进水BOD浓度小于100mg/L的污水处理厂数量占比为52.69%，平均进水BOD浓度为100（含）～150（含）mg/L的污水处理厂数量占比为33.84%，平均进水BOD浓度150mg/L以上的污水处理厂数量占比为13.47%。污水处理厂进水BOD浓度占比情况如图2-58所示。全年平均进水COD浓度、SS浓度、NH_3-N浓度、TN浓度、TP浓度分别为50.49～765.02mg/L、4.32～712.17mg/L、2.30～73.40mg/L、5.91～111.05mg/L、0.30～23.98mg/L。

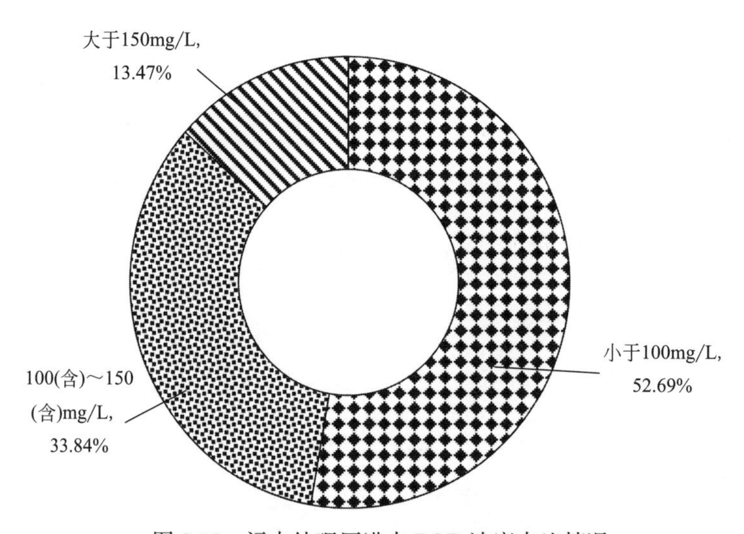

图 2-58　污水处理厂进水 BOD 浓度占比情况

数据来源：中国水协《2023 年城镇水务统计年鉴（排水）》。

对中国水协《2023 年城镇水务统计年鉴（排水）》中城镇污水处理厂污染物削减量进行统计，单位污水 COD 削减量、BOD 削减量、SS 削减量、NH_3-N 削减量、TN 削减量、TP 削减量分别为 2380.08kg/万 m^3、1023.72kg/万 m^3、1535.60kg/万 m^3、269.11kg/万 m^3、278.42kg/万 m^3、37.52kg/万 m^3。

2. 污水排放标准

对中国水协《2023 年城镇水务统计年鉴（排水）》中城镇污水处理厂排放标准进行统计，其中执行严于《城镇污水处理厂污染物排放标准》GB 18918—2002（以下仅列出标准号）一级 A 排放标准的污水处理厂数量和处理水量占比分别为 33.04%和 42.71%；执行 GB 18918—2002 一级 A 排放标准的污水处理厂数量和处理水量占比分别为 58.86%和 55.01%；执行 GB 18918—2002 一级 B 排放标准的污水处理厂数量和处理水量占比分别为 7.88%和 2.06%；执行 GB 18918—2002 二级排放标准的污水处理厂数量和处理水量占比分别为 0.22%和 0.22%。不同排放标准下的污水处理厂数量和处理水量占比情况如图 2-59 所示。

3. 处理工艺情况

对中国水协《2023 年城镇水务统计年鉴（排水）》中城镇污水处理厂处理工艺进行统计，其中采用 AAO 工艺（包括 AAO 工艺、改良型 AAO 工艺、多级 AO 工艺）、氧化沟工艺（包括氧化沟工艺、改良型氧化沟工艺、氧化沟型 AAO 工艺）、SBR 工艺（包括 SBR 工艺、改良型 SBR 工艺、CAST、CASS、MSBR、ICEAS 等）、

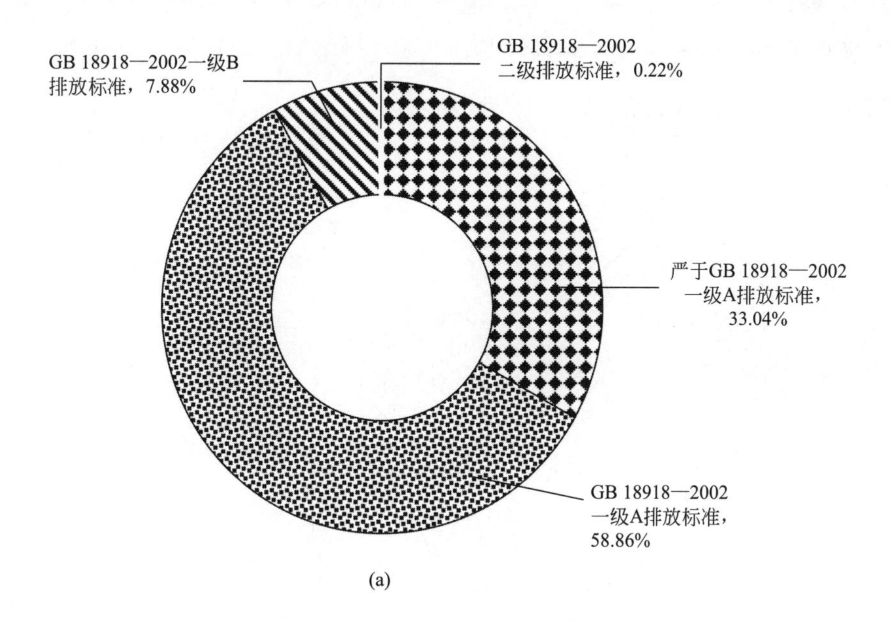

(a)

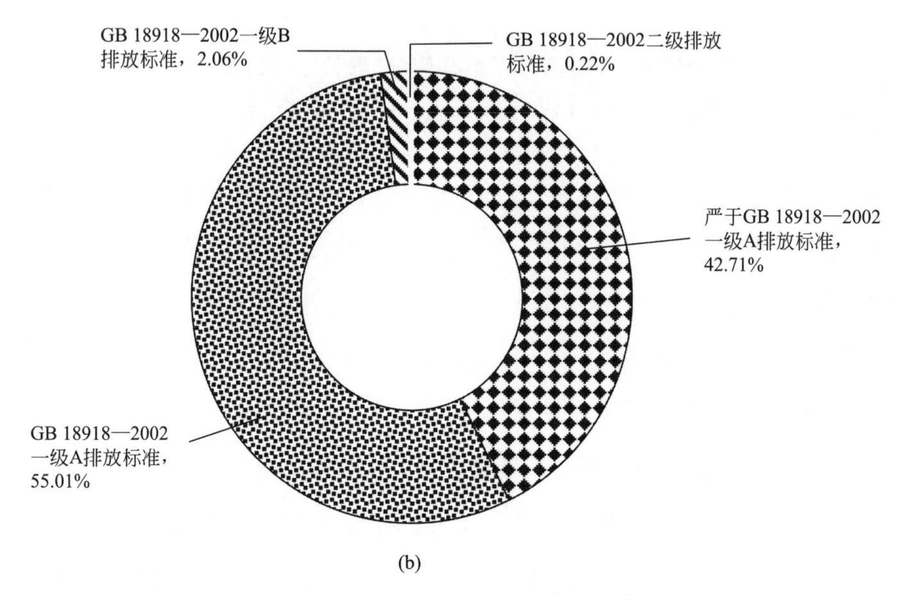

(b)

图 2-59　不同排放标准污水处理厂数量与处理水量占比情况

数据来源：中国水协《2023 年城镇水务统计年鉴（排水）》。

（a）不同排放标准下的污水处理厂数量占比；（b）不同排放标准下的污水处理厂处理水量占比

AO 工艺、其他处理工艺或组合工艺的城镇污水处理厂数量占总数比例分别为 43.92％、28.38％、7.43％、0.81％、19.46％，使用各工艺的城镇污水处理厂处理水量占总水量比例分别为 57.36％、14.75％、3.78％、1.18％、22.92％。污水处理厂使用不同处理工艺占比情况如图 2-60 所示。

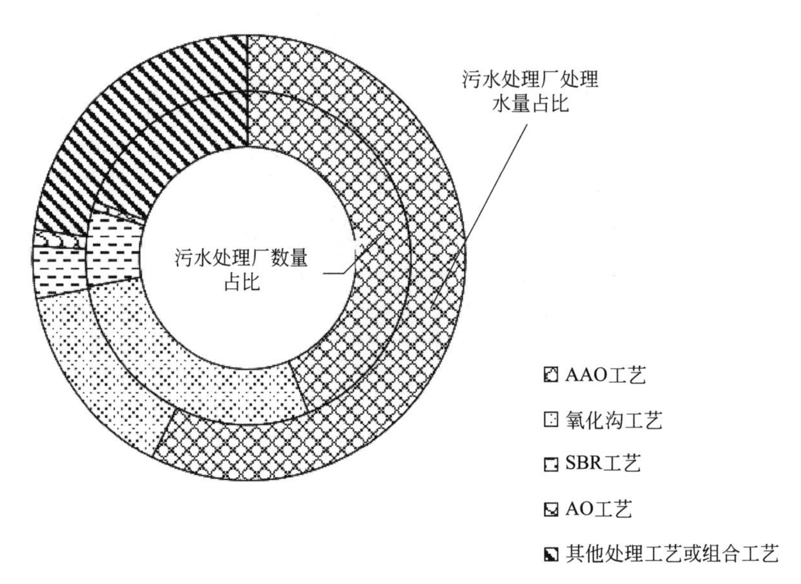

图 2-60　污水处理厂使用不同处理工艺占比情况

数据来源：中国水协《2023 年城镇水务统计年鉴（排水）》。

按照污水处理厂规模统计，在 20 万（含）m^3/d 处理规模以上城镇污水处理厂中，AAO 工艺、氧化沟工艺、SBR 工艺、AO 工艺、其他处理工艺或组合工艺占比分别为 70.56％、4.09％、1.08％、1.36％、22.92％；在 10 万（含）～20 万 m^3/d 处理规模城镇污水处理厂中，AAO 工艺、氧化沟工艺、SBR 工艺、AO 工艺、其他处理工艺或组合工艺占比分别为 47.83％、13.48％、4.64％、2.22％、31.84％；在 5 万（含）～10 万 m^3/d 处理规模城镇污水处理厂中，AAO 工艺、氧化沟工艺、SBR 工艺、AO 工艺、其他处理工艺或组合工艺占比分别为 44.51％、26.88％、12.10％、0.82％、15.69％；在 1 万（含）～5 万 m^3/d 处理规模城镇污水处理厂中，AAO 工艺、氧化沟工艺、SBR 工艺、AO 工艺、其他处理工艺或组合工艺占比分别为 36.67％、42.98％、6.96％、0.35％、13.04％（表 2-4）。

2023年污水处理厂各类处理工艺应用占比情况　　**表2-4**

处理规模(m^3/d)	AAO工艺(%)	氧化沟工艺(%)	SBR工艺(%)	AO工艺(%)	其他处理工艺或组合工艺(%)
20万(含)以上	70.56	4.09	1.08	1.36	22.92
10万(含)～20万	47.83	13.48	4.64	2.22	31.84
5万(含)～10万	44.51	26.88	12.10	0.82	15.69
1万(含)～5万	36.67	42.98	6.96	0.35	13.04

数据来源：中国水协《2023年城镇水务统计年鉴（排水）》。

4. 再生水利用方式

对中国水协《2023年城镇水务统计年鉴（排水）》中城镇污水处理厂再生水利用情况进行统计，污水处理厂再生水利用率为44.24%，其中用于市政杂用、工业回用、农业灌溉、景观及河道补水、其他方式占比分别为10.09%、10.44%、0.06%、77.75%、1.68%。污水处理厂再生水利用方式占比情况如图2-61所示。

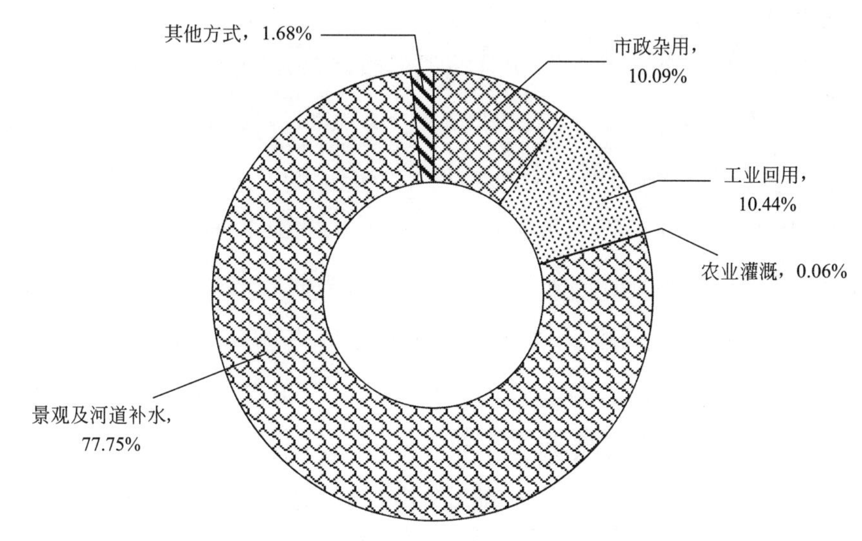

图2-61　污水处理厂再生水利用方式占比情况

数据来源：中国水协《2023年城镇水务统计年鉴（排水）》。

5. 单位污染物削减电耗

对中国水协《2023年城镇水务统计年鉴（排水）》中污水处理厂单位COD削减电耗情况进行统计，单位COD削减电耗累计百分比如图2-62所示。

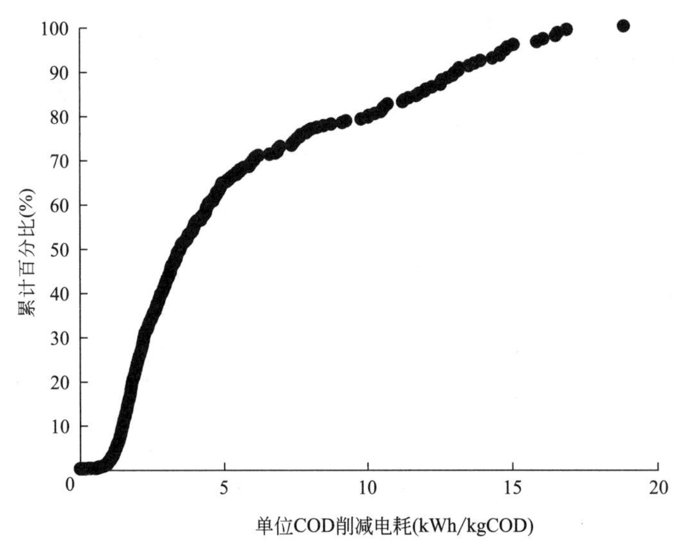

图 2-62 单位 COD 削减电耗累计百分比

数据来源：中国水协《2023 年城镇水务统计年鉴（排水）》。

2.4.4 污泥处理与处置方式

1. 污泥处理

对中国水协《2023 年城镇水务统计年鉴（排水）》中城镇污水处理厂污泥脱水方式进行统计，单位污泥产量平均为 0.79kg/m^3 污水（含水率 80%计），污泥含水率超过 80%（含）时，采用离心脱水、带式压滤、板框压滤脱水方式的污水处理厂数量占比分别为 58.26%、41.74%、7.83%，污泥产量占比分别为 83.40%、16.60%、2.06%；污泥含水率在 60%（含）～80%时，采用离心脱水、带式压滤、板框压滤脱水方式的污水处理厂数量占比分别为 31.93%、45.05%、23.02%，污泥产量占比分别为 55.45%、24.58%、19.97%；污泥含水率低于 60%时，采用离心脱水、带式压滤、板框压滤脱水方式的污水处理厂数量占比分别为 0.90%、4.50%、94.59%，污泥产量占比分别为 0.02%、5.96%、94.02%。污泥含水率超过 80%（含）、在 60%（含）～80%、低于 60%的污水处理厂污泥脱水方式情况如图 2-63～图 2-65 所示。

2. 污泥处置方式

对中国水协《2023 年城镇水务统计年鉴（排水）》中城镇污水处理厂污泥处置方式情况进行统计，其中土地利用、建材利用、焚烧利用、填埋利用、其他利用方式的占比分别为 34.78%、25.32%、34.91%、2.36%、2.63%（图 2-66）。

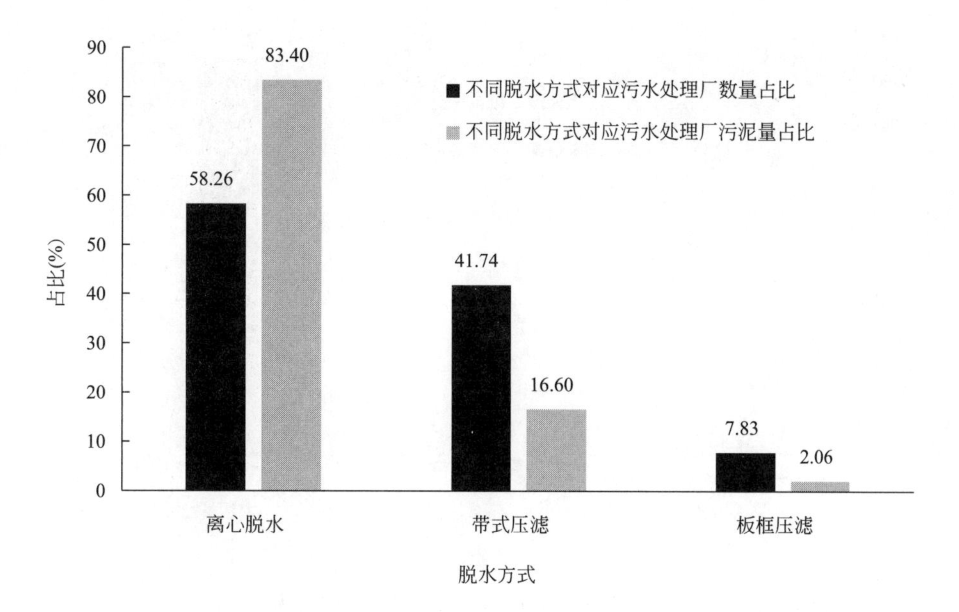

图2-63　污泥含水率超过80%（含）的污水处理厂污泥脱水方式情况

数据来源：中国水协《2023年城镇水务统计年鉴（排水）》。

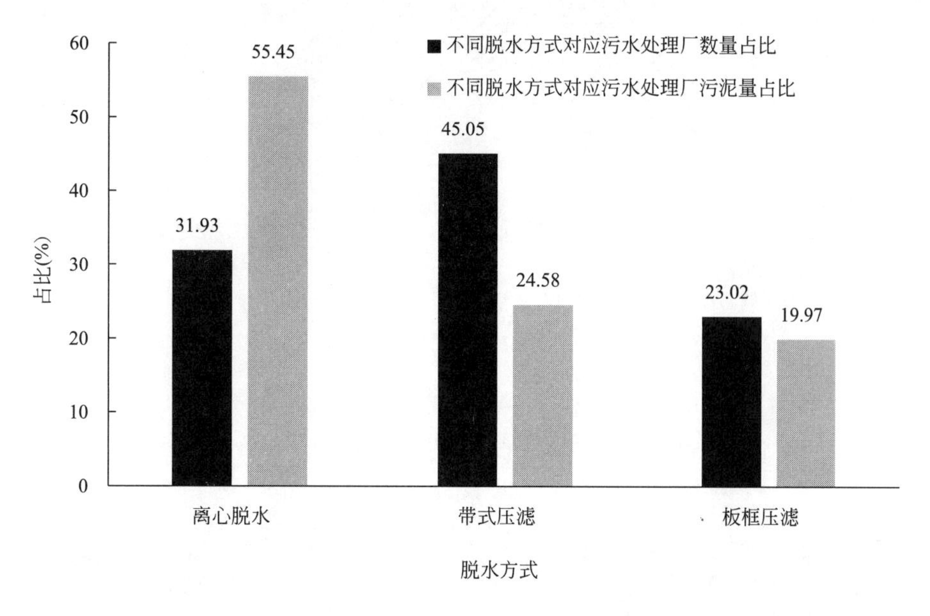

图2-64　污泥含水率在60%（含）～80%的污水处理厂污泥脱水方式情况

数据来源：中国水协《2023年城镇水务统计年鉴（排水）》。

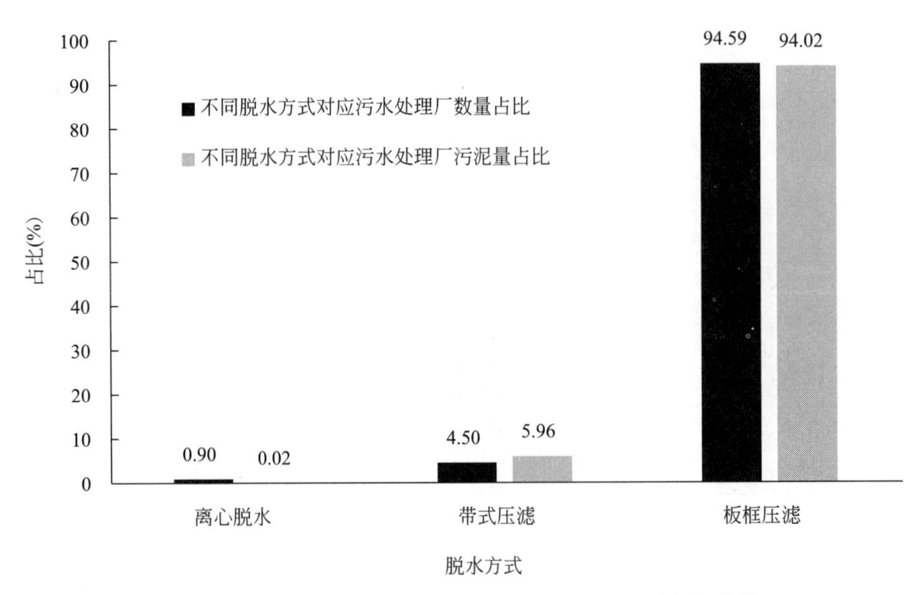

图 2-65　污泥含水率低于 60%的污水处理厂污泥脱水方式情况

数据来源：中国水协《2023 年城镇水务统计年鉴（排水）》。

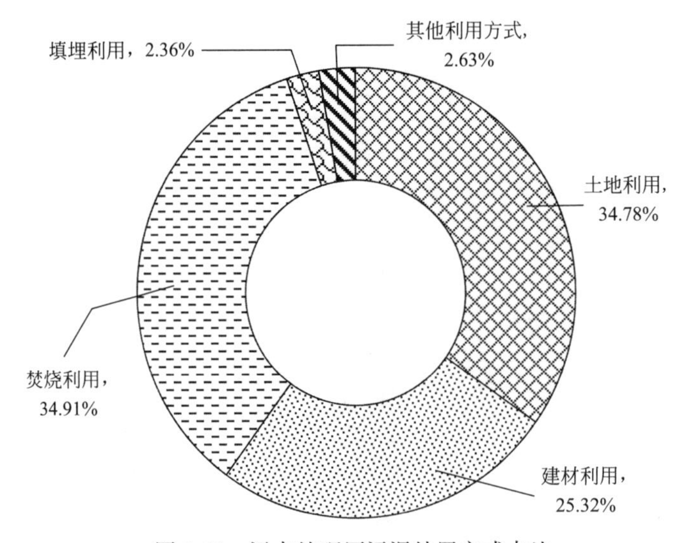

图 2-66　污水处理厂污泥处置方式占比

数据来源：中国水协《2023 年城镇水务统计年鉴（排水）》。

第 2 篇　水务行业发展大事记

本部分梳理选录 2024 年度中共中央、国务院及有关部委印发的城镇水务行业发展相关政策文件，并以年度大事记形式汇总展示了中国水协年度重要活动和主要工作成就，包括中国水协 2024 年会、团体标准、科学技术成果鉴定、科学技术奖、典型工程项目案例等。

部分文件编入本书附录。

第3章　行业发展大事记

3.1　2024年国家发布的主要相关政策

2024年中共中央、国务院及有关部委发布的与城镇水务相关的部分政策文件名称、文号及发布时间见表3-1，具体内容可在中国水协官方网站查询。

2024年发布的与城镇水务相关的部分政策文件　　　　**表3-1**

序号	名称及文号	发布时间
中共中央、国务院发布		
1	中共中央　国务院关于全面推进美丽中国建设的意见	2024年1月11日
2	国务院关于进一步优化政务服务提升行政效能推动"高效办成一件事"的指导意见(国发〔2024〕3号)	2024年1月16日
3	中共中央办公厅　国务院办公厅印发《关于做好春节前后低温雨雪冰冻灾害防范应对工作的通知》	2024年2月1日
4	国务院办公厅关于印发《国家自然灾害救助应急预案》的通知(国办函〔2024〕11号)	2024年2月4日
5	中华人民共和国国务院令　碳排放权交易管理暂行条例(国令第775号)	2024年2月4日
6	国务院办公厅关于印发《突发事件应急预案管理办法》的通知(国办发〔2024〕5号)	2024年2月7日
7	国务院办公厅关于加快构建废弃物循环利用体系的意见(国办发〔2024〕7号)	2024年2月9日
8	国务院关于印发《推动大规模设备更新和消费品以旧换新行动方案》的通知(国发〔2024〕7号)	2024年3月13日
9	中共中央办公厅　国务院办公厅关于加强生态环境分区管控的意见	2024年3月17日
10	中华人民共和国国务院令　节约用水条例(国令第776号)	2024年3月20日
11	中华人民共和国国务院令　生态保护补偿条例(国令第779号)	2024年4月10日
12	国务院关于印发《2024—2025年节能降碳行动方案》的通知(国发〔2024〕12号)	2024年5月29日

续表

序号	名称及文号	发布时间
13	中华人民共和国国务院令　国务院关于修改《国家科学技术奖励条例》的决定(国令第 782 号)	2024 年 5 月 30 日
14	中共中央关于进一步全面深化改革　推进中国式现代化的决定	2024 年 7 月 21 日
15	中华人民共和国保守国家秘密法实施条例(国令第 786 号)	2024 年 7 月 22 日
16	中共中央　国务院关于加快经济社会发展全面绿色转型的意见	2024 年 8 月 11 日
17	中共中央办公厅　国务院办公厅关于完善市场准入制度的意见	2024 年 8 月 21 日
18	网络数据安全管理条例(国令第 790 号)	2024 年 9 月 30 日
19	中共中央办公厅　国务院办公厅关于进一步提升基层应急管理能力的意见	2024 年 10 月 8 日
20	中共中央办公厅　国务院办公厅　关于加快公共数据资源开发利用的意见	2024 年 10 月 9 日
21	中共中央　国务院关于深化产业工人队伍建设改革的意见	2024 年 10 月 21 日
22	中华人民共和国国务院令　国家自然科学基金条例	2024 年 11 月 14 日
23	中共中央办公厅　国务院办公厅关于推进新型城市基础设施建设打造韧性城市的意见	2024 年 12 月 5 日
国务院有关部委发布		
24	国家发展改革委　住房城乡建设部　生态环境部　关于推进污水处理减污降碳协同增效的实施意见(发改环资〔2023〕1714 号)	2024 年 1 月 10 日
25	住房城乡建设部关于印发《住房城乡建设部科技创新平台管理暂行办法》的通知(建标〔2024〕14 号)	2024 年 2 月 18 日
26	生态环境部办公厅　科学技术部办公厅　工业和信息化部办公厅　住房城乡建设部办公厅　交通运输部办公厅　农业农村部办公厅　关于印发《国家重点低碳技术征集推广实施方案》的通知(环办气候〔2024〕2 号)	2024 年 2 月 18 日
27	住房城乡建设部办公厅关于印发城市公共供水管网漏损治理可复制政策机制清单的通知(建办城函〔2024〕58 号)	2024 年 2 月 22 日
28	住房城乡建设部办公厅　市场监管总局办公厅　关于印发《房屋建筑和市政基础设施项目工程建设全过程咨询服务合同(示范文本)》的通知(建办市〔2024〕8 号)	2024 年 2 月 23 日
29	住房城乡建设部办公厅　国家发展改革委办公厅　关于印发《历史文化名城和街区等保护提升项目建设指南(试行)》的通知(建办科〔2024〕11 号)	2024 年 2 月 23 日
30	住房城乡建设部　国家标准化管理委员会　关于印发《城市运行管理服务平台标准体系建设指南》的通知(建标〔2024〕10 号)	2024 年 3 月 5 日
31	住房城乡建设部　生态环境部　国家发展改革委　财政部　市场监管总局　关于加强城市生活污水管网建设和运行维护的通知(建城〔2024〕18 号)	2024 年 3 月 18 日

续表

序号	名称及文号	发布时间
32	住房城乡建设部关于印发推进建筑和市政基础设施设备更新工作实施方案的通知(建城规〔2024〕2号)	2024年3月27日
33	住房城乡建设部办公厅关于做好2024年城市排水防涝工作的通知(建办城函〔2024〕106号)	2024年4月1日
34	国家发展改革委关于印发《重点流域水环境综合治理中央预算内投资专项管理办法》的通知(发改区域规〔2024〕352号)	2024年4月1日
35	住房城乡建设部关于2024年全国城市排水防涝安全责任人名单的通告(建城函〔2024〕29号)	2024年4月3日
36	生态环境部　排污许可管理办法(部令第32号)	2024年4月8日
37	国家发展改革委关于印发《污染治理中央预算内投资专项管理办法》的通知(发改环资规〔2024〕337号)	2024年4月8日
38	国家发展改革委关于印发《节能降碳中央预算内投资专项管理办法》的通知(发改环资规〔2024〕338号)	2024年4月8日
39	中华人民共和国国家发展和改革委员会　财政部　住房城乡建设部交通运输部　水利部　中国人民银行令《基础设施和公用事业特许经营管理办法》(第17号)	2024年4月9日
40	住房城乡建设部办公厅关于做好2024年全国城市节约用水宣传周工作的通知(建办城函〔2024〕135号)	2024年4月15日
41	生态环境部　关于发布国家生态环境标准《生态环境规划编制技术导则　总纲》的公告(公告　2024年　第14号)	2024年5月11日
42	国家发展改革委关于印发生态保护修复中央预算内投资专项管理办法的通知(发改农经规〔2024〕590号)	2024年5月11日
43	住房城乡建设部关于印发2024年工程建设规范标准编制及相关工作计划的通知(建标函〔2024〕41号)	2024年5月21日
44	生态环境部　国家发展和改革委员会　工业和信息化部　财政部　人力资源和社会保障部　住房城乡建设部　交通运输部　商务部　中国人民银行　国务院国有资产监督管理委员会　海关总署　国家市场监督管理总局　国家金融监督管理总局　中国证券监督管理委员会　国家数据局关于印发《关于建立碳足迹管理体系的实施方案》的通知(环气候〔2024〕30号)	2024年6月4日
45	国家发展改革委办公厅　住房城乡建设部办公厅　关于开展污水处理绿色低碳标杆厂遴选工作的通知(发改办环资〔2024〕531号)	2024年7月3日
46	财政部　生态环境部　关于印发《农村黑臭水体治理试点资金绩效评价办法》的通知(财资环〔2024〕57号)	2024年7月5日
47	财政部　税务总局　关于节能节水、环境保护、安全生产专用设备数字化智能化改造企业所得税政策的公告(财政部　税务总局公告2024年第9号)	2024年7月18日

续表

序号	名称及文号	发布时间
48	国家发展改革委　水利部　工业和信息化部　住房城乡建设部　农业农村部关于加快发展节水产业的指导意见(发改环资〔2024〕898号)	2024年7月22日
49	国家发展改革委　财政部印发《关于加力支持大规模设备更新和消费品以旧换新的若干措施》的通知(发改环资〔2024〕1104号)	2024年7月25日
50	国家发展改革委　市场监管总局　生态环境部　关于进一步强化碳达峰碳中和标准计量体系建设行动方案(2024—2025年)的通知(发改环资〔2024〕1046号)	2024年8月8日
51	工业和信息化部　中央网信办　教育部　财政部　自然资源部　住房城乡建设部　农业农村部　国家卫生健康委　中国人民银行　国务院国资委　中国国家铁路集团有限公司　关于推动新型信息基础设施协调发展有关事项的通知(工信部联通信〔2024〕165号)	2024年9月14日
52	生态环境部　关于印发《生态环境部门进一步促进民营经济发展的若干措施》的通知(环综合〔2024〕62号)	2024年9月14日
53	生态环境部　关于印发《入海排污口监督管理办法(试行)》的通知(环海洋〔2024〕72号)	2024年10月8日
54	国家发展改革委　国家数据局　中央网信办　工业和信息化部　财政部　国家标准委等部门关于印发《国家数据标准体系建设指南》的通知(发改数据〔2024〕1426号)	2024年10月8日
55	财政部　税务总局　水利部　关于印发《水资源税改革试点实施办法》的通知(财税〔2024〕28号)	2024年10月16日
56	国家发展改革委　生态环境部　国家统计局　工业和信息化部　住房城乡建设部　交通运输部　市场监管总局　国家能源局关于印发《完善碳排放统计核算体系工作方案》的通知(发改环资〔2024〕1479号)	2024年10月24日
57	国家发展改革委　工业和信息化部　住房城乡建设部　交通运输部　国家能源局　国家数据局关于大力实施可再生能源替代行动的指导意见(发改能源〔2024〕1537号)	2024年10月30日
58	住房城乡建设部关于印发《城市数字公共基础设施标准体系》的通知(建标〔2024〕79号)	2024年11月1日
59	生态环境部　入河排污口监督管理办法(生态环境部部令第35号)	2024年11月1日
60	水利部关于加强重点行业用水定额管理的通知(水节约〔2024〕286号)	2024年11月2日
61	生态环境部　关于印发《全面实行排污许可制实施方案》的通知(环环评〔2024〕79号)	2024年11月4日
62	生态环境部　国家发展改革委　工业和信息化部　财政部　自然资源部　住房城乡建设部　农业农村部　关于印发《土壤污染源头防控行动计划》的通知(环土壤〔2024〕80号)	2024年11月6日
63	市场监管总局印发《标准必要专利反垄断指引》(国市监反执一发〔2024〕102号)	2024年11月8日

续表

序号	名称及文号	发布时间
64	财政部　自然资源部　生态环境部　国家林业和草原局　关于印发《中央生态环保转移支付资金竞争性评审项目申报和管理暂行办法》的通知(财资环〔2024〕139号)	2024年11月15日
65	住房城乡建设部关于发布《房屋建筑和市政基础设施工程禁止和限制使用技术目录(第二批)》的公告(中华人民共和国住房城乡建设部公告2024年第186号)	2024年11月28日
66	生态环境部　国家发展和改革委员会　公安部　交通运输部　国家卫生健康委员会发布《国家危险废物名录(2025年版)》(部令第36号)	2024年11月29日
67	国家税务总局　财政部　水利部关于水资源税有关征管问题的公告(国家税务总局　财政部　水利部公告2024年第12号)	2024年12月10日

3.2　2024年中国水协大事记

2024年中国水协大事记见表3-2。

2024年中国水协大事记　　表3-2

序号	大事记	时间
重要活动		
1	中国水协教育委第一届五次会议暨城镇供水排水行业职业技能培训教材编写研讨会顺利召开|突出特色,行业人才培训体系建设再上新台阶	2024年1月8日
2	中国水协受委托组织开展城市节水社会满意度调查工作	2024年1月17～25日
3	笑看今朝添百福　遐龄长寿祝期颐——协会领导看望慰问供水界泰斗宋仁元	2024年1月23日
4	中国水协分支机构工作会顺利召开	2024年1月25日
5	住房城乡建设部城市建设司领导到中国水协调研慰问	2024年2月2日
6	“城镇水务行业2023年度十大新闻”公布	2024年2月4日
7	住房城乡建设部村镇建设司领导到中国水协调研慰问	2024年2月5日
8	《城镇水务系统碳核算与减排路径技术指南》英文版由国际水协(IWA)正式出版上线	2024年2月21日
9	关于撤销部分中国水协团体标准制定计划的公示	2024年2月27日
10	全国省级地方水协秘书长工作会在杭州召开	2024年3月4～6日
11	司法部官网专家解读 | 章林伟:法制保障　系统推进　全面加强城市水资源节约集约利用	2024年3月21日

续表

序号	大事记	时间
12	关于增设中国水协职业技能培训基地的公告	2024 年 4 月 11 日
13	中国水协召开新闻发布会丨城镇水务行业年度盛会在青岛拉开序幕	2024 年 4 月 16 日
14	“中国城镇供水排水协会 2024 年会暨城镇水务技术与产品展示”在山东省青岛市盛大召开	2024 年 4 月 17～21 日
15	全国城市供水企业工会联席委员会正式成立　携手同绘供水行业工会发展新蓝图	2024 年 4 月 18 日
16	中国水协三届九次常务理事会、理事会在青岛召开	2024 年 4 月 18 日
17	中国水协首届水业青年优秀论文评选总决赛在青岛召开	2024 年 4 月 20 日
18	中国水务代表团出席 IFAT Munich 2024 国际环保展览会	2024 年 5 月 14 日
19	中国水协第二届水业青年优秀论文评选暨中国水业青年论坛在西安召开	2024 年 5 月 17～19 日
20	中国水务代表团出席第八届全俄水务大会和展览会	2024 年 6 月 18 日
21	2023 年度国家科学技术奖获奖名单揭晓，中国水协荣获 2023 年度国家科学技术进步奖一等奖	2024 年 6 月 24 日
22	中国水协科技委换届会议暨 2024 年年会举办	2024 年 7 月 25～27 日
23	中国水协建筑给水排水分会第二届委员会成立大会暨学术交流会举办	2024 年 8 月 2 日
24	第二届南水北调中线水源安全高效利用技术论坛暨设备材料专业委员会换届工作会议在郑州召开	2024 年 8 月 21～23 日
25	中国水协城市排水分会换届会暨排水系统提质增效论坛在京举办	2024 年 8 月 22～24 日
26	中国水协城镇水务市场发展专业委员会换届工作会在京召开	2024 年 9 月 4 日
27	中国水协节约用水专业委员会换届会议暨 2024 年年会召开	2024 年 9 月 5～6 日
28	全国海绵城市示范城市建设成果凝练工作会在四川省广元市召开	2024 年 9 月 11～13 日
29	“礼赞新中国　奋进新时代”——协会秘书处参加全国性行业协会商会庆祝新中国成立 75 周年文艺汇演	2024 年 9 月 25 日
30	中国水协设施更新与修复专业委员会换届会议召开	2024 年 9 月 27～28 日
31	《城镇水务行业设备更新推荐目录》发布会召开	2024 年 9 月 28 日
32	民生一件事 • 城市“里子”工程建设，各地加快进行城市易涝积水点整治—中国水协主要负责人接受央视采访	2024 年 11 月 1 日
33	中国水协城镇水环境专业委员会 2024 年年会在雄安新区召开	2024 年 11 月 1～2 日
34	中国水协召开党员大会进行换届选举新一届党支部支委会	2024 年 11 月 18 日

续表

序号	大事记	时间
35	中国水协召开第四届理事会换届工作领导小组第二次会议(线上)	2024年11月28日
36	中国水协智慧水务专业委员会2024年年会暨城镇智慧水务论坛在四川成都召开	2024年11月21～23日
37	中国水协召开第三届十次理事会(通讯形式)	2024年11月28日
38	中国水协城市排水分会2024年年会召开	2024年12月5～7日
39	中国水协分支机构工作会议在南京召开	2024年12月16日
40	中国水协会长办公会在南京召开	12月17日
41	中国水协三届十一次常务理事会在南京召开	12月17日
42	加快构建新发展格局　着力推动高质量发展——城镇水务行业设备材料更新推荐目录宣贯会暨设备材料发展应用技术研讨会召开	2024年12月16～18日
43	关于2024年度中国水协典型工程项目案例入库名单的公告	2024年12月19日
44	关于2024年度中国水协科学技术奖励的决定	2024年12月27日
标准宣贯活动		
45	中国水协团体标准《城镇排水管网系统诊断技术规程》宣贯会	2024年5月22日
46	国家标准《城市居民生活用水量标准》宣贯会	2024年5月26日
47	中国水协团体标准《城镇污水处理厂碳减排评估标准》宣贯会	2024年7月17日
48	中国水协技术资料《城镇水务行业设备更新推荐目录》发布会	2024年9月28日
49	中国水协团体标准《城市供水企业突发事件应急预案编制技术规程》宣贯会	2024年11月13日
50	中国水协团体标准《城镇水务信息在线采集技术标准》宣贯会	2024年12月3日

3.3　城镇水务行业2024年度十大新闻

为记录中国城镇水务行业发展历程，深入了解和掌握城镇水务行业的发展动态，推动行业高质量发展，中国水协组织开展“城镇水务行业2024年度十大新闻”评选活动。经过广泛征集、多方推荐、初评、网络投票和复评，最终评选出“城镇水务行业2024年度十大新闻”。

1. 中共中央、国务院印发《关于全面推进美丽中国建设的意见》

2024年1月，中共中央、国务院印发《关于全面推进美丽中国建设的意见》。意见分为10章共33条，聚焦美丽中国建设的目标路径、重点任务、重大政策提出细化举措，主要部署了以下重点任务：加快发展方式绿色转型、持续深入推进污染防治攻坚、提升生态系统多样性稳定性持续性、守牢美丽中国建设安全底线、打造美丽中国建设示范样板、开展美丽中国建设全民行动、健全美丽中国建设保障体系等。

2. 中共中央办公厅、国务院办公厅印发《关于推进新型城市基础设施建设打造韧性城市的意见》

11月，中共中央办公厅、国务院办公厅印发《关于推进新型城市基础设施建设打造韧性城市的意见》，提出了十一项重点任务，第一项任务即为“实施智能化市政基础设施建设和改造”。要求深入开展市政基础设施普查，建立设施信息动态更新机制，全面掌握现状底数和管养状况。编制智能化市政基础设施建设和改造行动计划，因地制宜对城镇供水、排水、供电、燃气、热力、消火栓（消防水鹤）、地下综合管廊等市政基础设施进行数字化改造升级和智能化管理。建立涵盖管线类别齐全、基础数据准确、数据共享安全、数据价值发挥充分的地下管网“一张图”体系，打造地下管网规划、建设、运维、管理全流程的基础数据平台，实现地下管网建设运行可视化三维立体智慧管控。落实居民加压调蓄设施防淹和安全防护措施，加强水质监测，保障供水水质安全。统筹管网与水网、防洪与排涝，健全城区排涝通道、泵站、闸门、排水管网与周边江河湖海、水库等应急洪涝联排联调机制，推动地下设施、城市轨道交通及其连接通道等重点设施排水防涝能力提升，强化地下车库等防淹、防盗、防断电功能。

3. 国家政策推动城镇水务行业设备更新与绿色转型，中国水协发布《城镇水务行业设备更新推荐目录》

3月，国务院印发《推动大规模设备更新和消费品以旧换新行动方案》，实施设备更新、消费品以旧换新、回收循环利用、标准提升四大行动。后续各领域具体实施方案陆续发布实施。住房城乡建设部印发《推进建筑和市政基础设施设备更新工作实施方案》，部署各地以大规模设备更新为契机，加快行业领域设施设备补齐短板、升级换代、提质增效，提升设施设备整体水平，满足人民群众高品质生活需要，推动城市高质量发展。4月，财政部办公厅、住房城乡建设部办公厅印发《关于开展城市更新示范工作的通知》，支持部分城市开展城市更新示范工作，重点支持城市基础设施更新改造。资金支持方向：城市地下管网更新改造、污水管网“厂网一体”建设改造、市政基础设施补短板、老旧片区更新改造等。

为响应《推动大规模设备更新和消费品以旧换新行动方案》要求，指导城镇水务行业企业积极落实《关于开展城市更新示范工作的通知》，中国水协组织相关分支机构和专家编制《城镇水务行业设备更新推荐目录》，为推动城镇水务行业设备的全面升级与换代，城镇水务行业绿色、低碳、智慧发展提供坚实保障。

4. 住房城乡建设部、生态环境部、国家发展改革委、财政部、市场监管总局联合印发《关于加强城市生活污水管网建设和运行维护的通知》

3 月，住房城乡建设部、生态环境部、国家发展改革委、财政部、市场监管总局联合印发的《关于加强城市生活污水管网建设和运行维护的通知》，坚持以提升城市生活污水收集处理效能为核心，加快补齐污水管网建设短板，建立健全长效的运行维护机制，全面推进城市生活污水管网的专业化、系统化管理。通过具体措施和目标的设定，旨在实现城市生态环境的根本改善，促进美丽中国建设的进程，确保城市水环境的持续健康发展。

5. 城市地下管网改造按下“加速键”，加快抓好城市“里子”工程建设

7 月，国务院印发的《深入实施以人为本的新型城镇化战略五年行动计划》提出，要以人口规模大密度高的中心城区和影响面广的关键领域为重点，深入实施城市更新行动，加强城市基础设施建设，特别是抓好城市地下管网等“里子”工程建设，加快补齐城市安全韧性短板，打造宜居、韧性、智慧城市。

12 月，全国住房城乡建设工作会议指出，在“两重”“两新”政策支持下，2024 全年累计建设改造各类管网 16.3 万 km，新开工综合管廊项目建设 201km，更新设备 117 万台；加快城市排水防涝能力提升工程建设，2000 多个增发国债项目全部开工，整治易涝点 900 多处。

自 2024 年起，我国将大力推进城市地下管网改造，实施城市排水防涝能力提升工程，深入推进城市生命线安全工程建设。未来，我国将每年改造 10 万 km 以上地下管线。

6. 我国首部节约用水行政法规《节约用水条例》发布

3 月，国务院发布《节约用水条例》，自 2024 年 5 月 1 日起施行，这是我国首部节约用水行政法规。“节约用水”是解决我国水资源短缺问题的根本措施，条例以水资源可持续利用为目标，建立健全节水制度政策体系，以法治方式和法治途径实现水资源节约集约高效利用，促进全社会节约用水。《节约用水条例》的发布是全面建设节水型城市，保障国家水安全，推进生态文明建设推动高质量发展的重大举措，为深

入落实节水优先方针提供有力的法治保障。

7. 中国水协组织编写的《城镇水务系统碳核算与减排路径技术指南》英文版由IWA出版集团正式出版上线

2月，中国水协组织编写的《城镇水务系统碳核算与减排路径技术指南》英文版由国际水协会（IWA）出版集团正式出版上线。为更好地促进交流与讨论，英文版开放获取。指南英文版的发布，可有益国际同行交流，更好地了解我国水务行业碳减排工作，可进一步通过讨论，不断完善促进水务行业碳排放核算方法，以指导减碳降碳工作。

碳减排是全球政治与科学议题，水务行业也不例外。尽管国际上一些国家水务行业提出了更早实现碳中和目标（2030年）并制定了相应碳核算方法，但是，系统将城镇给水、排水、雨水及中水集于一体的碳足迹核算技术指南还是世界首次。

8. 中国城镇水务行业2024年国际国内奖项大丰收

2024年，中国城镇水务行业在国际与国内舞台上均取得了辉煌的成就。

6月，2023年度国家科学技术奖在北京揭晓。由曲久辉院士领衔的《饮用水安全保障技术体系创建与应用》和侯立安院士、高从堦院士领衔的《新型膜法水处理关键技术及应用》两项成果荣获国家科学技术进步奖一等奖！曲久辉院士领衔的《饮用水安全保障技术体系创建与应用》，发明了“加密活区”净水及调光抑藻等生态型水源水质改善技术，攻克了嗅味、毒害副产物、耐氯生物、砷、氟等系列水质净化难题，创建了标准化装配式水厂及农村供水远程运维模式，实现了全场景水质监测系列装备首台套突破和自主可控，创建了从源头到龙头、分散到集中、监测到管控、城乡全覆盖的饮用水安全保障技术体系。成果应用于1431项工程、覆盖4500个公共供水厂，直接受益人口2.58亿人，服务人口7.2亿人，支撑城乡居民喝上“放心水”。侯立安院士、高从堦院士领衔的《新型膜法水处理关键技术及应用》，取得新型膜分离原理、膜材料制备、膜法水处理及膜固废后处理全链条技术与工程创新，水平国际领先。建成了超大型海淡工程，国内市场占有率第一；实现了芯片超纯水分离膜国产化；解决了相关药企药物高纯化难题；开发了核沾染水处理装备，应对突发核泄漏风险。成果应用于30个省级行政区及24个国家。

国际上，诺贝尔可持续发展基金会将2024年度可持续发展杰出研发奖授予中国工程院院士、中国科学院生态环境研究中心研究员曲久辉，以表彰他在饮用水安全保障研究和应用方面取得的杰出成就。该奖项首次在水研究领域颁发，体现出对中国供水科技巨大进步的认可。

此外，武汉城投水务集团有限公司荣获中华全国总工会授予的“全国五一劳动奖状”，该奖项是中国工人阶级最高奖项之一，旨在表彰在推进中国特色社会主义建设中作出杰出贡献的企事业单位和机关团体。

9. 财政部、税务总局、水利部印发《水资源税改革试点实施办法》

2024年10月，财政部、税务总局、水利部印发《水资源税改革试点实施办法》，明确自2024年12月1日起全面实施水资源费改税试点，将水资源税推向全国31个省份。

全面实施水资源费改税试点，是贯彻落实习近平生态文明思想的重要体现，是践行新时代治水思路和确保国家水安全的重要举措。有利于增强企业等社会主体节水意识和动力，推动形成绿色发展方式和生活方式。同时，水资源费改税试点与地下水超采治理、取水许可管理等其他改革措施相互配合、协同推进，有利于落实水资源刚性约束制度，全面提升水资源节约集约安全利用水平。

《水资源税改革试点实施办法》明确了水资源税和供水价格的关系，城镇公共供水企业为水资源税的纳税人，水资源税与自来水价格实行价税分离，通过税收引导相关企业采取措施控制和降低水的漏损。

10. 中国城镇水务行业国际交流与合作不断加深

4月，俄罗斯水协代表团参加中国水协2024年会暨城镇水务技术与产品展示开幕式、巡展及座谈活动，双方就加强协会间的交流合作、推动两国城镇供水排水行业高质量发展进行了坦诚的沟通。6月，中国水协代表团受邀回访。

5月，中国水协（CUWA）与德国水道、污水及废物处理协会（DWA）签署战略合作协议（MoU)，双方同意在技术标准、职业技能培训与竞赛以及当前共同关注的多个领域展开深入合作。

另外，中国水协与韩国水协、日本水协、非洲水协等协会也保持着紧密的联系。

3.4 中国水协2024年会

会议宗旨：会朋友、议良策、寻机遇、求发展。

2024年4月17日～21日“中国城镇供水排水协会2024年会暨城镇水务技术与产品展示”（简称中国水协2024年会）在山东省青岛市顺利召开，本次大会由住房城乡建设部、山东省住房和城乡建设厅指导，中国水协主办，山东省城镇供排水协会、青岛水务集团有限公司、山东金诺国际会展有限公司承办，各省级地方水协协办。来自全国各地水务行业从业者及相关人员万余人参加了会议。会议同期举办了“城镇水务技术与产品展示”，220余家国内优质水务企业参加交流展示，现场举办“全国（山东）城镇供排水行业大规模设备更新供需对接活动”、颁奖活动、授牌仪式、新书发布会及18场产品推介活动，吸引了十余万人次与会者的广泛参与和互动体验。

中国水协2024年会聚焦城镇水务行业现状与高质量发展，是围绕行业热点、难点、痛点问题，集行业分析、政策解析、专家研讨、技术交流、产品展示等为一体的行业盛会。年会探讨交流契合国家发展战略的城镇水务行业高质量发展目标、路径和方法，促进行业发展与国家战略同频共振，有力支撑我国社会经济和城镇化发展。

中国水协2024年会秉承“会朋友、议良策、寻机遇、求发展”的宗旨，邀请政府领导、行业专家、会员单位及城镇水务行业从业者等业内人员，围绕城镇水务行业政策、行业发展形势和趋势等进行交流研讨和展示。一是宣传贯彻城镇水务相关政策及国家对城镇水务行业高质量发展的新要求；二是围绕行业热点、难点与痛点问题，商讨城镇水务发展新思路、途径和方法；三是交流地方水协工作经验；四是城镇水务技术与产品展示，组织百余家企业、百余名专家交流和推广城镇水务新技术、新工艺、新材料和新设备及运行管理经验。

年会同期召开全国省级地方水协会长工作会，中俄交流会、中国水协第三届九次常务理事会、理事会，定向支持专家咨询会及中国水协顾问和战略咨询委员会专家会等。

3.4.1　综合大会

4月19日，中国水协2024年会综合大会隆重召开。中国工程院院士、哈尔滨工业大学教授李圭白先生线上参会，中国工程院院士、中国水协科技发展和战略咨询委员会副主任委员、哈尔滨工业大学教授任南琪，中国工程院院士、中国水协科技发展和战略咨询委员会委员、北京工业大学教授彭永臻，住房城乡建设部城市建设司司长胡子健委托水务处二级调研员陈玮，住房城乡建设部村镇建设司司长牛璋彬委托治理处处长鞠宇平，中国水协会长章林伟，山东省住房和城乡建设厅副厅长侯晓滨，中国海员建设工会全国委员会主席李庆忠，青岛市人民政府副市长宋明杰，江西省九江市人民政府副市长容长贵，甘肃省天水市人民政府副市长胡志勇，俄罗斯水协会长埃琳娜·多夫拉托娃（Dovlatova Elena）等嘉宾出席了会议。来自全国各地水务行业从业者等相关人员五千余人参加了综合大会（图 3-1）。

图 3-1　综合大会主会场

1. 开幕式

开幕式上，侯晓滨副厅长、宋明杰副市长、章林伟会长、李庆忠主席、牛璋彬司长、胡子健司长先后向大会致辞（图 3-2）。大会开幕式由中国水协秘书处副秘书长高伟主持。与会领导欢迎来自全国的水务行业代表，介绍我国近年来在城镇水务行业开展的重要工作及行业高质量发展的形势，强调本次大会的重要意义，并祝贺大会胜利召开。

图 3-2　胡子健司长、牛璋彬司长、侯晓滨副厅长、宋明杰副市长、李庆忠主席向大会致辞

2. 主旨报告

（1）章林伟《推动行业新质生产力发展》

中国水协会长章林伟作主旨报告——推动行业新质生产力发展（图 3-3），报告介绍了行业发展现状及存在问题，指出推动城镇水务行业实现高质量发展，不仅关乎城市居民生活质量的提升，也是支撑经济社会可持续发展、保障国家水安全的重要举措。目前，尽管城镇供水排水设施水平显著提升，但仍存在发展不充分、不均衡的问题。对此，报告从科技创新、发展方式创新、机制创新、人力资源机制创新、产业创新五个维度提出策略建议，旨在推动行业新质生产力发展，为行业的高质量发展提供系统性路径和实施方法。

图 3-3　中国水协会长章林伟作主旨报告

（2）李圭白、梁恒《我国饮用水技术自主创新之超滤膜净水技术》

中国工程院院士、中国水协科技发展战略咨询委员会资深专家、哈尔滨工业大学教授李圭白与中国水协青年工作者委员会主任委员、哈尔滨工业大学环境学院院长梁恒联合向大会作主旨报告——我国饮用水技术自主创新之超滤膜净水技术（图 3-4）。李圭白院士以视频的形式表达对年会成功举办的祝愿，并委托学生梁恒汇报团队近三十年在超滤技术方面的研究成果。报告从超滤膜的作用原理，超滤膜的优势劣势等方面进行阐述。同时，也提出了对超滤技术未来发展方向的思考，以“双碳”目标和健康饮水为指引，建立高效、绿色、简约、集成的新一代超滤技术体系，更好地让科学技术服务于广大人民。

图 3-4　李圭白院士、梁恒院长联合向大会作主旨报告

（3）彭永臻《关于我国城市污水处理排放标准的思考与建议》

中国工程院院士、中国水协科技发展战略咨询委员会委员、北京工业大学教授彭永臻向大会作主旨报告——关于我国城市污水处理排放标准的思考与建议。报告首先分析了我国城市排水标准存在的问题，认为城镇污水处理排放标准过于“整齐划一”，应因地制宜规划与修订。对于湖泊、海湾等脆弱水体，应当制定更加严格的氮、磷等排放的地方标准。针对无富营养化之虞的非缓流水体，应当制定适当宽松的氮、磷排放标准。对于无富营养化之虞的广大地区，适当放宽氮、磷排放限值。同时指出，近年来，越来越多的地区提出城镇污水处理要达到《地表水环境质量标准》GB 3838—2002 中Ⅳ类和Ⅲ类水质的要求，应因地制宜理性看待这种趋势（图 3-5）。

图 3-5　中国工程院院士彭永臻作主旨报告

（4）张辰《城镇污水管网系统改造技术指南》解读

全国工程勘察设计大师、中国水协科技发展战略咨询委员会副主任委员、中国水协规划设计专业委员会主任委员、上海市政工程设计研究总院（集团）有限公司总工程师张辰向大会作主旨报告——《城镇污水管网系统改造技术指南》解读。报告对《城镇污水管网系统改造技术指南》的编制背景和主要技术内容进行了详细解读。报告指出，我国不断加大污水管网建设力度，污水收集和处理效能显著提高，促进了水环境质量稳步提升。在“双碳”背景下，要统筹考虑小区、排水单元和市政污水管网的本底情况，通过科学合理取消化粪池、完善污水管道、规范化运行管理等措施，完成污水系统减污降碳目标（图 3-6）。

图 3-6　全国工程勘察设计大师张辰作主旨报告

3. 会旗交接仪式

大会进行了中国水协年会承办协议签署和会旗交接仪式（图 3-7）。经浙江省城市水业协会和杭州市水务集团有限公司联合申请，“中国城镇供水排水协会 2025 年会暨城镇水务技术与产品展示”将于 2025 年 4 月第三周（4 月 14～20 日）在杭州市举办。中国水协会长章林伟和浙江省城市水业协会会长朱奚冰共同签署承办协议。中国水协会长章林伟，山东省城镇供排水协会会长邓杰、青岛水务集团有限公司董事长夏正启和浙江省城市水业协会会长朱奚冰共同完成会旗交接仪式。

图 3-7　中国水协 2024 年会承办交接仪式

3.4.2　全国省级地方水协会长工作会

4 月 17 日，全国省级地方水协会长工作会在青岛召开（图 3-8）。

图 3-8　省级地方水协会长工作会现场

中国水协会长章林伟、副会长林雪梅、李力、朴庸健、申一尘、蔡新立、郑家荣、郑如彬、熊易华、宋兰合，副秘书长高伟、谢映霞、潘俊杰，16 个分支机构代表，以及 39 家省级地方水协会长、副会长、秘书长等出席了本次会议。山东省城镇供排水协会会长邓杰为本次会议致辞。会议期间，中国水协高伟副秘书长就年会主题、大会议程、技术交流论坛、展览展示、技术参观等安排情况进行了简要介绍；潘俊杰副秘书长就“中国水协四十周年纪念活动”筹备组织进展进行了汇报，活动计划 2024 年梳理过往，2025 年启动纪念活动。会上，各省级地方水协领导踊跃发言，积极献计献策，就推动行业水平提升、人才培训培养体系建立、政策解读、行业调查研究、团标宣贯等提出意见和建议，并针对各地方协会年内工作进行了交流，希望中国水协发挥平台优势，进一步促进各协会间的交流互动，继续探索提升协会影响力，共同为水务行业发展贡献力量。

中国水协章林伟会长在最后总结中指出，2024 年是实现“十四五”规划目标的关键一年，城镇水务行业需从科技创新、发展方式创新、机制创新、人才创新和产业创新五方面着手发展新质生产力。今后中国水协将继续以丰富的形式开展交流，寻求多方位全面合作，发展行业新质生产力，并通过年会集聚群言，共建良策，达成共识；同时，也将进一步加强与地方水协合作，统筹推进城镇水务事业高质量发展。

3.4.3　中国水协第三届九次常务理事会和理事会

4 月 18 日中国水协第三届九次常务理事会和理事会在青岛召开，中国水协会长章林伟，副会长林雪梅、李力、朴庸健、申一尘、蔡新立、郑家荣、郑如彬、熊易华、宋兰合，副秘书长，监事长，监事及常务理事、理事、省级地方水协代表、分支机构代表等近 300 人出席了本次会议（图 3-9）。

图 3-9　中国水协第三届九次常务理事会、理事会现场

会议由朴庸健副会长主持，山东省城镇供排水协会轮值会长崔鹏炜为本次会议致

辞。中国水协高伟副秘书长做了“中国水协2023年度工作报告”，从“坚持站高位党建引领，筑牢党建根基”“加强组织建设，提升协会组织能力”“聚合行业力量，引领行业高质量发展”“深入推进专项工作，全方位助力行业发展”“深化对接增进合作，共享机遇助推发展”五个方面全面总结了过去一年中国水协的工作，充分体现了中国水协服务国家、服务政府、服务行业、服务会员单位的宗旨。会议审议通过了两项审议事项，增补潘俊杰为副秘书长及《中国城镇供水排水协会意识形态工作和网络信息安全管理制度》。张晓健监事长作大会监事报告。

最后，中国水协章林伟会长做了会议总结，充分肯定了第三届常务理事会、理事会所做工作，对各位常务理事、理事团结协作，推动行业高质量发展所做工作表示感谢；对水协开展的各项工作等进行了展望，并提出了未来工作思路。

会议结束后，与会全体代表参加了展示开幕式并巡馆。

3.4.4 中俄交流会议

4月18日上午，俄罗斯水协代表团参加中国水协2024年会开幕式，并参与巡展活动。随后，中俄水协双方进行座谈（图3-10），双方就加强协会间的交流合作、推动两国城镇供水排水行业高质量发展进行了坦诚的沟通，章林伟会长与埃琳娜·多夫拉托娃会长分别代表各自协会互赠纪念品并合影留念。

图3-10　中俄交流会议现场

3.4.5　中国水协定向支持青岛会商会

4 月 18 日，中国水协定向支持青岛会商会在青岛世博城国际展览中心举行。定向支持地方会商会是中国水协一年一度年会期间专为承办地区打造的高规格定制会议，旨在聚智汇力、聚势赋能，为加快推动承办地区水务事业高质量发展建言献策。

国内水生态治理、环境工程建设方面的院士、专家、学者，市政府有关领导，中国水协会长章林伟、副秘书长高伟，山东省城镇供排水协会、青岛市政协专门委员会、青岛市水务管理局、青岛水务集团有限公司相关领导及专业技术人员共 60 余人参加会议。与会院士、专家就青岛市水生态、水治理、水保障存在的难点、痛点，提出了宝贵的意见和建议，激活力、增动力、添合力，以新质生产力加快推动青岛水务事业高质量发展“新业态”。

3.4.6　中国水协顾问委员会和科技发展战略咨询委员会闭门会议

4 月 19 日下午，中国水协顾问委员会和科技发展战略咨询委员会会议在山东青岛世博城国际会议中心召开（图 3-11）。

图 3-11　中国水协顾问委员会及科技发展战略咨询委员会闭门会议

中国水协会长章林伟，中国工程院院士、中国水协战略咨询委员会副主任委员任南琪，中国工程院院士、中国水协科技发展与战略咨询委员会委员彭永臻，6 位全国工程勘察设计大师、6 位顾问委员等 30 余位国内城镇水务领域的权威专家参加会议。

会议由中国水协副秘书长谢映霞主持。

会议紧扣“合理制定、修订城镇水务相关标准，推动城镇水务高质量发展”议题，深入剖析相关标准存在问题，探讨如何基于我国自然环境、资源、经济发展水平等方面的国情，科学、合理地制定和修订我国城镇水务相关标准，为推动城镇水务行业高质量发展积极建言献策。

会上，专家们展开热烈讨论，分享了大量实际案例及实践经验，主题鲜明、内容丰富。大家一致认为，水务标准的制定需因地制宜，如污水的收集、处理、排放要顺应自然规律，以实现生态完整性和生物多样性为目标。同时，标准制定应求真务实，注重实用性和易用性，真正从人民群众的角度出发，实现利民益民的目标。

3.4.7 技术交流论坛、圆桌对话会

2023年4月19日下午、4月20日全天，大会平行召开23场技术交流论坛和19场圆桌对话会，聚焦城镇供水保障、城镇排水与水环境治理、智慧水务、城镇水务市场发展、绿色低碳、供水排水设施更新与修复、城市内涝治理、海绵城市建设、城市节水、设备材料、建筑给水排水、职业技能竞赛、县镇水务发展、黄河流域城镇水务发展14个板块，分享300余个报告，讨论交流解决方案与经验体会，探寻城镇水务发展新动向；还举办了中国水协首届水业青年优秀论文评选总决赛等专题活动。

一、城镇供水保障论坛

(1) 技术交流论坛一：“源头”到“龙头”饮用水安全保障论坛

4月14日下午，本技术交流论坛由中国科学院生态环境研究中心研究员杨敏主持，共有10位行业专家作报告。具体报告名称及报告人见表3-3。

“源头”到“龙头”饮用水安全保障论坛　　表3-3

报告题目	报告人	单位及职务
饮用水嗅味识别与控制:现状与展望	杨敏	中国科学院生态环境研究中心研究员
超大型管网市政加压泵站无人值守智慧化改造及优化运行管理实践	袁永钦	广州市自来水有限公司总工程师、正高级工程师
城市供水高品质建设探索与实践	韩珀	郑州水务集团有限公司高级工程师
智慧水厂建设趋势与路径探讨——四技融合	唐玉霖	同济大学环境科学与工程学院教授、博士生导师
饮用水厂纳滤阻垢剂特性研究与性能评价	黄刚	上海威派格智慧水务股份有限公司水厂事业中心总监

续表

报告题目	报告人	单位及职务
“国家计量数据建设应用基地(城市水资源)”建设思路	万春	武汉市水务集团有限公司副总工程师、正高职高级工程师
臭氧水处理工程技术规程	李榭	太通建设有限公司方案经理
智慧水厂建设的核心技术之机加池工艺智慧化方案	李礼	北京市自来水集团有限责任公司技术研究院技术带头人、高级工程师
城镇高质量输配水方案	谢善斌	上海凯泉泵业(集团)有限公司智慧水务总工
孟加拉帕德玛水厂工程项目	巨志剑	中国市政工程西北设计研究院有限公司分公司总工程师、正高级工程师

(2) 技术交流论坛二：城市供水“生命线”运行与安全保障论坛

4 月 20 日上午，本技术交流论坛由北京市自来水集团有限责任公司副总经理曹楠主持，共有 8 位行业专家作报告。具体报告名称及报告人见表 3-4。

城市供水“生命线”运行与安全保障论坛　　表 3-4

报告题目	报告人	单位及职务
城镇供水系统关键材料设备评估验证与标准化	贾瑞宝	山东省城市供排水水质监测中心(济南市供排水监测中心)主任、二级研究员
以科技助力漏损控制-遥感卫星检测在北京市自来水管网漏损检测中的应用	郑鹏	北京市自来水集团禹通市政工程有限公司总经理、教授级高级经济师
基于 DMA 的大型城市复杂管网漏损监测预警控制关键技术研究与应用	王晓东	广州市自来水有限公司副总工程师、高级工程师
数智算法赋慧郑州城市供水“生命线”	许月霞	郑州市水务集团有限公司技术部主任、高级工程师
城市供水管网水质微生物安全评价与保障技术	李伟英	同济大学环境科学与工程学院教授、博士生导师
当代给水系统节能技术突破和发展前景	李宜龙	青岛三利集团有限公司技术中心副总工
装配式一体化设备水厂在杭州临安龙岗水厂的应用介绍	池国正	浙江联池水务设备股份有限公司董事长
给水管网中颗粒物的形成及其诱导的水质风险	石宝友	中国科学院生态环境研究中心研究员、博士生导师

(3) 技术交流论坛三：供水数字化建设和服务水平提升论坛

4 月 20 日下午，本技术交流论坛由上海城投水务（集团）有限公司运管中心副主任鲍月全主持，共有 10 位行业专家作报告。具体报告名称及报告人见表 3-5。

供水数字化建设和服务水平提升论坛　　表3-5

报告题目	报告人	单位及职务
提升供水服务效能，助力营商环境持续优化	郝天	中国城市规划设计研究院城镇水务与工程分院水质安全研究所所长、高级工程师
《城市供水系统用户端可靠性评价规程》编制背景、主要内容及应用	鲍月全	上海城投水务（集团）有限公司运管中心副主任、高级工程师
钢管在水务/市政/水利领域防腐难题新技术及解决方案分享	王世新	济南迈克阀门科技有限公司研发中心总工
饮用水安全保障技术评估及标准化	邹磊	中国市政工程中南设计研究总院有限公司科研院副院长、正高级工程师
接诉即办和营商环境创新管理措施研究	张永坡	北京市自来水集团有限责任公司客户服务部经理
“青水管＋”新质服务力，让“民生答卷”更有温度	王萌	青岛市海润自来水集团有限公司董事长、高级政工师，青岛水务集团有限公司董事会秘书
党建引领　数智赋能　打造“润物细无声”供水服务新格局	李东峰	济南水务集团有限公司副总经理、高级政工师
打通从“源头”到“龙头”的最后一公里——同城同网高品质供水的应对策略	陈瑞峰	金科环境股份有限公司事业部技术总监
水务企业数字化管理转型的探索与经验分享	张自力	河北建投水务投资有限公司总工程师、正高级工程师
深水云脑如何赋能智慧水务	童麒源	深圳市环境水务集团有限公司信息中心业务经理

（4）圆桌对话会：把准政策导向，推动供水高质量发展

4月20日上午，本圆桌对话会由中国水协副会长、中国水协城市供水分会主任刘锁祥主持，共有5位对话嘉宾参与交流。对话嘉宾及对话嘉宾单位、职务见表3-6。

把准政策导向，推动供水高质量发展　　表3-6

对话嘉宾	单位及职务
周骅	上海城投水务（集团）有限公司党委副书记、董事长、总经理
袁永钦	广州市自来水有限公司总工程师、正高级工程师
郝立栋	兰州城市供水集团有限公司副总经理、高级工程师
张欣璐	成都市自来水有限责任公司副总经理
姜作耿	武汉市水务局供用水处副处长、武汉市水务集团有限公司副总经理

（5）圆桌对话会：强化供水安全保障，供水生命线系统韧性提升

4月20日下午，本圆桌对话会由天津水务集团有限公司总经理贾庆红主持，共有5位对话嘉宾参与交流。对话嘉宾及对话嘉宾单位、职务见表3-7。

强化供水安全保障，供水生命线系统韧性提升　　**表 3-7**

对话嘉宾	单位及职务
张可欣	郑州水务集团有限公司董事长、正高级工程师
顾军农	北京市自来水集团有限责任公司副总工程师、正高级工程师
张晓健	中国水协监事长、清华大学教授
宋兰合	中国水协副会长、高级工程师
厉彦松	中国水协科技发展战略咨询委员会委员，标准化委员会委员，中国市政工程东北设计研究总院有限公司技术顾问

二、城镇排水与水环境治理论坛

(1) 技术交流论坛一：城镇排水行业体制机制论坛

4 月 19 日下午，本技术交流论坛由中国水协城市排水分会主任陈明主持，共有 10 位行业专家作报告。具体报告名称及报告人见表 3-8。

城镇排水行业体制机制论坛　　**表 3-8**

报告题目	报告人	单位及职务
“3060”背景下中国污泥处理处置高质量发展的阶段性思考	杭世珺	中国水协科技发展战略咨询委员会委员，无锡市南京大学锡山应用生物技术研究所学术与战略咨询委员会副主任
深圳河湾流域系统化治理实践与思考	冀滨弘	深圳市水务(集团)有限公司副总裁
厂网一体，推进再生水区域循环利用	田志勇	北京城市排水集团有限责任公司管网部部长
垃圾焚烧厂协同污泥处理新技术介绍	陈峰	山东省工程勘察设计大师，山东省城建设计院副院长、研究员
污水收集与处理价格政策机制研究	刘立超	北京北排水务设计研究院有限公司董事长
排水管理体制改革经验介绍	王雨	天津市排水管理事务中心正高级工程师
中国水协城镇供水排水统计年鉴变革	王卫君	北京北排水务设计研究院有限公司总工程师
昆明主城排水系统化调度体系构建的践行与探索	赵思东	昆明排水设施管理有限责任公司副总经理、正高级工程师
福州市水系联排联调机制与智慧管理实践	胡铭	福州市城区水系联排联调中心调度办主任、高级工程师
绍兴柯桥再生水利用的实践与探索	杨建东	绍兴柯桥滨海供水有限公司董事长、助理经济师

(2) 技术交流论坛二：城镇排水系统提质增效与优化论坛

4 月 20 日上午，本技术交流论坛由中国水协城市排水分会秘书长甘一萍主持，共有 9 位行业专家作报告。具体报告名称及报告人见表 3-9。

城镇排水系统提质增效与优化论坛　　表 3-9

报告题目	报告人	单位及职务
北京坝河流域厂网一体化管理创新实践	宗倪	北京城市排水集团有限责任公司坝河流域分公司总经理
双碳背景下城镇污水处理厂强化脱氮除磷工艺技术研究及工程应用	鲍任兵	中国市政工程中南设计研究总院有限公司高级工程师
城镇污水零碳源投加深度脱氮除磷关键技术研究与应用	王继苗	青岛水务集团有限公司企业管理部部长、工程技术应用研究员
深圳埔地吓水质净化厂三期工程项目	邹伟国	上海市政工程设计研究总院(集团)有限公司副总工程师、正高级工程师
提高污水厂进水的浓度和集中收集率的几个因素	曹业始	中持水务股份有限公司研发分公司总工艺师
烟台辛安河 BFM 高标准污水厂与主流厌氧氨氧化降碳	吴迪	青岛思普润水处理股份有限公司副总经理、正高级工程师
广州中心城区污水处理提质增效工作思考与实践	苏健成	广州市城市排水有限公司副总经理
好氧颗粒污泥工程实践与碳减排效果	詹敏述	北京首创生态环保集团股份有限公司高级工程师
特大型污水处理厂创新设计实践	张欣	上海市政工程设计研究总院(集团)有限公司副总工程师、正高级工程师

(3) 技术交流论坛三：城镇排水系统新技术与新工艺论坛

4 月 20 日下午，本技术交流论坛由中国水协科技发展战略咨询专家委员会副主任委员、全国工程勘察设计大师李艺主持，共有 10 位行业专家作报告。具体报告名称及报告人见表 3-10。

城镇排水系统新技术与新工艺论坛　　表 3-10

报告题目	报告人	单位及职务
“双碳”目标下城镇污水膜集成处理工艺的发展与展望	黄霞	清华大学教授
城镇污水处理厂原位提标扩容 HPB 技术介绍	柴晓利	同济大学教授
北京排水集团碳中和规划与技术路径	王佳伟	北京城市排水集团有限责任公司科技研发中心主任，北京北排科技有限公司董事长、正高级工程师
城市生活垃圾渗沥液反渗透浓缩液全量化处置的探索与实践	王福浩	青岛市固体废弃物处置有限责任公司董事长、正高级工程师
磁微滤生物膜法脱氮除磷水处理技术在水环境治理中的应用	张宁迁	安徽普氏生态环境有限公司总经理

续表

报告题目	报告人	单位及职务
《钢结构装配式污水处理设施技术规程》技术交流	刘军	中国建筑第三工程局绿色产业投资有限公司华中公司总工程师、高级工程师
排水管道精细化检测与非开挖修复技术	郑洪标	武汉中仪物联技术股份有限公司总经理
应急供排水装备及案例参考	耿蔚	长沙迪沃机械科技有限公司总经理
污水污泥减污降碳新技术的研究与思考	戴晓虎	同济大学环境科学与工程学院城市污染控制国家工程研究中心主任、教授
聚焦臭气治理　打造清洁水厂　服务新时代首都建设	邓茜	北京北排装备产业有限公司高级技术经理

（4）技术交流论坛四：城镇污水管网系统改造技术论坛

4 月 20 日上午，本技术交流论坛由中国水协科技发展战略咨询委员会委员、中国水协规划设计专业委员会主任委员、全国勘察设计大师张辰主持，共有 7 位行业专家作报告。具体报告名称及报告人见表 3-11。

城镇污水管网系统改造技术论坛　　　　表 3-11

报告题目	报告人	单位及职务
城镇污水管网改造与运行的常州实践	许光明	常州市排水管理处处长、研究员级高级工程师
广州中心城区污水管网系统改造实践与思考	陈贻龙	广州市市政工程设计研究总院有限公司副总工程师、正高级工程师
城镇排水管网检测与诊断技术经验总结	崔诺	中国市政工程华北设计研究总院有限公司第十七设计研究院院长
基于区域水环境背景下厂站网一体化运营管理	杨悦	苏州市排水有限公司总经理助理
基于胶囊机器人的排水管网快速检测与智慧排水动态运维	刘志	深圳市环水管网科技服务有限公司副总经理
高密度建设的特大城市雨水混接排查经验和实例	仲明明	上海市政工程设计研究总院（集团）有限公司所长、高级工程师
城市排水管网（街区小区）改造工程案例分享	康晓鹍	北京市建筑设计研究院股份有限公司海绵城市工作室主任、高级工程师

（5）技术交流论坛五：城镇水环境生态高质量发展论坛

4 月 19 日下午，本技术交流论坛由中国市政工程西南设计研究总院有限公司给水排水专业总工程师、正高级工程师王雪原主持，共有 11 位行业专家作报告。具体报告名称及报告人见表 3-12。

城镇水环境生态高质量发展论坛　　表 3-12

报告题目	报告人	单位及职务
西部寒冷地区城镇低温生活污水治理技术路径探索	王雪原	中国市政工程西南设计研究总院有限公司给排水专业总工程师、正高级工程师
三峡库区水环境治理技术发展历程及未来需求	何强	重庆大学环境与生态学院院长、教授、博士生导师，三峡库区生态环境教育部重点实验室主任
BFM 技术特征与多场景应用	周家中	青岛思普润水处理股份有限公司生物膜研究院院长、正高级工程师
打开城市暗河，疏通城市“血脉”，激发城市活力-以南京珠西支河打开工程为例	徐冬喜	中国市政工程华北设计研究总院有限公司江苏分公司总工程师、正高级工程师
关于新污染物治理形势的思考	张建	山东师范大学校长，国家“万人计划”科技创新领军人才、国家杰出青年科学基金获得者、中国青年科技奖获得者
基于磁分离的水体快速修复技术研究及实践应用	黄光华	中建环能科技股份有限公司产品总监、正高级工程师
大汶河流域水生态健康策略研究	王琳	中国海洋大学环境科学与工程学院教授、博士生导师
湿地生态环境修复与生物多样性恢复的几点思考	卢学强	南开大学教授、博士生导师
流域综合治理经典案例剖析—长沙圭塘河井塘城市双修及海绵城市建设示范公园	王润	德国汉诺威水有限公司副总经理、德国硕士工程师
污水深度脱氮技术在污水厂提标改造中的应用	李海松	郑州大学生态与环境学院教授、博士生导师
城市黑臭水体治理与水环境整治的发展历程	孙永利	中国市政工程华北设计研究总院有限公司城市环境研究院院长、正高级工程师，国家城市给水排水工程技术研究中心副主任

(6) 技术交流论坛六：雨水径流污染与合流制溢流污染控制论坛

4 月 20 日下午，本技术交流论坛由中国市政工程西北设计研究院有限公司给水排水专业总工程师、正高级工程师马小蕾主持，共有 8 位行业专家作报告。具体报告名称及报告人见表 3-13。

雨水径流污染与合流制溢流污染控制论坛　　表 3-13

报告题目	报告人	单位及职务
水环境污染控制中完善排水管网系统的对策	马小蕾	中国市政工程西北设计研究院有限公司给水排水专业总工程师、正高级工程师
雨水径流污染与合流制溢流污染的工程解决途径	黄鸥	北京市市政工程设计研究总院有限公司副总工程师、正高级工程师

续表

报告题目	报告人	单位及职务
雨水污染控制工程案例	马宏伟	中国市政工程华北设计研究总院有限公司设计二院副院长，长江生态环境设计研究院院长
寒冷地区流域污染物防控技术研究与应用	闫钰	中国市政工程东北设计研究总院有限公司给水排水专业总工程师、正高级工程师
城市降雨径流污染负荷评估与控制技术:创新与实践	齐飞	北京林业大学教授
数智清污分流系统的发展与展望	李习洪	武汉圣禹智慧生态环保股份有限公司董事长
合流制溢流污染控制的国际经验与案例实践	程小文	中国城市规划设计研究总院水务院所长、正高级工程师
城镇河湖排口雨水径流控制技术装备研发与工程应用	贾海峰	中国水协海绵城市建设专业委员会副主任委员，清华大学环境学院城市径流控制与河流修复研究中心主任、教授、博士生导师

(7) 圆桌对话会：污水处理费价机制发展方向

4月20日上午，本圆桌对话会由中国水协副会长林雪梅主持，共有6位对话嘉宾参与交流。对话嘉宾及对话嘉宾单位职务见表3-14。

污水处理费价机制发展方向　　表3-14

对话嘉宾	单位及职务
王雨	天津市排水管理事务中心、正高级工程师
肖震	上海市排水管理事务中心、正高级工程师
吕贞	常州市排水管理处技术总监、正高级工程师
熊丽娟	湖南建投城乡环境建设有限公司执行董事、高级工程师
刘立超	北京北排水务设计研究院有限公司董事长
苏健成	广州市城市排水有限公司副总经理

(8) 圆桌对话会：城镇污水管网系统改造

4月20日上午，本圆桌对话会由中国水协科技发展战略咨询委员会委员、中国水协规划设计专业委员会主任委员、全国勘察设计大师张辰主持，共有6位对话嘉宾参与交流。对话嘉宾及对话嘉宾单位职务见表3-15。

城镇污水管网系统改造　　表3-15

对话嘉宾	单位及职务
李树苑	中国水协科技发展战略咨询委员会委员、全国工程勘察设计大师、中国市政工程中南设计研究总院有限公司首席专家、顾问总工程师

续表

对话嘉宾	单位及职务
隋军	中国水协科技发展战略咨询专家委员会委员、广东首汇蓝天工程科技有限公司技术总监
许光明	江苏省城镇供水排水协会副秘书长、常州市排水管理处处长
康晓鹍	北京市建筑设计研究院股份有限公司海绵城市工作室主任
陈贻龙	广州市市政工程设计研究总院有限公司副总工程师
郑洪标	武汉中仪物联技术股份有限公司总经理

(9) 圆桌对话会：城镇水环境生态绿色低碳发展

4月20日上午，本圆桌对话会由中国水协科技发展战略咨询委员会委员、中国水协城镇水环境专业委员会执行主任兼秘书长郑兴灿主持，共有7位对话嘉宾参与交流。对话嘉宾及对话嘉宾单位职务见表3-16。

城镇水环境生态绿色低碳发展 **表 3-16**

对话嘉宾	单位及职务
冒建华	北控水务集团有限公司副总裁、高级工程师
何强	重庆大学环境与生态学院院长、教授、博士生导师，三峡库区生态环境教育部重点实验室主任
卢学强	南开大学环境学院教授、博士生导师
孙永利	中国市政工程华北设计研究总院有限公司城市环境研究院院长、正高级工程师，国家城市给水排水工程技术研究中心副主任
王雪原	中国市政工程西南设计研究总院有限公司给水排水专业总工程师、正高级工程师，四川省工程勘察设计大师
刘翔	中国水协科技发展战略咨询委员会委员、城镇水环境专业委员会副主任、海绵城市建设专业委员会委员，清华大学教授、博士生导师
兰邵华	福建省住房和城乡建设厅高级工程师

(10) 圆桌对话会：推进高质量建设污水处理绿色低碳标杆厂的探讨

4月20日上午，本圆桌对话会由中国水协科技发展战略咨询委员会委员、全国勘察设计大师张韵主持，共有6位对话嘉宾参与交流。对话嘉宾及对话嘉宾单位职务见表3-17。

推进高质量建设污水处理绿色低碳标杆厂的探讨 **表 3-17**

对话嘉宾	单位及职务
高均海	中国城市规划设计研究院雄安研究院总工程师、正高级工程师

续表

对话嘉宾	单位及职务
张欣	上海市政工程设计研究总院(集团)有限公司副总工程师、正高级工程师
王洪臣	中国水协科技发展战略咨询委员会委员，中国人民大学环境学院教授
李军	北京工业大学教授
刘伟岩	中国水协智慧水务专业委员会主任，北控水务集团副总裁、正高级工程师
蔡然	北京首创生态环保集团股份有限公司协同创新研究院院长、高级工程师

三、智慧水务论坛

(1) 技术交流论坛一：水务数字化论坛

4 月 19 日下午，本技术交流论坛由中国水协智慧水务专业委员会副主任、中国市政工程东北设计研究总院有限公司副总工程师高旭，中国水协智慧水务专业委员会副主任、中国市政工程中南设计研究总院有限公司副院长简德武主持，共有 12 位行业专家作报告。具体报告名称及报告人见表 3-18。

水务数字化论坛　　表 3-18

报告题目	报告人	单位及职务
数字化背景下城镇水务信息地理信息管理与水环境智慧管控	田禹	中国水协智慧水务专业委员会副主任委员，哈尔滨工业大学教授、博士生导师，城市水资源与水环境国家重点实验室副主任
同创共享——中国城镇水务数据统计平台的现在和未来	王浩正	中国市政工程华北设计研究总院有限公司副总工程师、智慧水务分院院长、高级工程师
青岛水务集团数字化转型的实践与思考	高松茹	青岛水务集团有限公司技术信息部部长、高级工程师
智慧水务平台化建设思考与实践	孙建东	上海威派格智慧水务股份有限公司解决方案中心总监
《城镇水务数据分类编码及主数据识别规则》标准宣贯及应用实践	许冬件	中国水协智慧水务专业委员会常务委员，珠海卓邦科技有限公司总经理、高级工程师
“人工智能+”——水务行业新质生产力实施策略与思路	李杰	哈尔滨跃渊环保智能装备有限责任公司总经理
基于资产管理的城市水系统智慧运营体系与实践	申若竹	北京首创生态环保集团股份有限公司智慧环保事业部副总经理、高级工程师
量子点光谱技术在智慧排水中的应用实践	孙常库	芯视界(北京)科技有限公司技术副总裁、智能传感高级工程师
智能水表关键技术研究与应用	姜世博	深圳市水务(集团)有限公司水务督察业务经理

续表

报告题目	报告人	单位及职务
长距离引输水管线安全运行监测及预警系统	陈伟	宁波水表(集团)股份有限公司副总裁
基于认知型 AI 算法实现 CAPEX 节省的漏损控制方案	杨伟	青岛乾程科技股份有限公司水气热事业部解决方案专家
面向智慧水务平台的区块链 BaaS 关键技术	王勇威	武汉市水务集团有限公司智慧水务中心技术发展部经理

(2) 技术交流论坛二：水务智慧化论坛

4 月 20 日上午，本技术交流论坛由中国水协智慧水务专业委员会委员、上海城投水务（集团）有限公司副总经理蒋玲燕，中国水协智慧水务专业委员会副秘书长、清华大学环境学院研究员刘艳臣主持，共有 8 位行业专家作报告。具体报告名称及报告人见表 3-19。

水务智慧化论坛 **表 3-19**

报告题目	报告人	单位及职务
“云链端”运营模式探索	汪力	中国水协智慧水务专业委员会秘书长，北控水务集团有限公司运营服务中心总经理、高级工程师
污水处理数学模型的发展与实时模拟预测	施汉昌	清华大学教授
大模型在智慧水务中的探索与思考	郑伟波	浪潮通用软件有限公司副总经理兼 CTO
智慧水务全场景解决方案及实践分享	戚德科	上海中韩杜科泵业制造有限公司智慧水务负责人
智慧厂站的探索与实践	陈峰	济南水务集团有限公司副总经理、正高级工程师
基于数据驱动的漏控决策模型	王志军	上海威派格智慧水务股份有限公司漏损事业部总工程师
排水管网智慧化养护管理的实践与思考	叶嘉	上海启呈信息科技有限公司技术总监
AI 创新驱动，行业发展新纪元	韦伟	腾讯云计算(北京)有限责任公司北区工业能源行业解决方案副总经理

(3) 圆桌对话会：水务企业数字化转型

4 月 20 日下午，本圆桌对话会由中国水协智慧水务专业委员会主任、北控水务集团有限公司副总裁刘伟岩主持，共有 6 位对话嘉宾参与交流。对话嘉宾及对话嘉宾单位职务见表 3-20。

水务企业数字化转型　　表 3-20

对话嘉宾	单位及职务
范晓军	苏伊士(亚太)有限公司中国水务运营总裁
魏忠庆	福州水务集团有限公司副总工程师、正高级工程师
王爱杰	哈尔滨工业大学教授、国家杰青、长江学者
李宝伟	深圳市光明区环境水务有限公司董事长
黄绵松	北京首创生态环保集团股份有限公司智慧环保事业部总经理、正高级工程师
许冬件	中国水协智慧水务专业委员会常务委员,珠海卓邦科技有限公司总经理、高级工程师

(4) 圆桌对话会：模型技术与智能控制

4月20日下午，本圆桌对话会由中国水协智慧水务专业委员会副主任委员、哈尔滨工业大学教授田禹主持，共有6位对话嘉宾参与交流。对话嘉宾及对话嘉宾单位职务见表3-21。

模型技术与智能控制　　表 3-21

对话嘉宾	单位及职务
邱顺添	天津大学环境科学与工程学院院长、教授、博士生导师
王浩正	中国市政工程华北设计研究总院有限公司副总工程师、智慧水务分院院长、高级工程师
朱奚冰	中国水协智慧水务专业委员会副主任委员、浙江省城市水业协会会长,杭州市水务集团有限公司首席技术官、正高级工程师
喻良	上海慧水科技有限公司总经理
韦伟	腾讯云计算(北京)有限责任公司北区工业能源行业解决方案副总经理
杨斌	北京金控数据技术股份有限公司董事长、高级工程师

四、水务市场高质量发展论坛

(1) 技术交流论坛：水务市场高质量发展论坛

4月20日上午，本技术交流论坛由中国水协城镇水务市场发展专业委员会秘书长、北京首创生态环保集团股份有限公司协同创新研究院副院长李爽主持，共有9位行业专家作报告。具体报告名称及报告人见表3-22。

水务市场高质量发展论坛　　表 3-22

报告题目	报告人	单位及职务
对三部委污水处理减污降碳协同增效文件的几点学习体会	王家卓	中国城市规划设计研究院副总工程师、教授级高级工程师

续表

报告题目	报告人	单位及职务
加强能力建设,推进ppp螺旋式上升	金永祥	北京大岳咨询有限责任公司董事长
关于城镇污水处理收费机制相关问题的探讨	黄进	国家发展改革委价格成本和认证中心处长
城市供排水价格理论与实践	宋兰合	中国水协副会长
首创环保集团的发展与变革	李伏京	北京首创生态环保集团股份有限公司董事、总经理
水务行业高质量发展建议	王悦兴	中国光大水务有限公司执行董事
从企业ESC管理中发掘新市场机遇	冒建华	北控水务集团有限公司副总裁、高级工程师
加快构建新机制、盘活存量资产,助推生态环境行业高质量发展	熊丽娟	湖南省建投城乡环境建设有限公司执行董事、高级工程师
中国水环境企业面临的挑战和机遇	潘文堂	北京合水生态科技有限公司董事长

(2) 圆桌对话会：水务市场高质量发展趋势

4月20日下午，本圆桌对话会由中国水协城镇水务市场发展专业委员会执行主任、北京首创生态环保集团股份有限公司副总经理王征成主持，共有6位对话嘉宾参与交流。对话嘉宾及对话嘉宾单位职务见表3-23。

水务市场高质量发展趋势　　**表3-23**

对话嘉宾	单位及职务
吴学伟	中国水协副会长、广州市水务投资集团有限公司副董事长、总经理
杨庆华	长江生态环保集团有限公司总会计师、高级会计师
王悦兴	中国光大水务有限公司执行董事、高级工程师
冒建华	北控水务集团有限公司副总裁、高级工程师
邢俊义	北京首创生态环保集团股份有限公司副总经理
张金松	中国水协科技发展战略咨询委员会副主任委员,中国水协科学技术专业委员会主任,深圳市环境水务集团有限公司原总工程师、正高级工程师

五、绿色低碳论坛

(1) 技术交流论坛：城镇水务行业绿色低碳发展论坛

4月20日上午，本技术交流论坛由深圳市环境水务集团有限公司副总裁冀滨弘主持，共有9位行业专家作报告。具体报告名称及报告人见表3-24。

城镇水务行业绿色低碳发展论坛 表3-24

报告题目	报告人	单位及职务
《城镇水务2035年行业发展规划纲要》资源节约与循环利用实施进展	戴晓虎	中国水协科技发展战略咨询委员会委员，同济大学环境科学与工程学院教授，国家工程研究中心主任
城镇供水系统碳排放核算与碳减排对策研究	张翔宇	天津水务集团有限公司博士
《城镇污水资源与能源回收利用技术规程T/CUWA 70052—2023》编制思路与要点解读	夏琼琼	中国市政工程华北设计研究总院有限公司城市环境研究院正高级工程师
北京城市排水集团有限责任公司绿色低碳发展规划与实践	葛勇涛	北京城市排水集团有限责任公司生产部部长、北京北排环境检测公司董事长、正高级工程师
水务固废的协同处置及资源化利用探索	孔云华	深圳市深水生态环境技术有限公司技术总监
市政污水管网甲烷排放特征试验研究	赵刚	上海市城市建设设计研究总院(集团)有限公司博士
啤酒高浓废水与市政污水协同处理减污降碳资源化利用技术	顾瑞环	青岛水务集团有限公司副部长、工程技术研究员
城镇污水治理领域的资源循环技术路径与瓶颈	王洪臣	中国水协科技发展战略咨询委员会委员，中国人民大学环境学院教授
水厂全流程资源有效利用关键技术与应用实践	王长平	深圳市深水龙岗水务集团有限公司副总经理

(2) 圆桌对话会：城镇水务行业绿色低碳发展

4月20日下午，本圆桌对话会由中国水协科技发展战略咨询委员会委员、清华大学环境学院教授胡洪营主持，共有5位对话嘉宾参与交流。对话嘉宾及对话嘉宾单位职务见表3-25。

城镇水务行业绿色低碳发展 表3-25

对话嘉宾	单位及职务
冀滨弘	深圳市环境水务集团有限公司副总裁
王洪臣	中国水协科技发展战略咨询委员会委员，中国人民大学教授、博士生导师
戴晓虎	中国水协科技发展战略咨询委员会委员，同济大学环境科学与工程学院教授，城市污染控制国家工程研究中心主任
孙永利	中国市政工程华北设计研究总院有限公司城市环境研究院院长、正高级工程师，国家城市给水排水工程技术研究中心副主任
葛勇涛	北京城市排水集团有限责任公司生产部部长，北京北排环境检测公司董事长、正高级工程师

六、供水排水设施更新与修复技术论坛

(1) 技术交流论坛：供水排水设施更新与修复技术论坛

4月20日上午，本技术交流论坛由中国水协设施更新与修复专业委员会秘书长、北京北排建设有限公司总经理赵继成，中国水协设施更新与修复专业委员会副秘书长、长江生态环保集团技术中心副主任周小国主持，共有7位行业专家作报告。具体报告名称及报告人见表3-26。

供水排水设施更新与修复技术论坛　　表3-26

报告题目	报告人	单位及职务
国内外非开挖修复技术发展与应用现状	马保松	中国水协设施更新与修复专业委员会副主任，中山大学土木工程学院教授、博士生导师，国际非开挖技术研究院院长，俄罗斯自然科学学院院士
《排水管道工程自密实回填材料应用技术规程》解读	唐建国	中国水协科技发展战略咨询委员会委员，上海市城市建设设计研究总院(集团)有限公司总工程师、正高级工程师
排水管道检测修复新技术研究与思考	姜明洁	北京城市排水集团有限责任公司科技研发中心高级技术主任、正高级工程师
离心浇铸纤维增强塑料夹砂管在曲线顶管及旧管不停水修复工程中的应用	苏跃辉	浙江东方豪博管业有限公司副总经理兼总工程师
城镇排水管道螺旋缠绕修复技术标准化研究	曹井国	天津科技大学教授、中欧联合非开挖技术研究中心主任
城镇排水管网运行关键问题溯源排查方法与实践	潘成勇	重庆市三峡生态环境技术创新中心有限公司技术咨询部经理
超大管径排水管道非开挖修复案例分享	孔非	北京北排建设有限公司技术负责人、高级工程师

(2) 圆桌对话会：原位固化法管网修复工程质量管控专题讨论

4月20日下午，本圆桌对话会由中国水协设施更新与修复专业委员会秘书长、北京北排建设有限公司总经理赵继成主持，共有7位对话嘉宾参与交流。对话嘉宾及对话嘉宾单位职务见表3-27。

原位固化法管网修复工程质量管控专题讨论　　表3-27

对话嘉宾	单位及职务
马保松	中国水协设施更新与修复专业委员会副主任，中山大学土木工程学院教授、博士生导师，国际非开挖技术研究院院长，俄罗斯自然科学学院院士
王和平	广东工业大学/广东番禺职业技术学院副教授
徐吉明	莱茵技术(上海)有限公司商务总监

续表

对话嘉宾	单位及职务
王远峰	安徽普洛兰管道修复技术股份有限公司副总经理、高级工程师
王卫平	澜宁管道(上海)有限公司总经理
孔非	北京北排建设有限公司技术负责人、高级工程师
刘雪平	中铁上海工程局集团有限公司副总工程师

七、城市内涝治理论坛

(1) 技术交流论坛：城市内涝治理

4月19日下午，本技术交流论坛由中国水协海绵城市建设专业委员会秘书长、中国城市规划设计研究院副总工程师、中规院（北京）规划设计有限公司副总经理、生态市政院院长王家卓主持，共有9位行业专家作报告。具体报告名称及报告人见表3-28。

城市内涝治理论坛　　表3-28

报告题目	报告人	单位及职务
融合绿-灰-蓝设施可以提升城市应对未来不确定性的承洪抗涝韧性吗?	贾海峰	中国水协海绵城市建设专业委员会副主任委员,清华大学环境学院城市径流控制与河流修复研究中心主任、教授、博士生导师
超特大城市"平急两用"内涝防治基础设施关键技术	吕永鹏	中国水协海绵城市建设专业委员会副主任委员,上海市政工程设计研究总院(集团)有限公司研究院院长、正高级工程师
城市洪涝应对韧性评估及提升策略	王银堂	南京水利科学研究院副总工程师、正高级工程师
精细化城市洪涝风险评估系统思考及案例	赵杨	北京雨人润科生态技术有限责任公司总经理
2023年京津冀洪涝灾害引发的思考与对策	王家卓	中国水协海绵城市建设专业委员会秘书长,中国城市规划设计研究院副总工程师,中规院(北京)规划设计有限公司副总经理、生态市政院院长、正高级工程师
石家庄市城市内涝治理及对策研究	赵好战	石家庄市排水管护中心书记、正高级工程师
城市新区的内涝体系构建——以新旧动能转换起步区为例	于卫红	济南市规划设计研究院总工程师、研究员
"一点一策一视频"——易渍易涝点治理的长沙经验	杨云	长沙市城区排水事务中心排水事务部副部长、给水排水高级工程师

(2) 圆桌对话会：城市内涝治理

4月20日上午，本圆桌对话会由中国水协科技发展战略咨询委员会委员，上海市城市建设设计研究总院（集团）有限公司总工程师、住房城乡建设部城镇水务专家委员会委员、正高级工程师唐建国主持，共有6位对话嘉宾参与交流。对话嘉宾及对话嘉宾单位职务见表3-29。

城市内涝治理 **表3-29**

对话嘉宾	单位及职务
汪潭	沈阳市水务局一级调研员
曾卫华	海口市水务局副局长
田志勇	北京城市排水集团有限责任公司管网部部长
李鹏	武汉市水务局排水管理处副处长
谢磊	芜湖市排水管理处副主任
刘媛媛	中国水利水电科学研究院正高级工程师

八、海绵城市建设回顾与展望论坛

（1）技术交流论坛：海绵城市建设回顾与展望论坛

4月20日上午，本技术交流论坛由中国水协海绵城市建设专业委员会主任委员，中规院（北京）规划设计有限公司原执行董事、总经理、正高级工程师张全主持，共有7位行业专家作报告。具体报告名称及报告人见表3-30。

海绵城市建设回顾与展望论坛 **表3-30**

报告题目	报告人	单位及职务
生态文明建设与海绵城市建设理念与技术	黄晓家	中国水协科技发展战略咨询专家委员会委员，中国水协海绵城市建设专家委员会委员，中国中元国际工程有限公司总工程师，全国工程勘察设计大师、正高级工程师，国务院政府特殊津贴专家
突出排涝体系建设，面向全过程管控——示范期“事件驱动型”海绵城市平台建设思路探讨	吕红亮	中规院(北京)规划设计有限公司副总工程师，生态市政院副院长、正高级工程师
海绵城市建设在中国：十年耕耘，百城绽放	李俊奇	中国水协海绵城市建设专业委员会副主任委员，北京建筑大学副校长、教授，城市雨水系统与水环境教育部重点实验室主任
北方盆地资源型城市海绵城市建设长治实践	孙维全	长治市住房和城乡建设局总工程师
答好时代问卷，擘画海绵城市——鹰潭海绵城市建设实践	王富生	鹰潭市住房和城乡建设局局长，鹰潭市海绵办副主任
系统化全域推进海绵城市建设的“应”与“不应”	马洪涛	中国水协海绵城市建设专业委员会副主任委员，中国市政工程华北设计研究总院有限公司副总工程师、水务规划咨询研究院院长、正高级工程师

续表

报告题目	报告人	单位及职务
后试点时期深圳海绵城市建设常态化推进做法	任心欣	中国水协海绵城市建设专业委员会副主任委员，深圳市城市规划设计研究院股份有限公司专业总工程师、正高级工程师、注册公用设备工程师
湿陷性黄土地区海绵城市建设雨水渗蓄风险防控技术研究与应用	马越	陕西西咸海绵城市工程技术有限公司（陕西省西咸新区沣西新城海绵城市技术中心）副总经理（副主任）、总工程师、给水排水高级工程师
海绵城市背景下的污涝同治典型案例——济南市中心城区雨污分流与内涝治理工程	王韶辉	济南市市政工程设计研究院（集团）有限责任公司水环境院副院长、正高级工程师

（2）圆桌对话会：海绵城市建设回顾与展望论坛

4月20日下午，本圆桌对话会由中国水协海绵城市建设专业委员会主任委员，中规院（北京）规划设计有限公司原执行董事、总经理、正高级工程师张全主持，共有7位对话嘉宾参与交流。对话嘉宾及对话嘉宾单位职务见表3-31。

海绵城市建设回顾与展望　　表3-31

对话嘉宾	单位及职务
李俊奇	中国水协海绵城市建设专业委员会副主任委员、北京建筑大学副校长
李云春	泸州市住房和城乡建设局党组书记、局长
陈忠信	青岛市住房和城乡建设局二级调研员
卢波	潍坊市住房和城乡建设局副局长
张翔	中国水协海绵城市建设专业委员会副主任委员、海绵城市建设水系统科学湖北省重点实验室（武汉大学）教授
潘晓军	中国水协海绵城市建设专业委员会副主任委员、中关村海绵城市工程研究院董事长
武治	武汉新烽光电股份有限公司董事长

九、城市节水论坛

（1）技术交流论坛：城市节水高质量发展专题技术交流论坛

4月19日下午，本技术交流论坛由中国水协节水委副主任委员兼秘书长姜立晖主持，共有9位行业专家作报告。具体报告名称及报告人见表3-32。

城市节水高质量发展专题技术交流论坛　　表3-32

报告题目	报告人	单位及职务
《节约用水条例》解读	张志果	中国城市规划设计研究院水务院副院长、研究员
新时期城市节水工作的实践和思考	夏坚	苏州市水务局原副局长、一级调研员

续表

报告题目	报告人	单位及职务
推进污水资源化利用　助力城市绿色低碳高质量发展	赵吉增	烟台市再生水有限责任公司总经理
发展新质生产力,高质量推进节水工作——节水领域的哲学思辨	桂轶	上海市供水管理事务中心(上海市节约用水促进中心)副主任、高级工程师
城市居民用水需求与水价、收入的动态关系研究	许萍	北京建筑大学教授、博士生导师
聚焦两大领域　做好两大试点——促进城市节水工作高质量发展	谈勇	广州市水务局水资源与供水管理处处长
关于国家节水型城市日常动态管理的报告	石玉	宝鸡市城市节约用水办公室主任
节水优先·水润城兴——巩固提升国家节水型城市创建成果纪实	贺英	中国水协节水委、贵阳市节约用水办公室副主任委员、主任、高级工程师
开源节流　全民行动,构建滨海城市节水新格局	刘峰	青岛市水务管理局副局长

(2) 圆桌对话会:城市节水管理与国家节水型城市建设

4月20日上午,本圆桌对话会由中国水协节水委主任委员龚道孝主持,共有12位对话嘉宾参与交流。对话嘉宾及对话嘉宾单位职务见表3-33。

城市节水管理与国家节水型城市建设　　表3-33

对话嘉宾	单位及职务
许萍	北京建筑大学教授、博士生导师
谈勇	广州市水务局水资源与供水管理处处长
夏坚	苏州市水务局原副局长、一级调研员
桂轶	上海市供水管理事务中心(上海市节约用水促进中心)副主任、高级工程师
张志果	中国城市规划设计研究院水务院副院长、研究员
周红霞	山东省城镇供排水协会秘书长、高级工程师
贺英	中国水协节水委副主任委员/贵阳市节约用水办公室主任、高级工程师
王雄辉	武汉市计划用水节约用水办公室主任
石玉	宝鸡市城市节约用水办公室主任
陈军	舟山市节约用水管理中心主任
高绪涛	烟台市城市排水服务中心党委书记、主任
卢正波	青岛市水务管理局水务事业发展服务中心处长、高级工程师

十、设备材料论坛

（1）技术交流论坛：国产设备在城镇水务中的发展与应用论坛

4 月 14 日下午，本技术交流论坛由中国水协设备材料委员会执行主任汪红杰主持，共有 11 位行业专家作报告。具体报告名称及报告人见表 3-34。

国产设备在城镇水务中的发展与应用论坛　　表 3-34

报告题目	报告人	单位及职务
破局、重塑，探索水务数字化高质量发展之路	张金松	中国水协科技发展战略咨询委员会副主任委员，深圳市环境水务集团有限公司原总工程师、正高级工程师
球墨铸铁管结构设计	李华成	新兴铸管股份有限公司技术总监
双面不锈钢管复合钢管应用	许兴中	福州市自来水公司总工程师、高级工程师
供水设备材料类及数字化建设，如漏损控制数字化解决方案及应用	徐海洋	金卡水务科技有限公司技术总监
城镇水务水质保障技术发展与装备化应用	王盼盼	哈尔滨工业大学教授
一体化净水设备在城乡供水一体化工程中的设计与应用	王昕宇	南方智水科技有限公司产品部部长
给水膜技术发展及设备应用	张增荣	上海市政工程设计研究总院(集团)有限公司水业公司副总经理
如何构建新形势下供水漏损管控体系	邵俊峰	上海锐铼水务科技有限公司总经理兼漏控事业部总经理
设备材料信息平台建设与设想	尹建四	郑州自来水投资控股有限公司信息中心主任、高级工程师
不锈钢是二次加压供水管道的理想选择	钟亮	维格斯(上海)流体技术有限公司销售总监
超声计量技术在远传水表中的应用	王建华	青岛鼎信通讯股份有限公司董事长兼芯片及基础理论研究院院长、高级工程师

（2）圆桌对话会：城镇水务行业物联网技术发展与应用

4 月 20 日上午，本圆桌对话会由郑州水务集团党委书记、董事长张可欣主持，共有 7 位对话嘉宾参与交流。对话嘉宾及对话嘉宾单位职务见表 3-35。

城镇水务行业物联网技术发展与应用　　表 3-35

对话嘉宾	单位及职务
张金松	中国水协科技发展战略咨询委员会副主任委员，中国水协科学技术专业委员会原主任委员，深圳市环境水务集团有限公司原总工程师、正高级工程师
白迪祺	北京自来水集团有限责任公司原总工程师、高级工程师

续表

对话嘉宾	单位及职务
张增荣	上海市政工程设计研究总院(集团)有限公司水业公司副总经理
赵乐军	天津市政工程设计研究总院有限公司总工程师、正高级工程师
许兴中	福州市自来水公司总工程师、高级工程师
王盼盼	哈尔滨工业大学教授
杨淑芳	新兴铸管股份有限公司聚联智汇公司副总经理

十一、建筑给水排水论坛

(1) 技术交流论坛：基于好房子建设建筑供排水高质量发展论坛

4月20日上午，本技术交流论坛由中国水协建筑给排水分会秘书长匡杰主持，共有7位行业专家作报告。具体报告名称及报告人见表3-36。

基于好房子建设建筑供排水高质量发展论坛　　表3-36

报告题目	报告人	单位及职务
基于好房子建设建筑水系统的提升与创新	赵锂	中国水协科技发展战略咨询委员会委员，中国水协建筑给水排水分会主任委员，全国工程勘察设计大师，中国建筑设计研究院有限公司总工程师、正高级工程师
基于龙头水质保障的建筑给水系统管道优选	归谈纯	同济大学建筑设计研究院(集团)有限公司副总工程师、正高级工程师
基于“低碳设计理念”的大型酒店空调余热利用研究——以广州白云国际会议中心配套酒店为例	陈欣燕	华南理工大学建筑设计研究院有限公司副总工程师、高级工程师
基于末端恒压的数字全变频供水技术研发	王彤	长安大学教授
超高层建筑智慧消防给水系统设计探讨-以成都中海489项目为例	石永涛	中国建筑西南设计研究院有限公司副总工程师、正高级工程师
《二次加压与调蓄供水系统运行监控平台技术规程》介绍	高峰	中国建筑设计研究院有限公司国家住宅工程中心副总工程师，正高级工程师
云边协同的智联二次供水设备，赋能供水安全绿色发展	张振宇	上海威派格智慧水务股份有限公司二次供水事业部总监

(2) 圆桌对话会：基于好房子建设建筑水系统的提升与创新

4月20日上午，本圆桌对话会由中国水协科技发展战略咨询委员会委员，中国水协建筑给水排水分会主任委员，全国工程勘察设计大师、中国建筑设计研究院有限公司总工程师、正高级工程师赵锂主持，共有5位对话嘉宾分别针对好房子“安全耐久、健康舒适、绿色低碳、智慧便捷”四个核心关键词进行了：供用水安全设计、建筑水系统设备材料与建筑同寿命；高品质用水（生活给水和热水）设计、低噪声排水系统；建筑水系统绿色低碳设计（包含海绵城市浅析）、高品质排水系统绿色低碳设计；便捷智能的建筑供用水、建筑水信息智能化等话题的交流。对话嘉宾及对话嘉宾单位职务见表 3-37。

基于好房子建设建筑水系统的提升与创新　　表 3-37

对话嘉宾	单位及职务
赵俊	上海建筑设计研究院有限公司给排水专业总工、正高级工程师
归谈纯	同济大学建筑设计研究院(集团)有限公司副总工程师、正高级工程师
王彤	长安大学教授
陈欣燕	华南理工大学建筑设计研究院有限公司副总工程师、高级工程师
徐扬	华东建筑设计院有限公司给排水专业总工、正高级工程师

十二、职业技能竞赛论坛

（1）技术交流论坛：职业技能大赛经验交流：从组织到参赛

4 月 20 日上午，本技术交流论坛由中国水协工程教育委员会秘书长、重庆大学系主任、教授、教育部高等学校给排水科学与工程专业教学指导委员会秘书长时文歆主持，共有 7 位行业专家作报告。具体报告名称及报告人见表 3-38。

职业技能大赛经验交流：从组织到参赛　　表 3-38

报告题目	报告人	单位及职务
如何选择和培养世界技能大赛参赛选手	王湛	北京工业大学教授
世界技能大赛水处理技术项目组织、执裁与高质量发展探讨	李飞鹏	上海理工大学校团委挂职副书记、副教授
强化组织实施　打造行业盛会	郑伟萍	安徽省城镇供水协会副秘书长
不拘一格，培育技术领域新质人才	韩晓嫣	上海市城市排水监测站有限公司总经理、高级工程师
办好职业技能竞赛的主要影响因素思考	董玉莲	广东省城镇供水协会秘书长助理、高级工程师
强化技能培训，打造人才队伍	张丽萍	中原环保股份有限公司水务经营部副总经理、高级工程师
人才强企，共筑未来	侯巍巍	西安市自来水有限公司技术信息中心主任、高级工程师

(2) 圆桌对话会：技能大赛组织工作的痛点难点问题研讨

4 月 20 日下午，本圆桌对话会由中国水协科技发展战略咨询专家委员会委员、中国水协工程教育委员会主任、重庆大学教授崔福义主持，共有 6 位对话嘉宾参与交流。对话嘉宾及对话嘉宾单位职务见表 3-39。

技能大赛组织工作的痛点难点问题研讨 **表 3-39**

对话嘉宾	单位及职务
常江	北京排水协会秘书长
兰邵华	福建省住房和城乡建设厅建设建材工会主席
徐踊	重庆水务集团教育科技有限责任公司书记、执行董事兼总经理理/重庆市城镇供水排水行业协会秘书长
郑伟萍	安徽省城镇供水协会副秘书长、高级经济师、一级企业人力资源管理师
韩晓嫣	上海市城市排水监测站有限公司总经理、高级工程师
谭翠英	长沙市城区排水事务中心污水处理部部长、高级工程师
林守清	福建城市建设供水协会给排水分会副秘书长

十三、县镇水务高质量发展

4 月 20 日下午，本技术交流论坛由中国水协副会长兼乡镇水务分会主任、安徽建筑大学副校长、教授蔡新立主持，共有 7 位对话嘉宾参与交流。具体报告名称及报告人见表 3-40。

县镇水务高质量发展 **表 3-40**

对话嘉宾	单位及职务
潘军	安徽舜禹水务股份有限公司高级工程师
刘俊新	中科院生态环境研究中心研究员
陈川	哈尔滨工业大学教授
时珍宝	上海市水务规划设计研究院碧波研发中心总经理
朱曙光	安徽建筑大学教授
林伟华	中山市小榄水务有限公司经理
周真明	华侨大学教授

十四、黄河流域水务高质量发展论坛

4 月 19 日下午，本技术交流论坛由山东省城镇供排水协会会长邓杰主持，共有 10 位行业专家作报告。具体报告名称及报告人见表 3-41。

黄河流域水务高质量发展论坛　　表 3-41

报告题目	报告人	单位及职务
多水源调蓄供水风险污染物控制关键技术与集成应用	贾瑞宝	山东省城市供排水水质监测中心主任、研究员
城市污水处理厂提标改造及再生水回用技术与典型案例分析	王志海	山东省城建设计院市政院院长、正高级工程师
城市公共供水系统及用户二次供水的安全保障	付世沫	太原供水设计研究院有限公司董事长、总经理、正高级工程师
用好用活再生水　推动城市生态发展	吕向南	呼和浩特春华再生水发展有限责任公司董事长、经理
科研赋能助力供水设计提升	张程炯	郑州楷润市政工程设计有限公司高级工程师
水价——供水行业高质量发展的基本保障	王宇	成都理工大学管理科学学院教授
微纳米气泡共混凝用于强化混凝效能及缓解超滤膜污染的研究	卢金锁	西安建筑科技大学环境与市政工程学院院长、教授
城市供水水源优化提升实践	郝立栋	兰州水务建设管理有限公司副总经理、高级工程师
高海拔寒冷地区水安全与水资源高效利用——青海实践	周敏	西宁供水（集团）有限责任公司工会主席、高级工程师
专注品质运营　聚焦水资源高效利用　助力黄河流域供水行业高质量发展	白鹭	银川中铁水务集团有限公司运营技术部部长、高级工程师

十五、中国水协首届水业青年优秀论文评选

中国水协青年工作者委员会主办了中国水协首届水业青年优秀论文评选活动。本次活动分为三个阶段，分别为函评阶段、首轮现场答辩（2023 年 8 月中国水协青年委组织）、全国总决赛（中国水协年会期间组织）三个阶段。在第一阶段的函评期间，中国水协青年委秘书处共接受投稿 210 篇，通过形式审查、网络评审，筛选出 60 篇优秀论文进入现场答辩环节。在中国水协青年委组织的第二阶段现场答辩期间，中国水协青年委组织来自设计院、供水企业、高校/科研院所、期刊编辑部的专家现场点评，遴选出了 15 名优秀选手及作品，入围全国总决赛。2024 年 4 月 20 日，中国水协年会期间进行的第三阶段全国总决赛，总决赛由中国水协青年委主任、哈尔滨工业大学环境学院院长梁恒主持。中国工程院院士、哈尔滨工业大学原副校长任南琪，中国工程院院士、北京工业大学彭永臻，中国市政工程中南设计研究总院有限公司、全国工程勘察设计大师李树苑，北京市市政工程设计研究总院有限公司、全国工程勘察设

计大师李艺，山东省城市供排水水质监测中心主任贾瑞宝，南京水务集团有限公司、总工程师周克梅，武汉市水务集团有限公司、总工程师邱文心受邀担任评委。最终评选出了一等奖、二等奖、三等奖、最佳探索奖、最佳技术创新奖、最具推广价值奖、最佳表现力奖等奖项，获奖名单见表 3-42。

获奖名单 **表 3-42**

奖项	获奖人姓名	获奖人单位
一等奖	杜 睿	北京工业大学
二等级	王 鑫	南开大学
	文 刚	西安建筑科技大学
	高晨晨	中国市政工程华北设计研究总院有限公司
三等奖	瞿芳术	广州大学
	谢鹏超	华中科技大学
	叶婉露	北京市首都规划设计工程咨询开发有限公司
	张志强	西安建筑科技大学
	王 捷	天津工业大学
	耿 冰	上海城投水务集团(有限)公司
优秀奖	杨 楠	天津市政工程设计研究总院有限公司
	黄文海	中建三局绿色产业投资有限公司
	韩 乐	重庆大学
	张 静	中建三局绿色产业投资有限公司
	郭海城	上海市政工程设计研究总院(集团)有限公司
最佳探索奖	杜 睿	北京工业大学
最佳技术创新奖	王 鑫	南开大学
最具推广价值奖	叶婉露	北京市首都规划设计工程咨询开发有限公司
最佳表现力奖	高晨晨	中国市政工程华北设计研究总院有限公司

3.4.8 城镇水务技术与产品展示

城镇水务技术与产品展示是“中国水协 2024 年会暨城镇水务技术与产品展示”的重要组成部分。旨在为行业企业提供交流和展示的平台，为加速城镇水务行业科技成果转化并不断进行科技创新提供探索和实践的机遇。

4 月 18 日上午，城镇水务技术与产品展示正式开幕（图 3-12）。

2024 中国水协年会的技术与产品展示活动有 220 余家企业参展，展出面积 4 万余平方米，展示内容涉及：城市水环境治理、智慧水务、水处理技术与装备、水质检测技术与装置、计量装置、水处理自控技术与装置、管道修复技术与材料装备、管网漏

图 3-12　开幕式

损控制技术、移动排水装备，以及新型节能管泵阀通用器材等十多种门类。

展馆内还设有水协之家、产品发布区，现场举办全国（山东）城镇供排水行业大规模设备更新供需对接活动、颁奖活动、授牌仪式、新书发布会以及 18 场产品推介活动，加强供需对接，推广先进技术与材料装备，促进强强合作。活动吸引了近 15 万人次参观交流和推广城镇水务新技术、新工艺、新材料、新设备。

1. 全国（山东）城镇供排水行业大规模设备更新供需对接会

4 月 18 日，山东省住房和城乡建设厅会同中国水协在水协之家成功举办全国（山东）城镇供排水行业大规模设备更新供需对接会。中国水协会长章林伟，山东省住房和城乡建设厅党组成员、副厅长侯晓滨出席会议并致辞（图 3-13）。

图 3-13　章林伟会长、侯晓滨副厅长为对接会致辞

各地城镇供水排水专营企业单位、设备生产企业积极参加本次供需对接会。济南水务集团有限公司、青岛水务集团有限公司、光大水务（济南）有限公司等城镇供水排水专营企业发布了设备更新需求。青岛三利集团有限公司、景津装备股份有限公司、上海威派格智慧水务股份有限公司等设备生产和技术服务企业推介了主要设备产品和先进技术。20家企业、单位在活动现场签订了供需合同和战略合作协议，合同金额共计5000余万元（图3-14）。北京市、辽宁省、黑龙江省等10个省、市城镇供水排水协会主要领导，省发展改革委、省工业和信息化厅相关业务处室负责同志，16个设区市城镇供水排水行业主管部门分管领导，部分市县城镇供水排水行业主管部门、专营企业单位负责同志，设备生产企业和新闻媒体代表等共300余人参加大会。

图3-14　签约现场

2. 颁奖授牌环节

（1）中国水协科学技术奖颁奖仪式（2023年度）

为推动城镇供水排水行业科技创新与技术进步，加速科技成果转化，激励在城镇供水排水行业科技进步中做出突出贡献的单位和个人，调动科技工作者的积极性和创造性，该奖项聚焦水务行业的焦点问题、科学技术前沿问题，旨在搭建行业发展技术、人才高地，打造行业有影响、权威性的奖励品牌，彰显中国水协以科技创新引领行业发展未来的精神。

中国水协会长章林伟、中国水协科技发展与战略咨询委员会副主任委员任南琪、中国水协科学技术奖赞助商上海威派格智慧水务股份有限公司总经理柳兵共同为

2023 年度中国水协科学技术奖特等奖获奖团队颁奖（图 3-15）。

图 3-15　中国水协科学技术奖特等奖颁奖仪式

全国工程勘察设计大师张辰、中国水协科技发展与战略咨询委员会委员张金松、中国水协科学技术奖赞助商上海威派格智慧水务股份有限公司副总经理余水勇共同为 2023 年度中国水协科学技术奖一等奖获奖团队颁奖（图 3-16）。

图 3-16　中国水协科学技术奖一等奖颁奖仪式

全国工程勘察设计大师李艺、李树苑、张韵共同为 2023 年度中国水协科学技术奖二等奖团队颁奖（图 3-17）。

图 3-17　中国水协科学技术奖二等奖颁奖仪式

（2）中国水协职业技能培训基地授牌仪式（2023 度）

为更好地满足广大水务行业从业人员职业教育培训的需求，充分调动和整合中国水协下辖职业教育覆盖面，助力行业高质量、高水平发展，中国水协于 2023 年继续开展了第四批教育培训基地的遴选和建设工作，共选出 3 家培训基地。中国水协副会长宋兰合、熊易华、中国水协副秘书长高伟为培训基地授牌（图 3-18）。

图 3-18　中国水协职业技能培训基地授牌仪式

（3）中国水协典型工程项目案例颁证授牌仪式（2023 年度）

为总结和推广城镇供水排水优秀工程实践经验，树立行业优秀工程项目标杆，推进行业高质量发展，经申报、初评及专家终审，2023 年共有 6 项工程案例入选中国水协典型工程项目案例库。典型工程项目案例授牌仪式由全国工程勘察设计大师张辰主持，全国工程勘察设计大师李艺、李树苑为获奖工程项目案例颁证授牌（图 3-19）。

（4）中国水协年会赞助商颁牌仪式

为了感谢历年来对中国水协年会给予支持的企业，中国水协年会期间举办了赞助商颁牌仪式。仪式由中国水协秘书处会展总监熊淳主持，中国水协副秘书长高伟、会

图 3-19　中国水协典型工程项目案例颁证授牌仪式

展总监熊淳共同为中国水协 2021 年会赞助商、2022/2023 年会赞助商、2024 年会赞助商颁牌（图 3-20）。

图 3-20　中国水协年会赞助商授牌仪式

3.4.9　专业参观交流

中国水协 2024 年会召开之际，来自全国各地的上千位水务专家、同行到青岛水务集团有限公司所属海润集团仙家寨水厂、环境公司李村河污水处理厂、双元污水处理厂参观交流（图 3-21）。

图 3-21　汤湖流域“清污分流排水系统”示范基地现场（左），北湖污水处理厂现场（右）

3.5　中国水协团体标准

2024 年，中国水协共批准发布十一项团体标准，具体情况如下。

1. 城市供水企业突发事件应急预案编制技术规程（Technical specification for preparation of emergency response plan for urban water supply enterprises）

主编单位：山东省城市供排水水质监测中心、北京市自来水集团有限责任公司

公告文号：中水协标字〔2024〕1 号

公告时间：2024 年 1 月 4 日

简介：为规范城市供水企业突发事件应急预案的编制工作，提高供水企业突发事件应对能力，制定本规程。

本规程适用于城市供水企业突发事件综合应急预案的编制和管理。

2. 供水用薄壁不锈钢管通用技术条件（General specifications for light gauge stainless steel pipes for water supply）

主编单位：中国建筑设计研究院有限公司、成都共同管业集团股份有限公司

公告文号：中水协标字〔2024〕2 号

公告时间：2024 年 1 月 16 日

简介：本文件规定了供水用薄壁不锈钢管材及管件的术语和定义、分类和标记、材料、技术要求、试验方法、检验规则、包装、运输、贮存及质量证明书等。

本文件适用于公称尺寸不大于 *DN*150、公称压力为 PN16 或 PN25、温度不高于 100℃的生活饮用水、生活热水等用薄壁不锈钢管及管件的设计、制造和检验。

3. 高浓度复合粉末载体生物流化床技术规程（Technical specification of high concentration composite powder carrier bio-fluidized bed）

主编单位：湖南三友环保科技有限公司、同济大学

公告文号：中水协标字〔2024〕3号

公告时间：2024年1月30日

简介：为规范高浓度复合粉末载体生物流化床技术的工艺设计、施工与验收、运行与维护，做到技术可行、运行可靠、经济合理、管理方便，制定本规程。

本规程适用于采用高浓度复合粉末载体生物流化床技术的新建、扩建和改建的城镇污水处理厂（站）的设计、施工、调试、验收及建成后运行与维护。

4. 城镇排水管网系统诊断技术规程（Technical specification for the diagnosis of urban drainage network system）

主编单位：中国市政工程华北设计研究总院有限公司、长江生态环保集团有限公司

公告文号：中水协标字〔2024〕4号

公告时间：2024年2月29日

简介：为提升城镇排水系统效能，规范城镇排水管网系统诊断工作，制定本规程。

本规程适用于指导城镇排水管网系统运行问题识别、性能评估、溯源排查等工作。

5. 城镇水务信息在线采集技术标准（Technical standard for online acquisition of urban water information）

主编单位：北控水务（中国）投资有限公司

公告文号：中水协标字〔2024〕5号

公告时间：2024年3月11日

简介：为规范城镇水务信息在线采集的技术要求，做到信息准确、采集及时、操作简便，制定本标准。

本标准适用于城镇供水、排水等城镇水务领域水务信息在线采集系统的建设与运维。

6. 城镇污水移动床生物膜反应器处理技术规程（Technical specification of moving bed biofilm reactor for municipal wastewater treatment）

主编单位：中国市政工程中南设计研究总院有限公司

公告文号：中水协标字〔2024〕6号

公告时间：2024 年 3 月 13 日

简介：为规范城镇污水移动床生物膜反应器建设、运行与维护的技术要求，做到安全可靠、技术先进、经济合理、管理方便，制定本规程。

本规程适用于移动床生物膜反应器在新建、改建或扩建城镇污水处理工程中的设计、施工、验收及运行维护。

7. 施工工地排水处理及利用技术标准（Technical standard for drainage treatment and utilization on construction site）

主编单位：重庆阁林环保科技有限公司、重庆大学

公告文号：中水协标字〔2024〕7 号

公告时间：2024 年 3 月 25 日

简介：为规范施工工地排水的处理及利用，做到安全、有序、环保，节约资源，制定本标准。

本标准适用于工程建设项目中，施工工地的排水处理及利用。

8. 饮用水毒性检测方法技术标准（Method and technical standard for toxicity determination of drinking water）

主编单位：中国市政工程华北设计研究总院有限公司、北京工业大学

公告文号：中水协标字〔2024〕8 号

公告时间：2024 年 3 月 25 日

简介：本文件规定了饮用水水质的三种体外生物毒性效应的检测方法，包括中性红摄取法、重组人 α-雌激素受体（h-ER）基因双杂交酵母法、SOS/umu 法。

本文件适用于由有机污染物引起的饮用水水质的体外细胞毒性、体外类/抗雌激素受体干扰效应和体外 DNA 损伤效应的测定。

9. 供水管网地理信息系统建设标准（Standard for water supply network geographic information system construction）

主编单位：杭州市水务集团有限公司、武汉众智鸿图科技有限公司

公告文号：中水协标字〔2024〕9 号

公告时间：2024 年 4 月 11 日

简介：为规范供水管网地理信息系统建设工作，统一技术要求，保障供水管网地理信息系统建设质量，提高供水管网管理水平，制定本标准。

本标准适用于供水管网地理信息系统的建设、运行、管理和维护。

供水管网地理信息系统应以需求为导向，按照实用性、安全性、可靠性、稳定性、先进性、可扩充性等原则进行建设，实施过程中应因地制宜，突出应用实效。

10. 城镇污水处理厂智慧化技术标准——A/A/O 系列工艺（Standard for the smart technology of the municipal wastewater treatment plant——A/A/O series processes）

主编单位：同济大学

公告文号：中水协标字〔2024〕10 号

公告时间：2024 年 7 月 29 日

简介：为提高 A/A/O 系列工艺城镇污水处理厂的智慧化水平，采用数字化、智能化技术，按统一规划、切实设计、科学实施、严格验收、精心运维等原则，做到安全可靠、技术先进、经济合理、信息共享，制定本标准。

本标准适用于采用 A/A/O 系列工艺城镇污水处理厂智慧化的规划、设计、建设、验收和运维。

11. 智慧水厂评价标准（Evaluation standard for smart water treatment plant）

主编单位：中国市政工程中南设计研究总院有限公司、重庆水务集团股份有限公司

公告文号：中水协标字〔2024〕11 号

公告时间：2024 年 11 月 26 日

简介：为了引导、推动城镇水务行业智慧水厂建设，提高水厂智慧化水平，助力水厂安全、稳定、高效、低碳运营，制定本标准。

本标准适用于新建、改建、扩建的城镇供水厂和污水处理厂（再生水厂）智慧化建设、运营和成效等的评价。

智慧水厂评价应结合水厂的具体特点进行，并应注重推动水厂开展智慧水务技术的创新性应用，促进城镇供水排水系统高质量发展。

3.6　2024 年度中国水协科学技术奖获奖项目

中国城镇供水排水协会科学技术奖（简称城镇水科技奖）作为城镇供水排水行业具有权威的奖项，旨在激励城镇供水排水行业科技进步中作出突出贡献的单位和个人，调动科技工作者的积极性和创造性，从而持续推动城镇供水排水行业科技创新与

技术进步，加速科技成果转化。城镇水科技奖每年评审1次，设立一等奖、二等奖两个等级，对作出特别重大的科学发现、技术发明或创新性科学技术成果的，可以授予特等奖。

城镇水科技奖评审流程主要包括：形式审查、专业评审组初审、专家委员会评审、奖励委员会终审、公示、公告及授奖。2024年城镇水科技奖参评项目涵盖供水、排水与污水处理、排水防涝、水环境整治、海绵城市建设、智慧水务、施工技术等供水排水领域，通过专家评审组、专家委员会、奖励委员会3轮评审，评出获奖项目13项，其中一等奖3项、二等奖10项，见表3-43。

2024年度中国水协科学技术奖获奖项目 **表3-43**

序号	项目名称	完成单位	完成人	获奖等级
1	城市排水管道高效智能检测技术及装备研发与示范应用	北京城市排水集团有限责任公司、中国矿业大学(北京)、北京北排建设有限公司、中恒宏瑞建设集团有限公司	王增义、闫睿、于丽昕、方渊锦、蒋勇、张建新、白宇、李梵若、吴琼霞、赵继成、田志勇、李烨	一等奖
2	水源水中新污染物的应急处理技术、预测模型和关键装备	清华大学、天津市华宇膜技术有限公司、天津市艾盟科技发展有限公司、清华苏州环境创新研究院、天津水务集团有限公司	陈超、林朋飞、许金明、方元、李荣光、张晓健、王健、张鑫、汪隽、李嘉铭、强振海、韩宏大	一等奖
3	节碳型污水深度脱氮技术及模块化装备研发与应用	中建环能科技股份有限公司、中国科学院生态环境研究中心、嘉兴市联合污水处理有限责任公司	张鹤清、王哲晓、孙磊、齐嵘、张荣斌、隋倩雯、张文强、彭展、孙竟、杨童、柴玉峰、于金旗	一等奖
4	供水管网系统水质安全评价与保障关键技术	同济大学、福州市自来水有限公司、中铁上海工程局集团有限公司	李伟英、魏忠庆、胡斌、周宇、董志强、许兴中、孙东晓、张国晟	二等奖
5	城镇污水处理厂智能运维关键技术体系研发与应用	重庆水务集团股份有限公司、重庆中法环保研发中心有限公司、重庆工商大学、重庆远通电子技术开发有限公司、重庆市排水有限公司	郑如彬、庞子山、高旭、刘少武、王建辉、谭松柏、陈永红、冯东	二等奖
6	基于片区网格化精细管理的超大城市供水管网数智化运营关键技术与应用	广州市自来水有限公司、浪潮通用软件有限公司	林立、罗斌、黄绍明、刘晓飞、赵立刚、罗伟军、何立新、卢伟	二等奖
7	城市污涝协同治理智慧化管控技术与应用	深圳市水务(集团)有限公司、广州中工水务信息科技有限公司	龚利民、李旭、邹启贤、黎洪元、曾洁、林峰、钟艳萍、俞珂俊	二等奖

续表

序号	项目名称	完成单位	完成人	获奖等级
8	数字水厂智能无人调度实现路径技术研究及示范应用	上海城投水务(集团)有限公司制水分公司、上海西派埃智能化系统有限公司	李柱、袁耀光、陈会娟、樊昱昕、徐力克、王懋蕾、钱刚、杨澜	二等奖
9	供水系统数字化智能化关键技术研发与应用	河北建投水务投资有限公司、清华大学、河北雄安睿天科技有限公司	牛豫海、张自力、刘书明、张娟、田志民、张增烁、张静、王泽民	二等奖
10	饮用水中天然有机物的水质风险及多级去除关键技术应用	中国科学院生态环境研究中心、杰赛雅(北京)智能环保科技有限公司	俞文正、苏兆阳、徐磊、邢波波、田隆、刘梦洁、段晋鹏	二等奖
11	数字孪生水环境治理关键技术与应用	埃睿迪信息技术(北京)有限公司、北京埃睿迪硬科技有限公司	吴奇锋、高振宇、王虎林、王燕、邹峘浩、史明、周芬、王明	二等奖
12	生活污水原位提标扩容分配式垂向环流深度脱氮除磷技术	湖南鑫远环境科技集团股份有限公司、湖南省建筑设计院集团股份有限公司、苏伊士环境科技(北京)有限公司	胡胜、郭丽丽、蒋旭宇、盛博、刘田、文敏、黎慧娟、周翔宇	二等奖
13	城镇洪涝精细模拟与防控协同技术及应用	广东省交通规划设计研究院集团股份有限公司、广东工业大学、广东省建设工程质量安全检测总站有限公司、河南省水利勘测设计研究有限公司、广东省建筑工程集团有限公司	葛晓光、周倩倩、张建良、王亚平、单良、江波、李子阳、钟翔燕	二等奖

3.6.1　城市排水管道高效智能检测技术及装备研发与示范应用

1. 项目简介

排水管线是城市的重要基础设施和“生命线”。据国家“十四五”（揭榜挂帅）重点专项“城市道路塌陷隐患诊断与风险预警关键技术及示范”的研究统计，城市道路塌陷80%以上均由排水管线破损渗漏造成。

排水管道的安全状况是本体结构与周边土体共同作用的结果。排水管道的结构缺陷目前主要依赖于CCTV、QV等视频/图像检测，仅能判断管道内表面的腐蚀、破裂等可见缺陷，无法感知管周的土体状况，且须对管道进行封堵、导水和清淤、冲洗等预处理，效率低、成本高，尤其是流量大、水位高、积泥多的干管；因此，排水管道本体结构缺陷和周边土体病害的高效、智能检测技术及装备已成为整个排水行业乃至城市安全保障的重大需求。

2. 主要技术内容

（1）研发出国际领先的排水管道雷达检测技术及装备，可在水流、积泥、错口、腐蚀等复杂运行工况下实现排水管道本体结构缺陷、纵向沉降变形、管周土体病害的同步检测和智能识别，大幅提高了排水管道安全状况检测的作业效率，为城市道路塌陷预警和及时修复（防灾减灾）提供了关键技术支撑。

（2）排水管道雷达检测装备形成了纵向扫描、环向扫描、管底扫描等系列化产品，涵盖 $D300 \sim D2500$ 的管径范围，所有装备均已通过工程验证，可进行批量化生产制造。管道结构缺陷的检测精度为 1mm，管道纵向坡度的检测精度为 1‰，管周土体病害的检测范围至管壁外 3m，结构缺陷和土体病害的智能识别准确率可达 92%以上，有效满足行业对排水管道安全状况检测的需求。

（3）排水管道雷达检测装备已在北京、杭州、深圳和厦门等多地得到成功应用，累计总长超过 650km；特别是在 2019 年北京国庆阅兵、2023 年杭州亚运会等重大活动安全保障，以及 2022 年武汉排水深隧的预防性检测等事件中均起到了重要作用，发现多处重大病害并进行及时修复，保守估算仅北京就至少避免了 3 亿元的直接经济损失。

（4）目前排水管道雷达检测定额已列入《北京市城市更新计价依据——预算消耗量标准》，行业标准《市政管道雷达检测仪》已在住房城乡建设部立项并开始编写，排水管道雷达检测技术及装备已经具备了在行业全面推广应用的条件。

3. 社会效益和经济效益情况

经济效益：自 2019 年 6 月至今，直接经济效益累计达 6461 万元。其中，排水管线及城市道路安全状况检测服务 3478 万元，装备销售 2983 万元。

避免经济损失：以北京中心城区为例，自 2019 年 6 月至今，仅在高碑店再生水厂进厂（配水）干线检测，光熙门、西坝河地铁穿越排水管线检测，以及杜家坎铁路桥下排水干线检测中，就发现管道周围空洞 27 处，其中较大空洞 9 处，修复处理费用共计约 4075.72 万元，保守估算避免直接经济损失至少达到 2.8 亿元。

预期市场规模：检测费用每年约为 166.2 亿元（按目前全国城镇排水管道总长 90 万 km 的 1/2 采用本成果进行检测，结构状况普查周期按现行标准 5～10 年的均值 7.5 年计算，检测定额按《北京市城市更新计价依据——预算消耗量标准》的均值 277 元/m 计算）。

3.6.2 水源水中新污染物的应急处理技术、预测模型和关键装备

1. 项目简介

近年来多起突发水污染事故涉及标准外新污染物，是供水行业和环保领域面临的

重大挑战。面对层出不穷的新污染物，在快速确定应急处理技术、参数和高效可靠实施方面，国内外缺乏可供借鉴的理论和实践经验。

该项目团队针对上述挑战，通过开发活性炭应急吸附特性预测模型来快速判断各种有机新污染物的吸附特性并确定投加量等工艺参数，通过开发智能化全流程应急处理中试水厂来确定自来水厂的日常与应急工艺效能，通过开发高速射流粉末活性炭投加系统实现高效、精准、方便的应急药剂投加。从2012年以来，开展了大量的理论研究、技术开发和应急工程实践，取得了良好的效果，为供水行业提供了应对水源水中突发新污染物问题的系统高效的解决方案。

2. 主要技术内容

（1）创新点

1）开发了应对水中新污染物的活性炭应急吸附特性预测模型，分别构建了基于线性溶剂化自由能关系（LSER）理论的修正LSER模型、基于微孔填充理论的Polanyi-Manes-LSER模型共两种吸附等温线预测模型，输入新污染物的物化和结构参数即可快速精准地获得其被活性炭吸附的等温线方程，进而估算投炭量等工艺参数。

2）开发了智能化全流程应急处理中试水厂（图3-22），包括预氧化、预吸附、混凝、沉淀、气浮、砂滤、臭氧、炭滤、超滤、纳滤、紫外、氯消毒等全流程净水工艺，可模拟100种以上工艺组合；配备在线监测和巡检系统、智慧专家系统和智慧加

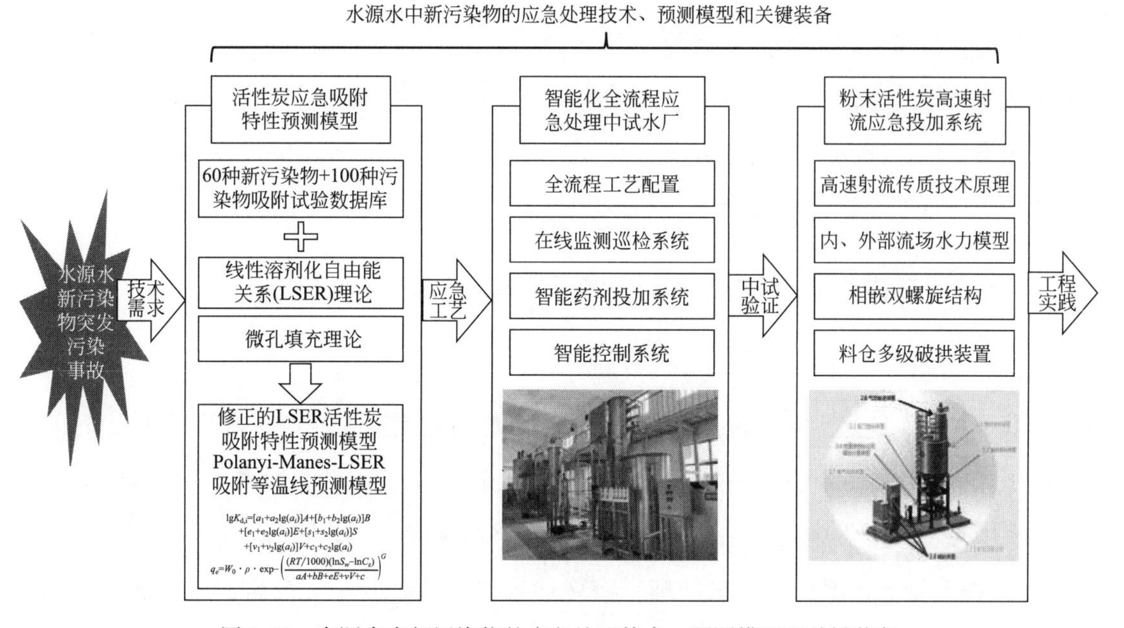

图3-22　水源水中新污染物的应急处理技术、预测模型和关键装备

药单元，可实现中试水厂自动运行，为水厂生产、应急处理提供贴近实际的工艺组合和运行参数。

3）开发了基于高速射流传质技术的粉末活性炭投加系统，利用射流载体破坏了粉体抱团现象以提高分散度，通过设置压力传感器、精密变计量螺旋、独特储炭仓设计等方式降低建设和运行成本，提高投加的精准度和安全性，适应远距离、高扬程等水力条件比较苛刻的情境。

（2）应用推广情况

该团队应用开发的活性炭应急吸附特性预测模型，为2013年杭州钱塘江水源不明致嗅物质的判别和应急处理、2021年安徽宣城水源地异味事件、2022年和2023年太浦河江苏段异嗅事件等多起水源突发新污染物事件的应急处置提供了技术支持。智能化全流程应急处理中试水厂已经在全国11个省市的15家自来水公司得到推广应用，涉及长江、黄河、松花江、太湖等不同水源，帮助各地供水企业和设计院新建和改、扩建中试水厂28座，服务供水规模1000万m^3/d以上。粉末活性炭射流投加系统目前已经应用于全国160多家自来水厂和约50家污水处理厂的应急处理、常态化处理工艺中。

（3）社会效益和环境效益情况

研究成果为全国多起突发污染事件的应急处理提供技术支持，为20多座自来水厂提供了中试指导，为200多家自来水厂和污水处理厂提供了关键设备支撑；团队成员还作为住房城乡建设部、生态环境部（原环境保护部）专家组成员参与了2015年天津港火灾爆炸事故、2015年四川广元水源锑污染事件、2018年河南淇河化工垃圾倾倒污染事件、2019年江苏响水化工产业园爆炸事件等10多起突发污染事件的现场处置工作；创造了巨大的社会效益和环境效益。

3.6.3 节碳型污水深度脱氮技术及模块化装备研发与应用

1. 项目简介

我国对污水总氮污染的管控愈发严格，众多城市地区总氮排放标准已低至10mg/L及以下，大中型城镇污水处理厂面临着深度脱氮提标需求，重点流域及环境敏感区域中小规模污水处理设施也面临总氮稳定达标排放的挑战。与此同时，我国城镇生活污水C/N普遍较低，近半数污水处理厂需外加有机碳源，其中以异养反硝化深床滤池为代表的深度脱氮工艺单元更是几乎完全依赖外加碳源，大量碳源药剂的使用提高了运行成本也加大了处理过程的碳排放。“双碳”时代背景下，总氮的高效去除已成为污水处理过程降碳、增效的关键。该项目面向污水处理技术绿色升级与低碳发展需求，针对深度脱氮高度依赖外加有机碳源、药剂消耗大、成本高、系统复杂等问题，开发基于新型复合电子供体材料的节碳型深度脱氮技术（图 3-23），从功能材料研发、工艺调控技术研究、适配装备开发、碳排放及生态安全评价四方面突破创新，完成了成套技术装备的工程应用与推广，为污水总氮的低碳高效去除提供技术支撑。

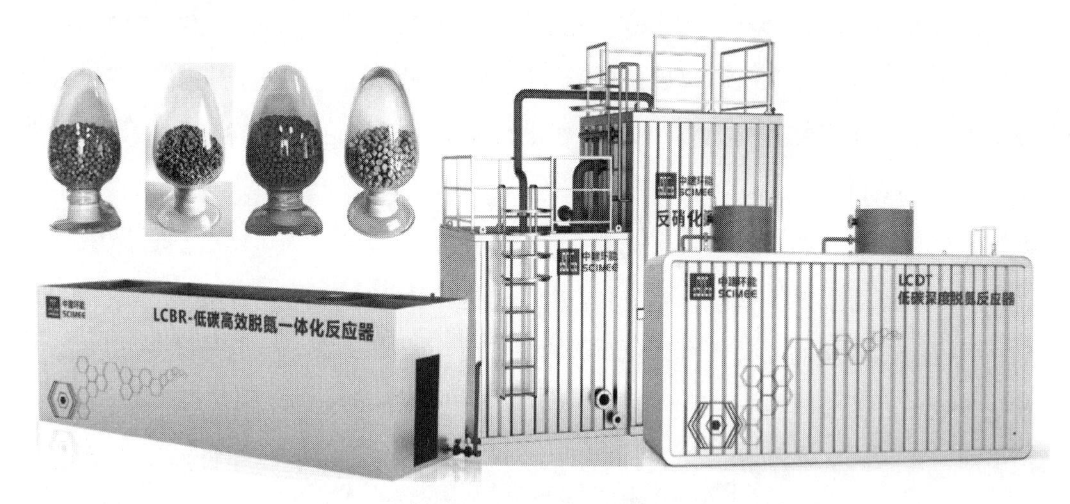

图 3-23　节碳型污水深度脱氮技术及模块化装备

2. 主要技术内容

（1）创新点

1）创新性地结合了湿式与干式成型技术，发明了磁强化自养脱氮功能材料，兼具生物载体、电子供体、碱度供体功能，无需投加有机碳源即可实现自养深度脱氮，直接脱氮成本降低 50%以上，有效提升载体的理化性能、安全性及脱氮性能，脱氮能力达 0.4～0.8kgNO_3-N/（m^3·d），脱氮深度达到 2mg/L。

2）针对现有成型制备技术生产过程能耗高、系统复杂等问题，发明了免熔融快速成型批量制备技术与系统，有效降低了载体制备能耗，操作方式与生产规模设计更为灵活，单位面积产能提升 40%，规模覆盖广（15～5000kg/h）。

3）针对传统硫自养反硝化启动期长、环境敏感性高的问题，开发了系统快速启动与强化运行调控技术，低温条件件启动时间缩短至 5～10d，强化了系统对低温、高溶解氧环境的适应性。

4）面向不同应用场景，开发了系列规模的自养深度脱氮滤池以及耦合深度脱氮的一体化装备，满足大中型城镇污水处理厂深度脱氮升级改造与重点流域及敏感区域的污水总氮稳定达标处理需求。

5）开展了基于全生命周期的碳排放特性分析，功能载体生产与运行过程碳排放因子显著低于传统异养反硝化，评估了硫化物、生物毒性等潜在生态环境影响，确定技术装备的生态安全性。

（2）应用推广情况

项目成果在全国多个城市的市政、建制镇、溢流污水处理以及分散污水处理项目中推广应用，累计应用13项，处理规模达10万 m^3/d 以上，出水满足高标准排放及回用要求，入选住房城乡建设部2023年建设行业科技成果目录和2024年度建设行业科技成果推广项目。

（3）社会效益和经济效益情况

项目成果可有效控制城镇污水总氮污染，削减氮污染物总量，降低水体富营养化风险，促进生态环境的改善，利用低碳排放量的电子供体材料与节碳型技术装备，实现碳减排效益。相较于传统深度脱氮技术，运行成本降低50%以上，每天每万立方米规模的污水处理厂年节约碳源投加费用30万～60万元，近三年累计经济产值1.98亿元，经济效益显著。

3.6.4 城镇污水处理厂智能运维关键技术体系研发与应用

1. 项目简介

在“双碳”背景和“数字中国”目标下，水务行业应通过智能化转型催生新质生产力，应对污水处理过程管理大动态、强耦合、高时滞等挑战，以实现低碳绿色发展。该项目围绕城镇污水处理厂数智化转型相关技术、平台和模式等迫切需求，在国家重点研发计划、住房城乡建设部研发项目、重庆市重点研发计划等10余个课题的支持下，通过产学研合作与示范，研发了基于机理与AI协同驱动的智能决策新技术、基于虚实融合的污水处理厂智能运维新模式，开展了大量的技术示范和推广应用，构建了污水处理系统数字化转型标准与规范体系，为污水处理行业转型升级提供了系统化方案。

2. 主要技术内容

（1）创新点

创新性地提出基于机理＋AI的污水处理厂全视角智能决策方法，构建了基于时空关联数据分析、多个AI算法结合的污水处理厂负荷预测模型；首次将ASM模型二次开发，融合机器学习、专家知识并用于污水处理厂运维，实现了生化反应核心过程在线数字仿真，支撑精准曝气、智能加药、水质预测等过程的实施，突破了智能决策直接应用于污水处理厂工业控制系统的难题，试点污水处理厂实现了曝气能耗降低15%、除磷剂药耗降低15%的目标。

建立了基于数字孪生模型的污水处理厂虚实融合智能管理方法。率先突破了污水处理厂BIM的轻量化即时云渲染方法，通过实体和运行数据映射改变了污水处理厂传统的管理模式；研发了基于3D可视化模型的虚拟智能巡检技术和基于MR的管控技术，将运行管理、设备管理、监控管理、人员管理统一集成于数字化平台，有力支撑了智能污水处理厂、无人值守厂站的建设。

构建了城镇污水处理厂数字化转型标准体系，填补了污水处理厂智能运维标准与规范的行业空白，为智能污水处理核心系统建设和核心技术推广奠定基础，引领了污水处理行业数字化发展和产业升级。

（2）应用推广情况

项目成果获得国家发明专利14项，软件著作权8件、1项5类商标；已发布相关企业标准39项、团体标准1项，在编国家标准1项、团体标准3项、重庆市工程建设地方标准2项；发表学术论文10余篇、出版学术专著3部；研究成果在包括成渝地区、长三角区域9座大中型污水处理厂推广应用，服务污水处理总规模超过100万m^3/d，服务人口超325万人。

（3）社会效益和经济效益情况

社会效益：项目获得的数字化转型技术从根本上更新了污水处理运维管控手段，为水业智能化改造和建设、“双碳”目标的达成提供了适用范式。项目研发成果参加了国际水协会第八届亚太区会议、2020年智慧城市峰会等技术展览会，入选首届“一带一路”科技交流大会科技创新合作十年成果展。项目部分成果获国务院国有资产监督管理委员会国企数字场景创新专业赛二等奖以及第四届中国科技产业化促进会科学技术科技创新奖一等奖。

经济效益：根据实际运行的第三方评估，项目成果可为中法唐家沱污水处理厂（40万m^3/d）每年节约包括曝气、碳源投加等合计运行费用约1340万元。相关技术和标准通过向外推广每年带来约1000万的技术服务合同，为所服务企业带来约3000万元费用节约，并可撬动约1亿元的数智化转型投资。

3.6.5 基于片区网格化精细管理的超大城市供水管网数智化运营关键技术与应用

1. 项目简介

为深入贯彻落实习近平生态文明思想，实现广州老城市新活力、"四个新出彩"，该项目以建设国家节水型城市为先导，以超大城市复杂管网为对象，以网格化管理模式为基础，通过"平台建设＋业务整合＋资源重组"路径，创新引入"片区＋网格"层级管理维度，构建基于多级分区管网拓扑模型的网格智慧运营平台，推进公司管理、营销、作业和服务等领域转型升级，落实企业创供水服务、管理、技术"三个一流"战略，探索出片区网格"三个一"体系，开创了"网格＋党建，网格＋管理，网格＋服务，网格＋节水"管理新形态，创建了一条具有广州特色的超大城市供水新范式，可为同行提供示范和借鉴。

该项目研究内容是创新引入"片区＋网格"管理方法，创建了"分公司-片区-网格"三级管理体系，研发了供水管网网格化智慧管理平台，将传统营业、管网、客服现场业务在网格内进行整合，改变现有以业务线分类管理没有聚焦核心业务指标的弊端，形成可复制推广的"三个一"网格化标准管理体系（一个平台、一套标准、一套模式）。该项目荣获2024年度中国水协科学技术奖二等奖，2024（第十届）国企管理创新成果的国企科技创新与数智化发展典范案例一等奖，并于2024年9月5日经中科合创（北京）科技成果评价中心组织科技成果鉴定，专家组一致认为该科技成果总体达到国际先进水平，其中在利用一体化平台实现供水管网片区网格精细化管理应用方面达到国际领先水平。

2. 主要技术内容

（1）创新点

1）创新点1：供水片区网格化管理机制。创新引入"片区＋网格"管理方法，通过"平台建设＋业务整合＋资源重组"路径，建设"分公司-片区-网格"三级管理体系，将传统营业、管网、客服现场业务在网格内进行整合，形成"一个平台、一套标准、一套模式"的"三个一"体系，实现业务流程高效流转、考核量化、减员增效。

2）创新点2：基于多级分区管网拓扑模型建设网格智慧运营平台。针对超大城市复杂管网，构建多级分区供水管网拓扑结构模型，并基于GIS＋LBS统一坐标的泛

GIS网格化技术构建一个平台，集成动态、静态、环境信息等供水全要素数据，承载全流程供水业务，以“平台大脑”代替“人工大脑”，自动推进业务工单流程、应急流程，解决人工指挥凌乱、传递信息失真问题。

3）创新点3：“以需定供、以需定服、以需定营、以需定修”的厂网联动二级调度管理模式。首创“片区管网调度-调度中心-厂站调度”的“以需定供”厂网联动二级调度模式。该模式基于管网智能终端实时监测数据，运用虚拟监测点、集成学习、时间序列预测和规范化分析技术，充分发挥水厂（供给端）和管网（需求端）联动调度的能力，按需求倒溯求解取水到送水全过程调度计划，综合平衡成本与服务，实现以需定供、精准控压、减少无效供水。

4）创新点4：多源接报、全流程联动管网爆漏应急处置机制。通过连通客服、管网、生产、营业、工单等多个业务系统，基于96968服务热线、巡检等渠道接收多来源爆漏信息，利用地理信息系统（GIS）精准定位故障点，结合管网拓扑分析和总分表模型，自动计算关阀适配方案、适配受影响的用户区域，按级别启动应急预案，生成应急处理指令与工单，通过工单系统直达一线抢修人员，同时与短信平台联动及时发送停水短信至用户，全流程联动机制确保信息无缝对接，减少中间环节，全方位提升应急处置效率。

5）创新点5：基于智能水表的用水行为、设备故障分析模型。利用时间序列算法、回归模型等，联合历史维修记录、用户投诉反馈、设施巡检日志等多维信息，对于异常（如漏水、水表异常、偷盗水、独居、用水超阶等）场景进行训练，建立水量分析算法模型，实现对用户用水行为分析、设备故障分析和预警，不仅为用户提供了便捷、高效的用水、节水服务，也有效保障了用户的用水安全与生活便利。

（2）应用情况

该项目于2023年在广州市自来水有限公司全面推广应用，通过重组组织架构、重构业务流程，构建的“三个一”体系，有效解决城市供水管理中的盲区与死角问题，管网漏损治理取得明显成效，提升服务效率与质量，同时优化了全域管网监控，保障了供水安全，并在降本增效、产销差漏控、用户服务创新等方面取得良好成效。通过优化组织架构，减员增效；供水设施巡查覆盖率、抄见率、回收率的显著提升，工单直达一线，业务效率提升30%，2023年企业产销差率同比下降2.34%，达2006年实施抄表到户以来最低值和年度最大降幅，减少水量损耗4853万m^3，按照2023年单位变动成本0.571元/m^3测算，节约成本约2771万元；厂站网联动二级调度减少动力成本浪费，2023 年企业总体生产电耗同实施前相比下降 8.02kWh/m^3，电耗成本同比减少 937.17 万元；推进供水网格化服务，2023 年企业用户总体满意率为 91.34%，达近 10 年最高水平。

（3）社会效益和经济效益情况

项目实施后实现社会经济效益双提升：社会效益方面，实现多业务协同，工单直达网格一线，快速响应，供水管网运行安全保障能力和用户服务满意度得到有效提升，增强了百姓用水获得感和幸福感；经济效益方面，企业实现资源集约化、全流程数字化管理，生产电耗成本、人工成本、水量漏失损耗成本下降，工单处理及时率、业务效率大幅度提升。

3.6.6 城市污涝协同治理智慧化管控技术与应用

1. 项目简介

当前制约水环境长治久清的主要难点包括排水管渠的混接错接、数据应用不充分、小流域治理不彻底、雨天粗放式调度和污涝协同难统管五个方面。项目基于全国首个水务云化数字孪生智能体深水云脑，依托其强大的物联能力、数据能力和 AI 能力等首创排水-水环境数字化智能体，研发系列污涝协同治理保障技术，解决五大业务难点，建设水环境“一网统管”信息平台，并形成排水-水环境数字化解决方案，具体包含水环境数据底座构建、排水管网的可视化智能诊断管理、感潮河段排口 AI 溢流预警及溯源、源厂网河湖海全要素智能调度等创新解决方案。经由彭永臻院士为组长的专家组，认定项目研究成果达国际领先水平，曲久辉院士为《厂网河湖一体化全要素水环境治理》一书作序，推荐深圳河流域水环境治理经验。

2. 主要技术内容

本项目的建设内容在智慧排水系统的整体设计框架内，覆盖排水动态感知、排水数据资源、支撑平台、业务应用、运行管理体系等方面的建设，支撑排水系统全要素污涝联调应用。

1）研发地下空间管网拓扑探查相关技术，准确识别 GIS 管渠混接错接问题，提升排水地下管渠资产问题整治效率。

2）研发液位数据治理与智能诊断等算法，智能识别外水入流、管道淤堵。

3）创新小流域数字管理模式，实现排口小流域挂图作战、溯源诊断，为小流域精准治理易返潮的难题提供解决方案。

4）构建污涝协同调度经验图谱以及水质精准溯源模型，逐步实现源厂网河湖海全要素精准调度。

5）建设深圳河湾水环境“一网统管”信息平台。平台以微服务云架构、容器化部署，联通外业、GIS、排水数据中心，实现流域“一网统管”。

3. 应用推广情况

该项目在深圳超大城市应用落地，助力深圳河流域水质提升和城市排涝能力增强，并形成行业示范，系列技术产品包可为行业提供全产业链综合服务（图3-24）。

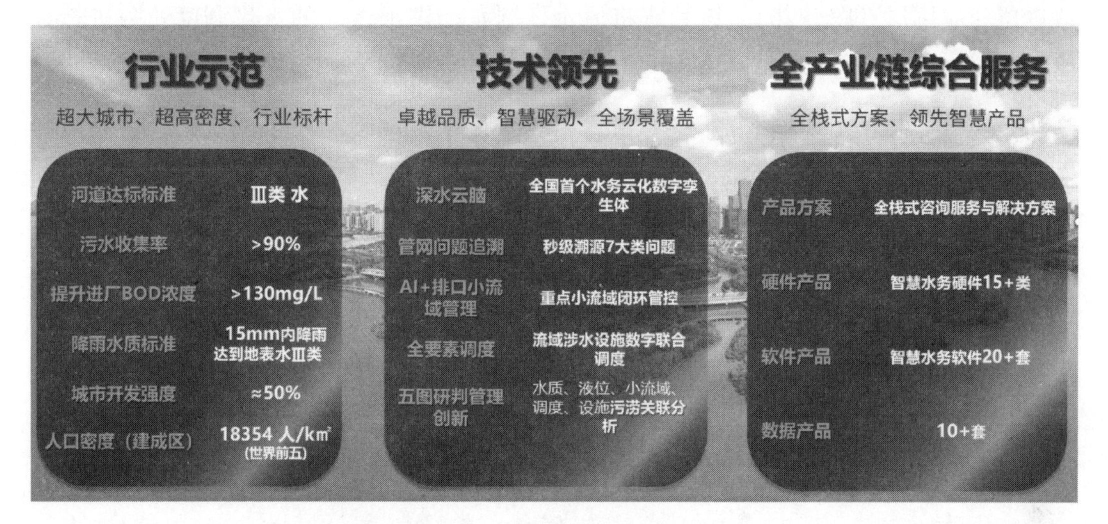

图3-24　项目商业价值

4. 社会效益和经济效益情况

项目应用后加强了深圳河湾排水-水环境精细化管理，国考断面连续3年稳定达标，并于2023年达到地表水Ⅲ类水（可游泳水质）标准，同时也成功抵御2023年“9·7”深圳暴雨事件。

在经济效益方面，通过厂网河联合调度最大释放设施效能，节约水务工程投资；数字河湾一网统管和排水管网精准运维，节约检测、维修成本。

在管理效益方面，项目夯实数据底座和流域统筹管理以及辅助设施、小流域精细化管控。

3.6.7　数字水厂智能无人调度实现路径技术研究及示范应用

1. 项目背景

上海正在努力建设成为国内一流、国际领先的数字化标杆城市。根据《上海市供水规划（2017-2035）》，至2035年，上海要建成“节水优先、安全优质、智慧低碳、服务高效”的城市供水系统。上海城投水务（集团）有限公司紧密围绕国家城市建设方针，选取南市水厂作为数字化转型示范点，以“物联、数联、智联”为总体思路，探索数字水厂智能无人调度实现路径技术研究及示范应用。该项目以精益运行和数字化转型发展需求为导向，针对水量调度中调度员手势不统一、人工操作流程繁琐的问题，以水厂历史运行工艺数据、设备数据等多源数据为底层驱动，采用流体力学、人工智能、大数据分析等技术构建了水厂智能调度系统，该系统包含感知层、控制层、数据层和应用层（图3-25）。该系统将原水、制水、供水之间的水量调度业务进行连通，对水厂在给定调度压力下的水量、高效泵组进行预测，并对水厂机泵、进水流量阀门等进行控制，实现供水-制水-原水之间的水量平衡调度和机泵的低碳化、高效化运行，统一调度模式，并实现无人调度。

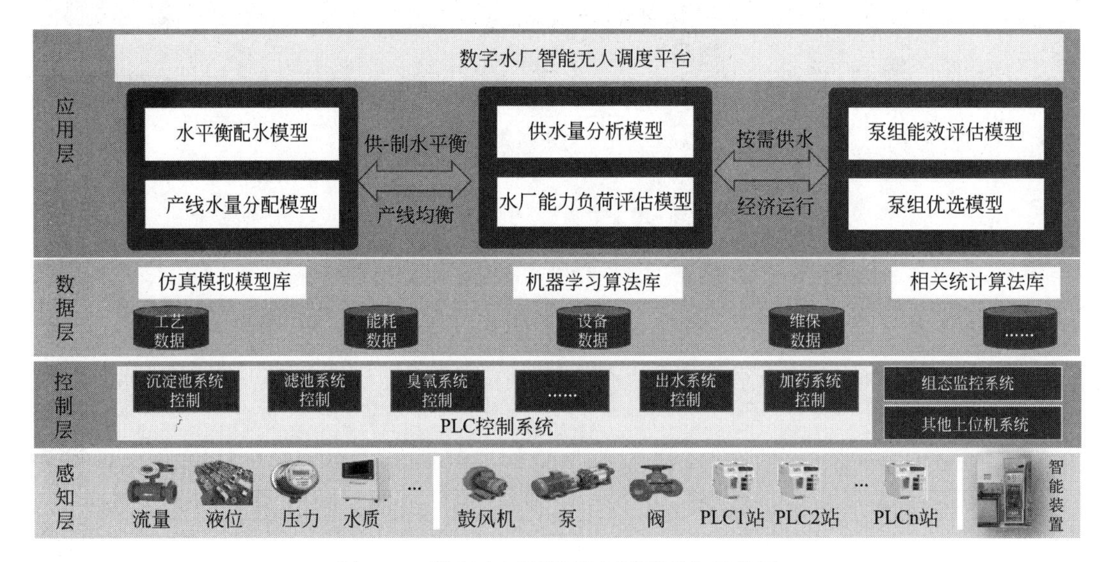

图3-25　数字水厂智能无人调度平台架构图

2. 主要技术内容

（1）创新点

1）构建了供水量分析模型，结合时间类、气象类、工况类、水力类（周边水厂供水量、关联泵站启停）等多源数据，基于递归特征消除算法、XGBoost机器学习算法，实现水厂未来1～4h的瞬时供水量精准预测，为水厂进水量调整和机泵运行提供支撑。

2）形成了水厂供制水平衡智能决策技术，通过机理建模+数理分析方式构建含水厂供水量分析模型、设施/设备能力与负荷评估模型、水平衡配水模型、产线水量分配模型、泵组能效评估及优选模型的供制水平衡智能决策模型，多个模型分别作用于水量调度全流程（图3-26），共同形成水厂供制水平衡智能决策技术，实现水厂智能、高效、全自动无人调度。

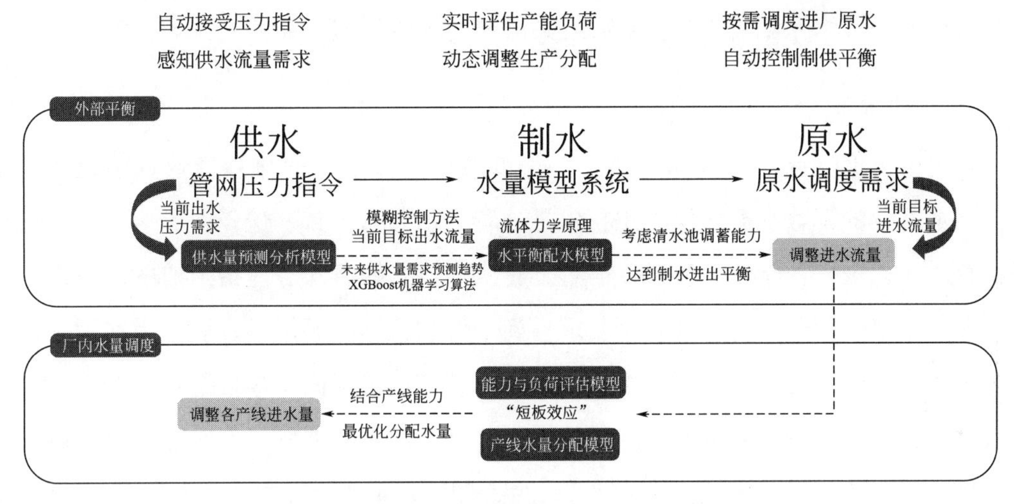

图3-26　数字水厂智能无人调度平台技术架构图

3）构建了基于工况监听的人机交互敏捷调度系统，嵌入所开发水平衡智能决策模型，通过系统实时对生产运行关键数据进行阈值、变化、差值等分析判断，自主调用水平衡智能决策模型，快速、实时为生产运行提供可靠、高效和安全的运行方案。

（2）应用推广情况

数字水厂智能无人调度系统已在上海、广州、浙江等地的多个水厂进行了推广应用，供水规模超500万m^3/d，实现了生产运营的全面优化。数字水厂智能无人调度系统能够精准掌握水厂设施设备在线有效状态，优化水库调蓄与机泵调配，既确保了产能实时最优，又保障了核心生产设备始终维持在最佳状态，在显著增强生产韧性的同时实现了能源的节省，提升了水厂数字化、智能化和低碳化水平，助推水厂高质量供水和数字化转型发展。

（3）社会效益和经济效益情况

该项目通过打造稳定的智能调度系统，实现了水厂传统调度模式改革，并探索出可靠的智能调度系统构建路径，可便捷推广至其他水厂，有助于推动了制水行业的整体转型升级。得益于智能调度系统模型调度模式的精准控制，出厂水的压力波动值得到了有效控制，降低至±2kPa以内，显著提升了供水的稳定性。此外，在应对突发事件或自然灾害时，智能调度系统能够迅速调整水量，确保市民的生活用水需求得到满足，有效守护城市居民用水生命线。同时挖掘最科学的生产水量，成功降低能耗，推动水务行业向无废、低碳方向发展。该项目共获授权专利 2 项，软件著作权 2 项，发表中文核心期刊 2 篇，实施 3 年直接节约成本近 800 万元。

3.6.8 供水系统数字化智能化关键技术研发与应用

1. 项目简介

在党中央促进数字经济和实体经济深度融合、数字产业化和产业数字化的背景下，供水行业的智慧水务建设，正在由搭建智慧水务云平台、建设业务应用系统的网络计算时代，进入智能计算时代。需着力解决：(1) 智慧水务建设形成的海量多源异构运营数据统一管理、达不到应用要求、尚未形成数据资源问题；(2) 生产运行缺乏人工智能、大模型技术的支持，生产自动化控制依然采用固定参数运行问题；(3) 企业管理各自为政、形成信息孤岛、管控粗放、管理和决策尚未实现智能化问题。为此，该项目团队基于国家“互联网＋”重大工程项目建设形成集团化、SaaS 版、全产业链智慧水务建设成果，“产学研用”相结合，从 2020 年开始进行数字化建设，以所属企业为试验基地，在供水大数据处理、智能化生产应用、智能化管理应用 3 个研究方向上，分 15 个子课题开展研发，项目落地应用并对外推广。

2. 主要技术内容

(1) 创新点

1) 研制了城市供水多源异构数据的标准化、适用化处理方法及系统。建立了基于知识图谱技术的供水数据资源管理系统，发明了采用边缘计算和云计算的供水数据标准化、资源化处理技术，开发了基于用水规律的 IoT 数据适用化处理功能，解决了供水数据海量低效、多源异构不易应用的问题。

2) 发明了“双模型控制”生产运行智能化控制技术。创新了“地下水源地、输配水管网、供水设备、水处理全流程水质”等工艺环节的建模方法及其智能化控制系统，提出了“机理模型＋数据驱动模型”的新思路，解决了供水行业生产运行从工业自动化升级到智能化运行控制的技术难题。

3) 研发了水务企业生产经营的智能化管理与决策系统。搭建了水务企业主要经营指标勾稽关系和战略绩效动态模拟的技术架构，研制了生产运营指标的智能化预测方法，从水务企业错综庞杂的指标中构建了数字化模型体系，创新了水务企业经营管理和决策的智能化应用技术（图 3-27）。

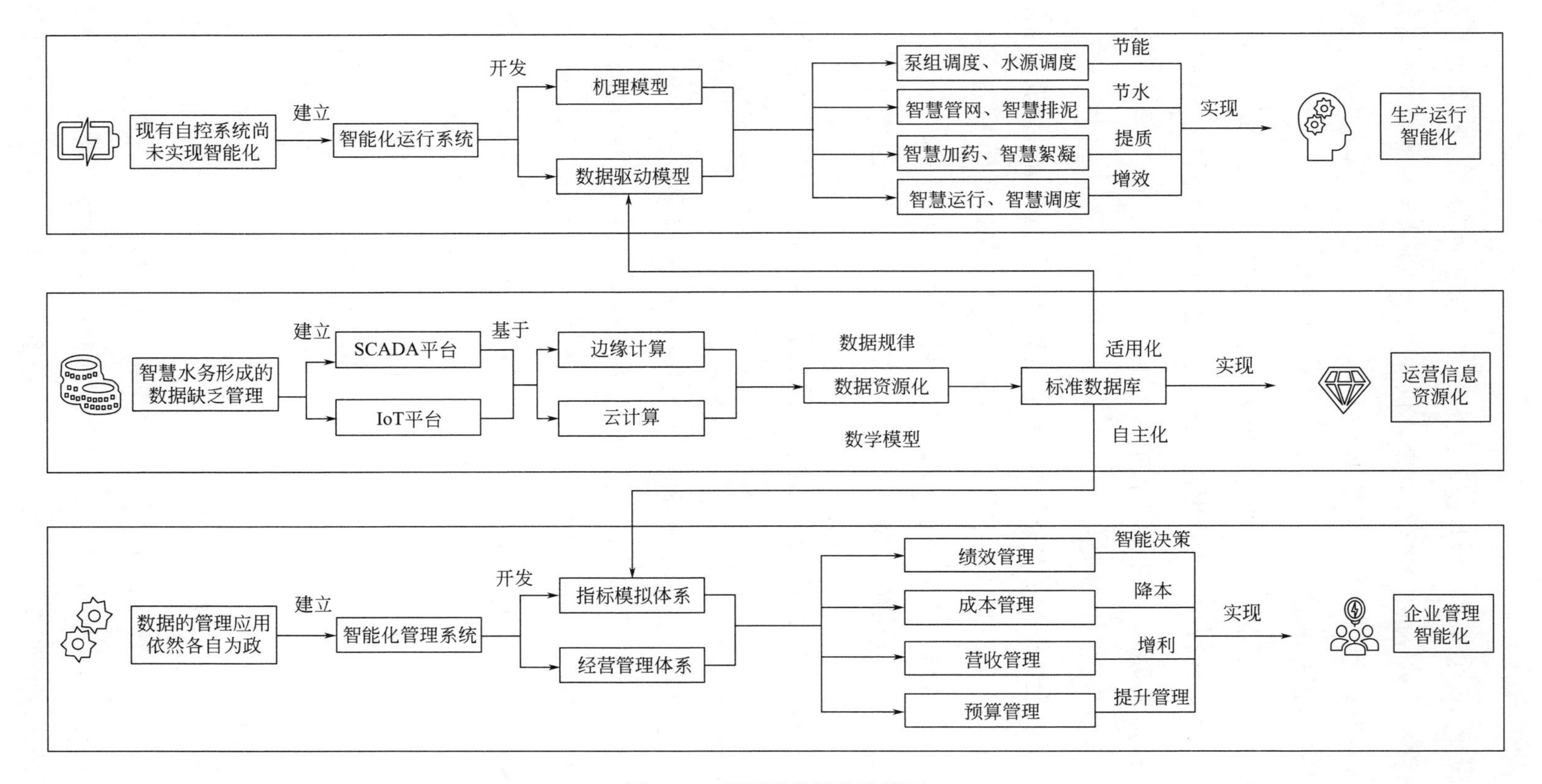

图 3-27　项目研发技术路线图

（2）应用推广情况

成果应用于 14 个供水公司、20 座水厂、3 座供水泵站、1 个地下水源地，4500km 供水管网，对外推广到 5 个智能化供水项目，新建系统支持 500 余万台设备并发，已接入数据量近 3000 亿条，数据准确率达 99.99%，示范项目城区管网漏损率由 10.86%降至 2023 年的 6.63%。

项目已授权国家发明专利 20 件，实用新型专利 1 件，形成了覆盖供水系统全流程的数据处理、生产运行和经营管理智能化应用的发明专利集群，已授权软件著作权 6 件，发表科技论文 5 篇，其中 SCI 收录 2 篇。

（3）社会效益和经济效益情况

项目实施后，全面提升了水务公司的运营管理水平和生产运行智能化水平，引领企业的数字化转型，经济效益和实施效果显著。近三年累计产生直接经济效益 2.12 亿元，节约能源、节约水资源、提高饮用水水质、保护环境、保障供水安全的社会效益显著，市场潜力和应用前景广阔。

3.6.9 饮用水中天然有机物的水质风险及多级去除关键技术应用

1. 项目简介

中国 95%人口的饮用水问题已得到改善，并将在 2030 年实现普及饮水等目标。随着人民生活水平的提高，健康、高品质的饮用水成为人民群众新的需求。全国各地的水质差距较大，但相近地区水质具有一定的相似性，而很大一部分慢性疾病的发病率存在地域聚集性。这些地域的哪些物质与当地相关的慢性疾病有很高的相关性？其发病机制又是什么？这方面的研究在饮用水领域一直处于空白状态，亟需提供解决方案。针对这一国家重大需求，该项目提出并开展了面向人民生命健康、针对饮用水中不同物质和人体慢性疾病关系的基础理论及这些物质控制的关键技术研究。

2. 主要技术内容

（1）创新点

明确我国水质（特别是有机污染物）与慢性疾病的相关性是该项目提出的饮用水净化关键技术的基石。通过生物大分子和生物膜原位调控的膜滤耦合工艺是该项目实现水质净化效果提升的重要技术创新。该项目从理论上研究了混凝、生物慢滤和纳滤截留等工艺对这些有机物的去除机制。主要创新点包括：

1）有机物（消毒副产物）与慢性疾病的相关关系及纳滤控制原理创新：阐释了有机物消毒后形成的消毒副产物与膀胱癌发病率具有较高的统计相关性，并提出科学的纳滤解决技术方法。

2）天然有机物混凝去除的关键机制创新：发现了水体小分子有机物影响絮体结构变化和絮体表面活性位点对有机物去除的影响机制，证实了有机物中苯环和未电离的羧基官能团决定混凝效率。

3）纳滤膜性能及水质提升工艺方法：开发了高效的膜表面生物膜调控技术及纳滤膜组合工艺提升纳滤膜抗污染性能与提高纳滤出水品质，并阐释了相关组合工艺提升纳滤膜性能的深层机制。

（2）应用推广情况

该项目发现了生物大分子有机物能够减缓纳滤膜污染并提高纳滤膜出水水质的机制，确定了采用纳滤等工艺作为家庭饮用水的最后保障方式；将核心技术在北京市密云水库旁村镇进行了工程实践（24m^3/d）；牵头编制了《自来水中消毒副产物终端纳滤去除技术规程》和《村镇中小型集中式饮用水供水生物慢滤-超滤一体化深度净化装备》两项团体标准，为人民群众提供高品质饮用水方面做出了积极努力。此外，研究团队与企业合作，利用自身长期研发积累的经验和企业的开发资源，高品质水纳滤集成系统样机顺利开发成功，获得了企业的验收，并在北京市、河南省安阳市等地完成了净水设备的推广使用，服务于当地城镇居民。

（3）社会效益和经济效益情况

该项目的研究成果为国产纳滤膜在净水领域中的应用奠定基础，自主研发的优化技术成功拓展了其对纳滤膜进水水质的适应范围，使其在城市、农村均可以得到广泛应用，在未来能够降低由于饮用不干净饮用水导致的疾病发生率，这对提升人民群众身体健康、生活质量和维护社会和谐稳定具有重要意义。根据 Maximize Market Research 的预测，2025 年全球纳滤膜市场规模将达到 7.85 亿美元，2021～2025 年年均复合增速为 18.3%。根据中国膜工业协会数据，2019 年我国膜市场总产值达 2773 亿元，2014～2019 年年均复合增速在 20%以上。面向纳滤膜设备的应用场景众多，包括自来水提标、超纯水制备、水资源开发等行业，保守预计 2025 年我国纳滤膜市场，即该项目研发纳滤装备产品销售市场规模将达到 18 亿元，对应 2021～2025 年年均复合增速为 23%。

3.6.10 数字孪生水环境治理关键技术与应用

1. 项目简介

国内流域水环境治理普遍存在水资源利用、水污染治理矛盾突出，跨区域、跨行业协同难，管理效率亟待提高等问题，针对这些问题，在《中华人民共和国国民经济和社会发展第十四个五年规划和2035年远景目标纲要》“持续改善环境质量”章节中提出要完善水污染防治流域协同机制，加强重点流域、重点湖泊、城市水体和近岸海域水环境综合治理，推进美丽河湖保护与建设，全面落实“源头管控”“一河一档一策”和“四有机制”（有专人负责、有监测设施、有考核办法、有长效机制）的综合治理要求。当下应响应号召，重视智慧手段支撑水环境治理建设，大力推进数字孪生在水环境治理中的应用保障，保障水环境治理的高质量发展。

该项目研究成果旨在为数字孪生水环境治理提供实用技术，获得技术突破和应用创新，项目研发和应用了具有自主知识产权的基于一种孪生平台及孪生体的建立方法构建流域孪生体，实现了全场景映射、全域数据融合、全流域统筹治理等，创新了多部门联动处置机制，提高流域治理效率等。

通过数字孪生体建设，结合污染物识别及河道环保水务识别类算法模型，可以实时监测流域内的污染物排放情况、资源利用效率等关键指标，为绿色低碳技术的优化和调整提供科学依据。该研究旨在为数字孪生流域提供实用技术，获得技术突破和应用创新，主要应用领域为水环境治理和水利工程项目等，其技术路线如图3-28所示。

2. 主要技术内容

（1）创新点

1）研制了流域等复杂环境下的全国产自主可控的边缘数据采集、计算和调控设备；实现低功耗要求下，水下复杂环境进行数据传输、数据压缩、设备换电和防水等技术创新和应用。

2）构建了复杂河流、流域系统的断面和周边环境的数字孪生体，创新了基于知识图谱构建数字孪生技术和孪生体的方法，研发了基于海量传感器设备数据的流域大数据平台，创新了基于异构数据源数据汇聚的实现方法，实现了跨部门数据共享交换。

3）提出了数字孪生水环境治理的数据标准和模拟仿真的计算方法，构建了数字孪生流域决策支持的算法模型，研发了基于轻量化引擎的数字孪生分析沙箱，完善了低算力和轻量化条件下神经网络的技术，搭建了数字孪生水环境模拟仿真平台。

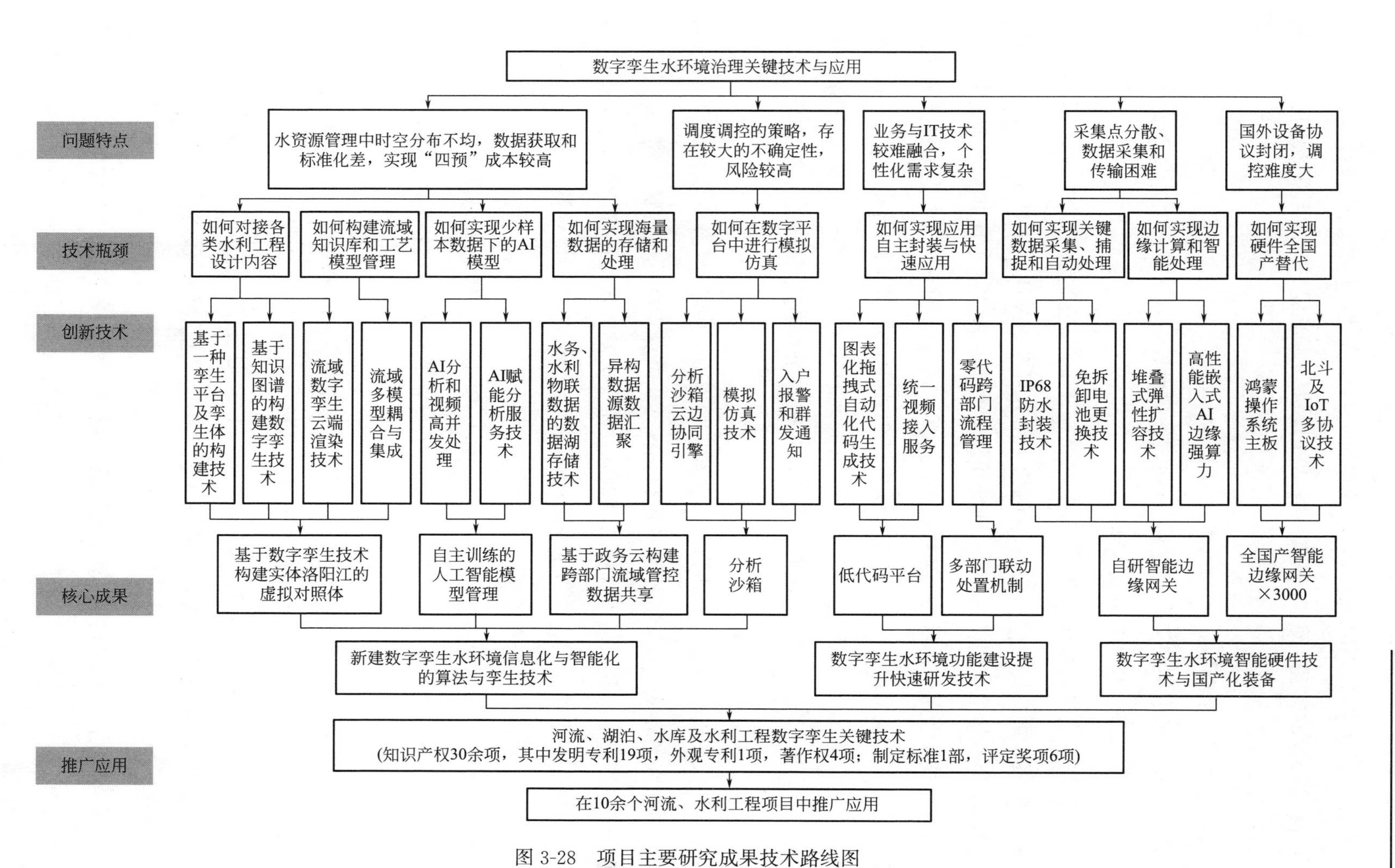

图 3-28　项目主要研究成果技术路线图

4）提出了基于数字化的流域精细化治理的技术方法，构建低代码技术快速适配跨部门流程管理的方法，创新多部门联动处置机制，形成一套“数据吹哨、部门报到”的新型工作模式。

（2）应用推广情况

该项目及技术成果获得发明专利19项，外观设计专利1项，实用新型专利3项，软件著作权4项；成果纳入团体标准1部。

该项目技术成果获得2022年第六届“绽放杯”5G应用征集大赛5G＋水利海洋专题赛一等奖、第六届“绽放杯”5G应用征集大赛全国总决赛优秀奖；2022年7月，项目使用的关键技术iReadyinsights敏捷化数字孪生平台获得中国科技产业化促进会第三届科学技术奖励·科技产业奖二等奖；2023年12月18日中国科技产业化促进会组织专家组对该项目的科学技术成果进行评价，获得一致好评；2023年7月，该项目入选北京市人工智能产业联盟组织的北京市人工智能行业赋能典型案例；2024年9月，项目成果荣获中国科技产业化促进会第四届科学技术奖·科技产业奖一等奖。

项目技术成果在福建省泉州市洛江区洛阳江流域的水环境治理等工程成功应用，并先后在深圳水环境创优、苏州水务数智化、苏州渭塘水环境运营管控建设、广州白云排水智能管理、泉州白濑水利枢纽管理和“水务大脑”数智化管控等项目中均有所应用，并发挥了重要作用，取得了显著的经济、社会和生态环境效益。

（3）社会效益和环境效益情况

项目技术成果在福建省泉州市洛江区洛阳江流域的水环境治理等工程成功应用，并在多项水环境治理工程中推广应用，取得了显著的经济、社会和生态环境效益。

带来的社会效益如下：

1）数字孪生技术让流域水环境生态治理更加精细化。数字孪生技术将流域概况以及水域生态治理重点整治项目从物理世界转移至虚拟世界。

2）提高公共服务水平，提升政府服务形象。通过平台建设推动跨单位、部门、跨领域的数据共享，实现数据资源共享，极大提高了政府公共服务能力。

带来的经济效益如下：

1）有效整合多部门数据，避免重复投资建设浪费。数据复用率提高65%，事件处置率提高90%，事件办结率提高90%，及时响应率提高80%，办理及时率提高90%，事件逾期率降低80%。

2）通过数字孪生流域平台项目，实现数据驱动，扩大巡检覆盖范围，提高事前预警能力，加快问题处置速度，做到了提质增效。节省了 62%人力资源，减少巡河员 150 余人，节省年人力成本 900 万元，减少了约 58%成本投入。

3）减少各类矛盾升级事件带来的损失。由重事后处理向事前联动处置转变，解决各部门间职责不清等问题，提高政府处置效能和服务水平，减少各类矛盾事件造成的经济损失。节省约 30%治理成本，年节约近 2600 万元。

4）应用与底层能力解耦降低智慧应用建设成本。该项目成果给完成单位带来的近三年经济收益达 5500 万元。可以给项目实施所在地区带来 3 亿～4 亿元的衍生项目经济效益，通过该项目复用对本行业的智慧化进程推进有重大意义。

相信随着示范范围及项目数量的不断推广扩大，其社会效益及经济效益将会进一步呈现，可创造可衡量的价值也将会十分客观，相信可以持续“用科技守护绿水青山”为行业作出贡献。

3.6.11　生活污水原位提标扩容分配式垂向环流深度脱氮除磷技术

1. 项目简介

城市污水排放量增多以及低碳氮比的水质特点导致传统脱氮除磷工艺难以满足日益严格的排放标准。但当前应用较为广泛的诸如 MSBR 等工艺已很难适应我国目前的污水水质特征（低 C/N 比），无法解决传统脱氮除磷工艺中的固有矛盾。

该项目从长沙市开福污水处理厂 20 万 m^3/d MSBR 处理系统提标扩容需求出发，基于反硝化除磷原理和 MSBR 工艺运营数据及运行经验（从 2009 年至今），综合 DPAO 原理优势和 MSBR 集约化工厂优势，运用流体力学原理、硝化回流液和污泥回流液 DO 差异、对流传质技术，开发了一种经济、高效、集约、可持续发展的资源回收型污水处理工艺——生活污水原位提标扩容分配式垂向环流深度脱氮除磷技术。

2. 主要技术内容

（1）创新点

1）技术研发了“分配式垂向环流厌氧/缺氧-卷式填料挂膜好氧-吹脱消氧-沉淀”强化反硝化除磷新工艺。

2）构建了基于硝化液回流和污泥回流的工艺系统，在无物理分区条件下实现了厌氧/缺氧交替环境的高效传质和反硝化脱氮除磷的目的。

3）构建了基于特殊悬浮生物载体填料的泥膜复合反应系统，通过卷式基体—高效成膜技术、载体过滤拦截技术，提高了低 C/N 污水的有机污染物、总氮、总磷的去除效率。

4）构建了梯级布气垂向环流协同填料拦截和吹扫相结合的工艺系统，通过分槽曝气—斜坡环流技术降低了回流消化液中溶解氧含量，提高了反硝化碳源利用率。

（2）应用推广情况

该工艺已成功应用于长沙市开福污水处理厂 25 万 m^3/d 的提标扩建工程，出水水质指标稳定达到《湖南省城镇污水厂主要水污染物排放标准》一级标准。与常规工艺比较，该工艺占地节约 25%、综合处理成本下降约 10%，实现了污泥减量、减碳与运行成本降低，经济、社会与环境效益显著，应用前景广阔（注：目前国外大规模反硝化除磷应用案例为荷兰 Holton 污水处理厂，采用 BCFS 工艺，日平均处理量为 8500m^3/d）。

（3）社会效益和经济效益情况

该技术的实际应用情况显示，工程改造完成全部投产后规模达到 25 万 m^3/d，工程每年减排 COD 23725.00t；减排 TN 1642.50t；减排氨氮 2053.13t；减排 TP 428.88t；环境效益显著。与采取常规后置反硝化滤池相比，每年节约碳源（以 25% 乙酸钠计，2000 元/t）18786.76t，单项节约处理成本约 3757.35 万元，减排二氧化碳 5040.36t，经济效益显著。经过专家科技成果评价，认为该工艺技术可推广应用于城镇污水处理厂，该工艺占地面积较少、产泥量低、生物除磷效率高，经济、社会与环境效益显著。

3.6.12 城镇洪涝精细模拟与防控协同技术及应用

1. 项目简介

洪涝防控是重大民生工程，对城镇的可持续和高质量发展至关重要。国务院办公厅、住房城乡建设部办公厅等相继发布多项意见、通知和行动计划，要求系统建设城市排水防涝工程体系和加快构建城市防洪排涝统筹体系。项目组依托广东省交通规划设计研究院集团股份有限公司、广东工业大学等单位，通过从基础研究、技术开发到工程应用的系统化研究和全链条攻关，从精细化防控措施耦合模拟方法、人工智能 AI 管道缺陷检测技术和灾害防控协同统筹优化三项关键技术开展系统研究工作，取得重大突破，实现了城镇洪涝精细模拟与防控协同技术的突破和应用。

2. 主要技术内容

(1) 创新点

1）基于精细化竖向水文水动力模拟的洪涝预测方法：采用地理空间信息提取分析算法，构建精细化空域水文表征模型，提升地表空域拓扑形态和水文表征描述的精确度。同时，构建竖向水动力耦合仿真模拟技术，对城市管网系统和排涝措施进行多维空间的联合和联合交互模拟，为排涝除险措施的风险和效能评估提供科学支撑。

2）基于生成对抗网络、语义分割和迁移学习的管道缺陷识别和健康度评价方法：构建基于生成式对抗网络的高分辨率管道缺陷图像生成器，提升深度学习模型的训练效果。应用语义分割技术实现管道缺陷的自动化像素级识别和分割。通过几何特征提取算法自动评估缺陷类型和严重程度，结合迁移学习提高模型的适应性和泛化能力。该技术使得缺陷的识别精度和缺陷定位准确度大幅提升，同时显著降低检测评估的计算成本。

3）适应性路径下排涝除险的综合战略协同统筹优化决策：提出了一个集成了综合模糊评估法、多目标优化算法和水动力计算引擎的城市洪涝防控统筹协同规划系统平台，优化了排涝除险措施的规划和布局。通过优先度评价模型、决策变量和目标函数的制定，该平台能够根据不同的防控需求和效益目标，优化多类型、多维度的调控措施，实现空间布局、组合策略和效益指标的最优化，有效降低了与单项措施相比的联合防控系统建设成本。

(2) 应用推广情况

该项目已在多个重点工程项目中得到应用，在过去三年中创造了超过 16 亿元的直接经济效益，并产出了包括高被引论文、地方标准、发明专利和软件著作权在内的 20 多项重要成果，有效降低洪涝对人民生命财产的影响，带来了显著的社会和经济效益，并为经济社会的持续健康发展提供了坚实的支持。

(3) 社会效益和经济效益情况

内涝防治是一项系统工程，要求我们在规划、建设和管理等环节强化防灾意识，完善城市排水系统，提高治理能力。该项目研究成果有效提升城市的内涝防治水平和全面提升城市安全保障水平，已成功应用多个重点项目，支持其获得中国水利工程优质（大禹）奖等奖项，产生了良好的社会价值。应用项目运行稳定高效，有效保护城市设施，减少经济损失，支持可持续发展。

3.7 中国水协科学技术成果鉴定

科学技术成果鉴定是指中国水协聘请技术、经济专家，按照规定的形式和程序，对科学技术成果进行审查和评价，并作出相应的结论。科学技术成果鉴定是评价科学技术成果质量和水平的方法之一，对加速城镇水务行业科学技术成果转化具有重要作用。

2024年中国水协共组织开展了7项科学成果鉴定，其中2项因保密需要暂不公开，其他5项科学成果鉴定见表3-44。

2024年度中国水协科学技术成果鉴定项目名单 **表3-44**

序号	项目名称	主要完成单位	主要完成人
1	巢湖流域城镇污水处理厂污染物总量减排关键技术与应用	合肥市排水管理办公室、北京市市政工程设计研究总院有限公司、北京工业大学、合肥王小郢污水处理有限公司	高守有、袁良松、彭永臻、徐超、曾薇、张传利、黄鸥、冯凯、刘雷斌、雷雨晴
2	饮用水中天然有机物的水质风险及去除关键技术应用	中国科学院生态环境研究中心、北京理工大学、浙江联池水务设备股份有限公司	俞文正、徐磊、苏兆阳、邢波波、刘婷、池万清
3	饮用水超滤净化工艺膜污染控制关键技术及应用	广州大学、哈尔滨工业大学、北京林业大学、江苏诺莱智慧水务装备有限公司、中建安装集团有限公司、北京市自来水集团有限责任公司、东北农业大学、中国电建集团华东勘测设计研究院有限公司	瞿芳术、曲丹、李圭白、韩梅、公维佳、刘福建、陈杰、黄璁、余华荣、施林伟、杨海洋、许峥
4	供水系统数字化智能化关键技术研发与应用	河北建投水务投资有限公司、清华大学、河北雄安睿天科技有限公司	牛豫海、张自力、刘书明、张娟、田志民、张增烁、张静、王建超、苏鹏、陈司晗、吴雪、刘思宇
5	污水处理厂人工智能运营体技术及应用	红杉天枰科技集团有限公司、哈尔滨跃渊环保智能装备有限责任公司	朴依彤、陈超、李晓伟、管振国、朱金龙、穆瑞珉、李杰、何健鑫、于宁、蔡一杰、李云超、郝国鑫、郭玉亭、刘佳鑫、段金龙、王苗苗、孙骁、闵海燕、曹永创、丁一、王宇、贾艳涛、陈志强、王溢、李越

3.7.1 巢湖流域城镇污水处理厂污染物总量减排关键技术与应用

1. 项目简介

巢湖流域城镇污水处理厂污染物总量减排关键技术与应用以水体污染控制与治理

科技重大专项、国家高技术研究发展计划、国家自然科学基金项目等多个科研项目为依托，围绕城镇污水处理厂尾水排放经由河道最终汇入巢湖造成的巢湖水体污染物累积效应、并引发巢湖水环境问题，创新研发工程化内碳源高效利用低耗氮磷去除技术、二级处理尾水氮磷深度去除工艺与控制技术，率先构建了污水处理厂高排放标准限值体系，并创新系统推行污水处理厂基于月均值和多指标联控出水的创新评价模式，形成了可推广可复制的污水处理"巢湖模式"，引领我国城镇污水高排放标准技术不断发展。

2. 主要技术内容

（1）创新点

1）创新研发工程化内碳源高效利用低耗氮磷去除技术

在生物池中设置功能可调整的调节段、延长缺氧池停留时间，回流污泥前设置消氧脱气区，采用兼具反硝化功能的过滤工艺，采用工程溶解氧综合管控技术，系统构建工程化内碳源高效利用实现低耗深度氮磷去除技术。相比符合国家标准的出水，主要污染物削减总量提高40%以上，实现电耗较全国平均水平降低6%。

2）创新研发二级处理尾水氮磷深度去除工艺与控制技术

采用现场实际污水处理厂二级出水、处理规模超过500m^3/d，试验周期超过一年的中试试验与研究并经过工程示范验证，系统形成反硝化过滤工艺为核心的污水处理厂尾水氮磷深度去除工艺与控制技术。

3）率先构建污水处理厂高排放标准限值体系

结合巢湖流域污水处理厂进水水质特征及污染物减排目标，通过基础研究以及中试试验验证，构建污水处理厂高排放标准限值体系，国内率先提出高排放标准限值体系，其中 TP$\leqslant$0.3mg/L，$COD_{Cr}\leqslant$30mg/L，NH_3-N$\leqslant$1.5mg/L，TN$\leqslant$5mg/L。

4）创新系统构建污水处理厂基于月均值和多指标联控出水的评价模式

国内首创对于出水指标进行月均值考核体系和多指标分级联控出水、对优于考核标准的出水进行奖励等，构建基于全生命周期理念实现环境保护和投资最大化的创新污水处理厂评价模式。

（2）应用情况

本技术示范工程"合肥王小郢污水处理厂提标改造及除臭降噪工程"实现主要出水指标优于地表水Ⅲ类水标准，其中TN出水多年平均值达到4.1mg/L，并稳定运行超过 8 年，技术指导巢湖流域地方标准出台及后续流域内 30 余座、总规模超过 400 万 m^3/d 的污水处理厂项目建设，提升本流域内污水处理厂建设运行水平，为巢湖水环境根本性改善作出重要贡献，多年来实现 COD、总氮、总磷分别累计减排 11.11 万 t、5.557 万 t、0.217 万 t，巢湖水环境质量持续好转，彰显安徽省在生态文明建设和巢湖保护过程中作出的突出成绩。

（3）经济、社会效益

该技术成功投入运行推动流域地方排放标准颁布，助力巢湖综合治理，经过多年不懈努力，巢湖流域河流及巢湖水环境不断恶化的局面得到了根本扭转，流域水环境持续显著改善。

本技术在全国各地推广应用，推动污水处理行业基本规范标准适应性调整，促进了我国污水处理行业技术进步，起到了良好示范引领作用。

3.7.2 饮用水中天然有机物的水质风险及多级去除关键技术应用

该项目已获得 2024 年度中国水协科学技术奖二等奖，具体内容详见 3.6.9 节。

3.7.3 饮用水超滤净化工艺膜污染控制关键技术及应用

1. 项目背景

饮用水安全是国家安全战略与生态文明建设的重要内容与核心基础。超滤技术是保障饮用水水质安全的关键技术，可在高效截留颗粒污染物和部分截留天然有机物的基础上，截留细菌和病毒，根本性解决饮用水微生物风险。以超滤为核心的第三代水处理工艺已经被水处理行业广泛认同和采纳应用，在国家饮用水安全保障方面发挥了重要作用。膜污染问题是超滤净水工艺推广应用的瓶颈，显著增加运行能耗和化学清洗频率。此外，超滤膜污染还可能带来工艺设计复杂化、运行维护工作量增加、专业技术力量要求高等难题，制约了饮用水超滤净化工艺的推广应用。因此，饮用水超滤工艺膜污染机理与控制研究对国家饮用水安全保障具有重要意义。

2. 主要技术内容

（1）创新点

创新点 1：开发了超滤净水工艺膜污染原位识别解析关键技术。开发了基于前表面荧光的膜污染物原位识别技术，构建了膜污染机理动态解析模型，提出了基于高维相关光谱的膜污染解析预测方法，形成了“污染物监测 - 污染机理识别 - 污染特性预测”的完整膜污染原位识别解析技术体系，实现了超滤膜污染监测从溶液样品到固体样品、从定性分析到定量解析、从离线检测到原位识别、从需要预处理到直接观测的多维技术突破。

创新点 2：攻克了基于典型污染物适配的超滤膜污染控制系列关键技术。研发了超滤膜污染预氧化控制技术，揭示了污染物负荷削减与特性调控耦合的膜污染控制原理；研发了滤饼层强化截留的超滤膜污染控制技术，同步实现污染物强化去除与不可逆膜污染控制；研发了超滤适度反冲洗技术，通过优化超滤系统内污染物沉积路径大幅降低超滤运行费用。形成了“膜前-膜中-膜后”的多层次膜污染控制技术体系，完善了面向典型膜污染物的膜污染控制方法，推动了超滤净水工艺的工程应用，支撑了国内膜法水处理技术首部行业标准《城镇给水膜处理技术规程》CJJ/T 251—2017。

创新点 3：创建了典型水源水质条件下低污染超滤净水工艺。针对优质水源、微污染水源、高藻水源、突发污染等典型水源情况，构建了短流程超滤、常规工艺-超滤、预氧化强化混凝-超滤、适度预氧化-超滤以及超滤-纳滤等工艺，灵活应用适度反冲洗以及运行优化等技术，形成了面向复杂水源水质的超滤净水工艺体系。

（2）应用情况

该项目关键技术在山东省、广东省、福建省、浙江省、黑龙江省、河北省、海南省完成中试论证或示范应用 14 项，累计工程规模 68 万 m^3/d，覆盖黄河下游、珠三角和长三角等区域典型水源水质特征。

（3）经济效益与社会效益情况

项目总投资额 1.78 亿元，近三年新增利润为 6092 万元，新增税收为 3253 万元，节支总额 333.2 万元。该项目关键技术保障了水厂周边区域人民的身体健康安全，改善了人们的生活质量，提升了人民的幸福感。该技术的应用，助推了膜技术在相关试验研究及工程中应用，加快了最新科研成果转换，增强水处理产品及核心技术的自主创新能力，提升新产品的产出效率。

3.7.4　供水系统数字化智能化关键技术研发与应用

该项目已获得 2024 年度中国水协科学技术奖二等奖，具体内容详见 3.6.8 节。

3.7.5 污水处理厂人工智能运营体技术及应用

1. 项目简介

污水处理厂“人工智能运营体”采用生成式人工智能＋机器人技术，完成全工艺过程指标的及时、准确检测，并通过数据清洗等技术手段，实现数据资产化整合，在AI平台层通过LibraAI水务大模型调用水质预测、智适应投加、智适应曝气、智能工单等智能单体，形成了从工艺全过程水质检测——水质预测——工艺管控智能决策——调整方案复核——智能控制——迭代优化，全链条的具身智能整体技术架构，最终实现人工智能技术在水务行业的新质生产力释放。

2. 主要技术内容

（1）创新点

1）基于生成式人工智能技术的污水人工智能运营体

系统充分挖掘数据资产资料，利用LibraAI大模型的技术性能，经过通用知识、私有知识训练和使用过程的迭代学习，建立一个“人工智能运营体”，模块化的实现精准检测、水质预测、智适应投药、智适应曝气、智适应污泥回流及排泥、多系统运行负荷优化、辅助工艺应急及专家决策、合规风险评价、办公辅助、数据统计分析、“碳汇”核算等一系列人工智能单体功能模块，各个功能模块在LibraAI大模型的架构下可以实现智能调用。

2）基于精准检测获取的行业有效大数据，搭建水质智能预测系统

基于大数据与TFT-LSTM神经网络算法，构建了水质智能预测系统，可精准预测水质指标。该系统为工艺优化、预警和药剂投加提供可靠数据参考，提升运营效率与水质达标率。

3）基于最优目标追踪的碳源精准投加技术

采用国标化验室与在线仪表互验推送数据，利用神经网络建模预测最佳碳源投加量。在双重控制保障下，实现自动补偿分配与优化运行策略，确保出水指标稳定，提升出水水质。

4）应用机器人＋人工智能技术，自动生成最优检测方案，实现了替代人工进行多指标集中检测

在智能国标化验室中，创新性应用机器人与人工智能技术，构建柔性学习型平台，实现多水样、多指标的高效精准检测。该装备具备高复杂环境耐受性，可根据用

户需求自定义检测方案，提升便捷性与检测效率。

（2）应用推广

截至2023年底，“人工智能运营体”已服务行业用户55家，范围覆盖黑龙江、吉林、辽宁、内蒙古、浙江、江苏、广东、福建、江西等省份的30多个地市，100余套工艺系统。2024年以来，在国家新质生产力政策的支持下蓬勃发展，以做“深入推进水务产业数字化的践行者和水务企业数智化创新发展的使能者”为己任，推动传统水务企业向高端化、智能化、绿色化转型发展。

（3）社会效益与经济效益

1）安全性：“人工智能运营体”中全工艺过程连续检测系统完成实时、连续、全过程的工艺检测，生成式人工智能技术实现及时发现和预测工艺风险，并智能处理工艺问题，确保水质达标与工艺稳定。

2）溯源性：该系统能针对各工艺重要控制点位进行多频次检测，迅速定位冲击点并追踪工艺恢复状态，为工艺调整与优化提供支持，提升应急响应与恢复能力。

3）经济性：全过程连续检测系统通过多水样、多指标并行检测，大幅降低了在线仪表和传感器的安装成本及维护成本；同时“人工智能运营体”中的智适应药剂投加、智适应曝气等模块根据各污水处理系统的工艺特点，实现针对性“减污、增效、降耗”，为污水处理过程控制提供了智能化手段。

3.8　中国水协典型工程项目案例

2024年，中国水协遴选出15项典型工程项目，见表3-45，具体项目介绍如下。

2024年中国水协典型工程项目案例名单　　表3-45

<table>
<tr><th>序号</th><th>项目名称</th><th colspan="2">建设单位及项目负责人</th><th colspan="2">设计单位及负责人</th><th colspan="2">施工单位及负责人</th><th colspan="2">运行单位及负责人</th></tr>
<tr><td rowspan="3">1</td><td rowspan="3">重庆唐家沱污水处理厂工程项目</td><td>重庆市排水有限公司</td><td>李理</td><td rowspan="3">中国市政工程中南设计研究总院有限公司</td><td rowspan="3">杨远东、杨书平</td><td>中国建筑第七工程局有限公司</td><td>高游</td><td rowspan="3">重庆中法唐家沱污水处理有限公司</td><td rowspan="3">冉隆松</td></tr>
<tr><td>重庆碧水源建设项目管理有限责任公司</td><td>曾庆武</td><td>中国建筑第七工程局有限公司</td><td>贺海</td></tr>
<tr><td>重庆中法唐家沱污水处理有限公司</td><td>王世安</td><td>广州市第一市政工程有限公司</td><td>方维</td></tr>
</table>

续表

序号	项目名称	建设单位及项目负责人		设计单位及负责人		施工单位及负责人		运行单位及负责人	
2	杭州闲林水厂一期、二期工程项目	杭州市水务集团有限公司	张磊	浙江省城乡规划设计研究院	周鑫根	杭州市路桥集团股份有限公司	俞海杰	杭州市水务集团有限公司	蒋宏林
						杭州市市政工程集团有限公司	方建良		
3	上海泰和污水处理厂工程项目	上海城投水务工程项目管理有限公司	凌兴安	上海市政工程设计研究总院（集团）有限公司	陈秀成	上海市机械施工集团有限公司	富鸣	上海城投污水处理有限公司	任毅
						上海建工四建集团有限公司	柳国栋		
4	重庆悦来水厂工程项目	重庆中法水务投资有限公司	程骥	中国市政工程中南设计研究总院有限公司	李伟国	中国建筑第七工程局有限公司	郭建军	重庆中法供水有限公司	唐玉才
						贵州建工集团第七建筑工程有限责任公司	吴开国		
						中冶建工集团有限公司	程先云		
5	常熟应急水源地生态系统修复综合管理项目	江苏中法水务股份有限公司	王勇庆	中国科学院水生生物研究所	李为	江苏中法水务股份有限公司	周裔煊	江苏中法水务股份有限公司	施学峰
6	埃塞俄比亚至吉布提跨境供水工程项目	National Water and Sanitation Office of Djibouti（吉布提国家水利和卫生局）	Nachoian Ahmed	浙江省城乡规划设计研究院	赵萍、怀肖清	中地海外集团有限公司	孙见琼	中地海外水务有限公司	周青钦
						中地海外水务有限公司	余文杰		
7	武汉黄孝河机场河水环境综合治理二期工程项目	中建武汉黄孝河机场河水环境综合治理建设运营有限公司	张诗雄	中国市政工程中南设计研究总院有限公司	张碧波、张文胜	中建三局集团有限公司	孙志强	中建武汉黄孝河机场河水环境综合治理建设运营有限公司	张诗雄

续表

序号	项目名称	建设单位及项目负责人		设计单位及负责人		施工单位及负责人		运行单位及负责人	
8	西安国家民用航天产业基地第一净水厂工程项目	西安航天城市政公用发展有限公司	张磊	中国市政工程中南设计研究总院有限公司	刘继先	西安市政道桥建设集团有限公司	郭兆丰	西安航天城水环境有限公司	王聪
9	长沙圭塘河井塘段城市"双修"及海绵城市建设示范公园工程项目	长沙市中建圭塘河建设开发有限责任公司	陈静	Wasser Hannover GmbH (德国汉诺威水有限公司)	王润	中国建筑第五工程局有限公司	饶志光	中建五局城市运营管理有限公司	陈静
				长沙市规划勘测设计研究院	蒋祺				
10	北京高碑店再生水厂工程项目	北京城市排水集团有限责任公司	葛勇涛	北京北排水务设计研究院有限公司	刘立超	北京北排装备产业有限公司	高琼	北京城市排水集团有限责任公司通惠河流域分公司	葛勇涛
11	北京槐房再生水厂污泥处理中心工程项目	北京城市排水集团有限责任公司	张文超	北京市市政工程设计研究总院有限公司	温爱东	北京城建集团有限责任公司	刘奎生	槐房再生水厂	郭俊温
12	武汉江夏污水处理厂工程项目	中信清水入江(武汉)投资建设有限公司	万斌	中国市政工程中南设计研究总院有限公司	李璐	中交第二航务工程局有限公司	万飞明	中信清水入江(武汉)投资建设有限公司	刘赛
13	广州沥滘净水厂三期工程项目	广州市净水有限公司	孙伟	广州市市政工程设计研究总院有限公司	王广华	中铁上海工程局集团有限公司	刘雪平	广州市净水有限公司	孙伟
14	深圳坪山河干流综合整治及水质提升工程项目	深圳市坪山区水务局	李伟群	中国市政工程西北设计研究院有限公司	奚晓伟	中国建筑股份有限公司	马永志	深圳市坪山区水务管理中心	曹丰林

续表

序号	项目名称	建设单位及项目负责人		设计单位及负责人		施工单位及负责人		运行单位及负责人	
15	杭州余杭塘河流域水环境综合治理PPP工程项目	北控(杭州)环境工程有限公司	顾朝光	上海市政工程设计研究总院(集团)有限公司	张亮	中铁四局集团有限公司	刘勃	北控(杭州)环境工程有限公司	顾朝光

3.8.1 重庆唐家沱污水处理厂工程项目

1. 项目基本情况

唐家沱污水处理厂是重庆中心城区北区（长江、江陵江以北地区）最大的污水处理厂（图3-29），有效收集、处理北区的污水，提升整个北区的污水处理系统韧性，并通过工艺优化、资源能源充分利用、智慧化运营管理等手段，实现污水处理厂安全、高效、绿色、低碳运行。

图3-29　唐家沱污水处理厂

该项目包括二期工程（30万m^3/d）、三期工程（10万m^3/d）和提标改造工程（40万m^3/d）。服务范围为重庆中心城区北区，服务面积约113km^2，服务人口约115万人。

污水系统建设内容为一座40万m^3/d的污水处理厂，主要单元包括前处理、初沉池、A-AAO生物池、二沉池、中间提升泵房、高效沉淀池、均质石英砂滤池、接触消毒池，以及鼓风机房、反冲洗泵房、加氯加药间等辅助生产建筑。出水执行一级A标准。还建有尾水发电系统，利用尾水势能发电，并入全厂用电。

污泥系统建设内容为40万m^3/d污水处理厂配套的全流程污泥处理单元，主要单元包括重力浓缩池、气浮浓缩池、均质池、消化池、离心脱水车间、干化车间，以及消化系统配套的沼气处理及利用系统，干化车间处理规模320t/d，处理后的污泥含水率降至10%以下。

2. 技术先进性

(1) 较短的生物池停留时间实现高效运行

一般污水处理厂生物池停留时间较长，多在16h左右。该项目设置缺氧曝气转换区，灵活应对不同工况。二期生物池总停留时间11.5h，三期12.9h。在进水水质、水量远超设计值的条件下，仍能保证稳定达标排放。

(2) 不同性质污泥全过程处理，沼气利用实现资源化

根据不同性质污泥的特性，采用不同的浓缩工艺，初沉、化学污泥重力浓缩，剩余污泥气浮浓缩，实现最优的浓缩效果。浓缩后的污泥充分混合，再进入中温厌氧消化（图3-30），消化后的污泥离心脱水，再经过两段式干化，干化后外运。消化产生的沼气可代替天然气为消化、干化单元提供能源，节能效果显著。

图3-30　污泥消化池

(3) 两段式热干化工艺热能回收

采用两段式热干化技术，第一段薄层干燥污泥蒸发所产生的蒸汽，经换热器回收

用于第二阶段带式干燥加热，可节省30%～40%的能量。

（4）一张图全厂集中控制

建立全厂全要素实时监测监控体系，从进水到出水，从数据到画面，全维度展示污水处理厂生产运行情况。生产区域全部PLC平台整合，形成全厂统一的可视化监控平台，实现了全厂中心控制室远程调度。

（5）数字双胞胎建设，实现污水处理厂运行仿真模拟

建立数学仿真决策支持系统，不但可以预警预测水质信息，还可以优化工艺，为企业节能增效。建立精准离线模型，使模拟出水结果和实际运行出水结果相吻合，充分保障了污水处理厂安全运行。

（6）关键环节精细化智能管控

建立了精准曝气、智能加药等多个智能子系统，精准曝气系统实现了生物池的自动运行，节电18%以上，智能加药系统较设计之初节药50%以上。

（7）搅拌器精细化控制

生物池潜水搅拌器优化节能控制系统平台，实现搅拌器根据进水工况实时调整运行和自控设备的精细化运管。优化后实际运行总功率比优化前降低5%以上。通过自动调节实现日节电2246kWh。

（8）智能巡检，保障工艺平稳运行

建立设施、设备、资产的电子化档案管理模块，利用数字化技术将视频监控系统与工艺处理系统结合，实现线上智能巡检模式，减少人力并增强了可靠性。

（9）尾水发电系统

利用出水水面与长江之间的落差，设置尾水电站，充分利用尾水势能。

3. 运行成效

项目工艺方案可靠性高，结合智慧化的运行管理，能有效应对冲击负荷。近五年来，污水处理厂实际每年平均处理水量39万～45万m^3/d，每年的最高日处理量均接近或达到60万m^3/d。在进水水质远高于一般城市生活污水、处理水量超过设计处理能力的条件下，仍能稳定达标排放，部分指标甚至稳定达到地表水Ⅳ类水标准，为保护长江水环境提供了一道安全屏障。

污泥系统运行稳定。污泥分质浓缩效果较好，浓缩后含水率均能降到96%左右。厌氧消化-热干化组合工艺，可充分实现污泥减量化与资源化，较脱水污泥减量约72%，有效减轻了污泥外运处置负担；日均产沼气约1.0万m^3，为消化和干化单元

提供热源，有效减少天然气用量。尾水发电系统运行稳定，年发电量约500万kWh，年节省电费约350万元。

此外，本项目采用智能加药系统，节省药剂量高达50%；采用精准曝气污水处理厂引入精准曝气系统后，节电效率约为18%；该项目利用CFD软件对生物池进行流场分析，持续优化搅拌器运行，通过自动调节实现日节电2246kWh；厂内广泛使用再生水作为道路冲洗、绿化浇洒、除臭喷淋、设备冲洗、冷却等用水，日均节省自来水量超过1万m^3。

3.8.2　杭州闲林水厂一期、二期工程项目

1. 项目基本情况

杭州闲林水厂是为千岛湖配水工程配套的唯一新建水厂（图3-31），总规模为60万m^3/d，全部采用千岛湖原水。本项目合理利用厂址高程和原水水位，全重力自流供水，节能效果明显。出水全面符合《生活饮用水卫生标准》GB 5749—2022和《浙江省现代化水厂评价标准》的出厂水水质要求，浊度指标稳定小于0.1NTU。

图3-31　杭州闲林水厂

该水厂位于闲林镇南侧，闲祝线以东，留和路交叉口东北，洞山村南部的山地。项目征地红线面积约25万m^2。水厂制水工艺为“预处理＋加强常规处理＋深度处理预留”。一、二期工程水厂建安费为6.7亿元。一、二期工程同步建成。

2017年6月水厂通过验收、投入运行，由于水质优良，节能高效，闲林水厂试运行供水就达到40万m^3/d，随后一直接近满负荷60万m^3/d供水。通过本工程的建

设，将“农夫山泉”直接供应至杭州主城“城西”“城北”以及余杭区等区域的千家万户，保障了城西科创大走廊区域及余杭部分区域夏季高峰用水，供水服务人口占杭州主城区近三分之一。

杭州闲林水厂建成后，成为杭州首座山地、重力流水厂，也是杭州市主城区最大规模水厂，使杭州城市供水格局步入新时代。

2. 技术先进性

选址合理，重力自流节能高效。项目设计组通过多次现场踏勘，大胆提出了洞山村南部的山地厂址方案。使厂址的安全性、环境协调性、经济性、建设便利性方面得到较好满足，特别是土石方量减少到约 240 万 m^3，使得闲林水厂项目建设得以落地。同时，该厂址合理利用了厂址高程和千岛湖原水的水位，借助地势的“高差”，水厂进出水均采用了重力自流的方式，与传统平地水厂相比能源消耗大大降低。

设计科学，山地水厂技术对策有效。该项目设计手段科学，通过采取高程选择对策、总图布置对策、综合管线布置对策、结构优化对策、边坡治理对策等，确定了厂区合理高程，不仅减少征地面积 3.35hm^2，减少净土方量约 43 万 m^3，同时满足了水厂自流供水水压要求。为减少水厂占地，还采用地下综合管廊对水厂地下管线进行集中布置。并利用 BIM 技术对土石方量进行精确计算、对综合管线进行检查和复核，避免各种“错、碰、漏”的出现。另外，还对边坡进行绿化设计从而达到修复的效果，做到与周边自然生态环境协调一致。

水质优良，工艺先进生态环保。针对闲林水厂以千岛湖水为水源、闲林水库为应急备用水源的特点，水厂工艺为“预处理＋加强常规处理＋深度处理预留”（图 3-32）。自投运以来，出厂水水质合格率 100％，全面符合《生活饮用水卫生标准》GB 5749—2022 和《浙江省现代化水厂评价标准》的出厂水水质要求。同时制水过程中产生的污泥水通过排泥水处理系统进行回收处理，实现安全环保零排放。

数智赋能，推动“低碳”发展。该项目确定了以科技力量全方位赋能生产运行、设备管理、智慧安防目标。通过采集各类数据进行大数据分析，应用人工智能技术，实现了生产、运行、调度、水质等全过程的智能管理。数智化、少人化成为闲林水厂的“金字招牌”。

3. 运行成效

闲林水厂设计规模占杭州市水厂规模近四分之一，实际供水服务人口约 200 万人，占杭州主城区近三分之一。该工程建成运行以来，水厂平均电耗 15kWh/kt，不足其他

图 3-32　闲林水厂和闲林水库

水厂的 15%，单位药剂成本仅 0.03 元/t，成为真正的绿色低碳水厂。目前闲林水厂一直接近满负荷运行，为形成杭州市现代化低碳高效供水格局奠定基础。闲林水厂是杭州市第一座山地水厂，更是一座名副其实的“节能、高效、环保”的现代化水厂，各项指标在全国水厂中名列前茅。闲林水厂填补了国内现代化大型山地水厂的空白。

3.8.3　上海泰和污水处理厂工程项目

1. 项目基本情况

泰和污水处理厂位于上海市宝山区，是上海市落实党中央“长江大保护”和国务院“水十条”的重大举措，是上海市重大工程、民生工程。也是目前国内规模最大的全流程全地下式污水处理厂，以及国内水、泥、气、声综合标准最高的污水处理厂工程（图 3-33）。

泰和污水处理厂服务于上海中心城区的石洞口片区，服务面积 145km^2，服务人口 130 万人。污水处理厂工程规模 40 万 m^3/d，部分设施按照远期 60 万 m^3/d 规模一次建成。工程内容包括新建泰和污水处理厂、新建 1.8km 的 *DN*3000 进厂管道以及一座有效容积 15 万 m^3 的系统调蓄池。污水处理厂污水处理采取初沉池＋多段 AAO 生物反应池＋矩形周进周出二沉池＋高效沉淀池＋反硝化深床滤池的组合工艺，设计出水水质执行地表水准Ⅳ类水标准。污泥处理采用低温真空脱水干化工艺，脱水干化至含水率 40%后外运处理处置；臭气处理采用离子送风＋生物滴滤＋改良式生物过滤＋活性炭吸附的组合式除臭工艺，尾气排放优于《城镇污水处理厂污染物排放标准》GB 18918—2002 一级标准。

图 3-33　泰和污水处理厂

2. 技术先进性

国内首创采用“污泥全地下一体化浓缩脱水干化及全封闭转运集成技术”，实现了对传统“多级输送机提升+污泥仓+污泥车”污泥输送转运方式的技术突破（图 3-34）。该集成技术采用“全封闭料箱+平车转盘+升降平台+拉臂车”的污泥自动转运系统，相比于传统模式，既避免了污泥转运过程中的泄露和臭气外溢，也规避了输送级数多、故障率高、系统稳定性差的缺陷，提高了系统运行的安全性和稳定性。达到国际领先水平。

图 3-34　污泥全地下一体化浓缩脱水干化及全封闭转运系统

国内首次将地下污水处理厂设计与厂网联动调度做了系统研究。通过对系统不同运行工况的模拟研究，提出了厂网联动调度的系统方案，并在泰和厂的设计中考虑了调蓄池溢流、进水闸门调控等措施，确保了泰和地下污水处理厂的运行安全和整个系统的运行稳定。

首次采用绿化用地（G1）和市政用地（U3）上下叠置的复合用地建设形式，并采用9m超大水深生物反应池、采用高效节地的矩形周进周出二沉池、集约化布置等节地技术和手段，最大限度地节约用地。该工程污水处理厂单位水量用地指标0.37m^2/（m^3·d），远低于国家标准。单位水量电耗指标0.45kWh/（m^3·d），均处于国内先进水平。

是目前上海市面积最大的“逆作法”单体深基坑，利用一体化箱体结构的顶板、中板两层楼板作为基坑水平支撑体系，避免了常规的临时支撑废弃工程量，真正做到了绿色、安全设计。

顺应“中国制造2025”及“智慧水务”发展趋势，该工程中创新性地综合应用高精度室内定位、移动互联、物联网、大数据、云计算等多种先进信息化技术，实现了从项目设计、建设到运营的全生命周期BIM应用，成功打造了工艺流程数字化、控制系统智能化、管理决策智慧化、少人管理、安全低碳的智慧化污水处理厂。该工程获评“双百跨越2021～2022年度智慧管控标杆污水处理厂、信息化集成标杆污水处理厂”。依托该项目完成的“基于数字化的大型地下式污水处理厂提质增效及智能管控关键技术”达到国际领先水平。

3. 运行成效

泰和污水处理厂工程于2016年8月立项，于2020年8月完成竣工验收。建成后的泰和污水处理厂对解决石洞口片区的污水出路、缓解宝山区污水系统的运行压力和风险发挥了重要作用。每年达标处理污水1.46亿m^3，削减COD排放量52560t、削减总氮排放量6570t、削减总磷排放量759t。满足了城市发展带来的污水处理出路的需要，并为处理城市初期雨水、解决面源污染创造了条件。

3.8.4 重庆悦来水厂工程项目

1. 项目基本情况

悦来水厂目前已建规模为80万m^3/d，总投资约22亿元。作为重庆市规模最大、工艺流程最为完备的水厂（图3-35），悦来水厂集成了常规处理、深度处理以及泥沙处理等多项功能，其多样化的制水工艺尤其适用于嘉陵江原水浊度变化较大的特点。水厂供水范围覆盖重庆市渝北区、江北区及两江新区三大行政区，作为重庆三北地区核心城区的供水主体，悦来水厂承担着为面积达 275km² 的区域提供稳定供水的关键任务，服务人口众多，高达 260 万人。其供水高程范围广泛，覆盖从 240～530m 不等的多个高程，全程历经五级提升。悦来水厂凭借其大规模、高扬程的复杂供水系统设计，已成为国内山地城市供水领域的杰出典范。

图 3-35　悦来水厂

悦来水厂工程包括取水设施，净水设施、深度处理设施、排泥水设施。取水设施包括 2 座钢制水下取水头部，总取水能力 120 万 m^3/d，圆形深井取水泵房 2 座，一期取水泵房取水规模 40 万 m^3/d，取水泵房直径 22.5m，泵房地下埋深 49m，二期取水泵房取水规模 80 万 m^3/d，取水泵房直径 30m，泵房地下埋深 52m，取水泵房直径和埋深在国内首屈一指。水厂一、二期净水工艺为格栅配水井、斜管预沉池、高密度沉淀池、V 型砂滤池、臭氧接触池、活性炭滤池以及次氯酸钠消毒的全流程净水组合工艺。水厂三期工艺为格栅配水井、折板絮凝平流沉淀池、V 型砂滤池、臭氧接触池、活性炭滤池以及次氯酸钠消毒，不同净水工艺为水厂在处理复杂季节性高浊低浊水源时提供了不同的可靠选择。悦来水厂为确保应对潜在突发污染事件的准备充分，特设立了原水粉末活性炭应急投加系统，保障广大民众的饮用水安全与健康。出厂水浊度控制在 0.2NTU 以下，COD_{Mn} 稳定在 1.8mg/L 以内，铝含量限制在 0.1mg/L 以内。悦来水厂出厂水质的优良，凸显了制水工艺对原水条件的强大适应性及其卓越的处理效果。

2. 技术先进性

(1) 全流程大型水厂应对复杂季节性原水变化的典范

水厂的水源主要源自嘉陵江，其水质呈现出显著的季节性变化特征。冬季水温较低且浊度较低（低于 10NTU），而夏季浊度显著升高［最高浊度（NTU）过万 NTU］。这种季节性水质变化对净水工艺提出了严峻挑战。悦来水厂通过采用常规强化与深度处理相结合的工艺，成功应对了冬季低浊和夏季高浊的水源处理需求，确保了出水指标符合要求。

(2) 山地城市特大型水厂建设的标杆

针对山地城市特大型水厂所面临的高挖方、高填方、高边坡等设计挑战，悦来水厂进行了深入分析并妥善解决（图 3-36）。鉴于山地城市地形复杂多变、用地地块形态不规则，水厂的建设充分考虑了地形、地质条件、周边环境及工艺流程的实际需求。通过精心策划的场平标高设计和地基处理设计，在确保近远期土石方平衡、优化造价的同时，成功保障了基础及边坡的安全稳定性。水厂总图布局顺应原有坡地的地形，采取南北、东西双坡向的高程设计，以降低边坡挡墙工程的投资。构筑物均采用矩形池型，进出水设施采用渠道连通的布局方式，以实现紧凑、节约用地的目的，从而使建筑物尽可能布置在开挖区，少数开挖深度较大的构筑物则布置在填方区，进而实现了地基处理的优化设计。

图 3-36　悦来水厂取水深井

（3）绿色低碳，智慧先进的水厂工艺的典范

水厂广泛采用低碳环保的工艺技术，开展智慧水务、生产废水回用，降低能耗、药耗、劳动定员，实现数字化呈现、智能化控制、智慧化决策、资源循环利用。水厂建设贯彻海绵城市设计理念，将景观设计和海绵设计相结合，增加了屋顶绿化、下凹式绿地、雨水花园等景观亮点。

（4）树立了高扬程大跨度供水系统的行业典范

鉴于其服务区域广泛且地势高差显著的特点，水厂供水高程涵盖 240～530m，充分满足了广袤地域的供水需求。在供水过程中，悦来水厂采用了先进的五级提升系统，确保从取水至供水的全流程高效、安全。基于地形高度和水压的实际需求，水厂对管网供水系统实施了精细化的压力分区管理策略，旨在降低供水能耗，有效防范管道压力超出安全范围，并严格控制管网漏损现象，从而确保供水服务的稳定、可靠。

3. 运行成效

（1）水质保障管理成效

嘉陵江原水浊度变化幅度大，高密度沉淀池是需要精细控制的工艺。利用大量历史数据及实验数据，建立 CHEMboard 智能加药系统，对不同原水水质和流量条件下进行科学、准确、最优化投加化学药剂，优化排泥量和回流泥量，提高高密池高效运行能力。V 型滤池是使用厚层的均质砂过滤的工艺，通过“阻塞补偿”法控制恒定流量及恒定水位。悦来水厂将精细化管理的思路运用于生产运行中，通过不断调整反冲洗程序、跟踪滤池运行状态，将滤池运行周期从 12h 延长至 48h，在保障滤后水水质的前提下提高滤池运行效率。

（2）智慧化泵站管理成效

悦来水厂管理 2 个取水泵站、2 个出厂水泵站，6 个管网加压泵站。通过升级改造，各泵站已达到对外部需求实时感知、提前预判，保证服务质量和供水安全的要求，实现少人值守，提高自动化水平，降低设备及管理成本，达到减员增效的目的。高低压配电柜安装无线测温安全装置并 24h 监控传输数据，有效控制配电柜的安全风险，保证设备稳定运行的持续性，避免了直接减产或停产带来的经济损失，有着预防性的警示提醒作用，能够减少因温度异常导致的设备故障，从而引发出电气火灾等，以及带来的直接经济损失。保障供电可靠性，提高精细化管理。在重点用能设备和各工艺单元安装流量、电量及压力等仪器仪表，满足生产数据集中采集分析和能源管理要求。将数据接入生产监控系统，提高生产运行和调度精细化管理水平。通过实时数

据监测，优化机组效率，精准预测各级泵站需水量优化调度方案及机组搭配方案，有效降低电耗，提高生产运行和调度精细化管理水平。

（3）长距离、多级减压安全供水联动成效

由于地形原因，悦来输水管线需先加压、再减压，与不同压力等级管网并网运行。供水公司技术团队设计出一套“长距离、多级减压安全供水联动系统”。在管道多处安装自制减压装置、整流器，该设备结构简单可靠、成本低。通过自己设计控制程序，建立了悦来水厂南输减压控制系统，完美的解决了各减压组与现状水厂、泵站、水池的匹配，实现了各减压组的联动及控制。

（4）智能安防管理成效

利用先进的计算机技术、物联网技术、生物识别技术相结合，达成智能安防新管控。水厂按照反恐重点单位管理要求，整合厂周界、视频、防盗系统平台，实现周界和监控全覆盖，重要区域授权进出。管理平台与企业各监测系统、门禁系统、人员管理等系统通过接口对接，实现数据和信息协同。利用互联网技术，实现安全大数据管理。

（5）技术经济指标

用地指标：水厂现状总规模 80 万 m^3/d，征地面积 23.6hm^2，单位用地指标 0.295m^2/m^3。水厂电耗：水厂各泵站配水单耗保持在 330～350kWh/（km^3·MPa），泵站效率高于 80%。水厂药耗：聚合氯化铝（PAC）平均投加量 8mg/L。消毒：有效氯平均投加量 2mg/L。

3.8.5　常熟应急水源地生态系统修复综合管理项目

1. 项目基本情况

为有效应对长江原水突发性水污染事件对城市供水安全带来的不利影响，常熟市政府投资建设了常熟应急水源地，该水源地位于长江常熟碧溪街道浒浦区域，占地面积 98.27hm^2，有效库容 561 万 m^3，于 2016 年 4 月正式投入使用（图 3-37）。

由于该水源地为新建湖库型水源地，在启用之初就遇到了“生态系统结构简单、生物多样性单一、水生植物分布少、夏季藻华严重、水体呈异味”等严重水生态问题，给安全应急供水带来较大的风险挑战，为积极应对湖库水生态面临的短板和不足，江苏中法水务股份有限公司提出了系统修复、生态为先的治水理念，联合中国科学院水生生物研究所实施了常熟应急水源地水生态系统修复提升工作，主要开展以下

图 3-37　常熟应急水源地

五方面的工作：

（1）开展水环境、底质环境和水生生物资源调查、问题诊断及跟踪评估工作，为水源地生态系统结构调整提供科学依据。

（2）实施鱼类群落结构优化调整工作，提升水源地饵料资源的转化利用效率，同时为沉水植物群落的恢复重建提供基础保证。

（3）开展沉水植物群落构建工作，优化水源地沉水植物群落结构和功能，增加沉水植物群落的多样性与稳定性，提升水体营养盐的吸收利用效率和自净能力。

（4）做好水生态综合管理工作，包括沉水植物收割打捞，鱼类定向放养与定向移除、病害鱼类管理、生态环境定时监测等。

（5）加强日常运行管理，包括精细化的引排水，智能化的安全管控，数据化的运维分析等，建立水生态风险预警系统，不断优化运行方案，保障生态系统修复项目的可持续性。

经过多年的生态系统修复和综合管理，成功打造了一个“水岸优美、水质清澈、鱼草共生、人水和谐”的美丽湖库，极大提升了常熟供水的可靠性和安全性。

2. 技术先进性

本项目积极践行生态治水新理念，研发新技术，开发智慧化管控举措等，确保水生态相关修复技术在国内外同类项目中具有一定的先进性和领先性，主要体现在以下三方面。

（1）践行“集约、智能、绿色、低碳”的系统治水理念

该项目研发的“鱼草协同联合调控”生态修复技术不仅可以优化鱼类群落结构和提升鱼类生态价值，还能改善沉水植物生长环境，实现了鱼类和沉水植物资源的集约利用；建立的“水动力-水质-生物资源耦合的 Bathtub 模型”，实现了应急水源地健康供水的智能化管理；倡导“绿色环保、生态优先”理念，通过鱼草协同联合调控，重建了覆盖面积超 20％的水下“绿色森林”系统，既提升了水生态系统自净能力，同时也对大水面温室气体的减排具有积极的促进作用。

（2）提出“鱼草联合调控修复浅水湖泊生态系统”的自然修复技术

该项目基于对现有湖泊生物修复实践中普遍出现的沉水植物恢复效果不佳的实际，分析并提出了由于在实施环节忽视了鱼类对沉水植物定植和生长的影响因素导致修复效果不佳的问题症结，从而创新性提出“鱼草联合调控修复浅水湖泊生态系统”的方法，经验证表明该技术具备“科学可行、适用性强、湖泊生态修复效果显著”等特点。

该技术提出了在重建沉水植物群落之前，先要探明水体中鱼类群落结构现状，基于鱼类群落结构特征，确定鱼类群落结构优化调整的技术策略，确保鱼类群落不会对水草的定植、成活和生长造成不利影响，还能为沉水植物群落的快速恢复提供良好的环境条件，同时又能提高湖泊中饵料资源的转化利用效率，整体提升湖泊生态系统的完整性、稳定性和健康程度。

（3）建立“基于先进工业技术＋数字化信息手段”的智慧化运维系统

该项目采用先进的传感技术和远程监控系统，实时监测水库水量、水质理化特征等参数，及时评估对水源地生态系统的影响，从而优化调整管理措施。同时采用先进的工程施工技术，在提高工程质量和效率的同时，有效减少施工对生态系统的干扰。

建立了 1 套水库智能运维系统，该系统涵盖了 5 个智能子系统，包括“生产工艺监控系统、设备管理系统、设备巡检系统、水库安全巡检系统、生产报表数据系统”。同时通过大数据分析和人工智能技术，对水库生态系统的数据进行深度挖掘，并建立风险预警系统，提前识别和应对可能出现的问题，不断优化运行方案，保障生态系统修复项目的可持续性。

3. 运行成效

基于常熟应急水源地生态系统修复综合管理项目的有效实施，应急水源地水体由先前的轻度富营养水平稳步转变为中营养水平，各项水质指标得到明显改善，取得了

显著的生态和经济效益（图 3-38），主要体现在以下四方面。

图 3-38 常熟应急水源地水生植物

（1）沉水植物：实现了从无到有的良好转变，覆盖度从 2017 年的 0.2%提升至 2021 年的 20.8%，生物量从 2017 年的 5.0g/m^2 提升至 2023 年的 2108.9g/m^2；沉水植物多样性也逐年提升，目前轮叶黑藻、金鱼藻、穗状狐尾藻、苦草等形成了较为稳定的种群。

（2）水质：整体水质得到明显提升，其中总氮、氨氮、高锰酸盐指数等指标显著下降；水体透明度显著升高，由 2017 的 69cm 提升至 2021 年的 333cm；2-甲基异莰醇（2-MIB）含量由 2017 年的 89.3ng/L 下降至 2021 年的 2.8ng/L。

（3）浮游植物：水体生物量显著降低，由 2017 年的 11.88mg/L 下降至 2021 年的 0.58mg/L；叶绿素 a 含量由 2017 年的 24.77μg/L 下降至 2021 年的 9.62μg/L。同时藻类组成也发生显著改善，蓝藻比例明显下降，蓝藻水华得到根本消除。

（4）生态和经济效益：通过生态捕获大个体鲢、鳙既可移除带走水体的营养盐，净化水质，还可以实现一定的渔业效益。2019 年和 2021 年应急水库定量捕捞的鲢和鳙可贮存（移除）氮 4965kg、磷 1077.9kg，同时实现渔业效益约 162.7 万元；同时基于完善的水生态系统功能，并运用 Bathtub 模型不断优化引排水方案，2018 年翻水量 4092 万 m^3、电费 133 万元，2021 年翻水量 2811 万 m^3、电费 89 万元，有效降低了项目运营成本。

3.8.6　埃塞俄比亚至吉布提跨境供水工程项目

1. 项目基本情况

吉布提地处非洲东北部亚丁湾西岸，与埃塞俄比亚毗邻，常年干旱少雨，年降雨量不足150mm，年蒸发量却有2300mm，是世界上极度缺水的国家之一。

该工程原水采用地下水，取自埃塞俄比亚库伦河谷区域，输配水管道总长度约375km，横穿埃塞俄比亚东部严重干旱地区，经消毒处理后，依次为吉布提的阿里萨比地区、迪基尔地区、阿尔塔地区以及吉布提市供水。供水能力10万m^3/d，受益人口约75万人，解决吉布提约65%以上人口的饮水问题。

工程建设内容包括水源地28口取水深井，钻井深度最深超过600m；库伦泵站和艾迪加拉泵站两座增压泵站（图3-39）；1座5000m^3高位水池，4座2000～3000m^3中间断压水池，1座80000m^3终端蓄水池（图3-40）；长度245km的*DN*1200～*DN*1600输水干管，其中约205km为全重力自流输水；以及130km配水管道等，设计供水规模10万m^3/d。

图3-39　增压泵站

2. 技术先进性

该项目技术先进性包括以下四个方面：

（1）超高压输水管道创新设计方法

该项目输水干管总长245km，其中压力流管道约40km，重力流管道约205km。压力流需要提升的地势高差约260m，设计采用两级加压泵站，每一级的水泵扬程控制在180m以内，每一段的管道设计工作压力基本控制在2.0MPa以内。重力流输水

图 3-40　终端蓄水池

干管总高差达到 801m（8.01MPa），属于超高压输水系统，基于对管线沿途地形的充分分析，利用自然地形设置 4 座中间水池，对输水系统进行合理断压，使管道工作压力基本控制在 2.5MPa 以内。同时通过管道水力计算模型优化压力分级，合理设计不同管径的管道组合，在保障供水安全性条件下实现工程的可达性和经济性。

（2）野外无电力资源环境下系统控制解决方案

该项目输水干管横穿埃塞俄比亚东部至吉布提，沿线地广人稀，地形复杂，电力设施建设落后，无可供使用的电力资源，因此管道阀门采用水力控制阀而非电动阀，基于水力变化实现自动调节。

对于远程数据采集、监视与控制等必须的低功率用电设备，采用太阳能＋蓄电池供电，实现了全程自动化信息化实时管控。

（3）长距离重力流水锤防护解决方案

项目中全重力流输水管道约 205km，采用专用软件构建水锤分析模型进行设计计算，对事故停泵、关阀、小流量运行等不同工况进行水锤模拟分析，基于本系统水锤成因，设计调流阀站，采用了主阀和副阀并联联动控制，延长关阀时间，有效避免关阀水锤。并对长距离重力流输水的流量和压力进行实时监测。实现输水系统限流、调节、跟踪保护。

（4）高温、沙尘暴高发地区泵站设计创新

针对项目所在地区极端地表气温超过50℃、沙尘暴频发等恶劣自然环境，在泵站建筑设计时采用烟道式通风口＋防尘网的形式避免沙尘暴对室内设备的影响；同时根据设备的不同散热和工作环境的要求利用空调和机械通风设备对室内进行分区通风和温度管控；室外暴露设备选型均考虑防尘和高温运行要求。

3. 运行成效

该项目工程总投资3.39亿美元，其中95％（约3.22亿美元）由中国进出口银行贷款，5％（约0.17亿美元）由吉布提政府自己提供，通过经济分析，平均水价为1.117美元/m^3。

项目于2017年6月建成通水，经受住了频繁间歇启动、不同流量运行、外部电力突然断联、极端气候等多重考验，已安全稳定运行至今。

项目的设计建设采用中国标准、技术和产品，实现中国技术走向国外，赢得了非洲人民的信任和赞誉。项目建设标准符合中国规范和标准并达到欧盟相关标准，饮用水水质达到世界卫生组织（WHO）饮用水水质准则。成为中非“一带一路”合作的成功实践案例，为供水领域的“中国制造”在国际上赢得赞誉。

该项目是吉布提、埃塞俄比亚两国跨境资源的创新合作，更是“中国、吉布提、埃塞俄比亚”三国技术和友谊结合的成功案例，实现了互惠共赢。

3.8.7　武汉黄孝河机场河水环境综合治理二期工程项目

1. 项目基本情况

武汉市黄孝河、机场河水环境综合治理二期PPP项目位于武汉市中心城区，是湖北省首个收入全球基础设施中心（GIH）项目库的项目、武汉市“三湖三河”的重要组成部分。项目以改善黄孝河、机场河流域水环境、消除黑臭、提升水质为核心目标，建设内容包括排水工程、旱天截污工程、合流制溢流污染控制工程、生态补水工程、水生态修复工程、景观绿化工程、智慧水务工程7个大类20个子项，建成后服务汉口片区130km^2、近200万居民。

项目从系统性流域治理角度出发，结合污涝同治、河岸同治、水城同治治理理念，发挥政企合作优势，实现生态效益、经济效益与社会效益的最大化。从根源上解决了黄孝河、机场河黑臭问题，提升河道排涝能力、恢复明渠自净能力，打造生态廊道，还给城市居民“河畅、水清、岸绿、景美”的河道好风光，实现水环境治理的“多快好省”（图 3-41、图 3-42）。

图 3-41　黄孝河明渠（治理后）

图 3-42　机场河东、西渠（治理后）

2. 技术先进性

CSO 分隔式调蓄池及相关运行模式：该项目根据 CSO 进水水质波动，将调蓄池分为高、中、低浓度蓄水室，实现分质分区储存、消能布水、分级处理、稳流出水的功能，提高空间利用率，减少设备开启及维护次数，降低冲洗负荷和运维成本，同类设计处于国际领先地位。

高密度沉淀池快速启动装置：该项目研究设计一种高密度沉淀池的快速启动装置，该装置包括污泥泵、泥斗、总悬浮物在线监测装置及取水泵。能有效应对高密度沉淀池长时间/短时间不运行的情况，具有快速启动、水质稳定达标、投资费用低等特点，经验证，设备有效启动时间≤30min。

地下污水处理厂-精准加药系统：项目设计一种精确除磷加药系统，基于污水处理工艺的数学模拟及动态数学控制模型的智能污水自动加药系统，根据现场在线正磷酸盐仪表反馈数据、污水在线数据及除磷药剂数据，实时计算除磷投加量，同时与曝气系统进行联动，实现按需精确投加，有效节省药耗约10%。

地下污水处理厂-精准曝气系统：项目设计一种智能精确曝气控制系统，系统通过及时跟踪生物池在线DO、温度、压力、水量、进出水COD、氨氮、总磷等参数的变化，自动计算曝气量并对控制系统的模型做出及时的调整，合理调控、精细调节，保证其控制的精确性，经计算，有效节省电耗约10%。

地下污水处理厂-往复式膜箱系统：该项目采用往复式MBR工艺，采用机械扰动方式取代曝气扰动的方式，实现膜组器的往复运动，凭借膜丝之间的摩擦、水力剪切便可达到缓解膜丝表面污染的效果。曝气占MBR总能耗的50%（0.2～0.3kWh/m^3），采用往复式膜工艺，至少节约电耗10%。

流域智慧管控平台：项目搭建黄孝河机场河流域智慧管控平台，利用物联感知、GIS、模型在线模拟、大数据分析、云计算和人工智能等前沿技术，集成了流域内4个行政区、63座厂站闸门、2685km管网2000余个运行数据、309路监控视频信息的实时监控数据，并内置了全流域在线水文水动力水质模型，实现实时预测预警，是全国首个在线模拟的流域级智慧水务平台。

3. 运行成效

（1）环境品质显著提升

2019～2021年黄孝河机场河水质常年为地表水劣Ⅴ类，局部河段经常有黑臭现象。经过项目治理，2023年两河全年水质达到地表水Ⅴ类标准，黄孝河、机场河水环境治理案例作为湖北省唯一正面典型案例入选2023年国家长江经济带生态环境警示片，实现了下“黑榜”上“红榜”。特别是自2024年8月起，水质稳定在地表水Ⅳ类标准，并经常达到地表水Ⅲ类标准，真正实现了“河畅、水清、岸绿、景美”的建设愿景。

(2) 内涝防治效果显著

项目自2022年8月进入商业运行以来，经历降雨200余场，期间智慧水务中心出动管理人员560人次，发出调度指令2000余条，执行率100%。累计调度合流制污水5435.94万m^3，生活污水8961.70万m^3，使得两河的溢流频次由20～30次/年成功控制在10次/年以内，城市渍水情况基本消除，雨后明渠水质迅速恢复。

(3) 实现产、学、研、教多维一体化运营

项目依托铁路桥地下净化水厂、智慧水务平台，在项目上建立产、学、研教育基地和科普教育基地、生态环境宣传教育基地，为项目建设“增值赋能”，实现传统的污水处理厂运营模式向辐射周边产、学、研、教多维一体运营模式的转变，将治理成果与社区、学校共享，2023年、2024年共接待249场近6500余人调研。

3.8.8 西安国家民用航天产业基地第一净水厂工程项目

1. 项目基本情况

西安国家民用航天产业基地第一净水厂（一期）工程位于航天东路与少陵路东段十字东北角，是落实“西安航天基地‘十个航天’建设之‘水兴航天’建设”工作要求的重点项目。

该工程设计规模10万m^3/d，采用“AAO＋MBR＋臭氧氧化”工艺，出水标准执行《西安市城镇污水处理厂再生水化提标改造和加盖除臭工程三年行动方案(2018—2020年)》要求，达到准Ⅳ类水质标准。工程运行至今，出水水质稳定可靠。目前，高品质的再生水除对潏河进行生态补水外，还用于航天基地辖区工业生产、道路冲洗、绿化浇灌、景观补水等，使再生水得到了高效利用，大大节约了水资源的同时提升了环保效益，是航天基地探索城市基础设施建设与城市融合发展，实施西安新型水循环经济的重要环节。

项目开创性的以水生态循环公园及水质科普教育展厅为载体，拓展了工业旅游及研学教育实践的属性，致力打造研学领域“科技独角兽”，在凸显公共服务职能的基础上，积极向科普教学领域发展，从节能、环保、科普、劳动等方面开发研学教育，为各阶段学生、不同需求人士提供适合的研学课程及劳动实践活动，将节约意识转化为实际行动，提高了民众对水环境和水资源保护的认识，是航天产业基地极具特色的宜乐、宜游、宜学的社企共建绿色空间（图3-43）。

图 3-43　西安国家民用航天产业基地第一净水厂

2. 技术先进性

西安国家民用航天产业基地第一净水厂（一期）工程在建设理念、建设形式、运维模式的相关设计上均具有先进性与创新性。项目致力于构建“占地集约、工艺先进，一地多用，生态宜居”的城市资源循环利用基地，转“邻避”为“邻利”，地下为水质净化、资源循环利用——“净水园”，地面上为对公众免费开放的湿地公园——“生态园”，使得地块兼具市政属性及公园属性，对改善航天基地居民生活条件、节约水资源与土地资源及改善区域环境起到了重要作用。

（1）“人车分流的复合型交通体系”

将公园内部的停车位设置于地下空间，通过合理的竖向设计，将人流、车流、物流分布在不同的标高层，有效避免流线交叉带来的混乱和安全风险，同时也保证了净水厂运行的高效性。

（2）“藏身”湿地公园，“堆坡造型，变废为宝”

地上景观绿地设计与上部湿地公园统筹考虑，高度融合，以“亲子乐园”为主题，对地下箱体上部的功能性用房，进行了“隐蔽式装点”。将地下箱体开挖产生大量的土方与周边地形相结合，采用“堆坡造型”的手法，在箱体周边场地进行堆山造景处理，有效阻隔了外部道路对场地内的噪声影响，同时与箱体上部局部微地形围合出不同的景观空间。既消纳了部分土方，减少土方外运的成本，又丰富了园林景观要素，形成景观层次，达到加强景观艺术性和改善生态环境的目的（图 3-44）。

（3）“净水常安”——打造研学领域“科技独角兽”

项目以水生态循环公园及水质科普教育展厅为载体，拓展了工业旅游及研学教育实践的属性，以此实现“水质净化＋劳动教育＋科普展示＋科技探索＋户外拓展＋运动休闲”等功能。以“净水常安-水生态循环科技科普展”命名，其中“净水”强调

图 3-44　地下箱体

“净化”，从污水的无害化处理到净化循环利用，是科技应用的体现；“常安”谐音“长安”，强调水资源保护是可持续发展的重要组成部分，可以让生活和发展“常安”。项目在凸显公共服务职能的基础上，积极向科普教学领域发展；接待了多批大、中、小院校老师、学生到此开展研学教育及劳动实践教育活动，切实发挥了综合育人功能；还承担了航天产业基地市政亮点工程展示任务，作为招商推介、其他企业或单位互访参观的平台。

3. 运行成效

西安国家民用航天产业基地第一净水厂服务面积约 23.85km^2，服务总人口约为 24.02 万人，净水厂采用 AAO＋MBR＋臭氧氧化工艺，出水除对潏河进行生态补水外，还用于航天基地辖区工业生产、道路冲洗、绿化浇灌、景观补水等；每年 COD 减排量约 2258.56t、氨氮减排量约 251.55t。同时，作为航天基地独具特色的环保研学基地，自建成至今，“净水常安”科普展馆已累计接待研学人员 8000 余人，在建设生态西安、推动绿色发展的工作中，净水厂贡献了理念创新、科技引领、生态宜居的高质量发展新思维和新实践。

3.8.9　长沙圭塘河井塘段城市“双修”及海绵城市建设示范公园工程项目

1. 项目基本情况

圭塘河井塘段城市“双修”及海绵城市建设示范公园是在长 2.3km，设计区域面积约 33hm^2 的圭塘河河道及两侧以打造的最强“海绵体”，引进德国治水技术，打造元素丰富的滨河公园，融入人文展示、非遗传承、体育运动、民宿休闲、异国风情等元素，展示雨花记忆，成为雨花市民的精神花园（图 3-45）。项目整合了河道治理，城市设计，景观设计，水处理设计，海绵城市等多专业融合过程中出现的各种矛盾和冲突，在确保防洪安全的前提下，最大限度进行空间设计，采用全新的洪水管理理念，合理确定淹没范围，增加行洪空间。项目旨在通过这种全新的治理理念和技术，打造全国示范性河道综合整治项目，为整个流域治理，提供可复制，可推广的治理经验。

图 3-45　圭塘河井塘公园全貌

通过截污治污、水处理设计、河道自然生态化改造、海绵城市、景观建设等系列措施，现已全面消除了圭塘河水体黑臭，晴天水质稳定保持在地表水Ⅲ类水质标准，实现水质达标目标。井塘海绵公园的建设完善了城区配套服务功能，不仅为市民提供了卫生间、商店、儿童游乐场、篮球场、停车场、跑步道、健身场、餐厅等设施，还建设了监控系统、防洪预警和水处理及水质监测一整套完整的智慧水务系统等，服务广大人民群众，增加市民的幸福指数。

2. 技术先进性

将全流域大海绵、局部小海绵、重塑自然生态河道、自控智慧水务四大领域有机结合为一个整体。其相较于之前的海绵城市设计，更加突出其综合性、系统性、创新性，将过去局部分散的点或线，聚成为全流域大海绵的一个面，局部小海绵的点线面设计因地制宜，各具特色，同时相互配合，协调统一。

全流域整体规划，通过建立流域水文、管网水力、河道防洪、水系水质四套数学模型，完备全流域水资源数据库，为精准治理提供数据支撑。将城市、河流、绿地等多元素融为一体，规划将圭塘河重塑为生态、文化、智慧、生命之河，展现了项目在河流治理中的系统性思考。

恢复自然河道将硬质“三面光”河道恢复到自然蜿蜒形态，增加了河道长度，设计生态岛、沉淀区、浅水湿地等，显著提升河道自净能力。打破城市与河道的隔阂，通过退城还河，打通城市与河道的连接，形成绿色空间与蓝色空间重叠的缓坡区域，充分利用土地资源（图 3-46）。

图 3-46　圭塘河井塘公园蓄水型生态滤池

大海绵＋小海绵系统，对原有 11 个大型排口进行改造，建设 6 座地下雨水溢流池和 9 座地表蓄水型生态滤池，大幅减少合流制溢流污染。在公园内设置雨水花园、生态植草沟、生态停车场等小海绵系统，增强源头减排能力，提高年径流总量控制率。

智慧水务创新将雨水溢流池、生态滤池等设备集中并入中央控制系统，实现全自动运行，为未来全河段乃至全流域的集中控制奠定基础。

在景观设计中融入丰富的本土文化，展现都市河漫滩特色，体现了项目在文化传承上的深度思考。不同水位设计不同植物，不同季节呈现不同景致，使得景观生态更加灵动多变。

圭塘海绵公园项目在规划理念、生态修复、海绵城市建设、智慧水务应用以及文化传承等方面均表现出显著的先进性，为城市生态治理提供了可借鉴的范例。

3. 运行成效

经过河道改造、退城还河，调蓄空间和行洪断面增加81.5%，加上海绵城市的调洪济枯、削峰补谷，既满足生态基流的需要，又降低洪水位，减少防洪压力。根据《长沙市中心城区海绵城市总体规划大纲》，年径流总量控制率75%，对应降雨量24.14mm，整个集水区950hm^2需调蓄水量为23万m^3，该工程设计范围内大海绵系统通过截污干管、地下调蓄池、地面生态滤池调蓄量约4万m^3，占集水区所需总调蓄量的17.4%；项目内小海绵系统增加调蓄体积5256.2m^3，使系统内年径流控制率达到85%；枯水期河道水深由0.15m增加到0.5m，满足生态基流流量，同时可满足小游船行驶。项目建设前，圭塘河是长沙的“龙须沟”，水质为劣Ⅴ类，项目建成后经过多点定期检测，都达到了地表水Ⅲ类水质标准，水质改善明显且稳定。COD直排入河量减少62%，TN直排入河量减少70.3%，TP直排入河量减少52%。而截流到污水处理厂的污染物比例分别由原来81%、88%、86%增加到92%、96%、93%。

项目结合工程与生态措施，有效减轻洪水对生态的影响，同时结合公园、风光带及人文景观建设，彻底改变了河岸旧貌，提升了城市品位。

3.8.10　北京高碑店再生水厂工程项目

1. 项目基本情况

高碑店再生水厂是北京市处理规模最大的城市污水处理厂，一期和二期工程分别于1993年和1999年正式运行，设计处理规模为100万m^3/d，占地68hm^2，总流域面积96.61km^2，服务人口约500万人，总处理工艺流程为“粗格栅＋中格栅＋进水泵房＋曝气沉砂池＋初沉池＋改良AAO生物池＋二沉池＋反硝化生物滤池＋超滤膜＋臭氧接触池＋紫外线消毒间”（图3-47）。该项目建设完成后，二沉出水TN稳定在20mg/L以下，大幅降低再生水处理单元反硝化滤池碳源投加量，再生水出水水质达到北京市《城镇污水处理厂水污染物排放标准》DB11/890—2012中新（改、扩）建城镇污水处理厂B标准要求，每年新增COD消减量11.83万t，总氮消减量1.04万t，总磷消减量0.14万t。高品质再生水广泛用于工业用水、景观绿化、市政杂用、河道补水，为通惠河治理和北京中心及东部城区水生态环境质量的提高作出突出贡献，为改善城市水环创造了显著的生态环境效益。

该工程项目内容：(1) 升级改造污水区工艺为AAO工艺：改造2组初沉池，分

图 3-47　高碑店再生水厂

别作为生物池的预缺氧池及厌氧池强化脱氮效能，并保留旁通侧流进水及原初沉池出水，为生物池增设多点碳源投加；(2) 新增深度处理工艺：深度处理工艺为“反硝化生物滤池＋超滤膜＋臭氧＋紫外”，确保出水水质达到《城镇污水处理厂水污染物排放标准》DB11/890—2012 中新（改、扩）建城镇污水处理厂 B 标准要求。(3) 水质精准达标优化管控：形成基于时间与工序的管控方案，优化抽升“削峰填谷”，增强配水“精细管控”，利用在线水质仪表监测数据，实时调控厌/缺/好氧池各功能单元。新增六大精准控制系统：精准除砂、精准排泥、精准曝气、精准除磷、精准脱氮、精准泥龄，充分挖掘和发挥生物脱氮除磷系统的潜力，高效实现节能降耗、提标增效的目标。

2. 技术先进性

该项目创新性地将初沉池改造为预缺氧池及厌氧池，百万吨级自主创新工艺改造成果得以实现成功应用，高效强化生物脱氮除磷过程，使二沉池出水 TN 稳定在 20mg/L 以下，确保再生水出水水质稳定达标。新增深度处理工艺为“反硝化生物滤池＋超滤膜＋臭氧＋紫外”，二沉池出水进入反硝化生物滤池自下向上流过滤层，利用原水中的有机物以及外加碳源（甲醇），进行反硝化脱氮；超滤膜系统有效过滤水中的微生物、悬浮物、有机物、颗粒物以及其他杂质等，实现对水质的净化和提升（图 3-48）；臭氧接触池用于进水与臭氧混合，进行氧化、脱色反应；利用紫外实现对再生水高效广谱性消毒，确保再生水卫生学指标稳定达标，出水水质达到《城镇污水处理厂水污染物排放标准》DB11/890—2012 中新（改、扩）建城镇污水处理厂 B 标准要求。

升级改造完毕后持续开展工艺运行优化，全过程进行精细化运行调控，配备了初

图 3-48　高碑店再生水厂超滤膜车间

沉精确排泥系统，确保初沉污泥以污泥浓度动态管控；配置了精确曝气除砂，依据水量精确曝气除砂；配置了精确曝气系统，执行鼓风机及曝气池末端 DO 的精准调控；配置了精确泥龄系统，实现污泥泥龄和 MLSS 的动态监管；形成基于在线硝氮、正磷酸盐、ORP 等监测数据，实现污水处理厂各功能单元的准确控制；搭建流域精细调水数学模型，实现流域水量经济调配。多维度全流程精确调控，可实现水质精准达标，相关优化措施均列入日常工艺调控序列，系统性完善了升级改造工艺相关影响因素，最大限度发挥升级改造工艺的潜力和效果，共获得相关专利 10 余项，为其在大型污水处理厂升级改造中进行推广复制提供实际案例支撑。

3. 运行成效

HERoS 工艺改造充分利用原有构筑物，未重复占地，改造过程中对生产影响很小，与原升级改造设计工艺相比，HERoS 工艺节约改造投资约 7.15 亿元，乙酸钠节约 25%，甲醇节约 23%；除磷药剂节约 20%；污水区电单耗降低 9%，节约运行成本 20%以上，每年节约运行电费 4000 余万元。

工艺改造完成后二级处理生物脱氮除磷效能得到明显提升。生物池增设预缺氧池，外回流污泥混合液 TN 可由 15～20mg/L 降至 2～3mg/L；生物池缺氧段增设内回流设施，生物池出水总氮降至 15mg/L 左右，生物脱氮能力大幅提高，2024 年再生水总氮在 6～14mg/L，区间控制率达 98.6%。每个系列增设 1 组厌氧池，90%原水经由初沉池后进入厌氧池，为生物释磷提供碳源，厌氧池具有明显的释磷效果，生物除磷功能显著。

升级改造完毕后持续开展工艺运行优化，引入精准控制系统对全过程进行精细化运行调控。精准曝气：三重精准曝气控制系统，溶解氧控制在设定值±0.2mg/L，减少每立方米水曝气电耗16%；精准除砂：高效智能沉砂提砂分砂精准除砂技术，出砂量提高3.8倍，≤0.2mm的细砂砾质量占比提高42倍；精准泥龄：基于污泥物料平衡的实时精准泥龄控制，污泥龄控制在设定值的±12%以内；精准除磷：基于生物/化学耦合效应自适应精准除磷，除磷药剂投配率下降20%，提高系统MLVSS/MLSS；精准脱氮：前后反馈和回流自适应精准脱氮，脱氮药剂投配率下降20%以上；精准排泥：实现初沉池高浓度排泥，初沉池泥位维持稳定，排泥浓度可稳定维持在20000～25000mg/L。

该项目内相关优化措施均列入日常工艺调控序列，系统性完善了升级改造工艺相关影响因素，最大限度发挥升级改造工艺的潜力和效果，为其在大型污水处理厂升级改造中进行推广复制提供实际案例支撑。

3.8.11 北京槐房再生水厂污泥处理中心工程项目

1. 项目基本情况

槐房再生水厂（图3-49）是落实北京市政府“加快污水处理和再生水利用设施建设三年行动方案（2013—2015年）”的建设项目之一，2013年10月提出立项，2016年10月投入试运行，规划服务流域面积约120km^2，旨在缓解北京市水环境污染和水资源短缺问题，提高污水资源化利用率，改善南城生态环境并进行凉水河治理。

图3-49 槐房再生水厂

槐房再生水厂是全亚洲设计处理规模最大的全地下MBR工艺再生水厂，地下为污水处理构筑物，地上为人工湿地公园景观。污水处理单元设计污水处理规模为60万m^3/d，主要构筑物为全地下设计，采用AAO＋MBR＋臭氧脱色＋紫外线消毒＋次氯酸钠补氯工艺，出水水质执行北京市《城镇污水处理厂水污染物排放标准》DB11/890—2012中B标准，主要用于工业用水、河道景观补水、市政杂用等方面。污泥处理单元设计处理规模为1220t/d（含水率80%），采用“预脱水＋热水解＋高级厌氧消化＋板框脱水＋厌氧氨氧化”工艺，实现了污泥的无害化、稳定化、减量化、资源化处理。经过处理后的污泥产品，富含有机质、N、P、K等营养元素及植物所必须各种微量元素，具有改良土壤结构，增加土壤肥力，促进作物生长，并增加林木绿期的生态作用，主要用于林地利用、园林绿化、矿山修复、土地改良等方面，实现100%土地利用。

2. 技术先进性

建成了亚洲最大的全地下MBR再生水处理厂，为首都城市发展提供了经济优质的重要水源，并实现了安全、生态、智慧水厂建设，推动了行业进步，对国内外全地下再生水厂规划、设计和施工等方面具有示范作用，具有显著的社会、经济和环境效益，2018年度荣获国际水协会全球项目创新奖金奖。

工程采用“北京市中心城区特大型全地下再生水厂现代化建造技术”“水工构筑物大面积滑动层施工技术”“超大型水工构筑物跳仓法施工技术”“大型建筑工程智慧建造与运维关键技术”等创新技术，以及“水工构筑物大面积滑动层施工工法”和“污水处理厂塑料管道粘接施工工法”两项省部级施工方法，总体达到国际先进水平，其中地下水厂绿色建造技术达到国际领先水平，对行业其他工程建设具有重要指导作用。工程先后荣获2016年度北京水利学会北京水务科学技术奖一等奖、2016年度北京市政工程行业协会市政基础设施结构“长城杯”金质奖、2017年度中国施工企业管理协会科学技术进步奖一等奖、2019年度北京工程勘察设计行业协会北京市优秀工程勘察设计奖一等奖、2019年度北京市政工程行业协会市政基础设施竣工“长城杯”金质奖、2019年度中国勘察设计协会行业优秀勘察设计奖“优秀市政公用工程设计”一等奖、2021年度第十八届中国土木工程詹天佑奖。

采用世界领先的热水解＋厌氧消化＋板框脱水污泥处理技术，厌氧消化时间减半，沼气产气率提高50%以上，实现污泥减量化、无害化、稳定化、资源化处理，污泥产品可用于林地抚育、沙漠化治理、矿山修复等方面，为污泥处理提供一条资源化可循环利用的绿色途径（图 3-50）。

图 3-50　高级厌氧消化池

板框脱水滤液将采用北京城市排水集团有限责任公司研发中心自有知识产权的 RENOCAR 厌氧氨氧化处理工艺，是新型生物脱氨技术，达到世界先进水平。与传统硝化反硝化技术相比，生产运行过程中不需额外投加碳源，运行电耗降低 60%，可实现 TN 去除率达 80%以上，减少温室气体排放量达 90%。

3. 运行成效

槐房再生水厂每年可生产污泥产品约 10 万 t，具有显著的社会、经济和环境效益。每吨污泥产品可替代有机肥 0.67t，实现土壤中有机质回收 35%、氮（以 N 计）回收 3%、磷（以 P_2O_5 计）回收 7%；每吨污泥产品可实现碳补偿约 0.6tCO_2，相较于传统卫生填埋可实现碳减排约 2.6tCO_2。

“十三五”期间，槐房再生水厂年产沼气量达 1600 万 m^3，作为燃料代替天然气约 1120 万 m^3，折合二氧化碳减排量约 3000t，占全厂总排放量的 5%。沼气发电项目投入运行后，全厂沼气产量的 60%可用于沼气发电，槐房再生水厂年沼气发电量将达到 1870 万 kWh，约占全厂总耗电量的 13%，折算成二氧化碳减排量约 1.47 万 t。污泥处理过程中，使用沼气作为蒸汽锅炉燃料，锅炉产生的热量与沼气发电系统余热用于热水解加热及厂区采暖，进一步降低能源消耗。

3.8.12　武汉江夏污水处理厂工程项目

1. 项目基本情况

为系统性解决江夏区水系统存在的水环境和水安全问题，促进区域经济社会可持续发展，经江夏区政府授权，武汉市江夏区水务和湖泊局联合社会资本方中信清水入江（武汉）投资建设有限公司于2015年10月正式实施江夏区清水入江PPP项目。该项目总投资约51.1亿元，共27个子项，采用系统性思维和厂网一体化模式建设和运维。目前，已实施的清水入江一期工程以污水处理大系统为主，着重解决污水处理能力不足的问题，实现区域污水全覆盖、全收集、全处理的目标；已实施的清水入江二期工程以防洪排涝系统建设为主，彻底解决纸坊城区内涝渍水频发的问题；已实施的清水入江三期工程以水环境综合治理为主，着力提升污水收集率及覆盖率，实现区域水环境保护。

江夏污水处理厂（一期）工程是清水入江一期工程中最核心的子项，该项目远期总规模45万m^3/d，其中一期工程建设规模15万m^3/d，总投资约3.7亿元，占地面积为约8.93hm^2，出水水质执行《城镇污水处理厂污染物排放标准》GB 18918—2002一级A标准（二期建成后执行一级A部分指标减半标准）。污水处理工艺采用“改良A/A/O+高效澄清池+纤维转盘滤池+次氯酸钠消毒”工艺；污泥处理处置工艺采用“重力浓缩+机械深度脱水+建材利用”方式，主要建设内容包含常规二级处理、深度处理、污泥深度脱水及除臭工程等（图3-51）。

图3-51　江夏污水处理厂（一期）工程全貌

2. 技术先进性

（1）全过程BIM技术应用：江夏污水处理厂（一期）工程项目是国内首个设计、施工、运维全过程应用了BIM技术的非地埋式污水处理厂，并自主研发了基于多源信息融合的智慧污水处理厂管控平台，整体技术达到行业国际先进水平。

（2）采用强夯地基处理设计：污水处理厂厂区地势起伏较大，总填方量约26万m^3，大面积为填方区域，采用强夯地基处理方式，大大节省了工程投资。

（3）开发运用智慧水务：为打造数字化、智慧化的运营管理平台，2020年江夏污水处理厂开始着力进行智慧水务平台的开发与应用。在污水处理厂节能降耗方面，智慧水务平台所特有的智慧曝气和智慧加药功能成效显著。智慧曝气较常规曝气节约电耗最多可达10%，智慧加药可实现比常规加药手段节省药剂成本约15%，极大节省运营成本。

（4）设计板条微孔曝气：为湖北省首个应用板条式橡胶膜微孔曝气器的污水处理厂，可将传统的直升式曝气状态变为气帘式回流混合曝气形态，曝气更充分，曝气效率提高20%左右。

（5）全覆盖光伏发电：厂区内可利用的建构筑物屋顶、池顶均铺设光伏发电，优先用于厂区供电系统，目前一期工程投入使用的总装机容量约2.7MW，年自发电量约283万kWh，约占厂区总电耗量的27%。二期光伏发电即将扩容至5.8MW，届时厂区清洁能源占比将达到45%以上（图3-52）。

图3-52　江夏污水处理厂光伏发电

（6）污水源热泵：综合楼空调及热水采用污水源热泵系统进行交换，平均每年节约电能约38095kWh，比传统方式节约电能约13%。

（7）再生水广泛回用：厂区设置再生水系统，广泛用于冲洗、加药、浇洒道路、绿化、洗车等，一期工程再生水回用规模达3000m^3/d。

（8）节能效果明显：充分利用进厂水头及厂区地形标高，厂内不设进水提升泵房及中间提升泵房，并实现尾水长距离自流排放，电耗仅 0.13kWh/m^3，达到行业领先水平。

3. 运行成效

江夏污水处理厂（一期）工程于 2017 年 7 月 28 日开工建设，2018 年 5 月 28 日通水试运行，2018 年 6 月 28 日成功实现达标排放，2018 年 9 月 28 日通过市环保部门批准，出水实时数据成功并网，且出水持续优于《城镇污水处理厂污染物排放标准》GB 18918—2002 中一级 A 排放标准。江夏污水处理厂（一期）投入使用后，彻底解决了江夏区原纸坊污水处理厂污水处理能力不足和尾水入汤逊湖问题，满足了中央环保督察整改要求，保护了区域水环境，为区域经济发展保驾护航。

从污染物削减上来看，江夏污水处理厂 COD 削减量约 7.78 万 t，氨氮削减量约 0.72 万 t，总磷削减量约 0.97 万 t，有效保护了区域水环境，切实践行长江大保护目标。因江夏污水处理厂在建设、运营过程中的突出成效，2022 年 12 月、2024 年 11 月分别获得全国“市政工程最高质量水平评价”、全国首批“绿色低碳标杆厂”等荣誉称号，具备典型的示范意义。

3.8.13　广州沥滘净水厂三期工程项目

1. 项目基本情况

广州沥滘净水厂位于广州新中轴线上，与广州海珠湿地生态相连，景观融合，被誉为广州南部的人工和自然“双绿肺”，占地面积约 29hm^2，污水处理规模 75 万 m^3/d，服务面积 115.5km^2，服务人口约 175 万人，服务范围包括海珠区（除洪德片区外）、番禺区大学城小谷围和黄埔区长洲岛等。沥滘净水厂一、二期为传统地上净水厂，三期为地埋式净水厂采用“地上建园、地下建厂”的模式（图 3-53）。

沥滘净水厂三期工程新建 25 万 m^3/d 的全地下污水处理设施，污水处理采用 AA/O＋V 型滤池处理工艺，消毒采用次氯酸钠消毒工艺，除臭采用微生物除臭工艺。污水处理工艺流程为：粗格栅及进水泵房→细格栅及旋流沉砂池→改良 AAO 生化池→矩形二沉池→V 型滤池及反冲洗废水池→接触消毒池→尾水提升泵房→出水，尾水排入珠江后航道。污泥干化采用的“离心脱水＋薄层干化”技术，所有干化后污泥统一送有资质单位进一步减量化、无害化和资源化处理。

图 3-53　沥滘净水厂三期

2. 技术先进性

绿色环保创新实践，奋力打造美丽中国建设“广州样板”。与海珠湿地相邻的沥滘净水厂，通过“平面组团”“空间叠加”等集约化布局，节地率达到 30%～50%，实现了土地资源的高效利用。厂区污水处理设施全部组团化设置在平均 17m 深的地下空间，全封闭运行，将臭气、噪声等邻避影响降至最低，地面建设生态湿地公园，成功化“邻避”为“邻利”“粗放”为“集约”“工厂”为“公园”“单一功能”为“综合效能”，为全国新型生态化污水处理设施建设提供了“广州样板”和“广州方案”。“地上建园、地下建厂”模式获人民日报、新华社等主流媒体报道，生态型地埋式净水厂先后接待多个国家和地区的政府人员、同行来访交流，成为世界看广州的“绿美窗口”。

水质管控精益求精，实现出水水质根本性好转。项目采用多点进水等先进工艺高效脱氨除磷；首创水质全过程精细化控制，形成过程预警诊断机制，实现对出水水质提前预警；采用“三级四线”水质管理，形成水质全流程检测模式，并深化在线监测系统闭环管理。沥滘净水厂出水水质达到《城镇污水处理厂污染物排放标准》GB 18918—2002 一级 A 及《地表水环境质量标准》GB 3838—2002 Ⅴ类标准要求，重点出水指标达到地表水Ⅲ类水标准。

创新赋能“智慧＋”，推动实现“双碳”目标。通过引入精准曝气、智能除磷加药，创新引进计算模型＋预测模型等一系列数字化、智能化措施，实现工艺智能化调控、碳排放实时监控，助力公司节能降耗、提质增效、减污降碳目标实现。其中鼓风机电耗、除磷剂、消毒剂药耗均有明显下降，通过实时监控碳排放、碳减排、碳足迹，沥滘净水厂三期碳减排比例优化至24%，实现碳减排量约8000t/a；建设智慧安防、水浸烟火AI监测，引入人脸识别、安全帽识别等多种智能化AI算法，全方位提高安全管控水平；通过AI监测，实时监控设备生产运行情况，实现从“被动维修”到“主动预防”的转变，以技术创新驱动生态建设高质量发展。

贯彻“无废城市”理念，推动城市绿色发展。沥滘净水厂高品质的再生水不仅源源不断流向海珠湿地水系，目前还广泛应用于绿化浇灌、道路清扫、施工降尘等市政建设维护、净水厂内绿化喷淋、营运生产等中。污泥处理处置实现减量化、无害化、稳定化，出厂干污泥通过热电厂、水泥厂的掺烧处置，无害化处置率达100%。污泥碳源回收，制成建材、园林基质土、陶瓷花盆等多个资源化产品，实现污泥变废为宝。

3. 运行成效

沥滘净水厂三期工程于2020年6月建成通水，为海珠区新增25万m^3/d的污水处理基础设施，扩大沥滘污水处理系统的处理能力，满足区域污水处理量增长的需要，改善城市区域环境条件，促进了广州市经济发展，具有显著的社会效益、环境效益和经济效益。

沥滘净水厂近5年（2020年1月～2024年11月），累计处理污水量超12亿m^3，减排量COD超25万t、总氮超2.4万t、总磷约3550t，对广州市和珠江流域的水环境质量改善起到重要作用（图3-54）。

图3-54 沥滘净水厂三期出水

3.8.14 深圳坪山河干流综合整治及水质提升工程项目

1. 项目基本情况

坪山河是淡水河一级支流，位于东江淡水河上游，属东江水源地。东江水质事关广东省和香港特别行政区4000多万人的饮水安全。十多年来，坪山河担负了过重的污染负荷，致使流域水质下降，生态恶化，已成为城市可持续发展的严重制约因素。深圳坪山河干流综合整治及水质提升工程是集治污、防洪、生态修复、海绵城市建设于一体的城市水系综合整治工程，是广东省《南粤水更清行动计划（2013—2020年）》中的重点民生工程，包括坪山河干流防洪整治工程、水质提升工程（截污管道、调蓄池、尾水提升泵站改造及补水管道、人工湿地）及景观生态修复工程。治理范围从坪山河三洲田水始，至下游深惠交接断面止，治理河道长度为19.2km，防洪保护人口为56.6万人，工程等别为Ⅱ等，规模为大（2）型，主要建筑物等级为2级，防洪标准为百年一遇（图3-55）。

图3-55 坪山河干流鸟瞰图——锦龙大道上游

主要工程内容概括为：防洪、截污、补水、景观、海绵设施5项线性工程；2座水质净化站；7座调蓄池；8块人工湿地和12处海绵设施工程。

（1）5项线性工程：全线的36.32km堤防工程、27.32km截污管道、6.26km补水管道、58.9hm^{2}景观绿化、12处海绵设施工程。

(2) 2座水质净化站：在河道上、中游各新建一座水质净化站，采用AAO+MBR工艺，处理规模均为2万m^3/d，与下游上洋污水处理厂形成均衡布局。由精准截污系统收集的污水，就近输送至水质净化站进行处理。

(3) 7座调蓄池：采用分散调蓄模式，在干流沿线及支流河口新建7座调蓄池，收集前30min污染负荷较高的初期雨水，总调蓄容积22万m^3。

(4) 8块人工湿地：沿河打造了占地37.98hm^2的八块人工湿地，深度处理上洋污水处理厂符合《城镇污水处理厂污染物排放标准》GB 18918—2002一级A标准的尾水，就地回补河道，均衡补充全河道生态水量，最高处理规模可达13.5万m^3/d。

(5) 12处海绵设施：干流中、下游纯雨水排放口，一部分改造为生态草沟，一部分采用海绵设施处置。新建海绵设施共12处，总面积3.25万m^2。

(6) 新建沿河线性游览道路系统，增设游览设施和现状桥体的美化、湿地水景营造、线性植物设计等。

2. 技术先进性

该项目遵循治污、防洪、生态修复+田园都市建设"3+1"治水思路，坚持"总体规划、单元治理、系统平衡"三大治理原则，创新了城市河网综合整治及水质提升低碳技术体系，研发了基于海绵城市河网的干流防洪排涝防渗技术、"精准截污、分散调蓄、分布处理、就近回用"河网水污染防治关键技术，综合解决了防洪、治污、水质提升、水资源循环利用、水生态重建和水文化构建等问题，高标准实现了城市河网流域综合治理目标，可为城市河网流域综合治理工程提供技术支撑，从而提升国内城市河网流域综合整治水平。

(1) 基于分布式的河网水质水量动态模拟系统，首创水质控制截污闸门，精准截流初期雨水，保证晴天污水不入河，雨天低浓度水不进厂。实现河道水质达标的同时，也同步保证污水处理厂进厂污水浓度。

(2) 创新性研发了一种用于生态河道堤防工程的中空六棱体生态防浪砌块技术。具有抗冲刷、稳固岸坡的特点，其空腔内部可栽植植物，并可抗倒伏，为鱼类、爬行动物、底栖生物等提供栖息庇护所，营造岸坡生物多样性较高的生态群落，为鸟类提供觅食、落脚场所。

(3) 净水附属设施"去工业化"建筑特征，南布水质净化站构筑物为全地下结构，地面上为一层办公管理空间，建筑形式与河岸对面的东部会展中心建筑遥相呼应，净化厂上部管理房与公共空间融合，还地于民，使地面空间与片区定位相契合。

(4) 首创全流域水务设施远程集中管控，构建智慧水务平台。

(5) 运用新型垂直流人工湿地创新优化湿地填料（粗砂、沸石、蚝壳、活性炭等材料），深度处理原有上洋污水处理厂符合《城镇污水处理厂污染物排放标准》GB 18918—2002 一级 A 标准的出水，达地表水Ⅳ类水标准后，就近回补河道，确保维持河道生态基流，实现水资源的再利用。

(6) 依托智慧管理平台，集中控制、精确定位、一体化管理的运营模式，采用“实时监视、智能调度、远程控制、运营管理、综合信息和大屏展示”等全方位信息手段，为精准截污、流域污染有序管控、上游和下游水质达标、防洪体系达标提供了保障和主动服务。

3. 运行成效

交付运营使用后，整体运维良好，坪山河上洋交接断面水质稳定达标，优于地表水Ⅳ类标准，河道全年平均水质达到地表水Ⅲ类标准，综合效益显著，河流水质实现全天候达标，其中断面水质优于地表水Ⅲ类标准的天数占比为 42%，广东省生态环境厅的交接断面考核超预期。根据智慧水务管理平台数据，截至 2022 年 3 月，七座调蓄池累计收集 650.13 万 m^3 初雨混流污水，人工湿地处理水量 8293 万 m^3，水质考核排名全市第一，确保了水源安全，促进大湾区水安全保障水平的提升，多次收到来自坪山区水务局的感谢信，并被写入坪山区政府工作报告。2022 年项目精彩亮相央视综合频道黄金时间段《大国基石》之《城市绿心》，当期节目收视率在同时段排名全国第三。如今的坪山河碧水潺潺、涟漪阵阵、鱼翔浅底、鹭莺纷飞，成为深圳东部的“生态长廊”。坪山河项目的实施，不仅提高了坪山河区域城市防洪减灾能力、改善了河道水质与生态环境，实现了河畅、水清、岸绿、景美，还树立全国河道流域综合整治的标杆，为保障断面水质达标作出贡献（图 3-56）。

3.8.15 杭州余杭塘河流域水环境综合治理 PPP 工程项目

1. 项目基本情况

余杭塘河流域水环境综合治理 PPP 项目位于浙江省杭州市余杭区，涉及区域范围 24.76km^2 内 22 条河道的综合整治工程，总投资规模达 23.5 亿元，包含 4 个子项，分别是余杭污水处理厂四期项目、余杭塘河（狮山路-绕城高速）河道整治工程、余杭塘河南片水系综合整治工程和余杭区凤凰山休闲公园景观工程，是浙江省最大最综合的水环境综合整治 PPP 项目之一（图 3-57）。

图 3-56　坪山河干流

图 3-57　余杭污水处理厂四期地上公园

治理目标最终使余杭塘河水质稳定达到地表水Ⅳ类标准，改善水环境，营造适宜的人居环境。项目从污染物来源及区域功能入手，对其进行全方位治理。基于现场详细调查和资料收集，采取多种手段消减进入河道的污染物总量。余杭污水处理厂四期项目设计总处理规模达 15 万 m^3/d，涉及出水为《城镇污水处理厂污染物排放标准》GB 18918—2002 一级 A+标准，实际出水达到浙江省准Ⅳ类水标准，提高了余杭区未来科技城区域污水处理能力；进行老城区管网改造，截污分流，初期雨水经分流井由管网进入污水处理厂，有效放置岸上污水溢流进入河道，整体提升了余杭塘河水质，恢复生物群落多样性，构建健康余杭塘河水系水生态系统，提升整片水系的自净能力。同时，打造亲水游步道与两岸绿化完美结合，营造一个良好的人与自然和谐相处的生态环境。

2. 技术先进性

工程新建一整套市政管网系统，包括1580m长的*DN*3000主调蓄管道，调蓄容积10600m^3，管道埋深9～10m。*DN*3000管径的管道在杭州地区较少，在不占用土地指标的同时极大地增加了污水调蓄能力，近期作为溢流污水（CSO）调蓄设施使用，远期作为初期雨水调蓄设施使用。

工程建设采用了自主研发的厂网河一体智慧化管控平台和水务数字双胞胎控制平台，并融合运用物联网、大数据、GIS、BIM、AR、模型分析、在线仿真等多项技术。建设相关设施设备约500台套，创新性使用无人船技术监测河道情况。实现了余杭塘河流域河道水质水量实时监控与风险预警，智能巡河网格化运维系统、结合模型模拟的辅助决策系统以及公众舆情监督反馈等智慧化推广功能，实现水质运行稳定、成本优化、管理高效的效果。

引进河道雨污混流排口新型原位低成本处理系统，该系统较传统一体化污水处理设施不占用地，投资少；拆装方便，行洪影响小；同步实现生物清淤，无需淤泥处置；无需大功率风机曝气，运行费用低。创新性利用珍珠蚌，依托河蚌天然净水能力，净水清淤的同时产生珍珠、蚌肉等附加价值。

余杭污水处理厂四期项目采用“全地下双层加盖”建设形式，通过土地复合利用，植入治水互补功能，采用“地下污水处理＋地上环保主题公园”一体化开发、分层呈现的形式，“邻避”场地变为沉浸式“邻利”体验生态公园，实现垂直空间承载治水多场景和污水处理设施“0”占地。

余杭项目污水处理核心工艺采用“AAO＋MBR”，污泥处理采用“储泥池＋离心浓缩脱水”工艺，短流程污水处理工艺大大节约了生产空间，生产区域占地仅为0.1718m^2/（m^3·d），与2022年住房城乡建设部颁布的该规模污水处理厂建设用地标准1.05m^2/（m^3·d）[其中二级污水处理厂用地0.8m^2/（m^3·d），深度处理用地0.25m^2/（m^3·d）] 相比，节约土地资源83.6%。该项目的土地节约利用已达到全国前1%的水平。

3. 运行成效

项目建成后，污水处理厂进水量迅速上涨，管网溢流现象得到极大缓解，厂区出水COD、氨氮达地表水Ⅱ类水质标准，出水总磷达地表水Ⅲ类水质标准。流域内主要断面水质持续好转，经第三方检测单位检测，水质长期维持在Ⅳ类水及以上，治理效果显著。余杭塘河内部分支流（新桥港、红卫港、何过港等）曾经水质浑浊，常年为劣Ⅴ类水，经过综合整治，水质长期维持在Ⅳ类水，水生态系统逐渐恢复（图 3-58）。

图 3-58　余杭塘河河道整治实景

第3篇　地方水务工作经验交流

本部分选录了《聚焦技能发展 培育行业工匠——合肥水务集团借力技能竞赛促进企业专业技术人才队伍建设》《以高质量党建助力城镇污水高效能治理——深圳环境水务集团以“邻利你我”理念促进沙河水质净化厂建设》《坚持对标改革　提升供水服务　持续优化营商环境—上海城投水务（集团）有限公司优化营商环境实践》。

第4章　聚焦技能发展　培育行业工匠
——合肥水务集团借力技能竞赛促进企业
专业技术人才队伍建设

近年来合肥水务集团有限公司（2024年8月前为合肥供水集团，简称合肥水务集团）牢牢抓住党和国家大力发展职业技能的时代机遇，深入贯彻落实人才强企方针，紧紧围绕“优质、稳定、高效”服务宗旨和“态度好、速度快、技能高”服务要诀，用好职业技能竞赛“金钥匙”，通过组织全国及省市各级高规格、高层次、高水平的职业技能竞赛，激活技能人才成长“一江春水”，培养造就一支技艺精湛、技能高超的供水行业高技能人才队伍，不断提升企业核心竞争力，发挥企业在践行国家技能发展方针中的积极作用。

4.1　近年来职业技能竞赛组织实施情况

近年来合肥水务集团积极组织承办全国、省市各级职业技能竞赛，赛事组织的等级、规模和参赛及观摩人数，均创下了安徽省近年供水行业大赛组织的记录。通过大赛搭建了“技能成才，技能强企”的广阔舞台，实现了国家、省、市级技能竞赛冠军“全满贯”，涌现出“全国五一劳动奖章”“安徽省劳动模范”等一大批技术骨干人才，合肥水务集团荣获中国水协颁发的“2023年全国行业职业技能竞赛第四届全国城镇供水排水行业职业技能竞赛赛事——突出贡献奖”，同时连续5年荣获“合肥市职业技能竞赛优秀组织单位”。

4.1.1　安徽省级职业技能竞赛

2020年9月，合肥水务集团成功承办“安徽省住建系统城镇‘徽匠’职业技能竞赛（污水处理工、水环境监测员、水处理工）”，此次大赛由安徽省住房和城乡建设厅、安徽省人力资源和社会保障厅主办，竞赛组织克服了灾情、汛情等不利影响，对推动安徽省供水排水行业职业技能提升和青年技能成才具有重要意义。

2023年2月，合肥水务集团成功承办“安徽省城镇供水行业供水管道工、化学检验员职业技能竞赛”，来自安徽省16个地级市、2个县级市的17支代表队65名选手参赛。

4.1.2　全国职业技能大赛选拔赛

2023年6月，合肥水务集团成功承办“中华人民共和国第二届职业技能大赛住房和城乡建设行业选拔赛水处理技术赛”，这是全国职业技能大赛供水行业选拔赛首次“走进”安徽。大赛命题流程参考世界技能大赛水处理技术项目命题方式进行，设置四大操作模块并创新应用VR仿真模型。

4.1.3　全国行业职业技能竞赛

2023年是合肥水务集团在技能竞赛组织和举办工作的“丰收喜悦年”“全国行业职业技能竞赛第四届全国城镇供水排水行业职业技能竞赛”于2023年10月在科创名城——安徽合肥成功举办，赛事期间中国水协给予合肥水务集团充分的信任和莫大支持，共有来自全国、全省44支代表队135名参赛选手闪耀在赛场。

通过各级大赛的举办，合肥水务集团获得了向中国水协和全国水务企业学习的宝贵机会，提升了自身办赛经验。赛事组织得到了上级主管部门和各参赛单位的充分肯定和广泛赞誉，合肥水务集团作为各项大赛的组织者，精心谋划、公平公正、规范办赛；作为东道主，倾情服务、热心周到，提供了一流的保障服务；作为参与者，赛出了水平，赛出了风采，赛出了成绩。

4.2　聚焦技能发展，打造行业盛会

4.2.1　把握时代主题，集合办赛“金点子”

党的十八大以来，习近平总书记就做好技能人才培养工作作出一系列重要指示批示，要求培养更多高素质技术技能人才、能工巧匠、大国工匠。2022年4月修订的《中华人民共和国职业教育法》规定：国家通过组织开展职业技能竞赛等活动，为技

术技能人才提供展示技能、切磋技艺的平台，持续培养更多高素质技术技能人才、能工巧匠和大国工匠。这为我们通过开展职业技能竞赛挖掘人才、提升技能、促进发展提供了根本遵循和发展方向。

竞赛组织的科学、规范、有序是确保大赛成功举办的关键所在，合肥水务集团不断健全竞赛组织管理机制，探索总结办赛经验，形成了具有供水行业特色的科学化、标准化的办赛流程。赛前大赛组委会印发通知，明确竞赛赛项、技术规则等，技术文件在比赛前统一公布，尤其是竞赛试题紧扣供水生产经营服务实际，突出岗位技能需求，切实提升了一线参赛选手解决实际问题的能力。同时组委会选派和组建由国内知名院校教授、行业权威杂志专家、各地企业一线技术骨干组成的专业裁判员队伍，并且对裁判员进行专业培训，提高裁判员队伍的整体素质。建立完善的申诉仲裁机制，为参赛者畅通诉求回应渠道，确保比赛结果的公正性。中国水协高度重视各项竞赛的组织，在赛事筹备、组织的全过程给予了大量的支持、协调和关键性指导，提升了赛事科学化、标准化水平，为高标准组织开展各类赛事提供了规范和遵循。

4.2.2 一针穿多线，用好竞赛“金钥匙”

职业技能竞赛是培养选拔高素质技能人才的重要途径，为了用好职业技能竞赛这把“金钥匙”，合肥水务集团立足供水行业技能发展现状和企业高质量发展需求，明确技能竞赛作为“比武的擂台”“展示的平台”和“欢聚的舞台”的角色定位，着力引导和推动更多一线劳动者走技能成才、技能强企之路，形成了以技能大赛为龙头，丰富人才培养模式，促进技能赋能转化的良好局面。

1. 比武的擂台

技能竞赛的组织首先应突出竞技性，以第四届全国城镇供水排水行业职业技能竞赛的赛事组织为例，设定了基于世界技能大赛技术标准的四大模块作为国赛内容，凸显了行业特色，保证了竞赛水平。实操模块设立时组委会专家充分考虑供水行业检漏和安装相对独立的实际，人员实操擅长领域有所不同的现实，科学设立了检漏、管道安装、阀门盲拆盲装等全方位考察内容，检漏模块充分体现了行业的独有特点，管道安装和阀门盲拆盲装充分考察了不同侧重点的专业安装技能，通过设定科学系统的竞赛科目，引导选手拓宽自身视野，最大限度通过竞赛培养和建设复合型人才队伍，全方位提升行业人员综合素质水平。

2. 展示的平台

在竞技比武的基础上，在中国水协的关心指导下，努力将技能大赛打造成技能嘉年华、技能大派对，努力扩大行业的社会影响。以供水管道工为例，组委会经过科学研究和综合考量，分别创新设立了阀门的盲拆盲装和全过程的管道安装实操科目，阀门的盲拆盲装从日常维修的角度出发，重点考核选手抽象思维和空间想象力。管道安装考察了选手从立管到龙头的全过程下各种不同材质管道的安装水平，竞赛过程中充分展示了参赛选手炉火纯青的操作技艺，成为各位行业“特种兵”秀操作、秀绝活的平台，具有极强的竞技性和观赏性，也是国内水行业竞赛的首创。

3. 欢聚的舞台

竞赛既是比武会，也是群英会。合肥水务集团坚持“开放办赛”理念，建成了集培训、竞赛、展示为一体的职工教育培训基地，打破了传统封闭式的比赛场地设置模式。以第四届全国城镇供水排水行业职业技能竞赛为例，共有全国26个省（自治区、直辖市）的27支参赛队伍、54名参赛选手、43名裁判员参加了本次国赛，同时组委会认真遴选各类合作企业在现场展示最新技术成果，设置观摩体验环节。邀请908安徽交通广播、人民网、合肥日报、合肥晚报等多媒体全频发声，进行图文直播、专版报道、制作主题视频，积极进行赛事宣传推广，讲好“供水工匠”好故事。

4.3　强化人才建设，培育行业工匠

技能人才队伍是人才强国战略的重要支撑，职业技能大赛是培养、选拔人才的重要途径。坚持以技能大赛为契机，精心选拔、重点培养优秀选手备赛参赛，通过技能竞赛做好行业工匠选拔培养。

4.3.1　全面海选，好中选优

为了选拔出参加国赛的选手，针对企业1200余名一线岗位职工开展集中培训，并组织选拔赛选拔参赛选手，最终筛选出了10名“99后”、4名“90后”年轻选手参加比赛集训，配备3个专业导师团队对选手进行全封闭、集中的训练，通过前期、中期、后期3轮的轮训，最终在赛前一周选拔出正赛选手2名、备赛选手2名。特别值得肯定的是在管道安装训练过程中选手们研发的供水管道支撑架不仅解决了管道安装竞赛支撑难、不稳定的痛点，彻底改变了供水管道安装竞赛的方式，该器具也被中国

水协遴选为国赛用具。

4.3.2　重点培养，千锤百炼

积极对外学习“走出去、请进来”，对选拔上来的国赛参赛选手，实施重点培养。派出专人带领选手赴上海、天津、六安进行实地观摩学习，深入学习各项竞赛内容。组建专门团队，带领学员同吃同住，拆卸、学习、组装专业的竞赛器具，经过日复一日的苦练，最终使选手成长为精通多技能、复合型的“行家里手”。

4.3.3　建设基地，以训促赛

为了做好技能人才培养和竞赛组织，建设了适合多工种岗位场景的实训基地，建成了安徽省乃至全国供水行业一流的，集培训、竞赛、科普、展示为一体，涵盖水生产处理工、化学检验员、供水管道工、电工等多工种、全场景、高标准、智能化的高技能人才培训竞赛基地，并被中国水协授牌认定为“中国水协职业技能培训基地”，真正实现了“以训促学、以训促赛”。职工教育培训中心创新建造智慧电教室，搭建智慧云课堂，具有信息化、数字化、智能化培训、竞赛能力。化学检验员实操考核基地依托安徽省唯一一家国家城市供水水质监测站建设发展，实验室面积 2800m^2，恒温面积达 100%。拥有行业领先的先进大型水质检测仪器，仪器设备固定资产总值近 3000 万元。供水管道工实操考核基地，是安徽省首家综合性供水管道工培训竞赛实训基地，实景模拟 41 处路面条件下的城市供水管道处漏水点漏水特性。水生产处理工实操考核基地依托合肥供水集团第三水厂建设发展，具备自来水生产全流程、全工艺、全工种的培训和实操考核功能。电工实操考核基地依托合肥供水集团第六水厂建设，充分利用水厂工艺升级改造置换设备，是安徽省唯一具备 10kV 高配、6kV 高配柜系统的实训基地，可实现倒闸操作的全过程实操。

4.4　发挥头雁效应，带动赋能转化

增强一线员工职业荣誉感、获得感，吸引更多的人努力成为行业工匠。在职业技能竞赛实施组织过程中，合肥水务集团不仅仅满足于把“谁是技能冠军”选拔出来，更加注重对技能人才的日常培养，不断丰富技能人才培育手段，激励和发挥技能人才的头雁效应，打造企业发展与个人成长的“双向奔赴”，蓄势赋能企业高质

量发展。

4.4.1　践行国家技能方针，落深落细科学激励

牢固树立“崇尚技能、尊重技能”的技能发展方针，合肥水务集团建立实施了完善的技能人才培养、评价、激励保障制度。

持续推动薪酬政策、工资增长向一线岗位、技能人才、技术骨干倾斜政策，科学修订《职业技能等级认定管理办法》《内部培训师管理办法》《专业技术职务和职业技能等级聘用管理办法》，明确技能人才培养细则，明确技术津贴发放标准，畅通技能人才晋升通道。目前在聘技师86人，高级工267人，技能人才收入增长水平高于职能部门员工增长水平。

积极开展计件制绩效分配制度。听漏业务采取“定额+超定额奖励”模式，管网服务计件制将服务工单按处理的难易程度、技能要求分类，每人每月完成额定工作量后，超额部分实行计件考核。通过开展计件与人均月绩效收入挂钩，极大提高了员工积极性，同时提升了服务效率，计件员主动“抢单”，专业技能和服务技巧明显提高。技能之路有了鲜花、掌声、荣誉，一线员工的获得感越来越强，技能传承的热情、履职尽责使命感也空前高涨。

4.4.2　丰富技能发展平台，个人企业双向赋能

健全职业技能建设体系，围绕国家“新八级工职业技能等级制度”印发实施《合肥供水集团加强职业技能建设实施方案》，明确由学徒工、初级工、中级工、高级工、技师、高级技师、特级技师、首席技师构成的职业技能等级序列。

率先开展企业技能人才自主评价。随着城市供水的品质不断提升，企业对技能人才的需求越来越高。合肥水务集团不断创新人才发展理念，率先将技能人才自主评价作为提升企业技能发展的题中之意。2021年1月获批成为合肥市职业技能等级认定评价机构，现有内部培训师59人，各工种考评员109人，建立完善了8个技能工种培训教材、课件体系，完成了8个工种各3个等级的题库建设（理论25000题、实操460题），三年来共严格开展职业技能等级认定21批次，通过自主评价取证员工共计1035人次，认定和通过人数在合肥市属企业中均位列前茅。

大力推动技能大师工作室建设。出台《创建技能大师工作室实施方案》《技能大师工作室资金使用管理办法》，建成省级技能大师工作室2个，定期开展“大师讲堂”

活动，激发大师工作室技能领军作用。注重员工实践动手能力提升，充分利用工作室平台资源，开展“师带徒”活动，因材施教制定实施具体培养计划，近三年共有4对合肥市级“名师高徒”和12对公司师徒期满出师，2人先后获安徽技能大奖，形成了良好的比学赶超氛围。

4.4.3 聚焦劳模典型选树，人才培养硕果累累

通过技能大赛，大力弘扬劳模精神、劳动精神、工匠精神，注重先进典型、劳动模范的挖掘、培养和选树。将技能竞赛中脱颖而出的优秀职工作为劳模梯队培养，形成“培训、比赛、奖励、晋级”紧密衔接的工作格局。近年来，先后培养张杨、王子阳、章文文、李昀蔚、陈玲玉等一大批立得住、叫得响，具有一定影响力的先进典型人物。涌现全国住房城乡建设系统劳模2人、安徽省劳模1人、合肥市劳模2人、安徽省五一劳动奖章6人、省金牌职工7人、合肥市五一劳动奖章14人、市金牌职工33人；荣获全国五一劳动奖章、全国最美家庭、全国巾帼文明岗、安徽省工人先锋号、合肥市工人先锋号、安徽工匠、皖建工匠、合肥工匠等一系列荣誉，鼓舞激励更多职工立足岗位、对标先进、创先争优。

4.4.4 深化校企合作举措，提升技术创新水平

充分运用院校师资科研资源，通过优秀师资共享、科研设备互补等形式，创新开展产学研融合的认定培养模式和技能培训。邀请高校师资进入水厂分公司实地调研交流，实施专项定向培训；选拔优秀技能人才到高校学习，完成科研课题和技能培训；通过联合开展技术研发、建立实操基地以及人才交流等机制实现产教融合，促进技能提升与高校成果运用，2023年以来，共开展校企合作培训和技能认定8项，参训人员共计335人次。与安徽建筑大学、安徽电气工程职业技术学院、安徽水利水电职业技术学院合作开展“合水论坛”专题培训和技师职业技能等级认定，促进产教融合。强化产学研成果转化，主导编制的《节能错峰智慧供水系统工程技术规程》由中国建筑学会发布实施。主导的“城市供水系统安全运行保障关键技术与应用”项目荣获安徽省科技进步奖二等奖。近三年授权发明专利11项，实用新型专利40项。

4.5　未来竞赛组织的几点思考

4.5.1　建立标准化的办赛规范流程

进一步规范竞赛组织全要素和全流程要求，提高竞赛质量，打造高水平竞技平台。规范参与人员的行为标准，通过规范化培训，提升办赛人员、裁判员、志愿者队伍的专业能力和职业素养，为竞赛专业化管理提供基础支撑。通过职业技能竞赛的组织实施，形成指导竞赛赛事组织、技能人才培养的规范制度，培养一批赛事组织等方面的专业人才，总结一批以竞赛带动技能人才培养的有效做法，提升职业技能竞赛规范化、制度化、专业化水平，更好地发挥职业技能竞赛在技能人才队伍建设中的指挥棒作用。

4.5.2　探索集中开放办赛模式

进一步推广集中开放办赛，全力打造集“比赛、展示、体验、观摩”为一体的技能交流平台。实施行业开放日等活动面向社会公众开放，使越来越多的人通过参加和观摩职业技能竞赛，对技能有新的认识，使崇尚技能越来越成为行业和社会共识。努力提高技能竞赛的观赏性和互动性，积极探索线上线下相结合的方式，逐步普及赛事直播、“云观赛”等模式，不断提高技能竞赛的关注度与参与度。充分运用竞赛成果举办技能成果展示会、先进事迹报告会、技能交流论坛等活动，不断提高职业技能竞赛吸引力和关注度，构建以技能竞赛为核心内容的“赛展演会”一体化技能盛会。

4.5.3　坚持以技能竞赛推动行业发展

要构建技能竞赛组织实施与技能人才培养和激励体系之间的良性循环。职业技能竞赛的蓬勃发展，离不开行业技能人才培养和激励体系的支撑。同时，职业技能竞赛的发展更好地服务于行业产业的发展，服务于技能人才培养体系建设。要积极鼓励和吸引行业协会、民间团体、企业等各种社会力量广泛参与，实现技能竞赛始终与行业发展同频共振，与市场需求相辅相成，从而达到以技能竞赛推动行业技能发展的目的。

技能成才，匠心筑梦。近年来合肥水务集团在中国水协的关心指导下承办了多项职业技能竞赛，圆满完成了各项办赛任务。展望未来，合肥水务集团将坚守水务事业初心使命，拥抱当下技能发展黄金时代，广泛开展职业技能竞赛，加大技能人才培养力度，丰富技能人才培养载体，打造具有供水行业特色的职业技能竞赛和人才培养体系，进一步唱响“劳动光荣、技能宝贵、创造伟大”的时代主旋律，为培养更多能工巧匠、大国工匠，共同推动水务事业高质量发展，谱写中国式现代化新篇章贡献智慧和力量。

第 5 章　以高质量党建助力城镇污水高效能治理——深圳环境水务集团以“邻利你我”理念促进沙河水质净化厂建设

沙河水质净化厂及 3 号调蓄池配套工程（简称沙河厂）位于南山区沙河街道规划武艺公园内，占地面积约 6.81hm²，采用全地下式形式建设。主要建设内容为：新建水质净化厂，旱季污水处理规模 10 万 m³/d、雨季增加 10 万 m³/d 初期雨水处理能力；3 号调蓄池工程（设计规模 15.3 万 m³）以及其他配套工程建设。沙河厂地处南山区中心城区，周边有公园绿地、居住、商业办公、学校等，环境敏感性极高。项目立项后，周边居民对项目的选址、建设标准、运营效果存在较大疑虑，对水质净化厂的认知仍停留在早期敞开式运行、环境脏乱差的层面。

本章以沙河厂为例，对其党建引领工程建设从而推动城镇污水高效能治理模式、工作成效等实践内容进行分析，并结合案例解析，总结形成可借鉴、可复制、可推广的经验、模式（图 5-1）。

图 5-1　沙河厂项目效果图

5.1 运筹帷幄，前策先行助力项目推进

5.1.1 集团党委高度重视，主要领导亲自部署

为回应群众关切，深圳市环境水务集团有限公司对按照“五包三问”责任制和“三到位一处理”的原则开展了相关工作。第一时间成立以企业党委书记为组长的工作专班小组，制定相关的工作方案和应急预案，针对该项目居民诉求事宜召开了3次专题会、1次党委会，进行形势研判和工作部署。企业分管副总裁针对民生诉求事宜召开了4次专题会，专题研究应对方案，并现场接访了2次。期间，企业专班工作小组联合街道、社区党组织，组织居民代表见面沟通会5次，完成现场接访5场，视频接访4场，累计完成各种形式的接访人员约250人次。

5.1.2 严格落实民生诉求处理处置程序

在收到民生诉求后，企业严格按照工作条例的相关工作要求，迅速与诉求人建立联系，传达受理告知书并开展相关的接待工作。与此同时，根据诉求人的投诉内容研究回复意见，定期填报处理进展情况。在诉求办结时限内，给诉求人出具处理意见书。

5.1.3 专业解释应对质疑，消除居民疑虑

针对周边居民质疑内容及诉求的专业性，企业迅速响应并成立专家组，针对居民的各类问题进行研究答复，本着科学求真、实事求是的态度与诉求人开展专业的沟通对话。

1. 建立专业材料库，及时回应群众顾虑

组织梳理了从各个渠道收集的问题清单，通过专家多次讨论确定了标准回复范本，以此形成《沙河水质净化厂及3号调蓄池配套工程宣传材料底稿汇编》（简称《材料汇编》）。《材料汇编》最终将相关问题归纳为项目建设必要性、建设形式、选址、环境评价、影响、防护距离、安全风险等11大类，并细分成51个具体回复。一方面在企业层面规范统一了对外回复样本；另一方面也为接下来广泛开展科普宣传相关工作提供了关键素材。针对后续的新诉求，组织相关单位进行系统、深入的研究论

证，并邀请行业知名专家对论证结果进行咨询及评议，最终形成了《关于沙河水质净化厂相关建议复核研究情况的说明》对外澄清文件。

2. 形成通俗易懂的对外宣传解释文件

将群众关注的点浓缩成十大问题，以通俗的语言形成《沙河水质净化厂及 3 号调蓄池配套工程十问十答》，打印成小册子放在服务点供来访群众翻阅；组织精心编写《致沙河水质净化厂及 3 号调蓄池配套工程周边居民朋友的一封信》作为官方的对外宣传文件。

3. 开展正面宣传，做好群众思想工作

（1）建立现场宣传服务点

企业在周边社区建立了沙河水质净化厂现场宣传服务点，并于 2022 年 12 月正式对居民开放，服务点设置有沙河水质净化厂沙盘模型、全市典型现代化水质净化厂介绍及宣传视频，接待 714 名周边居民。通过现场宣传服务点的设置，逐步消除居民对于水质净化厂对身心健康影响的疑虑，并将群众关注点引导到改善环境生活的现实目标上来，项目建设开始取得大多数前来参观居民的理解与支持，进一步有效化解邻避问题（图 5-2）。

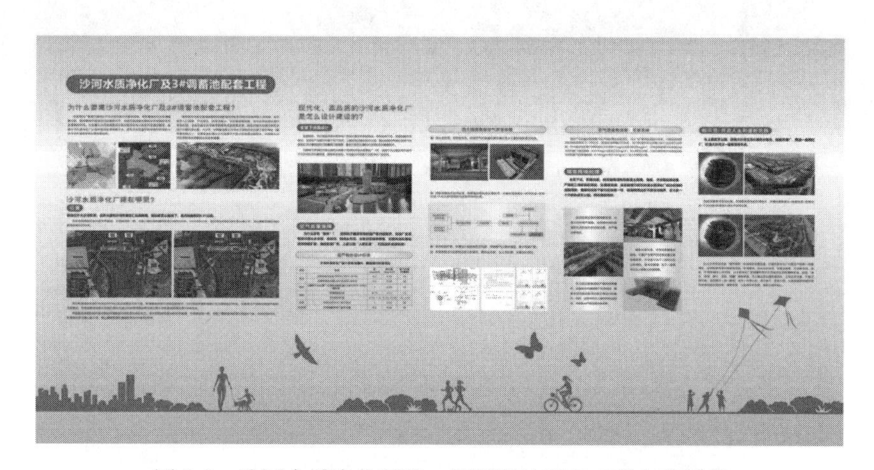

图 5-2　沙河水质净化厂及 3 号调蓄池配套工程宣传展板

（2）拓展多元化宣传方式

加快制作宣传材料。完成沙河厂宣传册、沙盘模型以及“人水和谐，邻利你我”系列宣传视频（固戍、埔地吓、福田、洪湖、沙河等水质净化厂）设计和制作。

加强网络正面引导。企业公众号持续推出“人水和谐，邻利你我”系列水质净化厂案例；邀请第一现场记者、深圳卫视“深视新闻”，以及《南方都市报》等对现代水质净化厂进行正面宣传报道。

多批次组织社区居民、师生代表等参观深圳市现代化全地下水质净化厂的典范工程——洪湖水质净化厂。组织了8批次共计140多名居民、教师代表、学生及学生家长等到洪湖水质净化厂参观。参观期间针对水质净化厂尾气排放对身体健康的影响、香山里小学离水质净化厂距离较近等问题进行了深入、细致的交流，效果良好。

举办“人水和谐，邻利你我”水质净化厂科普知识专题讲座。深入项目周边小学开展“人水和谐，邻利你我”水质净化厂科普知识专题讲座活动，六年级师生共计180余人参加活动。通过观看“水宝宝漫游记”动漫片、污水处理知识专题讲座、有奖问答和书写环保倡议书四个环节让师生们全面了解污水处理相关知识和水质净化厂相关功能（图5-3）。

图5-3　参观洪湖水质净化厂及香山里小学科普宣讲

主动上门，做通群众思想“最后一公里”。主动上门解释宣传，配合沙河街道实行包户到人，在街道干部的带领下完成了77户重点人员的走访，共发放宣传品2000余份。

5.2　潮头观澜，临时党总支顺时而成

为全面推进沙河水质净化厂项目建设，维护项目建设秩序，履行项目维稳应急职能，有效解决邻避问题，防范化解矛盾冲突，充分发挥党组织的战斗堡垒作用和党员的先锋模范作用，带动项目组成员争先创优，确保项目如期保质保量完工，精准助力打造水务高质量发展标杆工程。2023年6月19日，经报南山区沙河街道党工委批准，由沙河街道文昌街社区、深圳市环境水务集团有限公司、上海市政工程设计研究总院

（集团）有限公司、中交第一航务工程局有限公司联合组建沙河水质净化厂建设项目临时党总支（图5-4）。

中共深圳市南山区沙河街道工作委员会文件

深南沙工委〔2023〕29号

关于成立沙河水质净化厂建设项目临时党总支的批复

中共深圳市南山区沙河街道文昌街社区委员会：

《关于成立沙河水质净化厂建设项目临时党总支的请示》已收悉。经党工委会议研究，决定如下：

同意成立沙河水质净化厂建设项目临时党总支。

同意陈爱云同志任沙河水质净化厂建设项目临时党总支书记。

同意黄海同志任沙河水质净化厂建设项目临时党总支副书记。

图5-4　临时党总支批复文件

临时党总支肩负着政治功能、组织功能和价值创造功能，推动党建与生产经营深度融合发展，打造中国式现代化水务建设领域先进基层党组织，沙河水质净化厂项目临时党总支坚持和加强党的全面领导，提高党的建设质量，扎实开展党建共建，以党建赋能安全管理、生产质量、科技创新、社区共建，把党的政治优势转化为服务生产经营优势和邻避关系处理优势，不断推动党建与业务同向发力，与周边群众互促共进，为沙河项目的工程建设提供坚强的政治和组织保障。

5.2.1　党建固本，夯实安全化管理效能

沙河水质净化厂项目临时党总支坚持和加强党的全面领导，始终聚焦党建与生产融合，以党建“1147”工作思路为载体，牢牢把握“生命至上”这一根本理念，严抓生产质量，牢筑安全底线。

项目党支部充分发挥党组织工作优势和党员先锋模范作用，以安全行为现场监督、安全知识宣传教育并重的管理为导向，做到“不具备条件不施工”“验收不通过不施工”。通过开展安全教育警示周开展各类危险作业安全教育专项培训，做到安全培训教育全员覆盖；同时围绕中心抓党建，融入中心推生产，严格落实“开工条件确认、片区包保责任、危险作业公示、特种作业二维码、‘日清日结’”等安全管理措施，持续推动项目安全生产形势持续稳定向好，全力以赴打造建设安全工程。

5.2.2 党建赋能，锚定精品化生产质量

沙河水质净化厂项目临时党总支以“打造中国式现代化水务高质量发展党建共建工作新示范”为目标，牢牢把握“高质量建设”这一工作方向。聚焦重点抓任务，融入质量筑精品。

项目党支部落实联合体责任制，落实上级单位各项工作部署，锚定高质量建设首要任务。同时项目部成立党员先锋队、青年突击队、工人先锋号，党员率先冲锋在前，科学研判，精心组织，围绕施工质量，设计牵头质量管理，深入参与过程质量验收，清晰传达设计意图。通过平台与第三方自动监测设备联动，实现项目要素在线协同共享、现场管理感知可控，为项目智慧化、精细化、标准化管理提供综合解决方案。坚持三检制和挂牌验收制度不动摇，把握关键工序，提升施工质量。

项目党支部通过“共建·共创”工作的工作方式，立足发挥党组织的引领、促进和推动作用，限额化设计、控制项目总投资；大力开展劳动竞赛、岗位练兵等活动；积极应用数控钢筋加工设备及机器人焊接技术，高效完成钢筋笼加工，如期完成“11·30”“12·30”“4·30”节点目标，按时完成场内工程勘察、施工图设计及外审、总体BIM模型建立等工作。项目工程在全市水务在建工程中连续四个季度荣登红榜，现场优秀施工做法及管理亮点被广泛推广（图5-5、图5-6）。

图5-5 电工专班日常学习

图 5-6 劳动竞赛授旗仪式

5.2.3 党建引擎，激发智能化科技活力

沙河水质净化厂项目临时党总支充分发挥党组织的战斗堡垒作用和党员的先锋模范作用，带动项目组成员争先创优，坚持科技支撑，大力增强智能技术创新合力。

项目党支部通过“数字赋能、信息发力、智慧建造”的新型方式，发挥BIM技术优势，运用BIM平台进行协同管理，对参建单位进行BIM指导，对智慧运维进行赋能。自主研发基于Web端的SMEDI-CBIM智慧建造管理平台，12个功能模块，53项核心功能。同时以党建品牌效能凝聚战斗合力，加强理论教育、专业培训和实践锻炼，不断优化顶管工作井施工工艺，采用逆作法施工工艺＋双排高于旋喷桩止水帷幕，保证安全和质量的同时，提高工作效率，为项目顺利实施保驾护航。

5.2.4 党建聚福，创造和谐性周边关系

沙河水质净化厂项目临时党总支坚持把党的政治优势转化为服务生产经营优势和邻避关系处理优势，不断推动党建与业务同向发力，与周边群众互促共进，为沙河项目的工程建设提供坚强的政治和组织保障。项目党支部运用“邻里和谐、结对协作、齐抓机遇”的方式方法，充分发挥“最红星期五”“党群日集市”“家校社工月”“沙河红水工”党建品牌作用。

1. 党建共建惠民生，联动“家校社工”双向奔赴

临时党总支以党建共建为契机，加强各方联动，健全“家校社工”协同机制，积

极探索“家校社工”融合优化治理的新路径，助力社区服务与学校教育双向奔赴，共同发展。

临时党总支联合周边组织群体，定期组织召开季度“家校社工”共建会议，以决策共商共议共同推进如阳光公益课堂项目、青少年安全教育系列活动、“书香溢网格，阅读伴成长”青少年读书分享会、学雷锋志愿月活动等合作内容，实现优势互补、共建共享。同时依托“党建引领”链接多家优质培训机构，面向未成年人开展贴合需求的“周末阳光公益课堂”“少儿咏春拳”“暑期夏令营”等活动，联合社区开展以妇女儿童心理服务中心为平台，开展心理健康普及沙龙宣讲、集体观影等活动。联合社区印发《青少年心理困惑问答》《开学心理准备》宣传教育画册，及时引导青少年摆脱负面情绪的干扰，筑牢安全防线（图 5-7）。

图 5-7　应急救援知识讲解

为形成活动共办、事务共商、工作共促的区域化共建良好局面，搭建“家校社工”联动“连心桥”，注入社区治理服务“新动能”，临时党总支聚集各方公益资源，着力打造“党建＋公益”的全新品牌。以“世界志愿者日”为契机，吹响志愿服务号角，联合教师、学生、辖区亲子家庭共同开展老旧小区环境整治、清洁河堤环境、共建美好家园等系列志愿服务活动，对社区周边楼道、院围、天台花盆积水、公园河堤等进行彻底清理。同时与学校、家委会定期开展关爱长者探访、关爱环卫工人公益行动系列活动；通过社区资源对接，落实一对一帮扶家庭户，在日常探访中收集他们的困难与需求，如解决水龙头更换、电线改造等问题，切实为群众办实事，让广大青少年在帮助他人的过程中培育美好心灵，学会感恩，在进一步丰富社区青少年周末实践活动的同时，让党员带动青少年参与社区实践，成为社区文明创建的倡导者、垃圾分类宣传者和生态保护实践者，实现“家校社工”最有力的联动，为社区建设贡献力量。

2. 党建共建树口碑，坚守“以人为本”发展理念

沙河水质净化厂项目临时党总支始终坚守“全心全意为人民服务”的宗旨，在推动项目生产经营的同时，始终坚守“以人为本”的理念，倾听周边群众声音，促进邻里关系项目党建多元共融，为项目形象树立了良好的口碑。

通过“共建·共营”引领和推动项目运维共管、安全责任共担、应急处置联动等机制措施的建立完善；建立健全防范化解主要矛盾工作机制，成立维稳工作专班，畅通信息公开渠道，全过程接受公众监督。项目现场增设沙河水质净化厂宣传展厅，全天候对周边居民开放。沙河项目临时党总支与沙河街道明珠社区、香山里小学、香山美墅业委会、沙河街道天鹅湖志愿服务队、老龄大学等多方力量开展党建联建活动20余场，与中国建筑第三工程局有限公司、深圳交易集团有限公司、深圳新闻网开展对标交流学习3次，主动架起区域党建连心桥，打造区域化党建工作新格局，实现资源互联互通，深度融合；连续两年在文昌社区开展“圆梦六月·放飞梦想”暖心服务活动，惠及南山二校中考考点的考生累计达1000余人（图5-8）。

图5-8　助力中考活动

5.3 党建共建集众智，推进“精品工程”建设

5.3.1 四重措施，多级处理，最严标准保障空气环境质量

一是三重封闭、全方位负压收集防止气味外溢逸散。二是按照最严格排放标准设计，采用光催化高级氧化、喷淋水洗、高效微生物处理和活性炭吸附或干式过滤吸收四级保障技术进行处理，确保满足国内最严格排放标准要求，远优于国家现行相关标准的要求。三是为收集处理后的尾气设置排放塔高空排放，确保厂区内部、地面以及周边闻不到任何味道，满足区域大气环境质量功能区要求。四是设置多条并联处理线，留有备用冗余，确保全天候、全工况处理，全量达标排放。

5.3.2 全地下双层加盖隔绝之外，三大举措从源头控制噪声

采用全地下式双层加盖建设形式有效隔绝噪声传播之外，还采取以下三大主要举措从源头控制噪声：一是选用低噪生产设备并高精度安装；二是厂区内部生产设备合理布局，实现多重隔音；三是充足的设备备用率和严格的设备保养维护制度，确保设备时刻处于良好状态。

5.3.3 高效成熟工艺，严格排放标准，最大能力削减污染物

该项目出水水质按照深圳地方标准《水质净化厂出水水质规范》DB4403/T 64—2020的B级标准设计，其中TN按最严格的A级标准设计，即TN≤8mg/L，水质远超《城镇污水处理厂污染物排放标准》GB 18918—2002一级A标准，以及《城市污水再生利用 景观环境用水水质》GB/T 18921—2019中的娱乐类景观环境用水水质标准。

项目选用在日本成熟应用的雨天污水处理工法（3W）耦合多段AO工艺，雨天以分质多点进水方式接纳处理污染雨水，确保低碳源条件下的深度脱氮效果（TN≤8mg/L，满足深圳地方标准DB 4403/T 64—2020 A级标准），并实现雨天处理能力较设计规模增加1倍，最大限度削减面源污染入河，满足提升大沙河雨天水质优良率，并进一步提升深圳湾和西部海域的水质。沙河厂工艺流程图如图5-9所示。

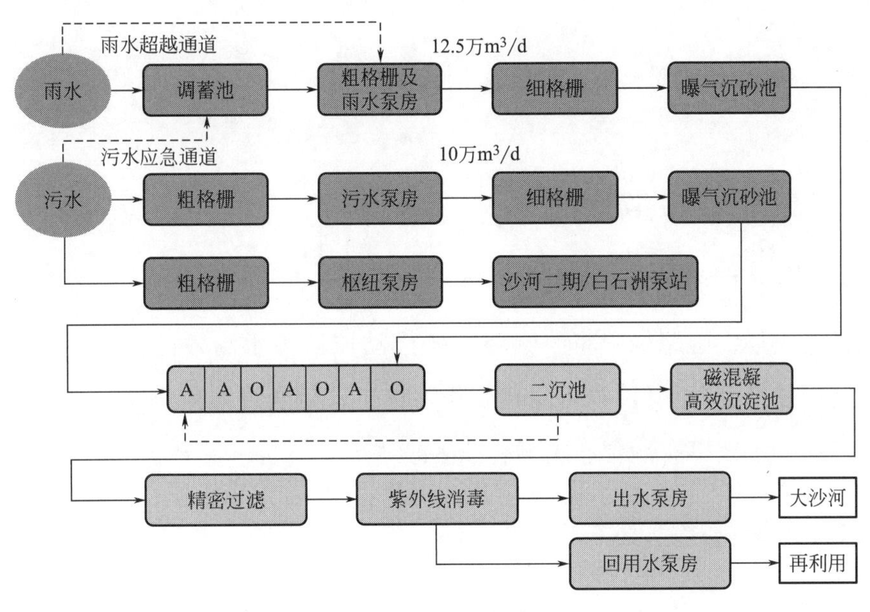

图 5-9　沙河厂工艺流程图

5.3.4　创新应用新技术，打造“绿色”工地

积极探索并大力引进国内外最新技术，在基坑支撑方面采用预应力装配式张弦梁支撑体系，实现内支撑的高效安拆，提高基坑支撑安全性，优化作业空间、缩短工期、绿色环保；在基坑开挖方面采用机载式劈裂机、静力爆破等新型低噪声设备及工艺，降低施工噪声；创新应用天幕系统，从土石方阶段起实现对基坑的全封闭，把“露天施工”变成“室内作业”，有效阻挡基坑开挖过程中产生的粉尘逸散入空气中，降低空气污染。设置隔音棚、声屏障、静音发电机、标准化钢筋加工棚，采用新一代桩机设备，最大限度降低施工噪声，有效减轻项目建设过程中对周边居民生活的影响（图 5-10）。

图 5-10　天幕及装配式张弦梁支撑体系应用

5.4 工作成效

5.4.1 做实党建引领作用

沙河水质净化厂通过制定系列制度模板、规则流程、工作指引，明确了党组织引领生产经营的具体实施路径，将“党建引领推动城镇污水高效能治理”由“工作原则”变为“操作细则”。项目部将党建工作写进工地例会议事规则中，在项目党组织的领导下，做到了议事有平台、决事有抓手。

5.4.2 和谐周边邻里关系

沙河水质净化厂临时党总支，针对周边居民不同诉求建立解决问题渠道，设置工地开放日，主动邀请群众参观工地，以党员先锋队兜底群众微心愿诉求。以“民情下午茶”回应居民普遍关切事项，以党建共建机制联动处理居民关切事宜，让各类诉求得到及时解决，让“有问题、找支部”成为周边居民的广泛共识。2024 年以来，涉及水质净化厂建设的相关诉求事件稳步下降，得到周边的一致认可和好评(图 5-11)。

图 5-11　工地开放日活动

5.4.3 消除前期风险隐患

沙河水质净化厂项目临时党总支整合各参建单位力量，推动项目规划设计、项目建设、后期运营等全过程监管，并将基层党组织、党员、群众的力量有效“嵌入”，让日常监管和党员群众监督相辅相成、有机融合。截至目前排查风险点1735个，完成40余个项目信息公示，开展各类专项检查700余次，现场要求完成整改150次，将一部分问题隐患化解在源头。

5.4.4　促进标杆工程建设

沙河水质净化厂项目始终坚持红色党建引领，融入高质量发展水务标杆工程创建，充分发挥党组织工作优势和党员先锋模范作用，以党建“1147”工作思路为载体，始终聚焦党建与生产融合，目标同向、部署同步、工作同力，成立党员先锋队、青年突击队、工人先锋号，党员率先冲锋在前，科学研判，精心组织，围绕施工现场、安全、质量、进度等，体系协同、团结一心、攻坚克难，安全、高效、优质地完成施工任务。

沙河水质净化厂项目按照新时代国有企业党的建设要求，大力推进党建共建活动，实现了优质资源共享、生产管理共促、业务难题共克、和谐环境共治、廉洁教育共学，促进了各参建单位互利双赢、发展共赢，突破了制约工程项目顺利推进的瓶颈，补强了基层党组织建设短板，增强了基层党建活力，助推了企业党建质量大幅度提升。深圳市环境水务集团有限公司坚持党建引领，将支部强在治理中，带动各类主体共建共治共享，多措并举凝聚“邻聚力”，不断推动项目建设新高度，为破解党建引领城镇高效能污水治理提供样板经验，着力打造水务行业党建共建工作新示范。

第6章　坚持对标改革 提升供水服务 持续优化营商环境——上海城投水务（集团）有限公司优化营商环境实践

上海城投水务（集团）有限公司（简称上海城投水务集团）成立于2014年，是专业从事原水供应，自来水制水、输配和销售服务，雨水防汛和干线输送，污水处理、污泥处理，供水排水投资、水务基础设施建设管理、水环境研发等城市水务产业的国有大型企业，是全国城市综合水处理能力最大的企业之一。其作为上海市最大的水服务提供商，服务人口1600余万人，日供水能力约922万 m^3，水表总数逾640万只。

上海城投水务集团始终坚持对标、领先实践，以坚韧的内生动力实现一次次“内向型革命”，持续落实上海市委、市政府优化营商环境工作部署，深化“放管服”改革，完成从“被动服务”向“主动服务”的转变，实现从“基本达标”到“行业领先”的飞跃，提高服务质量，优化服务效率，激发市场活力，将政策规范、服务举措等宣贯到企业内外部等各类受众；创新工作举措，不断提高用户满意度和获得感，切实当好接水服务金牌“店小二”。以世界银行营商环境评估体系为牵引，努力打造市场化、法治化、国际化供水营商环境。

6.1　营商环境体系发展历程

6.1.1　2018～2022年：供水接入环节持续优化

在Doing Business（DB）时期，供水作为“办理施工许可”指标中一个环节，主要考察供水接入效率，推动了水务营商环境从“5个环节31天”到“1个环节6个自然日”（即在6个自然日内完成接入通水环节）的跨越式发展。在历年营商环境改革优化进程中，上海城投水务集团将接水业务流程从串联变并联，接水流程分别经历了“5·20”供水接入模式（即无外线工程的用户接入原则上不超过5个工作日，有外线工程且需要道路开挖的用户接入原则上不超过20个工作日）、“4·9”供水接入模式（即无外线接入工程和有外线接入工程的时限分别压缩至4个工作日以及9个工作日），直至全面实行供水接入“1个环节6个自然日”，极大地简化了环节、压缩了时限（图6-1）。

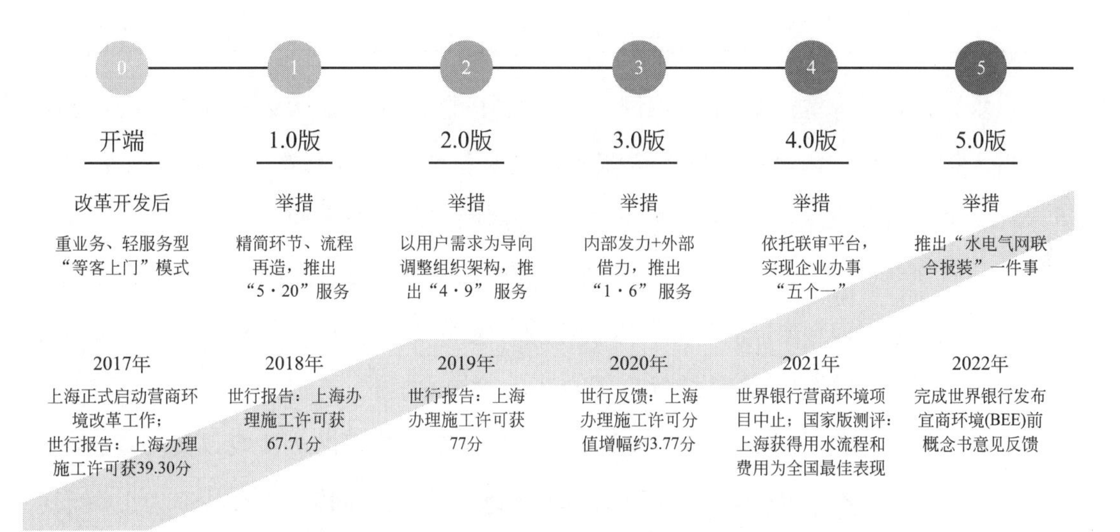

图6-1　世界银行 Doing Business 时期供水营商环境发展历程

6.1.2　2023～2024年：世行评估体系全面升级

2023年5月，世界银行正式发布营商环境新评估体系［B-Ready（BR）］，新体系涵盖十个一级指标，其中水、电、网共同作为“公用设施服务”指标下的二级指标（图6-2、表6-1）。新体系从监管框架、服务质量、服务效率三方面进行评估，评估采用专家调查与企业调查相结合的方式开展。因此，新体系评估角度侧重对法律依据完备性和市场经营主体感受度的考评；评估方式从行为评价转变为效果评价与行为评价相结合。

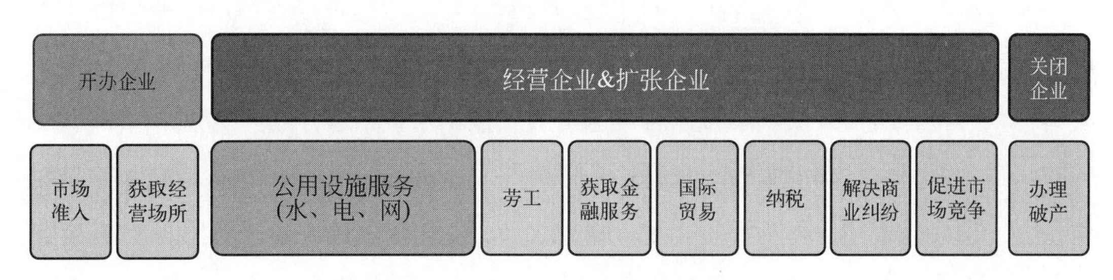

图6-2　世界银行 B-Ready 评估体系框架

世界银行（DB）体系和（BR）体系的对比　　表 6-1

评估类型	(DB)体系	(BR)体系		
		监管框架	服务质量	服务效率
评估内容	供水接入环节	水务全产业链服务		
评估对象	北京、上海	上海	最大城市的最大供水企业	全国
评估方法	专家调查	专家调查		企业调查(抽样 2160 家)
评估频次	一年一更新	一年一更新		三年一更新

供水方面，从原先“办理施工许可”指标中供水接入环节变更为“公用设施服务”供水指标，评估内容覆盖供水全流程，主要新增供水接入效率与线上办理业务、供水环境可持续和供水可靠性、供水信息公开透明指标三个方面。

为适应新体系，上海市发布《上海市坚持对标改革持续打造国际一流营商环境行动方案》，设立营商环境工作专班，落实相应任务分工。上海市水务局相应发布《坚持对标改革 提升供排水服务持续优化营商环境工作方案》。

上海城投水务集团对照世界银行新一轮评估体系，梳理供水领域政策法规、案例佐证 98 项，汇编形成《世界银行新一轮营商环境评价供水问答集》，并助力上海市水务局推出《2023 上海供水营商环境白皮书》。

6.2　全方位服务省心贴心

世行营商环境体系改革展现了企业用户对供水服务提出的更高期望，上海城投水务集团始终贯彻“以客户为中心”的服务理念，围绕供水全流程，提供贴心、省心、惠民的供水服务。

供水接入更贴心。自优化营商环境工作启动以来，上海城投水务集团从自我定位、业务流程、服务举措上发生了颠覆性的转变。开展潜在客户管理，跨前提供接入服务。从原先以“申请”为起点的接水服务，转变为提前识别潜在客户，逐一分类并安排专人对接，跨前开展供水接入咨询服务。发放供水接入宣传册，详细介绍供水接入申请流程及材料，提前为客户进行接入服务与技术辅导。此外，上海城投水务集团组织企业用户宣讲团，作为“行走的企业名片”，倾听客户诉求，开展服务和政策宣贯。细化办理流程，实现“1 个环节・6 个自然日”完成免费接入。进驻上海市工程建设项目审批管理系统（简称“联审平台”），在客户向“联审平台”提出建设申请，启动房屋项目建造程序的同时，预先设计好接水方案，在项目地址附近相继预埋管线、预装水表阀门，完成水源“预建设”。待建造项目完成，客户提出接水申请的当天，即可完成“最后一棒”的开阀通水环节管线铺设，实现“客户轻点鼠标，我们送水上门”。全面实现供水接入“1·6”，落实外线接入服务免费接入。协同水电气网，推行联合报装一件事。为切实解决企业“多头跑、折返跑”等问题，针对总投资额100万元以上的新建、改建、扩建工程项目，推行“水电气网联合报装”一件事主题服务，实现一表申请、一口受理、联合踏勘、一站服务、一窗咨询。联合报装通过梳理、协调、优化审批流程，联合水电气多部门同时踏勘，现场沟通项目选线、接入阶段遇到的困难，最终为企业节约时间成本和设备成本，助力项目早开工、早落地、早投产。

【案例】信达生物科技有限公司（简称信达生物）主要从事生物科技和医药科技的技术开发等业务，以及医学研究和试验发展。该企业于5月申请接水，据悉，信达生物正在建设全球研发中心，该项目为市、区两级重大项目。为体现责任与担当，上海城投水务集团发挥前瞻性和主动性，提前与上海交通委员会沟通，又组织多方会议，与相关部门共同商讨。协调会后一日即通过执照审批，有效推进施工进程，大幅缩短接水时间，最后该项目1个自然日内完成接水。

业务办理更省心。为使供水业务办理更便捷，上海城投水务集团在服务渠道、数据流通、数据资源上不断革新。进驻“一网通办”，拓宽服务广度。上海城投水务集团于2019年进驻上海市政务服务办理总门户“一网通办”，统一业务流程，陆续上线25项居民和企业供水服务事项，借助“一网式”平台，实现政务服务“一站式”全网通办。搭建线上渠道中台，打通内部数据流通。上海城投水务集团搭建“微客服”平台，通过集合自有线上渠道和“一网通办”数据，在自有线上渠道展示所有线上办件进度，使用户快速了解办理情况。“微客服”作为渠道中台，还对接联合报装事项，在确保供水效率的基础上，做到每一接入环节状态及时线上更新，短信告知申请企业完成通水。合理运用数据资源，推进业务“智慧好办”。借助“一网通办”数据资源，自动调取申请企业部分申请材料，大幅缩短申请时间，实现智能预填功能；设立线上智能客服，疑难问题实时帮办，办件进度随时可查；在申请提交前，运用数据资源对申请材料开展核验，降低重复办件，提高申请效率，实现智能预审。

营销服务更惠民。为使供水营销服务更透明、更普惠，上海城投水务集团始终致力于智能水表延伸运用，优化水价调整和公开机制。线上发布日水量数据，及时预警异常水情。运用智能水表积极提升抄收服务颗粒度，通过线上服务渠道及时发布日用水量数据，帮助企业动态掌握每日水情。利用非居智能水表全覆盖优势，基于智能水表数据，建立预警机制，抓取异常水量，及时线上告知用户可能存在的内部漏损，避免水资源浪费的同时，减少用户经济损失。公开执行水价，按要求落实减免。通过企业官方网站、APP、小程序等线上渠道，公开水价及政策依据，明确水费构成；通过水费账单/电子账单，告知用户水费计算方法，实现水费透明可查。若发生水价调整，通过发放告用户书、官网发布，媒体报道等形式，提前告知水价调整，并做好相关咨询解释工作。为全面贯彻落实国家和本市关于减税降费的部署要求，上海城投水务集团积极落实政府关于非居民用户超定额累进加价水费优惠政策，着力减轻企业负担（图 6-3）。

图 6-3　日用水量及漏水提醒

【案例】3 月 15 日，某道路某非居用户远传表触发表后渗漏预警，上海城投水务集团派工作人员于 3 月 16 日进行现场查看，核实为内部漏水。工作人员为用户关闭总阀，并告知内部异常用水情况，请用户自查。后续，供水企业持续跟踪，发现用户于 4 月 17 日完成内漏修复，之后再无重复报警（图 6-4）。

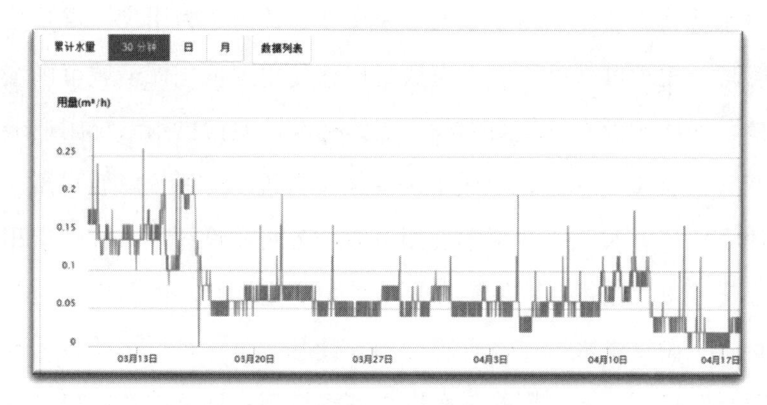

图 6-4　用水量显示用户触发表后渗漏预警

6.3　高标准供水安全可靠

供水是城市运行的重要保障，直接关系人民群众的“幸福指数”，上海城投水务集团深入践行“人民城市”重要理念，以客户为中心，不断提升供水安全性、可靠性、可持续性。

全流程监测，严控供水安全性。为推动实现高品质饮用水目标，上海城投水务集团在内控管理、设施设备管理、高品质供水方面不断突破。优化水质内控体系建设。为保障水质全面达到并领先现行国家标准《生活饮用水卫生标准》GB 5749 和现行地方标准《生活饮用水水质标准》DB 31/T 1091 的要求，上海城投水务集团聚焦感官指标、微生物指标等制订了严格的水质内控指标体系，规定了从源头到龙头各个环节和工艺节点的水质指标内控要求，建立并持续完善全过程、多层次的水质监测体系，不断加强水质管控水平。完善供水设施管理。通过生态水库建设与原水预处理、水厂深度处理改造与精细化管理、管道预防性检测与老旧管网改造、水龄控制研究与二次供水设施改造等措施，从源头到龙头保障供水水质。开展高品质供水试点。原水方面，开展水库生态监测，同时通过水闸联合调度加速水体流动、投放鱼苗等手段强化水体自净能力、释放生态效应，并在上游来水水质波动时，利用多水源联动调度，实现水库避污蓄清、避咸蓄淡功能。水厂与输配方面，对供水全过程开展危害分析关键控制点研究（HACCP），评估南市水厂、输配水管网和二次供水小区现场风险点，提出整改方案和改进措施。监测与检测方面，根据水源地特征设置特色化原水监测指标，建立水厂全过程监测体系，并在输配水管网设置在线水质监测点、管网人工采样点，在居民小区设置水质在线监测点、小区人工采样点，致力于为用户提供高品质饮用水。

标准化管理，驱动供水可靠性。为从用户感受角度量化评估城市供水企业供水连续性与可靠性，上海城投水务集团主编了团体标准《城市供水系统用户端可靠性评价规程》T/CUWA 20060—2023，形成了一套架构合理、体系完整且可量化操作的供水可靠性评价体系，与 B-Ready 体系中公用事业服务可靠性评价考核要求相契合，为我国供水行业在迎接世界银行新一轮营商环境评价奠定了扎实的基础。上海水务主管部门基于团体标准，制定供水可靠性管制计划，其基本思路是引用团体标准中“用户平均计划停水时长”指标公式，剔除二次供水储水设施定期清洗及用户内部原因造成的供水中断，计算得到供水企业供水可靠率。其中，该方法要点在于“用户统计单位”的折算：上海选用平均售水量法计算大于 $DN20$ 的“表数-户数”折算系数，即为其在评价周期内的平均售水量与同一区域内 $DN20$ 水表的平均售水量之比。为提高供水可靠性，上海城投水务集团强化供水管网运行韧性，加强状态评估，建立预警机制；持续开展老旧供水管道更新改造，加强管网基础设施建设，保障运行安全；完善二次供水运营管理体系，保障城市供水的“最后一公里”。实现 2023 年供水可靠率达 99.99%，高于行业考核标准 95%。

低碳化运营，打造供水可持续性。上海城投水务集团从水厂泥渣管理、废水回用、“无废”水厂建设三方面着手，提升供水环境可持续性。完善水厂泥渣管理。持续做好水厂泥渣的规范化、减量化、资源化相关工作。按照地方标准《城镇供水厂泥渣处理处置技术规范》DB31/T 1432—2023 的要求，积极落实水厂泥渣检测、泥渣处理、泥渣堆放与运输、泥渣利用与处置等相关工作；进一步加强完善在线监测检测能力，稳步推进水厂泥渣深度脱水处理工艺项目落地实施；同时，积极探索拓展水厂泥渣资源化利用方向，目前水厂泥渣资源化利用途径主要为制砖、营养土和生物燃料。推进水厂生产废水回用。根据上海市供水调度监测中心关于《进一步加强本市自来水厂生产废水回用管理工作》的通知要求，并结合科研项目研究成果，在部分水厂试点推广生产废水回用技术，逐步积累回用水运行管理和水质保障工作经验，同时积极参与编制地方标准《给水厂生产废水回用通用技术要求》编制工作，为水厂实现生产废水回用提供规范化指导。试点南市“无废”水厂。积极响应上海市委市、市政府和上海城投水务集团关于无废建设工作要求，积极推进企业绿色转型。全力打造南市水厂“无废”示范水厂，探索精益化生产运行管理模式，以固体废物减量化、资源化和无害化为原则，秉持“生产洁净化、废物资源化、能源低碳化”的理念，通过在“源头—

过程—末端”生产全链条过程中利用清洁优化物料、能源结构绿色低碳、资源环境集约最优等管理和技术措施，协同增效持续推进环境友好型无废生产。

【案例】城投水务集团合作完成的“饮用水安全保障技术体系创建与应用”项目发明了“加密活区”净水及调光抑藻等生态型水源水质改善技术，攻克了嗅味、消毒副产物、耐氯生物、砷、氟等系列水质净化难题，创制了标准化装配式水厂及农村供水远程运维模式，实现了全场景水质监测系列装备首台套突破和自主可控，创建了从源头到龙头、分散到集中、监测到管控、城乡全覆盖的饮用水安全保障技术体系。成果应用于1431项工程、覆盖4500个公共供水厂，直接受益人口2.58亿人，服务人口7.2亿人，支撑城乡居民喝上“放心水”。该项目最终荣获2023年国家科学技术进步奖一等奖（图6-5）。

国家科学技术进步奖

证　书

为表彰国家科学技术进步奖获得者，特颁发此证书。

项目名称：饮用水安全保障技术体系创建与应用

奖励等级：一等

获 奖 者：上海城投水务（集团）有限公司

2024年6月

证书号：2023-J-231-1-01-D05

图6-5　国家科学技术进步奖证书

6.4　全渠道宣传公开透明

随着世界银行评估方式在原有的行为评价基础上引入“效果评价”，营商环境评估重点由前端服务供给延伸至客户端感知，推动供水企业不仅要“做得好”，还要让企业“看得到”，因此口碑宣传至关重要。

在供水工作稳定运营的基础上，上海城投水务集团根据“客户全方位”管理标准，结合世界银行营商环境新评估体系，开展供水宣传，提升信息公开广度与客户交互深度。一是广泛宣讲提升供水行业影响力。借助“政府开放月”“大咖聊营商”系列研讨会、专家座谈会等平台，围绕世界银行营商环境新评估指标，开展供水服务主题宣讲。聚焦高效免费的供水接入，高品质智慧的供水流程，便捷透明的供水服务，宣传供水企业服务亮点，提升社会知晓度。二是信息公开加强水务业务推广。以“企业官网为主，其他渠道为辅”的“1＋N”渠道模式，推进优化供水信息公开。企业官网新增政策直达栏目，展示供水接入、供水质量、水价调整等方面政策法规；设立信息公开和客户服务板块，公开水价、水质水压、计划停水、营业网点等信息；创建营商环境专栏，设立政策宣介、问答库、宣传栏、友情链接等板块，集中发布《2023

上海供水营商环境白皮书》等宣传材料。在962740供水热线智能语料库中更新营商环境问答，实现24h不间断为企业答疑解惑；通过公众号等线上渠道发布营商环境系列一图读懂及微视频；线下营业厅向接水企业发放白皮书及营商环境宣传册。

6.5 营商环境水务展望

“营商环境没有最好，只有更好”，优化供水营商环境是一项长期、持续的任务使命，基于政府要求和客户需求，上海城投水务集团将从三个维度不断深化营商环境工作。一是向数字智能方向发展。上海城投水务集团将不断完善数字平台，拓宽服务渠道，提升服务能级；借助数据资源，优化企业认证功能，助力企业用户享受更多线上服务；完善公共管线数据库，及时维护工程信息，提前告知影响范围用户。二是向绿色低碳方向发展。近年来，国家坚持和落实节水优先方针，出台《节约用水条例》等，且世界银行评估体系中也涉及节水指标，上海城投水务集团将积极落实阶梯水价和超定额累进加价等各类节水工作措施，提高水资源利用效率；提升智能表数据运用能力，加强漏损控制；提升废水回用水平，扩大再生水利用范围。三是向信用管理方向发展。为保持优质营商环境，不仅要确保向企业提供高质量服务，更要检验企业的市场准入资格。国家层面正加快推进信用立法，提升社会信用体系建设。上海城投水务集团将积极推进水费缴纳信息纳入征信系统，提升供水信用评价体系建设，提高信用数据效能。

上海城投水务集团将继续对标最高标准、最好水平以及高质量发展、高品质生活的要求，努力为上海建设具有世界影响力的社会主义现代化国际大都市提供优质的水务基础设施和公共服务，提升人民的幸福感和获得感。继续深化改革、锐意进取，全面打造市场化、法治化、国际化供水营商环境。

第 4 篇　水务行业调查与研究

本部分聚焦 2024 年度行业发展热点、难点和痛点。以城市节水、流域水源现状与应对策略为主线，收录了“贯彻落实《节约用水条例》推进城市节水高质量发展”“黄河流域水源、水质问题及对策”“珠江流域水源、水质问题及对策”“南水北调中线受水区城市供水安全保障对策”等 4 篇研究报告，以城镇排水高质量发展为主线，收录“城镇污水处理费价改革研究与展望”“德国排水介绍（一）——德国污染控制和排水系统管理相关调研报告”“德国排水介绍（二）——德国排水系统情况介绍和启示”等 3 篇研究报告。

第7章　贯彻落实《节约用水条例》推进城市节水高质量发展

7.1　背景

2024年3月9日，国务院公布《节约用水条例》（中华人民共和国国务院令 第776号），自2024年5月1日起正式施行。

城市节水是节约用水工作的重要领域。早在1988年11月30日，国务院批准并由建设部于1988年12月20日颁布了第一部具有法规意义的《城市节约用水管理规定》（建设部令 第1号），该规定于1989年1月1日起施行，对加强城市节约用水管理、保护和合理利用水资源、促进国民经济和社会发展发挥了重要作用。《节约用水条例》在系统总结多年来城市节约用水管理工作成果和经验的基础上，将城市节水一系列制度提升到法规高度，符合城市节水工作实际，为我国新形势下城市节约用水工作提供了顶层设计和根本遵循。

本章在探讨城市节水工作重要意义、历史沿革基础上，梳理了《节约用水条例》规定的城市节水系列制度设计，分析了相关制度的内涵等。

7.2　充分认识城市节水工作的重要性

7.2.1　节约资源是我国的基本国策，是维护国家资源安全、推进生态文明建设、推动高质量发展的一项重大任务

2019年4月28日，习近平主席在2019年中国北京世界园艺博览会开幕式上的讲话中指出："取之有度，用之有节"，是生态文明的真谛。我们要倡导简约适度、绿色低碳的生活方式，拒绝奢华和浪费，形成文明健康的生活风尚。生态文明建设是关系

每个人生活质量、关乎中华民族永续发展的根本大计，其真谛在于“取之有度，用之有节”。

2022年9月6日，习近平总书记在中央全面深化改革委员会第二十七次会议上的讲话中指出：要完整、准确、全面贯彻新发展理念，坚持把节约资源贯穿于经济社会发展全过程、各领域，推进资源总量管理、科学配置、全面节约、循环利用。节约资源是我国的基本国策，是维护国家资源安全、推进生态文明建设、推动高质量发展的一项重大任务。改革开放以来，我国社会经济发展取得了举世瞩目的成就，但在加速、快速工业化和城镇化过程中消耗了大量水资源，“高投入、高消耗、低产出”的粗放发展方式未得到彻底扭转，生产生活中水资源浪费现象仍然存在，高质量发展面临的水资源约束压力依然存在。

习近平总书记指出：推进中国式现代化，要把水资源问题考虑进去。进入新发展阶段，实现高质量发展、推动产业转型升级、更好满足美好生活需要，对水资源节约和高效利用提出了更高要求。

7.2.2 城市节水是落实“以水定城、以水定地、以水定人、以水定产”的必然选择

习近平总书记曾多次强调要坚持“以水定城、以水定地、以水定人、以水定产”（专栏7-1）。以水定城、以水定地、以水定人、以水定产，是以水资源作为城市发展最大的刚性约束，合理规划人口、城市和产业发展，坚定走绿色、可持续的高质量发展之路。

专栏7-1　习近平总书记多次强调要“以水定城、以水定地、以水定人、以水定产”

2014年2月，习近平总书记视察北京工作时指出：要坚持以水定需、量水而行、因水制宜，坚持以水定城、以水定地、以水定人、以水定产，全面落实最严格的水资源管理制度，不断强化用水需求和用水过程治理，使水资源、水生态、水环境承载能力切实成为经济社会发展的刚性约束；要深入开展节水型城市建设，使节约用水成为每个单位、每个家庭、每个人的自觉行动。

2014年3月，习近平总书记在中央财经领导小组第五次会议上指出：治水必须要有新内涵、新要求、新任务，坚持“节水优先、空间均衡、系统治理、两手发力”的思路，实现治水思路的转变。治水要良治，良治的内涵之一是要善用系统思维统筹水的全过程治理，分清主次、因果关系，找出症结所在。当前的关键环节是节水，从观念、意识、措施等各方面都要把节水放在优先位置。

2015年2月，习近平总书记在中央财经领导小组第九次会议上指出：保障水安全，关键要转变治水思路，按照“节水优先、空间均衡、系统治理、两手发力”的方针治水，统筹做好水灾害防治、水资源节约、水生态保护修复、水环境治理。

2017年10月，习近平总书记在中国共产党第十九次全国代表大会上的报告中指出：推进资源全面节约和循环利用，实施国家节水行动，降低能耗、物耗，实现生产系统和生活系统循环链接。

2019年9月，习近平总书记在河南主持召开黄河流域生态保护和高质量发展座谈会时指出：要坚持以水定城、以水定地、以水定人、以水定产，把水资源作为最大的刚性约束，合理规划人口、城市和产业发展，坚决抑制不合理用水需求，大力发展节水产业和技术，大力推进农业节水，实施全社会节水行动，推动用水方式由粗放向节约集约转变。

2020年11月，习近平总书记在江苏考察时指出：北方地区要从实际出发，坚持以水定城、以水定业，节约用水，不能随意扩大用水量。

2021年5月，习近平总书记在推进南水北调后续工程高质量发展座谈会上的重要讲话中指出：要建立水资源刚性约束制度，严格用水总量控制，统筹生产、生活、生态用水，大力推进农业、工业、城镇等领域节水。

2021年10月，习近平总书记在深入推动黄河流域生态保护和高质量发展座谈会上强调：现在随着生活水平的提高，打开水龙头就是哗哗的水，在一些西部地区也是这样，人们的节水意识慢慢淡化了。水安全是生存的基础性问题，要高度重视水安全风险，不能觉得水危机还很遥远。如果用水思路不改变，不大力推动全社会节约用水，再多的水也不够用。

2023年4月，习近平总书记在广东考察时指出：推进中国式现代化，要把水资源问题考虑进去，以水定城、以水定地、以水定人、以水定产，发展节水产业。

1. 水资源禀赋特点决定了城市节水必然性

水资源危机是一个全球问题。习近平总书记指出：水已经成为了我国严重短缺的产品，成了制约环境质量的主要因素，成了经济社会发展面临的严重安全问题。

我国水资源总量居世界第6位，但人均水资源量只有2000m^3左右，仅为世界平均水平的35%，是全球人均水资源最贫乏的国家之一，水资源短缺已经成为经济社会高质量发展的主要制约。按照联合国环境规划署对水资源禀赋状况划分标准，我国约有2/3的城市存在不同程度的缺水问题。我国城镇人口高度聚集、社会经济发展强度大，与水资源环境承载能力不相适应的矛盾十分突出。长期以来，城镇一直是人类生产、生活的重要空间载体，一直是我国经济发展、社会生产与消费、人口规模增长的重要空间载体，随着城镇人口不断增加、城镇化质量要求不断提高，必将对城镇提出更广泛、更高效的要求。水是支撑城镇经济社会发展不可或缺的基本要素，也必然需要继续挖掘城镇节水潜力、提升用水效率，才能够满足城镇化需求、为更多群众提高更多优质的水生态产品。

2. 城镇节水与社会经济发展密切相关

纵观我国城镇水务发展，从中华人民共和国成立初期起，我国城镇节水工作大致可分为以下三个阶段。

第一阶段是探索发展阶段（中华人民共和国成立初期到改革开放前）。这期间城市供水设施不足，用水基本需求难以满足，无法适应国家各项基本建设发展的需要。城市节水的目的是“弥补开源和供水设施不足”。

1949年末，我国常住人口城镇化率只有10.64%。1949年全国只有72个城市约900万人用上自来水，日供水能力仅240.6万m^3，供水管道长度6589km，污水处理厂仅4座，日处理能力4万m^3，排水管道6034km。到1978年，我国城市供水能力提高到2530万m^3/d；年供水量由不到10亿m^3提高到近80亿m^3；供水人口增加到6267万人；供水管道增加到35984km；污水处理厂增加到37座，日处理能力提高到64万m^3，排水管道增加到19600km。

第二阶段是快速发展阶段（20世纪80年代至2011年）。2011年末，常住人口城镇化率达到51.27%，工作和生活在城镇的人口比重超过了50%，比1978年末提高33.35个百分点，年均提高1.01个百分点。改革开放为国民经济发展带来活力，城市水短缺问题日益显现，城市面临水少、水脏的问题非常集中，基础设施短缺与资源短缺并存，资源性缺水与水质型缺水并存，“开源、节流与治污并重”的战略逐步形成，引导着城市节水工作。我国从20世纪70年代后期开始把厉行节约用水作为一项基本政策，1981年国家经济委员会、国家计划委员会、国家城市建设总局三部门发布《关于加强节约用水管理的通知》，1984年国务院印发《关于大力开展城市节约用水的通知》，推动节约用水尤其是城市节水摆上政府重要议程。1988年1月第六届全国人大常委会第二十四次会议通过《中华人民共和国水法》，提出国家实行计划用水，厉行节约用水，各级人民政府应当加强对节约用水的管理，各单位应当采用节约用水的先进技术，将节约用水的规定提升到国家法律层面。需要重点指出的是，1988年建设部出台《城市节约用水管理规定》，该办法由国务院批准，建设部1号令印发，这是我国第一部具有法规意义的城市节水制度，标志着我国城市节水初步纳入法制轨道，该制度的目的在于“加强城市节约用水管理，保护和合理利用水资源，促进国民经济和社会发展”。20世纪90年代，全国开始推进节水型城市建设。

进入21世纪，随着社会经济发展，环境污染破坏问题越来越突出，城镇污水处理设施建设走上快车道。到2011年，我国城市供水能力提高到约2.7亿m^3/d；年供水量提高到约513亿m^3；供水人口增加到约4.0亿人；供水管道增加到57万km；污水处理厂增加到1588座，日处理能力达到1.1亿m^3，排水管道增加到41万km。

第三阶段是提质发展阶段（2012年至今）。2012年，党的十八大提出“走中国特色新型城镇化道路”，我国城镇化开始进入以人为本、规模和质量并重的新阶段。党中央、国务院高度重视城市节水工作，2013年党中央、国务院召开第一次中央城镇化工作会议、2014年中央财经领导小组第四次会议、2014年《国家新型城镇化规划（2014-2020年）》、2015年召开中央城市工作会议、2016年《中共中央国务院关于进一步加强城市规划建设管理工作的若干意见》、2017年习近平在中国共产党第十九次全国代表大会上的报告、2022年习近平在中国共产党第二十次全国代表大会上的报告等，均对城市节水工作提出了新要求。

当前，我国城镇供水、污水处理能力已稳居世界前列。到2022年，我国城市供水能力提高到约3.2亿m^3/d；年供水量约为674亿m^3；供水人口、供水管道长度分别为约5.6亿人、110万km，较2011年底分别提高了约20%、92%；城市污水处理厂座数、日处理能力、排水管道长度分别达到2894座、2.2亿m^3、91万km，分别是2011年底的1.8倍、1.9倍、2.2倍。据统计，目前我国城镇年用水总量约占全国水资源总用量的12%，支撑了全国超60%城镇化率和近90%生产总值的用水。

新时代，城镇节水工作步入“量”与“质”并举、高质量发展阶段。在准确把握新发展阶段城镇节水内涵发生根本性转变的基础上，深入贯彻创新、协调、绿色、开放、共享新发展理念，加快构建新时代城镇节水新发展格局。

7.3　严格落实《节约用水条例》提出的城市节水系列重要制度

在看到城市节水成效的同时，也要清醒认识城市节水面临的挑战。极端气候的常态化，城市空间布局、规模与水资源环境承载能力不相适应，可能会继续加剧水资源紧缺和分布不均程度；基础设施欠账可能会引起新的水资源供需不平衡问题；社会各界对水资源重要性和紧缺性的认识依然不到位，仍然存在不良用水习惯、不良用水行为的现象。

《节约用水条例》的出台，正是体现了国家对城市节水工作的重视，体现了城市节水工作的重要性，其全面系统、精准发力、指导性强，明确了城市节约用水工作的主要要求和法律责任。城镇水务行业一定要深刻领会《节约用水条例》的立法主旨和重大意义，全面把握《节约用水条例》阐明的主要措施和工作要求，不折不扣地抓好《节约用水条例》的贯彻落实，将促进城市节约用水工作进一步走深走实、见行见效，推动依法治水工作再上新台阶，取得新进展！

《节约用水条例》提出了涉及各行各业各领域的系列节约用水制度，对于城市节水工作具有统领性、指导性意义。本章不论述总量控制、产品认证与水效标识管理、分区分类管控、水权等制度，仅就本书认为与城市节水直接密切相关的 15 项制度进行浅述。

7.3.1　关于节水型城市建设

1. 条款内容

“第二十九条　县级以上地方人民政府应当加强对城市建成区内生产、生活、生态用水的统筹，将节水要求落实到城市规划、建设、治理的各个环节，全面推进节水型城市建设。”

这一条，主要规定的是县级以上地方人民政府作为节水型城市建设的责任主体，并对如何全面推进节水型城市建设提出了要求。

2. 节水型城市建设的特点

建设节水型城市是落实“以水定城、以水定地、以水定人、以水定产”的具体体现，其具有覆盖广、链条长、反响大等特点。

（1）覆盖广，需要注重系统性。城市建成区内所有生产、生活、生态用水，都属于城市节水工作范畴。水是生命之源、生产之要、生态之基，三者之间密切关联、不可能割裂单独存在。城市建成区所有活动都离不开有效、优质水资源的支撑保障。因此，全面推进节水型城市建设需要县级以上地方人民政府加强对城市建成区内生产、生活、生态用水的统筹，建立行之有效的制度、科学合理的方法，从不同尺度、不同层面充分考虑，推动实现水资源在各项生产活动之间（如：A 工业用水排放至对水质要求低的 B 工业企业继续使用）、各类生态用水之间、各种生活用水之间（如：洗衣水用于冲厕等）以及“三生”之间的循环循序利用，提高水的循环利用效率，最大限度地减少城市取用新水量。

（2）链条长，需要注重精准性。城市社会经济发展需要科学地规划、建设、治理，节水要求应该落实到规划、建设、治理的各个环节中。一方面，对于城市建成区内各类设施，要从全寿命周期角度分析其用水特性，科学地通过前期规划、中期建设、后期管理来实现精准节水；另一方面，应全面掌握分析城市取水、供水、用水、排水现状，一张图明确各领域、各环节的用水特点，聚焦短板，用“绣花精神”实现节水精细化管理。

（3）反响大，需要注重人民性。城镇居民人数越来越多，居民素质越来越高，居民对美好城镇水务产品的需求也越来越强烈。城市节水应该从人民群众的角度出发，一方面，通过节水工作提升百姓的幸福感、获得感、安全感；另一方面，通过节水工作推动百姓从“要我节水”向“我要节水”转变，通过百姓将节水意识带到小区、厂房、商场、校园等各类载体，增强城市各方面节水主动性。

3. 国家节水型城市建设历程。

1996年12月建设部、国家经贸委、国家计委联合印发《节水型城市目标导则》。1998年3月，建设部印发《关于开展创建节水型城市试点工作的通知》，具体部署了节水型城市的试点工作。2001年3月，建设部、国家经贸委根据《国务院关于加强城市供水节水和水污染防治工作的通知》文件精神，联合下发《关于进一步开展创建节水型城市活动的通知》，第一次正式部署了节水型城市的创建工作，节水型城市的创建工作由此开始。

2002年建设部、经贸委联合组织了第一批节水型城市考核。以后每两年举行一次申报考核工作。2006年、2012年、2018年、2022年，住房城乡建设部、国家发展改革委先后4次根据党中央、国务院最新政策和城市节水工作发展趋势，对《节水型城市申报与考核办法》《节水型城市考核标准》进行了修订。截至2023年，全国已建成11批共145个国家节水型城市，充分发挥了示范、标杆引领作用，探索形成了系列可复制、可推广的城市节水新模式、新机制，以点带面促进城市节水高质量发展。

4. 节水型城市建设目标与内容。

（1）建设目标。节水型城市建设体现的是城市水务综合管理水平与效能的提升。创建节水型城市不是一时任务，创建是目的，更是一种手段。通过创建节水型城市，来建立一支强有力的队伍，队伍有懂节水、爱节水、扎根节水工作的人才；通过创建节水型城市，来制定一套切实可行的制度，制度可以使节水工作规范有序；通过创建节水型城市，来形成一批可复制的典型案例，案例可以带动相关单位、企业、居民主动开展节水行动。有了稳定的队伍、有了科学的制度、有了成功的案例，城市节水工作才能实现可持续发展。

（2）建设内容。专栏7-2介绍了国家节水型城市申报条件与评选标准，详细内容可参考住房城乡建设部、国家发展改革委印发的《国家节水型城市申报与评选管理办法的通知》。

专栏7-2　国家节水型城市申报条件与评选标准

一、申报条件

共9项，都属于一票否决项。

1. 城市节水法规政策健全。有城市节约用水，水资源管理，供水、排水、用水管理，地下水保护，非常规水利用方面的地方性法规、规章和规范性文件。

2. 城市节水管理主管部门明确，职责清晰，人员稳定，日常节水管理规范。推动落实各项节水制度，开展全国城市节水宣传周以及日常的节水宣传，开展城市节水的日常培训等。

3. 建立城市节水统计制度。有用水计量与统计管理办法，或者关于城市节水统计制度批准文件，城市节水统计至少开展2年以上。

4. 建立节水财政投入制度。有稳定的年度节水财政投入，能够支持节水基础管理、节水设施建设与改造、节水型器具推广、节水培训以及宣传教育等活动的开展。

5. 城市节水制度健全。有计划用水与定额管理、节水"三同时"、污水排入排水管网许可、取水许可、城市节水奖惩等具体制度或办法并实施；居民用水实行阶梯水价，非居民用水实行超定额累进加价；有关于特种行业用水管理、鼓励再生水利用等的价格管理办法。

6. 编制并有效实施城市节水规划。城市节水中长期规划由具有相应资质的机构编制，并经本级政府或上级政府主管部门批准实施。编制海绵城市建设规划，出台海绵城市规划建设管控相关制度，将海绵城市建设要求落实到城市规划建设管理全过程。

7. 推进智能化供水节水管理。建立城市供水节水数字化管理平台，能够支持节水统计、计划用水和超定额管理。

8. 申报国家节水型城市，须通过省级住房和城乡建设、发展改革（经济和信息化、工业和信息化，下同）主管部门预评选满1年（含）以上。

9. 近3年内（申报当年及前两年自然年内，下同）未发生城市节水、重大安全、污染、破坏生态环境、破坏历史文化资源等事件，未发生违背城市发展规律的破坏性"建设"等行为，未被省级以上人民政府或住房和城乡建设主管部门通报批评。近3年内受到城市节水方面相关媒体曝光，并造成重大负面影响的，自动取消参评资格。

二、评选标准

包括3大类20项指标。

第一类生态宜居，包括城市可渗透地面面积比例、自备井关停率、城市公共供水管网漏损率、城市水环境质量、城市居民人均生活用水量、节水型居民小区覆盖率等6项指标；

第二类安全韧性，包括用水总量、万元工业增加值用水量、再生水利用率、居民家庭一户一表率、节水型生活用水器具市场抽检合格率、非居民单位计划用水率、节水型单位覆盖率、工业用水重复利用率、工业企业单位产品用水量、节水型企业覆盖率等10项指标；

第三类综合类，包括万元地区生产总值用水量、节水资金投入占比、水资源税（费）收缴率、污水处理费（含自备水）收缴率等4项指标。

7.3.2　关于城市节水规划

1. 条款内容

"第六条　县级以上人民政府应当将节水工作纳入国民经济和社会发展有关规划、

年度计划，加强对节水工作的组织领导，完善并推动落实节水政策和保障措施，统筹研究和协调解决节水工作中的重大问题。

第十条　国务院有关部门按照职责分工，根据国民经济和社会发展规划、全国水资源战略规划编制全国节水规划。县级以上地方人民政府根据经济社会发展需要、水资源状况和上级节水规划，组织编制本行政区域的节水规划。

节水规划应当包括水资源状况评价、节水潜力分析、节水目标、主要任务和措施等内容。

以上条款主要规定的是国务院有关部门应按照职责分工编制全国节水规划、县级以上地方人民政府要组织编制本行政区域节水规划，并提出了节水规划的主要内容。

城市节水规划直接影响城市节水工作的开展，编制城市节水规划的目的就是从全局出发，统筹兼顾地提出切实可行的城市节水目标和节水措施。2022 年，中国水协组织编制出版的《城市节水规划标准》T/CUWA 30052—2022，对如何编制城市节水规划进行了详细阐述。

2. 编制原则

城市节水规划应坚持因地制宜和“四定”的原则。

因地制宜就是根据城市不同水资源禀赋和承载力水平，制定不同的规划目标，实施不同的规划措施。每个地区、每个城市都有自己的水资源状况、产业布局特点、用水习惯、发展需求等，不能一味照搬国家或其他城市的节水政策和措施，应该结合当地水资源特点、气候条件等因素综合判断和选择，强调因地制宜、分类指导、实事求是，制定符合、适合当地经济发展实际的节水规划。这与条例“第三条　节水工作应当坚持中国共产党的领导，贯彻总体国家安全观，统筹发展和安全，遵循统筹规划、综合施策、因地制宜、分类指导的原则，坚持总量控制、科学配置、高效利用，坚持约束和激励相结合，建立政府主导、各方协同、市场调节、公众参与的节水机制”相一致。

“四定”即以水定城、以水定地、以水定人、以水定产，就是要把水资源承载力作经济社会发展的刚性约束条件，合理规划人口、城市和产业发展，落实习近平总书记所强调的“有多少汤泡多少馍”。

3. 编制步骤

第一步，评价当地水资源及其开发利用现状。包括水资源禀赋与承载力、城市供排水现状、城市用水现状、城市节水措施及节水水平现状等评价内容。其中，水资源禀赋评价内容包括缺水程度、开发利用强度、缺水风险等内容；水资源承载力评价内容包括计算可承载人口最大规模、承载力等级划分；城市供水排水现状评价内容包括城市供水工程、污水收集处理及再生利用工程、城市雨水排水及收集利用工程、城市施工降水工程及其他水源工程评价；城市用水现状评价内容包括城市总用水、生态用水、公共设施服务用水、居民生活用水、服务业用水、工业生产运营用水评价；城市节水措施与节水水平现状评价内容包括既有节水规划、已采取或正在采取的各类工程节水措施与非工程节水措施等。

第二步，分析当地水资源供需平衡。包括供水量分析与预测、需水量分析与预测、节水潜力分析、供需平衡分析与节水方案。

第三步，提出当地规划目标。城市节水规划目标应具有前瞻性、可达性，明确取水总量、用水强度、水资源承载力，并提出各规划水平年生态用水量、居民日均生活用水量、各产业用水效率要求等。

第四步，提出当地节水措施。节水措施包括管理制度、水价政策、宣传教育等非工程措施，还包括管网漏损控制、非常规水资源回用等工程性措施，各种节水措施应明确实施范围、实施期限，并宜对资金投入和节水潜力进行估算。

4. 效果预评估

规划实施效果预评估应包括规划节水措施实施成本估算和实施效益分析，并宜包括实施障碍和可能造成的环境影响。实施效益应包括经济效益、社会效益和生态环境效益，可按城市、供水排水单位和用水户不同层面分别分析。

7.3.3　关于用水定额

1. 条款内容

“第十一条　国务院水行政、标准化主管部门组织制定全国主要农作物、重点工业产品和服务业等的用水定额（以下称国家用水定额）。组织制定国家用水定额，应当征求国务院有关部门和省、自治区、直辖市人民政府的意见。

省、自治区、直辖市人民政府根据实际需要，可以制定严于国家用水定额的地方用水定额；国家用水定额未作规定的，可以补充制定地方用水定额。地方用水定额由省、自治区、直辖市人民政府有关行业主管部门提出，经同级水行政、标准化主管部门审核同意后，由省、自治区、直辖市人民政府公布，并报国务院水行政、标准化主管部门备案。

用水定额应当根据经济社会发展水平、水资源状况、产业结构变化和技术进步等情况适时修订。”

这一条，主要规定的是用水定额的制定责任主体、制定程序、制定原则。

2. 城市居民生活用水定额

2023 年 7 月 30 日，住房城乡建设部发布《城市居民生活用水量标准》GB/T 50331—2002 局部修订条文的公告，自 2023 年 11 月 1 日起实施。

该标准参照美国、西班牙、澳大利亚、日本、德国、新加坡等国家对居民生活用水量实施阶梯管理的办法，确定了我国城市居民生活用水量分级。分级用水量的制定原则，既坚持以人为本，又兼顾资源节约和生态环境保护。一是保基本，一级用水量（表 7-1）体现以人为本，保障居民文明生活水准的基本用水需求来确定，上限值（取决于当地人均水资源量）分别为 105m^3/（人・d）、110m^3/（人・d）、120m^3/（人・d）、130m^3/（人・d），基本覆盖 60％～70％户数；二是允合理，二级用水量以资源节约、生态环境保护和抑制浪费为前提，同时兼顾在水资源禀赋允许的状况下，在充分考虑水资源状况对生活习惯的影响，满足居民生活质量改善和提高所需的合理用水量，上限值（取决于当地人均水资源量）分别为 160m^3/（人・d）、200m^3/（人・d）、240m^3/（人・d）、260m^3/（人・d），基本覆盖 80％～90％户数；三是抑浪费，超过二级用水量可视为过度消费现象，应该利用各种政策制止或减少此类行为发生。因此，该标准对城市居民生活用水量指标分为两级三档，分别对应《城镇供水价格管理办法》阶梯水量的一级和二级。

城市居民生活用水量标准 **表 7-1**

人均水资源量[m^3/(人・a)]	一级用水量上限值[L/(人・d)]	二级用水量上限值[L/(人・d)]
≤500	105	160
>500 且≤1000	110	200
>1000 且≤1700	120	240
>1700	130	260

《城市居民生活用水量标准》GB/T 50331—2002 作为城市居民生活用水定额的国家标准，可科学指导各地开展城镇供水排水工程规划建设、合理确定城镇居民家庭用水量、支撑阶梯水价机制的实施落地等，有利于精细化管理城市居民生活用水量、保障居民正常生活用水、不降低居民生活品质，也有助于推进城市节水工作，对于促进城市居民合理用水、节约用水，鼓励节水型产品、器具的研制、生产和使用，提升水

资源利用效率，推动用水方式由粗放低效向节约集约转变具有重要作用。

3. 非居民用水定额

非居民用水定额是指非居民用水户单位产品、单位面积等所需要的用水量，主要用于衡量和规范非居民用水户的用水量、用水效率，确保水资源的合理利用。

根据住房城乡建设部《城乡建设统计年鉴（2022年）》，全国城市非居民用水量约占城市供水总量的58.58%，各省（自治区、直辖市）城市非居民用水量占城市供水总量之比见表7-2。城市非居民用水户种类繁杂、用水量比重大，各地方应结合实际情况，依据国家或地方非居民用水定额，加强非居民用水管理，提升城市节水综合效能。

各省（自治区、直辖市）城市非居民用水量占城市供水总量之比　　表7-2

序号	省(自治区、直辖市)	城市非居民用水量占城市供水总量比例(%)
1	北京	54.40
2	天津	62.22
3	河北	56.18
4	山西	47.84
5	内蒙古	65.72
6	辽宁	66.87
7	吉林	64.58
8	黑龙江	64.99
9	上海	59.40
10	江苏	66.95
11	浙江	60.20
12	安徽	60.89
13	福建	55.97
14	江西	53.82
15	山东	64.67
16	河南	52.24
17	湖北	55.90
18	湖南	54.77
19	广东	58.91
20	广西	48.98
21	海南	41.82
22	重庆	56.89
23	四川	50.19
24	贵州	47.61

续表

序号	省(自治区、直辖市)	城市非居民用水量占城市供水总量比例(%)
25	云南	51.54
26	西藏	54.85
27	陕西	47.14
28	甘肃	56.27
29	青海	69.38
30	宁夏	73.07
31	新疆	61.90

7.3.4　关于计划用水管理

1. 条款内容

"第十二条　县级以上地方人民政府水行政主管部门会同有关部门，根据用水定额、经济技术条件以及水量分配方案、地下水控制指标等确定的可供本行政区域使用的水量，制定本行政区域年度用水计划，对年度用水实行总量控制。

第十三条　国家对用水达到一定规模的单位实行计划用水管理。

用水单位的用水计划应当根据用水定额、本行政区域年度用水计划制定。对直接取用地下水、地表水的用水单位，用水计划由县级以上地方人民政府水行政主管部门或者相应流域管理机构制定；对使用城市公共供水的用水单位，用水计划由城市节水主管部门会同城市供水主管部门制定。

用水单位计划用水管理的具体办法由省、自治区、直辖市人民政府制定。"

以上条款主要规定的是要对达到一定规模的单位实行计划用水管理，明确规定对使用城市公共供水的用水单位，用水计划由城市节水主管部门会同城市供水主管部门制定。

2. 加强使用城市公共供水非居民用户的计划用水管理

城市节水主管部门应会同城市供水主管部门做好用水计划制定工作，尤其是对于使用城市公共供水的城市非居民用户用水管理，关键是抓好用水大户，科学确定用水大户的计划用水额度，并将其与超定额累进加价、超计划加价制度联合使用。以南方某市为例，其自20世纪80年代以来一直持之以恒地执行非居民用水超计划累进加价制度，实行计划用水管理的非居民用水户约7135户，大部分为月用水量超过1000m^3的用水大户；其主管部门按照职责分工，每半年一次下达月度用水计划，每两个月核算一次、超计划用水实行 1～3 倍累进加价收费。计划用水制度的长期有效实施，有力地推动了该市的城市节水工作不断向前发展。

7.3.5　关于水价制度

1. 条款内容

“第十四条　用水应当计量。对不同水源、不同用途的水应当分别计量。

县级以上地方人民政府应当加强农业灌溉用水计量设施建设。水资源严重短缺地区、地下水超采地区应当限期建设农业灌溉用水计量设施。农业灌溉用水暂不具备计量条件的，可以采用以电折水等间接方式进行计量。

任何单位和个人不得侵占、损毁、擅自移动用水计量设施，不得干扰用水计量。

第十五条　用水实行计量收费。国家建立促进节水的水价体系，完善与经济社会发展水平、水资源状况、用水定额、供水成本、用水户承受能力和节水要求等相适应的水价形成机制。

城镇居民生活用水和具备条件的农村居民生活用水实行阶梯水价，非居民用水实行超定额（超计划）累进加价。

农业水价应当依法统筹供水成本、水资源稀缺程度和农业用水户承受能力等因素合理制定，原则上不低于工程运行维护成本。对具备条件的农业灌溉用水，推进实行超定额累进加价。

再生水、海水淡化水的水价在地方人民政府统筹协调下由供需双方协商确定。”

以上条款主要规定的是水价制度。

2. 水价历史沿革

合理有序的城镇供水价格政策是保障城市供水企业健康可持续发展的基本保证、是保障城市供水服务的基本前提，其直接影响企业的经济效益，进而影响企业的生存、发展以及服务效率和能力。从 1998 年《城市供水价格管理办法》起，国家相关部委提出了一系列有利于城市供水行业发展的价格政策，包括 2020 年 12 月 23 日，国务院办公厅转发国家发展改革委、财政部、住房城乡建设部、市场监管总局、国家能源局《关于清理规范城镇供水供电供气供暖行业收费促进行业高质量发展意见的通知》；2021 年 8 月 3 日，国家发展改革委、住房城乡建设部联合印发《城镇供水价格管理办法》《城镇供水定价成本监审办法》。从各地落实城镇水价政策制度的情况来看，部分城市落实较到位，行业内可加强交流学习。

2024年6月25日，国家发展改革委、水利部、工业和信息化部、住房城乡建设部、农业农村部联合印发《关于加快发展节水产业的指导意见》，提出要全面实行非居民用水超定额累进加价和居民生活用水阶梯水价制度，合理确定阶梯水量。

2024年7月18日中国共产党第二十届中央委员会第三次全体会议通过的《中共中央关于进一步全面深化改革、推进中国式现代化的决定》，提出要推进水、能源、交通等领域价格改革，优化居民阶梯水价、电价、气价制度，完善成品油定价机制，到2029年时完成改革任务。

2024年7月31日，中共中央、国务院印发的《关于加快经济社会发展全面绿色转型的意见》，提出要完善居民阶梯水价、非居民用水及特种用水超定额累进加价政策。

3. 居民阶梯水价

2002年4月1日，国家计委、财政部、建设部、水利部、环保总局联合印发《关于进一步推进城市供水价格改革工作的通知》，要求各地对城市居民生活用水实行阶梯式计量水价。2013年12月31日，国家发展改革委、住房城乡建设部联合印发《关于加快建立完善城镇居民用水阶梯价格制度的指导意见》，要求各地加快建立完善居民阶梯水价制度，要以保障居民基本生活用水需求为前提，以改革居民用水计价方式为抓手，通过健全制度、落实责任、加大投入、完善保障等措施，充分发挥阶梯价格机制的调节作用，促进节约用水，提高水资源利用效率。各地陆续发布阶梯水价实施细则，取得一定效果。

阶梯水价的实施关键在于阶梯水量的合理确定。当前部分地方阶梯水量设置不合理，尤其是第一阶梯水量过大，导致阶梯水价难以充分发挥其对节约用水的促进作用。如“2.3.2城市居民生活用水定额”所述，《城市居民生活用水量标准》GB/T 50331—2002将城市居民生活用水量指标分为两级，分别对应《城镇供水价格管理办法》阶梯水量的一级和二级。2021年，国家发展改革委、住房城乡建设部联合发布的《城镇供水价格管理办法》明确要求，各地应结合本地实际情况，参考《城市居民生活用水量标准》GB/T 50331—2002，尽快修订当地阶梯水量规定，科学实施居民阶梯水价制度。

4. 非居民超定额累进加价

2017年10月，国家发展改革委、住房城乡建设部联合印发《关于加快建立健全城镇非居民用水超定额累进加价制度的指导意见》，要求各地建立健全非居民用水超定额累进加价制度，要以严格用水定额管理为依托，以改革完善计价方式为抓手，通过健全制度、完善标准、落实责任、保障措施等手段，提高用水户节水意识，促进水资源节约集约利用和产业结构调整。

各地实施进展情况不一，这里以两个例子供参考。

如A城市。其将非居民用水超定额累进加价的用水量分为四档：第一档为定额内（含）用水，按照价格主管部门公布的非居民用户供水价格标准执行；第二档为超定额20%（含）以内的用水，除正常缴纳水费外，按照供水价格标准的0.5倍加收水费；第三档为超定额20%～50%（含）的用水，除正常缴纳水费外，按照基准供水价格的1倍加收水费；第四档为超定额50%以上的用水，除正常缴纳水费外，按照基准供水价格标准的2倍加收水费。

如B城市。其针对超定额累进加价、超计划加价作出不同规定。水量考核依据方面，超计划加价以用水计划指标作为考核依据，超定额累进加价以定额用水量作为考核依据。收费主体和管理方式方面，超计划加价收费收入属于行政事业性收费，超定额累进加价收费收入属于经营服务性收费，收费主体由主管部门调整为水务集团；计费周期方面，超计划加价以两个月为一个考核周期，超定额累进加价以年为一个计算周期，超定额累进加价费从超过年用水额度的月份开始收取。

5. 国外案例

关于水价制度，简单介绍几个国外案例，供参考。一是美国供水协会推介的美国经验。制定统一的用水定额，但供水水价分为多级，即用水量低于用水定额70%的部分实行半价，用水量高于用水定额1.2倍的部分进行分级加价，这种做法有利于对低收入群体实施优惠政策，同时也鼓励节水行为。二是在西班牙的萨拉戈萨和马德里，如果当年用水量显著低于上一年度，可以享受低至10%的水费折扣；在西班牙的塞维利亚，如果家庭的人均月用水量低于$3m^3$/月，则享受第一阶梯水价26%的折扣。三是以色列水务管理者认为，低价必会增加使用量，从而带来更大风险的水危机。以色列在制定与水资源相关的税价政策方面，遵循一个原则，即所有的服务都要基于实际发生成本并完全收回成本。以色列向人民承诺，收取的所有水费将全部用于国家水基础设施的建设运营上，不允许任何人挪作他用，否则将受到国家水务局的惩罚。2010年，以色列水价平均上涨了40%，水价上涨后，无论是用水量最大的农业，还是工业、生活用水，用水量都有明显减少，消费者们很快找到了适合于自己的节约用水方式，所节约的水资源量几乎是当局者多年来通过宣传教育活动而节约的水量的

2倍。因此，以色列水务管理者认为，价格是最有效的节水激励措施。

7.3.6 关于节水三同时制度

1. 条款内容

“第十九条　新建、改建、扩建建设项目，建设单位应当根据工程建设内容制定节水措施方案，配套建设节水设施。节水设施应当与主体工程同时设计、同时施工、同时投入使用。节水设施建设投资纳入建设项目总投资。”

这一条，主要规定的是节水“三同时”制度。

2. 配套建设节水设施

建设项目要配套建设节水设施，各地应因地制宜提出节水设施的具体要求。

如某城市的建设项目节约用水管理办法明确规定：规划用地面积2万m^2以上的新建建筑配套建设雨水净化、渗透和收集利用设施，建筑面积3万m^2以上的宾馆、饭店以及建筑面积10万m^2以上的校园、居住区及其他民用建筑配套建设中水或者雨水利用设施。每1万m^2建设用地宜建设不小于$100m^3$的雨水调蓄池，路幅超过70m的道路两侧逐步配套建设雨水蓄水设施。

3. 落实到各审查环节

“三同时”制度的实施，要利用建设用地规划许可、施工图设计审查环节落实好同时设计工作；要利用建设项目施工、监理等管理环节落实好同时施工工作；要利用竣工验收、资料档案备案等环节落实好同时投产工作。

7.3.7 关于城市节水标准体系

1. 条款内容

“第二十一条　国家建立健全节水标准体系。

国务院有关部门依法组织制定并适时修订有关节水的国家标准、行业标准。

国家鼓励有关社会团体、企业依法制定严于国家标准、行业标准的节水团体标准、企业标准。”

这一条，主要规定的是节水标准体系。

2. 城市节水标准体系

当前，城市节水已经有一整套较完整的标准体系，包括国家标准、行业标准、团体标准。这里提供三个标准供读者参考，一是《城市节水评价标准》GB/T 51083—

2015；二是《节水型生活用水器具》CJ/T 164—2014；三是上文提到的《城市节水规划标准》T/CUWA 30052—2022。城市节水相关标准还有很多，不在此赘述。

7.3.8　关于节水信息统计调查

1. 条款内容

“第二十二条　国务院有关部门依法建立节水统计调查制度，定期公布节水统计信息。”

这一条，主要规定的是节水信息统计调查。

2. 城市节水统计是开展节水工作的基础性工作

条例规定的责任主体是国务院有关部门，但各地应将清晰准确的城市节水信息统计作为开展各项城市节水工作的基础。国家节水型城市中有很多典型的好经验，通过信息数据的梳理发现问题，进而找到科学的解决路径措施。

7.3.9　关于城市供水管网漏损控制

1. 条款内容

“第三十条　公共供水企业和自建用水管网设施的单位应当加强供水、用水管网设施运行和维护管理，建立供水、用水管网设施漏损控制体系，采取措施控制水的漏损。超出供水管网设施漏损控制国家标准的漏水损失，不得计入公共供水企业定价成本。

县级以上地方人民政府有关部门应当加强对公共供水管网设施运行的监督管理，支持和推动老旧供水管网设施改造。”

这一条，主要规定的是要加强管网漏损控制，包含三个方面的含意，一是政府要支持，二是企业要主动，三是以水价政策实现奖惩。

2. 企业要加强管网漏损控制

加强管网漏损控制就是要建立漏损控制体系，科学的方法是开展城市供水管网分区计量管理。分区计量管理就是根据城市供水管网覆盖范围，将整个城镇公共供水管网划分成若干个供水区域，对各个区域进行流量、压力、水质和漏点监测，实现供水管网漏损分区量化及有效控制的精细化管理模式；此管理模式将供水管网划分为逐级嵌套的多级分区，形成涵盖出厂计量—各级分区计量—用户计量的管网流量计量传递体系。通过监测和分析各分区的流量变化规律，评价管网各区域内部及区域之间流量变化情况并及时作出反馈，将管网漏损监测、控制工作及其管理责任分解到各分区，统筹水量计量与水压调控、水质安全与设施管理、供水管网运行与营业收费管理，实现供水的网格化、精细化管理，进而降低管网漏损率，提升供水安全保障能力。

3. 价格激励，提高企业积极性

《城镇供水定价成本监审办法》规定，漏损率原则上按照现行行业标准《城镇供水管网漏损控制及评定标准》CJJ 92 确定的一级评定标准计算，漏损率高于一级评定标准的，超出部分不得计入成本。也就是说，现行行业标准《城镇供水管网漏损控制及评定标准》CJJ 92 确定了一级评定标准，漏损率不得超过 10%。当城市供水管网漏损率高于一级评定标准的，超出部分不得计入成本，当城市供水管网漏损率低于 10%时，按 10%进入成本。这避免了“鞭打快牛”，有利于提高城市供水企业开展漏损控制的积极性。

4. 政府应给予支持

老旧供水管网工作涉及面广、工作复杂，资金投入大、工程量大，县级以上地方人民政府有关部门应当切实履行责任，加强监督管理，支持和推动老旧供水管网改造。

7.3.10 关于公共建筑与公共机构节水（节水器具）

1. 条款内容

“第三十一条　国家把节水作为推广绿色建筑的重要内容，推动降低建筑运行水耗。

新建、改建、扩建公共建筑应当使用节水器具。

第三十二条　公共机构应当发挥节水表率作用，建立健全节水管理制度，率先采用先进的节水技术、工艺、设备和产品，开展节水改造，积极建设节水型单位。”

以上条款主要规定的是公共建筑与公共机构节水。

2. 要大力普及推广节水器具

对于新建、改建、扩建项目，要严格按照节水“三同时”要求，确保全部使用带有节水水效标识的节水器具；同时采取各种措施鼓励、引导既有建筑更换节水器具。

3. 要发挥公共机构的积水表率作用

公共机构属于城市居民公共活动空间，比如商场、医院、学校等，其带动效应强，尤其是对于用水量大的公共机构，建立健全节水管理制度，应主动开展水平衡测试或水量平衡分析，健全总表和分表的匹配与分析机制，适时增设二级或三级水表的改造，率先采用先进的节水技术、工艺、设备和产品，开展节水改造，积极建设节水型单位。

7.3.11　关于城镇园林绿化用水

1. 条款内容

“第三十三条　城镇园林绿化应当提高用水效率。

水资源短缺地区城镇园林绿化应当优先选用适合本地区的节水耐旱型植被，采用喷灌、微灌等节水灌溉方式。”

这一条，主要规定的是园林绿化用水节水。

2. 绿化用水效率

以色列的经验可以借鉴。在以色列的城市绿化带，以色列人对每一棵植物都精心照料，将滴灌管道与传感技术结合，根据植物根部的湿度来设定补水时间、补水量，让每一滴水的作用都发挥到极致。

7.3.12　关于污水资源化利用

1. 条款内容

“第三十五条　县级以上地方人民政府应当统筹规划、建设污水资源化利用基础设施，促进污水资源化利用。

城市绿化、道路清扫、车辆冲洗、建筑施工以及生态景观等用水，应当优先使用符合标准要求的再生水。”

这一条，主要规定的是城镇污水资源化利用，并明确其责任主体是县级以上地方人民政府。

2. 污水资源化助力城市水资源循环循序利用

污水资源化利用是指污水经无害化处理达到特定水质标准，作为再生水替代常规水资源，用于工业生产、市政杂用、居民生活、生态补水、农业灌溉、回灌地下水等，以及从污水中提取其他资源和能源，对优化供水结构、增加水资源供给、缓解供需矛盾和减少水污染、保障水生态安全具有重要意义。目前，我国污水资源化利用尚处于起步阶段，发展不充分，利用水平不高，与建设美丽中国的需要还存在不小差距。我国各地区水资源分布不均，应根据经济发展水平、水环境容量和敏感性、再生水利用需求等，科学确定污水处理厂和再生水厂规模、布局、处理标准、使用场景等。

以北京市为例，其作为一座超大城市，水资源短缺一直是北京的基本市情水情。污水再生利用是北京“精打细算”解决水资源短缺问题的有效途径。2023 年，北京再生水利用量已达到 12.77 亿 m^3，占总用水量比例已经超过 30%，创历史新高，再生水已成为北京稳定可靠的“第二水源”。

7.3.13 关于海绵城市建设

1. 条款内容

“第三十六条　县级以上地方人民政府应当推进海绵城市建设，提高雨水资源化利用水平。

开展城市新区建设、旧城区改造和市政基础设施建设等，应当按照海绵城市建设要求，因地制宜规划、建设雨水滞渗、净化、利用和调蓄设施。”

这一条，主要规定的是县级以上地方人民政府是推进海绵城市建设的责任主体，对如何推进海绵城市建设提出了要求，将海绵城市建设上升到法规高度。

2. 推进海绵城市建设常态化

2013 年，习近平总书记在中央城镇化工作会议上，针对中国城镇化过程中出现的城市病，尤其是城市水少、水脏、水淹等直接影响到城镇化建设质量和居民美好生活品质的资源环境与灾害问题，提出了在提升城市排水系统时要优先考虑把有限的雨水留下来，优先考虑更多利用自然力量排水，建设自然积存、自然渗透、自然净化的“海绵城市”。随后，京津冀协同发展座谈会、中央财经领导小组第 5 次会议、中央城市工作会议等会议，也都强调要建设海绵城市。

建设海绵城市是统筹发挥自然生态功能和人工干预功能（即灰绿结合、蓝绿融合），有效控制雨水径流，实现自然积存、自然渗透、自然净化的城市发展模式，有利于修复城市水生态、涵养水资源、改善水环境、加强城市排水防涝能力，提高新型城镇化质量，促进人与自然和谐共生。近十年来，根据《国务院办公厅关于推进海绵城市建设的指导意见》总体部署，按照住房城乡建设部工作安排，我国海绵城市建设从试点走向示范，取得了显著成效，海绵城市建设作为一种现代城市发展理念和城市建设转型理念已经深入人心。

各地应坚持问题导向和目标导向，持之以恒、久久为功，将海绵城市建设作为转变城市韧性发展方式、应对城市水危机的重要抓手，推进海绵城市建设常态化。

7.3.14　关于海水淡化水

1. 条款内容

“第三十七条　沿海地区应当积极开发利用海水资源。

沿海或者海岛淡水资源短缺地区新建、改建、扩建工业企业项目应当优先使用海水淡化水。具备条件的，可以将海水淡化水作为市政新增供水以及应急备用水源。”

这一条，主要规定的是海水淡化水的利用。

2. 科学评估海水淡化水进入市政管网的可行性

海水淡化水是重要的战略水资源储备，也是沿海缺水地区潜在可利用水资源。发展海水淡化产业，对推动保障水资源可持续利用具有重要意义。然而，海水淡化水进入市政供水系统的相应评价方法和标准规范尚不完善，尤其是现有市政供水管网已形成稳定垢层的情况，海水淡化水进入市政管网前应进行充分的评估论证，确保城镇供水管网系统稳定和居民百姓用水安全。

7.3.15　关于城市节水宣传

1. 条款内容

“第九条　国家加强节水宣传教育和科学普及，提升全民节水意识和节水技能，促进形成自觉节水的社会共识和良好风尚。

国务院有关部门、县级以上地方人民政府及其有关部门、乡镇人民政府、街道办事处应当组织开展多种形式的节水宣传教育和知识普及活动。

新闻媒体应当开展节水公益宣传，对浪费水资源的行为进行舆论监督。”

这一条，主要规定的是要加强节水宣传。

2. 节水宣传工作的重要性

2014 年 3 月，习近平总书记在中央财经领导小组第五次会议上的讲话中指出：要大力宣传节水和洁水观念。树立节约用水就是保护生态、保护水资源就是保护家园的意识，营造亲水、惜水、节水的良好氛围，消除水龙头上的浪费，倡导节约每一滴水，使爱护水、节约水成为全社会的良好风尚和自觉行动。

为了提高城市居民节水意识，从 1992 年开始，每年 5 月 15 日所在的那一周为“全国城市节水宣传周”。每年各个城市通过开展系列活动，有助提高城市各领域对节水工作重要现实意义和长远战略意义的认识，有助于提高城市节水综合水平。作为城市节水工作的重要内容之一，目前已连续 32 年举办“全国城市节约用水宣传周”活动。

3. 做好城市节约用水宣传

一方面，抓准宣传对象。最好的节水宣传是从娃娃抓起，并让孩子将节水理念带入家庭，进而教给父母。让慢慢长大的孩子都从学校获得深刻的节水教育，将城市水危机的现实带入校园，让学生们从小对水资源抱有敬意。孩子带入家庭的节水理念，将通过每个父母带到工作岗位、带到社会活动中，进而形成良好的节水氛围。另一方面，抓好宣传内容。既要宣传水资源紧迫性，宣传城镇节水工作的重要意义，使老百姓认识到挖掘城镇节水潜力、提升用水效率、提高优质水生态产品供给水平和供给能力的重要性。又要宣传实用的节水技巧与方法、提供实用的节水工具，切实将节水理念融入到每个人的日常生活、工作之中。

7.4 结语

最后，再次引用习近平总书记的讲话“要深入开展节水型城市建设，使节约用水成为每个单位、每个家庭、每个人的自觉行动。”也正如《节约用水条例》第四条所规定：任何单位和个人都应当依法履行节水义务。

我们相信，只要每个单位、每个家庭、每个人严格按照《节约用水条例》，履职履责履行义务，一定能够推动城镇节水工作再上新台阶，一定能够推动全面建设节水型城市，保障国家水安全。

第 8 章　黄河流域水源、水质问题及对策

8.1　黄河流域水源概况

8.1.1　水文水资源情况

黄河是我国的第二大河，流经青海、四川、甘肃、宁夏、内蒙古、山西、陕西、河南和山东 9 个省（区），干流河道全长 5464km。流域东西长 1900km，南北宽 1100km，地势西高东低，高差悬殊，总面积 79.5 万 km^2，历来被誉为“中华民族的摇篮”。流域西部河源地区平均海拔在 4000m 以上，常年积雪，冰川地貌发育；中部地区海拔为 1000～2000m，为黄土地貌，水土流失严重；东部主要由黄河冲积平原组成，河道高悬于地面之上，洪水威胁较大。

黄河全河多年来年均天然径流量 580 亿 m^3，仅占全国河川径流总量的 2%。流域内降水主要集中在 6～8 月，降水量和降水强度呈现出较大的年际变化和季节性变化。多年平均降水量存在较大空间差异，流域年降水量均值为 476mm，由东南向西北递减。2022 年流域平均降水量为 465.8mm，折合降水总量 3706.74 亿 m^3；流域总取用水量 409.40 亿 m^3，其中地下水用水量 106.97 亿 m^3。

近年随着全球气候变暖，黄河流域气温也呈现逐渐上升趋势。1951～2018 年的 68 年间，年平均气温上升了 1.39℃[1]。由于气温升高和降雪减少，黄河源区的冰川持续退缩，对水资源供应构成较大威胁。洪水、干旱、暴雨等极端水文事件发生频率和强度呈现明显上升趋势。1960～2020 年黄河流域不同等级降水时空数据表明，流域小雨和中雨量与日数均呈减少趋势，大雨、暴雨和大暴雨量与日数均呈上升趋势，各等级降水强度均呈增加趋势[2]。

黄河作为典型的资源型缺水河流，其流域人口众多而水资源有限，流域总人口约

1亿人，人均水资源占有量仅为全国平均水平的27%。下游流域水资源总量十分稀少，少于上游和中游区域一个数量级，且下游区段水资源总量十分不稳定，近年来有逐渐减少的趋势。根据黄河水利委员会对黄河流域的区域划分，山西-山东段29个城市属于黄河中下游，这些城市总体具有经济发展快、人口密度高、工农业用水需求大的特点，水资源总量仅占全国2%，其人均水资源量473m^3，远低于国际现行严重缺水标准（1000m^3/人），且水资源开发利用率高达80%，已远超一般流域生态警戒线。水资源供需矛盾是该地区面临的首要问题，这对农业、工业和城市用水产生了巨大压力，对区域的可持续发展产生了深远影响。

8.1.2 水环境质量状况

黄河流域幅员辽阔，水环境质量呈现显著的区段空间差异性。黄河源头区域受人类活动影响小，污染来源少，水质状况持续良好；中下游承载了流域70%以上的人口，人类活动影响大，工矿企业分布密集，工农业污染、城市污水和生活垃圾的排放对流域水质产生了显著影响，水体水质状况有所下降。中游汾河入黄河省界断面，长期处于劣Ⅴ类水质，主要源于化工、煤炭采选、焦化和冶金等高污染企业排放；下游河段水质经历了由好变差、由差复好的过程，但有机污染的威胁仍然存在，沿途农业和工业的污染排放为主导因素。

近年来，针对黄河流域水污染的治理力度逐渐加大，水环境质量持续改善。根据2017～2023年《中国生态环境状态公报》，黄河流域监测的国控断面中，Ⅰ～Ⅲ类水质断面占比由2017年的57.7%升高至2023年的91.0%，劣Ⅴ类断面比例由16.1%降至1.5%，干流水质为“优良”，主要支流水质由“中度污染”改善为“良好”。

黄河流域水污染防治成效显著，但流域内水环境治理依然存在诸多问题，如部分水体水质较差，污染减排短板依然突出。2023年黄河干流全线水质稳定保持在Ⅱ类，但主要支流水质仍有1.8%为劣Ⅴ类。煤炭采选、煤化工等高耗水、高污染企业多，其中煤化工企业占全国总量的80%，黄河干流及支流重点断面与风险企业交织分布，1km范围内共有1800多个风险源。黄河流域风险企业占比约9%，2006～2019年生态环境主管部门调度处理的水污染事件共773起，其中黄河流域112起[3]。

针对黄河流域水环境质量现状，聚焦重点区域，分区段分问题治理，统筹推进农业面源污染、工业点源污染、城乡生活污染防治和矿区生态环境综合整治，强化黄河支流及流域腹地典型生态环境问题精准治理，完善流域内统筹协调机制，才能最终解决好黄河流域水环境问题，实现人与自然和谐共处的美好愿景。

8.1.3　黄河流域水源地分布情况

根据水利部发布的《黄河流域重要饮用水水源地名录》，黄河流域内共有 118 个集中式饮用水水源地，其中地表水水源地 71 个，地下水水源地 47 个。这些水源地涵盖了年许可生活取水量 2000 万 m^3 以上或设计供水人口 20 万人以上的地表水水源地，以及年许可生活取水量 1000 万 m^3 以上或设计供水人口 20 万人以上的地下水水源地。

1. 地表水源地

流域内地表水源补给主要来自降雨、高山融雪和地下水[4]。上游地区，如巴颜喀拉山至贵德段，河道曲折，多湖泊、草地、沼泽，水源丰富且水质较好。中游地区，自贵德至孟津，水流湍急，经黄土高原，携带大量泥沙，形成世界上含沙量最多的河流之一。下游地区，即河南郑州桃花峪以下，河道平坦，水流变缓，泥沙淤积严重，形成“地上悬河”。黄河干流有众多支流，其中较为重要的有渭河、汾河、洛河等。这些支流不仅为黄河提供了丰富的水源，还在流域内形成了多个重要的水源地。

流域内还分布着一些重要的湖泊和湿地，如扎陵湖、鄂陵湖、东平湖等。扎陵湖和鄂陵湖是黄河源头的高原淡水湖，海拔高且蓄水量大。东平湖是黄河下游的天然湖泊，具有重要的生态和水文价值。此外，流域内还建有大量水库，如刘家峡、龙羊峡、小浪底等水库。这些湖泊、水库和湿地不仅是重要的水源地，还在防洪、灌溉、发电、气候调节、保持生态平衡等方面发挥着重要的作用。

2. 地下水源地

流域内的地下水源地主要分布在平原、河谷盆地等地质结构较为松散的地区，这些地区由于地层透水性较好，易于储存和运移地下水，如呼和浩特、包头、巴彦淖尔等地。上游的宁蒙平原引黄灌区是地下水分布较为丰富的地区之一，水质相对较好，为当地灌溉和生活用水提供了重要保障。中游的汾渭河谷盆地及洛河流域也是地下水的重要分布区域，这些地区地势平坦，地下水储量丰富，且由于地质构造复杂，形成了多层级含水层系统，为工农业生产和居民生活提供稳定的水资源。下游的汶河、金堤河流域也分布着一定数量的地下水资源，但由于地势低洼，地下水易受污染，且过量开采易导致地面沉降等问题[5]。

黄河下游地区地下水源水质情况整体较好，大多可满足《地下水质量标准》GB/T 14848—2017 Ⅲ类标准，但因特殊的水文地质条件，部分地下水源存在总硬度、无机盐离子超标情况，也因工农业污染排放，部分地下水源存在卤代烃、重金属、硝酸盐和微生物等水质问题。个别地下水源中检出了全氟化合物、激素类物质等新污染物，虽仍处于较低水平，但这些难降解有机污染物易在地下水中迁移汇集，其慢性毒性及对生态系统的风险应受到足够重视。

近年来，随着流域人口增长和经济快速发展，水资源供需矛盾日益突出。因此，政府主管部门应制定更为详尽的水资源开发利用规划和监管措施，继续强化水质问题识别与监测评估，确保流域水资源的可持续利用。

8.1.4 流域主要城市供水状况

1. 西宁市

西宁市是青海省省会，位于青藏高原的东北角，在黄河支流湟水的上游，是青藏高原的门户，属于资源型重度缺水城市，人均水资源量是全国人均水资源量的1/5。西宁市供水水源为当地地表水和地下水，最大的水源水库为黑泉水库，总库容为1.82亿m^3，主城区建有第七水厂等供水厂11座，设计供水能力77万m^3/d，实际供水能力46万m^3/d，服务人口185万人。

2. 兰州市

兰州市位于甘肃省中部，是黄河上游最大的城市和全国重要的交通枢纽，也是唯一一座黄河穿城而过的省会城市，人均水资源量是全国人均水资源量的1/3。兰州市水源地位于黄河兰州城区段上游的西固区境内，黄河水是其主要供水水源，2023年全年黄河水源供水量为20900万m^3，占总供水量的87%。供水水源水库刘家峡水库总库容为41亿m^3，主城区建有彭家坪净水厂等供水厂3座，设计供水能力164万m^3/d，实际供水能力70万m^3/d，服务人口300万人。

3. 银川市

银川市是宁夏回族自治区省会，位于银川平原中部，东临黄河，西倚贺兰山，人均水资源量是全国人均水资源量的1/3，主要是黄河过境水和地下水。黄河水是银川市的主要供水水源，2023年全年黄河水源供水量为25550万m^3，占总供水量的93.3%。供水水源水库西夏水库总库容为3300万m^3，主城区建有银川水厂等供水厂3座，设计供水能力75万m^3/d，实际供水能力75万m^3/d，服务人口240万人。

4. 包头市

包头市是内蒙古自治区下辖地级市，地处我国干旱、半干旱地区，降水量小、蒸发量大，属严重缺水城市，人均水资源占有量仅为全国平均水平的 16%左右。黄河水是包头市的主要供水水源，2023 年全年黄河水源供水量为 18701 万 m^3，占总供水量的 86.5%。主城区建有水务制水厂等供水厂 5 座，设计供水能力 101 万 m^3/d，实际供水能力 86 万 m^3/d，服务人口 240 万人。

5. 呼和浩特市

呼和浩特市是内蒙古自治区的省会，是内蒙古政治、经济、文化、科教和金融中心，也是中国 40 个重点缺水城市之一，人均水资源占有量仅为全国平均水平的 1/6。黄河水和地下水是呼和浩特市的主要供水水源，2023 年全年黄河水源供水量为 11154 万 m^3，占总供水量的 60%。主城区建有金沙河净水厂等供水厂 11 座，设计供水能力 61 万 m^3/d，实际供水能力 61 万 m^3/d，服务人口 300 万人。

6. 太原市

太原市是山西省省会，属于北方严重缺水城市，人均水资源占有量仅为全国平均水平的 1/12。地下水和黄河水是太原市的主要供水水源，2023 年全年黄河水源供水量为 19430.9 万 m^3，占总供水量的 61.6%。主城区建有胜利水厂等供水厂 8 座，设计供水能力 171 万 m^3/d，实际供水能力 102 万 m^3/d，服务人口 392 万人。

7. 郑州市

郑州市是河南省省会，地处淮河和黄河两大流域，黄河水从巩义市进入郑州境内，经中牟县出郑州市，人均水资源占有量仅为全国平均水平的 1/10。城市供水水源以南水北调水为主，以黄河水为补充，2023 年全年黄河水源供水量为 5993.3 万 m^3，占总供水量的 11.06%。主城区建有龙湖水厂等供水厂 10 座，设计供水能力 204 万 m^3/d，实际供水能力 183 万 m^3/d，服务人口 580 万人。

8. 济南市

济南市是山东省省会，为黄河下游地区严重缺水城市，人均水资源占有量仅为全国平均水平的 1/4。黄河水是济南市最主要的客水资源，先后建成库容 4850 万 m^3 的玉清湖水库、库容 4600 万 m^3 的鹊山水库等引黄调蓄水库。2023 年全年黄河水源供水量为 28245 万 m^3，占总供水量的 72.9%。主城区建有鹊华水厂等供水厂 23 座，设计供水能力 238 万 m^3/d，实际供水能力 138 万 m^3/d，服务人口 498 万人。

黄河流域 8 座典型城市主城区供水情况见表 8-1。

黄河流域8座典型城市主城区供水情况一览表 **表8-1**

序号	城市	省(自治区)	人均水资源量占比	设计供水能力(万 m^3/d)	实际供水能力(万 m^3/d)	服务人口(万人)
1	西宁市	青海	1/5	77	46	185
2	兰州市	甘肃	1/3	164	70	300
3	银川市	宁夏	1/3	75	75	240
4	包头市	内蒙古	1/6	101	86	240
5	呼和浩特市	内蒙古	1/6	61	61	300
6	太原市	山西	1/12	171	102	392
7	郑州市	河南	1/10	204	183	580
8	济南市	山东	1/4	238	138	498

注：人均水资源量占比为当地人均水资源量占全国平均水平的比例。

8.2 黄河干支流主要水质特征与污染源分布

黄河干支流是黄河流域沿线城市重要的水源，但流域密集的工业布局、开放活跃的农业生产活动，导致流域内排放了大量的常规污染物和种类繁多的新污染物，对黄河流域水源水质构成了较大的安全隐患。

8.2.1 黄河干流水质特征

根据2014～2023年《中国生态环境状况公报》，十年间黄河流域水质整体向好，流域水质从“轻度污染”提升至“优良”状态（2023年），自2018年起干流各国控断面无Ⅳ类水（图8-1）。黄河流域主要污染物为氨氮、总磷、有机污染（特征指标为化

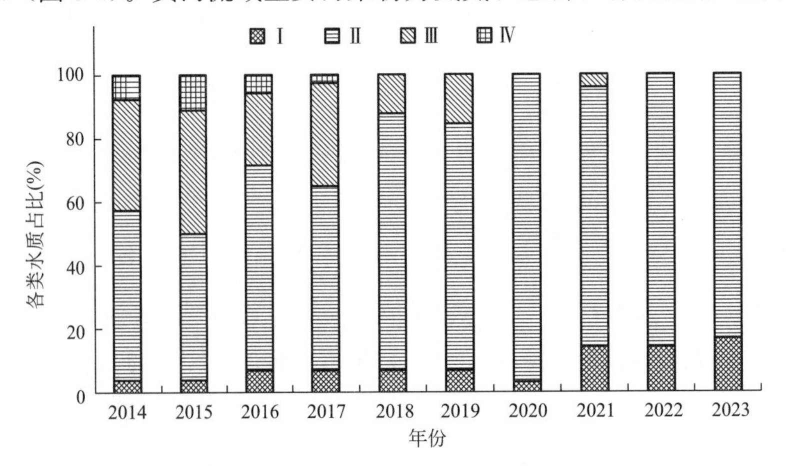

图8-1 2014～2023年各类水占比变化情况

数据来源：2014～2023年《中国生态环境状况公报》。

学需氧量、五日生化需氧量），污染物主要来自工矿企业排放的废污水和城镇居民生活污水（点污染源），以及随地面径流进入黄河水体的农药、化肥和工业废渣、垃圾中的有害物质（面污染源）。

1. 泥沙

黄河作为高浊度水质河流的典型代表，以泥沙多而闻名于世。中国古籍记载“黄河斗水，泥居其七”。根据近代实测资料分析，进入黄河干流的多年平均年输沙量为 16 亿 t，含沙量为 35kg/m^3。黄河沙量之多，含沙量之大，为世界大江大河之冠。20 世纪 70 年代以来，由于水土保持的进展，来沙量有减少的趋势。黄河流域大约 70% 为黄土高原，其表层覆盖着数十米至数百米的黄土层，土质疏松，抗冲能力低，遇水极易崩解。黄土高原地区年降水量虽然只有 400～500mm，但降雨集中，暴雨强度大。地质和气候特性造成了严重的水土流失，这是黄河多泥沙的根源。

黄河上游是黄河水量的主要来源区，中游是沙量的主要来源区，存在着“水沙异源”的特点。黄河的泥沙主要是悬移质，推移质很少。中游地区的黄土分布最广，泥沙粗细分布具有明显的分带性：西北地区的泥沙较粗，东南地区的泥沙较细。河口镇泥沙粒径较细，经中游支流泥沙汇入后，吴堡、龙门站泥沙粒径变粗，然后沿程变细。

黄河泥沙的时间分布非常不均匀，年际变化很大。由于存在“水沙异源”的特点，来沙多少并不完全与来水丰枯同步。洪水泥沙搭配视暴雨降落区域的不同而出现丰水多沙年（1937 年三门峡水量 659 亿 m^3，沙量 26.2 亿 t）及丰水少沙年（1983 年水量 524 亿 m^3，沙量 9.25 亿 t），或枯水多沙年（1977 年水量 327 亿 m^3，沙量 20.8 亿 t）及枯水少沙年（1928 年水量 327 亿 m^3，沙量 4.88 亿 t）。泥沙往年内分配也很不均匀，水沙量主要集中在汛期（7～10 月）。汛期水量占年水量的 60%左右，汛期沙量更加集中，占年沙量的 85%以上，且集中于几场暴雨洪水。

2. 氮磷物质

氮磷是生物体必需的元素，同时也是导致水体富营养化的主要元素。黄河流域输送的营养物质对各地引黄水库和渤海湾水质有重要影响。2014～2023 年《中国生态环境状况公报》显示，氨氮、总磷是黄河干流断面的主要污染物。

2019 年 4～5 月和 10～11 月黄河干流全河段水环境的调查研究结果发现，从氮的不同赋存形态来看，黄河水体中氮是以溶解态为主，且有机氮占比最高，秋季有机态氮显著下降；春秋两季黄河中氮的总浓度在兰州上游较低，而在兰州下游呈现出逐渐升高的趋势。从磷的不同赋存形态来看，黄河水体中颗粒态的磷占据绝对优势；在兰州—昭君坟段以及黄河下游段，秋季有机态的磷含量占比相比于春季有所升高。由氮磷污染负荷时空分布可知，氮负荷秋季高于春季，磷负荷秋季高于春季。黄河中游段的磷负荷相比于上游甘宁蒙段有所下降，在下游花园口处逐渐上升。降雨是黄河流域氮磷赋存形态及其负荷具有季节性差异的关键因素；黄河流域内氮磷赋存形态及其负荷所具有的空间差异性主要受人类活动与水土流失的影响。

3. 有机污染物

有机物是影响黄河干流水质的主要污染物之一，其含量状况主要受支流污染物的排放影响。2014～2023年《中国生态环境状况公报》显示，干流特征污染物主要为化学需氧量、五日生化需氧量。

黄河小浪底至开封段水体溶解性有机质浓度空间变化范围较小且高于其他自然水体，其组分主要为腐殖化程度较高的胡敏酸，自生源组分所占比例较高。此外，人口密度与腐殖化程度、疏水性有机质含量以及外源有机质组分浓度成正相关关系。黄河河南段新污染物空间分布特征、浓度水平、污染来源和风险评价研究发现，地表水中检测到了24种药物和个人护理产品（PPCPs），其浓度范围为未检出（ND）～527.4ng/L，支流中PPCPs的污染水平比干流严重；生态风险评价结果表明，诺氟沙星、阿奇霉素、雌酮和三氯生具有高风险。黄河下游山东段干流检测出全氟辛酸、全氟丁酸、双酚A、磺胺甲噁唑等新污染物。

4. 重金属

黄河干流一直以多沙的特点闻名世界。相比其他河流，其携带泥沙量大，泥沙吸附重金属的特征更为明显。有研究表明，黄河中99.6%的重金属以颗粒态形式存在。2014～2023年《中国生态环境状况公报》显示，黄河干流水中未见明显重金属污染。

王韬轶[6] 在2019年对黄河干流中金属元素进行了系统的调研分析。研究表明，黄河水体、悬浮物和沉积物三种介质中金属元素整体处于“无污染～轻度污染”状态：从黄河上游至下游，黄河水体中Be、Mn、Co、Fe、Ni、Pb等金属含量呈下降趋势，部分金属元素（如V、Cr、Cu、As、Se、Ba等）含量呈升高趋势。黄河悬浮物中V、Cd和Pb含量在分布上呈现出从河源区至下游逐渐升高的趋势，其余痕量金属元素含量差异不明显。黄河表层沉积物中15种痕量金属含量在春季整体变化趋势为河源区至中游逐渐升高后至下游降低，只有V、As和Cd的平均含量在春季和秋季略高于黄土元素背景值。

5. 微生物

黄河因其中游穿越黄土高原，具有含沙量高、河道淤积严重、游荡多变的独特性，导致了该流域生态环境具有较强的敏感性和脆弱性。同时由于人类活动不断加剧，近年来黄河自然条件复杂多变、流域水资源开发利用率高、生境破碎化加剧、生物多样性受损等问题较为突出。

在2019年黄河干流自河源区至河口全河段浮游植物种类组成、密度及生物量、优势种、多样性指数等群落的时空分布特征研究结果中，共鉴定出浮游植物8门130属350种，硅藻门和绿藻门均为春秋两季浮游植物优势门类，浮游植物密度及生物量平均值分别为 162.39×10^4cells/L、2.53mg/L 和 141.12×10^4cells/L、3.04mg/L。研究表明，对于黄河这类多沙河流，浮游植物主要受到水中光照和泥沙扰动的限制，因此其自身的原位生长非常有限；水质指标（如沉积物含量和营养物质浓度）、河道水面坡度、年均降水量及年均气温对浮游植物多样性具有一定影响。

黄河下游干流（山东段）水体与沉积物中优势门类及相对丰度均有显著差异，变形菌（*Proteobacteria*）、放线菌（*Actinobacteria*）、拟杆菌（*Bacteroidetes*）、浮霉菌（*Planctomycete*）、疣微菌（*Verrucomicrobia*）等是优势性较明显的细菌门类。研究结果为进一步了解沉积物微生物群落结构及功能菌在黄河治理中的应用提供参考。

8.2.2　黄河主要支流水质特征

1. 昆都仑河

昆都仑河是黄河左岸的一级支流，是包头市境内最大的黄河支流，为大青山与乌拉山的天然分界。昆都仑河发源于固阳县大庙乡大敖包山，属季节性河流，河长115km，流域面积2282km^2，流经包头市区，在哈林格尔乡注入黄河。由于上游工厂和周边污水的排放影响，昆都仑河水质整体为劣Ⅴ类，氨氮和化学需氧量超标率为100%。昆都仑河水质评价显示河水入黄河口区域化学需氧量高达82.22mg/L，氨氮浓度达到0.631mg/L，五日生化需氧量为5～7mg/L。另外，昆都仑河汞污染较为严重，2001年该河水矿化度比20世纪80年代增加了36%。

2. 窟野河

窟野河为黄河中游一级支流，发源于内蒙古自治区东胜区巴定沟，经伊金霍洛旗和陕西省府谷县境，于神木县沙峁头村注入黄河，干流长242km，流域面积8706km^2。

窟野河（陕西段）是横跨陕北能源基地的一条主要河流，窟野河（陕西段）的上

游到下游 Mg^{2+}、HCO_3^-、Cl^-、SO_4^{2-}、F^- 大多呈现先升高后降低的变化规律。窟野河的主要污染物是 COD、NH_3-N，主要污染来源为不同村镇的生活污水排放。窟野河石屹台至草垛山段水质基本符合《地表水环境质量标准》GB 3838—2002 Ⅲ类标准，草垛山至孟家沟（县城上游）段水质略超 GB 3838—2002 Ⅱ类标准，孟家沟至前坡河段流经神木县城现状水质略超 GB 3838—2002 Ⅲ类标准。

3. 渭河

渭河是黄河最大的支流，位于黄河腹地大“几”字形基底部位，发源于甘肃省定西市渭源县鸟鼠山，河长 254km，流域面积 25837km^2，流经甘肃、宁夏和陕西三省，至渭南市潼关县汇入黄河。根据 2015～2019 年《山西省统计年鉴》，渭河 NH_3-N 浓度年均值为Ⅳ类。渭河干流陕西段 2014～2018 年水质状况差，水质基本未达到Ⅲ类，宝鸡段和渭南段甚至为Ⅴ类和劣Ⅴ类；2019 年起水质开始转好，高锰酸盐指数、氨氮和总磷等为主要污染物。

渭河临渭区段重金属污染等级相对较低。2020～2021 年渭河陕西段水体多环芳烃 ΣPAHs 为 0～93.00ng/L，其中苯并蒽和芴的检出浓度最高，检出平均值分别为 3.25ng/L、2.83ng/L。多环芳烃主要以三环、四环和五环的中高环形态存在。平水期多环芳烃浓度相比丰水期有所增加，丰水期种类分布较为单一。多环芳烃主要来源为煤等化石燃料及生物质的燃烧。

4. 汾河

汾河是黄河第二大支流，也是山西省最大的河流。汾河发源于宁武县东寨镇，南北长 413km，东西宽 188km，流域面积 39471km^2，于万荣县汇入黄河。

根据 2015～2019 年《山西省统计年鉴》，黄河主要支流汾河 NH_3-N 浓度年均值为劣Ⅴ类。2023 年汾河流域干流 24 个监测断面中，水质类别为Ⅲ类或优于Ⅲ类的断面数量占比为 25%～88%，仅在 2 月、7 月与 9 月分别有一个断面水质为劣Ⅴ类。从主要超标污染物方面来看，出现超标次数较高的指标为氨氮、高锰酸盐指数和化学需氧量，个别断面在少数时间存在石油类、挥发酚和氟化物超标的情况。杨晓宇等人[7]对汾河水库上游流域 2022～2023 年内水质进行评价，汾河水库上游各监测断面年度 TN 浓度为 0.24～10.60mg/L，平均值为 3.67mg/L，变异系数为 46.62%，不同断面不同季节差异较大。水体中氮形态以 NO_3^--N 为主，秋季和冬季 TN 浓度较高，夏季最低，NO_3^--N 浓度与 TN 浓度分布规律相同。

5. 涑水河

涑水河为黄河中游左岸支流，是山西省运城市境内最长的一条河流，发源于运城市绛县中条山区陈村峪，河长196.6km，于永济市韩阳镇长旺村汇入黄河。涑水河2016年7个参评水功能区有6个属劣Ⅴ类标准。刘璐遥等人[8]对涑水河9个断面进行水质评价（表8-2）。由表8-2可看出，涑水河氨氮、总氮、化学需氧量严重超标，总氮污染指数最大。水质最差断面为庙上和郭家庄，相对污染较轻的为冷口和吕庄水库断面。

涑水河9个断面主要污染指标（mg/L）　　　　**表8-2**

监测断面	化学需氧量	溶解氧	高锰酸盐指数	氨氮	总磷	总氮
冷口	8.6	6.8	1.7	0.3	0.050	3.9
吕庄水库	49.6	3.5	6.5	11.3	0.022	15.6
水头	76.2	3.4	9.6	13.6	0.562	21.3
景滑	104.3	2.4	25.0	26.3	1.760	40.8
庙上	227.3	2.1	60.4	83.8	5.800	91.3
郭家庄	227.0	0.9	47.8	95.1	0.910	96.7
四冯	169.9	2.1	32.9	50.9	1.550	57.7
张华	144.9	0.9	34.9	64.5	1.460	74.2
蒲州	133.1	2.2	25.9	45.6	1.300	43.5

6. 沁河

沁河是黄河重要的一级支流，是山西省境内第二大河流，干流长485km，发源于山西省沁源县，自北向南流经山西及河南2省17个县（市）。

沁河流域矿产资源丰富，同时是我国北方重要的粮食生产区，水资源需求量和使用量较大。沁河源头水质较好，由于下游支流丹河、老蟒河有污水进入，加之干流来水较少，稀释水量不足，致使武陟以下水质有所下降。同时水质受降雨以及农业活动影响较大。整个流域主要污染物为BOD_5和总氮，大多数断面水质低于地表水Ⅲ标准。

7. 大汶河

大汶河是黄河下游最大支流，是泰安市最大的河流，发源于山东旋崮山北麓沂源县境内，干流长209km，自东向西汇注东平湖，出陈山口后入黄河。

刘淑芬[9]对“十三五”期间大汶河干流水质状况进行评价（表8-3）。结果显示王台大桥水质状况为“优良”，大汶口和北店子水质状况为“轻度污染”，东周水库水质状况“良好”。与“十二五”末相比，“十三五”末大汶河干流各断面化学需氧量和五日生化需氧量的年均浓度呈下降趋势，超标率明显下降。

大汶河主要污染指标（mg/L） **表 8-3**

年份	化学需氧量	五日生化需氧量	高锰酸盐指数	氨氮	总磷
2016	21	4.3	5.1	0.612	0.13
2017	18	4.0	4.3	0.530	0.07
2018	19	3.8	4.9	0.519	0.09
2019	19	3.4	5.4	0.405	0.06
2020	20	3.2	5.3	0.484	0.08

大汶河流域不同水域沉积物有机质含量变化较小，汇河和东平湖沉积物有机质含量较多，Cd 是大汶河的典型沉积污染物，流域地下水阴阳离子分别以 HCO_3^- 和 Ca^{2+} 为主，TH、TDS、NO_3^- 和 SO_4^{2-} 浓度超标率较高。

8.2.3 黄河干支流污染源分布及水源风险污染物筛查

1. 黄河上游

黄河流域上游地区产业结构偏重，作为我国煤化工产业集中区之一，流域内有多个煤化工产业基地和众多金属冶炼企业，包括宁东能源化工基地、乌海千里山工业园区、鄂尔多斯煤化工产业群和西宁甘河工业园金属冶炼区等，可能会对湟水河、窟野河等支流水体造成潜在风险。据统计，甘肃省兰州市至内蒙古自治区河口镇区间的水资源总量仅为全流域的 5%，但该区域单位水资源量污染物排放强度在黄河流域最高且分布最为密集。

以兰州市为例，该市工业种类繁多，涉及石油化工、有色冶金、橡胶塑料制品等领域。有研究表明，黄河兰州段水环境中存在多种有机污染物，如多环芳烃（PAHs）、邻苯二甲酸酯（PAEs）和有机氯农药（OCPs）等。其中短链氯化石蜡（SCCPs）水相中浓度水平为 116.04～1057.74ng/L，丰水期高于枯水期，这可能主要与氯化石蜡产品的生产和使用相关。磺胺类耐药基因（ARGs）（*sul*1、*sul*2）在不同河流断面中的绝对丰度最高[10]，大环内酯类 ARGs（*erm*B、*erm*F、*ere*A）和四环素类 ARGs（*tet*M、*tet*X）的绝对丰度比磺胺类 ARGs 低 2～5 个数量级，支流断面中各类 ARGs 丰度均大于干流断面，丰水期 ARGs 丰度高于枯水期，很可能是因为丰水期地表雨水径流冲刷，大量携带 ARGs 的颗粒物进入水体，床沙再悬浮过程频繁发生，泥沙颗粒物中 ARGs 释放量较多，导致水体 ARGs 丰度增加，说明 ARGs 在河流水环境中具有传播性，而且人为活动干扰会加速ARGs传播扩散。

2. 黄河中游

黄河中游是我国北方重要的人口密集区和产业承载区，尤其晋陕蒙地区的多个煤化工基地，可能直接或者间接影响黄河干流或汾河、秃尾河等支流。中游高排放强度地区集中在呼和浩特市、西安市、渭南市、太原市和运城市等地，其中咸阳市排放强度较高。山西省运城等城市的主要水污染物排放占汾河流域的80%，仍是该流域水质改善的瓶颈因素。

煤炭开采对周边水资源的污染与破坏主要来源于矿井水、洗煤水和矸石溶淋水。矿井水含有大量的硫化物、化学物质、悬浮物等污染物，洗煤水含有重金属离子、酚、石油类药剂等污染物，均会影响周边地区水体水质。焦化生产过程中的洗涤水和冷却水是我国煤化工废水的主要组成，水质成分复杂且多变，可能含有大量酚类、稠环芳烃、苯并芘、喹啉、吲哚等有机物污染物以及氰化物、硫化物等无机污染物。

黄河中游作为重要粮棉产区，渭河沿岸农业和养殖业生产规模不断扩大，生产生活用水量增加，污水的排放量也不断增加，导致渭河流域的环境污染负荷上升；汾河不断接收来自农业废水和生活污水，河流的自净能力远抵不过水体污染速率。有研究表明汾河（太原段）有色溶解性有机物（CDOM）的主要来源是太原市区内大量城市污水及上游农田地表径流携带土壤淋溶物质的注入。

汾河水中发现了喹诺酮类、磺胺类、大环内酯类、四环素类和碳青霉烯类等抗生素，黄河呼和浩特段水相中Σ_7PFASs（PFHpA、PFOA、PFNA、PFDA、PFDoDA、PFHxS和PFOS）浓度为（1.8±0.15）ng/L，山西境内浓度为（4.8±1.8）ng/L。我国黄土高原地下水中发现包括6∶2氟调聚磺酸（6∶2 FTS）、6∶2氯代多氟醚磺酸盐（6∶2 Cl-PFESAs）、4，8-二氧杂-3-H-全氟壬酸铵（ADONA）和六氟环氧丙烷（HFPO）同系物在内的新型PFASs。黄河中游渭南-郑州段28种全/多氟烷基化合物总浓度为18.4～56.9ng/L，主要的污染物为PFHxA，占总含量的27%，总体通量先降低后增加，说明该河段接纳了来自上游及支流的污染输入。

3. 黄河下游

黄河流域下游有河南、山东两省重要的煤炭基地和油田基地，大汶河等支流流域内还存在纺织、食品、造纸、化工、冶金、矿业等省控污水排放企业。河南、山东作为农业大省，使用农药、化肥导致的农业面源污染、畜禽养殖点源污染也对水体产生直接影响。黄河下游高排放强度地区集中在洛阳、济源、泰安、济南和滨州等城市。

其中大汶河支流-东平湖入黄河段共筛查到195种有机物污染物质，包括但不限于农药、抗生素、激素类、全氟化合物、邻苯二甲酸酯类、多环芳烃、阻燃剂和异味工业化学品八类117种，农药占比30.8%（图8-2）。可以说，黄河流域下游的水质污染源一方面来自上游来水及富营养物质积累的影响，另一方面来自当地人为输入和农业、工业污染排放。

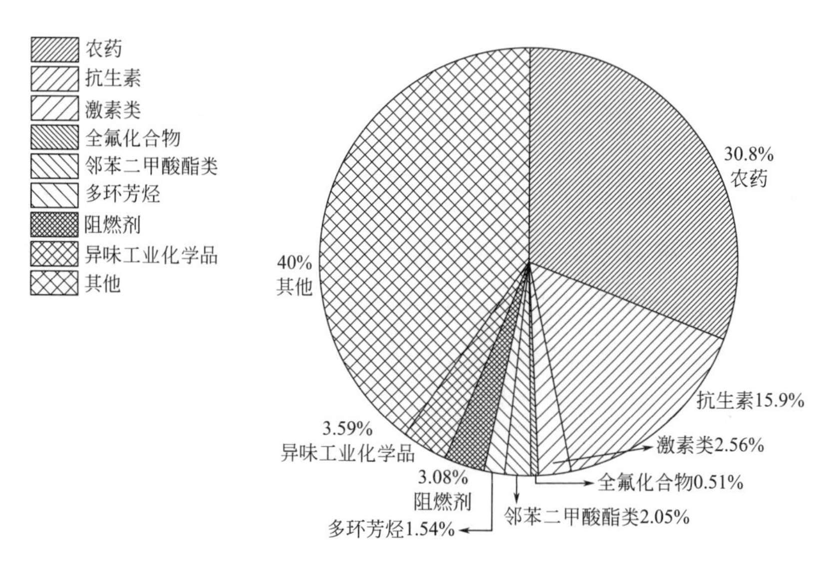

图8-2 大汶河支流-东平湖入黄河段有机污染物筛查

相对于黄河中上游，黄河下游新污染物种类多且分布特征更复杂。有研究表明，黄河下游PFASs在春秋两季水样中检出的总浓度范围分别为29.83～54.44ng/L和16.18～57.81ng/L，全氟辛酸在水相的主要替代物为短链PFCAs，全氟辛烷磺酸在水相的主要替代物为6∶2 FTS。河南省饮用水源区水体中发现了有机磷酯、氧化三苯膦、全氟辛酸和全氟辛烷磺酸等新污染物。黄河（济南段）水体及其表层悬浮颗粒物中检测到36种抗生素，且水中抗生素浓度与浊度线性相关，表明黄河下游悬浮颗粒既是抗生素的重要“汇”，也是污染扩散至其他河流的“源”。黄河滨州段和3个水库中检出了包括抗生素、心血管药、兴奋剂、杀虫剂、除草剂、解热镇痛药等在内的21种新污染物。

综上所述，黄河干支流及集中式饮用水水源地水质受周边生态环境风险影响明显。针对流域内典型风险物质污染特征（表8-4），在强化实施源头综合管控的同时，系统开展精准高效的可处理性工艺技术研究，对保障流域水厂供水安全意义重大。

黄河流域典型风险物质污染特征　　**表 8-4**

污染特征	发生位置
氮磷物质	黄河干流兰州—昭君坟段、黄河干流下游段、黄河支流(昆都仑河、窟野河、渭河、汾河、沁河)
化学需氧量	黄河支流(昆都仑河、渭河、汾河、沁河)
五日生化需氧量	黄河支流(昆都仑河、沁河)
藻类	黄河流域引黄水库
嗅味物质	黄河流域引黄水库
溴离子	郑州引黄原水、胜利油田辛安水库等
全氟化合物等新污染物	黄河干流呼和浩特段以下、黄河支流(昆都仑河、汾河、渭河等)

8.3　黄河流域水源污染物去除技术及典型案例

当前，黄河流域各省区城镇饮用水源基本以黄河水等地表水为主，地下水和外调水为辅。由于流域跨度大、地理环境复杂、经济活动密集，黄河流域水源自上游至下游水质风险不断增大，黄河上游地区水质总体较好，污染较轻，黄河中游地区常规污染物与新污染物并存，黄河下游地区由于引黄河水、长江水等客水引入，水库蓄水藻及嗅味物质、无机盐离子、抗生素等新污染物的水质问题更加突出。因水文地质原因和工业污染，部分地下水源还存在卤代烃、总硬度、硝酸盐等特殊污染。针对上述水质问题，结合国家“水专项”研究构建的成套技术体系，提出水厂处理关键技术及应对工艺方案（表 8-5）。

水厂处理关键技术与应对工艺选择表　　**表 8-5**

<table>
<tr><th>水质问题</th><th>关键技术</th><th colspan="2">应对工艺</th></tr>
<tr><td>原水水质良好,水质表现为高浊水,主要目标为除浊</td><td>—</td><td colspan="2">预沉+常规混凝沉淀过滤工艺</td></tr>
<tr><td>原水水质较好,水质浊度相对较高,少量污染物</td><td>—</td><td colspan="2">以“混凝—沉淀—过滤”为代表的常规工艺</td></tr>
<tr><td>当原水水质主要是常规污染物,表现为低温、低浊、高藻时,主要目标为除藻</td><td>气浮强化除藻技术</td><td colspan="2">气浮沉淀、气浮过滤等以气浮为核心的组合工艺</td></tr>
<tr><td rowspan="4">当原水水质为常规污染与新污染物并存且对出水水质要求较高时</td><td rowspan="4">超滤膜协同净化技术</td><td>常规问题</td><td>常规工艺—超滤</td></tr>
<tr><td>低浊高藻</td><td>气浮—超滤</td></tr>
<tr><td>高氨氮、有机微污染</td><td>臭氧活性炭—超滤</td></tr>
<tr><td>高盐</td><td>超滤—纳滤</td></tr>
</table>

续表

水质问题	关键技术	应对工艺	
当原水水质较为复杂，存在氨氮、藻类及低浓度嗅味及有机物微污染时	臭氧高级氧化深度处理技术	低嗅味+有机微污染	常规工艺—臭氧—生物活性炭
		低浊高藻+低嗅味+有机微污染	气浮—臭氧—生物活性炭
		相对严重有机污染	常规工艺—臭氧—生物活性炭—超滤
当原水水质较为复杂，存在溴离子、藻类及高浓度嗅味及新污染物微污染时	紫外高级氧化深度处理技术	相对严重有机污染+高嗅味+高溴离子	常规—紫外/H_2O_2—生物活性炭
		季节性高藻高嗅味	气浮—紫外/H_2O_2—颗粒炭或次氯酸钠
当以地下水为水源，存在特殊的卤代烃污染、高硬度、高硝酸盐等水质问题时	地下水特殊污染物高效净化技术	卤代烃污染	曝气吹脱工艺
		高硬度	诱导结晶软化
		硝酸盐	离子交换
		复合离子污染	超滤—纳滤或反渗透

针对以上关键技术，国内已有规模化应用，运行效果良好，为流域水源水质问题的系统解决提供了技术支撑，现介绍典型案例如下。

8.3.1 气浮强化除藻技术

高浊度高氮磷营养盐的黄河水经沉砂调蓄，蓄引进入引黄水库后，水体浑浊度大大降低，加之更新周期长、水体交换能力差等原因，季节变化时便会出现藻类滋生问题，同时产生大量藻源嗅味物质，因此引黄水库水具有典型的低浊高藻、高嗅味水质特点，对水厂现状常规处理工艺提出技术挑战。

1. 气浮技术原理与工艺类型

(1) 气浮技术原理

气浮工艺是传统的固液/液液分离的方式之一，也是水处理中常用的一种方法。通过使液体中悬浮大量气泡（利用气泡密度低的特点），使水中的杂质颗粒黏附在气泡表面形成泡絮体，加快分离速度，最终在水面形成浮渣。气浮技术解决了传统沉淀工艺处理小颗粒、低密度污染物效果不佳的问题，对原水中藻类和大分子有机物质有很好的去除效果。

(2) 气浮工艺类型

气浮工艺可分为常规气浮和强化气浮。常规气浮包括曝气气浮和溶气气浮。其中，溶气气浮工艺是用于给水处理中最常见的气浮技术，该技术产生的气泡直径在

100μm～10mm之间，具有比表面积大、停留时间长、粒径均匀、上升速度慢等特点，适用于处理天然含藻水体和天然含色的低浊水体。强化气浮工艺又可分为改性气浮、共聚气浮和臭氧化气浮等技术方式。改性气浮工艺通过向水中投加表面活性剂、聚合物等化学物质改变气泡表面电性，省去了混凝预处理过程。共聚气浮工艺是将回流溶气水多点回流至絮凝反应池或接触池，在反应阶段微絮粒刚形成时，因微气泡加入而增加碰撞几率与加快凝聚速度，强化了絮凝过程及效果。臭氧化气浮工艺是把臭氧氧化作用和气浮结合在一起，将氧化、混凝、固液分离等过程集成在一个单元内完成，充分发挥各单元模块的协同净化作用。

2. 浮滤/浮沉组合工艺

为扩大气浮工艺的应用范围并适应日益复杂的原水污染情况，进一步提高气浮设备的灵活易用性，基于气浮技术特点，形成了共聚浮沉、斜管浮沉、气浮过滤等组合工艺。

（1）浮滤组合工艺

传统气浮在高程上与后续构筑物衔接比较困难，集水不够均匀，并且池底易积泥，维护困难，同时考虑气浮的水力负荷与滤池的滤速相近的特点，将气浮池与滤池叠合组成浮滤池，开发浮滤池一体化集成技术，即气浮单元与过滤单元组合在一个构筑物中，气浮单元之后直接活性炭过滤，实现了常规处理和深度处理一体化。当原水藻类浓度高时，运行浮滤池工艺，当原水藻类浓度低时，可停止气浮，运行炭砂过滤工艺。该工艺不但能够处理高藻水，还可除浊、除味、脱色，对有机物及氨氮也具有良好的去除效果，运行方式灵活，显著降低运行费用。

（2）浮沉组合工艺

针对原水随季节呈现季节性高藻、冬季低温低浊以及浊度变化大等水质特征，将气浮与沉淀工艺予以集成，发挥气浮与沉淀协同固液分离作用。原水藻类浓度高时，开启溶气系统，以气浮为主；原水藻类浓度低或泥沙含量高时，不开溶气系统，主要以浮沉池的沉淀为主。由于溶气系统启动快、允许间歇运行，易于实现两种运行方式的快速切换，强化了工艺应对水质变化风险的能力，具有适应性强、结构简单、除污效率高、运行方便等优点，具有广泛的应用前景。

3. 气浮强化除藻技术应用案例

（1）济南南康水厂

南康水厂水源来自济南卧虎山水库，水厂设计规模11万m^3/d，主要采用“气浮池＋臭氧接触池＋活性炭吸附池＋浸没式膜滤池＋次氯酸钠消毒”组合工艺。气浮池设置6组（水厂气浮间参见图8-3），每组由混合区、折板絮凝区、接触区和气浮区功能部分组成，单组设计流量763.9m^3/h，回流比为10%，混合区停留时间50s，接触区停留时间112s，分离区表面负荷11.48m^3/(m^2·h)。

图8-3　济南南康水厂气浮车间

运行评估显示，南康水厂的气浮工艺出水浊度为1.70～2.07NTU，平均除浊效能为65.42%，平均除藻效能为78.50%，直接制水成本电能消耗为0.029元/m^3，药剂成本为0.022元/m^3。

（2）潍坊白浪河水厂

白浪河水厂水源为白浪河水库，采用常规处理、微絮凝、微絮凝浮滤三种不同的工艺流程来应对不同来水水质变化，于2006年8月竣工投产，设计供水规模12万m^3/d。白浪河水厂的气浮与滤池合建，形成浮滤池（图8-4）。气浮池设计规模为12万m^3/d，接触区上升流速为16.6mm/s，停留时间为150s，分离区表面负荷为6.4m^3/(m^2·h)，在滤池内停留时间为19min。回流比为10%，溶气压力为0.35～0.4MPa。

运行评估显示，白浪河水厂气浮工艺的出水浊度为0.29～0.36NTU，平均除浊效能为77.66%，平均除藻效能为84.00%，直接制水成本电能消耗为0.024元/m^3，药成本为0.038元/m^3。

图 8-4　白浪河水厂气浮车间

8.3.2　超滤膜技术与集成工艺

“混凝—沉淀—过滤—消毒”常规处理工艺是当前我国主流工艺技术类型，该工艺主要是去除原水中悬浮物、胶体、细菌和病毒，但随着水源水质的日益恶化和饮用水标准要求的不断更新，常规工艺对溶解性有机物、氨氮去除率低，尤其是无法应对“两虫”等病原微生物、消毒副产物前体物等新兴污染物，水厂超滤膜集成工艺是一种新的技术选择。

1. 超滤膜滤协同净化机制与技术类型

针对引黄水厂常规工艺存在的问题，可以通过膜技术与混凝、过滤、预氧化、吸附等技术的优化组合予以解决。超滤膜技术能有效去除浊度、病原微生物、藻类及降低消毒副产物产生的风险。在应用方面，超滤膜装置可以集成化、模块化，自动化程度高，被认为是传统饮水处理技术的替代品。针对不同的水质条件采用合理的超滤膜组合工艺，可以充分发挥膜前预处理对疏水性大分子有机物、藻类、氨氮等典型物质的去除作用，同时发挥超滤膜对后续颗粒物和微生物高效截留的优势，提高水处理效能与水质稳定性。在超滤膜净水工艺运行过程中，通过优化膜运行通量、周期、跨膜压差等关键技术参数，实现超滤膜组合技术工艺的稳定运行和超滤膜工艺本身能耗和运行成本的有效控制。

超滤工艺段根据采用超滤膜组件的不同，工艺类型亦有所不同。超滤膜组件一般采用中空纤维式，根据驱动压力方式的不同，可分为压力式超滤膜组件和浸没式超滤膜组件。压力式超滤膜组件采用正压驱动进水透过超滤膜，而浸没式超滤膜组件则通过抽吸或虹吸产生负压驱动进水透过超滤膜。其中，压力式超滤膜组件又可按过滤方式的不同分为内压式超滤膜组件和外压式超滤膜组件。实际应用中，应根据原水水质特点和工艺设施条件予以科学优化选择。

2. 超滤膜污染控制技术

控制膜污染的方法主要包括强化预处理、合理调控运行维护、优化工艺流程、科学膜清洗等。(1) 强化预处理。强化预处理主要包括膜前混凝、粉末活性炭吸附和膜前预氧化处理等。膜前混凝主要是指通过投加混凝剂，去除水中疏水性大分子有机物。粉末活性炭则有助于提高溶解性有机物的去除效能。膜前预氧化主要通过臭氧、高等酸钾等氧化水中的天然有机物，强化混凝效果。(2) 合理调控运行维护。膜污染与运行维护控制条件密切相关，选择合适的曝气方式、运行周期、反冲洗频率和时间、化学清洗等膜运行管理关键技术参数，均可有效减少颗粒物质在膜面的沉积，减缓膜污染。(3) 优化工艺流程。根据不同原水水质，结合水厂实际条件，优化适宜的预处理与膜工艺组合方式，实现膜污染的有效控制和膜通量的长期稳定保持。(4) 膜清洗。膜清洗的主要方式为物理清洗和化学清洗。物理清洗包括水力清洗、气体脉冲清洗、超声波清洗等。当物理方法不能使膜性能恢复时，必须采用化学清洗剂进行清洗。化学清洗必须考虑清洗时间、温度和清洗剂理化性质等，常用清洗剂有酸、碱、表面活性剂、氧化剂和杀菌剂等。

3. 膜组合集成工艺与应用案例

(1) 膜组合工艺

超滤膜在市政给水行业的应用主要有以下工艺组合：1) 直接代替砂滤池。当原水水质较好，主要目标为除浊时，低浊水可采用混凝—超滤或微絮凝—超滤工艺，高浊水可采用混凝—沉淀—超滤组合工艺。2) 预处理—超滤组合工艺。当原水存在季节性藻类和嗅味等问题时，可采用粉末活性炭吸附—超滤、预氧化—超滤、气浮超滤工艺等。3) 预处理—常规处理—超滤组合工艺。当原水存在藻类、有机物及嗅味污染时，可采用预处理—常规处理—超滤组合工艺。4) 臭氧活性炭—超滤组合工艺。当原水存在高有机、高氨氮和高嗅味问题时，可采用臭氧活性炭—超滤工艺。5) 超滤—纳滤/反渗透组合工艺。当原水无机盐类、溶解性总固体或总硬度超标时，可采用超滤—纳滤/反渗透的组合处理工艺。

(2) 典型应用案例

1) 东营南郊水厂（一期）

东营南郊水厂一期以引黄水库水为原水，水厂设计规模为 10 万 m^3/d，2009 年 5 月水厂实施提标改造，在原有常规工艺上增加高锰酸钾预氧化系统、粉末活性炭投加系统、浸没式超滤膜系统（工艺流程参见图 8-5）。

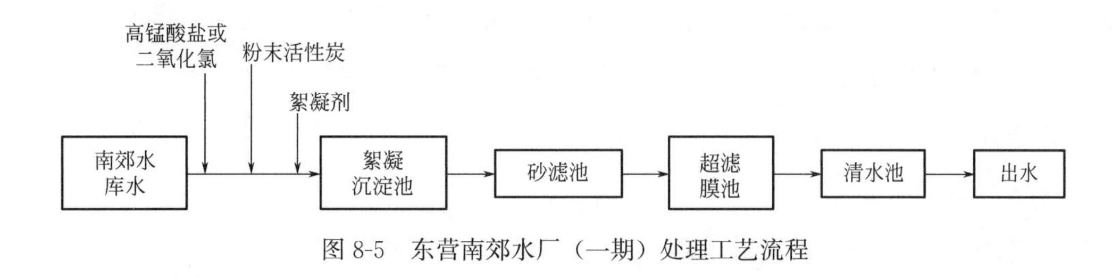

图 8-5　东营南郊水厂（一期）处理工艺流程

水厂浸没式超滤设计通量为 30L/(m·h)，反冲洗周期为 5h，超滤膜的恢复性化学清洗周期为 4～6 个月。运行评估显示，在原水浊度为 1.17～28.4NTU 时，经过超滤膜处理后，出水浊度稳定在 0.01～0.02NTU，浊度去除率达 99.8%。

2）郑州龙湖水厂

郑州龙湖水厂以花园口调蓄池黄河水为水源，原水水质存在显著的致嗅物质和铝的复合污染问题，为此，水厂采用了臭氧活性炭和超滤膜深度处理技术，工艺流程为“格栅配水井—预臭氧接触池—折板絮凝平流沉淀池—后臭氧接触池—上向流活性炭滤池—V 型滤池—超滤膜—清水池”。水厂设计规模为 20 万 m^3/d，采用浸没式超滤，超滤设计通量为 21.8L/(m·h)，反冲洗周期为 3h，超滤膜的恢复性化学清洗周期为 12 个月。运行评估显示，膜池进水浊度为 0.20NTU 左右，出水浊度为 0.05NTU 左右，浊度去除率为 75%以上。该厂超滤膜车间如图 8-6 所示。

图 8-6　郑州龙湖水厂超滤膜车间

8.3.3 臭氧高级氧化深度处理技术

引黄水库水具有高藻高嗅味、高溴离子、高有机物等水质特征，臭氧活性炭技术是引黄水厂深度处理提标改造的首选工艺。但现有臭氧接触池一般采用三段式设计，臭氧投加量及投加比例不合理，臭氧利用率低；另外高含溴原水会被臭氧氧化为溴酸盐，溴酸盐一旦生成，后续工艺无法应对溴酸盐去除能力有限，因此需要发展更加高效的臭氧高级氧化技术。

1. 高溴离子原水臭氧氧化溴酸盐控制技术

控制溴酸盐的“直接-间接生成”途径是控制溴酸盐的主要技术手段。根据溴酸盐生成机理，采用氨/臭氧、过氧化氢（H_2O_2）/臭氧、氯预氧化/氨/臭氧、高锰酸盐预氧化/氨/臭氧等多种耦合技术可以有效抑制臭氧化过程溴酸盐的生成，确保出水溴酸盐浓度控制在 10μg/L 以下。当水中存在氨氮或过氧化氢时，氨氮或过氧化氢与中间产物次溴酸发生反应生成一溴胺或溴离子，大大降低了次溴酸在水中存在的浓度，从而阻遏了次溴酸被继续氧化为溴酸盐的反应。当采用氯或高锰酸钾预氧化时，氧化剂将溴离子氧化为次溴酸，再投加氨，次溴酸与氨反应生成溴胺，然后再投加臭氧，使臭氧化过程中溴酸盐的生成得到有效控制。采用 O_3/H_2O_2 高级氧化技术不仅可以促进臭氧分解为·OH，提高有机物的去除效果，并且还可以抑制溴酸盐的生成。H_2O_2 对溴酸盐生成影响的综合结果取决于臭氧化的 pH、H_2O_2 浓度及水体的溶解性有机碳含量。因此需要根据原水水质情况，通过试验确定最佳的 H_2O_2 投加量。以黄河下游引黄水库水为试验原水，结果表明 H_2O_2 投加量与第一段臭氧投加量的摩尔比为 1∶1 时，溴酸盐控制效果最佳[11]。

2. 高嗅味原水 O_3/H_2O_2 去除技术

O_3/H_2O_2 高级氧化技术可以产生具有极强氧化作用的羟基自由基（·OH），·OH 与 2-MIB 和 GSM 的反应速率常数高达 $10^9 M^{-1}s^{-1}$ 量级，远高于与天然有机物（NOM）的反应速率常数，因此利用 O_3 和·OH 协同作用，可以高效去除水中嗅味物质。O_3 和 H_2O_2 的投加比例是影响·OH 生成效率的关键因素，理论上 H_2O_2 和 O_3 的摩尔比应为 0.5，当 H_2O_2 的投加量低于这个摩尔比时，O_3 不能被有效地转化为·OH；但 H_2O_2 的投加量过高时，H_2O_2 也可以与·OH 发生反应，从而捕获大量的·OH 使之淬灭失活，对水中嗅味的降解反而不利，两者投加的摩尔比可控制在 0.6～0.8。H_2O_2 的投加点位对嗅味去除效果也有一定的影响，可以在一级臭氧一次性投加或者三级臭氧段前分别投加 H_2O_2。水中的腐殖酸既可能是自由基反应的引发剂和促进剂，也可能是自由基反应的抑制剂。有研究表明，低浓度的腐殖酸能提高 O_3/H_2O_2 降解 2-MIB 的速率，高浓度的腐殖酸对 2-MIB 氧化降解具有明显的抑制作用[12]。

3. 臭氧高级氧化深度处理技术应用案例

臭氧-生物活性炭工艺可设置在沉淀和过滤之间，也可增设在过滤之后，有时也设置于常规工艺之前。活性炭池的过流方式可采用下向流或上向流。当活性炭池设在砂滤之后（后置）且其后续无进一步除浊工艺时，应采用下向流；当活性炭池设在砂滤之前（前置）时，宜采用上向流。对氨氮和有机物有去除要求，或者需关注生物风险时，可采用活性炭池前置工艺；当沉淀池出水浑浊度较高，有机物含量相对较低时，应采用活性炭池后置工艺。上向流活性炭池膨胀率控制在 10%左右，可在保证传质效果的同时降低活性炭的磨损。通过研究发现，与下向流活性炭运行方式相比，上向流活性对有机物的去除效果可提高大约 10%，臭氧按 3∶1∶1 进行三段式投加可以提高臭氧的利用效率，在第一段臭氧投加适量的过氧化氢，可以将出水溴酸盐含量控制在水质标准限值 10μg/L 以下。

（1）太原呼延水厂

太原呼延水厂原水为引黄水库水，水质呈典型的低温、低浊和季节性嗅味问题。为此，水厂采用了“混合絮凝＋沉淀＋过滤＋臭氧＋生物活性炭”深度处理工艺，为应对突发性污染事件，前端还设有“高锰酸钾＋粉末活性炭”预处理工艺。水厂设计规模 80 万 m^3/d，臭氧投加量 1.5～2.5mg/L，停留时间约 15min（二期）、10min（一期）。活性炭采用 8×30 目的破碎炭，炭层厚度 2.3m（一期）、1.75m（二期），滤速为 9.97m/h（一期）、8.25m/h（二期）。运行效果表明，臭氧活性炭工艺平均进、出水 COD_{Mn} 分别为 1.46mg/L、1.2mg/L，出水氨氮浓度低于 0.02mg/L，有机物含量显著降低，有效解决了原水的季节性嗅味问题，核算该工艺段制水成本 0.1～0.2 元/m^3。

（2）呼和浩特金河净水厂

呼和浩特市金河净水厂原水取自引黄调蓄水库，存在有机物、藻类、氨氮污染问题，处理规模 40 万 m^3/d，采用混凝—沉淀—砂滤—臭氧—活性炭深度处理工艺，臭氧设计最大投加量为 4mg/L，其中预臭氧最大投加量为 1.5mg/L，后臭氧最大投加量为 2.5mg/L。活性炭滤池空床停留时间为 15.8min，滤速为 7.58m/h，炭层厚度为 2m，下设 0.6m 厚石英砂和 0.45m 砾石承托层，工艺对水中 COD_{Mn}、氨氮等污染物处理效果良好，出水完全符合《生活饮用水卫生标准》GB 5749—2022 要求。该厂臭氧发生器车间如图 8-7 所示。

图 8-7　呼和浩特金河净水厂臭氧发生器车间

8.3.4　紫外高级氧化深度处理技术

引黄调蓄水库水体一般相对较浅（小于 10m），水体流动性差，极易富营养化，季节性藻类滋生以及藻源嗅味问题突出；另外地处盐碱地区的调蓄水库还存在溴离子高的问题，如胜利油田辛安水库的溴离子高达 500μg/L 以上。因此，针对多水源调蓄湖库水源藻类及嗅味物质、抗生素等小分子有机物与高溴离子共存的复合污染水质问题，紫外高级氧化技术成为水厂深度处理工艺的一种新选择。

1. 紫外高级氧化技术原理与除污染机制

紫外高级氧化技术一般采用 UV 与 H_2O_2、O_3、PDS 等联用，产生的自由基可氧化去除难降解的有机物，同时紫外线对病原微生物具有良好的灭活作用。UV/H_2O_2 技术在国外已发展成为一项成熟的高级氧化深度处理工艺。UV/H_2O_2 可将水中大分子有机物降解为小分子有机物，对荧光类、含苯环或双键类物质的有机物去除效果显著，降解水中有机污染物主要通过以下三种途径：（1）H_2O_2 的强氧化性直接氧化有机物；（2）紫外线照射有机物分子键解离分解；（3）H_2O_2 在紫外线照射下生成羟基自由基 ·OH，·OH 将有机物氧化分解。·OH 氧化能力极强，氧化还原电位是 2.8V，氧化性仅次于氟。·OH 具有非选择性，能够快速氧化大部分有机物，整个反应过程时间一般以微秒计。国内学者研究测定了GSM、2-MIB及三氯苯甲醚（TCA）等嗅味物质与·OH的二级反应速率常数为10^7～$10^9M^{-1}s^{-1}$[13,14]，不同嗅味物质的反应速率相差不大。因此，UV/H_2O_2技术具有氧化能力强、反应速度快的特点，对有机污染物的降解去除具有广谱性，尤其是对2-MIB等嗅味物质去除效果显著。

2. 紫外高级氧化深度处理技术应用案例

UV/H_2O_2对GSM、2-MIB以及难降解有机污染物具有良好的去除效果，但H_2O_2利用率较低，出水会有较高的H_2O_2残留，而残余的H_2O_2直接进入清水池后供水管网可能引发供水安全问题，后续须设置H_2O_2猝灭单元。H_2O_2猝灭单元一般可以采用氯、颗粒活性炭及生物活性炭等形式，目前已构建形成UV/H_2O_2/BAC、UV/H_2O_2/GAC、UV/H_2O_2/Cl_2等不同类型组合工艺。

山东庆云双龙湖水厂水源地为水库蓄引黄河水，水质呈现低浊、高藻、微污染水质特征，存在季节性嗅味问题，同时，庆云县地处滨海盐碱地，溴离子含量高，浓度范围为60～422μg/L。鉴于常规处理工艺对2-MIB等嗅味物质去除能力有限，而臭氧-生物活性炭又存在溴酸盐超标风险，因此该水厂选择了UV/H_2O_2-BAC工艺，为国内首座采用UV/H_2O_2高级氧化工艺的规模化水厂。

水厂设计供水规模4万m^3/d，2019年7月建成通水，主要工艺流程包括预氧化/混凝/沉淀池、V型砂滤池、UV/H_2O_2反应器和活性炭滤池等处理单元（现场实景图参见图8-8）。水厂UV/H_2O_2反应器采用进口产品，设备型号为Trojan UVFLEX™，总功率为96kW。紫外反应器管径为*DN*1200，内设低压高强汞灯96根；H_2O_2设计投加量范围在5～40mg/L。后置工艺段为下向流活性炭池，活性炭粒径8×30目，炭层厚度2m，滤速9.1m/h，空床接触时间约13min。

水厂实际运行中，紫外运行功率在60%～70%之间，H_2O_2投加量平均为6mg/L，活性炭池滤速9m/h，空床接触时间约13min。运行评估结果显示，水厂出水土臭素和2-MIB浓度均低于现行国家标准限值，核算UV/H_2O_2工艺段直接运行成本为0.10元/m^3左右。

8.3.5　地下水特殊污染物高效净化技术

黄河流域地下水卤代烃污染种类较为复杂，从污染物种类来看，检出率高于10%的指标为四氯化碳、三氯甲烷、一氯二溴甲烷、二氯一溴甲烷、三溴甲烷和四氯乙烯，其中四氯化碳检出率最高为53.1%，主要分布在山东、宁夏等省区。地下水

图 8-8　双龙湖水厂紫外线反应器设备现场

总硬度在低于 150mg/L、150～300mg/L、300～450mg/L、高于 450mg/L 之间所占比例分别为 17.3%、35.3%、25.6%和 21.8%，内蒙古、河南、山东等省（区）总硬度超标率高于其他省份。山东省近 97%的采样点为暂时硬度＞永久硬度，以钙硬度为主，鲁西、鲁西北及鲁西南部分地区以镁硬度为主。甘肃、宁夏、河南、山东等省区地下水尤其农村地下水普遍存在氟化物、硝酸盐、硫酸盐、氯化物、钙、镁等特殊污染物超标的现象。随着城镇居民对饮用水安全保障的迫切期待，在最新国家标准（GB 5749—2022）发布实施的背景下，地下水源卤代烃、总硬度和硝酸盐问题日益凸显，亟待选择科学合理的针对性处理技术。

1. 卤代烃污染地下水曝气吹脱技术

四氯化碳等挥发性氯代烃在地下水中相当稳定，很难分解。曝气吹脱法属于物理方法，是利用水中溶解化合物的实际浓度与平衡浓度之间的差异，将挥发性卤代烃由液相扩散到气相中，达到去除挥发性有机物的目的。曝气吹脱法包括曝气池曝气、喷淋曝气、填料床曝气、筛板曝气等技术，曝气吹脱工艺选择宜结合亨利系数、目标污染物初始浓度等确定。曝气吹脱可有效去除亨利系数大于 $10Pa \cdot m^3 \cdot mol^{-1}$ 的卤代烃。曝气吹脱工艺运行过程中需关注曝气盘的运行效果，长期运行可能存在结垢问题，影响吹脱效率。对于亨利系数小于 $10Pa \cdot m^3 \cdot mol^{-1}$ 的卤代烃，宜选用活性炭吸附工艺去除。尾气处置宜选用采用活性炭吸附或组合处理措施，活性炭吸附前尾气可用除湿机进行干燥处理，除湿机的选择应根据尾气风量、湿度、目标湿度值、单位除湿量等确定。应根据活性炭吸附容量、尾气浓度确定活性炭更换定期。

“十二五”国家水专项成果——曝气吹脱卤代烃技术，已在济南（5万m^3/d）、徐州（1万m^3/d）等地实现了示范应用，运行结果表明曝气吹脱工艺对卤代烃去除效果显著，运行成本增加不超过0.1元/m^3。

2. 高硬度地下水诱导结晶软化技术

诱导结晶软化技术是通过投加软化药剂使水中原有溶解态的钙、镁等硬度离子形成过饱和的难溶化合物，再在大量细小晶种的表面快速结晶析出，实现硬度去除的方法。诱导结晶除硬工艺宜采用原水—诱导除硬—砂滤—消毒—出水的流程，诱导结晶除硬单元有高效固液分离诱导结晶除硬池和流化诱导结晶除硬塔两种池型。大中型工程采用钢筋混凝土结构的诱导结晶除硬池，小型工程可采用成套装置；流化床诱导结晶除硬塔适用于小型工程。去除碳酸盐硬度可采用氢氧化钠或石灰，去除非碳酸盐硬度宜使用碳酸钠。诱晶材料宜采用石英砂作为诱晶材料。

“十二五”国家水专项成果——诱导结晶软化技术，已在济南市平阴县田山水厂（3万m^3/d）进行了示范应用，采用“原水—跌水曝气池—高效固液分离池（诱导结晶软化单元）—砂滤池—清水池—消毒”组合工艺。工艺运行效果稳定，硬度去除率在70%以上，出水总硬度为150～200mg/L，浊度稳定在0.2～0.3NTU，pH稳定在8.20左右，出水水质符合《生活饮用水卫生标准》GB 5749—2022要求。经测算，去除100mg/L总硬度（以$CaCO_3$计）的运行成本为0.15～0.18元/m^3。

3. 复合污染地下水离子交换技术

离子交换法去除地下水中离子型污染物具有简单、高效、可再生且离子选择性强等优点。离子交换树脂由骨架、功能基团和可交换离子组成。根据可交换离子的不同，离子交换树脂可分为阳离子交换树脂、阴离子交换树脂、螯合树脂、两性树脂等。其原理就是利用离子交换树脂上的可交换基团，与水中的氟离子、硝酸根离子、硫酸根离子等进行交换，实现水中超标离子的去除。需要注意的是，采用离子交换技术去除特征离子的同时，会产生等当量的交换离子，如去除硫酸根或硝酸银等阴离子的同时会产生Cl^-、HCO_3^-或OH^-等，须对交换后的浓水予以关注或安全处置。因此，针对复合污染地下水离子超标问题，可根据原水水质和拟去除的离子特点，确定选择性强的树脂并调整运行工况来满足处理需求。

山东宁阳县地下水厂采用了离子交换技术，应用效果良好。例如，宁阳张庄水厂供水规模500m^3/d，采用离子交换处理工艺，其中阴离子交换罐用于处理硝酸盐、硫酸盐等，阳离子交换罐用于去除硬度。连续运行1年的评估结果显示，水厂出水完全符合《生活饮用水卫生标准》GB 5749—2002 要求，核算直接制水成本约 0.35 元/m^3。

另外，在总结关键技术与应对工艺应用及工程运行维护管理经验基础上，已研究编制并颁布实施了去除控制技术标准指南系列，可指导和规范相应工艺技术的推广应用。如针对气浮技术和装置，中国工程建设标准化协会颁布实施了《城镇给水气浮处理工程技术规程》T/CECS 791—2020，提出了气浮工艺的技术要求、工艺设计计算布置与参数、设备要求等，规定了施工、安装与验收和运行维护的技术要求，以及溶气效率、气泡消失时间、微气泡粒径等的测定方法。针对超滤膜技术，发布了《饮用水处理用浸没式中空纤维超滤膜组件及装置》CJ/T 530—2018，规定了饮用水处理用浸没式中空纤维超滤膜组件及装置的型号、材料、要求、检测、检验等，并在纯水通量、切分分子量、拉伸断裂强力、抗脱落性能及耐化学腐蚀性能等方面提出了具体要求。针对紫外高级氧化技术，中国环保机械协会发布实施了《城镇给水紫外线高级氧化系统》T/CAMIE 01—2021，规定了以紫外线设备为核心的紫外高级氧化系统的组成、试验方法、运行与维护以及安全防护等要求。针对地下水特殊污染物高效净化技术，中国工程建设协会团体标准发布实施了《地下饮用水水源卤代烃去除技术规程》T/CECA 20045—2024、《地下水源饮用水诱导结晶除硬技术规程》T/CECA 20043—2024，两项标准分别规定了受卤代烃污染的地下水为水源的饮用水净化工程的设计、施工、验收与运行管理要求和地下水源水厂诱导结晶除硬系统的设计、施工、验收、运行与维护技术要求。

在运行管理方面，中国水协还颁布实施了《城镇供水系统全过程水质管控技术规程》T/CUWA 20054—2022，适用于涵盖水源工程、水处理设施、供水管网及二次供水在内的城镇供水系统全过程水质管控；提出了水源、水厂、管网水质管控的关键控制点、控制指标及限值等要求，为全流程水质管控提供了方法和参考依据。

8.4 黄河流域水源供水安全保障对策与建议

8.4.1 黄河流域水源污染物去除技术对策

1. 强化重点污染物源头管控措施

一是加强黄河重要支流水环境综合治理。严格把控黄河流域特别是上游地区重点污染风险源，加强灌区及流域周边点源、农业面源污染控制。持续推进沿河分布的煤化工、石油化工、煤化工、有色金属冶炼等高耗水、高污染企业水污染物减排并实行取用水总量控制，控制中游渭河、汾河、沁河等河流的纳污总量。加大城市及工业园区污水处理厂建设，优化调整排污口设置，加强流域水环境风险防范。二是全面落实重点污染源管控清单。切实强化源头管控，合理控制黄河流域高环境风险化学品的生产和使用，识别主要污染源，建立健全重点污染物管控清单并动态更新，对进入清单的化学物质，采取针对性的禁止、限制、减量或淘汰等管控措施，控制水源污染风险。加快推进有毒有害污染物绿色替代，从源头上减少污染源产生。三是强化黄河流域水源地保护。统筹推进地级市、县、乡三级饮用水水源地规范化建设。合理布局建设水源地，优化沿河取水口和排污口布局，减少潜在水质隐患。

2. 优化风险污染物全流程监控流程

一是系统开展黄河流域全流程风险污染物筛查检测。分区域、分行业查清正在生产和使用、具有较大潜在环境和健康风险的典型污染物种类，进行黄河流域水源污染现状及污染源调研。根据各类污染源的基本情况、主要污染物排放数量、污染治理情况等，建立黄河流域重点污染源档案和污染源信息数据库。二是强化黄河流域风险污染物监测能力建设。针对黄河流域高风险污染物，开展实验室及在线监测能力建设，完善监测筛检体系，开展全流域系统监测评估，全面掌握新污染物污染状况及变化情况。三是研究建立黄河流域风险污染物监测预警体系。重点在黄河流域饮用水源地等环境敏感区和化工园区等企业聚集区进行污染物环境风险监测预警体系建设，当污染物含量和排放量超过一定阈值时，启动预警机制，提升污染物防治能力和水平。

3. 开展新污染物协同控制技术研究

一是加强新污染物防治科学技术研究。结合黄河流域水源新污染物污染现状，开展新污染物生物毒理危害、环境排放特征、迁移转化规律、筛查检测技术、清洁生产技术、减排技术、去除和修复技术等的研发，构建系统的污染防治技术研发体系。二是实施黄河流域水系新污染物全过程污染治理。建立源头管控为主、兼顾过程减排和末端治理的综合管控措施，对黄河流域新污染物的来源分布、特征机理、作用途径、控制技术等方面进行系统解析，实现新污染物监测、防控、治理的全链条协同控制。三是推进黄河流域水厂工艺提标改造。强化水处理行业新技术推广应用，结合黄河流域水源水质特征及新国标要求，特别是对于黄河下游地区多水源掺混条件下高藻高嗅味、高有机物和高无机盐离子等风险水源，应适时开展深度处理技术提标改造，提升水厂运行和水质保障韧性。

4. 完善污染防控全链条标准体系

一是依法建立健全黄河流域水污染防治标准体系。根据《中华人民共和国黄河保护法》要求，强化顶层设计，健全新时代黄河流域水污染方可全链条标准体系框架，内容应涵盖基础类、规划设计类、治理类、节水类、监测类、监管类、信息化类等。二是严格黄河流域水环境质量标准。对国家水环境质量标准中未作规定的项目，做出补充规定；对国家水环境质量标准中已经规定的项目，做出更加严格的规定。对没有水污染物排放标准的特色产业、特有污染物，以及国家有明确要求的特定水污染源或者水污染物，沿黄省市补充制定地方水污染物排放标准。三是加快黄河流域新污染物控制标准研发制定。聚焦新污染物控制标准短板，围绕黄河流域新污染物治理需求，研究建立监测方法指标齐全、控制技术有效覆盖、技术参数适度统一的新污染物检测及处理技术标准，全面优化和完善黄河流域水污染防控标准体系。

8.4.2　黄河流域水源供水污染防控建议

1. 完善污染物防控法规制度体系

加强水源保护、利用管理与监督，以规划为统领，统筹产业布局、生态保护、基础设施建设，构建水资源、水环境、水生态为一体的流域综合管理体系；推动水污染防治法、水环境质量和污染物排放标准修订，建立有效污染物检测、控制及治理技术标准体系，增加典型新污染物质量浓度和排放限值，提升污染物控制能力水平，加强源头预防、过程控制、末端治理立法；完善污染防治战略和节水规划，根据危害程度、治理技术等发展情况，逐步将污染物减排治理及节水纳入国民经济和生态环境保护规划，制定流域环境污染防治及节水行动方案，明确减排目标和治理措施。通过制定配套的法律法规和标准体系，建立政策关联机制，形成完善的顶层制度设计，实现黄河流域水环境协同治理[15]。

2. 加强行业工程教育培训与技术交流

完善流域行业教育培训机制，建立健全人才培养新格局，探索“项目＋技能”培训模式，针对行业特点，以理论培训、技能培训、实操历练等相结合的方式，提高行业从业人员业务能力和水平；以技能竞赛为示范引领，构建以赛促学、以赛促训、以赛促评、以赛促建的人才培养体系，为行业培养数量充足、技艺精湛的高技能人才。健全地区间科技交流机制，实施科技帮扶等行动计划，支持先进技术网络直播培训，开展线上和线下相结合的技术服务，为基层送政策、送方案；加快成果共享和转化转移体系建设，持续扩充污染防治和绿色低碳先进适用技术数据库，充分发挥东西部合作机制，推进黄河上游、中游和下游深度合作，深化科技创新交流。

3. 建立流域性水质监测预警机制

推动流域性水质监测预警体系建设，根据污染源、污染负荷空间分布、人口分布情况开展污染物哨点预警监测，监控污染物环境风险；重点在流域饮用水源地等环境敏感区和化工园区等企业聚集区进行污染物环境风险监测预警体系建设，充分利用生态环境部、住房城乡建设部已有的在线监控系统，将单一人工现场抽查逐步发展到自动监控，建立水质动态分析和预警系统平台；加强对周期性污染物排放的动态监管，从事后末端监管向动态分析和预警转型，打通污染源—排污口—受纳水体之间的响应关系通道，完善排污口全方位自动监控体系，搭建排污口与混合区水质预警平台，当污染物排含量和排放量超过一定阈值时，启动预警，采取责令污染物排放相关企业限产停产等措施，加强污染物防治[16]。

4. 构建行业信息共享平台和数据库

充分运用云计算、大数据、物联网、人工智能等新一代信息技术，集成融合区域水利、生态环境、国土住建、农业农村、工业企业等基础与管理信息，建立数据、流域地理、气候、水文水资源、水土保持治理、生态环境保护、社会发展、农业、工业、承载力等数据信息集中化的共享数据库，推进黄河流域信息数据共享从被动到主动，形成支撑黄河流域生态保护和高质量发展的“一张图”[17]；借助黄河流域国家战略实施的契机，依托互联网和大数据技术，搭建部门及利益相关方的信息共享平台和综合决策平台，建立流域内省域合作机制，对黄河流域进行全方位、多角度的综合服务和管理，实现流域决策科学化和透明化、流域管理业务与信息技术深度融合和智慧应用，为流域水治理体系和治理能力现代化提供有力支撑与强力驱动。

本章参考文献

[1] 张捷，郭艳军．气候变化对黄河流域极端水文事件的影响与建议分析[C]//河海大学，北京水利学会，北京应急管理学会，天津市水利学会，天津市应急产业联盟．2024 首届水旱灾害防御与应急抢险技术论坛论文集．黄河水利委员会河南水文水资源局，2024：15.

[2] 袁征，张志高，闫瑾，等．1960—2020 年黄河流域不同等级降水时空特征[J]．干旱区研究，2024，41(8)：1259-1271.

[3] 王鲲鹏，徐泽升，曹国志，等．构建跨区域突发水污染事件协同处置机制[J]. 环境经济，2021，(18)：64-69.

[4] 许秀丽，李云良，高博，等．黄河中游汾河入黄口湿地水源组成与地表-地下水转化关系[J]. 湖泊科学，2022，34(1)：247-261.

[5] 韩双宝，李甫成，王赛，等．黄河流域地下水资源状况及其生态环境问题[J]. 中国地质，2021，48(4)：1001-1019.

[6] 王韬轶．黄河水体、悬浮物和不同粒径沉积物中痕量金属时空分布及污染评价[D]. 西安：西安理工大学，2022.

[7] 杨晓宇，孙晖，王岩，等．典型引调水受水流域氮时空分布特征及硝酸盐来源解析——以汾河水库上游流域为例[J]. 中国环境科学，2024，44(7)：3823-3831.

[8] 刘璐瑶，冯民权．几种水质评价方法在涞水河的应用与比较研究[J]. 哈尔滨：黑龙江大学工程学报，2017，8(3)：6-14.

[9] 刘淑芬．大汶河干流地表水环境质量现状评价及趋势分析[J]. 化工设计通讯，2021，47(11)：161-163.

[10] 魏枫沂．黄河兰州段水体中耐药基因的时空分布特征与来源解析[D]. 兰州：兰州交通大学，2023.

[11] 刘文君，杨宏伟，张丽萍，等．高臭味、高溴离子引黄水库水臭氧——生物活性炭处理技术研究与示范[J]. 给水排水，2012，48(12)：9-14.

[12] 李学艳，高乃云，沈吉敏，等．O_3/H_2O_2 降解水中致嗅物质 2-MIB 的效能与机理[J]. 环境科学学报，2009，29(2)：344-352.

[13] 陈海涵．UV/H_2O_2 氧化土臭素和二甲基异冰片的试验研究[D]. 济南：山东建筑大学，2016.

[14] Zhu H，Jia R，Sun S，et al. Ultraviolet-mediated peroxymonosulfate diminution of earthy and musty compound trichloroanisole in water[J]. Ecotoxicology and Environmental Safety，2020，205：111343.

[15] 张敏，吕艳荷，刘磊．黄河流域水生态保护的主要问题与对策建议[J]. 四川环境，2021，40(5)：157-161.

[16] 张丛林，刘宝印，邹秀萍，等．我国新污染物治理形势、问题与建议[J]. 环境保护，2021，49(10)：20-24.

[17] 李海生．黄河流域生态环境问题系统识别与展望[J]. 环境科学研究，2024，37(1)：1-10.

第 9 章　珠江流域水源、水质问题及对策

9.1　珠江流域水源概况

9.1.1　水文水资源情况

1. 总体情况

珠江，是一个由西江、北江、东江及珠江三角洲诸河汇聚而成的复合水系，一般以西江上源为源头，发源于云贵高原乌蒙山系马雄山，流经云南、贵州、广西、广东、湖南、江西 6 个省（自治区）和越南的北部，从而形成支流众多、水道纷纭的特征，并在下游三角洲漫流成网河区，经由分布在广东省境内 6 个市县的虎门、蕉门、洪奇门（沥）、横门、磨刀门、鸡啼门、虎跳门和崖门八大口门流入南海。珠江年径流量 3300 多亿 m^3，居全国江河水系的第二位，仅次于长江，是黄河年径流量的 7 倍，淮河的 10 倍。全长 2320km，流域面积 453690km^2，是中国南方最大河系，是中国境内第三长河流。

珠江流域属于湿热多雨的热带、亚热带气候区，多年平均气温 14～22℃，多年平均降水量 1200～2000mm，多年平均径流量 3381 亿 m^3（地表水资源量）。流域降水量地区分布总趋势是由东向西递减，受地形变化等因素影响形成众多的降雨高、低值区。降水量年内分配不均匀，4～9 月降水量占全年降水量的 70%～85%。年径流模数从上游向中、下游递增；径流年内分配不均匀，每年 4～9 月为丰水期，径流量约占全年的 78%；10 月～翌年 3 月为枯水期，径流量约占全年的 22%，最枯月平均流量常出现在每年的 12 月至翌年 2 月，多出现在 1 月份。

珠江流域暴雨强度大、次数多、历时长，主要出现在 4～10 月，一次流域性暴雨过程一般历时 7d 左右，主要雨量集中在 3d。流域洪水由暴雨形成，洪水出现的时间与暴雨一致，多发生在 4～10 月，流域性大洪水主要集中在 5～7 月；洪水过程一般

历时10～60d，洪峰历时一般1～3d。

珠江是我国七大江河中含沙量最小的河流，珠江河口潮汐属不规则混合半日潮，为弱潮河口，潮差较小。21世纪之后，随着用水量的大幅度提升，2002年后连续6年受枯季干旱和地形演变的影响，咸潮强度增强，咸界明显上移，危害增大，其中以生活用水受咸潮影响最大。

2. 西江

西江为珠江流域主要河流，位于我国南部，发源于云南曲靖市境内乌蒙山脉的马雄山。西江干流全长2075km，平均坡降0.58‰，流域集水面积35.31万km^2，我国境内面积34.05万km^2，在我国境内涉及云南、贵州、广西、广东、湖南五省（自治区）的面积分别为5.89万km^2、6.07万km^2、20.24万km^2、1.82万km^2、0.17万km^2。

西江干流从上游到下游各河段分别称为南盘江、红水河、黔江、浔江、西江。西江干流从河源至望谟县蔗香双江口称南盘江，双江口至象州县石龙三江口称红水河，由三江口至桂平市称黔江，桂平市至梧州市称浔江，梧州市至思贤滘称西江，全长2075km。西江从河源到三江口为上游，包括南盘江和红水河两段，长1573km，平均比降0.85‰，有急滩跌水。从三江口到梧州市为中游，包括黔江段和浔江段，长294km。梧州至思贤滘为西江下游，长208km，河宽水深，河道平均比降0.09‰，宽700～2000m，最后由思贤滘进入珠江三角洲河网。

西江流域多年平均年径流深为676mm，多年平均年径流量约为2300亿m^3，年径流量占整个珠江流域约68.1%。径流年内、年际变化均较大，汛期4～9月径流量约占年径流量的80%；年径流变差系数为0.22～0.42，极值比（最大年径流与最小年径流之比）为3左右。流域河川径流量为雨水补给，径流的年分配以及地区分布与降雨的时空分布基本一致；时间上主要集中在汛期，尤其是5～9月。

3. 北江

北江，发源于江西省赣州市信丰县小茅山山凹出水点，主流流经广东省南雄市、始兴县、韶关市、英德市、清远市至佛山市三水区思贤滘，与西江相通后汇入珠江三角洲，于广州市南沙区黄阁镇小虎山岛淹尾出珠江口。干流长573km，平均坡降0.7‰，集水面积5.20万km^2，占珠江流域总面积的10.3%；流域部分跨入湘、赣二省。北江平均年径流量510亿m^3，径流深为1091.8mm，干流在韶关市区以上称浈江（也称浈水），韶关以下始称北江。集水面积在1000km^2以上的一级支流有墨江、锦江、武江、南水、滃江、连江、潖江、滨江和绥江等。北江是珠江流域的第二大水系，是广东最重要的河流之一。

北江干流径流年内分配不均匀，一般枯水期（10～翌年3月）水量仅占全年水量的25%左右，汛期（4～9月）水量占全年水量的75%。北江干流及各支流的发育，受流域内弧形山地及谷地控制，在同一弧形谷地内两侧的支流德高往往在相距较近的地段汇入北江，致使北江洪水同时集中，具有涨势迅猛的特点。丰水期径流量以6月为最大，约占年径流量的20%，枯水期则以1月为最小，仅占年径流量的3%左右。北江每年汛期发生洪水3～4次。一般4～7月份出现洪水的机会多，为北江的主汛期。

4. 东江

东江发源于江西省寻乌县大竹岭，上源称寻乌水，由安远水、篛江、新丰江等汇合而成，主流在石龙镇汇入三角洲网河，石龙以上河长520km，流域面积2.70万km^2，河宽300～400m，平均水深2m，占珠江流域面积的5.96%。主要支流有新丰江、西枝江等。

寻乌水又名寻邬水，是东江干流上游段，长138km，全段处于山丘地带，河床陡峻窄浅。寻邬水合河坝至博罗县观音阁为东江中游段，长232km。观音阁以下至石龙全长150km河道为东江下游段。位于江下游惠州城区与博罗县城之间的东江河段的泗湄洲处，建有东江水利枢纽，上距惠州市惠城区9.4km，下距博罗水文站2.8km，集水面积25325km^2。

东江自东北流向西南，沿途接纳利江、新丰江、秋香江、西枝江等支流，流经河源市、惠州市至东莞，于虎门入海。东江干流从河源入惠州市，在惠州境内集水面积达8900km^2，河道干流惠州段长约156km。河面较宽，水深、流量平稳，无论丰水期和枯水期均保持相当的水量，其流量50%的保证率达355m^3/s，95%的保证率达185m^3/s。

5. 珠三角河网

珠三角位于西江、北江、东江下游，包括西江、北江、东江和三角洲诸河四大水系，流域面积45万km^2。河网区面积为9750km^2，河网密度为0.8km/km^2，主要河道有一百多条、长度约1700km，水道纵横交错，相互贯通。密集的河网带来丰富的水资源，水资源总量3742亿m^3，承接西江、北江、东江的过境水量合计为2941亿m^3。三角洲流经虎门、蕉门、洪奇门、横门、磨刀门、鸡鸣门、虎跳门和崖口等八大口门，注入南中国海。

珠三角河网地区是珠江流域的重要组成部分。这里水系相互贯通，河道纵横交错，形成了极为复杂的水网结构。众多大小河流交织，使得水资源丰富且分布广泛。这种复杂的水网不仅有利于水资源的调配和利用，也为航运交通提供了便利条件，促进了区域内的经济交流和贸易发展。同时，珠三角河网还对当地的生态环境起着重要的调节作用，维持着生物多样性和生态平衡。它也为周边农业的灌溉提供了充足的水源保障，有利于农业的发展和粮食生产。

9.1.2 流域水环境质量状况

2023年，珠江流域干流全线水质稳定保持Ⅱ类，水质整体维持在较好的水平，监测的364个国控断面中，Ⅰ～Ⅲ类水质断面占95.3%，比2022年上升1.1个百分点；无劣Ⅴ类水质断面，比2022年下降0.3个百分点。重点湖库和饮用水水源水质保持改善态势，地下水水质总体保持稳定。

1. 云南域内水环境质量状况

2023年，全省珠江水系总体水质优。62个国控、省控断面中，57个断面水质优良（Ⅲ类及以上），占比91.9%，其中，Ⅰ类水质断面3个，占4.8%；Ⅱ类水质断面36个，占58.1%；Ⅲ类水质断面18个，占29.0%；Ⅳ类水质断面2个，占0.3%；Ⅴ类水质断面3个，占0.5%；无劣Ⅴ类水质断面。

2. 贵州域内水环境质量状况

2023年，全省珠江水系总体水质优。监测的54个断面中，Ⅰ～Ⅲ类水质断面占100%，同比上升1.9个百分点；无劣Ⅴ类水质断面，同比持平。珠江流域四大水系中，南盘江水系、北盘江水系、红水河水系和柳江水系水质均为优。

3. 江西域内水环境质量状况

2023年，全省珠江水系总体水质为优。东江断面水质优良比例为100%，Ⅱ类比例为100%；北江断面水质优良比例为100%，Ⅱ类比例为100%。

4. 广西域内水环境质量状况

2023年，全区112个国家地表水考核断面水质优良比例（Ⅰ～Ⅲ类水质）为99.1%，总体水质为优，其中，Ⅰ类水质断面23个，占20.5%；Ⅱ类水质断面73个，占65.2%；Ⅲ类水质断面15个，占13.4%；Ⅳ类水质断面1个，占0.9%；无Ⅴ类和劣Ⅴ类水质断面。按流域评价，珠江流域的西江干流、桂江支流、柳江支流、郁江支流和长江流域、粤桂沿海诸河流域、红河流域水质均为优。

漓江、南流江、九洲江、钦江等4个重点流域11个国家地表水考核断面，除钦江流域高速公路西桥断面水质为Ⅳ类外，其他10个断面水质均达到或优于Ⅲ类标准。4个重点流域干流的水质达标率均为100%，与2022年持平。

5. 广东域内水环境质量状况

2023年，按生态环境部核定考核结果，149个国考地表水断面考核评价水质优良率（Ⅰ～Ⅲ类）为92.6%（138个），Ⅳ类、Ⅴ类分别占5.4%（8个）、2.0%（3个），无劣Ⅴ类断面，总体水质为优，达到国家考核目标（优良率89.2%、劣Ⅴ类比例0.7%）。与2022年国家核定考核结果相比，149个断面水质优良率持平，Ⅳ类比例下降0.7个百分点（1个），Ⅴ类比例上升0.6个百分点（1个），劣Ⅴ类比例持平。

9.1.3　流域主要城市供水状况

虽然珠江流域的范围很广，但是真正以珠江流域河流为水源的地区主要是广西壮族自治区和广东省。虽然西江支流的南盘江流经云南境内，北盘江流经贵州境内，北江支流流经湖南、江西境内。据调查，由于地理等因素，流经城市以本地水库水源为主，未采用西江、北江水源。因此，本节调查的城市主要为广西和广东境内的城市。

1. 广西境内珠江流域主要城市供水情况

珠江流域的中上游流经广西，西江干流及各支流几乎流经广西所有地级市，主要包括崇左市、南宁市、柳州市、桂林市、贵港市、来宾市和梧州市，水质状况总体保持良好，藻类检出率较高，有明显的季节突发性。本节主要调查广西境内珠江流域主要城市供水情况。

（1）崇左市

崇左市位于广西西南部，供水人口20万人，目前设计供水能力10万m^3/d，共1座水厂。崇左市主要水源来自左江，是珠江流域西江水系上游支流郁江的最大支流。由于水源水质优良，水厂采用常规处理工艺，消毒剂为二氧化氯。崇左市用水普及率达到100%。

（2）南宁市

南宁市位于广西中南部，是广西的省会城市。南宁市供水人口267.77万人，目前设计供水能力190万m^3/d，包括6座水厂。邕江是南宁市的母亲河，为南宁市的主要供水水源。由于水源水质优良，水厂均采用包括混凝、沉淀、过滤、消毒的常规处理工艺，消毒剂均为次氯酸钠。南宁市用水普及率达到100%。

（3）柳州市

柳州市位于广西壮族自治区的北部，供水人口185万人，目前设计供水能力85

万 m^3/d，包括6座水厂。水源均取自柳江，柳江为珠江水系西江的支流。由于水源水质优良，水厂均采用常规处理工艺，消毒剂均为次氯酸钠。柳州市用水普及率达到99%。

（4）桂林市

桂林市位于广西壮族自治区东北部，供水人口104.14万人，目前设计供水能力84万 m^3/d，包括4座水厂。1座水厂水源取自青狮潭水库，其余3座水厂水源均为漓江水，是西江干流桂江的一段。所有水厂均采用常规处理工艺，消毒剂为液氯。桂林市用水普及率为99.6%。

（5）贵港市

贵港市位于广西壮族自治区的东南部，供水人口50万人，设计供水能力25万 m^3/d，包括南江水厂、龙床井水厂。2座水厂水源均取自郁江，郁江属于珠江流域西江水系，暂无备用水源。南江水厂采用常规处理工艺，消毒剂为二氧化氯，龙床井水厂采用常规处理工艺，消毒剂为液氯。贵港市用水普及率为97.6%。

（6）来宾市

来宾市位于广西壮族自治区的中部偏东北，供水服务人口35万人，设计供水能力16万 m^3/d，包括3座水厂，水源均为红水河，暂无备用水源。水厂采用常规处理工艺，消毒剂为二氧化氯。来宾市用水普及率为100%。

（7）梧州市

梧州市位于广西壮族自治区的东部，供水服务人口47.47万人，设计供水能力31万 m^3/d，包括3座水厂，2座水厂水源为桂江，1座水厂水源为浔江，暂无备用水源。水厂采用常规处理工艺，消毒剂为次氯酸钠。梧州市用水普及率为96%。

广西珠江流域主要城市供水情况见表9-1。

广西珠江流域主要城市供水情况 **表9-1**

序号	城市	水厂名称	取水河段	供水规模（万 m^3/d）	供水量（万 m^3/年）	净水工艺	消毒剂
1	崇左市	丽江水厂	左江	10	3050	常规处理工艺	次氯酸钠
1	南宁	河南水厂	邕江	70	20336		
2		陈村水厂	邕江	60	18599		
3		三津水厂	邕江	30	8673		
4		中尧水厂	邕江	12	4731		
5		凌铁水厂	邕江	8	3082		
6		西郊水厂	邕江	10	2957		

续表

<table>
<tr><th>序号</th><th>城市</th><th>水厂名称</th><th>取水河段</th><th>供水规模（万 m³/d）</th><th>供水量（万 m³/年）</th><th>净水工艺</th><th>消毒剂</th></tr>
<tr><td>1</td><td rowspan="6">柳州</td><td>柳东水厂</td><td>柳江</td><td>6</td><td>2064</td><td rowspan="18">常规处理工艺</td><td rowspan="6">次氯酸钠</td></tr>
<tr><td>2</td><td>柳南水厂</td><td>柳江</td><td>7</td><td>2630</td></tr>
<tr><td>3</td><td>柳西水厂</td><td>柳江</td><td>30</td><td>12227</td></tr>
<tr><td>4</td><td>城中水厂</td><td>柳江</td><td>5</td><td>2022</td></tr>
<tr><td>5</td><td>柳东新区水厂</td><td>柳江</td><td>30</td><td>3828</td></tr>
<tr><td>6</td><td>柳南水厂一分厂</td><td>柳江</td><td>7</td><td>1913</td></tr>
<tr><td>1</td><td rowspan="4">桂林</td><td>西城水厂</td><td>青狮潭水库</td><td>20</td><td>1280</td><td rowspan="4">液氯</td></tr>
<tr><td>2</td><td>东江水厂</td><td>漓江</td><td>10</td><td>2675</td></tr>
<tr><td>3</td><td>瓦窑水厂</td><td>漓江</td><td>14</td><td>3801</td></tr>
<tr><td>4</td><td>城北水厂</td><td>漓江</td><td>40</td><td>9781</td></tr>
<tr><td>1</td><td rowspan="2">贵港</td><td>南江水厂</td><td>郁江</td><td>5</td><td>1442</td><td>二氧化氯</td></tr>
<tr><td>2</td><td>龙床井水厂</td><td>郁江</td><td>20</td><td>4930</td><td>液氯</td></tr>
<tr><td>1</td><td rowspan="3">来宾</td><td>河西水厂</td><td>红水河</td><td>6</td><td>1876</td><td rowspan="3">二氧化氯</td></tr>
<tr><td>2</td><td>磨东水厂</td><td>红水河</td><td>5</td><td>1643</td></tr>
<tr><td>3</td><td>河东水厂</td><td>红水河</td><td>5</td><td>742</td></tr>
<tr><td>1</td><td rowspan="3">梧州</td><td>北山水厂</td><td>桂江</td><td>6</td><td>983</td><td rowspan="3">次氯酸钠</td></tr>
<tr><td>2</td><td>富民水厂</td><td>桂江</td><td>15</td><td>2948</td></tr>
<tr><td>3</td><td>三龙水厂</td><td>浔江</td><td>10</td><td>2426</td></tr>
</table>

2. 广东境内珠江流域主要城市供水情况

珠江流域的西江下游、北江、东江流经广东境内，三江在广州汇入南海。西江流域包括肇庆市、佛山市、珠海市、中山市、深圳市、广州市，北江流经韶关市、清远市、英德市等，东江流经惠州市、东莞市，本节主要调查广东境内珠江流域以珠江水系为水源的主要城市供水情况。

（1）肇庆市

肇庆市位于广东省的中西部，供水服务人口 170 万人，设计供水能力 79.5 万 m³/d，包括 8 座水厂，水厂采用常规处理工艺。主要水源为西江，通过“四水联通”工程，实现肇庆范围内西江、九龙湖水库、绥江和北江四个水源互联互通、互为备用，当四个水源地中任何一个出现水质污染或突发供水事件时，都能通过其余片区的供水调度保障受影响区域。藻类检出率较高，有明显的季节突发性。肇庆市用水普及率为 100%。

（2）佛山市

佛山市位于广东省中部，供水服务人口 961.54 万人，设计供水能力 531.45 万

m^3/d，包括20座水厂，其中10座水厂水源为北江，7座水厂水源为西江，另外3座水厂水源分别为三亩石水库、高明河和管网水；19座水厂采用常规处理工艺，1座水厂采用常规处理+超滤系统工艺；18座水厂采用次氯酸钠消毒，2座水厂采用二氧化氯消毒。佛山市用水普及率为100%。西江佛山段藻类偶尔暴发，北江佛山段重金属铊年平均值0.00005mg/L，是《生活饮用水卫生标准》GB 5749—2022铊限值的一半，存在较大的超标风险。

（3）珠海市

珠海市位于广东省南部，珠江流域末梢，东面隔海与香港相望，南与澳门相连。珠海市供水人口249.41万人，设计供水能力超143.3万m^3/d，对澳门供水（原水）能力为70万m^3/d，包括12座水厂，大部分水厂水源为西江，唐家水厂、香洲水厂等7座水厂有水库备用水源；除唐家水厂采用常规处理+臭氧活性炭工艺外，其余水厂均采用常规处理工艺。西江珠海段每年受咸潮影响，2022年出现高浊度原水，2023年出现异味的突发状况。

（4）中山市

中山市位于广东省中南部，珠江三角洲中部偏南的西江下游出海处。中山全市年总供水量约为14.6亿m^3，供水人口445万人，供水能力达265万m^3/d，实际供水量约180万m^3/d，市内共有14个主力水厂，大部分水厂水源为西江，其中全禄水厂和三乡南龙水厂有水库备用水源。目前由中山公用水务投资有限公司运营管理的主力水厂有8个，承担中山市85%以上的供水任务，其他水厂归其他水务企业进行运营管理。受上游闸门和内河排污等影响，西江中山段主要超标项目为粪大肠菌群和氨氮指标。另外，存在部分季节性水质问题和偶然油污染事件。

（5）深圳市

深圳市位于广东省南部，总面积为1997.47km^2，2023年供水人口1779万人。根据2023年水务基础统计数据，深圳市（含深汕特别合作区）共有街道级以上自来水厂47座，设计供水能力768.2万m^3/d；水处理站5座，设计供水能力10.8万m^3/d。主要供水企业全年供水总量188596.26万m^3，日平均供水量516.7万m^3。深圳市现状水源主要包括境外引水和本地水库水，以及少量地下水和海水。深圳市的境外水源主要来自东江，通过东深供水工程和东部供水水源网络工程引入境内，珠江三角洲水资源配置工程2023年底投入运营后，实现了东江、西江双水源，目前19座水厂有备用水源。14座水厂采用常规处理+深度处理工艺，其余水厂采用常规处理工艺。水质具有低浑浊度、高藻、水体偏软的特征，水质容易随季节气候的变化发生波动，超标指标主要为总氮、总磷、粪大肠菌群和锰。

（6）广州市

广州市位于广东省的中南部，中心城区供水人口1126万人，设计供水能力519万m^3/d，包括8座水厂，4座水厂水源为西江，2座水厂水源为东江，1座水厂水源为北江，1座水厂水源为珠江三角洲河网河流，3座水厂有备用水源。其中，5座水厂采用常规处理工艺，3座水厂采用常规处理＋深度处理工艺。藻类检出率较高，有明显的季节突发性；2021年，东江流域遭遇秋冬春夏连旱特枯水情，出现咸潮等突发情况。

（7）韶关市

韶关市位于广东省的北部、北江流域中上游，面积18385km^2。供水服务人口75万人，设计供水能力35万m^3/d，包括韶州自来水厂一期、韶州自来水厂二期、五里亭水厂3座水厂，水源来自北江，均有备用水源，城市用水普及率为100%。2011年，受湖南省郴州地区大雨的影响，锑选矿企业含锑污染物经雨水冲刷直接流入武江河，造成韶关市境内武江河锑污染物含量超标。

（8）清远市

清远市位于广东省中部，2023年总供水量12847.59万m^3、售水量11578.68万m^3，供水服务面积约473.79km^2，供水服务人口约88.59万人，城市用水普及率达99.53%，水质综合合格率达100%。清远市市区由江南水厂和太和水厂两座水厂供水，水源分别取自北江和滨江，水厂采用常规处理工艺。大燕河北江清远段支流，除总氮和个别指标偶尔超标之外，总体在Ⅱ类标准之内，水质相对较好。上游分布有大量工业企业，重金属检测发现超标。

（9）惠州市

惠州市位于广东省东部，供水范围包括惠城区、仲恺高新区以及惠阳区部分区域，供水服务人口约170万人。现辖9座水厂，供水能力99.82万m^3/d，水厂采用常规处理工艺。其中，江北水厂、河南岸水厂、桥东水厂和潼湖水厂4座主力水厂水源均取自东江，水质综合合格率100%。原水水质常年保持在Ⅱ类标准。

（10）东莞市

东莞市水务集团供水有限公司下属供水厂共37座，总供水量784.9万m^3/d，供水人口1046.69万人。供水厂水源分为单一水源、双水源两种类型。单一水源包括东江水、东深供水及水库水3种情况，单一水源水厂共23间，双水源水厂共9间。其中，

34座水厂采用常规处理工艺，3座水厂采用常规处理+深度处理工艺。藻类检出率较高，有明显的季节突发性；由于天气变化，东江东莞段曾出现咸潮和高浊等突发情况。

广东省珠江流域主要城市供水情况见表9-2。

广东省珠江流域主要城市供水情况 **表9-2**

序号	城市	水厂名称	水源		设计规模(万 m^3/d)	净水工艺
			主水源	备用水源		
1	肇庆	三榕水厂	西江	—	30	一期:格栅—絮凝池—平流沉淀池—V型砂滤池—清水池； 二期:回旋絮凝池—平流沉淀池—V型砂滤池—清水池； 三期:格栅—絮凝池—斜管沉淀池—虹吸滤池—清水池
2		狮山水厂	西江	—	4	一期:混凝池—加速澄清—快滤—清水池； 二期:混凝池—立式澄清—无阀过滤—清水池； 三期:混凝池—斜管沉淀池—虹吸过滤池—清水池
3		九龙湖水厂	西江-九龙湖水库	—	5	一期:孔室絮凝池—斜管沉淀池—虹吸过滤池—清水池； 二期:网格絮凝池—斜管沉淀池—虹吸过滤池—清水池
4		永安水厂	西江	—	14.5	一期:格栅—絮凝池—平流沉淀池—V型砂滤池—清水池； 二期:回旋絮凝池—平流沉淀池—V型砂滤池—清水池； 三期:格栅—絮凝池—斜管沉淀池—虹吸过滤池—清水池
5		河南水厂	贺江	—	5	一期:格栅—絮凝池—平流沉淀池—虹吸过滤池—清水池； 二期:格栅—絮凝池—斜管沉淀池—虹吸过滤池—清水池
6		东乡水厂	绥江	—	6	格栅—絮凝池—斜管沉淀池—虹吸过滤池—清水池
7		白沙水厂	绥江	—	10	格栅—絮凝池—平流沉淀池—V型砂滤池—清水池
8		仓岗水厂	绥江	—	5	格栅—絮凝池—斜管沉淀池—普快沙过滤—清水池

续表

序号	城市	水厂名称	水源		设计规模（万 m^3/d）	净水工艺
			主水源	备用水源		
1	佛山	沙口水厂	北江	—	50	取水泵房—网格絮凝池—平流沉淀池—V型滤池—次氯酸钠消毒
2		石湾水厂	北江	—	31.5	
3		紫洞水厂	北江	—	15.75	
4		第二水厂	北江	—	100	
5		新桂城水厂	北江	—	38	
6		羊额水厂	北江	—	40	
7		北滘水厂	北江	—	28	
8		龙江水厂	北江	—	19	
9		乐从水厂	北江	—	15	
10		北江水厂	北江	—	45	
11		九江水厂	西江	—	12	
12		右滩水厂	西江	—	18	
13		容奇水厂	西江	—	20	
14		桂洲水厂	西江	—	6	
15		均安水厂	西江	—	12.4	
16		高明水厂	西江	—	30.8	
17		西江水厂	西江	—	40	
18		杨梅水厂	三亩石水库	—	5	取水泵房—网格絮凝池—斜管沉淀池—虹吸过滤池—次氯酸钠消毒
19		合水水厂	西江-高明河	—	3.5	
20		新城优质水厂	管网水	—	1.5	管网水—活性炭滤罐—超滤—二氧化氯消毒
1	珠海	唐家水厂	西江-凤凰山水库、磨刀门水道	西江-大镜山水库	12	常规水处理工艺（含混凝、气浮、沉淀、过滤、消毒）＋臭氧活性炭处理工艺
2		香洲水厂	西江-大镜山水库、磨刀门水道	西江-大镜山水库	6	常规水处理工艺（含混凝、沉淀、过滤、消毒）
3		拱北水厂	西江-磨刀门水道、南屏水库	西江-竹仙洞水库	30	常规水处理工艺（含混凝、沉淀、过滤、消毒）
4		南区水厂	西江-磨刀门水道、南屏水库	西江-南屏水库、竹银水库	27	常规水处理工艺（含混凝、沉淀、过滤、消毒）
5		西城水厂	西江-磨刀门水道、月坑水库	西江-竹银水库、月坑水库	28	常规水处理工艺（含混凝、沉淀、过滤、消毒）
6		莲溪水厂	西江-斗门区螺洲河水道	—	2	常规水处理工艺（含混凝、沉淀、过滤、消毒）

续表

序号	城市	水厂名称	水源		设计规模(万 m^3/d)	净水工艺
			主水源	备用水源		
7	珠海	乾务水厂	西江-黄杨河	西江-乾务水库、缯坑水库	28	常规水处理工艺(含混凝、气浮、沉淀、过滤、消毒)
8	珠海	龙井水厂	西江-黄杨河	西江-龙井水库、缯坑水库	8	常规水处理工艺(含混凝、沉淀、过滤、消毒)
9	珠海	三灶水厂	西江-木头冲水库	—	2	常规水处理工艺(含混凝、沉淀、过滤、消毒)
10	珠海	东澳水厂	西江-东澳水库	—	0.12	常规水处理工艺
11	珠海	万山水厂	西江-大水坑水库	—	0.12	常规水处理工艺
12	珠海	桂山水厂	西江-桂山水库	—	0.072	常规水处理工艺
1	中山	全禄水厂	西江-全禄段	岚田水库	40	加碱、加矾、预次氯酸钠—折板絮凝池—快滤—V型滤池—后次氯酸钠—清水池
2	中山	大丰水厂	西江-小榄水道	—	40	加碱、加矾、预次氯酸钠—折板絮凝池—V型滤池—后次氯酸钠—清水池
3	中山	长江水厂	西江-长江水库	—	20	加碱、加矾、预次氯酸钠—折板絮凝池—V型滤池—后次氯酸钠—清水池
4	中山	东凤水厂	西江-东海水道	—	13	一期:预次氯酸钠—折板絮凝池—平流沉淀池—V型滤池—后次氯酸钠—清水池; 二期:预次氯酸钠—网格絮凝池—斜管沉淀池—虹吸过滤池—后次氯酸钠—清水池
5	中山	三乡南龙水厂	西江-全禄段	龙潭水库	10	预次氯酸钠—折板絮凝池+平流沉淀池—翻板砂滤池—后次氯酸钠—清水池
6	中山	南头水厂	西江-东海水道	—	8	一期:预次氯酸钠—网格絮凝池—斜管沉淀池—虹吸过滤池—后次氯酸钠—清水池; 二期:预次氯酸钠—网格絮凝池—平流沉淀池—虹吸过滤池—后次氯酸钠—清水池
7	中山	古镇水厂	西江-稔益段	—	12	预次氯酸钠—平流沉淀池—V型滤池—后次氯酸钠—清水池
8	中山	黄圃水厂	西江-东海水道	—	8	预次氯酸钠—网格反应平流沉淀池—虹吸过滤池—后次氯酸钠—清水池

续表

序号	城市	水厂名称	水源		设计规模（万 m^3/d）	净水工艺
			主水源	备用水源		
1	深圳	大涌水厂	东江-深圳水库（东深）	铁岗水库、西丽水库	35	常规处理工艺
2		南山水厂		铁岗水库	20	常规处理工艺＋臭氧活性炭处理工艺
3		梅林水厂		东部梅林支线	60	常规处理工艺＋臭氧活性炭处理工艺
4		笔架山水厂		东部笔架山支线	52	新厂区：常规处理工艺＋臭氧活性炭处理工艺； 老厂区：常规处理工艺
5		东湖水厂		—	30	常规处理工艺＋臭氧活性炭处理工艺
6		沙头角水厂		—	4	常规处理工艺＋活性炭＋超滤膜工艺
7		盐田港水厂		东部盐田支线	7	常规处理工艺＋臭氧活性炭处理工艺
8		莲塘水厂		—	5	常规处理工艺
9		朱坳水厂	东江-铁岗水库	—	50	高锰酸钾＋次氯酸钠预氧化—机械搅拌—水力混合—折板絮凝池—平流沉淀池—V型滤池过滤—次氯酸钠消毒
10		新安水厂		—	7	水力混合—回转隔板絮凝池—斜管沉淀池—虹吸滤池过滤—次氯酸钠消毒
11		凤凰水厂	西江-石岩水库	—	15	高锰酸钾/次氯酸钠预氧化—水力混合—机械搅拌澄清池澄清—滤池过滤—次氯酸钠消毒
12		立新水厂		—	16	高锰酸钾/次氯酸钠预氧化—机械搅拌澄清—V型滤池过滤—次氯酸钠消毒
13		长流陂水厂		—	35	高锰酸钾/次氯酸钠预氧化—水力混合—隔板絮凝池—斜管沉淀池—气水反冲滤池过滤—次氯酸钠消毒
14		上南水厂		—	10	次氯酸钠预氧化—孔室絮凝池—斜管沉淀池—臭氧氧化处理—炭砂滤池过滤—紫外线/次氯酸钠消毒
15		五指耙水厂		—	30	高锰酸钾/次氯酸钠预氧化—网格絮凝池—侧向流斜板＋平流沉淀池—V型砂滤池—后臭氧—下向流活性炭池—次氯酸钠消毒
16		松岗水厂		罗田水库	11	高锰酸钾/次氯酸钠预氧化—水力混合—网格絮凝池—斜管沉淀池—V型砂滤池过滤—次氯酸钠消毒
17		石岩湖水厂		—	15	高锰酸钾/次氯酸钠预氧化—网格絮凝池—斜管沉淀池—V型滤池过滤—次氯酸钠消毒

续表

序号	城市	水厂名称	水源		设计规模(万 m³/d)	净水工艺
			主水源	备用水源		
18	深圳	红木山水厂	东江-东部供水工程	—	30	常规处理工艺+臭氧活性炭处理工艺
19		观澜茜坑水厂	东江-北部供水工程	茜坑水库	30	一期+二期:常规处理工艺+臭氧活性炭处理工艺
20		龙华茜坑水厂		茜坑水库	23	常规处理工艺
21		甲子塘水厂	西江-石岩水库	东江-石岩水库	20	预臭氧—机械混合—折板絮凝池—平流沉淀池—V型砂滤池—后臭氧—下向流活性炭池—清水池
22		上村水厂	西江-石岩水库	东江-石岩水库	6	水力混合—网格反应—斜管沉淀池—臭氧—上向流活性炭池—V型砂滤池—清水池
23		光明水厂	西江-公明水库	东江-鹅颈水库	20	预臭氧—机械混合—折板絮凝池—平流沉淀池—V型砂滤池—后臭氧—下向流活性炭池—清水池
24		中心城水厂	东江-龙口水库	东江-清林径水库	26	预氧化—机械混合—折板絮凝池—平流沉淀池—V型砂滤池—清水池
25		獭湖水厂	东江-东部干线	东江-松子坑水库	10	预氧化—机械混合—竖流式折板絮凝池—平流沉淀池—翻板滤池—清水池
26		猫仔岭水厂	东江-清林径水库	—	8	水力混合—网格絮凝池—斜管沉淀池—虹吸砂滤池—清水池
27		南坑水厂	东江-雁田水库	东江-雁田隧道二号支洞	15	预氧化—机械混合—折板絮凝池—平流沉淀池—V型砂滤池—清水池
28		塘坑水厂	东江-雁田水库	东江-雁田隧道二号支洞	7.2	预氧化—水力混合—穿孔旋流絮凝池—斜管沉淀池—翻板砂滤池—清水池
29		荷坳水厂	东江-铜锣径水库	—	4	预高级氧化—水力混合—穿孔旋流絮凝池—斜管沉淀池—炭砂滤池—清水池
30		南岭水厂	东江-深圳水库	—	4	水力混合絮凝池—斜管沉淀池—无烟煤滤池—清水池
31		苗坑水厂	东江-北线引水工程	东江-雁田水库	20	预臭氧—机械混合—折板絮凝池—平流沉淀池—V型砂滤池—主臭氧—活性炭滤池—清水池
32		鹅公岭水厂	东江-雁田水库	—	3	水力混合—网格絮凝池—斜管沉淀池—普通砂滤池—清水池
33		沙湖水厂	东江供水工程	东江-赤坳水库	10	穿孔旋流絮凝池—斜管沉淀池—拉阀式气水反冲滤池—清水池
34		塘岭水厂	东江-赤坳水库	—	6	穿孔旋流絮凝池—斜管沉淀池—拉阀式气水反冲滤池—清水池

续表

序号	城市	水厂名称	水源		设计规模(万 m^3/d)	净水工艺
			主水源	备用水源		
35	深圳	田心水厂	石头河水库	—	3	穿孔旋流絮凝池—斜管沉淀池—拉阀式气水反冲滤池—清水池
36	深圳	三洲田水厂	三洲田水库	—	3	穿孔旋流絮凝池—斜管沉淀池—拉阀式气水反冲滤池—清水池
37	深圳	坑梓水厂	东江-松子坑水库	东江-赤坳水库	9	跌水曝气—预氧化—水力混合—穿孔旋流絮凝池—斜管沉淀池—砂滤池—后臭氧—下向流活性炭滤池—清水池
38	深圳	沙湾一水厂	东江-深圳水库	—	8	水力混合—折板絮凝池—斜管沉淀池—普通砂滤池—清水池
39	深圳	沙湾二水厂	东江-深圳水库	东江供水工程	15	预氧化—机械混合—折板絮凝池—平流沉淀池—V型砂滤池—清水池
40	深圳	坂雪岗水厂	东江-北线引水工程	—	15	预氧化—水力混合—折板絮凝池—平流沉淀池—V型砂滤池—清水池
41	深圳	吉厦水厂	东江-深圳水库	—	2	水力混合—折板絮凝池—斜管沉淀池—普通砂滤池—清水池
1	广州	北部水厂	西江-思贤滘	—	60	静态混合器—网格絮凝池—平流沉淀池—V型砂滤池—超滤膜—清水池
2	广州	西村水厂	西江-思贤滘	珠江西航道	100	一期：静态混合器—网格絮凝池—平流沉淀池—移动罩滤池—清水池(10万 m^3/d) 静态混合器—网格絮凝池—回转式隔板絮凝池—斜管沉淀池—虹吸滤池—移动罩滤池—清水池(30万 m^3/d)； 二期：静态混合器—脉冲澄清池—普通快滤池—清水池(10万 m^3/d)； 三期：静态混合器—网格絮凝池—平流沉淀池—普通快滤池—清水池(30万 m^3/d)； 四期：静态混合器—网格絮凝池—斜管沉淀池—普通快滤池—清水池(20万 m^3/d)
3	广州	石门水厂	西江-思贤滘	珠江西航道	80	一期：静态混合器—网格絮凝池—斜管沉淀池—移动罩滤池—清水池(20万 m^3/d)； 二期：静态混合器—网格絮凝池—斜管沉淀池—移动罩滤池—清水池(40万 m^3/d)； 三期：静态混合器—网格絮凝池—平流沉淀池—普通快滤池—清水池(20万 m^3/d)
4	广州	江村水厂	西江-思贤滘	流溪河江村段	45	一期：静态混合器—网格絮凝池—斜管沉淀池—移动罩滤池—清水池(4万 m^3/d)； 静态混合器—回转式隔板絮凝池—斜管沉淀池—移动罩滤池—清水池(6万 m^3/d)； 二期：静态混合器—网格絮凝池—平流沉淀池—普通快滤池—清水池(30万 m^3/d)； 静态混合器—网格絮凝池—平流沉淀池—超滤膜(5万 m^3/d)—清水池

续表

序号	城市	水厂名称	水源		设计规模(万 m^3/d)	净水工艺
			主水源	备用水源		
5	广州	南洲水厂	北江-顺德水道	—	100	预臭氧—静态混合器—网格絮凝池—平流沉淀池—V型砂滤池—后臭氧—下向流活性炭池—清水池
6		新塘水厂	东江-干流刘屋洲	—	70	一期:高速曝气生物滤池—混合槽—网格絮凝池—斜管沉淀池—V型滤池—清水池(30万 m^3/d); 二期:高速曝气生物滤池—混合槽—回转式隔板絮凝池—斜管沉淀池—V型滤池—清水池(10万 m^3/d); 三期:高速曝气生物滤池—混合槽—网格絮凝池—斜管沉淀池—V型滤池—清水池(30万 m^3/d)
7		西洲水厂	东江-干流刘屋洲	—	50	轻质滤料曝气生物滤池—静态混合器—网格絮凝池—平流沉淀池—V型滤池—清水池
8		穗云水厂	流溪河钟落潭段	—	14	一期:轻质滤料曝气生物滤池—穿孔旋流絮凝池—平流沉淀池—虹吸滤池—清水池(7万 m^3/d); 二期:轻质滤料曝气生物滤池—静态混合器—网格絮凝池—斜管沉淀池—V型滤池—清水池(7万 m^3/d)
1	韶关	韶州自来水厂二期	北江-南水水库	北江-武江河	25	预处理配水混合—网格絮凝池—平流沉淀池—V型滤池—后加氯—清水池
2		韶州自来水厂一期	北江-南水水库	北江-武江河	10	预加氯—配水井—沉砂池—分流隔板混合—穿孔旋流絮凝池—斜管沉淀池—普通快滤池—后加氯—清水池
3		五里亭水厂	北江-南水水库	北江-武江河	10	配水井—预加氯—孔室混合—隔板絮凝池—平流沉淀池—普通快滤池—清水池
1	清远	太和供水有限公司第二水厂	滨江	—	15	管道混合器投加聚铝—网格絮凝池—平流沉淀池—V型砂滤池—加氯—清水池
2		江南水厂	北江	—	40	配水格栅井—机械混合—网格絮凝池—平流沉淀池—V型砂滤池—清水池
1	惠州	江北水厂	东江	—	40	混凝—沉淀—过滤—清水池
2		河南岸水厂	东江	西枝江	18	混凝—沉淀—过滤—清水池
3		桥东水厂	东江	西枝江	12	混凝—沉淀—过滤—清水池
4		潼湖水厂	东江	观洞水库	20	预臭氧接触—高效混凝池—V型滤池—后臭氧接触—翻板活性炭过滤—清水池
5		芦洲水厂	东江	—	0.42	混凝—沉淀—过滤—清水池
6		马安水厂	西枝江	—	5.5	混凝—沉淀—过滤—清水池

续表

序号	城市	水厂名称	水源		设计规模（万 m³/d）	净水工艺
			主水源	备用水源		
7	惠州	永湖水厂	大坑水库	—	1.5	混凝—沉淀—过滤—清水池
8		平潭水厂	西枝江	—	0.9	混凝—沉淀—过滤—清水池
9		良井水厂	西枝江	—	1.5	混凝—沉淀—过滤—清水池
1	东莞	市第三水厂	东江	—	110	取水泵房—网格絮凝池—平流沉淀池—V型滤池—清水池—配水泵房
2		市第四水厂	东江	—	75	一期：取水头部—取水泵房—网格絮凝池—平流沉淀池—V型滤池—清水池—配水泵房； 二期：取水头部—取水泵房—网格絮凝池—平流沉淀池—V型滤池—消毒接触池—清水池—配水泵房
3		市第五水厂	东江	—	50	取水泵房—网格絮凝池—平流沉淀池—V型滤池—清水池—配水泵房
4		市第六水厂	东江	—	50	取水泵房—网格絮凝池—平流沉淀池—V型滤池—深度处理综合池—清水池—配水泵房
5		桥头第二水厂	东深供水	—	6	一期：取水泵房—网格絮凝池—斜管沉淀池—虹吸过滤池—清水池—配水泵房 二期：取水泵房—网格絮凝池—斜管沉淀池—普通快滤—清水池—配水泵房
6		塘厦凤凰水厂	东深供水	—	25	取水—网格絮凝池—平流沉淀池—V型滤池—清水池—配水泵房
7		凤岗第二水厂	东深供水	—	12	取水泵房—网格絮凝池—平流沉淀池—V型滤池—清水池—吸水井—配水泵房
8		黄江水厂	东深供水	水库水	13.3	一期：取水泵房—网格絮凝池—斜管沉淀池—V型滤池—清水池—配水泵房； 二三期：取水泵房—网格絮凝池—平流沉淀池—V型滤池—清水池—配水泵房
9		樟木头簕竹排水厂	东深供水	水库水	6	取水泵房—配水井—网格絮凝池—平流沉淀池—V型滤池—清水池—重力自流
10		谢岗第三水厂	东深供水	水库水	12	取水泵房—网格絮凝池—平流沉淀池—V型滤池—清水池—配水泵房
11		大岭山金鸡咀水厂	水库水	—	3	取水头部—网格絮凝池—斜管沉淀池—V型滤池—清水池—自流至大岭山管网
12		大岭山长湖水厂	水库水	—	5	取水头部—网格絮凝池—平流沉淀池—V型滤池—清水池—配水泵房
13		松山湖水厂	西江水	东江水	110	取水泵房—折板絮凝池—平流沉淀池—V型滤池—深度处理综合池—清水池—配水泵房
14		芦花坑水厂	西江水	东江水	50	取水泵房—折板絮凝池—平流沉淀池—V型滤池—深度处理综合池—清水池—配水泵房

9.2 珠江流域水源水质特征及污染状况分析

9.2.1 西江流域

1. 西江流域上游

(1) 云南省

云南省内珠江流域的主要河流监测断面水质优良率达到94.6%，其中286个断面达到Ⅰ～Ⅱ类标准，水质优；无断面水质劣于Ⅴ类标准；主要出境、跨界河流断面水质全部优良。

珠江流域源头南盘江，局部断面存在重度污染问题（劣Ⅴ类），水质旱季劣于雨季，支流劣于干流，下游劣于上游，主要超标因子为NH_3-N和TP。杨智等人[1] 分析了2021年南盘江（曲靖段）干流、主要支流从上游至下游断面的水质监测数据，研究表明南盘江城区段COD_{Cr}、NH_3-N、TP、TP污染物排放量分别约为32758t/a、803t/a、3091t/a、314t/a，入河量分别约为7153t/a、151t/a、612t/a、50t/a。从污染物来源组成看，呈现以城镇点源为主，农业农村面源、城镇面源及规模化畜禽养殖为辅的污染结构特征。南盘江流域（昆明段）水污染源主要包括点源（城镇生活源、第三产业和工业源）和面源（城市面源、农村生活面源、农业生产面源和水土流失）。

北盘江云南段同时受重金属和有机物的双重污染，主要污染物为石油类、氮磷有机污染物、氰化物和重金属，主要污染物来源为农业、食品工业和生活源排放的有机污染，冶金和化工企业排放的氰化物和重金属污染，以及煤矿排放的矿井水污染。

西江虽然流经云南的昆明、曲靖，但两个城市的水源为本地水库，没有以西江为水源。根据云南省生态环境厅发布的饮用水源地检测月报，水源水质优良。

(2) 贵州省

贵州省内珠江流域四大水系中：南盘江水系、北盘江水系、红水河水系和柳江水系水质均为优，总体水质为优Ⅰ～Ⅲ类的水质断面占100%，同比持平；无劣Ⅴ类水质断面，同比持平。

马利英等人[2] 对珠江支流北盘江在贵州段的水质污染现状进行了分析，总体来说，北盘江干流均能满足规定的水质要求，且水质逐年有所改善，水体自净能力较强，水质呈弱碱性，主要污染物为悬浮物、有机污染物COD和金属铁。北盘江贵州段以煤炭业污染为主，同时在汛期由于水土流失导致水中悬浮物较高。贺赟等人[3]对北盘江流域（晴隆段）农业非点源污染情况进行了分析，北盘江流域（晴隆段）TN、TP污染负荷强度呈现局部集中、坡度较高和人口密度大的区域负荷量较高的特征，研究区域内对TN、TP负荷量的贡献率皆为畜禽养殖＞土地利用类型＞农村生活，畜禽养殖污染源是该区段水质污染的主要来源。姚波等人对珠江上游南盘江流域、北盘江流域及都柳江流域6个典型工矿区土壤重金属污染对下游水质的影响进行了分析，指出对珠江上游地区矿区对下游水质存在Cd污染、Hg、As等元素的富集及潜在污染风险。

西江流经贵州的贵阳、遵义、六盘水、安顺、毕节等城市，本次调查发现，这些城市都没有以西江为供水水源，以本地水库为主。根据贵州省水源地水质月报，水源水质优良。

2. 西江流域中游

根据崇左、南宁、贵港、柳州、来宾、桂林、梧州等城市的水质数据，珠江流域的西江干流、桂江支流、柳江支流、郁江支流水质均为优，无Ⅴ类和劣Ⅴ类水质断面。

西江干流整体水质较好，从空间变化趋势来看，西江干流全程均为Ⅱ～Ⅲ类水，水质状况良好。但西江干流及支流存在个别入河排污口废污水超标排放、面源污染、农村污水乱排、船舶运输污染、“四乱”等问题导致的水质污染隐患。

庞小华和唐铭[4]对桂江干流水环境污染源（包括工矿企业污染源、城镇生活污染源、农业面源、畜牧养殖污染源及航运污染源等五类）进行了调研，发现存在工业污水、城市污水处理厂污水排放不达标，乡镇污水不完全截污，船舶污染环境风险及水生态问题等。从资料来看，浔江和桂江均有季节性藻类问题，常发生于1月、2月和7月、8月，主要是冬春季雨少河床径流量低，夏季强烈降雨后连续数日高温。冬春季多为蓝绿藻，易使出厂水中pH、铝和臭和味不合格；夏季多为直链硅藻，影响滤池能效，易使出厂水pH、铝和浊度不合格。2022年6～7月，浔江和桂江还发生了浊度骤增和高锰酸盐指数超过5mg/L的问题。浔江汛期还有较明显的铁超标问题。

柳江柳州段各项指标除微生物指标粪大肠菌群外，均符合地表水Ⅱ类标准。值得关注的是，自2022年夏季至2023年末，柳江河未出现明显的洪峰，来水减少，流量流速降低，加之气温较高，源水藻类滋生，pH升高。同时对富营养化指标（总氮、总磷以及氨氮等）进行监控，各项指标变化不大，提示水体富营养化不高。张婉军对柳江柳州段的重金属污染情况进行了调研，重金属污染来源有一定的季节变化特征，Hg、Cd、Cr和As是3月柳州段水体污染较高的重金属元素，As和Cr是6月污染较高的重金属元素，Hg和As是11月污染较高的重金属元素。3月重金属的主要来源为工业、地质、农药、河流内源释放和生活来源。6月重金属的主要来源为工业、地质及生活来源。11月重金属的主要来源为工业和生产生活、生活排放、地质作用和河流内源释放。

郁江（贵港段）近十年主要河流水质总体趋势向好，多年平均水质类别为Ⅱ类，水质优良，多年平均污染指数为0.145，为清洁水体。从分析的指标看，pH、溶解氧的上升趋势最为明显，氰化物和挥发性酚的下降趋势最为显著，贵港市主城区废污水排放对郁江的水质影响最大，武思江流域水质变化趋势向好，鲤鱼江流域水质有所恶化。

漓江桂林市区流域水质上、中、下段水质符合城市特征，市区流域上段因受到较少的城市活动干扰，水质最佳，近三年的监测数据显示，上段水质总体可保持在地表水Ⅰ类标准。中段水质受到一定程度的城市生活污水和工业废水的影响，但仍保持良好水平，满足Ⅱ类标准。下段水质受上段和中段来水以及本地污染源的影响，部分指标如溶解氧、氨氮等略有下降，但总体依然能够满足Ⅱ类标准。近三年粪大肠菌群项目在市区上段总体维持在Ⅲ～Ⅴ类标准，中、下段基本低于Ⅴ类标准。同时，全年监测到漓江市区流域中上段水质存在pH偏高现象，虽然未超出地表水标准限值，但全年约有100d超过8.5。

漓江桂林市区段具有明显的季节性特征，丰水期漓江水量充沛，受到降雨增加地表径流带来污染物及持续高温的影响，特别是市区中下段，部分指标如溶解氧略有下降，并且漓江汛期集中在每年5～6月，汛期漓江水量暴涨，水中泥沙及悬浮物含量骤增，浑浊度最高超过6000NTU，铁、锰等含量也相应升高。而枯水期漓江水量减少，水流缓慢，自净能力有所下降，2020年以来，通过科学调度和生态补水等措施，漓江枯水期水量得到及时补充，近三年监测数据显示，漓江桂林市区流域枯水期水质有所改善，如中市区下段氨氮指标在枯水期相较上一个三年，基本能维持在较低水平。

3. 西江流域下游

西江下游主要流经肇庆、中山、珠海、佛山、广州等城市。

西江流域（肇庆端州段）水源水质基本优于地表水Ⅱ类标准（除粪大肠菌群外）。藻类检出率较高，有明显的季节突发性。2022年12月开始，受旱季少雨、水流缓慢、低温低浊、上游水闸断流、上游水库排水压咸等多种因素交叉影响，西江流域肇庆段出现了近20年以来，持续时间最长、水质化验数据最差、以硅藻为主的高藻类源水（图9-1）。2022年与2023年同期自12月中旬起至次年3月，西江河水藻类数量持续攀升。据监测显示，藻类增加同时，地表水pH也呈上升趋势，藻类期间维持pH8.0以上，端州供水最高数据为pH8.75。

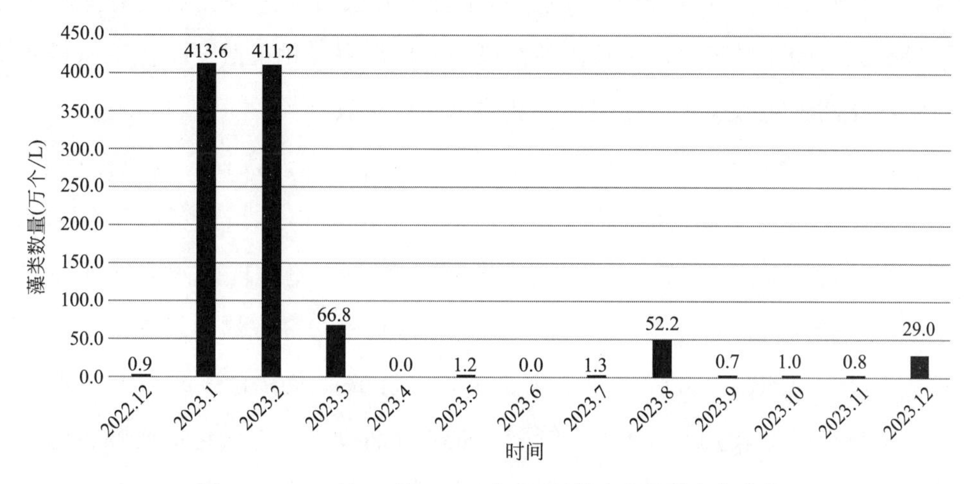

图9-1 2022年12月～2023年12月肇庆段藻类变化曲线

西江流域佛山段的水源水质均达到Ⅲ类标准，优于或达到水质目标，达标率为100%。2021～2023年西江佛山段藻类偶尔暴发，导致pH和溶解氧升高，由于藻类多为直链硅藻，土臭素、2-甲基异莰醇、微囊藻毒素-LR均未检出；洪水期铁和总磷偶尔超标，其他指标相对稳定。近三年，总氮和粪大肠菌群（图9-2）均有超标的现象。

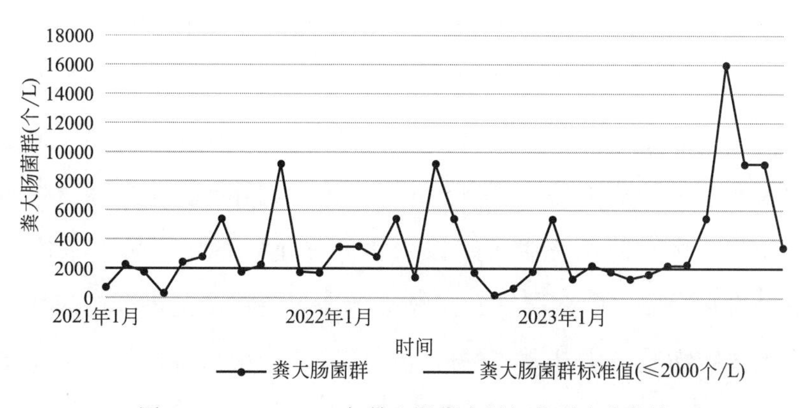

图9-2 2021～2023年佛山段粪大肠杆菌群变化曲线

西江水系珠海段存在季节性的高浑浊度情况。5月中下旬至6月中下旬，往往会出现持续性、大范围的强降水（俗称“龙舟水”），导致高浑浊度原水等一系列问题。2022年5～6月西江上游大范围持续降雨，梧州断面瞬时流量最高达36500m^3/s（2022年6月16日），浊度高达180NTU。因此受外江洪水的影响，珠海各原水泵站的取水浑浊度均有较明显上升。

2023年3月19日至6月1日，在西江佛山—中山段总共间断性地发生过11次水源异味突发情况，导致用户对水质异味提出投诉，异味类型描述为“塑料味、胶味、化学味、溶剂味、芳香味”。根据沿线供水企业及有关检测机构提供的对异味水样的检测结果反馈，前述异味水样中检出的污染物质广泛用作化工溶剂、化工原料和增塑剂，推测异味污染物质来源于化工厂排放或制药厂排放。

“黄水”问题在西江流域珠海段也较为突出，这与珠海段铁、锰超标有关。XQ水厂黄水暴发期即7月出厂水锰浓度为0.020mg/L，而TJ水厂“黄水”暴发期即10月出厂水中的锰浓度为0.025mg/L。尽管这两个值均为超过现行国家标准中规定的0.1mg/L，根据以往研究经验，彼时出厂水锰浓度已经过高，易引发锰致“黄水”问题。这类“黄水”问题形成的主要机理是来自水源的锰尤其是还原态的溶解锰离子（Mn^{2+}）未被水厂完全去除，在进入管网后被消毒剂或微生物氧化形成颗粒态锰氧化物（MnO_2）并在管壁上逐渐累积形成疏松沉积物，水力扰动再释放时会造成水的色度、浊度升高，引发用户投诉。锰沉积物在塑料管、金属管上均可累积。图9-3为2010～2020年西江下游珠海段与座水厂出厂水中的锰浓度情况。

西江中山段整体水质较好，主要超标项目为粪大肠菌群和氨氮指标，可能受西江原水受上游闸门和内河排污等影响。由于城市河涌治理及排水口的设置问题，南部泵站上游的城镇河涌排水时会严重影响原水水质，比如氨氮的严重超标，说明原水受污染情况严重，由此引发的微生物波动、有机物波动等问题。因西江中山段各水道航运量较高，存在部分污染风险，河面油污问题出现频繁，2020～2023年，大丰取水口共发现油类污染事件13余起。冬春季节，中山市内各水道受咸潮影响较大；春季西江水也因藻类暴发，导致pH上升，对出厂水铝含量有一定的影响。另外，中山市的水库水源主要由天然取水水库和抗咸备用水库。水库水质整体较好，秋冬季会有水库原水中金属铁、锰异常升高，导致“黄水”的风险；抗咸水库原水偶尔出现致嗅物质2-甲基异莰醇升高的风险。中山市各西江支流水道的水质情况见表9-3。

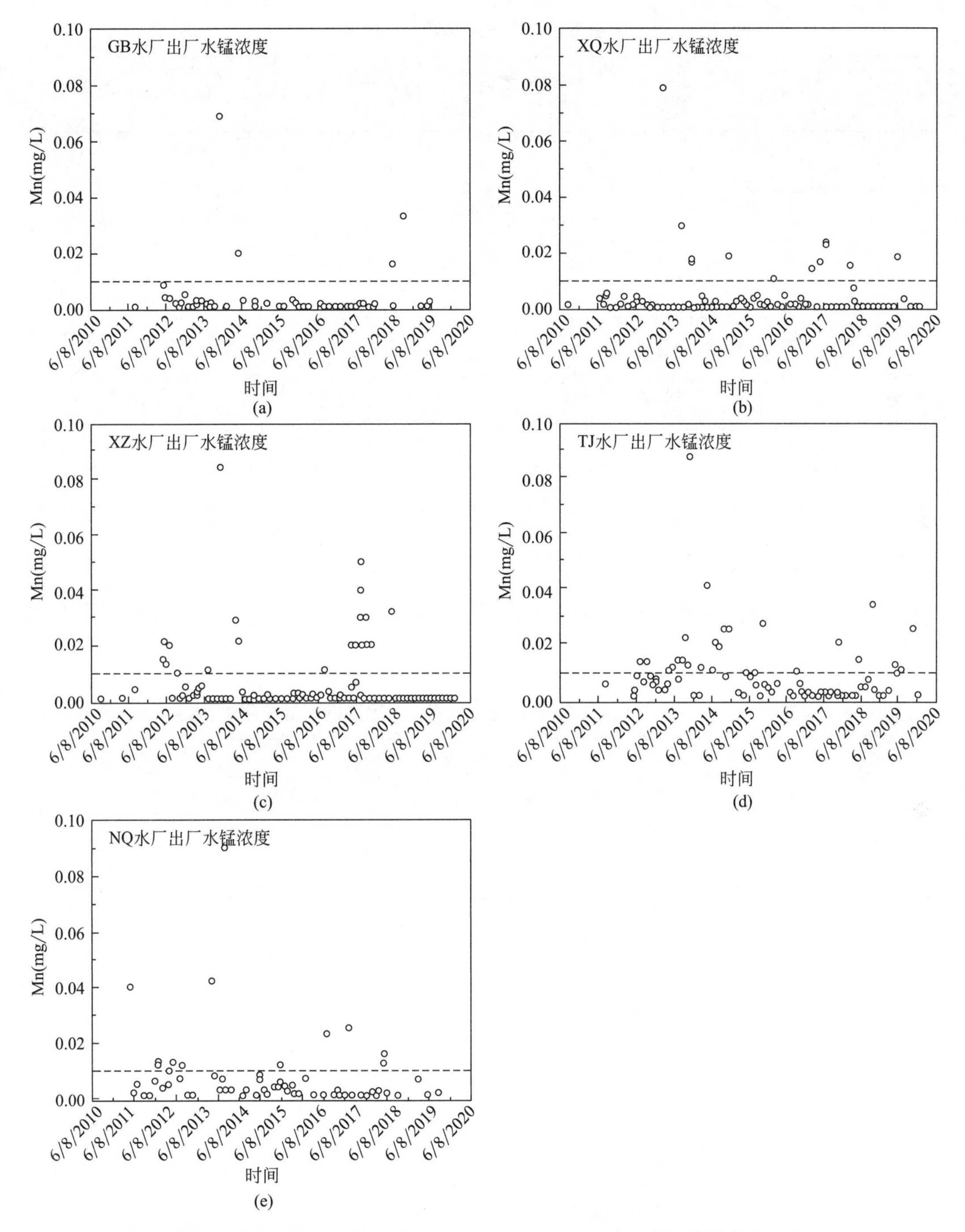

图 9-3　2010～2020 年 GB、XQ、XZ、TJ 和 NQ 水厂出厂水中的锰浓度

深圳的西江原水总氮指标超标情况接近 100%，且总氮维持在 1.7～2.9mg/L；西江粪大肠菌群、铁、化学需氧量、总磷和高锰酸盐指数等五项指标超标的风险较高。深圳段西江水总硬度呈现夏季低（60～70mg/L）、冬季高（80～110mg/L）的特点。

中山市各西江支流水源水质情况 **表 9-3**

水道名称	年份	Ⅱ类水月份数	Ⅲ类水月份数	Ⅳ类水月份数	Ⅴ类水月份数	主要超标指标
小榄水道	2021年	—	7	3	2	粪大肠菌群
	2022年	1	7	2	2	粪大肠菌群、溶解氧
	2023年	—	4	4	4	粪大肠菌群、溶解氧
磨刀门水道	2021年	3	7	1	1	粪大肠菌群
	2022年	2	8	1	1	粪大肠菌群、溶解氧
	2023年	4	5	1	2	粪大肠菌群、溶解氧、氯化物
东海水道（莺歌咀）	2021年	6	5	1	0	粪大肠菌群、氨氮、总磷、溶解氧
	2022年	8	0	1	3	粪大肠菌群、耗氧量
	2023年	6	6	0	0	粪大肠菌群、溶解氧

西江广州段水质常年保持Ⅱ类，部分指标甚至达到Ⅰ类，根据2019年1月至2021年7月采样结果，发现3个监测指标共11个数据超过Ⅱ类水标准限值指标，其超标项目分别为铁、总磷和汞。2019年1月至2021年7月BB水厂水源水超过Ⅱ类水标准限值指标汇总见表9-4。

2019年1月至2021年7月BB水厂水源水超过Ⅱ类水标准限值指标情况汇总（mg/L） **表 9-4**

时间	超标项目	Ⅱ类标准限值	检测值
2019.01	汞	0.00005	0.00006
2019.03	总磷	0.1	0.12
2019.05	总磷	0.1	0.14
	铁	0.3	0.901
2019.06	铁	0.3	0.737
2019.07	铁	0.3	0.846
2019.08	铁	0.3	0.708
2019.09	总磷	0.1	0.11
	铁	0.3	0.457
2019.12	汞	0.00005	0.00006
2020.07	铁	0.3	1.253

2023年1月8日至2023年3月27日、2024年1月至2024年3月，受西江上游水库放水及枯水期持续晴热天气影响，西江原水广州段暴发大型藻类污染事件。2024年大型藻类最高达500万个/L，原水pH最高达8.9，溶解氧最高升至11mg/L，西江原水管理所和西北部四间水厂均受到高藻原水的影响，主要原因为原水中的优势藻类为直链硅藻，其在冬春季节日照和水温适合时会在原水中暴发。

9.2.2 东江流域

东江干流在广东省龙川县合河坝村以上称寻邬水，龙川县合河坝接纳一级支流贝岭水（江西定南水）后始称东江。从区域角度来看，东江可分为三段：上游主要流经江西省及广东省龙川县，主要支流有贝岭水；从龙川县枫树坝水库中的原合河坝村至博罗县观音阁为东江中游，主要流经广东省龙川县、河源市、紫金县、惠城区、博罗县，主要支流有浰江、新丰江、秋香江；从博罗县观音阁至东莞市石龙为东江下游段，主要支流有公庄河、西枝江和石马河等。

1. 东江流域上游

东江上游水质常规污染状况整体较轻，高锰酸钾指数、溶解氧普遍为地表水Ⅰ类，氨氮、总磷普遍为地表水Ⅱ类，但是总氮污染相对较大，普遍为地表水Ⅴ类。杜青平等人[5] 对2014～2019年东江干流氮磷通量传输特征与来源进行了分析，结果表明，该时段内东江氮、磷年均通量分别为1890kg/km^2、77kg/km^2，位居国内外主要江河的高位；东江氮、磷通量从上游到下游呈指数增长趋势，氮、磷通量的时间累积关系呈凸弧曲线，具有显著的瞬时高通量特征，夏季是东江氮、磷负荷的高峰期，低谷期出现在秋冬季节；东江干流的氮、磷输入以非点源为主，76.8%以上的氮和94.7%以上磷来源于非点源，在2013～2020年上游寻乌水段人类活动净氮输入达到了26587.19kg/(km^2·a)，其中，化肥氮输入达到了80%，而下游段食物/饲料净氮输入水平较高，人口密度也最大，由于上游段人类农业活动频繁以及下游城市活动，导致东江氮通量水平出现上游>下游>中游的格局。

曾金凤等人[6] 对2007～2019年东江流域赣粤出境水质评价与成因进行了分析。研究指出，不同水文时期的东江上游水质状况均存在差异，以氯化物、硫酸盐和氨氮的时空差异性最为明显，汛期水质好于非汛期，劣Ⅴ类水仅存在于非汛期，2009年水质开始好转，2017～2019年全部满足Ⅱ～Ⅲ类水；氨氮是出境水质最主要的污染物但浓度显著下降，稀土开采、果业开发和大型养殖等是影响水质的主要因素。曾金凤等人还对东江源头典型山区小流域农业面源污染进行了研究，东江流域定南县出境水质氨氮（NH_4^+-N）平均浓度在2007～2019年不达标频次占比32.6%。总磷（TP）平均浓度在2018～2019年不达标频次占比16.7%，定南县东江流域农业面源主要污染物为TN、NH_4^+-N，污染源为人居生活>农业种植>畜禽养殖>水产养殖，人居生活和农业种植是主要污染源，贡献率分别为76.98%、19.89%。

2. 东江流域中下游

东江河源流域各断面水质状况较好；空间分布上东江水质从上游到下游呈下降趋势到惠州交界水质好转，时间分布上水质丰水期比枯水期稍好，无明显差异。影响东江水质的主要指标有高锰酸盐指数、化学需氧量、五日生化需氧量，氨氮以及总磷。

东江支流淡水河下游整体区域水质处于中等水平，导致超标的水质指标主要为总氮和总磷。淡水河下游 TN 浓度与 NH_4^+-N 浓度变化趋势基本一致，河流经过工业区、城镇区和居民区，TN 浓度有一定程度提高，城镇区和农村居民区则分别对 NH_4^+-N 和 TP 浓度影响较大，工业区和农村居民区河段的 COD 浓度明显高于农业区和城镇区，淡水河（惠阳段）下游 COD 浓度显著高于上游区域。惠阳区城镇生活污水、农村生活污水、种植业、畜禽业和水产养殖业的主要水污染物入河量依次为 COD＞TN＞NH_4^+-N＞TP。惠阳区水污染物 TN 和 NH_4^+-N 的主要污染源来自城镇生活污水和种植业；水污染物 COD 的主要污染源是城镇生活污水、畜禽养殖业和种植业，分别占 42％、21％和 21％；城镇生活污水和种植业是惠阳区的主要污染源，分别占 38％和 39％，两者占全域污染的 50％以上。

东江干流企石段及支流东城段超出Ⅲ类水标准限值的指标主要有铁、粪大肠菌群，其次是溶解氧、总磷（表 9-5）；东深供水凤岗段超出Ⅲ类水标准限值的指标主要有铁、锰，其次是粪大肠菌群。对上述主要指标进行逐月浓度分析可知，东江干流企石段铁浓度相对较低，超出标准限值主要集中在 6～11 月；其余水源全年均有超出标准限值情况。东江干流企石段和支流东城段粪大肠菌群指标超出Ⅲ类水标准限值主要集中在 6～10 月，其余月份基本能达到Ⅲ类水水质标准。东深供水凤岗段锰指标超出标准限值主要在 1～3 月、6～12 月，且 2023 年起，锰指标有明显改善。

2021～2023 年东莞市水源超出Ⅲ类水标准限值指标统计　　表 9-5

水源		统计期限	超出Ⅲ类水标准限值指标(按超出数量从大到小统计,括号内超出次数)
东江干流	东江干流企石段	2021 年	溶解氧(4)、铁(3)、粪大肠菌群(2)
		2022 年	铁(3)、粪大肠菌群(1)
		2023 年	铁(2)、粪大肠菌群(2)
东江支流	东江南支流东城段(对应市第六水厂)	2021 年	铁(5)、粪大肠菌群(2)
		2022 年	铁(7)、粪大肠菌群(2)
		2023 年	铁(3)、粪大肠菌群(1)

续表

水源		统计期限	超出Ⅲ类水标准限值指标（按超出数量从大到小统计，括号内超出次数）
东江支流	东江南支流东城段（对应市第三水厂）	2021年	铁(8)、粪大肠菌群(7)、溶解氧(1)
		2022年	铁(4)、粪大肠菌群(3)、总磷(1)
		2023年	铁(3)、粪大肠菌群(2)
东深供水	东深供水凤岗段（起点为东江干流桥头段）	2021年6月～2021年12月	铁(6)
		2022年	铁(10)、锰(4)
		2023年	粪大肠菌群(2)、铁(2)、锰(1)

注：1. 进行水质评价的指标如下：东深供水凤岗段（起点为东江干流桥头段）2021～2022年：水温、pH、高锰酸盐指数、氨氮、氟化物、铬（六价）、粪大肠菌群、氯化物、铁、锰共10项；

2. 其余：水温、pH、溶解氧、高锰酸盐指数、化学需氧量、五日生化需氧量、氨氮、总磷、总氮、铜、锌、氟化物、硒、砷、汞、镉、铬（六价）、铅、氰化物、挥发酚、石油类、阴离子表面活性剂、硫化物、粪大肠菌群、硫酸盐、氯化物、硝酸盐（以N计）、铁、锰共29项。

东江流域东莞段还有咸潮、高浊度和藻类超标等问题。2021年9月底至2022年2月初，东江上游来水较少（东江来水流量最枯月127m^3/s），东莞部分水厂受咸潮上溯影响累计共89d，时长约1886h，频繁出现水源水氯化物超限值（250mg/L）的情况。2022年1月以来，咸潮影响尤为明显，严重影响水厂取水。受咸潮影响期间，东莞市部分镇街（园区）在部分时段出现水有咸味或水压下降的情况，部分地势较高区域在用水高峰期出现停水情况。2024年3月15日至3月31日期间，由于东莞气温回升，光照增强，东江上游水流缓慢，导致东江原水藻类繁殖迅速，监测到东江原水藻类密度达到千万数量级。藻类白天大量吸收水体中二氧化碳，释放出氧气，导致东江原水pH和溶解氧升高。2024年4月26日至5月4日期间，东江流域连续暴雨，东江上游水流量增大，导致东江原水浊度急剧升高，监测到水厂原水浊度最高值为598NTU。原水浊度波动大，水厂控制混凝剂投加量难度增大。

深圳主要通过东深供水工程由东莞市桥头镇取东江水，交水点为深圳水库，并为福田、南山、罗湖和盐田区供水。2021～2023年深圳水库原水水质总体介于地表水Ⅱ类和Ⅲ类之间，总体水质良好。水质具有低浑浊度、高藻、水体偏软的特征，水质容易随季节气候的变化发生波动。超标指标主要为总氮、总磷、粪大肠菌群和锰。2021～2023年深圳水库原水总氮超标率均为100%，超标情况明显，2021～2023年总氮均值分别为1.80mg/L、1.83mg/L和1.94mg/L，波动不明显。总磷、锰、粪大肠菌群、2-甲基异莰醇和浮游生物（藻类）偶有超标情况，锰和总磷超标主要集中在9～12月，2-甲基异莰醇和藻类超标主要集中在4～10月，水库原水受降雨、温度等因素影响，季节性变化较为明显。pH 为 7.10～8.70，均值为 7.77。氯化物和硫酸盐长期低于 30mg/L，总碱度为 30～60mg/L，总硬度为 30～70mg/L，溶解性总固体偏低，水体偏软。除锰外，金属指标均值远低于地表水Ⅱ类限值要求，个别金属指标偶有出现接近限值情况。氰化物、氟化物、硫化物、硝酸盐、氨氮、高锰酸盐指数、化学需氧量等指标总体偏低，无超标风险。深圳水库、西丽水库原水和东部原水铊检出值会出现季节性变化，在每年的 6～9 月均会升高，但检出值均低于标准限制。2019～2022 年深圳市水源水质突发事件见表 9-6。

2019～2022 年深圳市水源水质突发事件统计　　表 9-6

时间	地点	事件	原因	影响
2021 年 6～10 月	SZ 水库	铊超标	东深原水铊污染	4 座水厂持续应急 5 个月
2022 年 10 月	PD 水厂	原水异味及锰波动	东部检修期间，切换水源	水质投诉
历年 5～11 月	JX 水库- MJL 水厂	季节性铁、锰超标	水库底层取水	水厂持续应急
2019 年 11 月	EJ 水库	锰、色度超标	北线原水检修，水库液位持续降低库容减少，库底取水	GM 水厂原水锰达 0.13mg/L，出厂水明显发黄
2019 年 4 月	SY 水库	pH 超标	藻类大量繁殖	原水 pH 最高值 9.13
2022 年全年	SY 水库	2-MIB 超标	原水藻类代谢生成	原水 2-MIB 最高 77.6ng/L，出厂水最高值达 93.8ng/L
2022 年全年	EJ 水库	2-MIB 超标	原水藻类代谢生成	原水 2-MIB 最高 29.2ng/L，出厂最高值 39.3ng/L

2021 年 9 月，东江流域广州段遭遇秋冬春夏连旱特枯水情，为 1963 年以来最严重旱情，流域内新丰江、枫树坝和白盆珠水库总可调水量处于历史极低值，连续 114d 在死水位以下运行，流域水量调度工作形势严峻。自 2021 年 9 月开始，刘屋洲水源氯化物指标含量呈逐步上升的趋势，严重时在 2022 年 1 月 15 日 0 时 30 分达到峰值 860mg/L。据统计，此次咸潮从 2021 年 9 月开始，2022 年 2 月结束，历时 6 个月，超标 49d，超标总时长为 9465min。

9.2.3　北江流域

1. 北江流域上游

北江在韶关市沙洲尾以上为上游，称浈江。北江韶关段水质类别为地表水Ⅰ类，水质状况属优，水质达标率 100%，达到饮用水源地所属水域使用功能要求。

北江上游的污染源主要是韶关市的矿产采选、冶炼企业和北江沿岸的工业废水、生活污水排污口。2005～2012年影响比较大的污染事件有镉污染事件、铊污染事件、锑污染事件。受降水量少、气温居高不下等气象条件诱发，2021年原本富营养化较严重的北江干流韶关境内河段发生大范围蓝藻水华。2011年7月1日以来，受湖南省郴州地区大雨的影响，其境内的锑选矿企业含锑污染物经雨水冲刷直接流入武江河，造成韶关市境内武江河锑污染物含量超标，锑含量达0.0088mg/L，超出《生活饮用水卫生标准》GB 5749—2006中锑限值0.005mg/L，直到2011年8月4日锑污染物含量才降到0.003mg/L以下。

2. 北江流域中游

韶关市沙洲尾至清远市飞来峡为北江的中游，2021～2023年，北江清远段和支流总氮浓度均超出1mg/L，超过地表水Ⅲ类标准，其中支流石角（大燕河）总氮特别严重，已超地表水Ⅴ类标准。北江清远段和支流氨氮除支流石角（大燕河）外，偶尔超过地表水Ⅱ类标准，其余月份均保持在地表水Ⅱ类标准。北江清远段和支流总磷除支流石角（大燕河）外，基本每年4～7月都超过地表水Ⅱ类标准，其余月份均保持在地表水Ⅱ类标准。大燕河北江清远段支流，上游分布有大量工业企业，特别是一些金属回收和加工企业，大量工业废水的排放，导致总氮、总磷、氨氮、溶解氧、五日生化需氧量、粪大肠菌群、铁和锰超标。支流大燕河（石角段）水质超标情况尤为严重，其原因主要为石角工业区产生的废水，同时河道较浅，水流量较少，造成污染并难以自净。

由图9-4可以看出，2021年8月开始维持至10月，藻类开始大幅度上升，10月上旬采样点五一码头藻类达到2330万个/L。主要是2021年8月初受降水量少、气温

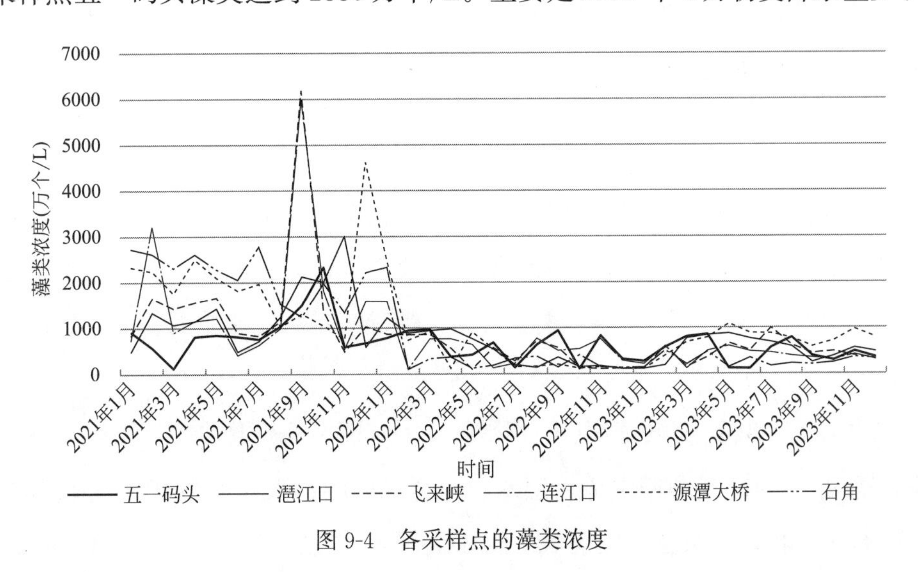

图9-4　各采样点的藻类浓度

居高不下等气象条件诱发，原本富营养化较严重的北江干流韶关境内河段发生大范围蓝藻水华，8～9 月，蓝藻水华发生范围从上游韶关境内逐步扩张至下游佛山境内。至 10 月上旬，在冷空气和降水双重影响下，北江干流除清远英德境内部分河段仍存在一定程度蓝藻水华外，大部分河段蓝藻水华消落。

北江清远段存在汛期期间浊度的变化和 2021 年藻类事件。2021～2023 年汛期主要集中在 4～7 月，其中 2021 年原水最高浊度为 950NTU，而出厂水浊度均保证在 0.5NTU 以下。2021 年 8 月，受降水量少、气温居高不下等气象条件诱发，原本富营养化较严重的北江干流韶关境内河段发生大范围蓝藻水华，8～9 月，蓝藻水华发生范围从上游韶关境内逐步扩张至下游佛山境内。至 10 月上旬，在冷空气和降水双重影响下，北江干流除清远英德境内部分河段仍存在一定程度蓝藻水华外，大部分河段蓝藻水华消落。北江蓝藻水华事件期间，原水 pH 最高达到 8.38，出现在 2021 年 9 月 14 日。通过水厂调整工艺进行处置，使出厂水水质得到保障，pH 保持在 7.5～8.0。

3. 北江流域下游

北江流域佛山段的水源水质均达到地表水Ⅲ类标准，优于或达到水质目标，达标率 100%。对北江流域佛山段水源地水质进行了监测。河流型水源在水厂取水口附近布设监测点位。河流采样深度为水面下 0.5m 处。监测项目参考《地表水环境质量标准》GB 3838—2002。北江佛山段 2021～2023 年重金属铊本底值较高，年平均值为 0.00005mg/L，是《生活饮用水卫生标准》GB 5749—2022 中铊限值的一半，存在较大的超标风险，洪水期总磷偶尔超标，其他指标相对稳定。2021～2023 年总氮和粪大肠菌群均有超标的现象。

9.2.4 珠江流域新污染物问题

2020 年 11 月，《中共中央关于制定国民经济和社会发展第十四个五年规划和二〇三五年远景目标的建议》提出“重视新污染物治理”，标志着新污染物治理在国内被正式提上议程。水源地是人类淡水资源的重要来源，对水源地中新污染物的检测与评价关乎用水饮水健康问题。本节主要根据文献资料对珠江流域的新污染物问题进行初步分析。

1. 持久性有机物：全氟/多氟化合物等

乔磊等人[7] 对北江顺德水道表层水、悬浮颗粒物以及沉积物中的全氟化合物污染特征进行了分析，结果表明，溶解相、悬浮颗粒相以及沉积物中∑PFASs 的浓度范围分别为 135～192ng/g、96.7～185ng/g、0.794～2.26ng/g。溶解相以全氟辛酸（PFOA）为主，贡献率为 91.7%～95.0%；SPM 以 PFOA 和全氟癸酸（PFDA）为主；沉积物以 PFOA 和全氟辛烷磺酸（PFOS）为主。中短链 PFASs 更多存在于溶解相中随着水流迁移，长链 PFASs 则更易与 SPM 以及沉积物结合。与其他河流相比，北江顺德水道中 PFASs 处于中等污染水平。周边的电器工厂和货轮码头可能是区域水环境 PFASs 的重要来源。赵腾辉[8] 对东江上游各类新兴污染物进行了检测，结果表明有机氯农药、有机磷农药、菊酯类农药、多环芳烃、多氯联苯、抗生素检出率都较高，说明新兴污染物在东江上游普遍存在。深圳市对全氟/多氟化合物进行了检测，∑PFASs 浓度约为 23.9ng/L，PFOA 约为 8.548ng/L，PFOS 为 9.954ng/L，PFHxS 为 3.517ng/L，RQs（0.31）存在中等风险（0.1＜RQs＜1）。何洪威等人[9] 利用 XAD 树脂分离溶解性有机物（DOC）中的腐殖质及其他有机组分，考察了珠江中 DOC 的质量浓度、组成分布、$SUVA_{254}$ 和三卤甲烷生成势（THMFP），并分析有机物的组成与三卤甲烷生成势（THMFP）之间的关系。结果表明，珠江水域在广东省内的 DOC 质量浓度为 0.7～33.0mg/L，THMFP 质量浓度为 30.39～1091.52μg/L，两者呈正比例线性相关。在空间分布上，各支流的 DOC 质量浓度和 THMFP 均沿下游方向逐渐增加，而腐殖质在 DOC 中所占的质量分数却沿下游方向逐渐递减。在加氯实验中，腐殖质是珠江中最主要的消毒副产物前驱物（珠江中 64.6%的三卤甲烷由其产生），其三卤甲烷生成活性（STHMFP）是其他有机组分的 2 倍以上。

2. 内分泌干扰物

熊小萍等人[10] 对珠江三角洲河流饮用水源中的环境内分泌干扰物浓度水平进行了调研，结果发现，EEDs 广泛存在于珠三角水源水中，总 EEDs（ΣEEDs）的质量浓度为 26.8～2460ng/L，平均值和中值分别为 775ng/L、325ng/L；各水源地 EEDs 总体污染水平：东江东莞段＞流溪河下游＞西江＞北江，丰水期 ΣEEDs 的质量浓度显著高于枯水期（P＜0.05）；与国内外相关研究结果相比，珠三角河流水源水中 EEDs 的污染处于中高水平。由珠海市水源水中的内分泌干扰物检测结果可知，水源水中抗氧化剂 N-苯基-2-萘胺含量为 1.47μg/L，塑化剂邻二甲酸二丁酯含量为 3.6μg/L。熊仕茂等人在报道中表示 10 种目标 EDCs 有 6 种低于检出限，仅双酚 A、雌酮、辛基酚和壬基酚有检出，其中双酚 A、壬基酚为北江中下游中主要 EDCs，平均浓度分别为 360ng/L 和 382ng/L，主要来源为种植业、水产养殖业。

3. 抗生素

劳晓兰[11] 对珠江流域广东段的西江、东江河流型水源地和深圳水库、鹤地水库水库型水源地中的35种抗生素、14种有机磷酸酯和7种双酚类化合物的新污染物进行全面调查，结果为35种抗生素至少在一个采样点检出，14种有机磷酸酯（OPEs）至少在一个采样点检出，7种双酚类化合物（BPs），在枯水期和丰水期有3种（BPA、BPAF和BPS）检出，浓度为0～13.9ng/L，西江和东江在枯水期和丰水期的抗生素、有机磷酸酯总浓度存在显著差异，双酚类化合物仅在西江枯水期和丰水期存在差异。房平等人[12] 对东江下游典型饮用水源地抗生素抗性基因分布开展了研究，ARGs绝对丰度水平在$2.37\times10^{7}\sim4.80\times10^{8}$copies/L，磺胺类和四环素类ARGs检出率高，ARGs污染水平较国内其他水体低，抗生素基因丰度水平总体上呈现上游点位低于下游点位，沿江城市面源是影响水源地ARGs丰度水平变化的重要因素之一。

4. 微塑料

李敏倩等人[13] 通过对东江河源段表层水体的微塑料污染特征进行分析，结果表明，东江河源段表层水体的微塑料污染水平较低，水质较好。陈鸿展[14] 对珠江广州段（包括支流和入海口）18个典型采样点位的表层水体微塑料进行了综合分析，结果显示，微塑料的污染丰度为0.123～25.2个/m^3，微塑料的主要类型包括聚乙烯、聚丙烯、聚苯乙烯等，在4类监测断面（点）中，入境断面和监控断面的微塑料丰度远高于背景点和入海口。

9.2.5 珠江流域水源水质污染问题总结

珠江流域的水源水质特征及污染状况按照西江流域、东江流域和北江流域几大分支总结如下：

西江流域云南段的主要河流监测断面水质优良率高，但南盘江存在重度污染问题，主要超标因子为NH_3-N和TP。贵州省的西江水系水质均为优，北盘江贵州段以煤炭业污染为主，主要污染物为石油类、氮磷有机污染物、氟化物和重金属，同时存在TN、TP污染负荷强度局部集中的问题。西江干流、桂江支流、柳江支流、郁江支流水质状况均为“优”，但存在个别入河排污口废污水超标排放、面源污染等问题。西江下游主要流经肇庆、中山、珠海、佛山、广州等城市，存在季节性藻类问题、石油类污染问题、咸潮影响和季节性高铁锰引起的“黄水”问题。

东江流域的水质分析表明，东江干流氮、磷通量从上游（江西段）到下游（广东段）呈指数增长趋势，氮、磷通量的时间累积关系呈凸弧曲线，具有显著的瞬时高通量特征。东江流域中下游（惠州、东莞）的水质从上游到下游呈下降趋势，影响东江水质的主要问题有农业面源污染、铁锰超标、咸潮、高浊度和藻类超标等问题。

北江流域的水质分析指出，北江韶关段水质类别为地表水Ⅰ类，水质状况属优。北江清远段和支流总氮浓度均超出 1mg/L，超过地表水Ⅲ类标准，支流石角（大燕河）总氮特别严重，已超过地表水Ⅴ类标准。北江流域佛山段的水源水质均达到地表水Ⅲ类标准，优于或达到水质目标，达标率 100%。北江上游的污染源主要是韶关市矿产采选、冶炼企业和北江沿岸的工业废水、生活污水，中游清远段除了工业污染还有藻类和浊度问题，下游佛山段指标相对稳定。

9.3　珠江流域水源污染物去除技术及典型案例

9.3.1　季节性浊度升高处理及典型案例

珠江流域水源水质浊度总体不高，一般在 20NTU 以下，但西江、东江、北江均存在暴雨期间浊度突发升高问题，东江暴雨期间，东莞原水浊度达到 960NTU，清远市 2021～2023 年汛期北江原水浊度最高值为 450～950NTU。由于浊度变化范围广，工艺控制难度增大，影响水厂正常运行及出厂水水质稳定。

1. 去除技术

控制浊度可采取以下措施：

（1）加强原水水质监测与预警是应对季节性浊度升高的首要任务，应及时关注原水浊度变化，开展烧杯试验，调整工艺参数。

（2）强化混凝剂沉淀工艺。优选适宜的絮凝剂，必要时投加助凝剂或采用二次微絮凝技术。

（3）加强沉淀池的稳定运行及管理。调节沉淀池运行参数，确保沉后水浊度稳定，及时排除沉淀池内的淤泥，防止跑矾现象的产生。

（4）滤池滤料选择及运行管理。选择合适的滤料，根据滤池的运行情况及时调整反冲洗周期和强度，保持滤池高效运行。

（5）采用超滤等膜分离技术，提高浊度去除效果。

(6) 智能监测与控制系统应用。采用智能化精确投药系统，实时监控除浊效果和数据，实现科学合理的混凝工艺管控。

2. 案例分析

清远市高浊水处理：

(1) 事件描述：2021年汛期，北江清远段原水浊度持续升高，最高达950NTU，对供水生产产生了明显影响。

(2) 处置措施：

1) 在原水浊度升高时，及时监测并预警，通过临时降低产量，以达到降低沉淀池水流速度，延长沉淀时间的目的。

2) 调整絮凝剂投加量和絮凝剂投加浓度，若出现待滤水浊度超过5NTU的情况，则在网格絮凝池投加PAM助凝剂，调整后加强沉后水的检测和过程水巡查工作。

3) 加强排泥、反冲洗：加强巡查及检测，加强沉淀池的排泥及滤池的反冲洗。

4) 过程水检测频率及工艺参数调整见表9-7。

过程水检测频率及工艺参数调整 **表9-7**

级别	过程水检测频率	网格池排泥	平流沉淀池排泥
三级	30min	3h	4h
二级	15min	2h	3h
一级	15min	2h	3h

5) 合理调整制水量及供水量：采取以上措施后，合理调整供水量，以免将清水池抽干。

6) 若进入一级、二级响应，联合供水调度小组进行应急供水调度，水厂临时降低产量，JN水厂以外区域通过供水调度，保障正常供水。

9.3.2 2-MIB等嗅味应对及典型案例

嗅味作为饮用水标准中的一项感官指标，是珠江流域饮用水中普遍存在、影响供水水质达标的主要问题之一。

1. 去除技术

水厂常规处理工艺对2-MIB嗅味物质去除效果有限。水厂去除水中2-MIB主要技术有：

（1）非破壁除藻

常规工艺水厂采用高锰酸钾预氧化替代二氧化氯或者次氯酸钠预氧化，可在保障除藻和预氧化效果的同时，减少藻细胞破裂，防止胞内2-MIB的进一步释放。高锰酸钾宜配制为2%～4%的溶液，投加量一般为0.2～1.0mg/L，具体应根据烧杯试验确认，并注意确保沉淀池无明显色度变化。

（2）活性炭吸附

当饮用水水源出现突发性或季节性2-MIB嗅味问题时，PAC作为应急处理措施在原水管线或水厂混凝沉淀前或混凝过程中投加使用；尽量使粉末活性炭投加在高锰酸钾之前，确保足够的吸附时间。建议优先选用微孔孔容大于0.2cm^3/g、亚甲基蓝值180mg/g、300目以上的粉末活性炭。投加量一般在30mg/L左右。

高风险水厂粉末活性炭吸附可采用两级投加，分别为取水口粉末活性炭投加及进厂原水粉末活性炭投加。原水经混凝沉淀过滤后也可通过颗粒活性炭吸附去除。使用粉末活性炭，要避免水质浊度过高，同时应加强沉淀池排泥，防止底泥释放2-MIB。

（3）滤池生物降解

常规工艺在砂滤池滤料中培育生物膜，把普通滤池转化为生物过滤滤池，起到生物降解和浊度去除的功能，实现对嗅味物质的去除。挂膜启动期间，应禁止滤前投加次氯酸钠，确保滤池反冲洗水不含氯。若原水必须进行预氧化，优先选择高锰酸钾，如必须采用次氯酸钠，保障滤前水余氯不高于0.05mg/L。

（4）臭氧-活性炭池深度处理工艺

臭氧-活性炭（O_3-BAC）工艺同步实现臭氧氧化功能、颗粒活性炭吸附功能和颗粒活性炭外表面附着的生物膜的降解功能，一般可将2-MIB控制在200ng/L左右。

（5）高级氧化

高级氧化所需投加药剂种类为盐酸/CO_2、硫酸亚铁、过氧化氢，水中pH应不高于5.0。高级氧化宜在原水有机物、还原性污染物含量不高、碱度较低，且2-MIB、GSM浓度不超过50ng/L的水厂应用。

2. 案例分析

（1）案例一

KZ水厂设计规模9万m^3/d，采用网格絮凝-斜管沉淀-气水反冲翻板滤池（由虹吸滤池改造为具备气水反冲洗功能滤池，进出水设置拉板阀）过滤的常规处理工艺，原水存在2-MIB季节性波动的情况（图9-5）。

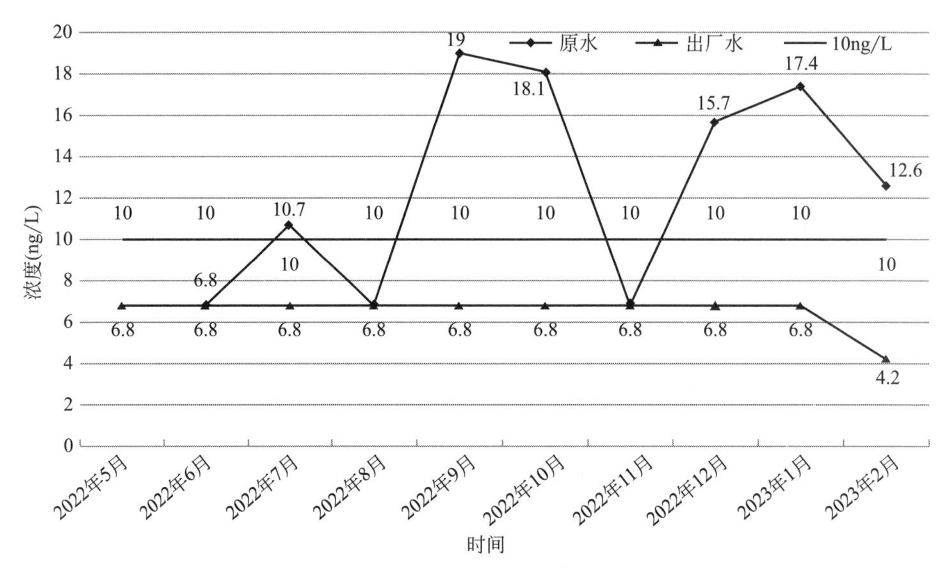

图 9-5 KZ 水厂 2-MIB 去除情况

水厂在工艺优化前对 2-MIB 的最大应对能力约为 20ng/L，因水厂未进行前加氯，降低藻类破壁风险，滤池滤料对 2-MIB 的生物降解作用得到较好的保护。

为进一步提高常规工艺水厂 2-MIB 去除能力，2022 年 11 月起以强化滤池生物作用为核心，配套开展全流程不破碎除藻降浊。

1）预氧化优化。水厂采用高锰酸钾预氧化，少投甚至不投，在原水铁、锰季节性波动期间，严格控制高锰酸钾投加量。

2）混凝沉淀优化。控制絮凝条件，合理投加絮凝剂，控制沉淀池出水浊度在 1.0NTU 以下，增加排泥频次，加强藻类沉淀去除。

3）滤池运行。停止前加氯，减弱反冲洗强度，用不含氯水反冲洗，延长滤池运行周期，增加滤床生物量，强化滤池生物降解作用。

经过持续工艺优化，KZ 水厂在原水 2-MIB 浓度最高达 62.9ng/L 情况下，出厂水稳定达标，优化运行成效明显（图 9-6）。

（2）案例二

JZ 水厂设计规模 20 万 m^3/d，2022 年完成臭氧-活性炭深度处理工艺建设。原常规处理工艺对 2-MIB 基本无去除效果，深度处理工艺运行后，原水 2-MIB 浓度在 20～28ng/L 时，预臭氧（投加量 0.6mg/L）对 2-MIB 平均去除率为 36%。针对臭氧-活性炭工艺，主臭氧工艺进水 2-MIB 在 80ng/L 以内，主臭氧投加量为 0.3～1.4mg/L，活性炭池出水 2-MIB 浓度稳定在 10ng/L 以内。

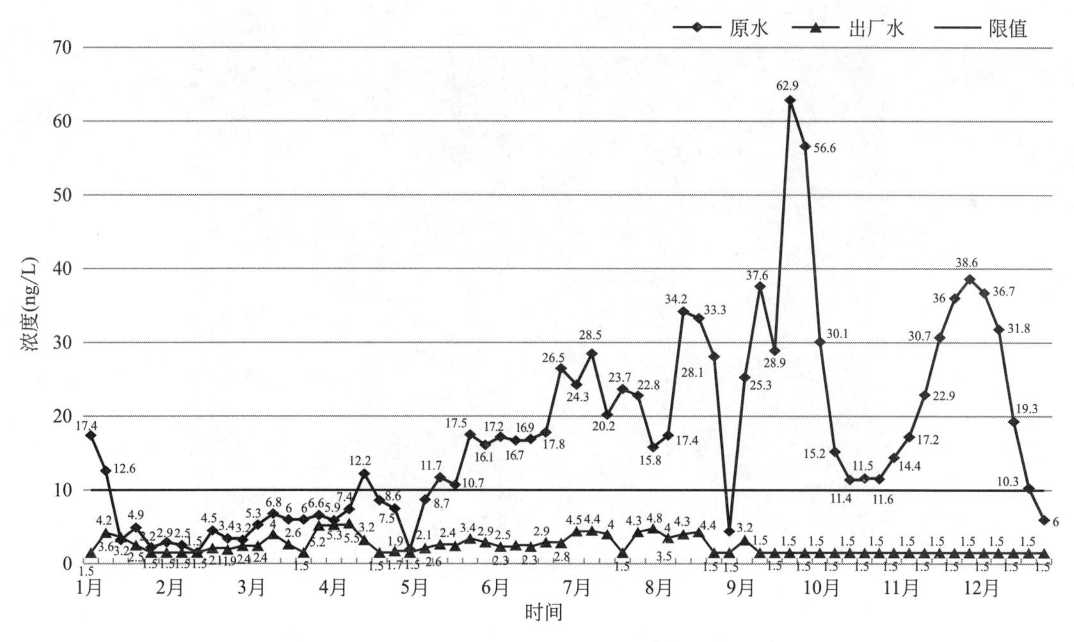

图 9-6　工艺运行优化后 KZ 水厂 2-MIB 去除情况

9.3.3　pH 季节性突变应对及典型案例

高温季节原水 pH 升高是珠江流域湖库型水源水厂的一大难题，深圳地区 pH 最高达 9.2 左右，高 pH 低碱度会引起混凝沉淀效果下降和出水 pH 波动的问题，对水厂工艺调节提出挑战。

1. 调节技术

（1）对于碱度较低的水体，预氯化可直接起到降低水体 pH 的作用，还能通过杀藻间接控制 pH 的升高。

（2）盐酸预处理和二氧化碳曝气预处理通过加酸降低原水 pH，相较之下二氧化碳调节原水 pH 无需添加化学药剂，不存在药剂投加过量或药剂中杂质影响供水水质的问题（图 9-7）。

（3）氯化铁与聚氯化铝铁复配混凝，既降低原水 pH 又能强化混凝，有效除铝除浊，且氯化铁可与现有混凝剂直接混合投加，应用性强。

2. 案例分析

（1）案例一

深圳市宝安区 SN 水厂采用 SY 原水，存在 pH 季节性升高的问题。SY 水库 pH

图 9-7 二氧化碳投加装置

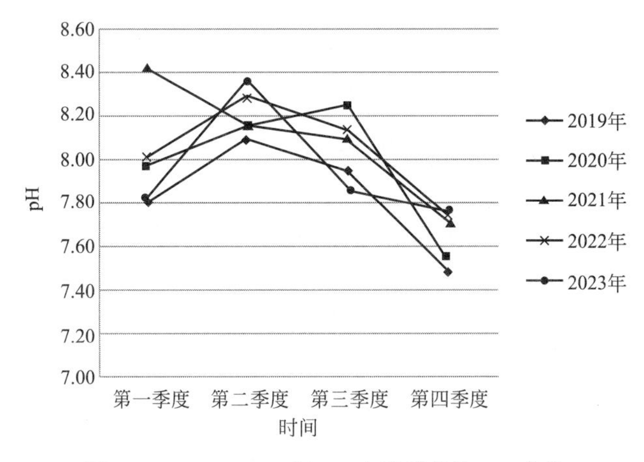

图 9-8 2019～2023 年 SY 水库季节性 pH 变化

均值最高可达到 8.40（2021 年一季度）（图 9-8）。由于水库原水硬度低、碱度低，pH 波动大，影响混凝沉淀效果，同时存在余铝超标的风险，传统加酸工艺（如硫酸、盐酸），因原材料质量难以把控，存在安全隐患，在饮用水处理工艺中应用受限。

通过二氧化碳投加等措施可有效调控原水 pH 的变化，混凝沉淀 pH 在 7.40～7.80，在保证铝离子不超标的前提下，滤后水浊度控制在 0.12NTU 左右，pH 调控效果明显，极大改善了 pH 升高带来的混凝沉淀效果差问题。

（2）案例二

以 DF 水厂原水为例，分析 pH 及铝升高的水质异常应急控制。DF 水厂设计规模为 13 万 m^3/d，前期设计规模为 3 万 m^3/d，一、二期设计规模各为 5 万 m^3/d（图 9-9）。

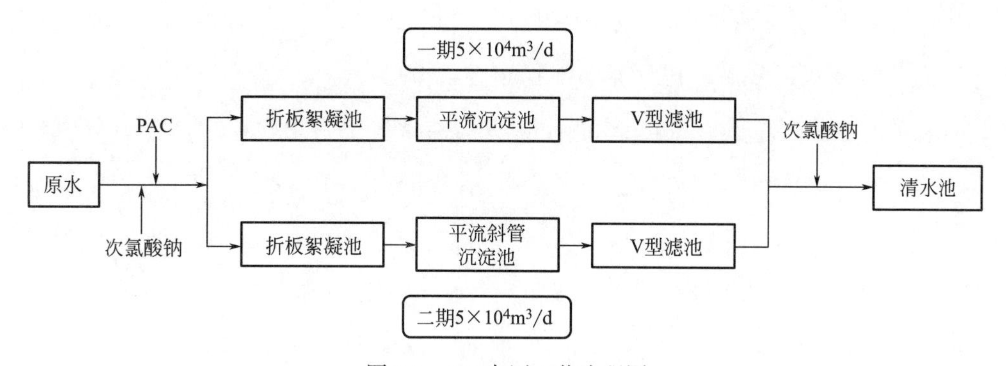

图 9-9　DF 水厂工艺流程图

原水水质异常从 2023 年 1 月中旬开始，西江从广西到广东沿线供水厂的原水 pH 偏高，同时 DF 取水口原水中测得藻类数量已达千万级（优势藻硅藻门直链藻属），高 pH（8.16～8.55）持续时间长达 1 个多月。水厂常规工艺投加聚合氯化铝易出现出厂水铝浓度处于高位，存在超标的风险。

按照水厂生产经验，当水源水 pH＞8.2 时，水厂若不采取应急措施，则出厂水的金属铝可能超标。2 月 13 日 pH、铝含量全流程监测结果见表 9-8。

2 月 13 日 pH、铝含量全流程监测结果　　**表 9-8**

原水	待滤水		滤后水		出厂水	
pH	pH	铝含量	pH	铝含量	pH	铝含量
8.46	8.34	0.37	8.27	0.20	8.24	0.19

为了应对以上问题，DF 水厂 2023 年 2 月 13 日开始投加二氧化碳降低原水 pH，采用“液液”投加方式（图 9-10）。

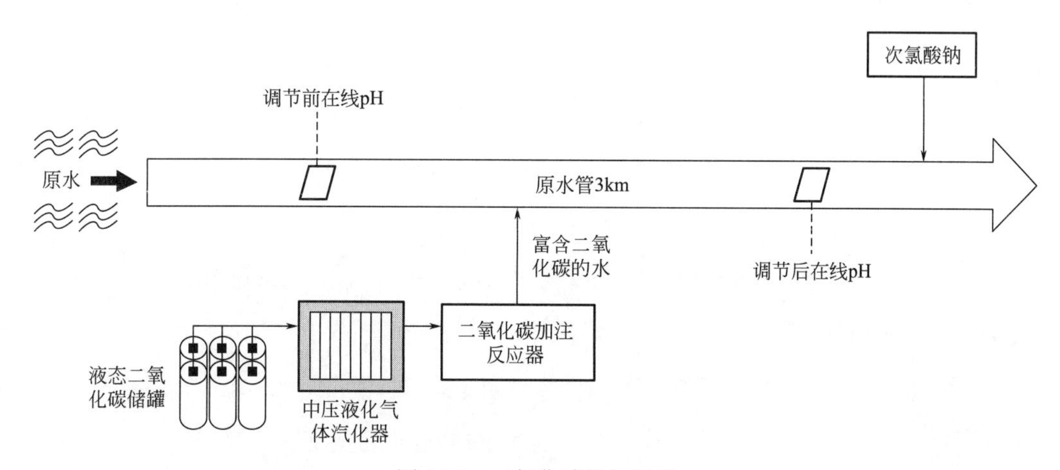

图 9-10　二氧化碳投加示意

投加二氧化碳后，从原水泵房到水厂原水管距离 3km，絮凝池的 pH 从 8.45 下降到 8.07，待滤水、滤后、出厂水 pH 稳定在 8.09。

对比未投加二氧化碳，混凝沉淀后待滤水铝含量下降 27%，滤后水铝含量下降 45%。投加二氧化碳后出厂水 pH 为 8.09、铝含量为 0.13mg/L。二氧化碳降 pH 控铝效果明显。

连续投加二氧化碳两周，DF 水厂出厂水 pH 在 7.94～8.14、铝含量 0.11～0.16mg/L、浑浊度 0.28～0.35NTU。二氧化碳投加期间，DF 水厂制水工艺未受到影响，未见气浮现象，有利于混凝沉淀，减轻滤池负担。

9.3.4 铁、锰季节性污染应对及典型案例

铁锰含量过高引发原水色度上升，若未及时调整工艺，原水经过水厂处理后通过输配水管网进入用户端，发生饮用水问题时会引起用户投诉。

1. 去除技术

(1) 水厂去除技术

地表水中的溶解态二价铁离子易被氧化，生成氢氧化铁沉淀物，可通过混凝＋沉淀＋过滤工艺得以有效去除。

锰的风险可通过强化管理和去除技术控制：

1) 加强全流程铁锰检测。合理制定检测计划，在铁锰含量较高时，增加检测指标（碱度、铁、溶解氧、氧化还原电位等）、频率及检测点。

2) 氧化法除锰。高锰酸钾除锰，通过烧杯试验确定投加量，关注和检测流程水色度变化，可联投粉末活性炭预防高锰酸钾投加过量引起的水体异色及锰含量升高；二氧化氯预氧化水厂，可提高二氧化氯投加量达到除锰效果。

3) 曝气法除锰，通过跌水、充氧曝气的方式向水中通入空气，利用空气中的氧气快速将锰氧化为高价态，再通过沉淀去除。南方地区含铁量低于 5mg/L、含锰量低于 1.5mg/L 时，可采用曝气过滤除铁除锰。

4) 结合锰砂滤池，可进一步适用于原水溶解性铁、锰含量较高的水厂。确保锰砂滤料足够的机械强度和化学稳定性，吸附容量充分。

5) 强化工艺运行管理。采用化学氧化法和接触过滤氧化法除锰时，应加强沉淀池排泥和滤池反冲洗，关注回收水水质，必要时减少或停止使用回收水。

6) 优化关键药剂配置和投加。配置高锰酸钾时确保溶解充分，宜采用湿法在取

水口投加；控制反应段 pH，提高高锰酸钾氧化反应速率，若 pH 引起浊度升高，可采取二次投矾强化沉淀和过滤效果。

（2）管网“黄水”控制措施

“黄水”暴发分为规模性和非规模性暴发，集中于个别月份的规模性“黄水”主要是由锰超标导致，致色成分主要是锰氧化物，是溶解态锰离子［Mn（Ⅱ）］进入管网后被消毒剂或微生物氧化形成颗粒态锰氧化物（MnO_x），并在管壁上逐渐累积形成疏松沉积物，在水力扰动条件下再释放所导致。而非规模性“黄水”主要是铁和锰超标导致，以铁为主，珠海地区“黄水”样品铁均超标（400～14000μg/L），锰亦有严重超标（1500～10500μg/L）的情况。“黄水”控制应基于来源分类控制，规模性“黄水”可从水源-水厂-管网全局着手，按照“水源监测、水厂调控、管网管理”的思路防控，非规模性“黄水”采取积极管网更换措施防控。

1）溶解态锰在管网氧化-沉积-再释放所致的规模性“黄水”控制

① 加强原水监测和预警。探明不同水库水源 Mn（Ⅱ）离子分布和水质变化特征，建立起对溶解态 Mn（Ⅱ）离子浓度的监测体系，当溶解态锰浓度超过 30μg/L 时及时预警。

② 优化取水方式。探讨水库分层取水、控制锰离子还原释放的技术措施。

③ 建立水厂应急除锰和深度除锰技术。在原水进厂进入混凝池前同时投加氯和活性炭除锰。当出厂水锰浓度高于 0.015mg/L（警戒值）时，应及时提高氯和粉末活性炭投加量，或采取其他措施强化除锰。

④ 优化消毒。适当降低氯消毒剂投加量或改用氯胺消毒，抑制锰离子向锰氧化物的转化。

⑤ 提高出厂水锰浓度控制标准。短期建议建立 20μg/L 的出厂锰内控限值，长期可逐渐达到 10μg/L 出厂水锰控制目标。

⑥ 加强管网运行管理。在“黄水”集中区域进行管网冲洗，并优先冲洗靠近水厂的、*DN*100 以上的输水干管。

2）铁质管材腐蚀所致的非规模性“黄水”控制

① 优先、逐步更换“黄水”集中区域的老旧镀锌钢管。查找和逐步更换当前管网中的镀锌钢管、灰口铸铁管为有内衬铁质管材或优质塑料管材。

② 关注咸潮期氯离子浓度大幅升高造成的铁致“黄水”风险。通过减少或避免使用咸潮水，控制出厂水氯离子浓度，减缓铁管腐蚀和铁释放。

2. 案例分析

(1) 案例一

KZ(9万m^3/d)水厂以SZK为主要水源，以CA水库作为辅助水源。由于SZK水库取水口位于水库底涵，其原水存在铁、锰、氨氮季节性超标情况，且存在原水异嗅味、2-MIB等季节性波动的情况(表9-9)。

2020～2022年SZK水库原水水质超标情况 **表9-9**

项目	《地表水环境质量标准》GB 3838—2002中Ⅱ类标准限值/集中式生活饮用水地表水源地补充项目标准限值(mg/L)	超标次数(次)	超标最大值(mg/L)
铁	0.3	265	1.06
锰	0.1	160	0.47
氨氮	0.5	23	1.22
溶解氧	6	23	1.04
总氮	0.5	5	1.1

2022年4～11月SZK水库原水锰平均值0.24mg/L，最高值0.47mg/L(图9-11)。在跌水曝气应用前，KZ水厂采取化学氧化、pH调节、原水勾兑等措施，协同控制锰含量达标。但存在高锰酸钾投加量不稳定、新增出水铝超标风险、水量调节工作量大等难点，给生产运行增加困难。

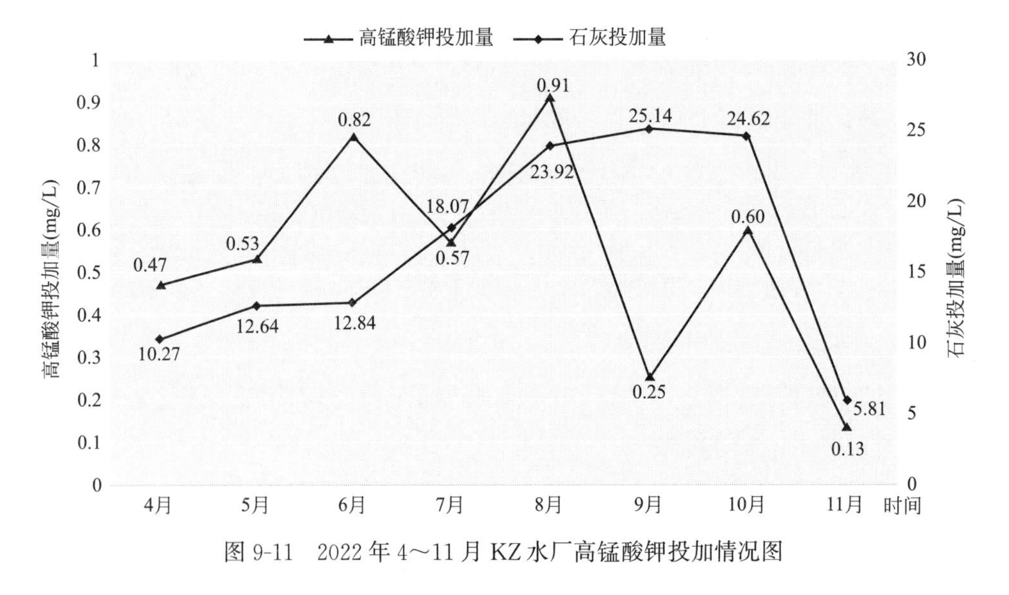

图9-11 2022年4～11月KZ水厂高锰酸钾投加情况图

针对SZK水库库底原水处理难点，新增跌水曝气工艺，原水中还原性物质被吹脱效果明显，水厂新设化学-离子两级除臭工艺，消除臭味，库底原水锰的应对难度有效降低，在2023年4～11月SZK水库原水锰为0.32mg/L，同比上升33%的情况下，KZ水厂高锰酸钾投加量平均值为0.19mg/L，同比下降65.1%，石灰投加量平均值为9.98mg/L，同比下降40.7%，出厂水锰稳定达标。

（2）案例二

2022年，珠海三灶片区出现多起“黄水”投诉事件，原水锰含量偏高（6月份平均为0.21mg/L），出厂锰含量0.06～0.07mg/L，SZ水厂停止加压供水，进行排水，水厂投加活性炭＋次氯酸钠除锰，经过一晚出厂水的锰含量从0.05mg/L降至小于0.004mg/L，有效除锰；水厂提高原水取水头部，使进厂锰含量从0.28mg/L降至0.06mg/L，之后更降至低于检测限，快速高效地解决了“黄水”问题。

9.3.5　咸潮问题应对及典型案例

1. 咸潮应对策略

珠江咸潮时，上游水量较小，水利工程调度能力有限，重点做好水文预警和咸情预判，形成系统应急方案，包括水质检测、应急工程及应急供水保障措施和宣传工作等。

2. 案例分析

（1）案例一

广州市咸潮期间供水安全应对策略：

对接政府部门，关注水文信息，及时研判“咸情”变化，提前为咸潮的到来做好部署。

1）制定咸潮期间水质监测方案，加强咸潮期间水质检测频率和指标，强化在线监测设备维护、保养。

2）建立完善的预警机制和信息逐级报送机制，加快应急队伍、物资及设备的组建、储备工作，迅速提供应急送水等服务。

3）由于持续干旱，上游水库基本无水可调，刘屋洲水源氯化物含量2022年1月达到860mg/L，为确保全市用水，建设刘屋洲岛避咸池抢淡储水，将刘屋洲泵站北侧大敦鱼塘改造为避咸池（库容约10万m^3），夜间用水低峰期抢淡蓄水，出现咸潮时对刘屋洲泵站进行补水，缓解咸潮时对相关水厂的影响。

4）实行错峰取水，精准调整供水调度。协调黄埔开发区联合调度，充分发挥水库调峰作用。通过智慧供水云平台适时调动相关水厂向东部地区应急增援，补充供水缺口，保障供水持续稳定。

5）通过“广州自来水 96968”微信公众号及新闻媒体宣传等渠道，向市民开展咸潮的科普知识宣传，提醒市民节约用水。

（2）案例二

东莞市咸潮期间，部分水厂受咸潮上溯影响累计共 89d，频繁出现水源水氯化物超过国家相关标准限值（250mg/L）的情况，一是加强原水氯化物监测，建设咸潮预测系统，及时调整水厂生产计划；二是实施错峰取水，利用退潮氯化物减小的时段抢取淡水；三是充分利用清水池调蓄功能供水；四是加大未受咸潮影响水厂实际产量进行补给，启动关停的镇、村级水厂应急复产；五是强化管网调度，稀释降低氯化物含量；六是保障物资储备。

9.3.6 高藻水应对及典型案例

近年来东江流域暴发数次高藻高 pH 事件，气候及水文条件多为持续高温和光照充足，雨水很少，上游来水量较少，水中优势藻类为硅藻、绿藻，藻类数量多在 10^6～10^7 个/L。尤其是硅藻导致的滤池堵塞事件频繁发生。

1. 去除技术

控制藻类可在水源地或水厂进行，美国、澳大利亚等国家常用化学药剂控制藻类在湖泊、水库中生长，一般使用硫酸铜（用量大于 1.0mg/L，铜盐浓度升高）、氯、二氧化氯，成本较高。水厂高藻水去除技术及对策主要包括除藻技术及运行、调度优化方面。

（1）化学药剂法除藻

一般通过预氧化等方式，杀死藻类，使其容易在后续工艺中取出。1）适当增大前加氯量，并联投高锰酸钾；2）用臭氧、高锰酸钾等作为氧化剂使藻细胞裂解失活，并对部分藻类有机物 AOM 进行氧化分解。

（2）强化混凝沉淀除藻

采用强化混凝的方法，可将混凝沉淀的除藻效率提高至 90%。1）适当增大聚氯化铝投加量；2）若水厂原水 pH 显著升高，必要时将混凝剂由聚氯化铝切换为硫酸铝，保障出厂水铝含量稳定达标；3）增加有机高分子助凝剂，如聚丙烯酰胺（PAM）等。

（3）气浮除藻

藻类密度一般较小，因其絮体不易沉淀，通过气浮可取得较好的除藻效果，除藻效率可达90%以上，但沼渣难以处理，操作环境差。

（4）生物处理除藻

1）对南方高温地区可采用生物滤池或生物接触氧化处理高藻水，藻类去除率达70%～90%；2）采用臭氧-活性炭深度处理工艺除藻，除藻率达到90%以上。

（5）优化运行

絮凝池、沉淀池运行：1）缩短絮凝池和沉淀池的排泥周期；2）及时清理或拦截絮凝池和沉淀池的上浮矾泥；3）投加高分子絮凝剂聚丙烯酰胺（PAM）于机械加速澄清池以加速絮体沉降，压缩泥层，增加回流污泥浓度。

砂滤池运行：1）密切关注滤池运行状况，适当优化滤池反冲洗参数；2）通过供水调度，降低运行负荷高的水厂供水量；3）水随季节呈现季节性高藻、冬季低温低浊等特征，将气浮与沉淀工艺一体化集成，原水藻类浓度高时，开启溶气系统。

（6）供水调度

通过供水调度，降低水厂运行负荷能在一定程度上降低滤池运行负荷，也可通过协调水源调配，补充或替代高藻水源。

（7）管理提升

建立完善的原水水质监测、预警体系，简化藻类检测手段；加强水厂运行管理，增强应急处置能力，提升智慧化管控能力。

2. 案例分析

（1）案例一

2011年2月至6月，以深圳TG水库为水源的相关水厂和以SY水库为水源的相关水厂相继出现滤池堵塞、过滤周期大幅缩短（最短为3h）的情况。经检测，最终确定为原水硅藻突增引起，硅藻在混凝沉淀过程中难以被去除。

在水库取水口先加高锰酸钾，后加次氯酸钠，投加浓度分别为0.5mg/L和2.0mg/L，以提高对硅藻的去除效果。采取上述措施后，水厂沉后水中的硅藻密度降低到25万个/L左右，水厂预氧化和混凝沉淀对针杆藻的总去除率达到85%以上，水厂滤池的反冲洗周期也慢慢恢复，采用措施3d后，各水厂反冲洗周期基本恢复正常水平，对硅藻的去除率能够达到90%左右，成功应对硅藻突增。

（2）案例二

珠海实施生态红土除藻等藻类水华防控技术，原位预防以及控藻。针对珠海市FH水库的蓝藻问题，在水库设置生态红土除藻技术示范区。

烧杯实验（完全封闭水样）处理高丰度藻水时（10^{10} 个/L 级以上），生态红土/聚合氯化铝铁最佳质量比为 5∶1，除藻剂最佳投加量为 40.7mg/L。处理相对低丰度藻水时（10^{9} 个/L 级及以下），生态红土/聚合氯化铝铁最佳质量比为 5∶1，除藻剂最佳投加量为 18.6mg/L。

实际现场应急处置蓝藻水华时受水流交换作用等影响，藻类主要发生在局部区域（如岸边），在水深 1m，水体存在交换的情况下，实际操作时，建议喷洒剂量控制在 50～100g/m^2。在蓝藻水华形成阶段，应用该技术在早期除藻，极大缓解蓝藻水华的灾害程度。

单次喷洒除藻后，水体总氮、总磷、藻类丰度和生物量大约 2 周后开始逐渐上升。对有底泥扰动的水体，生态红土喷洒对水质和藻类的改善作用不明显。

9.3.7 水厂耐氯型芽孢杆菌去除及典型案例

芽孢杆菌及其芽孢耐氯能力较强，可能对常规的氯消毒方法产生抗性，导致消毒效果降低，水质检测中微生物指标存在超标风险。

1. 去除技术

（1）滤后设置定量化风险预警点位。工艺段的芽孢杆菌去除率以出厂水检出不高于 1CFU/mL 反推出风险预警限值；超出风险预警限值时，启动针对性防控措施。

（2）适当提高消毒剂余量。启动滤池前加氯，保证滤池出水余氯高于 0.3mg/L；提高滤池后主加氯投加量，出厂水总氯控制在 1.1～1.3mg/L，余氯控制在 0.90～1.00mg/L。

（3）加强絮凝沉淀池排泥，减少回收。排泥频次建议提高为原来的 2～3 倍，暂停全厂滤池反冲洗水和排泥水的回收。

（4）打破滤池内富集。加强滤池反冲洗，延长反冲洗时间，特别是气冲和气水合冲时间长度，不低于原来的 1.5 倍；加大水冲强度，不低于原来的 2 倍。

（5）启动滤前加氯。滤池前投加次氯酸钠在 1.0mg/L 以上，限制滤池内菌体繁殖，可明显减少滤后菌体数量。

（6）全流程降浊。投加次氯酸钠和高锰酸钾作为预氧化剂，以强化混凝效果；适当增加碱铝投加量，必要时启动二次加矾，保证沉后水、滤后水、出厂水浊度分别控制在 0.5NTU、0.15NTU 和 0.10NTU 以下。

（7）加强滤后水水质监测，精确定位滤池富集情况，针对性调整运行参数。一旦芽孢杆菌在滤池大范围暴发，考虑高强度氧化剂浸泡灭活，可采用臭氧、紫外、H_2O_2、单过硫酸氢钾、二氧化氯、次氯酸钠。

2. 案例分析

深圳CLP水库、SY水库原水芽孢杆菌检出率分别为76%、100%，6～9月处于较高水平，2015～2016年，水库蜡样芽孢杆菌最高达10～30CFU/mL，好氧芽孢最高达10～100CFU/mL，混凝沉淀后，芽孢杆菌降低为0～5CFU/mL，过滤后路略有增加，为0～10CFU/mL，消毒出来后，再次降低至0～5CFU/mL。

ZA水厂设定滤后芽孢杆菌风险预警值为10CFU/mL。2022年提高预氧化剂投加量，间歇性开启滤前次氯酸钠投加，抑制芽孢杆菌滋生，并强化混凝，降低沉后水浊度，调节滤池反冲强度等，滤后水指标明显低于2021年，出厂水中的芽孢杆菌未检出，达到相关国家标准的要求。

9.3.8 “红虫”去除及典型案例

珠江流域地处南方湿热地区，因水库原水富营养化，藻类生长旺盛，加上夏季气温和湿度极为适合摇蚊生长。

1. 去除技术

（1）全流程监测。加强原水水质监测，用200目的滤网，从原水到出厂水全过程挂网采样24h观察，掌握水质规律。

（2）喷淋驱赶。在原水沟、絮凝池、沉淀池、排泥沟等摇蚊易滋生处增设喷淋装置，阻断摇蚊交配、产卵路径。

（3）强化混凝沉淀，提高除浊能力的同时增强浮游动物的去除率，加大絮凝沉淀池排泥，避免浮游动物在底泥中富集和滋生。活体浮游动物可采取预加氯及预臭氧进行灭活或抑制其活性，游离氯浓度达到0.05mg/L时，对摇蚊幼虫及虫卵均有杀灭作用。

（4）生物控制方法。引入微型动物的天敌进行控制，比如“红虫”是多数鱼类天然的营养物质，南方地区可选择非洲鲫鱼、鲤鱼等。

（5）加强排泥。延长排泥时间，缩短排泥周期。改造沉淀池排泥设施，达到彻底排空和强化构筑物清洗的目的。

（6）定期打捞。定期打捞絮凝池、沉淀池、滤池水面上的摇蚊尸体和成片虫卵。

（7）化学处理（滤前加氯）。滤前加氯，镜检浮游动物均为死体。

(8) 强化工艺池清洗。动态调整活性炭池反冲洗周期，破坏“红虫”的生存环境。清洗完毕，供水低峰期可通过工艺池自然晾晒1～2d，彻底消除池底及池壁残留摇蚊。

(9) 生物拦截网。在砂滤池或活性炭池出水口设置目数100～250目的不锈钢生物拦截网，采用上、下向流臭氧-活性炭池深度处理工艺的水厂在砂滤池出水口分别安装200目、250目拦截网，安装角度应与水流方向呈135°～150°。

(10) 次氯酸钠浸泡：“红虫”严重暴发时，应立即停产，对网格絮凝池、斜管沉淀池进行次氯酸钠浸泡。浸泡浓度和泡池时长见表9-10。

不同次氯酸钠浸泡浓度下“红虫”的灭活时间　　表9-10

NaClO浓度(mg/L)	50	100	200	500	1000
“红虫”死亡需要时间	30h以上	20～24h	12～18h	8～12h	4～6h

2. 案例分析

“红虫”最适发育生长期（4～10月），WZ水厂为应对2-MIB，停止或降低了原水及滤前水次氯酸钠投加量，因未及时挂网监测，水厂生物滋生未及时发现、处置，出现“红虫”穿透滤池的情况。

巡检发现挂网异常后，立即启动应急预案，通过片区清水调度保障区域水量、水压。厂内开展应急处置，包括加强构筑物清洗、强化水厂全流程水质监测、优化含氯药剂使用、强化环境卫生及消杀管理等，并对风险滤池进行浸泡。

采用全流程“红虫”防控技术后，出厂水连续挂网24h（$15m^3/24h$），未检出“红虫”，滤后水连续挂网24小时（$22m^3/24h$），“红虫”最大检出2条低龄幼虫死体，高效经济地解决了湖库型水源水厂因“红虫”过度滋生导致的生物穿透风险。

9.3.9 铊重金属去除及典型案例

1. 处置技术

铊污染的常用应急处置技术见表9-11。

铊污染的常用应急处置技术　　表9-11

序号	应对方式	优点	缺点
1	次氯酸钠浸泡(常用方法)	快速将铊封闭在滤料表面，降低出水浓度	1. 出水不能稳定达标(东莞试验结果显示，对0.32～0.38μg/L铊，NaClO预氧化，在不同原水pH条件下不能将B江中铊浓度降低至0.10μg/L以下)； 2. 浸泡第一次效果明显，反复浸泡基本无效果

续表

序号	应对方式	优点	缺点
2	NaCl浸泡除铊	对滤料中的铊彻底清除	破坏锰砂结构，削弱除锰能力，对滤池配件具有腐蚀性
3	二次微絮凝除铊	去除率10%～20%	铊以矾花形式被滤池截流，转移至反冲水或在滤池富集
4	滤料更换	彻底解决铊富集	价格高、施工周期长，影响产能

其中，采用次氯酸钠浸泡的操作注意事项：

（1）避免对原水进行高锰酸钾预处理，如需预处理，应以次氯酸钠预氧化替代，也可在滤前投加次氯酸钠，保证滤后水能检测到余氯。

（2）浸泡浓度有效氯200mg/L，可曝气1min确保药剂均匀，浸泡时间2h。浸泡活性炭池时，泡池水位应满足最大设计水深，投加完成迅速排放，或将次氯酸钠通过反冲管进水的形式从底部进入，泡池过程中应定期在滤池不同深度取样检测余氯，随时补加次氯酸钠。

（3）泡池完成后，反冲洗至少2次后方可恢复生产。

（4）应急处置过程中，生产废水应停止回用，直至回收水金属铊浓度检测合格，同时原水水质稳定后方可恢复。

2. 案例分析

（1）案例一

2021年6月17日，东江深圳上游地区发生铊污染事件，该事件对深圳部分水厂造成了持续、严重的影响。

在检测中，发现DH水厂在过滤过程中铊浓度大幅升高。判断金属铊在水厂滤池形成了富集并集中释放。DH水厂处置措施包括：减小水厂供水量，不足的水量由其他水厂补充；对全部34格滤池进行次氯酸钠浸泡（200mg/L浸泡2h）；对污染严重的19格滤池更换石英砂滤料，共计更换滤料2000t。

BJ水厂为“常规工艺＋臭氧活性炭工艺”深度处理水厂，铊在水厂砂滤池和炭池都有富集，处置难度更大。BJ水厂的处置措施包括：对16格砂滤池和全部活性炭池进行次氯酸钠浸泡（200mg/L浸泡2h）；活性炭池超负荷运行。

（2）案例二

2010年10月22日，北江铊污染事件，水厂出水铊含量超标。清远市水厂整体工艺技术水平偏低，部分水厂超负荷运行，严重者超负荷20%以上，水厂进水水量、水质波动严重等特点，这些特点不利于铊的去除。

采取应急措施包括：提高水量、改变二氧化氯/次氯酸钠和絮凝剂的投加点和投加量，清洗从絮凝池到清水池的所有构筑物，监控工艺过程余氯及混凝沉淀情况。

在QX水厂取水口投加氢氧化钠提高进水的pH，在一级水泵的吸水管道上设置高锰酸钾投加点以及在沉淀池出水处投矾点进行二次微絮凝。自10月28日以后，QX出厂水铊、其他水质指标稳定达到《生活饮用水卫生标准》GB 5749—2006的要求。

9.3.10　锑重金属去除及典型案例

2011年7月1日以来，受湖南省郴州地区大雨的影响，其境内的锑选矿企业含锑污染物经雨水冲刷直接流入武江河，造成韶关市境内武江河锑污染物含量超标，锑含量达0.0088mg/L，超出《生活饮用水卫生标准》GB 5749—2006中锑限值0.005mg/L，直到2011年8月4日锑污染物含量才降到0.003mg/L以下。

1. 去除技术

（1）化学沉淀法是通过外加药剂使水中的锑形成沉淀而得以去除的方法。

1）调节pH

选择最佳的pH应根据实验确定，张伟宁等人先调节pH为5～6，后调节pH为9～10，锑去除率达91%。

2）投加铁盐和硫离子

硫与锑能生成沉淀物，是矿山废水处理中的常用方法。铁盐对锑的去除主要用于饮用水的生产。

3）pH调节与投加铁盐联用

通过调节pH、投加铁盐的方法能取得满意效果，锑去除率达96%。

（2）电化学方法，通过电解水产生的活泼氢与锑离子反应、电混凝技术以及通过改变电流密度和溶液pH等方法，有效地从水中去除和回收锑。

（3）离子交换法，最常见的是离子交换树脂和活性氧化铝。

使用电化学方法、离子交换法除锑，工艺复杂，在水厂中不常应用；而化学沉淀法除锑，方法简单，铁盐也是水厂一种常用净水剂。

2. 案例分析

韶关供水企业采用强化絮凝法除锑，通过调节原水pH，使原水呈弱酸性，再投加聚硫酸铁，把溶解的三价铁离子和锑酸根离子生成$FeSbO_4$。

MZF 水厂第一期作为中试场地，水厂规模为 6 万 m^3/d，分三期，每期处理能力为 2 万 m^3/d（图 9-12）。

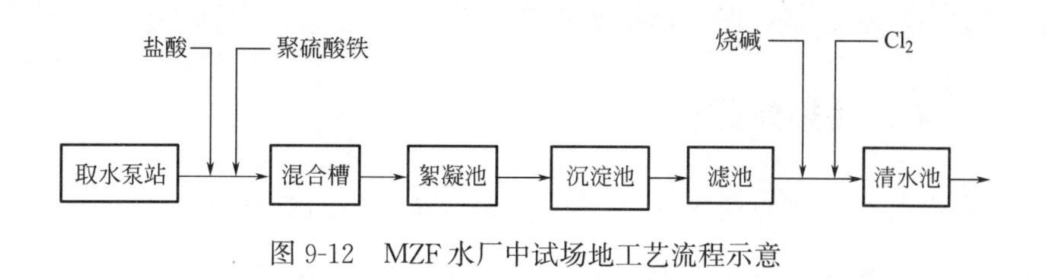

图 9-12　MZF 水厂中试场地工艺流程示意

控制出厂水 pH 在 7.2～7.8；絮凝池进水 pH 约 6.0。除锑经历了 35d（2011 年 7 月 1 日～2011 年 8 月 4 日），原水锑含量的变化从高到低地变化（图 9-13）。

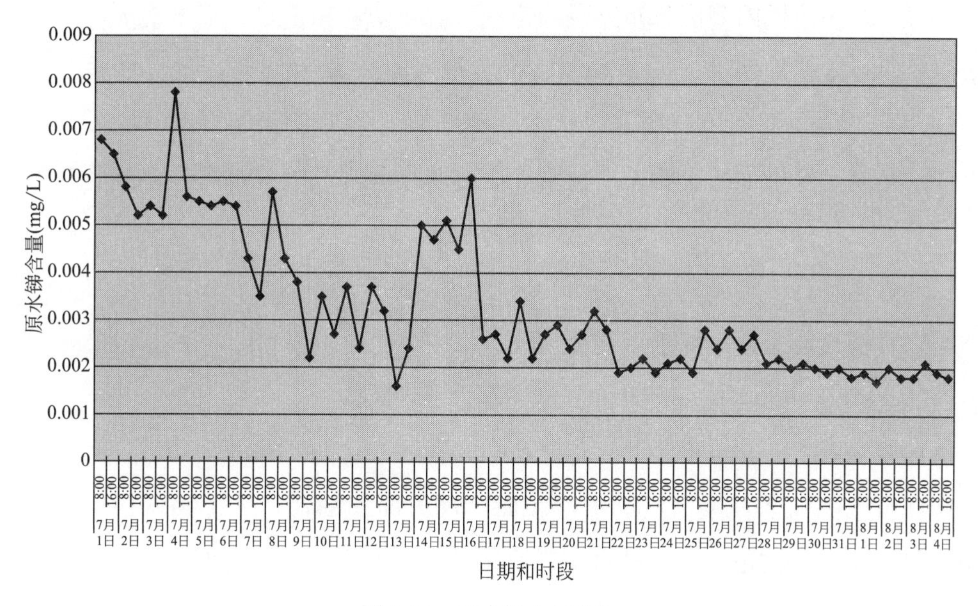

图 9-13　原水锑含量变化

波动阶段（2011 年 7 月 1 日～2011 年 7 月 19 日）：原水的锑含量在 0.0050mg/L 上下波动，处理的办法是投加固体聚硫酸铁（聚铁）60mg/L、盐酸 35mg/L、碱液 30mg/L。

基本稳定阶段（2011 年 7 月 20 日～2011 年 7 月 23 日）：原水的锑含量在 0.0030mg/L 左右，为了防止原水的锑含量波动过大，影响出厂水水质，采取投加固体聚硫酸铁（聚铁）40mg/L，但不投加盐酸和碱液。出厂水 pH 在 7.0 以上，处理效果很好。

稳定阶段（2011 年 7 月 24 日～2011 年 8 月 4 日）：原水的锑含量在 0.0020mg/L

以下，投加固体聚硫酸铁（聚铁）20mg/L，但不投加盐酸和碱液。

原水的锑含量持续稳定在0.0030mg/L以下，2011年8月5日暂停投加聚硫酸铁（聚铁），但加强原水监测，保证出厂水水质合格。

9.3.11 石油污染处置

石油的成分分为烃类化合物和非烃化合物，其中烃类化合物为主要成分。石油漂浮在水面，明显影响水体感官，并导致水体有异常气味（石油味）。

1. 去除技术

（1）在水厂取水头部外长期放置橡胶围油栏，以拦截围控水面溢油；原水突发石油污染时，在围油栏内侧应急布置吸油拖网，尽量防止溢油进入取水区域；取水头部内水面和后续工艺构筑物（如絮凝池、沉淀池等）放置吸油毡，吸附水面少量残余溢油。

（2）在原水处投加适量粉末活性炭，必要时增大混凝剂投加量，以强化对石油的去除效果。

（3）在原水石油污染期间密切监测原水、待滤水、滤后水和出厂水石油含量、臭和味等水质指标，及时掌握水质变化情况。

2. 案例分析

（1）案例一

2019年1月，东莞某水厂取水口江面出现大面积油污，后经确认污染源为江面一倾覆漏油船只。在相关水厂取水口江面先后出现油污，并伴有明显柴油气味后，供水企业迅速果断启动应急响应方案。

加强水质监测，全面掌握原水及水厂各工序出水水质情况。各水厂在取水口均长期设置有围油栏，江面大部分油污被隔离在围油栏外侧，进入围油栏内侧的油污通过在水厂取水口布放吸油拖栏、吸油毡，以及启动粉末活性炭应急投加等措施应对。

（2）案例二

深圳原水管油污渗漏（水厂取水口1.5km处，地铁8号线通风井施工现场一处油污渗漏）案例：

水厂人员在巡检中发现水面漂浮油污、有明显柴油味，经检测，ST、YT水厂原水石油类污染物峰值分别为8.47mg/L、0.44mg/L，汇报后ST水厂立即切断原水供应，停止生产，并对已经进入含油水的构筑物进行彻底的排放和清洗，确保异常原水不进入供水管网。YT 水厂立即启动应急处理措施，投加 60mg/L 粉末活性炭应急药剂。

每小时对 ST 和 YT 水厂原水检测嗅味和石油类物质，待各项指标逐渐回落，水厂复产后，根据实际情况投加粉末活性炭应急药剂、采用吸油毡吸附油污等有效措施，供水水质始终稳定达标。

水厂停产期间，为保障居民用水需求，调集 18 台送水车到各社区送水，同时调配了 8000 瓶矿泉水到各取水点供居民领用。通过官方微博、微信公众号、张贴通知等途径向居民发布相关信息，组织媒体跟进报道，消除居民疑惑。

9.4　珠江流域水源供水安全保障对策与建议

9.4.1　水源水质污染特征

如前所述，珠江流域的西江、东江、北江水源水质虽然总体较好，基本达到《地表水环境质量标准》GB 3838—2002 中Ⅱ、Ⅲ类水质要求，但仍然存在诸多水质问题和风险。共性问题主要是水源季节性污染，包括 2-MIB 嗅味，铁、锰浓度升高，藻类暴发以及藻类暴发导致的 pH 升高、旱季咸潮上溯等，也存在由于工矿企业排放等导致石油及镉、铊等重金属突发污染风险。珠江流域曾发生过多次重大重金属污染水源事件。

9.4.2　水源污染控制与净水技术应用及成效

针对珠江流域各支流及水源水库的污染特征，各级水源管理部门通过加大水源管理力度，实施截污工程，修建跨流域水源工程，采取分层取水及原位水质改善等措施，流域的水源水质得到持续改善，同时各级供水管理部门大力推进备用水源和应急水源建设，水源水质保障水平显著提高，珠三角水资源配置工程为提高珠江下游地区备用水源覆盖率、应对咸潮问题，以及提升供水保障能力发挥了巨大的作用。

与此同时，针对珠江流域普遍存在的季节性水源污染问题，臭氧-活性炭深度处理及膜处理技术在广州、深圳等大城市得到广泛应用，其他城市也通过预处理、常规工艺强化等措施，不断完善常规净水工艺，提高了对水质变化的应对能力。尤其是在针对 2-MIB 嗅味新问题，相关供水企业和水厂，不但完善了粉末活性炭投加设施，而且开展了大量新的去除技术的研究及应用，为流域各水厂提供了宝贵的经验，流域的城市供水水质达到了国家现行水质标准的要求。

9.4.3 存在的问题及不足

1. 水源方面

咸潮问题依然是珠江下游地区多个城市面临的共同问题，避咸设施不足，导致咸潮上溯期备用原水供应不足。2-MIB 嗅味问题不仅在以水库为主要水源的深圳等城市突出，河流也存在季节性高 2-MIB 问题。季节性高硅藻问题较普遍，虽然持续时间较短，但是对供水影响大，且目前没有很有效的应对措施。北江、西江依然存在工况企业违规排放造成重金属及工业有机物突发污染的风险。西江水的总大肠菌群常年较高，其中的原因及控制措施有待进一步明晰。此外，流域缺乏有效的水质信息共享机制和交流平台，影响水质污染事件发生时的有效应对。

2. 供水方面

珠江流域的大部分水厂为单一水源，尤其是上游地区的中小城市的水厂，一旦水源出现突发污染问题，将直接影响供水安全。流域绝大部分水厂采用常规处理工艺，对水质风险应对能力不足。部分中小水厂设施老旧，技术落后，不能满足新的水质要求。

9.4.4 对策与建议

1. 水源方面

（1）建立健全流域水源保护法律法规，明确保护范围、责任主体和处罚措施，降低突发水污染事件发生的风险。鼓励支持排污企业采用高级氧化工艺、膜分离技术等先进污水处理技术，提高污水处理效率，减少污染物排放。

（2）多渠道开辟备用水源，建立多水源供水保障体系。推进城市双水源、水厂双水源、管网互联互通、小区双回路的供水保障格局，确保水厂在紧急情况下可立即切换至第二水源，尤其是上游的一些中小城市普遍为单一水源，应加快备用或应急水源建设。

（3）针对珠三角河网地区影响日益严重的咸潮上溯问题，应建立并实施流域骨干水库群优化调度抑咸预案，在珠江全流域层面建立骨干水库群抑咸优化调度模型和大跨度河道水流演进模型，构建不同状况下水库群抑咸优化调度方案。

（4）优化完善取水设施。针对部分水库取水位置过低导致水质较差的取水口，应逐步改造或建设新的取水口，必要时采用分层取水技术，从取水源头保证供水安全。

（5）采取工程和技术措施，改善水源水质。对于存在内源性水质突变的水库，可采取跌水或扬水曝气等措施，抑制水质分层，改善底部厌氧缺氧环境，提高水源水质。完善取水口预处理设施，根据污染物种类，选择性设置预投粉末活性炭、氯消毒剂、高锰酸钾等设施。

（6）建立以流域或支流为依托的水源水质监测预警平台。规范水源水质监测站点布置、监测指标、监测频率、监测方法，逐步建立流域内水源水质信息共享平台，实现数据共享。构建珠江流域水源水质预警网络，实现水质异常或污染时的早期预警。

2. 供水方面

（1）建立和完善水质监测与预警系统

1）有条件的应在距离水厂尽量远的位置安装水质在线监测仪表，并根据原水水质风险评估情况，科学设置监测指标。比如，有咸潮问题的可增加氯离子监测，有季节性锰问题的应增加锰指标。存在高突发污染风险的，应具备原水生物毒性在线监测能力。

2）建立科学的原水水质预警模型，合理设置预警参数，实现水质突变的及时准确快速响应。对于浊度、pH、铁、锰等容易出现突变的原水，应研究药剂种类、投加量、投加点对水质的影响，建立智慧投加系统，实现水质预警与水厂工艺调整的联动，保障出厂水的水质稳定。

（2）完善净水设施，提高水厂韧性

1）从本次调研珠江流域的16个地级以上城市情况来看，除了广州、深圳的部分水厂采用了常规＋深度的净水工艺，珠海、东莞的个别水厂采用了常规＋深度的净水工艺以外，绝大部分水厂仍然为常规处理工艺，应对原水水质变化的能力有待提升。应根据水源水质特点，对现有水厂通过技术改造提高对污染物的处理能力，必要时增加深度处理工艺。

2）珠江下游地区水源水普遍存在2-MIB嗅味问题，常规工艺水厂应常设足量的粉末活性炭投加设施，必要时应能实现多点投加。因藻类暴发导致原水pH异常升高影响供水水质，应在原水管道上增设二氧化碳等投加设施，降低原水pH。当原水存在季节性铁锰升高且出现“黄水”问题时，应在原水管或水厂进水口设置高锰酸钾投加设施。

3）提高水厂的智慧化水平。通过建立和完善在线监测系统，自动控制系统，设备管理系统等智慧化基础设施，综合应用智能感知、智能认知和智能决策技术，实现工艺过程的智能监测、智能预警、智能趋势分析、智慧投药等功能，实现自动报警，智慧决策及自动工艺调整，当突发水质变化时，最大限度避免因人工响应不及时而发生供水水质安全事件。

（3）提高应急处理能力

1）定期修订和完善饮用水水源地突发污染事件应急预案。针对不同类型的污染，编制相应的应急预案，明确应急处置流程，应急工作机构及职责，以及保障措施要求。

2）加强水质监测。在汛期、咸潮、高藻期等关键时段，增加对水源地的水质监测频率，确保及时发现水质异常。

3）做好应急物资与装备保障工作。建立水源水质异常处置物资的储备、调拨、紧急配送体系，确保物资及时供应，并加强对物资储备的监督管理，及时予以补充和更新。

（4）加大科研投入，组织科技攻关

1）针对珠江流域水源水质重点难点问题，开展新技术、新工艺的研究与应用攻关。针对 2-MIB 嗅味共性问题，目前大部分水厂主要依赖粉末活性炭投加，运行成本很高，去除效果有限。深圳等城市研究利用砂滤和炭砂的生物作用去除 2-MIB，可大大降低运行成本，但运行稳定性仍有待提高，需要进一步探索最优应用条件。珠江流域水源普遍存在杀虫剂、抗生素、内分泌干扰物等新型污染物，虽然浓度不高，但存在潜在风险，应组织开展去除技术的前瞻性研究。

2）加强应急处理技术应用研究。《城市供水系统应急净水指导手册》提供了大部分常见水污染物的应急处理技术，但其中大部分是基于小试研究的结果，工程应用的效果存在很大不确定性，因此，应针对珠江流域水环境污染源的特点，选择高风险的污染物，进一步开展应用技术研究，验证和优化应用条件，在突发事件发生时能够及时、快速、高效地得到应用。

本章参考文献

［1］ 杨智，陈欣，秦银徽，等．珠江源曲靖南盘江污染特征分析及对策措施[J]．环境生态学，2024，6（3）：145-150.

［2］ 马利英，武艺，徐磊，等．北盘江贵州段煤炭污染型河流水质污染现状分析[J]．科技情报开发与经济，2011，21(14)：141-144.

［3］ 贺赟，杨爱江，陈蔚洁，等．西南喀斯特山区典型流域农业非点源污染负荷及分布特征[J]．水土保持研究，2022，29(1)：148-152.

［4］ 庞小华，唐铭．桂江干流水环境问题排查与防治对策[J]．广西水利水电，2019，(3)：63-66.

［5］ 杜青平，程浩，高伟，等．2014—2019年东江干流氮磷通量传输特征与源解析[J]．环境科学学报，2024，44(3)：139-149.

［6］ 曾金凤，刘祖文，刘友存，等．2007—2019年东江流域赣粤出境水质评价与成因分析[J]．水土保持通报，2020，40(4)：140-147.

［7］ 乔磊，张汝频，杨余，等．全氟化合物在北江顺德水道表层水、悬浮颗粒物以及沉积物中的污染特征及风险评估[J]．地球化学，2022，51(6)：617-624.

［8］ 赵腾辉．东江上游水环境典型新兴污染物污染特征分析及风险评价[D]．上海：上海交通大学，2017.

［9］ 何洪威，周达诚，王保强，等．珠江水体中有机物分布、组成及与消毒副产物生成的关系[J]．环境科学，2012，33(9)：3076-3082.

［10］ 熊小萍，龚剑，林粲源，等．珠江三角洲河流饮用水源中的环境内分泌干扰物及其风险[J]．生态环境学报，2020，29(5)：996-1004.

［11］ 劳晓兰．饮用水源地典型新污染物污染特征与风险研究[D]．广州：广州大学，2024.

［12］ 房平，代鹤峰，庄僖，等．东江下游典型饮用水源地抗生素抗性基因分布研究[J]．生态环境学报，2019，28(3)：548-554.

［13］ 李敏倩，董文亮，郭翊宸，等．东江河源段表层水体及鱼类消化道中的微塑料污染特征分析[J/OL]．水生态学杂志，2024，(13)：1-13.

［14］ 陈鸿展，区晖，叶四化，等．珠江广州段水体微塑料的分布特征及迁移规律[J]．中国环境监测，2024，40(5)：109-117.

第 10 章　南水北调中线受水区城市供水安全保障对策

10.1　南水北调中线工程与受水区概况

10.1.1　工程概况

南水北调中线一期工程于 2003 年 12 月 30 日开工，全长 1432km，自丹江口水库陶岔渠首引水，沿线开挖渠道，经唐白河流域西部过长江流域与淮河流域的分水岭方城垭口，沿黄淮海平原西部边缘，在郑州以西穿过黄河，沿京广铁路西侧北上，可自流到北京、天津。南水北调中线工程的特点是规模大、线路长、建筑物样式多、交叉建筑物多，沟通长江、淮河、黄河、海河四大流域，穿过黄河干流及其他集流面积 $10km^2$ 以上河流 219 条。总干渠有 64 座节制闸、54 座退水闸、97 座分水口和 61 座控制闸，102 座倒虹吸、27 座渡槽、1 座泵站、1 座大坝电厂，各类建筑物共 936 座。中线工程总体呈南高北低之势，具有自流输水和供水的优越条件。工程以明渠输水方式为主，局部采用管涵过水。渠首设计流量 $350m^3/s$，加大流量 $420m^3/s$。中线工程向北京、天津等 19 个大中城市及 100 多个县（县级市）提供生活、工业用水，兼顾农业用水，平均年调水量达到 95 亿 m^3。

10.1.2　受水区城市供水的南水使用情况

中线工程自 2014 年 12 月 12 日全线通水以来，截至 2024 年 12 月 12 日，已安全平稳运行十年，累计调水超 687 亿 m^3，生态补水超 100 亿 m^3，水质稳定保持在Ⅱ类及标准以上，已成为京津冀豫沿线 24 个大中城市地区主力水源，受益人口近 1.14 亿人。主要城市 2023 年供水情况具体数据见表 10-1。

目前，中线工程日均供水量超过 3000 万 m^3，4d 供水量即相当于一座大型水库的水量，从根本上改变了沿线受水区供水格局，改善了城市用水水质，提高了沿线受水

各城市 2023 年供水情况　　　　**表 10-1**

城市	综合生产能力（万 m^3/d）	供水管道长度（km）	供水总量（万 m^3）	水厂个数（个）	用水人口（万人）
北京市	743.98	19927.85	153615.78	68	1919.80
天津市	519.10	223164.37	106554.45	32	1166.04
石家庄市	164.91	3488.19	34790.18	24	544.40
邯郸市	89.70	2074.50	16729.70	8	212.08
邢台市	68.80	2952.39	6856.90	7	79.99
保定市	56.52	1652.39	11993.85	6	204.81
郑州市	211.00	6721.80	51321.08	11	773.33
平顶山市	56.83	1133.35	13008.87	4	90.09
安阳市	72.59	874.00	7965.67	7	82.16
鹤壁市	32.95	669.48	6585.00	5	53.07
新乡市	45.40	1097.49	10452.90	3	79.36
焦作市	83.50	1281.05	8636.95	2	86.38
许昌市	34.11	560.64	5590.89	4	67.75
南阳市	66.55	1460.64	9770.42	8	170.36

区的供水保证率。中线工程全线通水 9 年多来，年度供水量连续攀升，其中 2020 年全线供水量 86.22 亿 m^3，首次超过规划的多年平均分水规模 85.4 亿 m^3，实现工程达效。2020 年 4 月 29 日至 6 月 20 日，渠首首次以加大流量 420m^3/s 运行 53d，全面检验了工程质量和输水能力。2022 年年度供水量突破 90 亿 m^3（图 10-1）。

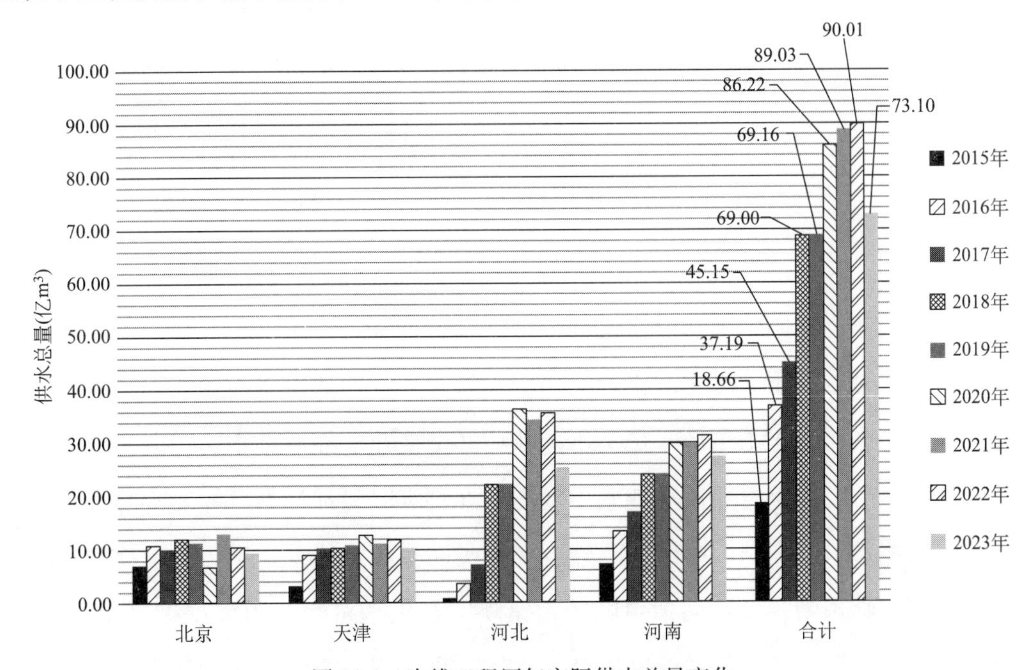

图 10-1　中线工程历年实际供水总量变化

10.1.3 南水北调中线工程水质安全保障体系建设

近年来，中国南水北调集团中线有限公司（其前身为南水北调中线干线工程建设管理局）为南水北调中线工程建立了较为完备的水质监测（图 10-2）、保护与应急体系，并开展了一系列水质监测与保护工作。在渠首、河北、天津各布置 1 辆水质监测车，分别具备 23、67、96 项水质指标监测能力。在河南建立 1 个移动实验室，具备 36 项水质指标监测能力。水质监测按照周、月监测频次对藻类和地表水进行监测，每半年对地下水和国控断面的 109 项参数进行监测，自动站监测每 6h 监测一次，在应急期间进行加密监测[1]。

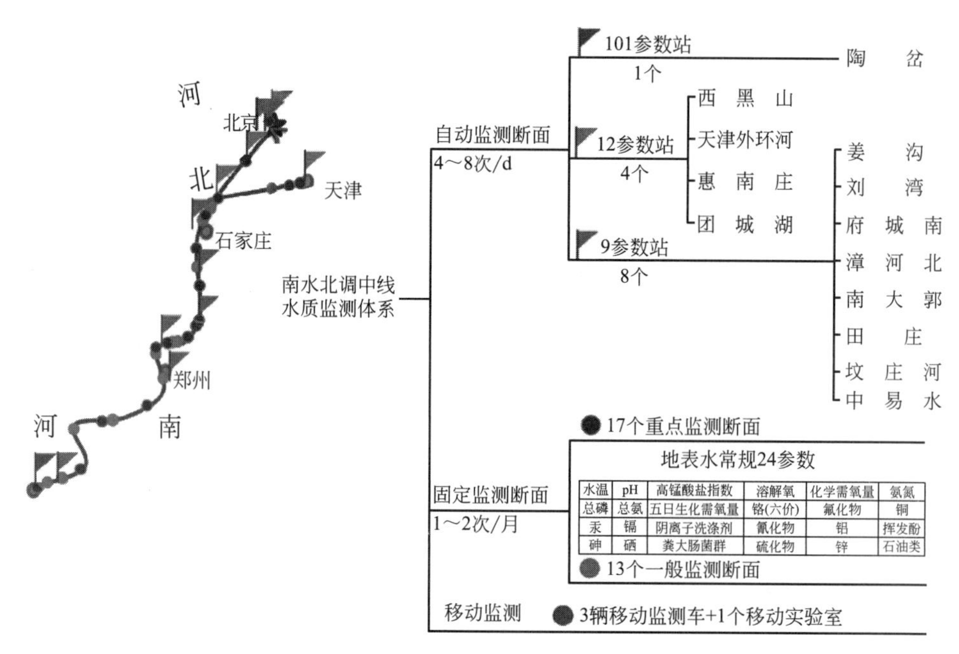

水温	pH	高锰酸盐指数	溶解氧	化学需氧量	氨氮
总磷	总氨	五日生化需氧量	铬(六价)	氟化物	铜
汞	镉	阴离子洗涤剂	氰化物	铝	挥发酚
砷	硒	粪大肠菌群	硫化物	锌	石油类

图 10-2 南水北调中线水质监测体系

为确保水质长期稳定达标，南水北调中线工程加强城市生活、工业点源和农村面源污染治理防控。南水北调中线主要采用明渠输水，水体清澈、光照充足，水体营养盐保持相对稳定。进入干渠后，藻类迅速响应环境变化，在混凝土边坡附着生长。由于生态系统单一，缺乏食用藻类的水生动物，在特定时间和局部可能发生藻类快速增殖。为确保输水水质安全，中线工程建立了藻类防控技术体系，重点针对刚毛藻，采取过程优先、物理为主、黄河为界的防控策略，在机理机制、预警预报、物理防控、生态调控、生物防控等方面，建立多维、立体、纵深的藻类综合防控体系。此外，受干渠结构和水力条件影响，水体中的颗粒物如藻类、泥沙等易在总干渠退水闸、分水口等突扩断面位置或渠道弯曲段等缓流区域形成淤积。中线工程积极推进全线淤积物的治理，建立了有效的底泥淤积防控体系。

为防范化解突发水污染事件，中国南水北调集团中线有限公司依据《中华人民共和国水污染防治法》，《国家突发环境事件应急预案》等法律法规，持续推进中线突发水污染应急管理体系建设，并编制了《南水北调中线干线工程水污染事件应急预案》。该预案划分了突发水污染事件的分级标准，明确了突发事件报告、响应、处置等工作；一是建立了应急处置队伍，负责突发事件的现场抢险救援工作；二是配备了水污染应急物资库，储备围油栏、吸油毡、活性炭等常用应急物资；三是定期联合地方政府组织开展大规模水污染应急演练，通过验证预案、锻炼队伍、畅通机制；为应对突发水污染事件积累了实战经验，提高了应急处置能力[1]。

本章以下内容以北京、天津和郑州深度处理水厂为主，结合河北常规工艺以及短流程水厂，总结了南水北调中线水源（简称南水）水厂的运行管理经验及应对水质突发状况的应急预案，供沿线南水水厂参考和借鉴。

10.2　南水水质情况及其与当地水源水质的差异

10.2.1　南水水质情况

高藻是南水水质的主要特征，也是影响工艺运行的主要因素。其与温度变化相关性较高，温度越高，藻类生长越旺盛，夏季高温期为5～10月，水温20～34℃，原水中藻类数量可达1000万个/L以上。2015～2022年南水藻类优势种群为蓝藻、绿藻和硅藻，另有少量金藻和甲藻。在长距离输水后，绿藻、蓝藻及硅藻均有较大增长，硅藻增长达到10倍以上。种群随季节性变化明显，蓝藻、绿藻、硅藻进入4月后开始大幅增长，7～9月出现藻类高峰。如果原水藻类有蓝藻（蓝藻中的微囊藻、颤藻、项圈藻、浮丝藻），需考虑嗅味问题，特别是藻细胞破坏后胞内致嗅物质释放会加剧嗅味问题。此外，藻类胞内和胞外有机物是消毒副产物前体物的重要来源，易导致消毒副产物升高的风险。

南水另一明显水质特征为冬季低温低浊。南水在春、夏和秋季间变化较小，冬季明显区别于其他季节，呈现明显的低温低浊，南水水源冬季浊度平均值为1.22，其他三个季节均在3NTU以上，原水浊度低且不易混凝，给水厂除浊工艺运行带来一定的难度。

南水第三个水质特征是pH较高。由于南水北调长距离输送过程中尤其是夏季水体藻类的迅速繁殖导致水体pH过高，pH可以通过改变混凝剂水解形态、带电粒子情况、氧化还原电位等因素从而影响混凝效果。以铝盐混凝剂为例，在pH较高条件下水解生成$Al(OH)_4^-$，易造成颗粒铝的水解，从而导致出厂水残余铝含量升高，并且吸附架桥和吸附电中和作用降低，对混凝效果影响较大。

10.2.2 南水水质与当地水源水水质的差异

1. 南水与密云水库水水质差异

(1) 物理指标

密云水源最低水温在3～6℃，最高水温在10～16℃，年平均水温在10℃左右，最高水温与最低水温差为13℃；南水水源最低水温在2～4℃，最高水温在20～34℃，年平均气温在15.6℃左右，最高水温与最低水温差为32℃；南水的水温比密云水库水温变化幅度大。

密云水库水溶解氧在4～11mg/L，9月溶解氧最低，具有明显的湖库水体特征。南水溶解氧在7～12mg/L，南水的溶解氧比密云水库水源的溶解氧高，波动幅度小。

密云水库水pH平均值为7.85，南水pH平均值为8.16，南水的pH比密云水库水源的pH高。

(2) 化学指标

密云水库水耗氧量在1.0～2.0mg/L，平均值为1.46mg/L，南水耗氧量在1.0～2.6mg/L，平均值为1.46mg/L，南水的耗氧量比密云水库水的耗氧量略高且浮动范围大。

采用凝胶液相色谱法测量分子量分级，发现密云水库原水和南水分子量分布总体相差较大。丹江原水的分子量分布为1000～4500Da（道尔顿），经分峰后主要有五个峰，其中peak 1属于大分子无机胶体及生物残留物质、peak 2～peak 5均属于腐殖酸类物质；密云水库水分子量分布为250～600Da，主要为含氮类芳香族化合物。密云水库水的有机物由于分子量较低，易于通过生物处理和活性炭吸附（生物降解）去除，而丹江口水源水中分子量较高，可以通过混凝沉淀去除，特别是如果增加预臭氧氧化单元将提高对有机物的去除效果。

另外，水中无机离子也存在一定差异，南水的氟化物、氯化物及硫酸盐含量都比通水前密云水库水源低。在水源切换时，可能存在管网“黄水”风险。

（3）水源藻类

密云水库水源藻类数量在 90 万～600 万个/L，南水藻类数量在 400 万～3000 万个/L，南水的藻类数量比密云水库水源的藻类数量多。藻类的大幅度增加将给水厂工艺带来一定冲击。藻类数量在夏季出现峰值，且明显高于冬季，可见水温对藻类生长有一定的影响。藻类数量随水温升高而增加；水温降低，对蓝藻的影响最大。如图 10-3 所示，G 水厂通水后 2016 年夏季藻类数量最高达到 3921 万个/L，2017 年藻类数量均明显高于 2016 年，最高达到 11835 万个/L。从 2018 年开始，藻类浓度逐年递减。

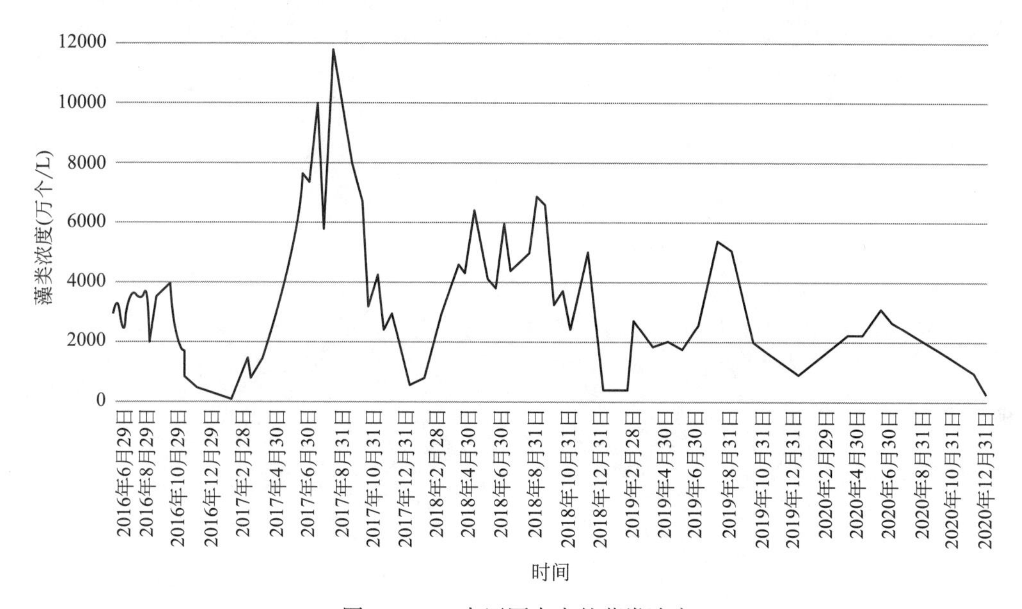

图 10-3　G 水厂原水中的藻类浓度

2. 南水与黄河水源水水质差异

（1）物理指标

南水水源浊度略低于黄河水，进厂黄河水浊度平均在 10NTU 以内，南水进厂浊度为 1～4NTU；南水 pH 为 8.2～8.6，普遍高于黄河水，尤其是夏季 5～9 月时，pH 普遍高于 8.4。

（2）化学指标

通过对两种水源进行分子量分布和有机物种类的测定，发现黄河水和南水水源分子量普遍小于 10000Da；从峰的数量可知，南水的有机物种类多于黄河水。通过三维荧光谱图分析得出黄河原水中可溶性有机物主要有三类：UV 腐殖质、浮游植物生产力相关、蛋白质（色氨酸）；南水中可溶性有机物主要有三类：UV 腐殖质、两种色氨酸蛋白质和生物相关的色氨酸蛋白质，但黄河水荧光类物质浓度显著高于南水。蛋白质荧光可表示水体是否受污染及污染程度，说明黄河水具有受人类干扰水体特征。而南水在长距离输送过程中生物代谢对该水体产生影响。

此外，南水中的氟化物、硝酸盐、氯化物、硫酸盐、溶解性总固体、总硬度等指标均低于黄河水的这些指标。这些指标的降低，使饮水口感改善，减少水垢的生成，提高市民的饮水口感。

（3）水源藻类

南水和黄河水的藻类数量总体差别不大（图 10-4），但近年来南水中的藻类呈现春夏季节高发的态势，每年的 3 月、4 月和 8 月份南水中藻类总数明显高于黄河水。黄河原水藻类种属较为稳定，常年以绿藻为主，有少量裸藻、硅藻和隐藻，夏季会有大量蓝藻生成，藻类密度急剧增大。南水藻类种属较为丰富，以硅藻为主，不同季节的藻类种属差异也较为明显[2]。

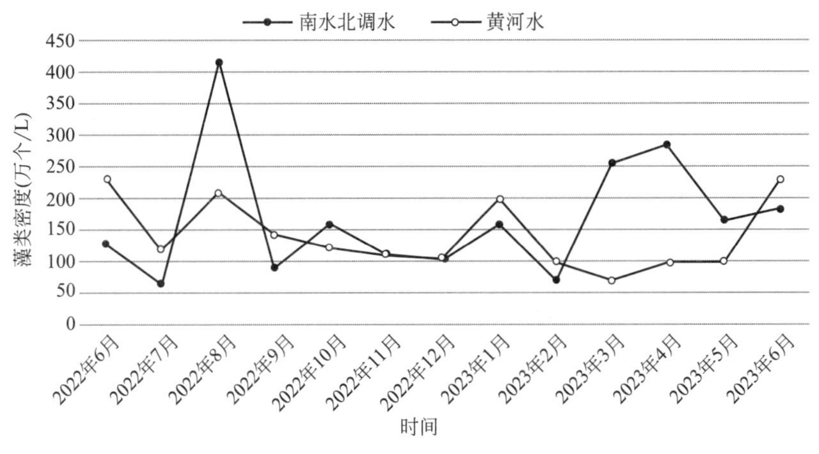

图 10-4 黄河水和南水北调水藻类密度对比

10.3 水源切换下城市供水设施的稳定运行

10.3.1 高藻原水的处理

南水高藻期影响了机械加速澄清池的混凝效果，夹带水中气体导致矾花上浮现象，藻类自身因光合作用产生气泡是其原因之一。且藻类数量的增长会造成出水浊度升高，矾花变得相对松散，具有疏松结构的絮粒由于具有较大孔隙，有利于加快气泡的扩散和粘附，影响沉降性能。与此同时，南水水源浊度较低，形成的絮体结构疏松而质轻，混凝效果变差，间接导致了矾花跟随气泡一起上浮，使机械加速澄清池池面漂泥情况产生[3]。此外，藻类沉降可堵塞管道，导致斜管内堵塞积泥发黑、黏腻，产生甲烷、二氧化碳及少量的硫化氢等气体。池面聚集大量浮渣并不一定会导致机加池出水水质严重恶化，但要防止浮渣进入滤池，造成滤池滤程缩短，加之藻类个体微小，会随着漂浮的絮体进入滤池中，滤池池面可见微小絮体，若不及时采取措施滤池也会出现漂泥情况，易造成滤料的板结。

针对南水高藻问题，水厂通常根据藻类数量、种类和水温变化采用预氧化控藻技术，如预氯或预臭氧，通过调整投加量强化预氧化工艺，氧化灭活藻类和水生原生动植物，抑制其增长，同时起到助凝的作用，提高机械加速澄清池混凝、沉淀效果。

但采用预氯化控藻时，应关注出水中消毒副产物，特别是三氯甲烷（TCM）浓度。通过探究某水厂各处理工艺中相关技术参数与各工艺出水中的 TCM 的关系，发现预氯化与提升泵出水，机加进，机加出，炭出，出厂各工艺环节出水中的 TCM 正相关，且皮尔逊相关系数都比较高，而预臭氧与它们的相关系数却很低（图 10-5）。说明预氯投加量与各工艺出水 TCM 关联度比较高，尤其对于机加池，池内悬浮泥渣

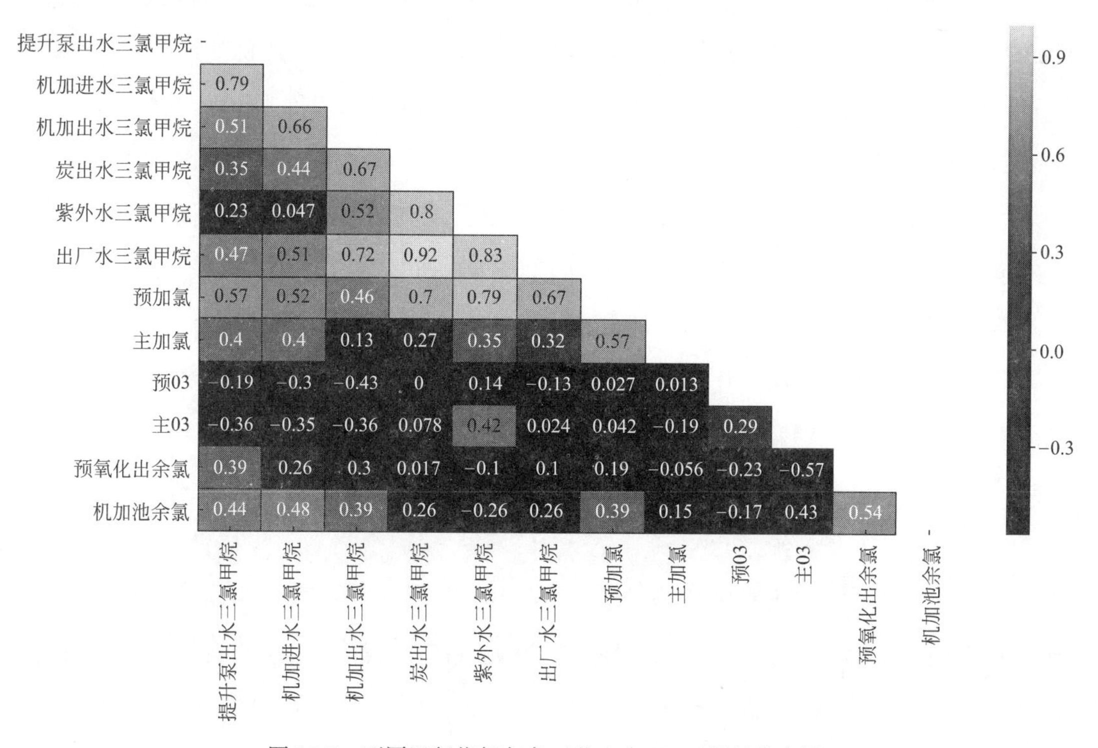

图 10-5　不同运行指标与各工艺出水 TCM 相关热力图

与氯反应释放 TCM，占比可达机加池出水 TCM 含量的 20%，因此，适当排泥避免泥渣形成更多的 TCM 是控制出水消毒副产物的重要举措。同时，排泥池上清液消毒副产物与原水中藻类数量呈明显的正相关，因此，高藻期排泥池上清液回流至水处理系统风险较大。为避免内源性消毒副产物风险，建议预氯化最佳投加量为 2mg/L，最高限值为 4mg/L，需根据季节调整，冬季控藻需求较低时可停止预氯化。高藻期必要时也可以改用二氧化氯预氧化。

而预臭氧与预氧化联用，可以减少 TCM 等含碳消毒副产物，而确保含氮消毒副产物无明显升高，预臭氧安全投加量建议在 0.5mg/L 以下。

10.3.2 低温低浊原水的处理

为了解决冬季原水低温低浊导致的机加池混凝效果差、泥渣层沉降性能差、易上浮的问题，以及由水源水质特征带来的混凝效果不佳问题，在保障出水水质的前提下，尽可能节约能耗药耗，水厂使用聚丙烯酰胺（PAM）强化混凝效果。

在原理上，PAM 与高浓度回流污泥混合可使污泥颗粒结成较大的絮体，能够加快絮体的沉降速度。在同样的进水量负荷下，能够提高反应区污泥浓度，并使排泥浓度增加，既有利于增强混凝效果，又可以一定程度上提高排泥效率，减轻排泥压力。PAM 可明显改变污泥沉降性能。在机加池投加 PAM 时，在沉降初始阶段即有明显差异，投加 PAM 后絮体直接进入等速下沉，且速度较快。未加 PAM 时污泥沉降速度为 170mL/min，投加 0.02mg/LPAM 后沉降速度为 203mL/min，沉降速度提高了 20%。污泥沉降速度受混合强度和时间影响，过低或过高的混合强度都不利于沉降，中速混合（如 50r/min）效果较好，混合时间 5～10min 时，沉降效果最好。

冬季低温低浊期在某水厂机加池开展生产性实验，投加不同浓度 PAM 运行一段时间后，出水浊度有明显变化。未投加 PAM 的机加池运行状态不佳，泥渣层沉降性能很差，出水浊度短期高达 3.0NTU。当 PAM 投加量从 0.1mg/L 升至 0.2mg/L 以上时，机加池出水浊度从 1.14NTU 降至 0.8NTU，澄清区斜管显露出来，悬浮泥渣层逐渐变密实，沉降性能逐渐好转。增大 PAM 的投加量之后，出水浊度继续降低，PAM 为 0.2mg/L 时，出水浊度已降至 1.0NTU 以下，基本恢复正常。试验期间选取了 PAM 投加量为 0.4mg/L 的一段时期，随机抽取机加池出水水样，未检测出丙烯酰胺单体。当 PAM 投加 0.1mg/L 以上对机加池出水浊度的降低有明显效果。

PAM 应用于机加池进行强化混凝，解决了冬季低温低浊机加池运行效果差的问题，还能够提高反应区污泥浓度、控制泥层上翻、降低出水浊度，并且能增加排泥浓度从而降低排泥能耗，证明了使用 PAM 作为特殊时期应急方案的可行性，建议 PAM 投加量上限为 0.25mg/L。

10.3.3　高 pH 原水问题

1. 高 pH 导致的残余铝问题

当夏季原水处于高温高藻状态时，藻类光合作用破坏了 CO_3^{2-} 电离平衡导致水体 pH 异常升高，平均 pH 可达 8.5 以上。当 pH 高于 8.2 时，水中 Al 以溶解态的 $[Al(OH)_4]^-$ 存在，pH 低于 6.0 时以溶解态的 Al^{3+} 存在。原水 pH 升高对混凝剂的水解形态产生影响，降低混凝效率，进而影响水处理效果，同时造成出水残余铝超标风险。为应对高藻原水对混凝沉淀效果的负面影响，水厂往往只能采取加大混凝剂投加量或铝盐铁盐双药投加的方式来强化混凝效果，这种方式不仅增加运行成本，造成混凝剂浪费，同时进一步导致出水残余铝和铁超标风险。

出水中溶解性铝的浓度随着 PAC 投加量升高而升高，当 PAC 为 0.08mmol/L，溶解性铝的含量开始下降，且混凝沉淀出水与砂滤池出水中溶解性铝的含量差别微弱（图 10-6）。pH 随混凝剂投加量上升不断下降。对于溶胶态的铝，增加混凝剂的投加量无论从无机态还是有机态都可以抑制出水中铝的含量。投加 PAM 对于残余铝的降低作用微弱，且 PAM 的投加会减少砂滤柱滤程，增加反冲洗频率。

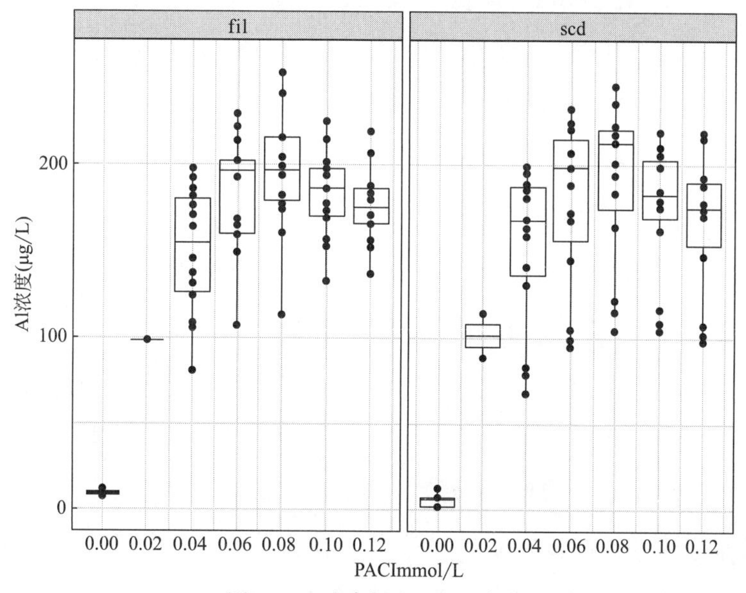

图 10-6　残余铝和 PAC 关系

三氯化铁（$FeCl_3$）是一种常见的铁系混凝剂。采用三氯化铁作混凝剂时，其优点是易溶解，形成的絮凝体比铝盐絮凝体密实，沉降速度快，处理低温，适用 pH 范围较宽。其缺点是腐蚀性较强，对金属、混凝土、塑料等均有腐蚀性，处理后水体色度比铝盐处理的高，最佳投加量范围较窄，不易控制等。

铁、铝离子在水体中不同 pH 下的变化趋势表现为铝离子在 pH＝8 附近从氢氧化铝逐渐向偏铝酸根 $Al(OH)_4^-$ 转变。和铝离子相比，铁离子优先和富里酸、腐殖酸结合，前期研究结果表明铁盐的引入使得铝-蛋白质络合物的量减少，铝的水解、其与水中颗粒物的黏结等得到促进，铝盐更好的发挥了混凝剂的功能，出水中余铝浓度下降。当水体中有机物含量较高的时候，投加三氯化铁不仅可以降低沉出水的 pH，还可以和铝竞争有机物上的反应位，减少沉淀出水中铝的含量。并且三氯化铁的投加量与 pH 变化也呈现较好的负相关性，当投加量从 10mg/L 提升至 50mg/L 时，溶解性铝平均下降率从 12.76%提升至 83.03%。综上所述，投加三氯化铁不仅增加了混凝效果，大幅度降低 pH，降低残余铝。

2. CO_2 预处理系统对 pH 和余铝值的影响

河北大部分水厂采用铝盐系混凝剂，因而当原水 pH 升高时，会降低混凝效果，导致出厂水的铝浓度存在超标风险。此外，在加氯消毒或者前加氯工艺中，较高的 pH 会造成加氯量增加，且在碱性条件下更容易形成消毒副产物。针对原水 pH 较高导致的水质问题，采用铝盐、铁盐双药投加可有效控制残余铝浓度，投加 CO_2 不仅可以抑制藻类光合作用，还可以降低原水 pH，可减少 PAC 投加量控制残余铝。碳酸是一种环保型酸化剂，腐蚀性微弱，无需做防护处理，可直接注入管道中。经过 42 项水质检测，投加 CO_2 对水质无影响，且具备成本低、无害、易管理等多种优势。

河北建投水务投资有限公司地表水厂为河北省南水北调配套水厂，水厂设计规模为 15 万 m^3/d，现装机规模为 7.5 万 m^3/d，处理工艺为：机械混合＋折板絮凝＋平流沉淀＋超滤膜。混凝剂采用 PAC，消毒剂采用次氯酸钠。该水厂原水为南水北调中线来水，在春、秋农灌期间部分原水来自黄壁庄水库。2018～2020 年 6 月至 9 月高藻期 pH 介于 8.2～8.7，导致混凝效果下降，污泥沉淀效果差，出厂水水质下降，并且影响后续膜滤池工艺的使用寿命。

该水厂通过向原水中投加 CO_2 降低原水 pH，提高了藻类在沉淀池的去除率，同时降低了 PAC 的药剂投加量，减少污泥产生量，降低生产成本的同时降低了出厂水残余铝含量，保证了饮用水安全。经过大量的重复试验，考虑经济性和投加效率，最终确定将原水 pH 降至 7.8 左右处理效果最优。且经过核算，投加后 CO_2 降低 pH 后，平均 PAC 投加量减少 3～4kg/km^3，药剂投加成本整体降低约 0.03 元/m^3。

南水北调水厂面对夏季藻类增殖、pH 升高的问题，可以采用管道式水射器投加 CO_2 降低 pH 强化混凝的方法。其具有设备安装简易、造价成本低、CO_2 利用率高等优点，对水厂原有工艺改动较小，不存在影响生产等不利因素。

10.4　水源切换的管网水质“黄水”风险预测与控制

10.4.1　产生“黄水”的原因与风险评估

水源切换是导致水质化学成分发生变化的重要原因之一。为了解决北京市当地水资源不足的问题，调入了异地水库地表水以部分取代本地地下水和地表水，出厂水拉森指数提高，导致部分管网发生“黄水”。管网水质恶化的原因在于水质化学成分的变化影响了管壁内已有管垢的稳定性，导致主要由铁组成的腐蚀产物释放。进一步导致了水体中色度、浊度增加，最终造成了管网水质下降。

地下水管网通常会出现“黄水”现象，而地表水管网大多不会出现。发生“黄水”的管网腐蚀层较薄，生物膜中铁氧化菌为优势菌，而未发生“黄水”的管网腐蚀层较厚，生物膜铁还原菌为优势菌。两个区域的管网在切换水源前，处于不同的腐蚀阶段，发生“黄水”的地下水区域，处于管网腐蚀层形成阶段，此时消毒剂和微生物腐蚀菌与管网金属相互作用加剧了腐蚀现象。因此，“黄水”发生还与管网管垢的稳定性有关。

因此，在南水北调中线工程通水前期，为应对南水进京后北京市管网可能出现的“黄水”问题，前瞻性的开展水源切换后管网腐蚀产物释放规律的研究，提出南水北调北京受水区供水管网“黄水”风险识别与控制方法，以此对多水源联合供水方案进行优化，确保北京市受水区域供水管网的水质稳定。

为实际模拟水源切换对南水北调北京受水区管网的水质变化情况，研究管内腐蚀产物释放的情况，采用原位模拟水源切换条件下管网水质稳定性的方法和设备，通过将丹江口水运送至北京进行试验，在全市选择 28 个典型管网点进行了水源切换试验。采用上述模拟方法和设备，考察不同水源、不同停滞时间条件下总铁和浊度的变化情况，分析流动状态下和严格停滞状态下管网管垢铁释放情况，获得了市内地表水、地下水和混水区三类区域直接切换为丹江口水源的管网水质稳定性规律。北京市供水管网各区域水质、管材的不同，导致管垢性质各有不同，而管垢稳定性的不同直接影响了水源切换前后管网水质的变化情况，结合三类典型区域水源切换后管网水质变化规律，设定分级原则为：

（1）考虑总铁标准 0.3mg/L、浊度标准 1.0NTU 两个指标，检测不同停留时间下的各指标增长情况。

（2）考察切换水源前后“黄水”程度的变化情况。根据分级原则将水源切换后“黄水”发生风险按程度从高到低分为五级（表 10-2）。

“黄水”发生风险等级划分 **表 10-2**

风险等级	切换后水质变化规律	管段区域特征
一级	停滞 4h 超标，超标程度加剧	地下水厂末梢或汇水区
二级	停滞 2～4h 超标，超标程度减弱	原水腐蚀性与丹江口水相差较大的地表水供水区域
三级	停滞 4～6h 有超标现象	地下水厂供水区域前端，地表水地下水混水区
四级	停滞 4～6h 未超标，但总铁有升高趋势	地下水厂前端
五级	停滞 4～6h 未超标，且程度减弱或不变	地表水厂端管段

为分析水质化学成分对管网腐蚀和腐蚀产物释放的影响，前期研究先后提出了基于碳酸钙平衡的朗格利尔饱和指数（LSI）、莱氏稳定指数（RSI）、碳酸钙沉淀势（CCPP）等表征结垢潜力的指数以及表征水腐蚀性强弱的拉森指数（LR）。然而，上述两类判别指数仅考察了输送水与管道发生相互作用中某一方面的化学平衡对管道腐蚀和腐蚀产物释放的影响，然而实际上输送水与管道的相互作用是多种化学平衡综合作用的结果，管垢中腐蚀产物的释放不仅与上述多个水质指标有关外，还与余氯、溶解氧和硝酸盐等水质指标有关。

因此，结合原位模拟水源切换前后管网水质的变化情况与管垢的稳定性有关，管垢的稳定性与原通水水质的腐蚀性（比如 LR 指数、溶解氧、余氯、氧化还原电位、消毒剂种类）有关，提出水质腐蚀性判定指数的修正模型：

$$WQCR=\frac{[\text{氯离子}]+[\text{硫酸盐}]+[\text{硝酸盐}]}{([\text{碱度}])\times([\text{溶解氧}]+[\text{余氯}])} \tag{10-1}$$

当 WQCR>1.0 时，原通水管段管垢不稳定，水源切换之后发生“黄水”的风险较大；当 WQCR<1.0 时，原通水管段管垢稳定，水源切换之后发生“黄水”的风险较小。

同时，基于管网内铁释放机理及管壁和管壁内腐蚀层与输送水水质间的化学反应，提出通过比较长期输送水与新水源间水质参数的差异度，间接分析新水源是否能维持长期输送水与管壁及管壁内腐蚀层之间动态化学平衡，从而提出水质差异度模型：

差异度＝

$$\sqrt{\chi_1 \times (溶解氧_{本底}-溶解氧_{丹江口})^2+\chi_2 \times (LR_{本底}-LR_{丹江口})^2+\chi_3 \times (NO^-_{3本底}-NO^-_{3丹江口})^2+\chi_4 \times (硬度_{本底}-硬度_{丹江口})^2} \quad (10\text{-}2)$$

按前期试验结果，对水质差异度指数从高至低划分5个风险等级，发生“黄水”风险等级划分风险级别见表10-3。

发生“黄水”风险等级划分风险级别　　表10-3

风险级别	水质差异度范围
一级	差异度≥0.35
二级	0.30≤差异度＜0.35
三级	0.25≤差异度＜0.30
四级	0.20≤差异度＜0.25
五级	差异度＜0.20

综合水质腐蚀性判定指数的修正模型和水质差异度模型的计算结果，与实际原位模拟水源切换典型管网点进行了对照，试验结果和预测结果基本相符。为进一步验证“黄水”风险预测的准确性，新选取4处新管网点进行水源切换试验，试验结果和预测结果“黄水”风险等级基本一致，证明该模型应用的可靠性。

10.4.2　换水期“黄水”风险控制对策

根据南水北调水源供水调度方案及《市区管网风险分类及识别》，应用管网管理模型，运用痕量追踪功能模拟各水厂供水范围，划分地表水及地下水供水区域，结合市区管网的运行状况，并运用水质腐蚀性判定指数的修正模型和水质差异度模型对供水管网的“黄水”发生风险进行识别判断，确定了北京市管网风险点和重点关注区域。同时，采用水质差异度计算的方法，计算不同供水区域按照不同比例与丹江口水勾兑后的管网“黄水”风险，并根据风险分类情况制定了接纳南水北调水源保障方案和各水厂调度方案。

在市区管网受水区按“黄水”发生风险划分A、B、C类区域，确定重点监测区域的监测方案，调水初期对近百个管网监测点按每日2次的频率进行监测，监测结果显示各点浊度均低于1.0NTU，切换水源之后没有发生“黄水”现象，居民水质投诉率未有显著增加，有力保障了南水北调水进入北京后北京受水区管网水质稳定。

水源切换前，还应加强管网冲洗以保障水质，按照水流方向改变、阀门长期关闭、长期滞留区域、水质隐患区和水厂供水区域交界面的评价标准，对南水北调水源切换管网水质风险区域进行全面梳理。根据不同水质风险区域的实际情况，制定具体的冲洗排放方案，降低管网水质风险。在切换前对水质风险区域内的消火栓、排水阀应进行排放一次，确认其实施效果。管网处各维修队梳理出重要区域（重点小区、重要用户等重点保障区域），要制定相应的水质保障措施并落实专人负责。水源切换后，如管网水出现浊度升高或其他异常现象，可实施定期的管网冲洗，冲洗范围以供水管网“黄水”风险预测区域而定，并制定具体的冲洗方案，实施管网冲洗及保障。

在南水北调水进入北京后北京市自备井置换工作方面，根据研究所提出的水质腐蚀性判定指数的修正模型和水质差异度计算方法，水源置换前，通过水质指标检测分析，评价所置换区域管网管垢的稳定性与水源置换之后出现“黄水”的风险。提出国防大学区域管网稳定性较高可以直接置换，实际置换之后没有出现“黄水”现象；大兴区西红门月桂庄园小区发生“黄水”的风险较高，不能直接置换。通过模型预测成功降低了上述区域自备井置换的“黄水”发生风险，不仅证明了该模型应用的可行性，而且为自备井置换工作提供有效技术支持。

10.4.3　控制实践与案例

示范区石景山区作为北京中心城区之一，供水面积 50km^2，服务人口 59.2 万人，建设了接纳南水地表水厂——石景山水厂（20 万 m^3/d）。因该区之前主要采用地下水为水源，为保障水源切换过程水质稳定，在新水厂建成通水前对示范区内的管网开展“黄水”控制技术应用，其工作流程如下：

（1）水源切换区域情况调查

调查供水管道情况：管道管材、管龄，是否有喷涂或管道改造更新计划，改造或更新范围。调查用水情况：水源切换区域，尤其是居民区、食品加工等敏感区域用水量情况，是否存在日间与晚高峰、工作日与周末的用水量明显差异。调查用户敏感度情况：该区域历史水质情况、水质投诉情况。

该区地下水的硝酸盐、氯化物、硫酸盐、碱度和硬度均显著低于“南水”，水源切换后水质差别大。配水管网管线长度约 540km，管材包括铸铁管、钢管、聚乙烯管和镀锌钢管。该区域中科技园和庭院线管龄大于 30 年的小区是敏感性较高的区域。

（2）预测和评价水源切换供水区域管网“黄水”风险

预测方法包括基于水的腐蚀性相关参数评价的预测方法（WQCR 或 WQDI）和

基于管网自身稳定性评价的预测方法。即：强腐蚀性水取代低腐蚀性水是管网发生“黄水”的重要原因；腐蚀性强的水进入稳定性低的管网时具有较大的发生“黄水”的可能性；而在稳定性强的管网内，水源切换过程中不会有“黄水”发生。

经计算，该区直接切换为以“南水”为水源的地表水厂供水，两个判定指数预测的综合“黄水”发生风险等级为3级及以上，即输送水在管网停滞时间大于4h，水中铁浓度可能有超标现象，且可能出现停滞2～4h，水中铁浓度超标较严重的情况，水源切换初期也需注意监测。

（3）水源切换供水区域管垢特征分析。对于有条件取样收集管道内管垢的地点，取样进行管垢物相组成分析，根据磁铁矿、针铁矿、纤铁矿等铁氧化物含量比例，判定管垢稳定性和水源切换后铁释放风险。

该区域的灰口铸铁管和镀锌管钢管腐蚀情况均较严重，有内壁薄腐蚀层和瘤状管垢，特别是瘤状管垢外壳层薄且易破碎，内层为疏松沉积物。管垢组成以针铁矿为主，磁铁矿与针铁矿的比值＜1.0，管垢稳定性较差。

（4）开展水源切换模拟实验。通过上述步骤，判断确定的水源切换后发生“黄水”风险较高区域，建议截取现有管道，通过原位/异位试验方法模拟水源切换实验，进一步确定“黄水”发生风险。但此处考虑水力方向不变条件下的水质影响因素，在实际预测中还应充分考虑新水厂投入运行后，各管网点水力条件（比如水流方向）的改变引起的“水混、水黄”现象。根据预测评估结果建立水源切换条件下预防和控制管网“黄水”的综合技术方案。

通过水源切换模拟实验，确定在水源切换初期“南水”的加入比例为30%，按30%、50%和70%的配比，逐步提高到100%，虽然实验进水与该管段原通水的水质差异增大，但在每次提高“南水”比例时，并未出现相同停滞时间下总铁浓度突然增大的情况，而且总铁浓度和铁释放速率总体随运行时间延长逐步降低。因此，建议在水源切换初期，渐进提高以“南水”为水源的地表水比例，有利于保障管网水质稳定。

此外，当南水水源与本地水源水质差异较大，切换水源后管网“黄水”风险较高时，建议新建水厂或原有水厂改造时，增加一座混合井，如郑州市白庙水厂，在其深度处理改造工程的基础上增建一座混合井，将现状两根黄河水源管及新铺设的南水北调水源接入新建的配水井，为保证先混合后加药方式的实现，新建配水井高度向上增加，多出的部分为后混合中管式混合器所消耗的水头损失。接入新建配水井的黄河水源管道与现状管道的连接方式为三通接出叉管的方式，以保障新配水井建成后，老配水井仍具备可独立运行的可能性。满足了白庙水厂在水源切换时，能够达到按比例混合配水的条件。

10.5 南水原水突发情况及应对措施

南水北调中线水源自通水以来水质优良且稳定，但随着运行年限的延长，开始出现一些由于附着藻类脱落和生物入侵等水质突发情况，以及强降雨引发的泵站设备故障等突发情况。本章以刚毛藻暴发、淡水壳菜附着，以及由于沿线藻泥淤积引发的水厂原水氨氮和嗅味物质升高等水质突发情况为例，总结相应的水质突发情况的相应防治措施。在本章的最后部分，以北拒马河暗渠被超强台风“杜苏芮”损坏后的应急临时输水项目为例，介绍输水设施的应急抢修工作。

10.5.1 刚毛藻暴发的应对措施

1. 受水区的源头防控措施

南水北调中线水通过天津干线首先进入曹庄泵站调节池和西河泵站调节池，再由水泵提升输送至下游水厂，这就为原水进入水厂前打捞去除刚毛藻及水质预处理提供了宝贵的缓冲时间。2022 年 6 月 16 日开始，天津曹庄泵站调节池和西河泵站调节池进口观察到大量团状棕褐色漂浮物，进水口附近有大片气泡升腾区，团状死藻携带泥沙并伴有强烈腥臭味漂浮至水面上，进口原水总叶绿素达到 15～30μg/L，如图 10-7 所示为浮至水面的刚毛藻[4]。

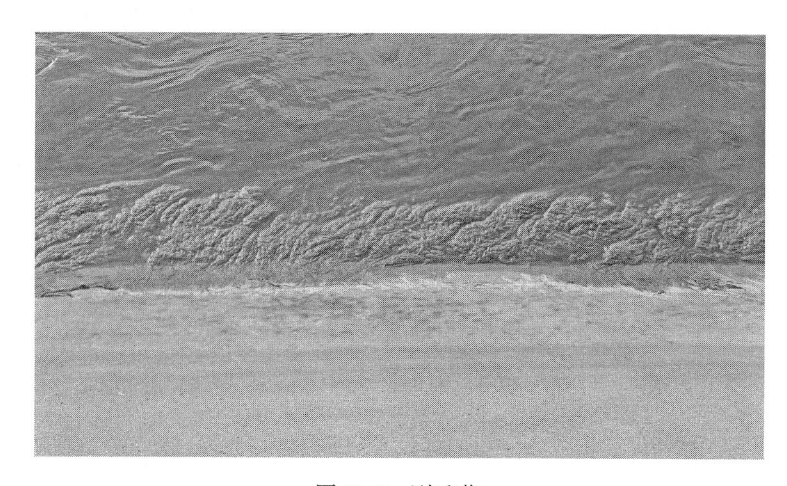

图 10-7　刚毛藻

天津水务集团有限公司立即启动供水突发事件Ⅲ级应急响应，在调节池和输水渠道上设置多道拦藻网，出动打捞船、吊车、装载机等，不间断进行人工打捞控制藻类数量。腐烂的刚毛藻能释放大量恶臭味物质，西河调节池漂浮泥样嗅味物质结果及水中嗅味物质结果见表10-4（泥样处理处理及嗅味物质测定方法：分别称取20g泥样投加至1L纯水中，搅拌均匀后吸取水样测定不过滤和过滤后水中嗅味物质含量）和表10-5。

2022年6月22日西河调节池漂浮泥样嗅味物质结果　　表10-4

泥样名称	嗅味物质含量(ng/L)				
	二甲基三硫醚	2-MIB	吲哚	3-甲基吲哚	土臭素
漂浮泥样1	1214	4.7	8786	27933	27.4
漂浮泥样2	1508	4.6	7567	27546	26.7
漂浮泥样1过滤	1746	4.1	5108	25617	20.7
漂浮泥样2过滤	2008	4.3	5514	27887	21.8
堆积泥样1	2094	9.6	7976	23240	62.5
堆积泥样2	2301	10	7730	25940	64.3
堆积泥样1过滤	4146	9.3	7281	24220	49.2

2022年6月22日西河调节池水中嗅味物质结果　　表10-5

水样名称	嗅味物质含量(ng/L)				
	二甲基三硫醚	2-MIB	吲哚	3-甲基吲哚	土臭素
调节池进口1	31.5	4.1	73.5	263	1.4
调节池进口2	31.5	3.7	75.1	288	1.6
调节池出口1	31.2	13.3	63.7	185	0.5
调节池出口2	31	13.9	65.2	193	0.7
调节池进口过滤1	31.5	3.3	90.2	248	1.4
调节池进口过滤2	31.5	2.8	93.3	252	1.3
调节池出口过滤1	31.1	10.9	71.7	160	0.4
调节池出口过滤2	31.3	11	78.1	167	0.4
参考标准或嗅阈值	30(水质标准参考值)	10(水质标准)	13.9(文献参考值)	4.85(文献参考值)	10(水质标准)
异臭类型	腐败味	土霉味	粪臭味	粪臭味	土霉味
有效去除方法	氯氧化	炭吸附	氯氧化或炭吸附	氯氧化或炭吸附	炭吸附

为控制原水藻类及水中嗅味污染，在泵站调节池进口投加次氯酸钠0.5～1.0mg/L，根据原水水质检测及次氯酸钠投加实验情况调整投加量，控制调节池出口余氯不大于0.1mg/L，同时在调节池出口投加粉末活性炭5～10mg/L，下游水厂根据进厂原水情况及时进行工艺调整。截至2022年6月30日，天津泵站调节池共打捞刚毛藻约1842t，投加次氯酸钠710t，投加粉末活性炭248.25t。

2. 中线干渠的应对措施

根据现场条件，在李垌分水口检修闸门槽处增设一道钢制拦藻网来解决拦河漂及部分藻类问题。该钢制拦藻格栅由钢制拦藻网、起吊装置和轨道组成，其中钢制拦藻网包含2套钢制框架、2套独立钢网和吊耳[5]。实验数据显示，物理拦截可使刚毛藻的去除率达到50%以上。如图10-8所示为拦藻网上的刚毛藻。

图10-8　拦藻网上的刚毛藻

经过实际测试发现，0.5cm孔径拦藻格栅效果最佳，但会导致过水水头损失增加、出水效率下降，清理频繁且劳动强度大，不适用于实际生产；1.5cm和2.0cm孔径拦藻格栅虽然过水率高，但拦藻效果不理想，大量藻类进入沉淀池。综合考虑，在高藻期选择1.0cm孔径筛网制作拦污栅，并根据检测结果适时调整孔径。

在刚毛藻暴发期间，在两个水厂反应池进水口安装1cm孔径拦藻格栅，每1～2h提起格栅，用高压水枪清理一次。高发期间每个水厂每天清理的藻类达500～600kg。

3. 水厂的应对措施

刚毛藻是丝状、绿色的分支状藻类，在水动力作用下，漂浮于水体中的藻丝会脱离附着基质混入水体中，当流速发生剧烈变化或有外力作用时，会引起刚毛藻分支数量的增加。

2022年6月11日开始，两个水厂进厂丹江原水中逐渐出现绿色的丝状、分支状藻类，藻类发生之前藻类检测含量约 250 万个/L，刚毛藻高发期藻类检测含量增至 1300 万个/L，藻种包括绿藻、蓝藻、硅藻等。检测数据显示，丹江原水刚毛藻暴发期间，原水浊度一定程度升高，溶解氧、总氮和耗氧量略有降低，除藻类总数外，总体原水水质化验指标无明显变化（表 10-6 为 2022 年 5 月 16 日原水水质正常化验指标）。

刚毛藻暴发前后原水水质指标对比　　　　表 10-6

时间	藻类（万个/L）	嗅和味	溶解氧（mg/L）	总氮（mg/L）	总磷（mg/L）	浑浊度（NTU）	耗氧量（mg/L）	氨氮（mg/L）
2022.5.16	290.56	无	8.1	1.51	0.01	1.36	1.88	0.05
2022.6.15	696.32	无	6.68	1.52	0.02	2.1	1.89	0.05
2022.6.29	702.72	无	6.8	1.39	0.02	2.6	1.72	0.05
2022.7.08	476.16	无	6.9	1.42	0.02	2.1	1.56	0.05
2022.7.12	410.88	无	7.12	1.42	0.02	3.3	1.68	0.05

大量刚毛藻涌入反应池、沉淀池，致使沉淀池沉淀效果变差，部分藻类通过斜板或斜管上浮，经集水槽进入滤池，并会在沉淀池底部积聚，造成排泥管堵塞，会导致滤池无法正常运行及排泥效果极差；大量藻体在水厂反应池进水口蜂窝式静态混合器处堵塞，原水进水量在 5d 内由正常情况下 $1700m^3/h$ 逐渐下降至 $900m^3/h$，给水厂安全生产带来较大威胁。

（1）预氧化除藻

水厂为强化对高藻原水的预处理，提高混凝除藻效果，通过增加预氧化剂投加量来灭活藻细胞活性。根据生产运行情况，进行了不同液氯预氧化投加量的测试，结合水的色度、透亮度、余氯含量等指标，并依据运行经验确定最佳液氯投加量。结果显示，将预氯化投加量从 1.2mg/L 调整至约 3mg/L，同时控制沉淀水余氯含量在 1.1～1.3mg/L，可有效抑制藻类在沉淀池的再生长。

（2）强化混凝除藻

经处理后的刚毛藻体失去活性，部分断裂破碎的藻体残体可通过浊度指标测定藻浓度。通过调整 PAC 投加量以强化混凝作用，提高藻类去除效率。当 PAC 投加量在 4mg/L 时对浊度处理效果最佳，由于实验测得的投加量与工作实际投加量偏差约 30%，实际投加量应控制在 3mg/L 左右。通过在实际生产中运行测试，PAC 投加量为 3mg/L 左右时，矾花大小、浓度比较适宜，沉淀水浊度符合内控标准。

（3）其他必要措施

1）加大跟班化验力度，密切关注水质变化；

2）调整反应池、沉淀池排泥周期，减少沉积藻类对水质以及对处理构筑物工作状态的影响；

3）及时清理反应池、沉淀池内含藻淤泥。藻类沉积到反应池、沉淀池底部后，使淤泥处于悬浮状态，堵塞排泥管排水孔，无法正常排泥；

4）拆除管式静态混合器，安装钢板式静态混合器，反应池进水量恢复至正常值；

5）设计安装拦藻机，降低人工量。

总之，针对南水北调水源的大型着生藻类，应加强观测、提前发现，在干渠内打捞、物理拦截，避免进入水厂。根据水厂实际情况，在进厂原水管道前或混合井、反应池前建立格栅或旋转滤网拦截，阻止其进入后续的工艺构筑物。针对小型的浮游藻可采取在水源预氧化、强化混凝、高效气浮等技术的联合应用去除水体中藻类。在水源水输送过程中或进入处理构筑物之前，投加一定量预氧化剂可有效控制水源水中的微生物和藻类在管道内或处理工艺构筑物内生长。

10.5.2 淡水壳菜的控制及防治措施

1. 淡水壳菜大量滋生的危害

淡水壳菜又称沼蛤（图 10-9），适宜条件下在输水管道、暗涵、净水和输水构筑物中，以及供水设备上异常增殖生长，影响工程的正常运行，引起“生物污损”现象，造成一定的危害。其附着厚度最大可达 10cm，增大了输水建筑物的糙率（图 10-10），引起输水管道过流面积减小，造成系统输水能力降低，甚至堵塞输水管道严重影响生产。此外，淡水壳菜在混凝土结构上附着会引起壁面腐蚀，成贝足丝能够分泌酸液，在足丝的物理侵入和化学腐蚀双重作用下，造成混凝土保护层的脱落，对混凝土结构强度、耐久性产生危害。活体淡水壳菜会呼吸消耗水中的溶解氧，代谢产生氨氮等营养盐，个体死亡时会产生 3-甲基吲哚、1-辛烯-3-醇、二甲基二硫醚和二甲基三硫醚等嗅味物质，死亡个体越多，其在水中的含量越大，影响供水水质[6]。

2. 中线干渠的应对及防治措施

经过分析淡水壳菜在渡槽不同部位及附属构筑物附着能力差异性，及影响淡水壳菜附着能力的三个关键影响因子（水温、流速、流量）。在后期的输水调度和渡槽检修维护中，建议尽量选择在温度较低的月份进行检修，且静水静置一周左右时间，使附着在输水建筑物及附属物表面的淡水壳菜自然脱落，减轻人工清除淡水壳菜对输水建筑物的损伤，也可降低人工清理的维护成本。

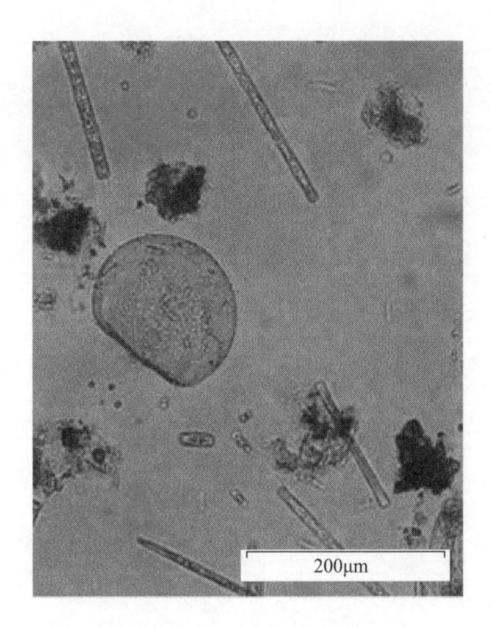

图 10-9　沼蛤显微镜照片

图 10-10　沼蛤附着情况

3. 水厂的防治措施

次氯酸钠是一种经济且应用广泛的氧化剂，它不仅能杀死淡水壳菜，还能溶解足丝降低附着能力，使其更容易被水流冲刷。增加次氯酸钠投加量可提高淡水壳菜死亡率，建议在成贝入侵水厂设施前采用 3mg/L 次氯酸钠对其幼虫进行防治，控制幼虫所需药剂投加量和效果优于对成贝的控制。此外，提高管道中的水流速度能够增加去除量，且脉冲水流比恒流效果好。水流冲刷与氧化剂的协同作用强于水流单独的冲刷作用。研究表明，在取水头部投加次氯酸钠，且保证集水井余氯为0.1～0.5mg/L（即预加氯的投加量为2.5～3mg/L）的条件下，可以抑制或灭活管道内淡水壳菜生长繁殖，同时加大流速（＞0.6m/s）对剥落的淡水壳菜贻贝类水生生物进行有效冲刷。

对于新铺设的管道可采用安全、环保、长久、耐用的涂料进行表面涂覆，能有效防止淡水壳菜的附着；在供水量低的冬季，在有可能停止供水的管道可采用封闭缺氧法灭杀管道附着的淡水壳菜；在取水口处可设置一定孔径的滤网，可截留大部分的淡水壳菜成体。此外，天津水务集团有限公司通过在水库中放养青鱼、三角鲂等觅食淡水壳菜的鱼类进行淡水壳菜的生物防治，结合水库藻类控制及生物多样性需求，通过测算，适合北塘水库的滤食性鱼类（鲢鳙）的放养密度为0.610g/m^3，底栖性鱼类（青鱼、三角鲂）的放养密度为0.208g/m^3。采取适用于水库、管道、水厂淡水壳菜的综合防治方法，确保供水系统的正常运行，消除淡水壳菜对水质产生的影响。

10.5.3 高氨氮原水应对处理措施及生产实践

南水北调中线工程由于是长距离明渠输送，且随着运行年限延长，沿线出现藻泥淤积的现象，当干渠清淤、原水输水管线调闸或强降雨引发水力扰动时，可能会导致淤积冲起，使淤积内部厌氧环境下产生的氨氮等污染物释放至水中，从而引发下游水厂进水氨氮升高，最高达到3mg/L。

为应对高氨氮原水，某南水水厂及时开展原水氨氮实验，指导调整生产运行工艺参数，同时不断完善应急管理机制，多方面全方位采取措施，做好原水水质应对工作，保障供水水质安全。该水厂采用混凝-沉淀-砂滤-主臭氧-炭滤的处理工艺，处理高氨氮原水的实际去除效果有限。因此，水厂采用折点加氯法，确定去除氨氮所需的次氯酸钠实际投加量，从而科学指导高氨氮原水处理过程精准加药[7]。

水厂结合氨氮折点加氯实验中氨氮与次氯酸钠1∶8的质量浓度比，再考虑原水中其他物质的耗氯情况及出水余氯控制值，综合确定最终投加比为1∶9。当受限于预加氯设备能力无法完全去除氨氮时，以地表进水及各工艺段出水为控制点，根据水力停留时间掌握高氨氮原水在各工艺段中流经情况，加密监测各个工艺点出水氨氮值，根据原水氨氮变化情况，对各工艺单元进出水实行有针对性地多点补氯，利用预加氯和工艺段加氯协同作用去除氨氮的方法，确保氨氮水在到达清水池之前得以全部去除，实际氨氮与次氯酸钠总投加量比为1∶9，出厂水余氯能够控制在合格范围内。每个水厂的加氯设备都有最大投加量上限，如经计算所需加氯量超过了水厂设备投加上限，则应降低进水量，并考虑采取应急调度措施切换水源，或调入其他原水与高氨氮原水进行掺混，以确保处理效果。

10.5.4 嗅味的处理措施

水源水中存在伪鱼腥藻、束丝藻、放线菌等产嗅藻类和微生物时，可能会代谢产生2-甲基异莰醇（2-MIB）或土臭素（GSM）等嗅味物质。此外，渠道内淤积被扰动时，也会出现嗅味物质升高的情况。研究表明，水中以结合态形式存在的2-甲基异莰醇主要通过强化混凝-沉淀-过滤工艺使之从水中被分离去除。水中溶解态2-甲基异莰醇的主要去除途径是通过粉末活性炭吸附使之从水相富集到粉末活性炭上，再通过混凝-沉淀-过滤实现粉末活性炭与水的分离，或者通过预臭氧氧化分解，进而实现溶解态2-甲基异莰醇的去除。

天津引江原水调节池内淤积的大量淤泥，表层淤泥含水率为82%～84%，有机质含量为13%左右，pH约为7，湿泥密度为（1.14±0.2）g/mL。当原水调节池进行清淤操作时，淤泥中的嗅味物质会释放到水体中，造成嗅味指标超标时，可在调节池出口设置粉末活性炭投加装置，通过吸附试验确定粉末活性炭投加量，投加粉末活性炭将嗅味物质吸附去除，根据原水中嗅味物质的含量高低，处理后可以使嗅味指标合格，也可以只去除一部分，联合下游水厂进行多级处理，最终使嗅味指标合格。

水厂进厂原水中的嗅味物质，可能会以结合态形式存在，在经过水厂加氯工艺后变为溶解态析出，使出厂时嗅味物质浓度高于进厂时，存在超标风险。因此，当进厂原水2-甲基异莰醇≥10ng/L（或土臭素≥10ng/L）时，需要在水厂取水口投加粉末活性炭（大于5mg/L）。依据嗅味特点分别采用不同的处理方法，如果嗅味物质是硫醚或硫醇类，需采用高锰酸钾预处理方法；如果嗅味物质是MIB引起的，需采用粉末活性炭预处理方法。当水源水中2-MIB和GSM很高（浓度在40ng/L以上），超过生产工艺处理能力时，可以采用粉末活性炭吸附技术，降低水中嗅味物质。粉末活性炭投加位置为原水取水口处，经过输配水过程的充分混合吸附，最大限度地发挥粉末活性炭的吸附性能。建议投加量为10～20mg/L。无深度处理系统的水厂，启动厂内粉末活性炭投加系统向进厂原水投加粉末活性炭，视情况减少进水量，降低生产负荷，调整厂内各点位消毒加氯量，调整混凝、沉淀（澄清、气浮）、过滤等单元工艺参数。

有原水预处理系统和深度处理系统的水厂，根据进厂嗅味物质含量和粉末活性炭吸附实验结果，启动进厂原水粉末活性炭投加系统或预臭氧处理系统，或两种预处理方式同时投入使用，视情况启用活性炭滤池。降低水厂第一点消毒加氯量或停止第一点加氯消毒，调整其他点位消毒加氯量，调整混凝、沉淀（澄清）、过滤等单元工艺参数。水厂采取措施进行嗅味处理时，应加强对原水、水厂工艺过程水、出厂水、管网水的周期性嗅味检测，为处理工艺运行参数调整提供依据。

10.5.5 沿线设施设备运行维护与应急保障

为保障沿线设施设备正常运行，且具备应急保障能力，南水北调中线工程沿线建立快速响应和信息传递机制。建立应急预案组织体系，明确应急领导小组、管理机构在水处理预案中的职责。制定水质保障预案；安排负责人员、进行资源配置；协调水处理相关工作；确定各级人员职责；接受政府的指令和调动；做好记录并处理相关数据。此外，建立应急预案管理体系，明确工作程序。

特别是汛期，工程沿线区域受流域性暴雨洪水灾害影响较大，对工程运行安全和供水安全等提出了高要求，为有效预防和降低自然灾害造成的影响，需加强对突发自然灾害后临时应急输水技术的研究和应急供水保障能力的建设。

如 2023 年 7 月，北拒马河暗渠是南水北调中线干线工程的河渠交叉建筑物，受超强台风“杜苏芮”影响，该工程出现险情。为保证首都供水安全，先期实施临时应急输水工程，在暗渠进口处安装 20 台水泵，沿渠道一字布置，沿河敷设 4 条主干钢管跨越暗渠水毁位置，与暗涵下游侧连通，采用加压输水方式，最短时间内实现 $20m^3/s$ 临时应急输水能力的目标。同步组织对受损暗涵进行应急修复，尽快实现恢复暗渠向首都正常输水的目标。该项目于 8 月 6 日开始施工，8 月 11 日完成首批水泵投运，达到 $5m^3/s$ 的供水能力第一阶段目标；8 月 25 日完成全部工作内容，实现 $20m^3/s$ 的供水目标，工程施工期为 20d[8]。此外，该期间采取多项措施加强应急保障，如采取双线输水暗渠管线；加强配电保护设置，以保证现场设备稳定运行；现场水泵启停采用 ZYR6 在线式软启装置控制，减少对电网系统的冲击等措施。此外，还在水锤的预防和涡旋的消除方面制定了针对性措施。

拒马河泵站修复案例为灾后临时应急输水技术的研究和应急供水保障能力的建设

提供了工程范例。泵站投运后，每天向北京输水约 185 万 m^3，取得较大的社会效益和经济效益。

10.6　提高受水区水源保障的韧性

10.6.1　加强多水源的协同保障与联合调度

当南水北调中线工程发生上游水源减少、主要输供水设施事故、水质重大污染、强降雨等突发事件时，为避免对沿线受水城市供水造成重大影响，需根据各城市各供水企业应急预案采取紧急调度措施，实施与本地水源切换、联合调度，保障城市供水的应急处置能力，最大限度地减少城市供水突发事件可能造成的危害。分别介绍北京、天津、河北和郑州 4 个省（市）备用水源及多水源联合调度的情况。

1. 北京地区

J 厂 2008 年开始通过南水北调中线北京段取用河北四水库水源，2014 年中线工程贯通后取用丹江口水源，逐步形成了地表水与地下水共存，本地水与外调水联合调度的多水源供水局面。2015～2022 年四大水源年取水量见表 10-7。2015 年后南水北调水源为地表水厂 J 厂主要水源，2018 年取用量最高，2020 年南水北调干渠维修时提高了本地水取水量。在接纳南水北调水的 8 年时间内，J 厂共接水源调整令 5094 次（图 10-11）。近几年水源调整次数呈现上升趋势，尤其是重大水源调整次数逐年上升，2022 年达到 24 次，水源切换已经成为运行中的新常态[9]。

J 厂 2015～2022 年四大水源年取水量（亿 m^3）　　表 10-7

年份	南水北调水源	密云水库水源	怀柔水库水源	怀柔地下水源
2015	3.04	1.22	0.00	0.58
2016	4.02	0.67	0.03	0.21
2017	3.86	0.92	0.00	0.22
2018	4.26	0.75	0.05	0.18
2019	3.43	1.29	0.13	0.13
2020	2.45	1.44	0.43	0.17
2021	3.17	1.44	0.21	0.12
2022	2.98	1.51	0.04	0.09

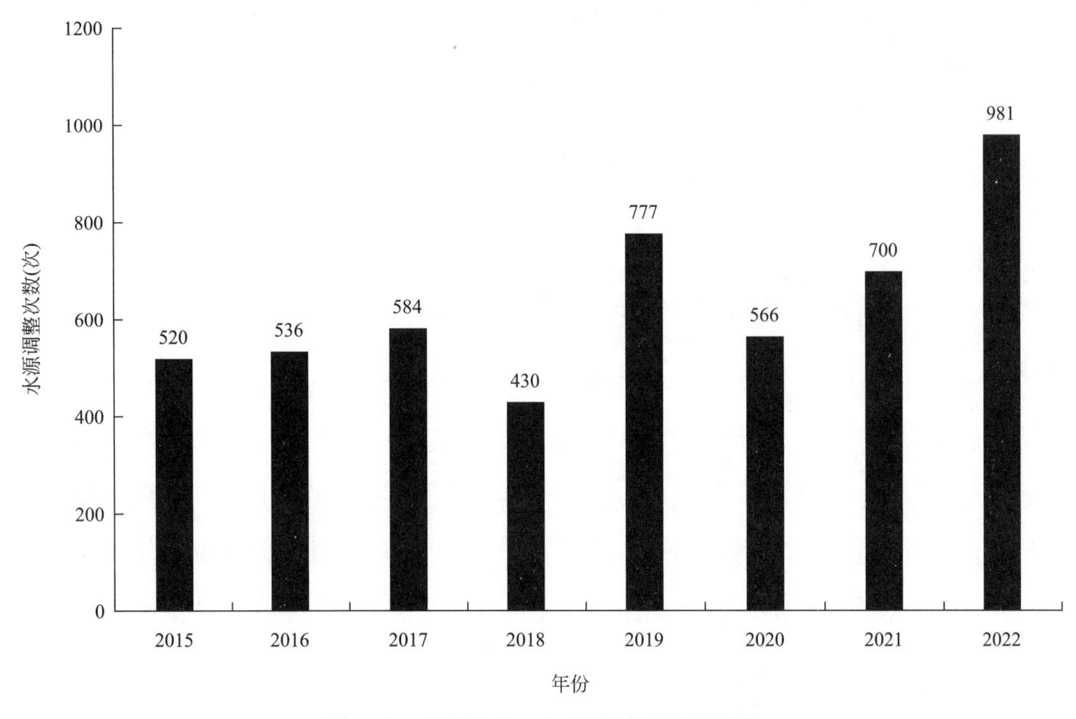

图 10-11　J 厂 2015～2022 年水源调整次数

当南水供水量减少时，切换至本地水源或多水源联合调度时，水厂可以通过调整药剂投加量和结合工艺特点调整运行模式等方式，实现过渡期的平稳运行。

J 厂自 2014 年 12 月 27 日开始接纳南水以来，经过 8 年时间，针对南水 pH 较高、碱度较低、藻类数量高等水质特点，逐步形成了“高预氧化剂投加量、高混凝剂投加量”的高药量运行模式。高投药量运行模式使工艺对来水水质的变化不敏感，对运行人员的要求更低，但也同时缩短了滤程，加重了污泥工艺的处理负担，增加了处理成本。

当 J 水厂切换回本地水源时，根据水质特点可适当采用低药量运行模式，预氯化剂投加量可以控制在 1.0mg/L，混凝剂投加量可以控制在 10mg/L 以下。该水厂通过监测点前移、加大特征水质指标检测频率的方式保证工艺水质总体运行平稳，针对不同的原水水质条件切换高药量及低药量的运行模式，在保证出水水质合格的前提下降本增效。这种运行状态对运行人员的业务素质提出较高要求，需要更加及时主动预测问题、发现问题、解决问题。

此外，可针对各工艺特点调整运行模式，如 J 水厂有 3 系列工艺，2021 年夏季，南水与密云水库水发生短时间切换，来水温度从 25℃快速下降至 14℃，后又在短时间恢复至25℃，对一系列机械加速澄清池工艺产生较大影响。通过减少一系列进水量，调整搅拌机转速、加强排泥，加快池内水体替换速度，均平稳解决了来水温度变化较大带来的机械加速澄清池泥渣上浮问题。二系列Actiflo工艺有多个加药点，包括PAM及微砂，在面对水质及水量突变时表现出更强的耐冲击性。每年高藻期，南水原水pH升高，PAC投加量增加会导致残余铝升高。J水厂根据水质变化和工艺特点调整运行模式，2020年后，参考一系列工艺高铁盐低铝盐的运行模式，通过增加二系列铁盐投加量调整工艺pH，有效降低滤后水总铝浓度，降低了总体加药率，取得了较好的经济效益。三系列工艺可控点最少，侧向流波纹板受板箱状态及排泥方式制约，矾花不易沉淀，其处理状况易受来水水质及水量影响，一般通过降低处理水量、提高煤池反冲频次、加强板箱冲洗等方式确保出水水质合格。在2023年海河“23·7”流域性特大洪水应对期间，三系列工艺根据混凝实验结果将混凝剂投加量上调至75mg/L的高水平，保证工艺稳定运行。

2. 天津市

天津市外调水源主要由引滦原水和引江原水组成，其中，引滦入津工程于1983年9月11日建成通水；南水北调（引江）中线工程于2014年12月27日正式通水。引滦原水、引江原水覆盖天津市15个行政区域，涉及水厂24座。

天津市通过引江、引滦双水源联合向城市进行供水，保障城市供水基本需求。在供水范围内，两种水源各有侧重，其中引江原水主要向中心城区四座水厂（芥园、凌庄、新开河、津滨水厂）供水，引滦原水主要向天津市北部地区及滨海新区大部分地区供水。同时，两种水源又互为备用，全市已形成引滦、引江“一横一纵”双水源供水格局。

受南水北调中线干渠冬季输水量变化影响，近年来，每年12月至次年2月期间，天津市采用引滦、引江联合供水模式进行供水，即中心城区三座水厂全部采用引江水源供给，津滨水厂、塘沽各水厂、开发区水厂利用引滦、引江水源联合供水（具体掺混比例视实际情况确定），宝坻、宁河、汉沽、武清、大港、北辰等区域各水厂全部利用引滦水源进行供水。每年3月至11月，城市供水采用全引江供给模式进行供水，即除不具备引江水源供给条件的两座水厂使用引滦水源进行供水以外，其他各水厂全部利用引江水源进行供水。

3. 河北地区

目前，河北某县主要以南水北调原水为主要水源，地下水为备用水源，备用水源由12座热备井组成，定期对12眼井、泵进行调试、校井和校泵，对每眼井泵建立台账，从而保证了备用水源可随时切换。2023年4月份，南水北调闸口维修期间，进行了一次地下水源切换工作，安排主要领导带队，成立水源切换小组来进行整体调度，从水厂停止生产到逐渐开启地下水源井泵，在统一协调指挥下顺利完成了切换工作，没有出现水压及水质变化，保证了城区主管网的安全运行。

由于突发情况或干渠检修，南水北调水源存在年内年际来水不均的情况，建议沿线受水区城市南水水厂采取多水源供水模式。第一，改、扩建水厂宜保留原有的原水输送管道，并使管道及输水设备处于热备状态，在原水水质变化时期，通过改变水源配比，调整各工艺水量可以有效缓解运行压力，同时各工艺结合自身特点及当前水质特征进行细节性优化，并在配水中统筹考虑、全厂调度，最大限度发挥多水源联调联动的优势。第二，加强净水工艺各环节水质监测，且建议监测点前移，选择电导率、pH等有代表性的指标进行连续监测，尽早发现问题，为后续工艺调整争取时间。近几年有机污染问题频发，在有条件的水厂可以同步增加有机物在线监测设备。第三，严格执行出厂水余氯内控标准，保证净水生产的消毒效果，确保出厂水细菌总数、总大肠菌群和粪大肠菌群等指标符合标准。第四，加强滤池运行管理，当班人员要坚持做好反冲洗旁站观察，保持滤面平整和安全运行水位，绝不允许滤池“带病”运行。第五，切换新水源后，如出现臭味、油等轻微污染，应发挥活性炭、高锰酸钾等的水质保障作用。

此外，新建水厂可修建调蓄池，实现南水北调水源在丰水期、平水期、枯水期、断流期等不同工况下的水量调蓄。

4. 郑州市

郑州是南水北调中线工程经过的第一个省会城市。郑州南水北调配套工程2014年12月12日与南水北调中线工程同步通水、同步达效。南水北调中线工程通水后，郑州市城市供水实现了真正意义的双水源。当南水北调中线工程发生上游水源减少、主要输供水设施事故、水质重大污染等突发事件时，为避免对沿线受水城市供水造成重大影响，需根据各城市各供水企业应急预案采取紧急调度措施，实施与黄河水源、当地水源切换，保障城市供水的应急处置能力，最大限度地减少城市供水突发事件可能造成的危害。郑州市是南水北调中线工程主要受水城市之一，2014年底至今，郑州市八座地表水厂依次完成南水北调水源与本地水源的切换，各水厂水源及工艺情况见表10-8。其中，柿园水厂和白庙水采用南水北调水源，黄河水水源处于热备状态[2]。

水厂水源及工艺情况统计表　　表10-8

<table>
<tr><th>序号</th><th>水厂</th><th>水源</th><th>口门编号</th><th>水厂工艺</th></tr>
<tr><td>1</td><td>港区一水厂</td><td>南水北调水</td><td>20号
小河刘口门</td><td>常规处理工艺</td></tr>
<tr><td>2</td><td>刘湾水厂</td><td>南水北调水</td><td>21号
刘湾口门</td><td>常规处理＋臭氧活性炭深度处理</td></tr>
<tr><td>3</td><td>侯寨水厂</td><td>南水北调水</td><td rowspan="2">22号
密垌口门</td><td rowspan="2">常规处理＋臭氧活性炭深度处理</td></tr>
<tr><td>4</td><td>梧桐水厂</td><td>南水北调水</td></tr>
<tr><td>5</td><td>柿园水厂</td><td rowspan="2">南水北调水
黄河水(热备)</td><td rowspan="3">23号
中原西路口门</td><td>常规处理＋臭氧活性炭深度处理</td></tr>
<tr><td>6</td><td>白庙水厂</td><td>常规处理＋臭氧活性炭深度处理</td></tr>
<tr><td>7</td><td>桥南水厂</td><td>黄河水
南水北调水(白庙水厂富裕水量)</td><td>常规处理＋臭氧活性炭深度处理</td></tr>
<tr><td>8</td><td>罗垌水厂</td><td>南水北调水</td><td>24号
前蒋寨口门</td><td>常规处理工艺</td></tr>
</table>

2022年3月，郑州市S厂输送南水北调水源的管道出现漏水，S厂制定原水置换方案，供水企业进行多部门联动调度，关闭厂区南水北调水源进水阀门，紧急启用黄河水源进行供水。由于南水北调水与黄河水水质差异较大，因此在水源置换期间，为保证城市居民用水和水质要求，适当提高其他以南水北调水为水源水厂的供水量，适当降低S厂黄河水供水量，确保置换期间水压平稳、水质安全。

南水北调原水管道修复后，再次将黄河水切换为南水北调水。在水源置换前期，水质监测中心分时段采集23号口门前池水样，开展理化分析检测，了解水体各类指标，做好药剂合理投加准备。南水北调水进入S厂后，驻厂化验员开展室内混凝搅拌实验，找出最佳药剂投加配比方案；每10min一次，严密监测南水北调原水进厂水质，实时掌握原水水质情况，做好各类药剂科学投加配比，指导生产；水厂各生产班组增加取水、验水次数，及时做好生产环节的水质化验分析，保证水质出厂水水质达；按照中心调度室指挥，厂调度室合理调整车次运行，保证管网水量平稳；水厂各岗位人员加强对设备进行巡视检查，生产班组和化验室持续做好不间断化验工作；待原水浊度逐步稳定后，有序调整各项净水剂投加指标，恢复正常生产。

10.6.2　管网水质安全应对

水源切换期间，通过预测各水厂供水范围，结合管网“黄水”风险区域预测结果，增加管网水监测频率、提高出厂水余氯、实施局部区域应急放水等技术手段，实现“南水北调典型城市多水源切换水质综合保障技术”的实际应用。郑州市利用供水科学调度决策支持系统、安全评价体系对生产的调度方案进行经济性和安全性评价，提出科学合理的调度方案。南水北调通水后，根据多年运行经验和总结，在实际生产调动运行过程中主要通过以下应急调度流程进行水源切换：

（1）水厂在发现水源异常或中断时，迅速应急响应，启动备用水源，确保供水连续性。

（2）水厂及时对备用水源进行水质检测，确保水质安全。

（3）在水源切换过程中，调度中心适当降低该水厂供水量，通知其他水厂适量补水，合理调配各水厂供水，保障供水安全、稳定。

（4）若该水厂水源切换时出现异常情况，无法使用备用水源，水厂面临停运情况，调度中心立即通知其他水厂大流量补水，最大限度补充该区域供水能力，保障供水连续性。

（5）在应急状态解除后，水厂开展生产恢复工作，根据管网情况，逐步恢复受影响区域的供水，对受损设备进行修复或更换。

（6）总结应急响应过程中的经验教训，完善应急预案。对存在的问题和不足进行整改，提高应对突发事件的能力。

10.6.3　加强沿线城市供水安全应急体系建设

首先，应建立沿线联动机制。南水北调中线干线工程途经河南、河北、北京、天津4个省（市），跨越长江、淮河、黄河、海河四大流域，全长1432km。当南水北调中线工程发生上游水源减少、主要输供水设施事故、水质重大污染等突发事件时，为避免对沿线受水城市供水造成重大影响，需根据各城市各供水企业应急预案采取紧急调度措施，实施与当地水源的切换工作，保障城市供水的应急处置能力，最大限度地减少城市供水突发事件可能造成的危害。要建立南水北调沿线联动机制，第一要关注人民的需求，明确各相关地区的责任和义务，建立协调机制。第二要确保人民的权利和供水安全，完善相关协议，明确各方的权利和义务，确保联动机制的有效运行。第三要加强监督和评估机制，以持续保障供水安全，确保联动机制的持续有效运行[10]。

其次，建立南水北调干渠及分水口门水质监测数据网，对检测信息进行收集、汇总分析；建立定时跟踪巡查制度，对水源地和城市供水系统进行巡查监测，实时监控其运行状况。同时，要加强信息共享，实现沿线水质数据实时查询功能。

最后，建立沿线城市预警系统。根据水文、气象和自然地理条件，通过监测系统提供的实时监测信息，对水源地来水量与水质进行实时诊断和预测，并在水量与水质出现或可能出现异常时及时发出警报或预警，建立起快速响应机制，及时解决沿线地区面临的突发问题。

本章参考文献

[1] 李珏纯，郑豪盈，郭雪峰，等．南水北调中线干线工程水质安全保障概况及效益分析[J]. 城镇供水，2023，(S1)：3-8.

[2] 康雅，张程炯．城市供水厂南水北调水源切换工艺适应性研究[J]. 城镇供水，2023，(S1)：57-63.

[3] 吴洋，何绍恒，于典，等．机械加速澄清池絮体上浮成因及优化运行研究[J]. 城镇供水，2023，(S1)：73-77.

[4] 姬利军，李彦丽，孔令娟．浅谈刚毛藻处理技术实践[J]. 城镇供水，2023，(S1)：105-109.

[5] 王凯锋．南水北调中线干线李垌分水口门双轨道拦藻装置[J]. 城镇供水，2023，(S1)：38-42，47.

[6] 王玉波，张亚红．不同流态下淡水壳菜附着能力的影响研究——以南水北调中线沙河渡槽为例[J]. 城镇供水，2023，(S1)：119-124.

[7] 王璐，刘苗，刘洺呈．高氨氮地表原水应对处理技术实验研究与生产实践[J]. 城镇供水，2023，(S1)：48-51.

[8] 卢家涛，张万亮，樊林，等．南水北调北拒马河暗渠应急临时输水项目泵站安装与运行实践[J]. 城镇供水，2023，(S1)：31-37.

[9] 杨杨，程璇，韩雪娇，等．南水及本地水联合调度对水厂运行的影响[J]. 城镇供水，2023，(S1)：69-72，2.

[10] 刘通胜，周位帅，李立翀，等．南水北调中线明渠工程水质保护工作的思考[J]. 城镇供水，2023，(S1)：22-25.

第 11 章　城镇污水处理费价改革研究与展望

11.1　背景与意义

11.1.1　背景

党的十九大报告强调了建设生态文明的重要性，将其视为中华民族永续发展的千年大计，指出要加快生态文明体制改革，建设美丽中国；党的二十大报告将“生态环境根本好转，美丽中国目标基本实现”作为我国 2035 年发展总体目标之一。随着国家对生态文明建设重视程度的提升，以及公众环保意识的增强，污水处理作为维护公共卫生安全、改善水环境质量、促进水资源循环利用的重要环节，对推动绿色可持续发展、促进社会和谐、助力美丽中国建设具有重要作用，其费用价格机制对整个污水处理行业的发展有着直接且深远的影响。

我国现行城镇污水处理费为行政事业性收费，定价的原则为“部分成本核算”[1]，并实行“收支两条线”管理方式。即按照“污染者付费”原则，由排水单位和个人缴纳污水处理费，全额上缴财政，但缴纳的费用未包括污水收集环节。依据《中华人民共和国水污染防治法》，收取的污水处理费用应当用于城镇污水集中处理设施的建设运行和污泥处理处置，不得挪作他用。政府再通过购买服务的方式向污水处理企业支付污水处理服务费。对于收取的污水处理费不足以支付城镇污水处理设施正常运营成本的，由地方人民政府给予补贴。根据《中华人民共和国价格法》和《政府制定价格听证办法》要求，污水处理费实行政府定价，并建立听证制度。

这种费价机制在污水处理行业迅速发展期和转型升级期很大程度上保障了污水处理设施的建设和运行费用，对行业的快速有序发展起到关键作用。但随着生态文明建设的深入推进和污水收集处理要求的提高，污水处理成本结构和服务水平发生了明显的、频繁的变化。现行的行政事业性财政收费的污水处理费价机制存在调价难、财政压力大、企业内生动力不足等问题，成为行业发展的制约因素，已不能适应新时代高质量发展的需要。尤其是近两年，污水处理企业被拖欠或降低污水处理服务费的情况愈发严重，行业内关于污水费价的改革呼声高涨。这就要求对污水处理费价进行调查研究，以全面及时掌握成本信息，并结合市场动态和政策导向，探索适应新时代新阶段要求的费价机制。

11.1.2　意义

开展城镇污水处理费价改革研究，探索建立覆盖全寿命周期、全系统、全要素的污水费价机制，尽快出台城镇污水收集与处理经营性价格政策，一是有利于加快推进污水收集处理设施建设与运营服务的系统性和完整性，发挥其整体效能，提升和巩固黑臭水体治理的成效，确保城镇水环境和水生态安全，使百姓充分享受美丽中国建设的成果；二是有利于增强社会与民间资本的投资信心，调动民间资本的投资意愿和积极性，拉动市政基础设施的投资建设，削弱房地产对建筑业发展的影响；三是有利于缓解地方政府财政压力，化解债务风险和信用风险，更好地发挥政府作用；四是有利于激发污水收集处理企业的内生动力，在科技创新、系统治理、降本增效等方面发力，推进行业“双碳”目标的实现，推动行业高质量发展。

11.2　现状情况

11.2.1　污水处理行业发展情况

我国经济社会与生态文明建设已经进入高质量发展阶段，污水收集处理系统作为城镇公用事业管理中的重要一环，对于整个社会而言都具有毋庸置疑的意义。我国污水处理行业的发展和经济社会发展水平息息相关，经历了起步探索期、迅速发展期和转型升级期，现已步入高质量发展期，反映出行业在不同时期的发展和变化。

1. 起步探索期

我国的污水处理历史始于 20 世纪 20 年代，1923 年建成的上海北区污水处理厂标志着我国近代污水处理的开始。在 1978 年之前，由于我国经济和社会发展的阶段性特征，对包括污水处理在内的环境基础设施建设投入有限。虽说我国已经建立了一些污水处理厂，但整体规模较小，技术和设备相对落后，处理能力和效率有限，但这为后续污水处理事业的发展奠定了初步基础，也反映了我国在不断发展中逐渐增强的环境保护意识。

2. 快速发展期

1978年改革开放之后，我国进入了快速发展时期。随着水环境问题的日益突出和环境保护意识的增强，我国开始重视水环境问题，加快建设更集中的污水处理厂和配套设施，并在政策层面逐步加以推动。比如1979年颁布的《中华人民共和国环境保护法（试行）》，要求超过国家规定的标准排放污染物，要按照排放污染物的数量和浓度，根据规定收取排污费；1982年国务院制定的《征收排污费暂行办法》，指出超出排放标准的排污企业和事业单位要征收排污费，征收的排污费缴入财政，纳入预算内，作为环境保护补助资金，按专项资金管理；1984年颁布的《中华人民共和国水污染防治法》，指出企业事业单位向水体排放污染物的，按照国家规定缴纳排污费，并提出超过国家或者地方规定的污染物排放标准的，按照国家规定缴纳超标准排污费，并负责治理；1987年印发的《国务院关于加强城市建设工作的通知》，又提出了排水设施有偿使用的要求，由建设部门征收城市排水设施使用费。依托相关政策的支持，污水处理行业迎来了新的发展机遇。

进入20世纪90年代，政府开始加大水环境治理力度。污水处理技术引进、经验学习和制度建设等方面取得新进展，为中国污水处理行业的快速发展奠定了基础。1996年，对《中华人民共和国水污染防治法》进行了修正，提出城市污水集中处理设施按照国家规定向排污者提供污水处理的有偿服务，收取污水处理费用，以保证污水集中处理设施的正常运行，缴纳污水处理费用的排污者，不再缴纳排污费；在自来水水价中加入污水处理费则是从1999年印发的《关于加大污水处理费的征收力度建立城市污水排放和集中处理良性运行机制的通知》开始，文件要求污水处理费由城市供水企业在收取水费中一并征收，按月划拨给排水和污水处理企业（单位），用于城市排污管网和污水处理厂的运行、维护，征收污水处理费后，环保部门不再征收污水排污费，同时取消建设部门征收的城市排水设施使用费。至此，污水处理费登上历史舞台，逐步取代排污费和排水设施使用费。

1978～2012年，污水处理无论是数量上还是质量上都得到了快速发展。城市污水处理厂座数由37座增加到1670座，污水处理能力提升了183倍，污水处理率提升至87.30％；县城自2000年开始进行污水处理情况的统计，2000～2012年，污水处理厂座数由54座增加到1416座，污水处理能力提升了近48倍，污水处理率提升至

75.24%（图 11-1）。行业在技术、规模和管理等方面均实现了质的飞跃，逐渐形成了较为完善的污水处理体系，对改善水环境、促进水资源的可持续利用发挥了重要作用。

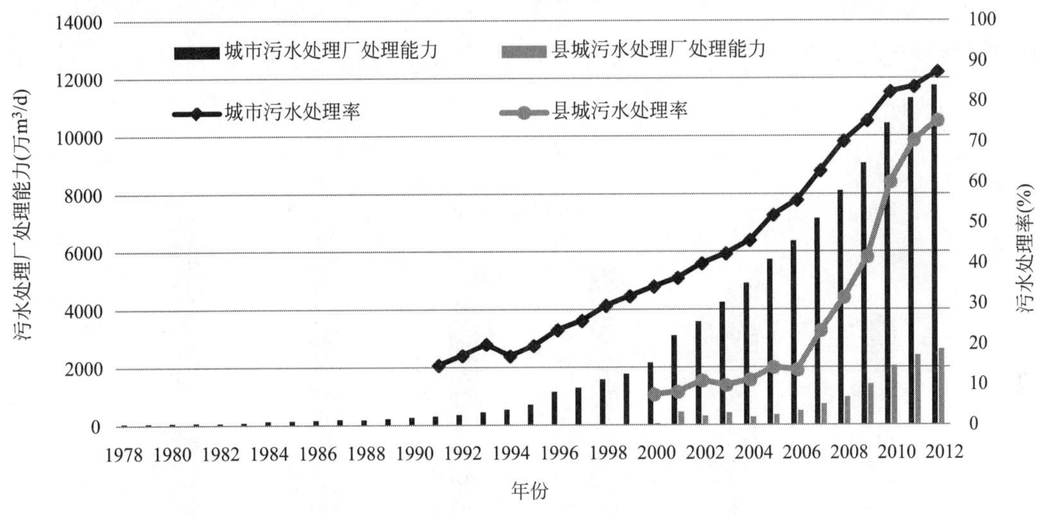

图 11-1　1978～2012 年城镇污水处理情况

数据来源：住房城乡建设部《城市建设统计年鉴》《城乡建设统计年鉴》。

3. 转型升级期

2012～2017 年，水务行业转型与升级明显，水务市场迎来大规模的并购重组，掀起水务企业上市热潮，污水处理行业也面临转型升级。2013 年出台的《城镇排水与污水处理条例》和 2014 年发布的《污水处理费征收使用管理办法》，将污水处理费定性为行政事业性收费，纳入地方财政预算管理，收取的污水处理费不足以支付城镇污水处理设施正常运营成本的，由地方人民政府给予补贴，这便奠定了我国污水处理费“收支两条线”的管理方式。2014 年，PPP 模式（即政府和社会资本合作）开始在我国污水处理行业兴起，因其具有解决政府目前资金问题、提升项目效率等优点，得到了快速推广，在一定程度上起到了改善公共服务、拉动有效投资的作用。

随着污水处理量的增加，产生的污泥量也逐渐增加，2012～2017 年，城镇干污泥产生量由 768 万 t 增加至 1210 万 t（图 11-2）。大量污泥带来的污染问题逐渐成为关注的焦点。《城镇排水与污水处理条例》和《污水处理费征收使用管理办法》明确将污泥的处理处置纳入污水处理费的使用范畴。污水处理费的征收标准，按照覆盖污水处理设施正常运营和污泥处理处置成本并合理盈利的原则制定；2015 年颁布《水污染防治行动计划》，提出要推进污泥处理处置，要求现有污泥处理处置设施应于

2017 年底前基本完成达标改造；2016 年，国家发展改革委、住房城乡建设部印发《“十三五”全国城镇污水处理及再生利用设施建设规划》，提出城镇污水处理设施建设应由“重水轻泥”向“泥水并重”转变。2017 年再一次修正《中华人民共和国水污染防治法》，规定收取的污水处理费用应当用于城镇污水集中处理设施的建设运行和污泥处理处置，不得挪作他用，从法律层面保障了污泥处理处置的费用。一系列政策文件均表明，这一时期，我国加大了对污泥处理处置的重视程度。

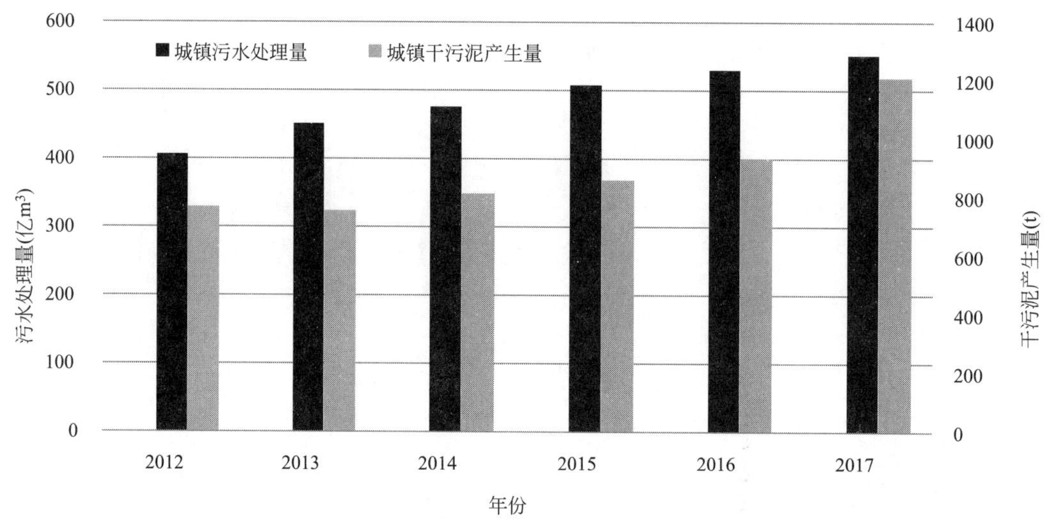

图 11-2　2012～2017 年城镇污水处理量和干污泥产生量变化情况

数据来源：住房城乡建设部《城市建设统计年鉴》《城乡建设统计年鉴》。

4. 高质量发展期

2017 年至今，国家出台了多项政策，以推动污水处理行业的高质量发展。为加快补齐城镇污水收集和处理设施短板，尽快实现污水管网全覆盖、全收集、全处理，2019 年出台了《城镇污水处理提质增效三年行动方案（2019—2021 年）》；2020 年，国家发展改革委和住房城乡建设部联合印发《城镇生活污水处理设施补短板强弱项实施方案》，明确了中央预算内资金不再支持收集管网不配套的污水处理厂新建、改建、扩建项目；而后，随着我国“双碳”目标的提出，污水处理行业也积极探索绿色发展路径。2022 年，生态环境部等部门印发《减污降碳协同增效实施方案》，要求大力推进污水资源化利用，鼓励推进污水处理厂节能降耗，提高污泥处置和综合利用水平；2023 年，《中共中央 国务院关于全面推进美丽中国建设的意见》发布，提出要加快补齐城镇污水收集和处理设施短板，建设城市污水管网全覆盖样板区，加强污泥无害化处理和资源化利用，建设污水处理绿色低碳标杆厂；同年，国家发展改革委、住房城乡建设部、生态环境部印发《关于推进污水处理减污降碳协同增效的实施意见》，对推动污水处理减污降碳协同增效各项重点任务作出系统部署，同时明确到 2025 年，要建成 100 座能源资源高效循环利用的污水处理绿色低碳标杆厂。

2017～2022 年，我国城镇污水处理量由 551 亿 m^3 增长至 738 亿 m^3，排水管道长度由 82 万 km 增长至 117 万 km（图 11-3）。可见总量增速有所减缓，更加注重质的提升。行业已逐步向“厂-网-泥”并重、绿色低碳可持续发展转变。

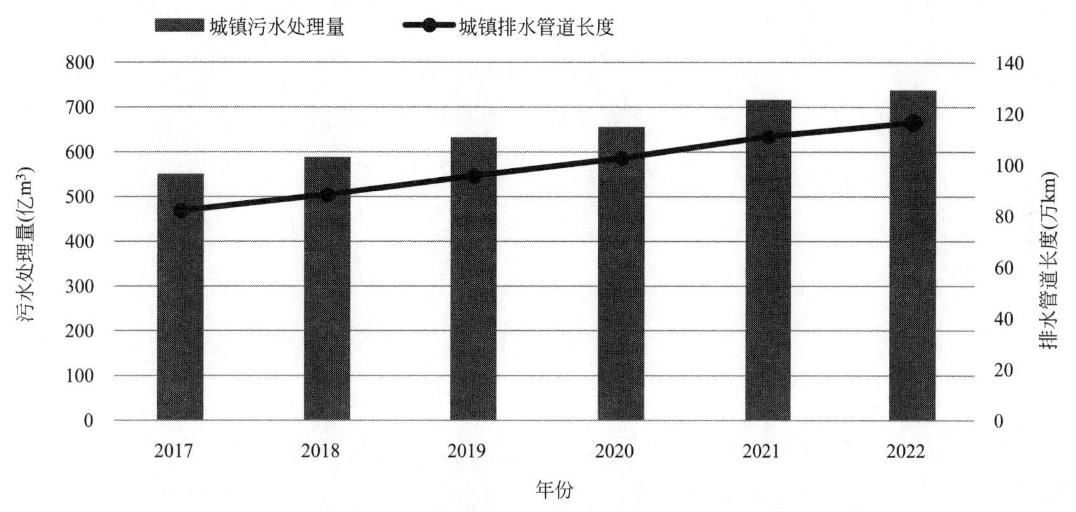

图 11-3 2017～2022 年城镇污水处理和排水管道长度变化情况

数据来源：住房城乡建设部《城市建设统计年鉴》《城乡建设统计年鉴》。

随着行业的发展，也出现了一些亟待解决的问题。比如 PPP 模式在多年的实践中，增加了政府的未来支出，甚至出现增加地方政府隐性债务的情况。为规范实施政府和社会资本合作新机制，2023 年国家发展改革委、财政部联合印发《关于规范实施政府和社会资本合作新机制的指导意见》，明确聚焦使用者付费项目，政府和社会资本合作全部采取特许经营模式，并将特许经营期限延长至 40 年甚至更长。要求不因采用政府和社会资本合作模式额外新增地方财政未来支出责任。明确通过加强管理、降低成本、提升效率、积极创新等获得的额外收益主要归特许经营者所有。新机制的出台有助于提升民间资本参与使用者付费项目的积极性，也为污水处理费价机制改革提供了突破口。

11.2.2 现行费价机制

按照 2013 年颁布的《城镇排水与污水处理条例》和 2014 年发布的《污水处理费

征收使用管理办法》有关规定，我国污水处理费的收费性质为行政事业性收费，并实行“收支两条线”管理方式。按照“污染者付费”原则，由排水单位和个人缴纳污水处理费，供水企业代征后全额上缴财政，进入政府性基金账户。再通过政府购买服务的方式向污水处理企业支付污水处理服务费；对于收取的污水处理费不足以支付城镇污水处理设施正常运营成本的，地方人民政府依据污水处理服务费标准和相关处理水量，从一般性公共预算账户中抽取资金进行补贴，从而保障污水处理厂的正常运营。根据《中华人民共和国水污染防治法》规定，收取的污水处理费用应当用于城镇污水集中处理设施的建设运行和污泥处理处置，不得挪作他用。

2015年国家发展改革委、财政部、住房城乡建设部等部门印发《关于制定和调整污水处理收费标准等有关问题的通知》，规定设市城市污水处理收费标准原则上每立方米应调整至居民不低于0.95元，非居民不低于1.4元；县城、重点建制镇原则上每立方米应调整至居民不低于0.85元，非居民不低于1.2元，并提出了污水处理费“差别化收费”的概念，各地可根据超标排放污水中主要污染物排放情况，制定差别化的收费标准。

而后，国家各部委先后出台政策文件，提出了污水处理费“动态调整”、污水处理服务“按效付费”等概念。2018年，国家发展改革委发布《关于创新和完善促进绿色发展价格机制的意见》，提出加快构建覆盖污水处理和污泥处置成本并合理盈利的价格机制，逐步实现城镇污水处理费基本覆盖服务费用，并建立城镇污水处理费动态调整机制；2020年，国家发展改革委、住房城乡建设部联合印发《城镇生活污水处理设施补短板强弱项实施方案》，在完善收费政策方面提出了推广按照污水处理厂进水污染物浓度、污染物削减量等支付运营服务费的模式。2022年，住房城乡建设部、生态环境部、国家发展改革委、水利部印发《深入打好城市黑臭水体治理攻坚战实施方案》，再次提出推广以污水处理厂进水污染物浓度、污染物削减量和污泥处理处置量等支付运营服务费。同年，国家发展改革委印发《关于进一步做好污水处理收费有关工作的通知》，鼓励积极推进污水处理差别化收费和按效付费，探索创新与厂网一体化治理相匹配的收费模式，有条件的地区可积极探索将污水管网运维费用纳入污水处理成本。2023年，住房城乡建设部、生态环境部、国家发展改革委、财政部、市场监管总局联合印发《关于加强城市生活污水管网建设和运行维护的通知》，首次提出构建以污染物收集效能为导向的管网运行维护绩效考核体系和付费体系，对污水处理厂和管网实行联动按效付费。

此外，根据《中华人民共和国价格法》第二十三条规定，制定关系群众切身利益的公用事业价格、公益性服务价格、自然垄断经营的商品价格等政府指导价、政府定价，应当建立听证会制度，由政府价格主管部门主持，征求消费者、经营者和有关方面的意见，论证其必要性、可行性。2019年，国家发展改革委发布《政府制定价格听证办法》，对听证制度做了进一步的规定和要求，提出制定定价机制，应当实行定价听证或者公开征求社会意见。依据已经生效实施的定价机制制定具体价格水平时，可以不再开展定价听证。当前，污水处理费作为公用事业价格，按照规定，各地建立了污水处理费听证制度，并纳入各地政府定价目录。

11.2.3 调研情况

为摸底现行城镇污水处理费价机制执行情况，了解各地遇到的困难，分析存在的问题和原因，中国水协会同中国价格协会组织开展调研。通过资料收集、实地调研、开展座谈等方式，为污水价格机制改革提供依据和数据支撑。

1. 我国水费收费标准

随着2015年《关于制定和调整污水处理收费标准等有关问题的通知》的出台，全国各城市污水处理费普遍上调。江苏省2016年出台《江苏省污水处理费征收使用管理实施办法》，从省级层面明确了收费均价范围，要求江苏南部地区城市污水处理费平均收费标准为1.5～2.0元/m^3，江苏中部、北部地区城市污水处理费平均收费标准为1.2～1.6元/m^3，并提出全面实行差别化污水处理收费政策的要求。如常州生活污水处理费为1.7元/m^3，一般工商业和特种行业污水处理费为1.75元/m^3，六大行业（化工、医药、钢铁、印染、造纸、电镀行业）污水处理费为2.7元/m^3；此外，2020年常州发布《关于完善差别化污水处理收费政策有关事项的通知》，完善了差别化收费政策，即根据环保信用评价结果等级，在现行污水处理费收费标准上，分别加收0.6元/m^3和1.0元/m^3的污水处理费。

尽管如此，全国的污水处理费收费标准仍然偏低，多数城市污水处理费收费标准均按照国家规定的最低标准，即0.95元/m^3执行，且多年未调整。除污水处理费外，我国水费构成还有自来水费和水资源税（费）。据中国价格协会能源和供水价格专业委员会统计及水费定价部门网站公示的数据，2022年各省（自治区、直辖市）居民生活用水（第一阶梯）平均水费收费标准如图11-4所示［不含水资源税（费）］。数据显示，各省（自治区、直辖市）自来水费收费标准和水资源情况、生产输送成本、经济发展水平等相适应，各地差异较大，一般水资源较丰富的地区征收的自来水费较低。而污水处理费收费标准全国差别不大，平均居民生活污水处理费高于 1 元/m^3 的仅为北京、上海、江苏、广西和青海。总体来讲，污水处理费收费标准不及自来水费（第一阶梯）的 1/2，但是污水处理的成本却高于自来水生产成本，污水处理成本“倒挂”的现象严重。

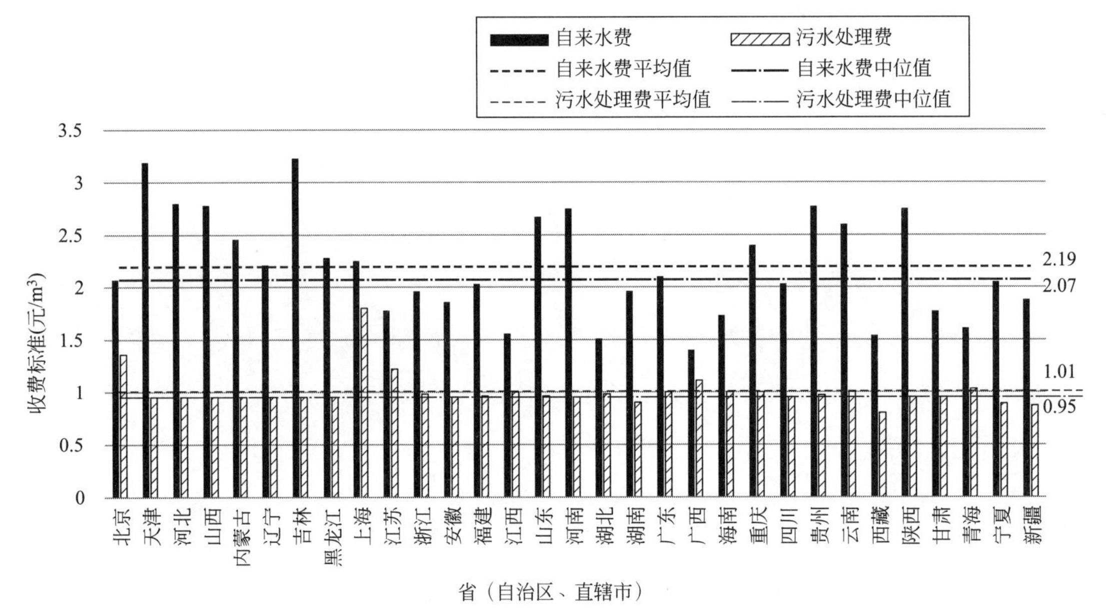

图 11-4　2022 年各省（自治区、直辖市）居民水费（第一阶梯）收费标准

数据来源：《能源市场价格行情》、水费定价部门网站。

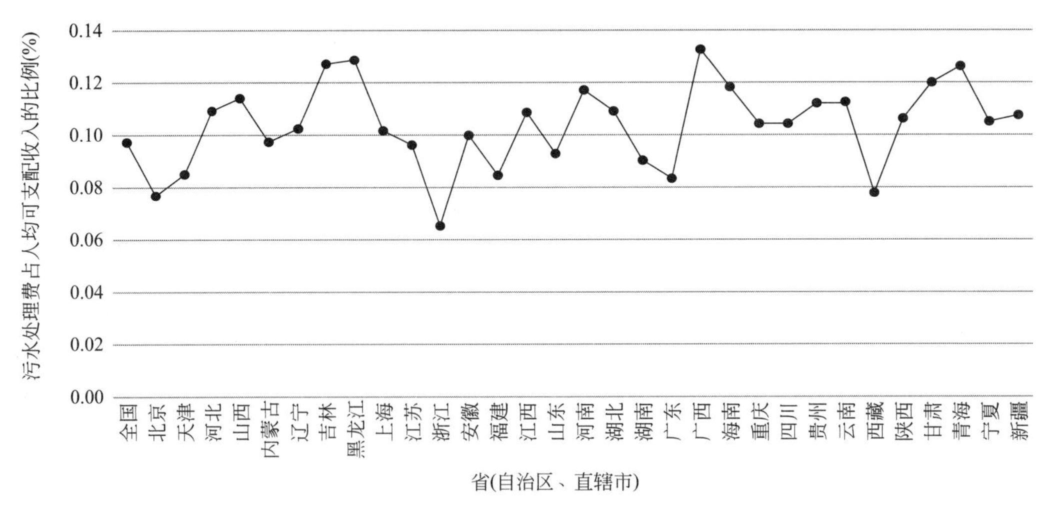

图 11-5　污水处理费支出与城镇居民人均可支配收入的关系

数据来源：各省（自治区、直辖市）统计年鉴、《能源市场价格行情》、水费定价部门网站。

就城镇居民污水处理费支出而言，人均用水量假设取《城市居民生活用水量标准》GB/T 50331—2022 中规定的城市居民生活一级用水量标准上限值，即 130L/(人·d)，计算可得城镇居民污水处理费支出费用，再根据统计的城镇居民人均可支配收入，可得城镇居民污水处理费支出占人均可支配收入的比例（图 11-5）。由图 11-5 可见，全国城镇居民人均污水处理费支出仅 4 元/月，占比不足人均可支配收入的 0.1%。

2. 污水处理费征收和污水处理服务费支出情况

目前，污水处理费的计量水量主要有两种，一是按照自来水量收取，二是按照自来水量的 90%收取。但实际污水处理厂处理总量因外水入流入渗等原因，往往要高于同口径服务范围内的自来水售水量，按照自来水量的 90%收取缺乏科学依据。根据住房城乡建设部《中国城市建设统计年鉴》统计的数据显示，2022 年城市污水处理总量为 626.9 亿 m^3，由污水处理厂处理量和其他污水处理设施处理量构成；供水总量为 674.41 亿 m^3，由公共供水售水量、免费供水量、漏损水量和自建设施供水量构成（表 11-1）。污水处理总量为供水总量的 93%，但是售水量仅为 537.3 亿 m^3，比污水处理总量少 89.58 亿 m^3，即至少 14.3%的污水量未收取污水处理费。假设对采取自建供水设施供水的排水户均收取污水处理费，则仍有 8.1%的污水量未收取污水处理费。

2022 年我国城市污水处理量与自来水量统计表　　**表 11-1**

<table>
<tr><td>类别</td><td colspan="3">污水处理总量</td><td colspan="5">供水总量</td></tr>
<tr><td rowspan="2">水量
(亿 m^3)</td><td rowspan="2">626.9</td><td>污水处理厂处理量</td><td>其他污水处理设施处理量</td><td rowspan="2">674.4</td><td>公共供水售水量</td><td>免费供水量</td><td>漏损水量</td><td>自建设施供水量</td></tr>
<tr><td>616.6</td><td>10.3</td><td>537.3</td><td>16.2</td><td>81.9</td><td>39.0</td></tr>
</table>

数据来源：住房城乡建设部《中国城市建设统计年鉴》。

上海 2016 年发布《上海市污水处理费征收使用管理实施办法》（简称《实施办法》），将征收的排水费更名为污水处理费；将收费主体由企业改为政府，污水处理费属于政府非税收入，全额上缴本市地方国库；将使用管理方式由企业自收自支改为实行“收支两条线”管理，所收取的污水处理费纳入政府性基金预算管理，污水处理费不能保障城镇污水处理设施正常运行的，由同级财政部门给予补贴[2]。《实施办法》实施以来，上海市级污水处理费收支情况见表 11-2。

上海市污水处理费征收和污水处理服务费支出情况　　表 11-2

年份	污水处理费征收(亿元)	污水处理服务费支出(亿元)
2017	24.85	22.95
2018	25.12	24.33
2019	24.91	33.45
2020	24.50	38.83
2021	26.73	40.08
2022	29.40	42.43
2023	31.36	45.69

数据来源：上海市水务局网站。

由表 11-2 可知，起初征收的污水处理费尚能覆盖污水处理成本，但随着污水处理要求的提高和经济社会的发展，污水处理成本明显增加，而污水处理费征收标准不变，征收的费用不足以支撑污水处理的支出，财政补贴额度越来越高。2022 年 11 月，上海将居民生活污水处理费由 1.7 元/m^3 提高至 2 元/m^3，非居民用水由 2.34 元/m^3 和 2.24 元/m^3 调整至 2.97 元/m^3，水量按照自来水用水量的 90%计。调价后，财政补贴比例有所降低，但距离覆盖全成本仍有很大差距。据了解，上海的污水处理费收费标准已经处于全国较高水平，尚且出现支出远大于征收的情况，对于其他城市更是如此。加上近年来，各城市出现不同程度的财政资金紧缺，普遍出现了污水处理服务费和排水设施运维费“应付未付”和“应付少付”的情况。

3. 污水收集处理成本调查

污水收集处理主要流程为：排水户的污水经污水（合流）管网收集后输送至污水处理厂进行集中处理，达到排放标准后进行排放。另外，在污水处理的过程中会产生大量污泥，对于这些污水处理带来的副产物，也需要进行相应的减量化、稳定化和无害化处理。由此可见，城镇污水的治理应包含三个环节，即污水收集和输送、污水处理和排放以及污泥处理处置。

谭雪等人[3,4] 通过对 2012 年和 2013 年 227 个样本的城镇污水处理厂污水治理成本进行调查研究，发现排放标准执行《城镇污水处理厂污染物排放标准》GB 18918—2002 一级 A 标准的污水处理厂平均运营成本（含污水处理厂建设、运行和污泥处理处置成本）为 1.5 元/m^3，执行一级 B 标准的为 1.31 元/m^3，执行二级标准的为 1.25 元/m^3。执行一级 A 标准的平均污水治理全成本（含污水处理厂和配套管网建设成本、污水处理厂运行成本、污泥处理处置成本）为2.95元/m^3；执行一级B标准的为2.60元/m^3；执行二级标准的为2.50元/m^3。刘亮等人[5]通过对长江经济带各省（市）2019年污水处理成本进行核算，得到长江经济带污水处理运行成本为0.38～1.01元/m^3、建设成本为0.15～0.32元/m^3，污泥无害化处置运行成本为0.2～0.6元/m^3、建设成本为0.03～0.08元/m^3，则合计成本为0.76～2.01元/m^3，不含污水管网。

为方便分析当前行业的发展情况，以《中国城市建设统计年鉴》（2022）中的城市的基础数据为基数，2022年城市污水处理总量为626.89亿m^3，居民家庭用水量为279.34亿m^3，非居民用水量约为296.92亿m^3。以达到一级A排放标准为测算依据，假设按照10年前的污水处理成本1.5元/m^3、污水收集处理成本2.95元/m^{3}进行估算，2022年全国城市污水处理成本约940亿元、污水收集处理全成本约1850亿元。污水处理服务的准许收益率参考供水收益率的计算公式进行计算，则估算2022年城镇污水处理服务支出超1100亿元，污水收集处理费用支出超2000亿元。按照居民污水处理费1.00元/m^3，非居民污水处理费1.5元/m^{3}进行估算，2022年城镇征收的污水处理费约725亿元，收支缺口超1000亿元。

根据中国水协《2022年城镇水务统计年鉴（排水）》相关数据显示，2022年城镇污水处理厂执行一级A标准的数量和处理水量占比分别为57.62％、52.57％，严于一级A标准的数量和处理水量占比分别为33.06％、44.55％，低于一级A标准的数量和处理水量占比分别为9.32％、2.88％（表11-3）。近年来，受社会经济发展、物价指数提高的影响，污水处理建设、运营环节的电费、材料费和人工成本等各项成本均有所增加，尤其是人工成本，近10年已经增长1倍，致使污水治理成本有所提高。可推测城市污水治理全成本（含管网）实际远超1850亿元。受城市规模、人口密度、排放标准、水量浓度、工艺流程、物价水平等因素影响，每立方米水治理成本可能差别很大，各地可根据实际情况核算全成本。

城镇污水处理厂执行排放标准占比情况　　**表11-3**

执行的排放标准	严于一级A标准	一级A标准	一级B标准	二级标准
污水处理厂数量占比	33.06％	57.62％	9.11％	0.21％
污水处理厂处理水量占比	44.55％	52.57％	2.65％	0.23％

数据来源：中国水协《2022年城镇水务统计年鉴（排水）》。

4. 污水处理成本监审情况

为了规范污水处理定价成本监审行为，提高政府制定价格的科学性和合理性，提升成本监审工作的质量和效率，部分省（自治区）根据《中华人民共和国价格法》《政府制定价格成本监审办法》的有关规定，制定了污水处理定价成本监审（暂行）办法（表 11-4）。

各地污水处理定价成本监审（暂行）办法出台情况　　表 11-4

省(自治区)	文件名称	污水处理定价成本组成
四川	四川省污水处理定价成本监审办法	1. 固定资产折旧费； 2. 污水处理生产成本； 3. 其他运营费用 （污水收集输送管网运营成本在污水处理定价成本外单列）
江苏	江苏省城镇污水处理定价成本监审办法	1. 污水收集输送成本； 2. 污水处理厂区成本； 3. 期间费用； 4. 营业税金及附加构成
浙江	浙江省污水处理定价成本监审办法	1. 污水收集输送成本； 2. 污水处理生产成本； 3. 期间费用； 4. 税金及附加
河北	河北省城镇污水处理定价成本监审办法	1. 污水处理成本； 2. 污泥处理成本
河南	河南省城镇污水处理定价成本监审办法	1. 固定资产折旧费； 2. 无形资产摊销； 3. 运行维护费 （污水收集输送管网运营成本在污水处理定价成本外单列）
新疆	自治区城镇污水处理定价成本监审暂行办法	1. 固定资产折旧费； 2. 无形资产摊销； 3. 运行维护费
内蒙古	内蒙古自治区城镇污水处理定价成本监审办法	1. 污水处理生产成本； 2. 污泥处理处置成本； 3. 期间费用； 4. 税金 （污水收集和输送管网建设运营业务成本在污水处理定价成本外单列）
福建	福建省污水处理费定价成本监审办法	1. 污水收集输送成本； 2. 污水处理运行成本； 3. 污泥处理处置成本

污水处理定价成本监审办法中，明确了污水处理定价成本的组成，一般包含污水处理成本、污泥处理处置成本、期间费用、税金及附加等，江苏、浙江和福建将污水

收集输送成本也纳入了污水处理定价成本监审中。如浙江省明确了污水处理定价总成本及单位成本核算方法：即定价总成本＝污水收集输送成本＋污水处理生产成本＋期间费用＋税金及附加。江苏省则根据城镇污水处理厂和污水收集管网、泵站之间的关系，分“厂网联合”和“厂网分离”两种运行模式进行成本核定。而四川、河南、内蒙古等则将污水收集输送管网运营成本在污水处理定价成本外单列。

污水处理定价成本监审办法的出台为污水处理服务定价提供了依据，但也存在一些问题。比如办法中规定了城镇污水处理定价成本监审原则上每 3 年为一个监审周期，即今年定价成本依据实际上为前 3 年的平均成本，而非当年的实际成本，这便使得定价存在一定的滞后性。另外，按照当前根据成本监审进行定价的模式，易造成企业降本增效积极性不足的问题，因为企业降低成本后，在下一轮成本监审时，便会按照降低的成本进行核算和定价，然而研发降本增效的新工艺、新技术、新材料往往需要大量的资金、人力、物力和时间的投入，在一定程度上降低了企业的内生动力。

5. 座谈交流情况

2022 年，中国水协在深圳、广州、哈尔滨、东营 4 个城市举行城镇污水处理收费政策与机制改革座谈会，参与座谈的城市还有北京、齐齐哈尔、大庆，以及黄河流域的代表城市。通过座谈，收集了关于我国城市污水处理行业的一手资料，了解了各地的实际需求，为下一步推动污水处理收费政策与机制改革提供了参考。

参与座谈的城市共 25 个，分布在我国京津冀、珠三角、黄河流域和东北区域，涵盖了南方、北方，以及东、中、西部地区，既有经济发达的城市，也有经济相对落后的城市，具有一定的代表性。

参与座谈的单位既有价格主管部门、排水行业主管部门，也有相关的供水排水企业，从不同角度、不同立场阐述了当地污水处理的有关情况。

25 个城市中，居民污水处理费收费标准为 0.95 元/m^3 的有 17 个，占比 68％。其中，北京收费标准最高，为 1.36 元/m^3；仅深圳、广州对居民污水处理费实行了阶梯收费。非居民污水处理费收费标准为 1.4 元/m^3 的有 22 个，占比 88％。自来水费多为污水处理费的 1.5～2.5 倍。据各地反映，当前政府需要支付的污水处理服务费远高于收取的污水处理费总额，均需通过财政资金进行补贴。部分城市提供的 2022 年数据显示，污水处理服务费财政补贴均在 50％以上（图 11-6）。

近年来，各城市出现不同程度的财政资金紧缺，普遍出现了无法及时拨付污水处

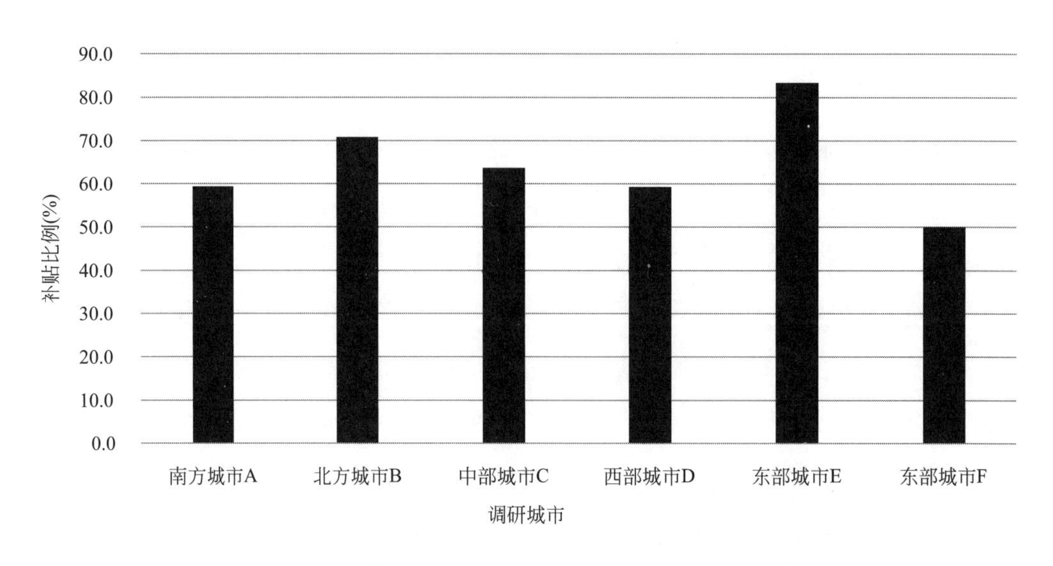

图 11-6 2022 年部分城市污水处理服务费政府补贴情况

理服务费和排水设施运维费用的情况。据有关企业反馈，被拖欠污水处理服务费从几百万到几十亿元不等。有的企业反馈收取的污水处理费上缴财政后并未拨付给污水处理企业，对企业的正常运转造成很大影响。

11.2.4 存在的问题及原因分析

随着行业的发展，现行污水处理费价机制的问题逐渐显现。低收费、高财政补贴的具有“普惠制”属性的费价机制使得污水处理费不受供求关系和成本控制，主要存在以下问题。

1. 污水处理费入不敷出，政府债务风险增加

一是污水处理费收费标准已不能满足日益提高的环保要求和日益增加的处理成本需要。前些年，我国大力推进城镇污水处理厂提标改造工作，一些地方要求将出水主要指标提升到地表水Ⅳ类，甚至Ⅲ类标准。随着排放要求不断提高，污水处理设施建设和运行成本不断加大。

二是出台的政策未能得到很好地落实。比如 2018 年印发的《关于创新和完善促进绿色发展价格机制的意见》中提出建立城镇污水处理费动态调整机制，逐步实现城镇污水处理费基本覆盖服务费用的政策已出台多年，并在后续国家发布的其他文件中多次被提及。然而，全国大多数城市的污水处理费并未进行调整，征收标准仍然较低，城市居民生活污水处理费多为 0.95 元/m^3，和经济合作与发展组织国家 6.6～23

元/m^3 的差距较大[6]。所征收的污水处理费远不能满足污水处理设施的建设、运营和污泥处理处置所需。

三是污水处理费征收标准未囊括污水收集环节的费用。当前，污水管网缺乏价格机制，市政污水管网的建设、运行维护费用多由政府承担，而管网长度逐年增加，财政需承担的费用也持续上涨。根据上文测算，财政每年在城市污水收集处理上的补贴支出数额巨大。加之近年来受房地产市场波动等因素影响，地方政府财政收支缺口加大，2011 年，全国政府性基金、一般公共预算支出金额分别为收入金额的 95.8%和 105.0%，到 2023 年，已提高至 143.3%和 126.7%（图 11-7）。污水处理服务费的高额补贴给财政带来的压力愈发突显，加大了政府债务风险。

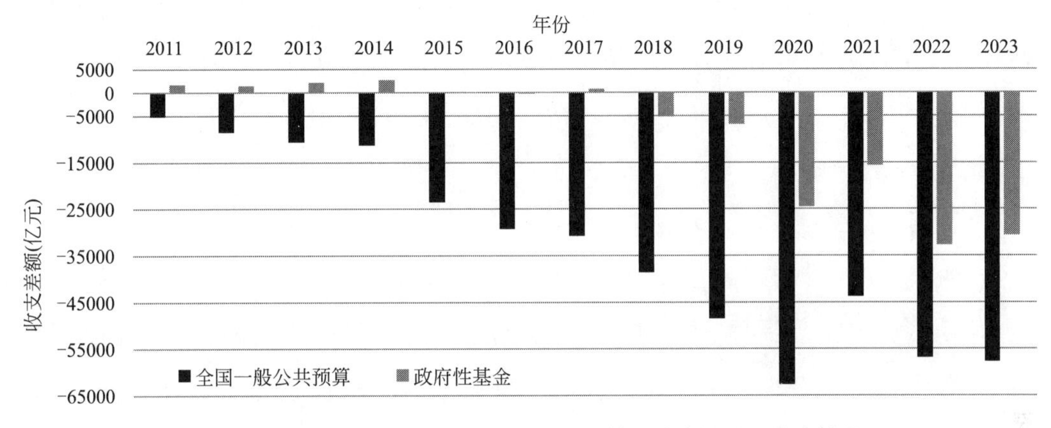

图 11-7　2011 年以来，全国一般公共预算和政府性基金收支情况

数据来源：中国政府网。

当前，在地方政府财政资金紧张、债务压力大的背景下，以政府财政资金投入为主的污水收集设施建设运营已难以为继，以政府财政补贴为主的污水处理设施建设运行模式也受到很大冲击，排水企业面临经营困境。

2. 行业收益没有保障，民间投资积极性受挫

污水收集处理行业作为一个关系公共环境和生活质量的重要领域，是一个巨大的有效需求市场，其发展状态及投资回报情况直接影响着民间资本的投资决策。在当前美丽中国建设的背景下，仅靠政府投资难以按期实现改革的目标和要求，需要大量社会投资的支持，这就需要建立与收益相关的可预期的收费制度，以及对地方政府拨付的考核制度。但由于当前制度供给不足，虽有环境效益和社会效益，但缺乏经济效益，尤其是管网方面，缺乏投资回报机制。从现有情况来看，行业面临着存量盘不活、增量带不动、收益保障不足的问题，发展陷入瓶颈期，这在一定程度上抑制了民

间投资的积极性。

一方面，污水处理费为行政事业性收费，政府购买服务模式成为主要的运营方式，此种费价机制有助于确保公共服务的持续提供，但同时也导致了行业高度依赖政府财政支持和投入。企业缺乏改革创新的积极性和降本增效的内生动力。一旦出现地方政府支付困难，将直接影响企业的正常运转，进而影响行业的稳定和发展。而当前，因缺乏对政府拨付费用的监督和考核，地方政府拖欠污水处理服务费的情况愈发严重，呈现出多发、总量增加、周期拉长的趋势。

另一方面，尽管政府鼓励社会资本参与污水处理项目，但该类项目通常初期投资巨大，且回报周期较长，利润受物价波动影响大。在没有足够政府补贴或者资金支持的情况下，很难保证投资者的收益，尤其是在运营初期。另外，政策的不确定性以及形势变化，可能使投资者面临政府信用风险，包括协议违约、补贴延迟等，这些都会严重影响投资者的现金流和最终收益，增加投资者的市场风险。因此，实际操作中难以吸引足够的社会资本参与。

3. 管网泵站费用不纳入，收集处理效能不高

近些年，虽说对管网的重视程度有所提高，但历史欠账太多。管网系统效能不高，雨污混接错接、污水直排、外水渗入、污水外溢、合流制溢流污染等问题普遍存在，已成为我国水环境治理成效不巩固的重要原因。根据住房城乡建设部发布的《2022年中国城市建设状况公报》显示，截至2022年，全国城市生活污水集中收集率为70.1%。其中，有50%的省份（直辖市、自治区、新疆兵团）低于70%，江西和西藏甚至不足50%，呈现出生活污水集中收集率普遍较低、不同地区差异大、北高南低的局面（图11-8）。

管网系统性差、病害多等问题直接导致污水处理厂进水浓度低，污水处理厂超负荷运行，污水处理效能低。据《2022年城镇水务统计年鉴（排水）》统计数据显示，我国2022年污水处理厂进水BOD浓度平均值和中位值分别为101.91mg/L和94.05mg/L，各区间的占比情况见图11-9。可见距离《深入打好城市黑臭水体治理攻坚战实施方案》提出的，2025年城市污水处理厂进水BOD浓度高于100mg/L的规模占比达90%以上的目标还相差甚远。因此，提升管网的收集输送效能已成为当务之急。

然而，根据政策文件要求，污水处理费征收标准并未涵盖污水收集环节，且受水污染防治法的限制，收取的污水处理费不能用于污水管网。污水管网的建设、运维费用得不到有效保障。各地在实施过程中，由于经济发展水平不同、管网设施运维要求

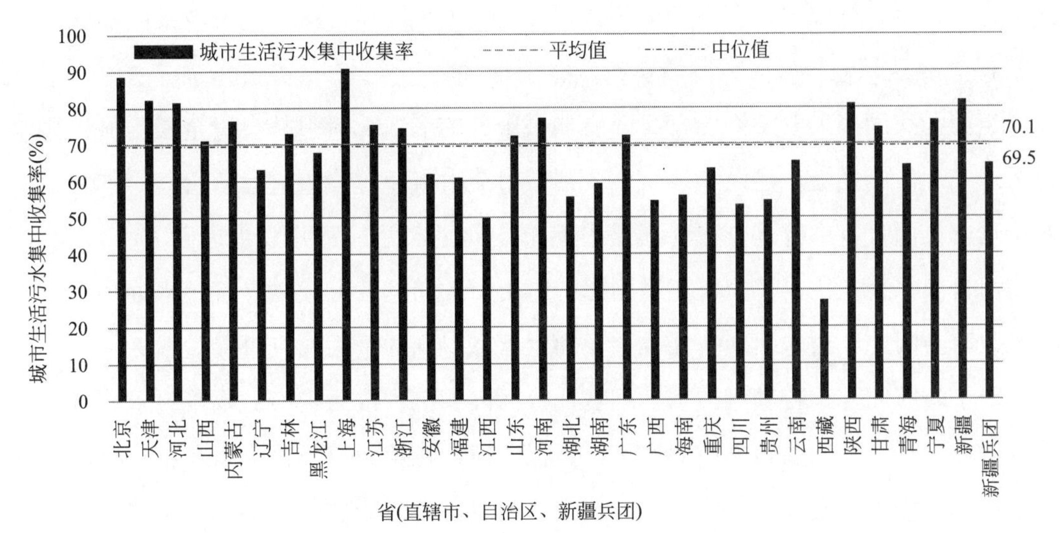

图 11-8　全国城市生活污水集中收集率

数据来源：《2022 年中国城市建设状况公报》。

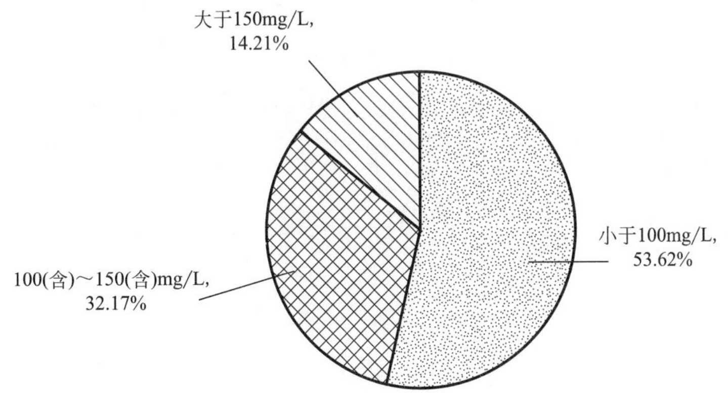

图 11-9　污水处理厂进水 BOD 浓度占比情况

数据来源：《2022 年城镇水务统计年鉴（排水）》。

不同等因素，污水管网、泵站的维护成本有较大差异。通常情况下，经济发达的大城市，维护投入会相对较高，污水管网年综合维护费为 50～75 元/m，包含管网养护、泵站运行、地下空间安全保障、小修小补等项目。而二、三线城市，污水管网的年综合维护费用多为 20～40 元/m，其涵盖的内容十分有限，仅能涵盖大多数建成管网的基本正常运行。有的地区甚至更低，只进行抢修性的维护，平时不进行正常养护。污水管网资金需求量大但投入严重不足，是造成管网问题长期存在的主要原因。此外，各地“源-网-厂-河”一体化具体推进实施的进程差距很大，已实现或基本实现“源-网-厂-河”一体化的城市数量较少。因厂网分离、资金缺乏等原因，污水收集处理效能问题无法得到系统地、有效地解决，很大程度上也阻碍了按效付费政策的实施。

4. 各界认识差异较大，收费价格调整困难

当前，我国多采取特许经营、政府购买服务的形式，吸引社会资金参与城镇排水与污水处理设施投资、建设和运营。个别城市交由事业单位进行运营管理（如常州）。对于运营方而言，不管是企业，还是事业单位，污水处理费并非由运营方直接收取，而是由自来水企业代收，全额上缴国库，再由财政向运营方拨款，且污水处理费定价权在政府。因此，污水处理费征收金额和运营方得到的费用没有直接关系。

对于政府而言，若进行污水处理费征收标准调整，按照当前的政策要求，需进行价格测算、召开听证会等一系列操作，流程繁琐、涉及面广。且全国在整合污水处理成本信息及深度研究分析方面工作尚较为缺乏，各地因处理标准不同、工艺不同、经济发展程度不同等，污水收集处理成本存在较大差异，各地定价调价困难。

对于公众而言，随着环保意识的提升，社会对污水处理的接受和支持度在增加，但行业宣传力度仍然不够，公众对污水处理行业认知不足，对费价机制更是不甚了解，使得部分群众对行业的支持度不高，不了解政府承担着巨大的财政补贴压力，在面对调价时，可能会产生误解和偏见，因而出现质疑，甚至反对的声音。

11.3 国内外经验做法

11.3.1 国外的做法

GWI（Global Water Intelligence）平台对全球184个国家558个城市2019年的水费信息进行了收集，出版了 *The global value of water*。通过对其中的数据进行统计分析，可以发现几个规律和现象：

（1）一般越是发达的国家，对污水的收费标准越高。比如美国、德国等。

（2）许多经济发展较落后的地区，污水收集处理设施仍很不健全，制度不完善，尚未对污水排放进行收费，或者收取较低的污水费。比如非洲的大多数国家。

（3）水资源较短缺的国家，对自来水费的收费通常较高。比如新加坡。

（4）受气候的变化影响，雨水排放越来越受重视。在558个城市中，77个城市向排水户收取雨水排放费用，多存在于北美地区、澳大利亚、新西兰和一些欧洲国家。

此外，一些发达国家在污水处理费价改革方面有着较成熟的经验和做法，如两部

制水价、污染者付费原则、实行阶梯式收费等，这些经验为我国的城镇污水处理费价改革提供了参考。下面选取比较有代表性的5个国家进行分析。

1. 美国

美国绝大多数污水处理服务由公有企业提供[7]，污水处理价格的制定不以盈利为目的，但必须保证覆盖投资的回收、运行维护管理和更新改造所需的开支，以及国家税务部门征收的增值税等。污水处理费普遍高于自来水费。

美国除极少数地区采用固定费率结构外，大部分地区实行两部制水价，即固定服务费用和计量水费。固定费用主要是保障水务公司有稳定的、可预测的收益，收回企业的固定成本。在计量水费上，一些地区在两部制污水费的基础上实行递增式污水费收费政策。除了对排水户排放的污水征收费用外，美国的一些州还对雨水排放征收费用。例如洛杉矶，其对雨水管网系统更新改造十分重视，而雨水收集系统的改善和维护费用从房产税中支付，即每个纳税人每年缴纳的房产税中包含雨水污染削减费。

关于污水管网，美国是以政府为主导推进污水管网建设改造。资金来源主要有几种方式：一是通过财政资金直接投入；二是通过基金为污水管网建设提供资金池；三是通过资本市场融资。对于私有水务公司，其投资成本可以通过使用者支付的污水处理费实现回收，并采取政府核定固定投资收益率的方式，将社会资本的投资收益控制在合理区间。但该模式也导致美国污水管网建设改造滞后，且财政资金压力大。

2. 英国

英国是水务完全私有化的国家，水价的制定完全按市场经济规律运作[7]，主要实行“固定费用＋可变费用”的两部制水价。水价由供水水费、排放污水费、地面排水费、环境保护费和水资源费等构成[8]。固定污水费用是收取的标准化固定年费，主要补偿污水处理设施的投资成本，可变费用则按照水表计量的用水量计费。地面排水费则根据产业性质、用水量和排水面积收取。水务公司根据水价构成自行制定水价，但需服从政府对水价的宏观调控，不能超过水价上限[7]。污水处理费作为供水系统服务费的一部分，与自来水费一并收取。

英国污水管网建设私有模式允许污水处理供应商通过使用者支付的污水处理费实现投资全成本回收并获取一定利润，政府则通过设置水价上限保障市场的有效性和公平性。

在福利保障方面，水务公司作为商业企业，并没有保护弱势群体和贫困人口的社会责任，通常是由政府提供资金补贴，支持弱势群体缴纳水费。

当然，英国的模式也存在一些问题。比如，实行完全私有模式，导致社会资本方可能通过降低污水管网建设标准来节约成本，或是通过提高污水处理服务费来获取利润。政府需采取有效的监管措施来确保社会资本方履行公共服务的责任。

3. 德国

德国在污水处理程度和标准方面位居世界前列。同时，也是世界上污水收费最高的国家之一。德国收取的排水费用主要包括两部分：一是基于供水量收取的污水费，二是根据需要排水的面积收取的雨水费。污水费征收遵循“污染者付费”和“全成本回收”的原则。“污染者付费”原则主要是运用环境经济手段，要求污水排放的经济和环境成本由污染者付费承担；“全成本回收”原则，即污水收费必须能够补偿污水服务的总成本。特别是当污水处理服务由私营企业负责时，其价格制定更是严格遵照“全成本回收”原则。此外，德国政府还运用激励性价格监管的方式鼓励污染企业进行污水预处理排放，只要承担缴费义务的污水排放者按先进技术进行污水预处理，即可少缴污水费。

德国有污水处理厂近8900座，以中小型污水处理厂居多，全国污水处理厂平均进水COD超500mg/L，东北部甚至超过1000mg/L。德国按照污水处理厂规模等级来确定排放标准，规模越大，排放标准越高，但总体来讲，排放标准并不高。但是，德国污水处理厂需要缴纳排污费，通过对污染物排放量实行高额收费，迫使污水处理厂自觉提高出水水质[9]。

德国城市化水平高。排水管网方面，排水管道总长度超60万km，人均排水管道长度7.32m。北部、东部以分流制为主，南部、西部以合流制为主，萨尔州的合流管网甚至超过90%。虽说德国有很大比例的合流管网，但是，通过较高的管理水平和建设质量，德国的污水收集处理效能非常高，合流制为主的地区进水COD浓度也接近500mg/L。德国采用污水纳管率来衡量污水收集和处理水平，即接入公共排水管道的当量人口数占公共排水系统服务范围内总当量人口数的百分比。这种表示方式需要建立在较严格的户口管理和较清晰的管网底数基础之上。2019年德国全国污水纳管率为97.3%。

4. 新加坡

新加坡是水资源严重缺乏的国家，主要通过四个渠道供水，一是本地集水（收集雨水）；二是外购水（主要通过马来西亚进口）；三是海水淡化；四是新生水（再生水），俗称“四大水龙头”。新加坡实行雨污分流制度，建立了完善的雨水收集系统，成为为数不多的能够大规模收集雨水用于饮用水水源的国家；污水处理系统覆盖率达到100%，污水通过净化处理，水质可高出世界卫生组织和美国环境保护局制定的饮用水标准。2016年新生水已占全国供水量的40%，主要用于工业、商业用水和间接补给饮用水源等。

新加坡水务行业管理模式的最大特色是运营监管"一条龙"，即政府委托法定机构PUB（新加坡公共事业局）负责运营国内各项涉水业务，同时也是监督和管理水资源使用行为的责任主体。PUB在经营过程中运用了很多市场化的手段来调控供需之间的平衡，比如差别化收费、分档收费、产品/服务差异化投放、设置优惠/补贴制度等。水价按满足水处理、再生水生产、海水淡化、废水收集和处理，以及维护和扩大全岛供水管网费用制定。因新生水和海水淡化水技术的前期研发和厂网设施的后期建设所需投入巨大，对此，新加坡2017年开启了阶段式水费调整计划。新加坡目前执行的用水总价格中包含自来水价、耗水税、排污费和消费税。调整后水价信息见表11-5～表11-7（消费税未列出）[10]。

新加坡居民饮用水价信息　　表11-5

类别	单价明细(美元/m^3)	
	1～40m^3	>40m^3
自来水价	1.21	1.52
耗水税	0.61(自来水价的50%)	0.99(自来水价的65%)
排污费	0.92	1.18
水价合计	2.74	3.69

新加坡非居民（商业）饮用水价信息　　表11-6

类别	单价明细(美元/m^3)
自来水价	1.21
耗水税	0.61(自来水价的50%)
排污费	0.92
水价合计	2.74

新加坡再生水价信息　　表11-7

类别	单价明细(美元/m^3)
再生水价	1.28
耗水税	0.13(再生水价的10%)
排污费	0.92
水价合计	2.33

新加坡居民饮用水排污费实行两档递增式结构，其他用水排污费实行单一水量制，收费标准与居民第一档相同。因其水资源的稀缺性，自来水价格高于排污费，并收取较高的耗水税，收取的耗水税一部分用于补贴已有的新生水和海水淡化系统的建设投资和运营费用，另一部分用于全域范围内水循环系统未来的建设投入。据 PUB 预测，到 2060 年，其国内用水中将有 85%的水量由新生水和海水淡化水来提供。此外，为避免水价调整对用户造成过大压力，新加坡在调价的同时实行了力度更大的节水回馈奖励措施。

5. 日本

日本是水务公有化运营的典型代表[11]。生活污水处理服务基本属于下水道局的职责，污水处理设施基本由政府投资、运营，市场化程度较低。该模式下，污水管网建设改造完全由政府承担。日本《下水道法》明确规定，城市市政污水管网的建设改造资金由中央政府承担 50%～55%，跨流域污水管网建设改造资金由中央政府承担 50%～66%，余下部分由地方政府承担。但这并不意味着日本不收取污水费。在日本，污水费的定价本着“成本回收”和“公平负担”的原则制定。另外，日本执行两部制水价，供水排水均实行累进阶梯水价收费机制。

以东京为例，东京的污水处理公司完全属于东京市政府所有，且职员属政府公务员。东京的污水费包括基本费用和计量费用。用水量在 8m^3 以内时，收取基本（固定）费用约 560 日元/月，高于 8m^3 的按照水量收取，水量越高，单价越高[11]。为保证所有设备正常运转，东京下水道局会派人进行每日点检、清扫、修复等工作。

6. 小结

尽管各个国家的运营模式存在差异，有私有化的，有公有的，也有公、私并存的，但对于大多数发达国家而言，污水处理收费都要求实现成本回收，不仅要求补偿投资和运营成本，而且要考虑将来设施改扩建的需要。因此，污水处理费普遍较高。为减轻污水处理费征收对贫困群体的影响，各国在提高水价的同时也在不断完善水费补贴政策。日本、英国等国在最低用水量内，向用户收取固定污水费，一方面保障居民的最低用水量，另一方面保证污水收集处理设施的投资回收。至于排水管网的建设运维费用，有主要由政府出资的，也有主要由企业出资，通过向排水户收取排水费来实现成本回收的，各国政策不一。

根据 *The global value of water*（2019）中的数据，按照每户月用水量为 15m^3 进行估算，得到各国代表城市居民水费对比图（图 11-10）。为便于进行比较分析，将固定自来水费、变动自来水费和水销售税（水资源费）合计为自来水费，将固定排水费、变动排水费和排污税合计为排水费。从图中可以看出，美国华盛顿和德国柏林的排水费比自来水费高1倍左右；伦敦和日本的排水费与自来水费基本持平；新加坡的排水费低于自来水费，其原因前文已有分析；我国的排水费远低于自来水费。

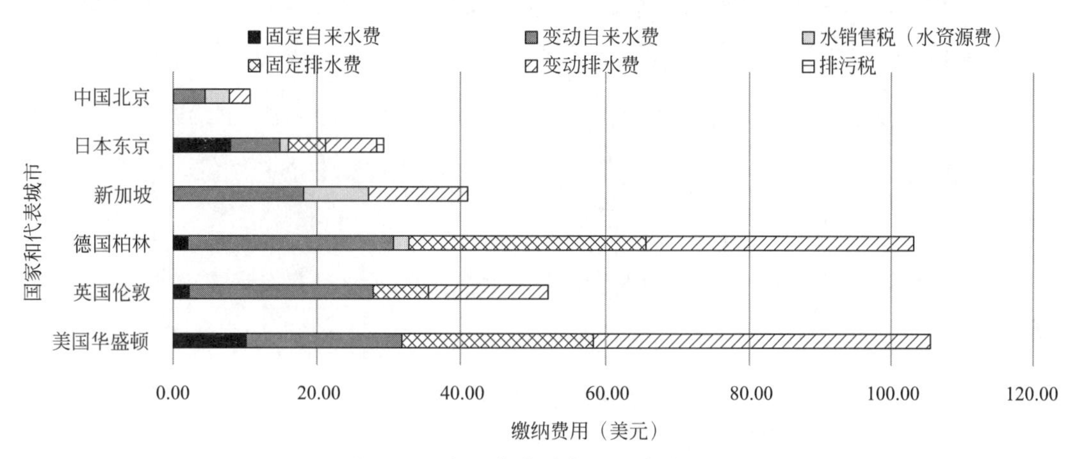

图11-10　各国代表城市居民水费对比图

数据来源：*The global value of water*（2019）。按照每户每月用水量为$15m^3$计算得出。

根据收集的代表城市人均日生活用水量、人均可支配收入等信息，估算得到各代表城市的排水费占人均可支配收入的比值，详见图11-11。图中显示，北京人均缴纳的排水费占比不足人均可支配收入的0.1%，仅为东京、柏林、华盛顿的1/5，伦敦的1/4，也比新加坡小。

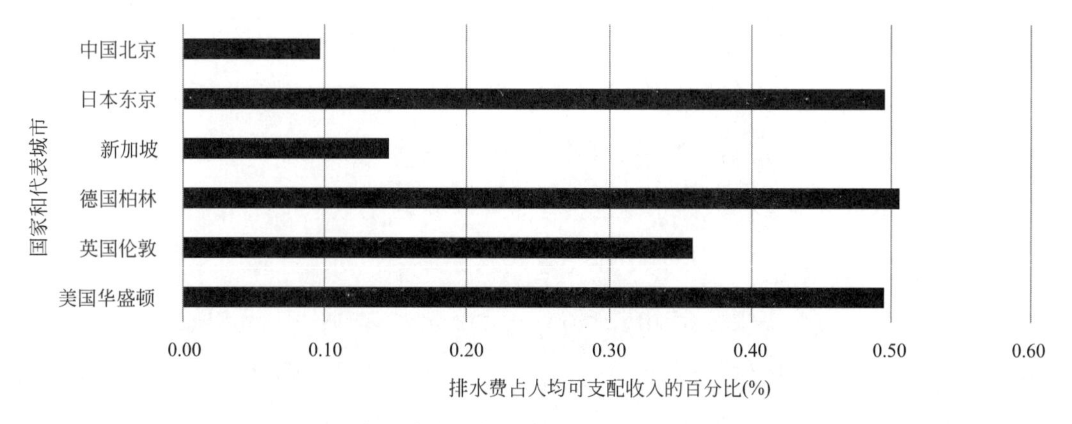

图11-11　各国代表城市排水费与人均可支配收入的关系

11.3.2 国内的探索

1. 广州

广州在经历了治水技术迷途，治理效果事倍功半后，发现单纯的技术治水治标不治本，最终探索总结出了“治河先治污、治污先治源、治源先治人”的治理思路。水污染的源头，说到底是人的行为造成的。所谓“治人”，即改变人的行为和想法，对人的行为进行有效约束，使维护水环境成为市民的自觉行为。比如，设立“民间河长”运行机制、开通治水投诉渠道、设立违法排水行为有奖举报制度等，形成全民参与治水格局[12]。

在污水处理费征收上，广州对居民生活用水缴纳的污水处理费实行阶梯收费。通过设立合理的水价阶梯范围，提高居民的节水自觉。广州水费征收标准见表 11-8。

广州水费征收标准 **表 11-8**

序号	用水类别		污水处理费(元/m^3)	自来水费(元/m^3)
1	居民生活用水	第一阶梯(0～26m^3)	0.95	1.98
		第二阶梯(27～34m^3)	1.43	2.97
		第三阶梯(34m^3 以上)	2.85	3.96
2	非居民用水		1.40	3.46
3	特种行业用水		2.00	20.00

广州污水处理服务费经历了“直接收取污水处理费”“政府购买污水处理服务”和“污水处理特许经营付费”3 个阶段。当前，污水处理服务费按照运维审核成本（包括动力、材料、人工、管理费用、折旧、财务费用等成本及相关税费）以及合理利润进行计算，并实行按效付费，污水处理单价由污水处理量单价及化学需氧量、氨氮、总磷削减量单价组成，以污水处理完全成本单价为基数，按照一定的比例计算各项污染物削减量的单价，财政根据上一年度污水处理量、初雨处理量及其污染物削减量的实际完成量，对购买服务金额进行清算；至于排水管网，中心城区成立了广州市城市排水有限公司，外围城区成立了区排水公司，将公共排水管网统一交给排水公司专业管网运维团队进行管理。公共排水设施运维服务费按照养护定额计算，包含管渠、检查井、泵站、水闸及雨水箅子的日常巡查、清疏养护、10 万元以下小修小补等的服务成本及合理利润。污水处理服务费用单价及公共排水设施养护定额每三年审

定一次。

2. 青岛

青岛污水处理服务费用由固定成本、变动成本和合理收益构成，其中，固定成本按设计规模确定，包括折旧、财务费用、人员费用等，该部分成本不因处理水量变化而有大的波动，是可预见可预估的费用；变动成本根据处理水量确定，主要包括药剂和动力费用。当处理水量达到保底水量时，按照实际水量计算，当处理水量低于保底水量时，按照保底水量核算。

此外，青岛大力支持技术创新，推进污水处理降本增效。如果企业通过技术提升降低处理成本，政府愿意和企业共享节约的成果，以此来提高企业降本增效的积极性，达到多方共赢。

3. 长江沿岸城市

2022年国家发展改革委印发《关于进一步做好污水处理收费有关工作的通知》，提出有条件的地区可积极探索将污水管网运维费用纳入污水处理成本。鼓励支持长江经济带省市先行先试，创新体制机制。提高污水收集管网运行效率。长江沿岸城市便率先行动，探索经验。为破解污水管网投入大、筹资难、运维差的问题，有的城市开展污水管网价格机制改革探索研究。主要做法有：

（1）将污水管网纳入城镇污水处理设施范畴，将管网建设运营费用纳入污水处理费征收及使用范围，赋予污水管网经营属性。

（2）延长特许经营期，由30年拉长至40～50年。

（3）通过设立定期调价周期，实施分步调整的方式，来实现平滑调价。

（4）执行按效付费。将建设投资的一部分与建设期进度、资金到位、安全、质量等考核内容挂钩，另一部分与污染物收集量、污染物削减量、污水处理厂进水浓度等指标挂钩；每年运营费用与污水管网日常运维管理绩效挂钩。以此推动提升整个污水收集处理系统的效能。

此外，贵州省2023年印发《关于进一步深化污水处理收费机制改革的实施意见》，明确污水处理费征收标准按照“污染付费、公平负担、补偿成本、合理盈利”的原则核定，并实行定期校核，校核周期为3年，如校核周期内投资、污水处理量、成本等发生重大变化，可以提前校核调整。一步到位有困难的，可分步调整、逐步到位。此外，提出了污水处理“标准成本”的概念，将标准成本作为制定征收标准的基本依据，推动污水处理企业主动开展技术创新、改进管理。在推行污水排放差别化收费上，提出污水处理费差别化征收标准计算方法，即差别化征收标准＝非居民用水污水处理费征收标准＋∑各类重点污染物浓度超基准值加收标准＋环保信用评价等级对应加（减）收标准。允许污水处理厂根据实际用电情况自愿选择执行峰谷分时电价。

11.4 改革建议

11.4.1 建立系统思维，探索全环节全成本的污水治理价格机制

一是转变观念，建立系统思维。污水治理是一个涵盖污水收集、污水处理、污泥处理处置以及污水、污泥再生利用的系统工程，污水收集输送在前端，收集的水质水量影响着污水处理厂的运行方案和运营成本，而污水处理工艺的选择、进水浓度和排放标准等又决定了污泥的泥质和产量。因此，需深刻认识污水管网对于污水处理提质增效的重要意义，以及在水环境系统治理中的重要作用。强化规划引领和指导，从规划阶段就科学确定污水收集处理设施规模和布局，以高质量推进厂网系统化建设，并通过加强污水管网建设质量管控、提升管网专业化运维水平、加大管网更新改造等，提升污水收集处理设施整体效能。

二是探索建立涵盖全环节全成本的污水治理价格机制。污水治理价格机制的制定应统筹考虑各环节的实际成本构成，可将污水收集与处理环节作为基本公共服务，实行政府定价，再生利用环节作为产业溢出，实行市场定价。探索将管网建设运维成本纳入污水处理费定价成本的计算方法和实现路径。假设污水处理费调整到涵盖收集处理全成本并合理盈利的水平（暂按 3.2 元/m^3 估算），全国城镇居民人均污水处理费支出约从 4 元/月增长至 12.5 元/月，调整后也仅占人均可支配收入的 0.3%，远低于供热、电力、通信等公共服务的支出水平。鉴于目前污水处理费收费标准与实际成本差距较大，建议采取平滑调价幅度、分步分次调整、鼓励降本增效等措施，降低调价幅度。通过调整收费标准，可使地方政府因填补污水处理费收支缺口而承担的财政压力得到缓解，使政府更加专注于公共服务和环境保护水平的提升，为老百姓提供更便利的生活条件和更美好的人居环境。

11.4.2 改变收费性质，提升内生动力

化解地方债务首先是“遏增量，控存量”。必须想办法不再新增地方政府隐性债

务，并通过建立投资回报机制等手段，盘活存量资产，将污水管网从不能产生经营效益的惰性资产转变为有收益的经营性资产，继而吸引更多社会投资进入，形成优质投资项目。

一是改变收费性质，探索出一条以价格机制为核心的市场化商业模式。建议从国家层面允许污水处理费由行政事业性收费改为经营性收费，可设置改革的前提条件，比如污水集中收集率达到70%以上等。一方面可以降低政府压力，另一方面，可以激励排水企业进行污水处理技术的研发和创新，提高污水处理效率和效果。通过技术进一步降低污水处理成本，从而降低收费标准，形成良性循环。

二是盘活存量资产，吸引社会资本。在习近平生态文明思想指导下，各行各业都在探索"绿水青山"转化为"金山银山"的途径。污水处理行业恰恰是一个有效的需求市场，具有巨大的潜在动能，可探索建立收益可预期的管网价格机制，健全投资回报机制，从而盘活存量管网资产、支撑增量建设，吸引社会资本投资。

11.4.3　出台法规政策，规范收费行为

推动制定和完善相关法律法规，为污水处理费价改革提供法律依据和制度保障。通过法律手段确保费价机制的权威性和稳定性。此外，出台相关的政策文件对收费行为进行相应的规定，规范收费行为，兜住民生底线。

一是对水污染防治法中的相关条文进行司法解释或修正，明确污水处理费的征收和使用范畴包含污水收集设施。现行的水污染防治法于1984年制定，先后于1996年、2008年和2017年进行修正（订），距最近一次修正已过7年，建议适时启动对水污染防治法的修正工作或出台相应的司法解释，允许征收的污水处理费用于污水收集设施的建设和运维，为污水收集设施的建设运维费用提供法律依据和保障。

二是出台相关的政策文件，并积极落实好政策文件的要求。当前，我国已提出了"厂-网"一体化、污水处理费动态调整、差别化收费和污水处理服务按效付费等举措，但对于几项政策间的相互关系需要进一步加强分析研究，才能更好发挥政策合力。比如，对于污水处理企业，如果在不负责管网运营管理的情况下开展按效付费，由于不掌握进水，难以有效提升削减污染物的效能；反之，如果由其负责管网设施运维管理，虽提升了加强管网建设维护的积极性，但相对的建设运营经费、绩效考核制度以及投资回报机制等配套措施需要政策保障和明确。处理好上述政策的联动关系，是保证政策能够落地见效的前提基础之一。对此，提出具体建议如下：

（1）制定完善污水处理费定价管理和成本监审。成本监审是政府制定及调整价格的重要依据。目前，城镇供水、天然气、电力等行业均在国家层面出台了价格管理办法和定价成本监审办法，建议污水处理行业尽快在国家层面出台相关的政策文件，明确定调价机制、合理收益范围，建立常态化的成本监审机制。统一将污水收集输送设施、污水处理设施和污泥处理设施的建设、运维成本纳入污水处理费成本核定和监审范围，通过成本监审，确定污水处理费征收标准和企业污水收集处理服务价格。在定价时，可借鉴贵州省的经验做法，探索针对不同的排放标准，制定对应的标准成本，将标准成本作为制定征收标准的基本依据，推动污水处理企业主动开展技术创新、改进管理，通过降本增效获得的收益主要归企业所有。

（2）积极探索动态调整方式，形成周期性的调价机制。在充分考虑营商环境和居民承受度的基础上，可通过多城市集中调整、分类分步调整（比如优先调整非居民污水处理费、周期性稳步调整等）等方式，尽快将污水处理费收费标准调整到与污水处理服务费标准大体相当。设定污水处理费调整周期和调整因子，比如将电价、材料价格、人工成本、CPI等作为调价因素，在调价周期内，若遇单一调价因素价格（如电价）变动幅度大时，也可启动调价程序。因费用调整不到位导致污水处理费收费不足的，当地人民政府应当予以相应补偿。

（3）健全污水排放差别化收费机制，探索阶梯式污水收费模式。遵循“多污染、多付费”原则，根据企业的环保信用评级和排放污水中的主要污染物种类、浓度等，分类分档制定差别化的收费标准，以当地现行非居民污水处理费征收标准为基准，对超标排放污水和环境信用评价不良的企业实行更高的收费标准。此外，建议参考供水，探索实行污水处理费阶梯式收费，比如广东省部分城市对污水处理费实行了阶梯式收费，取得了积极效果。

（4）加强对按效付费方式方法的探索和指导。探索建立与区域污水收集处理效能、水环境治理目标相关联的按效付费机制。比如将管网建设运维费用与污水处理厂进水浓度、污水集中收集率目标等挂钩，将污水处理服务费与污水处理厂污染物削减量以及水环境质量等挂钩。落实好污水处理厂和管网联动按效付费机制。可收集当前“厂-网”分离和“厂-网”一体化运维按效付费的经验做法，形成可复制可推广的模式。

（5）加强污水处理费的征收力度。对于采取自备水源的排水户，要安装计量设备进行规范化、科学化管理，并按质按量征收污水处理费。

（6）健全企业与居民精准化的补贴机制，将污水处理费的“普惠制”属性调整为“特惠制”。比如，按照“谁污染、谁付费”原则，对绝大多数排水户（含居民）执行涵盖全成本并合理盈利的污水处理费收费标准，对于享受最低生活保障的家庭、社会福利机构等群体，地方人民政府可采取免征、减征和补助措施，以减小对特殊群体的影响。

（7）优化听证制度。呼吁对污水定（调）价机制进行听证，而非直接进行定价听证。依据已经生效实施的定（调）价机制制定和调整具体收费标准时，可以不再开展听证。

（8）建立激励和约束机制。建议加大政策扶持力度，国家或省级层面对污水处理费改革取得显著成效的城市给予一定的支持；地方政府对污水处理厂进水浓度提高、处理效能增加、成本降低的相关企业予以一定的奖励；建立对地方政府资金拨付的考核和奖惩制度，健全对污水收集处理效果的考核和奖惩制度，可将公众满意度作为一项重要的考核指标。

（9）探索基于监管资产的准许收入定价与投资新模式。可借鉴供水、输配电、天然气管网等领域“准许成本＋合理收益”的定价模式，探索污水处理行业基于监管资产的准许收入定价与投资新模式。

11.4.4　加大宣传力度，形成社会共识

加强对污水处理费改革的宣传和解释工作，让消费者了解改革的必要性和重要性，提高公众的环保意识和节水意识。通过加强宣传，逐步提高消费者对污水处理行业的认识，促进社会对水环境治理的重视和支持，形成全社会共同参与的良好氛围。

一是政府和相关部门应提高污水处理行业的透明度，公开处理效果、运营状况等信息，让消费者了解并监督。可以学习广州的做法，设立“民间河长”运行机制、开通治水投诉渠道、设立违法排水行为有奖举报制度等，形成全民参与治水格局。

二是充分发挥专业机构承上启下桥梁作用，建立非政府公用事业宣传工作机制，设立专项经费，充分发挥协会特殊优势，运用互联网思维和互联网语言开展科普、国内外实情和政策背景宣传，真正做到把理论政策带入生活，让群众百姓触手可及听得懂，切实加强舆情应对协同，更好适应新时期全媒体生产传播下的舆论引导工作需要。

三是通过学校教育、社区活动和社交媒体、短视频平台等新媒体渠道，以生动、

易于理解的方式科普污水处理相关知识，强调其在环境保护和公共健康中的重要性。

四是污水收集处理企业可积极分享污水处理成功的案例，包括技术进步、环境改善、公众参与等方面的成果。组织消费者参观污水处理厂，让消费者亲眼看到污水处理的过程和成果，增加其直观感受，提高消费者的兴趣和认同感。

11.5 展望

11.5.1 环境效益

一是促进水资源节约，减少污染物排放。调整污水价格，可以减少人们对水资源的浪费，提高水资源的利用效率，同时减少污水和污染物排放量。二是有利于恢复自然生态平衡，改善水环境质量。污水收集处理得到更好的资金支持，有助于提高污水处理效率和质量，减少生产生活对生态系统的冲击，同时保护生物多样性，维持生态平衡。三是促进资源循环利用。完善的收费机制将鼓励污水再生利用，不仅减少对新水资源的需求，还促进了资源的循环使用，降低了环境的负担。

11.5.2 经济效益

一是实现成本回收，减轻政府负担。污水费价机制改革有助于实现污水收集处理设施建设和运营的成本回收，减轻政府财政负担，让政府可以更好地发挥作用。二是促进污水处理行业发展，增加新的就业机会。稳定的收入来源和合理的利润空间会吸引更多的投资，促进污水处理行业的发展。行业的发展可以创造更多的岗位需求，同时带动上下游产业的发展，形成良好的经济效益。三是促进技术革新，降低污水处理成本。经济杠杆作用可激励企业投入更多资源用于污水处理技术的研发，推动环保行业的技术创新，从而降低整体运营成本。四是提高资源配置效率，改善投资环境。通过价格杠杆作用，能够有效地引导资源向更环保、效率更高的领域流动，提高整个社会的资源使用效率。良好的环境状况对外来投资具有吸引力，可提高地区整体的投资价值。

11.5.3 社会效益

一是提高公众环保意识，强化社会责任感。污水费价机制改革有助于提高公众对水资源保护和污水处理的认识，使得社会各界都承担起环境保护的责任，增强企业和个人的社会责任感。二是促进社会公平，增强政府公信力。合理的污水费价机制能够体现“污染者付费”的原则，确保环境成本由污染者承担，促进了环境成本的内部化，并实现了成本的公平分担。此外，通过建立透明的污水费价机制，可以增强政府在资源管理和环境保护方面的公信力。三是改善居民生活质量，促进可持续发展。污水费价机制改革有助于减少污水排放和提高污水收集处理效能，改善人居环境，并助力社会走向资源节约型和环境友好型的发展模式，实现可持续发展。

本章参考文献

[1] 李爽，章林伟．我国城镇污水价格机制初探与建议[J]．给水排水，2021，47(1)：38-40，48.

[2] 上海市水务局(上海市海洋局)．关于排水非调整为污水处理费的问答[EB/OL]．(2020-12-01). https：//swj. sh. gov. cn/psftz/20201201/a04414b66858461b97b92c6169046bfd. html.

[3] 谭雪，石磊，陈卓琨，等．基于全国 227 个样本的城镇污水处理厂治理全成本分析[J]．给水排水，2015，41(5)：30-34.

[4] 谭雪，石磊，马中，等．基于污水处理厂运营成本的污水处理费制度分析——基于全国 227 个污水处理厂样本估算[J]．中国环境科学，2015，35(12)：3833-3840.

[5] 刘亮，沈珺，张静，等．基于污水处理成本核算谈长江经济带城镇污水处理费调整[J]．城镇供水，2021，(6)：62-65，91.

[6] 杨庆华，黄进，王鸿儒，等．完善长江经济带污水处理价格机制研究——基于宜昌污水管网价格机制改革的实践探索[J]．价格理论与实践，2024，(10)：88-92.

[7] 谭海鸥，董有议，林峰，等．水务市场政府监管理论与运作机制研究[M]．北京：中国水利水电出版社，2014.

[8] 刘渝．美、加、英水价政策及启示[J]．价格月刊，2010，(4)：25-28.

[9] 中国水协．德国污水处理厂出水需要缴纳排污费[EB/OL]．(2023-11-01). https：//www. cuwa. org. cn/category/guojijiaoliu/4146. html.

[10] 高慧忠，王晓松，孙静，等．国内外城市居民生活水价及可承受能力分析[J]．水利经济，2021，39(1)：36-39，53.

[11] 徐岩，马世娟．城市供水定价模式对我国农村供水定价的启示[J]．可持续发展，2022，12(1)：89-95.

[12] 李明．治水的逻辑——广州实践[M]．北京：人民出版社，2022.

第 12 章　德国排水介绍（一）
——德国污染控制和排水系统管理相关调研报告

12.1　从欧盟水框架到德国城市的水管理

德国作为欧盟国家之一，既要达到欧盟和邻国之间对于水环境管理的要求，也需要实现德国联邦水法、州立法之间的平衡。总体来说，从管控规定和法律层面，关于水环境的治理主要从四个层次实现，分别为：欧盟水框架指令、德国联邦水法、州相关法律、协会及行业标准。这四个层次从粗到细，总体强调治理的基本要求和时间，向下则更强调本地特征和如何制定技术目标。粗略概括的管理框架如图 12-1 所示。

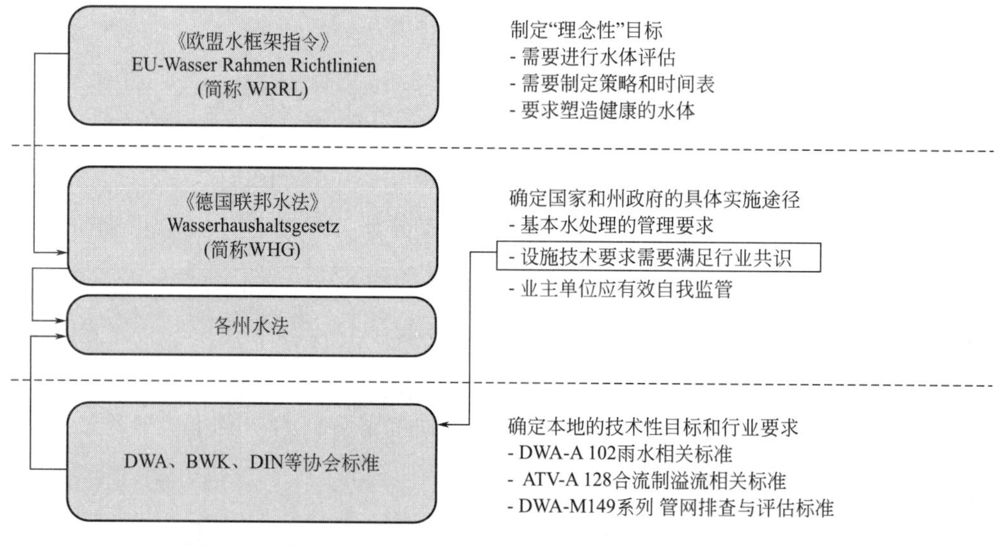

图 12-1　德国水污染控制和排水系统管理相关法律及标准框架

12.1.1　欧盟水框架要求

《欧盟水框架指令》（EU-Wasser Rahmen Richtlinien，简称WRRL）是欧盟各成员国制定各自相关法律法规的最基本框架。各国法律法规内容均不允许超出其界定的范畴。

WRRL确定了欧盟水保护的基本目标，即“实现整个水生态系统的保护及对水资源的可持续性利用”，且要求各成员国在限期内依据各自国情对其进行具体解释说明，并提出符合国情的相应细化目标。欧盟各成员国有义务对各水体进行普查，以确定当前各水体的水质状况，进而明确水体的理想状态以作为治理目标，并进一步制定为达到目标所采取的具体措施。WRRL规定，各国各自制定的治理措施应包括确定具体监管措施、运营计划和实施方案。

12.1.2　德国水法的相关要求

《德国联邦水法》（Wasserhaushaltsgesetz，简称WHG）作为国家级水法，对WRRL进行了适应德国国情和经济技术水平的说明和补充，并对水资源类型做出了分类，给出了基础指标。现行WHG在对污水设施运营（德国法规和标准中广义的“污水”为受污染的排放水，包含了雨水中污染物的控制）内容方面，提出了以下三项具体要求：

第55条规定，污水收集处理不能损害公众利益。

第60条规定，所有污水处理和排放相关设施的建设、运营和维护必须满足“污水收集处理的要求”，并符合“普遍认可的技术规则”，即污水处理设施必须到达现有的、已经被业界测试过并被证明适用的技术水平。如果现有设备设施不符合要求，需在合理期限内对设备进行修缮或升级改造。

第61条规定，污水收集和处理单位有义务对其所管辖设施的实际建构筑物物理状况、实际功能及其运维情况进行自我监管，同时有义务对所收集处理的污水以及污水所含污染物的种类和总量进行自我监管。污水收集和处理单位有义务对其所属所有设备相关重要文件及数据进行处理和存档，并能在监管部门要求时及时提供。

一般情况下，污水收集和处理的运营单位并不具备定义“普遍认可的技术水平”的能力，而是需要行业协会［如下文德国水、污水和废弃物处理协会（简称DWA等）］制定各种行业标准和技术导则来指导设计、建造和运营管理工作。作为法律WHG中并不涉及具体技术内容和指标，但以确定“普遍认可的技术水平”目标的形式为行业标准赋予了法律效力，促使那些在行业内被正式公布认可的、具备正确性和可靠性的技术或设备能够及时得以应用。同时 WHG 也指导下一级立法层面的细化规则。

除 WHG 之外,《联邦污染防治法（BimSchG）》则从法律层面上禁止地下水及土壤受到污染。《联邦土地保护法（BBodSchG）》《土地保护指令（BBodSchV）》《联邦地表水保护指令（OGewV）》和《地下水保护指令（GrwV）》也从国家法律层面上规定与管网最紧密相关的土壤和水环境这两个环境因素应得到相应保护。

12.1.3 协会标准发挥的作用

技术规范（德：technische Regelwerke，英：technical regulations）本身在德国不具备强制法律效力，是由专业机构发布的用于指导实际操作的公开技术资料。技术规范的使用符合自愿原则。但联邦水法、州水法及行业法规等法律条文，均以“排水设施必须达到普遍认可的技术水平”的方式为这些技术指导文件赋予了法律效力。而且各州水法及行业法规中会直接引用具体技术标准文件，使各技术文件的标准得到法律法规层面的认证。进一步的，当各技术标准被写入合同时，则技术标准的要求也被赋予了法律效力。在合同中引用技术标准代表着直接使用了最符合技术发展水平现状的专业产品或服务，这既节省了确定各项合同指标的投入，又能使合同双方得到充分的法律保护。

德国常见的技术规范和各层面的技术标准（如联邦层面的 DIN、欧盟层面的 DIN EN 及国际层面的 DIN EN ISO）由各独立机构颁布，如 DWA、DIN、DVGW、BWK 以及 DIBT、VSB 等。其标准体系庞大复杂，分类分级细致，经常相互穿插引用。各类发布机构和技术文件主要针对不同使用者的需求，相互认可，互相之间不存在重要性的区别。

12.2 管理理念和主要目标

12.2.1 管理理念

德国涉及城市水体污染的控制系统，强调从流域或者完整的排水系统层面，针对污染物总量和峰值进行控制。通过对同一流域中污水处理厂、分流制排水分区的雨水系统、合流制排水分区的溢流排口的简化处理。德国水污染控制的流域目标体系如

图 12-2 所示。

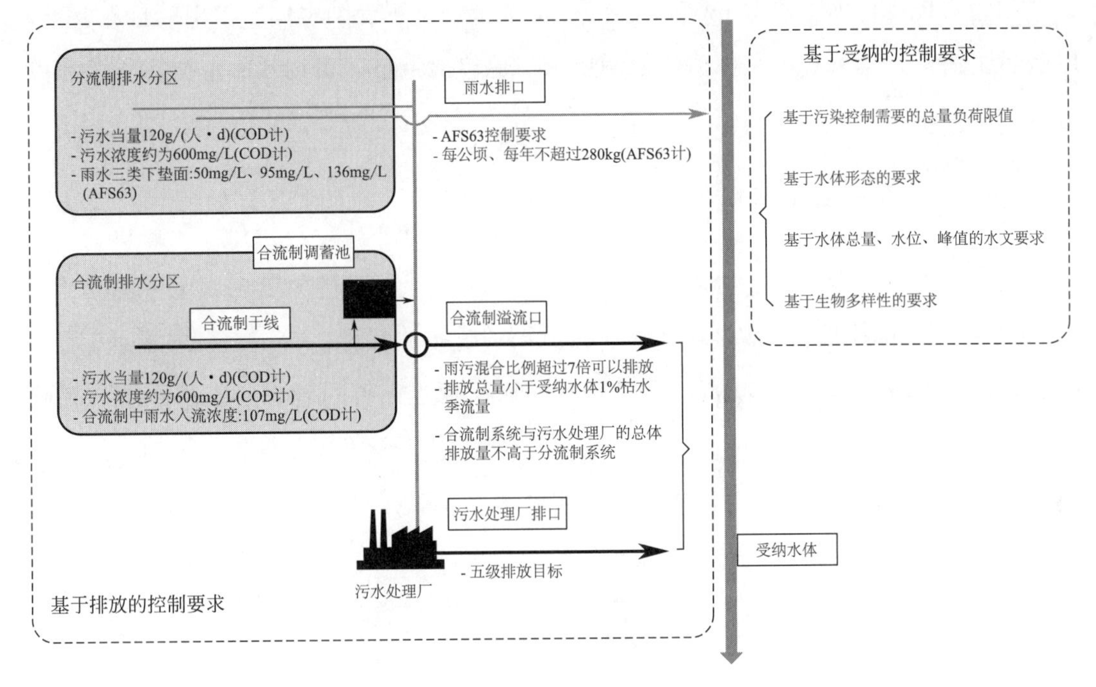

图 12-2　德国水污染控制的流域目标体系

12.2.2　以流域/排水系统的污染排放总量作为系统目标

以 DWA 最主要的、针对合流制和分流制排水系统的主要标准来看，德国在合流制系统、分流制系统的管理中，都很强调从排放和受纳两方面进行污染物总量的控制。

一方面，常规的排水系统的基本污染控制，应计算流域或排水分区内的污水处理厂、排放口、溢流口进行全年的水量和总的污染物排放量。该目标在 DWA/BWK 相关的标准中已经有所体现。

另一方面，在动力不足、环境容量低或者需要限制排放的特殊水体中，各个标准都提到了超常规的控制目标，即根据水体的水文学、生态学要求，确认水体的控制目标，倒推排水分区的污水和雨水系统污染控制目标。

(1) 基于排放的污染控制要求，是基于单一或多个排放设施的控制要求，也可以理解为底线的控制目标。排入同一水体，或者是同一个系统分区内的污水处理厂、合流制溢流口、雨水排放口都应全面进行计算。针对不同设施的控制目标，详见下文常规控制目标。

(2）基于受纳的污染控制要求，是针对不同的水体的特征，在流域层面进行更进一步的污染控制目标。根据 DWA-A 102-3 的要求，基于受纳水体所得出的排放要求，既包括了污染物总量和雨季峰值的控制要求，也包括生态、水文以及生物多样性为目标的控制要求。

12.2.3 基于排放的控制目标

在同一流域或者同一污水处理厂的排水分区中，基于排放的控制目标涵盖了：1）污水处理厂的排放目标；2）分流制的雨水系统排放目标；3）合流制的溢流系统排放目标（流域和单一排口均有要求)。上述目标基本完善的涵盖了各个系统、流域层面的总体控制目标。

污水处理厂排放标准。污水处理厂排放标准根据其处理规模分为五级（表 12-1)。随着污水处理厂的处理规模增大，处理厂排放目标的要求也逐级更加严格。

德国污水处理厂处理规模与排放要求分级 **表 12-1**

污水处理厂规模（人口当量）	污染物排放标准(mg/L)				
	COD_{Cr}	BOD_5	NH_4-N	TN	TP
<1000	≤150	≤40			
1000～5000	≤110	≤25			
5000～20000	≤90	≤20	≤10	≤18	
20000～100000	≤90	≤20	≤10	≤18	≤2
≥100000	≤75	≤15	≤10	≤18	≤1

合流制溢流排放标准。德国大部分城市政府、州政府所遵循的标准，即为 DWA 前身 ATV 于 1992 年发布的排放标准 ATV-A 128。其中，对于合流制区域的溢流排口，需要实现以下三个方面的控制目标：1）整体排水分区的年排放污染总量，应低于分流制排水系统的年排放污染总量，并以此计算整个流域的溢流排口频率和总量控制要求，进而得到调蓄系统容积；2）排放溢流总量，应小于排放水体枯水期流量的 1%；3）溢流排口的排放条件为：雨水入流量达到旱季生活污水的 7 倍时，则允许排放。在 2020 年，DWA 协同 BWK 推出了最新针对分流制雨水系统的控制标准 DWA-A 102。

该最新标准进一步提高了合流制系统的排放要求，有两个层面的显著不同：1）需要更详细的考虑受纳为主的目标要求；2）合流制系统的水厂、溢流口污染总量，应不高于经过处理的分流制雨水系统的污染负荷要求。

分流制排水系统的雨水系统标准。在最新的DWA-A 102标准中，以在0.45～63μm的颗粒物作为主要的控制目标，类比污水系统的控制要求，对分流制雨水系统的不同下垫面，规定了其基于调研的污染负荷。最终要求减少排放至水体的污染总量。

12.2.4　基于受纳水体的控制目标

基于受纳的控制目标需要综合考虑可承受污染负荷和生态、水文学的相关要求。其中主要目标包括：1）河流或湖泊的水文形态上的影响（包括流速、水体长度、纵向和横向的驳岸变化等；2）生物学验证，根据栖息生物多样性、生态位等监测，确定不同类型河道的可承受范围；3）污染控制目标，排放水体所能受纳的最大流量冲击和污染负荷冲击。水文学和污染负荷的综合目标制定方法见图12-3。

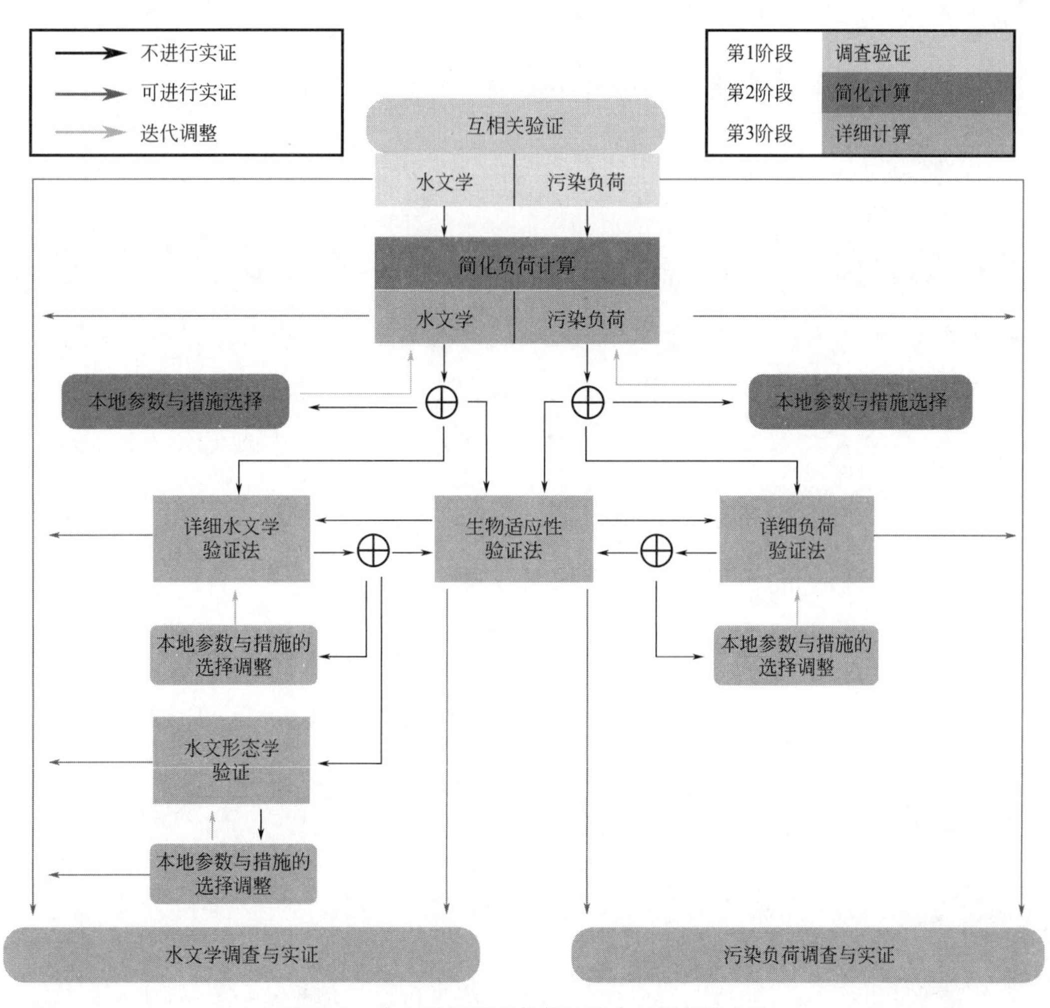

图12-3　水文学和污染负荷的综合目标制定方法

12.3　德国城市实施路径和关键技术—以德累斯顿为例

德累斯顿位于德国东部，是萨克森州首府和第一大城市。城区人口共有约 128 万人，是德国十大城市之一。其城市排水系统主要排入易北河，且该系统在第二次世界大战后到“两德”统一之间，经历了从污水处理厂停产、管网失养到逐渐维护的整个过程。作为近代排水系统改造的案例，比较具有代表性。

德累斯顿老城区均为合流制系统，在 1987～1991 年之间（东德末期），因管理事故，曾经长达 4 年停产，60 万城市居民的生活污水直排易北河，带来了极其严重的污染。据估计，德累斯顿的主管道内，有 3 万～4 万 t 的沉积物，而整个污水处理厂在 1994 年重新开始运行。

12.3.1　资金来源-排水系统收费情况

根据德国 DWA 的调研，各个城市的污水处理费根据用水户的用水量、硬化面积两部分进行计算。根据城市生活污水和工业废水的处理成本、设施成本和处理工艺等的不同，各个城市污水处理厂的水价也有显著区别。以德累斯顿为例，该城市居民支付的污水处理费为 1.97 欧元/m^3，雨水处理费用（以硬化面积折算）为 1.56 欧元/m^3，德累斯顿市民每人每天的平均用水量大概 100L［根据德国水、污水和废弃物处理协会（简称德国水协）（DWA）2009 年的统计数据，德国平均每人每天用水量为 122L，节水效果较好］。

12.3.2　理清资产底数-排水系统数字化

从 1994 年开始，德累斯顿开始改造和建设现代化的排水管网系统。在建立之初，首先开展了为期 3 年的数字化工作，理清管网系统的连接关系、材质、标高等数据，同步建立模型。这些工作为之后为期 10 年的管网系统改造、监测等打下了非常重要的工作基础。

12.3.3　基于污染负荷的排水系统规划

根据管网的数字化资料，德累斯顿从生活污水污染负荷参数设置、雨水排水分区的下垫面划分、主干管网的转输能力验证、处理能力等若干方面，逐步完善了该城市的排水系统总体规划。该规划的主要工作步骤包括：1）基础数据整理；2）建立排水管网数字化模型；3）现状评估；4）污染物总量的计算；5）关键问题的诊断；6）改造方案。

12.3.4　发挥截流干管的调蓄能力

针对原有长期处于失养状态的污水处理厂和排水管网，首先需要针对合流制排水系统分区和分流制排水系统分区的支线、主干管网进行修复。其次，由于该区域建设溢流调蓄池成本高，同时主干管有着规模大、埋深大、坡度小的特点。最后，截污干线作为合流制溢流调蓄设施使用。共计14段管涵建设为调蓄管涵，调蓄能力达到5.6万m^3。此外，还建立了2座雨季溢流调蓄池，总容积3.6万m^3。

为了有效地利用了管道容积，主要采用无动力闸门在雨期进行自动蓄水。为减少调蓄过程中底泥的产生，在管网底部留有排泥槽。

12.3.5　取消化粪池

根据该项目负责人介绍，在德累斯顿改造的过程中，污水管线的源头接排户逐步取消化粪池，也是作为其提高浓度和系统效率的手段之一。

12.3.6　综合成效

在1990～2006年之间的16年排水系统改善的过程中，德累斯顿的排水系统的健康程度显著提升，对水环境的威胁也迅速降低。

对比过去老旧的管网系统，之前对合流制溢流几乎没有处理，在1990年，由于污水处理厂完全停止运营，排水系统造成的污染总量（污水直排和雨季溢流年总污染物量，以COD计，单位吨/年），接近处理设计能力的3.67倍。直到1994年，城市污水处理厂才开始正常运行，但仍然存在大量雨季排放。而到2006年，即便人口增长超过一倍（60万人增长到128万人），德累斯顿平均每天排放的污染物总量，只相当于1994年的50％。

16年以来，德累斯顿排水系统的改造投入超过10亿欧元。而从长远来看，平均每天每人为水体环境的投资约为0.2欧元，即实现了明显改善的水质环境。

第13章　德国排水介绍（二）
——德国排水系统情况介绍和启示

13.1　德国排水系统现状

13.1.1　人口及用水量[1]

根据《排水与垃圾》2023年的统计数据，主要因为近些年大量接收移民，德国人口从2016年的8240万人增加到2019年的近8310万人，增加了约0.9%[1]。

2019年德国平均自来水消耗量为128L/(人·d)，较之2016年的123L/(人·d)增长了4.2%。纳入统计的平均自来水消耗量包括商贸业用水，但是工业和农业用水不包括在内（相当于我国所称的综合生活用水量，或者"大生活"用水量）。各联邦州平均水耗亦不尽相同，图林根州最低，为94L/(人·d)，汉堡市最高，为140L/(人·d)[1]。

13.1.2　排水体制及特点[1]

德国南部和西部以合流制为主，北部和东部以分流制为主，合流制分布情况详见表13-1。因为难以统计各个地区合流制和分流制的实际服务人口和面积，故表13-1中合流区域占比是按照以下公式计算的[1]：

合流制占比=[合流管道总长度/(合流制管道长度+污水管道长度)]×100%　　(13-1)

由于新开发的地区主要采用了分流制，故合流管道总体占比近年来在下降。在德国排水系统无论是采用传统的合流制，还是分流制，均是以满足相关技术规定为前提的，即实现合流污水及雨水的有效处理，以有效保护水环境。由于两种排水体制都不可避免地会有有害物质的排放，所以选用的排水体制应是在实地条件下，有害物质排放负荷最小的。

德国合流制分布情况[1]　　表13-1

地区	石勒苏益格·荷尔斯泰因州	梅克伦堡·前波美拉尼亚州	汉堡市	不莱梅市	柏林市
合流制占比(%)	10.3	5.1	29.6	39.7	26.0
地区	下萨克森州	勃兰登堡州	萨克森·安哈尔特州	北莱茵·威斯特法伦州	图林根州
合流制占比(%)	7.0	4.1	21.1	60.8	68.9
地区	黑森州	萨克森州	莱茵兰·普法尔茨州	萨尔州	巴伐利亚州
合流制占比(%)	86.2	43.7	76.3	91.3	63.0
地区	巴登·符腾堡州				
合流制占比(%)	78.6				

新施行的德国水协标准《排入地表受纳水体的雨水径流的管理和处理原则》DWA-A102中，明确要求管网建设运营单位应验证所采用的排水系统是否与当地的水资源相平衡[2]。因此德国愈加重视雨水的源头控制、入渗、利用等（就是我们所称的“海绵措施”）。DWA-A102进一步要求，新开发地块的雨水原则上不再排入城市公共排水系统，以希冀不增加现有排水系统的负担[2]。近10年，在德国新建地区的分流制区域兴起了带有单独排放、渗透和滞留，甚至无雨水排放的新型排水系统的建设，其服务面积约占德国排水总面积的10%[1]。

德国在近10～15年间，新建的排水系统已经极少采用合流制系统，而建设更多的是分流制系统。同时更加注意将新型排水系统作为传统分流制体系的一部分。以2004年为新型排水系统的起始年，住宅、商业及工业区域每年对新型排水系统的应用是呈线性增长的。至2021年，90%的新建地区均采用新型排水系统。

德国水协和联邦统计局计划进一步调查合流制及分流制系统中的土壤渗、滞、蓄等设施的相关数据，以及联邦道路、州道路和高速公路的雨水池的运行数据。今后还将调查采用新型排水系统的地块，以及有关水平衡方面的数据。

13.1.3 排水管网及雨水调蓄

1. 排水管网情况

表 13-2 为德国污水纳管率、各类管道长度和各种雨水池情况的汇总[1]。

(1) 污水纳管率。德国居民和商业生活污水基本都接入了公共排水管网，2019 年的纳管率①为 97.3%，较 2016 年增加了 0.2%。从表 13-2 可以看出，合流制占比在 75%以上的州，纳管率均在 99.5%以上；分流制占比较高的梅克伦堡·前波美拉尼亚州和勃兰登堡州的纳管率最低，分别为 89.6%和 88.6%。

(2) 排水管道长度。目前德国排水管道总长度超过 60.8 万 km，人均排水管道长度达 7.32m，这也说明德国城市化水平很高。由于定居点的增加，2019 年德国排水管道长度较 2016 年增加了 1.4 万 km，即增加了约 2.3%。由于柏林、不莱梅、汉堡三个直辖市面积低于其他州，但人口密度大，故其人均排水管道长度则较低（2.99～4.67m)。

(3) 排水管道管龄[3]。德国排水管道平均管龄为 36.9 年。考虑各年龄段的长度比例，推算排水管道的平均管龄为 45.3 年（表 13-3)。在人口低于 5 万人的城镇中，60%的排水管道管龄在 50 年以下。而随着城镇规模的扩大，排水管道的平均管龄也在上升。在人口超过 25 万人的大城镇中，超过 15%的排水管道年龄在 100 年以上，其排水管道的平均年龄为 55.4 年。在人口超过 10 万人的城镇中，管龄不明的排水管道比例低于 5%，但在人口低于 5 万人的城镇中，管龄不明的排水管道比例增加了约 3 倍。此外，在 5 万人至 10 万人的城镇中，管龄不明的排水管道比例为 20%。需要注意的是，在德国是不将管龄长短作为是否需要修复的指标的，例如 100 年以上的砖石结构排水管道往往仍处于非常好的运行状态中。

(4) 排水管道管材[3]。多年来，德国排水管道的管材使用情况几乎没有变化（表 13-4)。但可以明显看出，随着城镇规模的增大，陶土管和混凝土管的使用比例也越高，而化学建材管的使用情况则相反。原因可能与管龄结构和管材分布有关系，因为小城镇排水管道一般较新，且化学建材管的大规模使用是近几十年才出现的。此外，在居住小区里比较常见的小口径排水管道以及私人管道，多采用塑料材质。人口在 25 万人以上的大城镇中，砖砌体管材的比例最高（4.2%)，这与该规模城镇排水管道管龄较高，管径较大的趋势一致。

---

① 德国污水纳管率是指接入公共污水管道，或者合流污水管道的当量人口数（居民人口数与商业、工业折算的当量人口之和）占公共排水系统服务范围内总当量人口数的百分比。

德国公共排水系统统计数据一览表（按照合流制占比高低排序）[1]

表 13-2

州市	居民人口数	居民用水量	公共排水系统污水纳管率	合流制管道长度	分流制污水管道长度	分流制雨水管道长度	排水管道总长度（合加分）	单位人口管道长度（合加分）	合流制区域占比	合流制溢流池和调蓄管道数量	合流制溢流池和调蓄管道总容积	合流、分流制雨水截流池数量合计	合流、分流制雨水截流池容积合计	分流制雨水沉淀池数量	分流制雨水沉淀池总容积	合流、分流制各种雨水池数量合计	各种雨水池总容积（合加分）	人均雨水池容积	合流制不带储存容积的雨水溢流池的数量	排水系统中所有减负设施数量合计	城镇污水处理厂数量合计	平均外来水进入量（合加分）
	万人	L/(人·d)	%	km	km	km	km	m/人	%	座	万 m^3	座	万 m^3	座	万 m^3	座	万 m^3	m^3/人	座	座	座	%
德国	8307.3	127.9	97.3	247937	220489	139938	608364	7.32	52.9	25909	1631.8	26504	4537.6	4427	288.9	56840	6458.3	0.777	20341	77181	8891	30.4
萨尔州	98.8	118.5	99.5	6675	635	1042	8351	8.45	91.3	705	33.3	148	20.5	18	4.9	871	58.7	0.594	1354	2225	130	63.0
黑森州	627.6	129.1	99.6	29499	4734	5830	40063	6.38	86.2	2902	182.2	1192	125.0	50	7.2	4144	314.5	0.501	3015	7159	681	72.2
巴登·符腾堡州	1180.7	124.5	99.5	53122	14477	13026	80625	7.27	78.6	7615	425.9	1176	201.0	465	21.8	9256	648.6	0.585	3743	12999	918	63.4
莱茵兰·普法尔茨州	409.0	126.1	99.5	22048	6856	5355	34259	8.38	76.3	2634	113.4	2006	291.9	68	4.4	4708	379.8	0.929	2622	7330	660	41.3
图林根州	213.7	93.6	95.3	9282	4195	3035	16511	7.73	68.9	790	33.0	735	75.7	36	4.7	1561	113.4	0.531	530	2091	529	32.3
巴伐利亚州	1309.7	134.2	97.4	57106	33587	17682	108375	8.27	63.0	7048	356.0	4766	500.1	766	54.3	12580	910.4	0.695	3997	16577	2324	30.1
北莱茵·威斯特法伦州	1793.0	138.4	98.2	46268	29886	24578	100731	5.62	60.8	2773	325.7	5534	1071.5	1417	66.2	9724	1463.4	0.816	1871	11595	596	22.4
萨克森州	407.3	96.6	93.1	9842	12656	6684	29181	7.17	43.7	716	39.8	1021	165.1	171	15.5	1908	220.4	0.541	1051	2959	635	33.6

续表

州市	居民人口数	居民用水量	公共排水系统污水纳管率	合流制管道长度	分流制污水管道长度	分流制雨水管道长度	排水管道总长度(合加分)	单位人口管道长度(合加分)	合流制区域占比	合流制溢流池和调蓄管道数量	合流制溢流池和调蓄管道总容积	合流、分流制雨水截流池数量合计	合流、分流制雨水截流池容积合计	分流制雨水沉淀池数量	分流制雨水沉淀池总容积	合流、分流制各种雨水池数量合计	各种雨水池总容积(合加分)	人均雨水池容积	合流制不带储存容积的雨水溢流池的数量	排水系统中所有减负设施数量合计	城镇污水处理厂数量合计	平均外来水进入量(合加分)
	万人	L/(人·d)	%	km	km	km	km	m/人	%	座	万 m^3	座	万 m^3	座	万 m^3	座	万 m^3	m^3/人	座	座	座	%
不莱梅市	68.3	119.0	99.8	800	1218	1171	3189	4.67	39.7	6	8.0	24	5.6	66	2.7	96	16.3	0.238	21	117	4	11.7
汉堡市	184.3	139.6	99.3	1266	3017	1828	6111	3.32	29.6	12	9.9	44	14.4	15	2.1	71	26.5	0.144	171	242	1	27.3
柏林市	365.3	119.5	99.8	1970	5594	3365	10929	2.99	26.0	29	7.5	101	70.0	21	5.0	151	82.5	0.226	471	622	1	—
萨克森·安哈尔特州	220.0	105.0	96.2	3459	12971	4951	21380	9.72	21.2	169	12.7	650	117.9	29	3.3	848	133.9	0.608	341	1189	223	9.0
石勒苏益格·荷尔斯泰因州	290.0	128.9	95.1	1598	13913	11076	26586	9.17	10.3	62	5.9	2124	354.2	658	61.2	2844	421.3	1.453	112	2956	778	10.3
下萨克森州	799.1	137.7	95.1	3690	49077	31052	83819	10.49	7.0	257	54.9	5677	1339.4	92	12.0	6026	1406.4	1.760	268	6294	592	13.1
梅克伦堡·前波美拉尼亚州	160.9	116.5	89.6	617	11421	4142	16449	10.22	5.1	102	12.2	683	122.8	279	18.0	1064	153.0	0.951	495	1559	587	7.0
勃兰登堡州	251.6	120.1	88.6	697	16255	4852	21804	8.67	4.1	89	11.3	623	92.4	276	5.6	988	109.3	0.434	279	1267	232	2.3

德国排水管道管龄情况[3]　　表13-3

城镇规模（万人）	管龄（年）					
	0～25	26～50	51～75	76～100	＞100	不确定
＜1	37	35	12	2	1	13
1～5	30	34	15	3	2	16
5～10	31	25	17	4	3	20
10～25	31	32	21	7	5	4
＞25	21	28	21	11	16	3
调查平均管龄36.9(年)	32	33	15	3	4	13
推算平均管龄45.3(年)	27	30	19	7	8	9

德国排水管道管龄与管材情况[3]　　表13-4

城镇规模（万人）	各类管材使用占比(%)						
	陶土管	混凝土/钢筋混凝土管	纤维混凝土管	砖砌管渠	化学建材管	铸铁/钢管	其他/未知
＜1	28.6	34.1	3.2	—	22.6	2.2	9.3
1～5	28.3	45.0	1.8	—	16.8	1.9	6.2
5～10	33.8	37.3	1.8	—	14.5	1.9	10.7
10～25	38.9	40.8	2.5	2.1	12.9	1.5	1.3
＞25	42.0	40.7	2.6	3.2	5.1	5.1	1.3

（5）排水管道缺陷。德国排水管网状况由运营单位自主检测评估的占60.2%，其余39.8%的管网被委托给第三方服务商进行。人口在5万人以下的城镇，管网状况评估主要由第三方服务商进行，而人口在25万人以上的大城镇主要由运营单位自主进行。据2020年报告，德国49.9%的排水管道已进行过一次检测，35.8%的排水管道做过多次检测。尚未检测的排水管道比例为14.3%，其中以压力管道居多。最常见的结构性损坏类型是管道连接处损坏或者突出①（27.3%），其次是裂缝（25.7%）、密封缺陷（橡胶圈扭曲、脱落）（18.6%）、表面缺陷（13.1%）和破裂/塌陷（4.3%）。主要结构性缺陷情况详见表13-5。

德国排水管道功能性缺陷调查结果详见表13-6。有三分之一的功能性缺陷是由树根入侵造成的，其次是黏附物（20.5%）和地下水入渗（17.7%）。

① 德国排水户出户管与城市排水管道之间不采用检查井，而是直接连接。

德国排水管道结构性缺陷情况[3]　　表 13-5

缺陷名称	缺陷比例(%)	缺陷名称	缺陷比例(%)	缺陷名称	缺陷比例(%)
管道连接处损坏或者突出	27.3	裂缝	25.7	基础、沟槽回填空洞	3.5
表面缺陷	13.1	破裂、塌陷	4.3	不当维修	1.2
变形	2.3	孔洞	1.3		
其他缺陷	2.7	密封缺陷(橡胶圈扭曲、脱落)	18.6		

德国排水管道功能性缺陷情况[3]　　表 13-6

缺陷名称	缺陷比例(%)	缺陷名称	缺陷比例(%)	缺陷名称	缺陷比例(%)
树根入侵	33.7	黏附物	20.5	地下水入渗	17.7
污泥沉积	16.6	障碍物	5.5	有害虫	2.3
回填材料入侵	1.9	外渗	1.8		

排水检查井的结构和功能性缺陷调查结果详见表 13-7。检查井最常见缺陷是爬梯损坏（19.6%）、井盖与井盖座缺陷（11.5%）和管道连接损坏或者突出（10.7%）。

德国排水检查井缺陷情况[3]　　表 13-7

缺陷名称	缺陷比例(%)	缺陷名称	缺陷比例(%)	缺陷名称	缺陷比例(%)
爬梯损坏	19.6	井盖和井座缺陷	11.5	管道连接损坏或者突出	10.7
检查井壁表面缺陷	10.4	井壁裂缝	8.1	地下水入渗	6.9
有黏附物	6.3	水泥砂浆脱落	6.2	其他缺陷	20.3

（6）排水管道修复[3]。一个完整的排水管网管理体系应包括修复计划和策略，在此方面德国有健全的相关标准体系。表 13-8 是德国排水管道状态评价等级情况。与我国分级不同的是，德国排水管道状态等级数值越低，表示缺陷越严重。排水管道状态等级评判为 0 至 2 级的管道，是需要在中短期内进行修复的。2018 年调查结果显示需中短期内进行修复的管道比例为 24.7%，由此推算在整个德国这一比例是 18.7%，较 2013 年的 19.4%略有下降[3]。

德国排水管道状态评价等级情况[3] 表13-8

分级	0级	1级	2级	3级	4级	没有评价	无缺陷
2018年(调查数)							
各等级占比(%)	10.4		14.3	15.6	18.4	18.6	22.7
2018年(全国推算)							
各等级占比(%)	7.7		11.0	11.9	17.7	24.8	26.9

2014年至2018年间德国已修复的排水管网占管道总长的比为5.3%，即平均每年约有1%的排水管道得到整治（修复）。德国业界认为，虽然排水系统的理论使用寿命为100年，但是，现阶段的维修力度只能维持排水系统功能现状，并不能有效改善排水系统功能。故预计中短期内需要修复的排水管道比例会进一步增加，主要原因是还有部分排水管道没有经过调查检测、排水管道不完善和其他多种因素。

按照已上升为欧盟标准的《建筑物外排水系统—第五部分：整治工艺分类》DIN EN752，德国将排水管道修复、整治措施分为三类：

（1）修理：局部小范围的病害排除；

（2）修缮：在完全或者部分利用其原始管道材料的情况下，改善排水管道当前的状态；

（3）更新：在原管位（内部）或者其他的位置铺设新的排水管渠，替代原有排水管渠的功能。

满足上述三类整治措施要求的工艺技术有很多，表13-9为各种修复工艺技术在德国历年的使用情况。在以往的调查中，管道修理呈增加趋势，占51.1%。管道管材翻新则持续降低，通过非开挖内衬翻新的比例大幅增加。

表13-10详细列出了过去15年间德国排水管道整治（修复）费用。德国管网运营单位重视大力投资改造管网，60%的受访单位认为有必要增加财政支出以满足管网修复需求。58.1%的受访运营单位认为，政策决定者已经意识到这一事实，并对未来的污水基础设施投资需求有足够的认识。

从历年具体的修复费用对比可以看出，管道修理的单位修复费用（以m计）并没有太大的改变；而使用内衬修复（翻新）的单位修复费用则在逐年下降。发生这一现象可能的原因是此修复工艺的优化、改进、使用频率的提高，以及供应商之间的竞争等原因。还可以看到，近年来管道管材翻新费用略有上升。

德国测算排水管网的剩余价值为367欧元/m。排水管网的重建价值，即不考虑通货膨胀的因素，为754欧元/m。

德国管道各种修复技术的应用情况[3] 表13-9

采用技术类型名称	管道更新		管道修理				管道修缮		
分类技术	开挖更新	封闭更新	修补	注浆	填塞(密封)	其他	涂层	内衬	衬砌
2018									
占总类型的比例(%)	24.2		34.6(此次含机器人修理工艺)				24.7(包括预制衬)		
占总类型的比例(%)	18.5	5.7	11.4	2.6	13.0	7.6	0.4	23.9	0.4
2013									
占总类型的比例(%)	26.3		55.3				18.4		
2009									
占总类型的比例(%)	43.7		36.2				20.1		
占总类型的比例(%)	35.6	8.1	15.7	2.1	9.7	8.7	0.5	17.9	1.7
2004									
占总类型的比例(%)	48.9		25.1				26.2		
占总类型的比例(%)	40.1	8.8	9.3	6.6	9.2		3.1	21.3	1.8
2001									
占总类型的比例(%)	53.0		30.0				17.0		
占总类型的比例(%)	48.0	5.0	18.0	7.0	5.0		1.0	15.0	1.0

德国排水管道整治（修复）费用一览表[3]　　　　**表 13-10**

整治(修复)方式	年限	整治/新建管道总费用(万欧元)	整治/新建管道总长度(km)	整治/新建单位管道长度费用(欧元/m)	整治/新建比例(%)	统计城镇数量
修理	2004～2008	7120.23	549	130	1.7	36
	2009～2013	20854.76	1852	113	3.5	106
	2014～2018	13187.12	1599	82	2.6	130
	2019～2023	16884.03	1502	112	2.6	115
修缮	2004～2008	31279.89	404	773	1.0	37
	2009～2013	30250.76	734	411	1.3	97
	2014～2018	40093.29	914	438	1.5	118
	2019～2023	55801.91	1398	399	2.3	124
更新	2004～2008	118811.15	778	1526	1.8	42
	2009～2013	131174.10	828	1584	1.4	104
	2014～2018	110428.79	665	1660	1.1	127
	2019～2023	136942.39	764	1794	1.3	123
新建	2004～2008	46931.52	850	552	—	—
	2009～2013	60368.12	909	664	—	—
	2014～2018	43836.74	610	718	1.0	123

（7）管网耗电量[3]。在气候变化的大背景下，节电降能和资源节约变得越来越重要。德国水协为此还调查了排水管网（除污水处理厂及其进水泵站外）能耗情况。排水管网单位电耗的中位数为 4.45kWh/(人·a)，相当于污水处理厂单位耗电量的 7.1%至 14.9%。

（8）私有宅基地排水[3]。近些年，德国加大了对私有宅基地排水系统的检查力度，发现大量与城镇公共排水系统相连接的私人排水系统（排水单元）存在很多技术和经济上的问题，且亟需认真对待和解决。约有三分之二的私有排水管网的连接管存在各种各样的问题，这些问题主要发生在合流污水管中，或者发生在含有合流污水管道的混合排水系统中。

德国私有宅基地排水设施进行验收有不同的主体。13.4%的城镇在现行当地法规中要求接入公共管网的私有管道需经过批准，另外 46.5%的城镇只有在特殊情况下才批准连接管。46.3%私有宅基地地块排水系统由当地城镇建设主管单位进行验收，21.7%私有宅基地地块排水系统由市民自主提交相关检测证书进行验收，32.0%的私有宅基地地块没有进行系统验收。78.4%的受访者称被要求提供相关证明，例如排水系统现状、功能、渗水测试等。大约有同样比例的私有宅基地地块排水设施设备运营单位被要求提供符合当地污水法规的资质证明，以及符合 RAL GZ968 或 RAL GZ961 的专业公司认证。还有较少的运营单位被要求提供诸如符合 SüwVO NRW 要求的专业报告。与公共管网运营单位通过选择有质量保证的管道建设公司一样，今后私有宅基地排水管网建设也必须选择有质量保证的管道建设公司来建设私有管道。

2. 雨水池设施情况[1]

由于雨水池①在雨天通过储存、沉淀等功能，发挥着削减向水体所排放的污染物的重要作用，在现代排水系统中，各种类型的雨水池是雨水处理和合流制溢流污染处理设施的重要组成部分。表 13-2 中所列的各种雨水池有不同的功能和构造，不同的排水体制中对各种雨水池的具体应用形式也不一样。

德国从 20 世纪 70 年代开始在合流制地区建设雨水池，旨在减少溢流污染的雨水溢流池、截流池。20 世纪 90 年代至 2005 年曾是雨水池的高速建设时期。同时，分流制地区为了减少雨天雨水的出流污染，也开始借鉴应用雨水池削减合流制溢流污染物的经验，推进包括雨水沉淀池在内的各种雨水池的建设。至 2019 年各种雨水池个数已达 56840 座，平均每万人 6.8 座，总容积达 6458 万 m^3，人均 0.777m^3。可见各种类型的雨水池已经成为德国排水系统极其重要的组成部分。

截至 2019 年，德国合流制系统中有 25909 座雨水溢流池及调蓄管涵在运营，与 2016 年的 25123 座相比增加了 3.1%[1]。图 13-1 是德国各种雨水池的发展趋势，其显示出现有合流制系统已经匹配了足够容积的雨水池设施，基本上不需要再新建。然而同样可以看出的是，目前约 50%的合流制雨水溢流池建成于 1991 年之前[1]，也就是说至 2023 年其服役年限已超 32 年，因此许多老旧的构筑物在技术设备上的整修、更新或现代化升级已经全面展开。在过去的几年中，合流制系统中的雨水溢流排口有时

① 译者注：按照德国工业标准 DIN4045，对各类雨水池的定义是：

1. 接收池（Fangbecken）：带有溢流的雨水溢流池，但是其溢流的不是沉淀后的水，其功能是截流降雨初期污染较重的合流污水。
2. 雨水沉淀池（Regenklärbecken）：用于分流制系统雨水沉淀的设施。
3. 雨水溢流池（Regenüberlaufbecken）：用于合流制储存或者沉淀合流污水，沉淀后的水溢流排放。
4. 过流池（Durchlaufbecken）：带有溢流和沉淀清水溢流的雨水溢流池，其功能是在一定范围内限制沉淀后的合流污水排放进入水体中。
5. 雨水截流池（Regenrückhaltebecken）：储存分流制，或者合流制水量峰值设施。
6. 联合池（Verbundbecken）：用于合流制的雨水池，其由接收截流池、过流池组合而成，各个池子并列或者叠加设置。

会被雨水溢流池取代，但这并不符合新颁布实施的德国水协标准《排入地表水的雨水径流管理和处理原则》A102 的规定，因此此类构筑物的数量会略有减少，或改造为雨水截流池[2]。

2019 年数据显示合流制和分流制系统中共有雨水截流池 26504 座，其数量超过了雨水溢流池，与 2016 年的 24813 座相比增长了 6.8%[1]。雨水截流池数量的持续增长，说明人们已经认识到降雨地表径流峰值的持续排放对水体的破坏性影响与合流制溢流污染排放影响一样大，而且雨水截流池在分流制及合流制系统中都具有非常大的水体保护潜力。因此仍然还有很多工作需要去做，雨水池建设远未饱和。

DWA-A102 的颁布，对于已建设区域的雨水处理有了更严格的要求，因此分流制雨水沉淀池的数量在未来数年内仍将上升，同时很多现状传统的分流制系统设施必须进行相应改造。在传统的分流制排水系统中，依据现行的技术规范，每年仍然需要新建相当数量的雨水沉淀池及雨水截流池。2019 年在分流制系统中有雨水沉淀池 4427 座（2016 年为 4133 座）[1]。虽然这仅为雨水溢流池数量的 1/6，但是其增长率较大，为 7.1%。

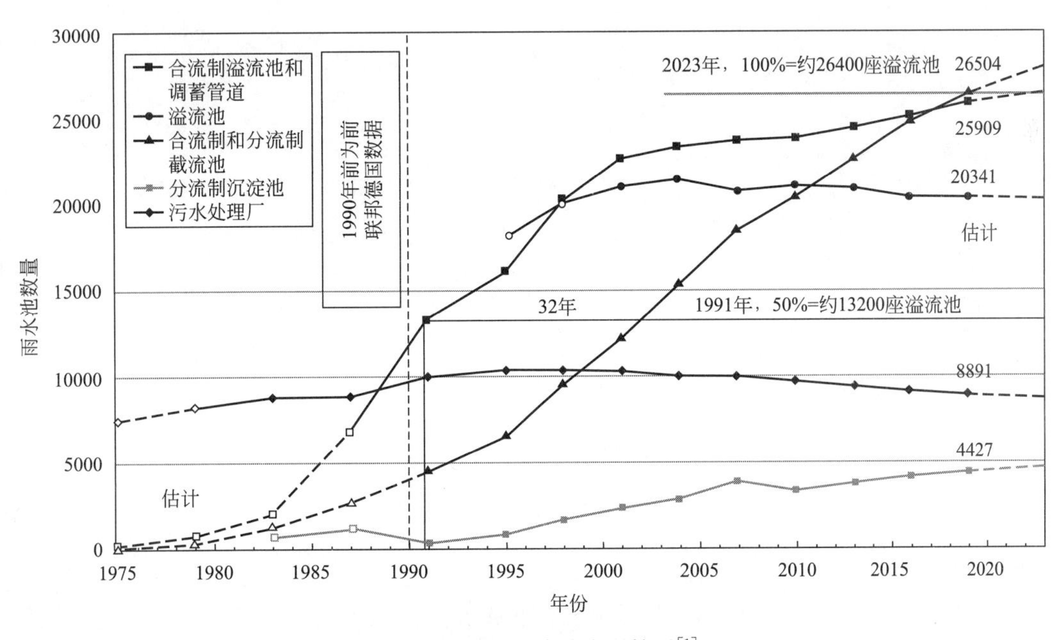

图 13-1　德国雨水池发展情况[1]

13.1.4　排水系统外来水情况[4]

外来水是指非污染的，原则上是不需要净化和不希望进入排水系统的水。外来水进入排水系统，会稀释污水浓度、提高排水设施建设和运行成本，延长雨水池放空时间。德国外来水量是按照其所占进入污水处理厂的总污水量百分比来估算的。德国各州的外来水量情况详见表13-11。从表13-11中可以看出合流制占比高的萨尔州、巴登·符腾堡州、黑森州平均外来水量均超过60%，意味着进入污水处理厂的每立方米污水中，有超过0.6m^3是外来水（其中，合流制中的雨水也被视为外来水）。在排水管网体制比例类似的巴伐利亚州、莱茵兰·普法尔茨州和北莱茵·威斯特法伦州平均外来水量是上述三州的一半左右，而分流制占比高的地区的外来水量明显小于合流制地区，比如柏林市多年来均能达到零外来水。在合流制地区存在居民为防止地下水入渗导致地下室潮湿，抽排地下水至合流污水系统中。对污水处理系统运营单位来说，这一做法会导致外来水的增加，进而导致污水处理厂进水浓度降低与计费困难。此外，相关排水管超负荷运转，无法保证管段无倒流也是需要关注的重要问题。

德国各州市外来水情况[4] **表13-11**

地区	石勒苏益格·荷尔斯泰因州	梅克伦堡·前波美拉尼亚州	汉堡市	不莱梅市	柏林市
外来水占比(%)	10.3	7.0	27.3	11.7	0.0
地区	下萨克森州	勃兰登堡州	萨克森·安哈尔特州	北莱茵·威斯特法伦州	图林根州
外来水占比(%)	13.1	2.3	9.0	22.4	32.3
地区	黑森州	萨克森州	莱茵兰·普法尔茨州	萨尔州	巴伐利亚州
外来水占比(%)	72.2	33.6	41.3	60.3	30.1
地区	巴登·符腾堡州				
外来水占比(%)	63.4				

图13-2（1）和（2）是按照各地区/联邦州居民、商业和小型工业企业平均生活用水量、污水处理厂规模等级计算的平均外来水水量和外来水比例。其中巴伐利亚州为了简化计算统一将生活用水量的10%作外来水量。图13-2（3）展示的则是根据污水处理厂运行报告记录的外来水占比。

什么原因导致德国各地外来水量有这么大的差距，目前尚无明确定论。但是杜绝外来水进入排水管道是排水管网治理的首要问题，业界希望在未来能够再减少50%。经过大力整治，德国平均外来水量已经从2016年的40.6%减少到了2019年的

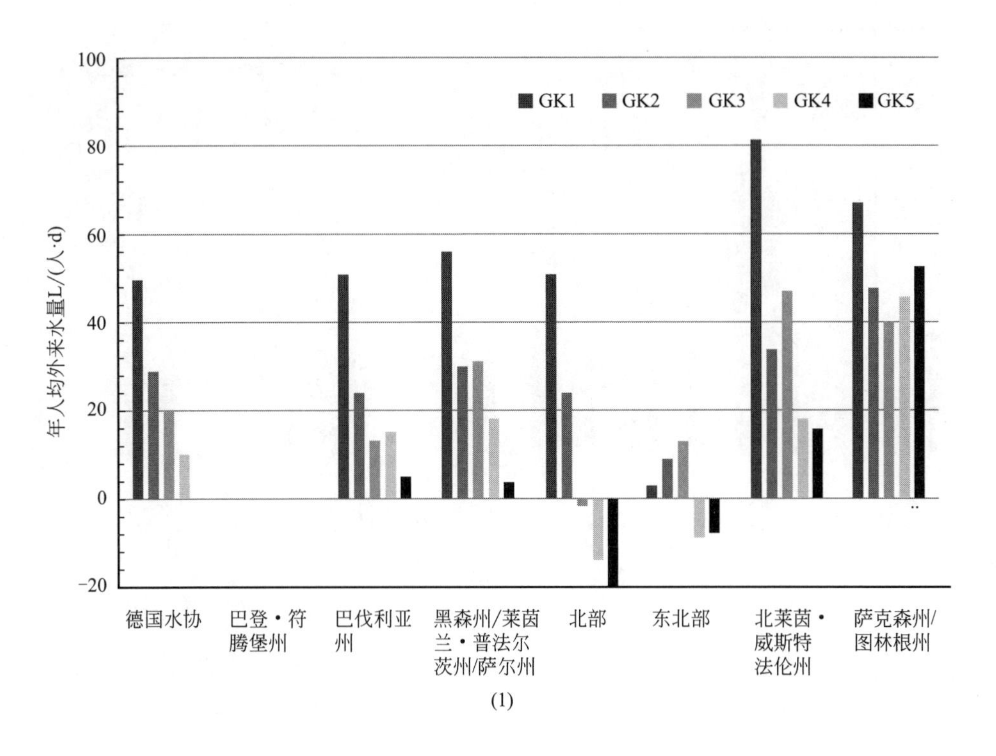

(1)

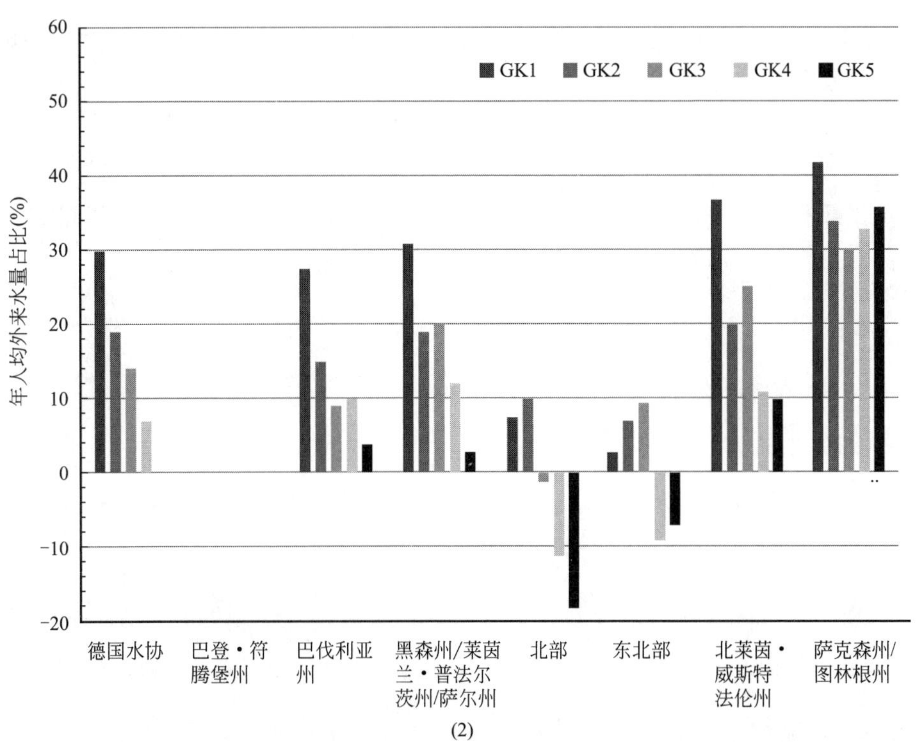

(2)

图 13-2　根据污水处理厂规模及不同联邦州的人均外来水量及外来水比例[4]

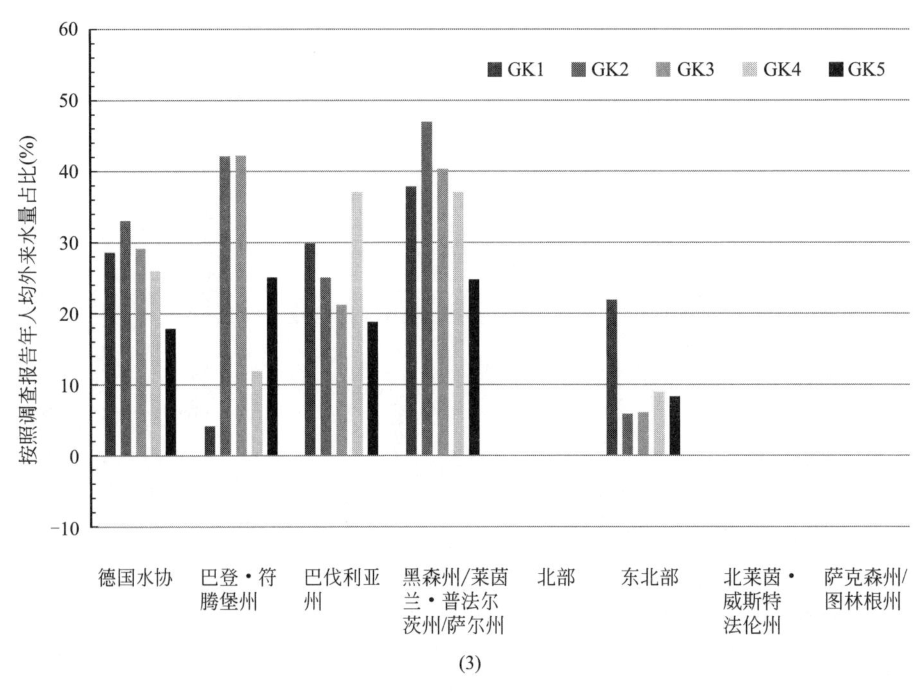

(3)

图 13-2　根据污水处理厂规模及不同联邦州的人均外来水量及外来水比例[4]（续）

30.4%[4]，这是非常值得称赞的。但是一些联邦州的外来水进入量仍然高于德国平均值，仍需要采取进一步治理措施。

从图 13-2 中可以看到，计算所得的外来水水量相对较小，但各州的数值差异却很大。在北部和东北部，计算出来的外来水水量和比例甚至是负值，这可能是因为该区域的污水处理厂处理的水量低于统计的生活用水量所导致的。还可以看到随着污水处理厂规模的增大，部分区域/联邦州的平均外来水量数值会显著下降，特别是第五级（GK5）① 的大型污水处理厂外来水比例很低。需要注意的是，图 13-2 中展示的数值均是中位值，若为平均值则会更高一些。另一个需要注意的地方是，根据调查报告数据显示，各地根据污水处理厂运行数据记录的外来水量比例明显高于该地的外来水量的计算值，这与计算值和运行报告记录值之间存在的差异、计算方法的简化、记录值存在的误差等因素均有关。特别是通过用水量来计算外水量时，即便是同一联邦州内的不同区域，其用水量差别也会非常大。例如柏林市中心城区和附近的勃兰登堡州乡村地区，两地用水量就有非常大的差异。故根据平均用水量来计算外来水是不完全

① 德国污水处理厂规模等级是按照服务的当量人口规模划分的，第一级（GK1）0～999 人，第二级（GK2）1000～5000 人，第三级（GK3）5001～10000 人，第四级（GK4）10001～10 万人，第五级（GK5）10 万人以上。

合适的，特别是第四、第五等级（GK4、GK5）的污水处理厂，有可能受高浓度工业废水的影响，从而导致计算的人均污水量出现较明显偏差。

13.2　德国排水管网系统创新发展

为纪念德国水协成立75周年，德国水协下属排水系统主委员会发文探讨了德国排水系统的创新与发展，就以下几点进行了深刻阐述。

13.2.1　行业面临的问题及需求[5]

1. 基本问题

（1）排水系统改造势在必行。随着数字化在排水系统规划、设计、管理、维护中发挥的作用越来越大，以及人们对现代城市雨水收集方式的反思日益增多，对排水系统进行系统性的改造势在必行。

1）排水系统信息与BIM的结合。BIM旨在更长的生命周期中尽可能地提供所需的完备建筑信息。在排水系统领域，德国信息系统已经建立并维护了数十年，已经可以很好地适应特定需求和任务设置。目前正在逐渐摸索形成一套规则，用以确保排水系统信息系统能够满足各种需求。除了属性数据和运营数据之外，还更加关注数字化在规划中的应用。

2）优化现有系统。系统地收集和评估现有的运营信息是十分必要的，除了定量测量（例如流量、水位）之外，水质的测定也将变得越来越重要。对测量信息进行系统性管理，并从中提取出正确结论，可以实现更准确地评估现有系统的运行情况。大数据分析或人工智能（AI）应用可以帮助进行系统优化。此外，目前还没有引起足够重视的议题包括：排水系统的外来物质（微塑料、建筑产品或表面处理涂层中的微量物质）产生的污染负荷将是未来需要面对的问题，可能会对排水系统的运行产生重大影响。与此同时，气候变化、人口迁移、老龄化，技术标准或政策目标变化都会对现有排水系统造成新的压力。

（2）需要准确掌握现有排水系统。设计、建造和科学运行可以储存、下渗、排放的雨水设施是今后的重要任务。按照需要进行运行维护，并在充分掌握排水系统现状的前提下，有针对性地进行排水系统治理，才更有助于节约资源、能源和原材料。

（3）需要与气候变化相适应。不断加剧的气候变化要求排水系统既要适用于旱季，也适用于局部短时间强降雨。下辖8个专业委员会和55个工作组的德国水协排水系统主委员会正在积极研究如何将“水意识”与包括碳平衡、资源负荷、城市的各种不同的使用需求（例如多功能空间）以及城市发展更好地协调统一。

2. 行动需求

（1）给水排水系统补充、丰富蓝、绿色设施，除了有利于水资源管理、防洪和水环境保护外，还有助于改善城市供水状况；

（2）将雨水综合管理工作协调纳入居民未来“水意识”的建立和发展中；

（3）提高居民对排水系统中废物的产生和残留污染物影响的认知；

（4）将监测作为排水系统运行质量控制的关键；

（5）进一步开发模拟模型，以提高对洪涝和物质传输的预测能力；

（6）加强社区间的沟通，将居民区的排水需求的变化纳入各级区域和市政发展规划中。

13.2.2 排水系统发展现状与状态评估[5]

2020年，德国水协成立了一个新的专家委员会ES-4，负责制定排水系统状况评估标准，现已制定了一整套的评估标准。其目标是建立一个统一的、易于实操和理解的管网状态判断标准，以及发展标准的评判方法，来确定排水管道和构筑物质状态类别。

13.2.3 排水系统建设的未来挑战

由于排水系统与其他基础设施相比（需要）有极长的使用寿命，以及其对环境和居民健康持续保护的重要性，因此必须保障排水系统的最高质量的运行。排水系统通常是城市中具有最高资产价值的基础设施之一，建设成本往往十分高昂，且质量水平将极大地影响经济发展，所以排水系统是城市管理者关注的重点。

公共和私人排水系统共同构成一个完整的系统。只有当此系统的两个部分功能和质量协调一致，并相互作用，才能够保证整个排水系统功能的充分发挥。因此优化和进一步发展私人地块排水，避免出现私人地块排水病害，将有助于整个系统功能的提升。如何依法治水、如何在收费技术上引入定价模型、排水费如何评估、如何确定排水量、有哪些可选替代排水方法是必须及早研究的重要课题。

13.2.4　排水系统运营及其未来挑战[5]

排水系统的运营在未来面临着巨大的挑战，其需要在有限的人力和财力资源的背景下完成任务。这造成对运营过程的透明化以及资源消耗的合理性的要求变得越来越高，这也是越来越多的管网运营单位采用运营管理系统的原因之一。应建设与气候变化相适应的排水系统，为满足推动城市和社区的水敏感发展的要求，新设施和更合理的结构必将被强制使用。

排水系统的运营单位目前正面临由于气候变化以及由此引起的强降雨事件、日益频繁的干旱期所带来的各种挑战，这些挑战也直接影响了排水管网服务区域内的居民生活。城镇排水规划建设必须同时跨领域地与城市建设、交通和绿地规划合作，寻找新的更加优化的方式，以尽量减少强降雨造成的损害。单纯扩大现有排水能力，以解决极端降雨带来的问题并不是一个普遍适用的办法。毕竟在罕见的强降水事件期间需要管理的水量会很快达到地下排水管网系统排放的极限，而设立地表排水行泄通道是重要举措，但需要跨领域协作才能够实现。管网运营单位同时也需要（采取措施）减少公共排水管网的外来水进入量，原则上，地下水、施工降地下水都不应排入排水管网系统。

在私有排水设施方面，还需要重新思考协调方法。公共和私人排水系统应被视为一个整体，私人土地上的排水防涝措施也有重要的作用。私有排水管网运营单位还应为业主提供更广泛的咨询服务。

由于管网运营单位的复杂性，将现有的合流系统转换为分流系统的需求并不紧迫，而且在实践中也往往难以实施。市民现在能通过地下基础设施的路线规划等信息，了解这一现状。通常情况下，在现存的建筑物外的相关街道下，几乎没有足够多余的空间用于铺设额外的分流管渠。从税费和经济方面来看，现存管网短时间内的连续改造难以实现。同时，城市区域内存在的建筑物也导致地下排水系统向分流制转换将很难实现。但是将降水区域与现有合流系统分离可能是更好的解决方案。

排水系统运营单位的基本目标是建设和运维高质量的排水系统，以实现管网使用寿命的延长和公共资产的保值增值，故必须批判性地看待公众经常要求基础设施建设尽可能省钱（经济）的问题。在排水系统管理工作中，短期的节约措施可能对一般寿命很长的排水基础设施的长期运行成本产生非常不利的影响。在这种认知下，运营单位必须进行长期战略思考和规划。除了得当的规划外，高质量的维修、翻新和新建管网工作也是必不可少的。因此，业主方以及施工建设方的高专业能力是必不可少的。

展望未来，需要新的施工方法来满足持续和统一的循环经济、材料能源再利用的需求。建筑材料的选择和使用，挖掘材料的再利用，例如液态土壤回填（国内称为“自密实”）和适当的土地管理将发挥越来越重要的作用。

最终，所有未来的挑战都只能由专业合格和态度积极的人才来应对。因此，技能培训和工作管理变得至关重要，必须比以往更加积极地制定人才战略和措施，将排水建设、运营、修复单位定位为长期有吸引力的用人单位。

13.2.5 排水管道治理的新发展和前景[5]

排水工作的新重点是排水基础设施的运行维护。根据德国水协最新的调查，在城镇道路之下，公共排水系统的设施资产相当庞大，然而有接近五分之一的管道有管道病害，并需在近中期内得到修复。管网的维护与所有公共基础设施一样，是一项“永无止境”的任务。这意味着付费用户将持续支付大量资金来维修、翻新和更新管网，并且费用也将持续上涨。德国约有 51.1％的管道已得到修复，24.7％的管道甚至得到更新。虽然其中约四分之三的排水管的修复通过内部非开挖工艺，但是仍然缺乏排水系统的系统改造规划，原因还在于设计规划人员的知识不足。排水管道运营单位负责对专业规划做出指导性决定，并对项目质量提出要求，最终也是修复工艺的决定方。所以排水管道维护进一步发展的关键，是强化对管道修复治理从业人员的培训。

13.3 德国污水处理情况

13.3.1 污水处理厂概况[4]

据 2023 年最新调查数据，德国现有污水处理厂 8891 座，总规模 1.521 亿当量人口（含工业废水），接近德国实际人口的 2 倍。2022 年调查了其中 5121 座污水处理厂，调查规模为 1.34 亿当量人口污水处理能力，占总规模的 88.3％。所调查污水处理厂的规模分布情况详见表 13-12。

目前德国数量最多的污水处理厂仍然是第一级（GK1）和第二级（GK2）。虽然第五级厂（GK5）数量最少，但是其服务人口占比却是最大的。

2022年调查的城镇污水处理厂规模分布情况表[4]　　表13-12

德国污水处理厂规模等级	规模范围（人）	数量（座）	占调查座数比（%）	规模人口（百万人）	占调查规模人口比(%)
GK1第一级	0～999	1306	20.6	0.6	0.4
GK2第二级	1000～5000	1514	30.1	4.1	3.1
GK3第三级	5001～10000	675	13.4	5.2	3.9
GK4第四级	10001～10万	1577	31.4	51.4	38.4
GK5第五级	10万以上	222	4.4	72.7	54.3
合　计		5294*		134	

注：*表示原文此调查数与表13-3的调查数5121座不一致。

13.3.2　污水处理厂运行情况

2022年德国与奥地利调查污水处理厂运行数据汇总见表13-13。表中数据反映出：

（1）污水处理厂均尚未满负荷运行。所调查污水处理厂运行负荷率（按实际服务人口与设计规模比值计）平均为75.7%，对比奥地利为66.8%。负荷最高的是德国中西部的黑森州/莱茵兰·普法尔茨州/萨尔州地区（85.7%），最低的是巴伐利亚州（67.5%）。

（2）各地区人均污水处理量、进水水质与排水体制和污水处理厂规模密切相关。污水处理厂服务范围内分流制占比越高，则污水处理厂的单位当量人口的处理水量就越少，而污水处理厂进水污染物浓度也明显高于合流制占比高的地区。按照当量人口计算，德国人均污水处理量为112～301L/(人·d)，相应进水COD_{Cr}浓度为434～1074mg/L。对比奥地利的相应数据分别为184L/(人·d)和659mg/L。如合流制占比为78.6%（详见表13-1德国合流制占比）的巴登·符腾堡州，其年均进水COD_{Cr}为434mg/L，其人均污水处理量为301L/(人·d)，其中包含较多的雨天截流的雨水；而合流制占比仅为15.1%的东北部地区（梅克伦堡·前波美拉尼亚州、勃兰登堡州和柏林市）其人均污水处理量为112L/（人·d），而且年均进水COD_{Cr}为1074mg/L[4]。分析相关性可知，污水处理厂（人口）规模基本与单位人口污水处理量成反比，与进水污染物浓度成正比，详见图13-3和图13-4。

2022 年德国与奥地利调查污水处理厂运行数据汇总表[4]　　表 13-13

地名		巴登·符腾堡州	巴伐利亚州	黑森州/莱茵兰·普法尔茨州/萨尔州	北部地区	东北部地区	北莱茵·威斯特法伦州	萨克森州/图林根州	德国合计或平均	奥地利
参数	单位									
污水处理厂数量	座	873	1450	1054	474	312	485	473	5121	767
年处理水量	百万 m^3	1462	1346	1022	781	491	1836	421	7359	978
规模	百万人口	21.8	23.7	14.0	21.2	14.2	31.3	7.7	133.9	22
年均运行负荷率	百万人口	15.1	16.0	12.0	17.0	12.0	23.2	6.0	101.4	14.7
	%	69.3	67.5	85.7	80.2	84.5	74.1	77.9	75.7	66.8
年人均处理水量	m^3/(人·a)	110	84	86	46	41	79	70	73	67
	L/(人·d)	301	230	236	126	112	216	192	200	184
年平均 COD 浓度	进水 mg/L	434	529	512	956	1074	554	626	601	659
	核算当量 g/(人·d)	131	122	121	120	121	120	120	120	121
	出水	18	24	22	41	39	26	27	26	30
	削减率%	95.9	95.5	95.6	95.7	96.4	95.3	95.7	95.7	95.4
年平均总 N 浓度	进水 mg/L	40.4	53.1	49.0	77.5	92.6	50.3	63.0	55.1	52.0
	进水 COD∶总氮	10.7∶1	10∶1	10.4∶1	12.3∶1	11.6∶1	11.0∶1	9.9∶1	10.9∶1	12.7∶1
	核算当量 g/(人·d)	12	12	12	10	10	11	12	11	10
	出水 mg/L	8.9	10.3	7.9	8.1	10.2	7.5	9.0	8.7	9.3
	削减率%	78.0	80.6	84.0	89.6	88.9	85.0	85.8	84.3	82.2
年平均总 P 浓度	进水 mg/L	5.6	10.6	7.0	10.6	13.7	6.9	8.3	8.2	7.7
	核算当量 g/(人·d)	1.7	2.4	1.6	1.3	1.5	1.5	1.6	1.6	1.4
	出水 mg/L	0.37	0.73	0.56	0.54	0.53	0.41	0.79	0.53	0.6
	削减率%	93.3	93.1	92.0	94.9	96.2	94.0	90.5	93.6	92.3
NH_4-N	出水 mg/L	0.49	1.31	1.34	1.19	0.75	0.59	1.08	0.91	1.23
NO_3-N	出水 mg/L	7.1	7.3	5.1	5.4	7.6	5.1	6.3	6.2	6.2

注：表中德国各地区污水处理厂处理水量差距很大的缘故，是排水体制不同造成的，合流制地区处理水量中，包括截流的雨水。

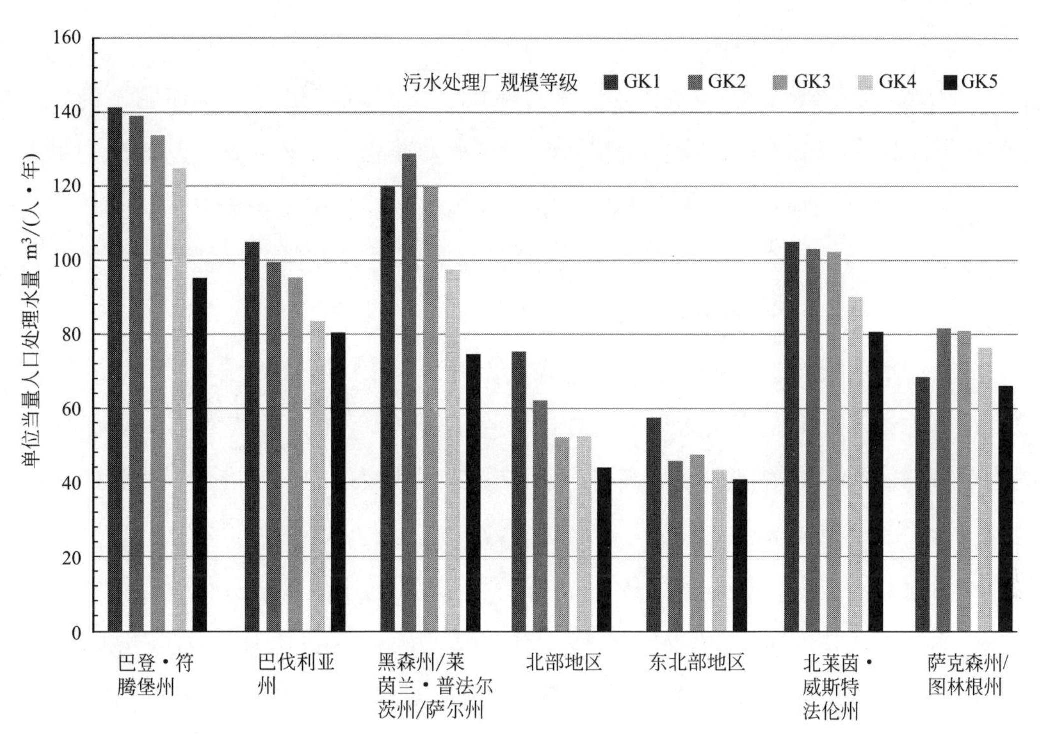

图 13-3　德国各地区污水处理厂规模与单位人口污水处理量的关系

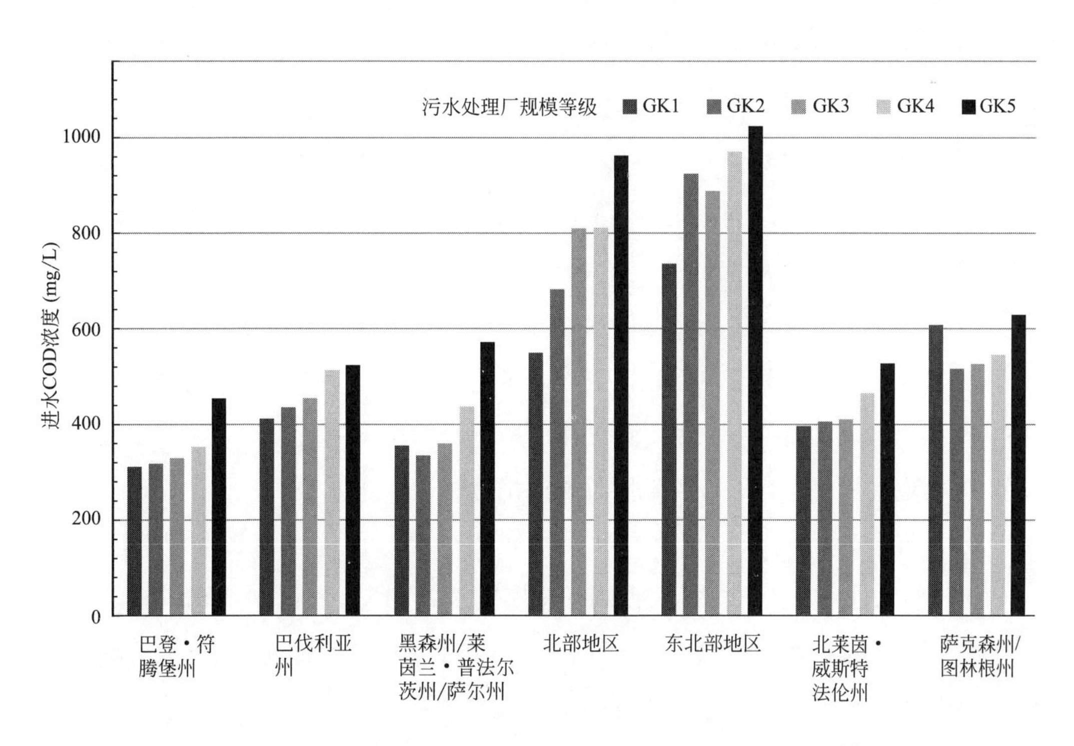

图 13-4　德国各地区污水处理厂规模与进水 COD 浓度的关系[6]

(3) 污水处理厂规模衡量科学。德国污水处理厂规模是按照当量人口［工业污水按照COD负荷120g/(人·d) 折算］来衡量的，这有效解决了排水体制不同，处理水量不同，但是当量人口污染负荷相同时的污水处理能力计算问题。其按照当量人口计算的污水收集率也减少了很多影响因素的干扰（比如，避免了进水水量和污水产生量调查的真实性、准确性和合理性的问题）；与此同时，也让单位耗电量、单位污泥产量等的比较能在一个相同的前提条件下进行。

(4) 进水污染物当量规定精准。令人惊讶的是，按照实际处理水量和进水污染物浓度计算的进水污染物当量人口，各地区平均单位人口产生的除总磷外的其余污染物的当量值与德国标准规定的平均人口产污当量是非常接近的。标准分别为：COD_{Cr} 为120g/(人·d)，总氮为11g/(人·d)，总磷为1.8g/(人·d)[9]。近年来，德国调查中不再有 BOD_5 的数据，这与德国从2000年开始鼓励采用 COD_{Cr} 进行设计计算和考核有密切的关系，德国现行的污水处理厂设计规程 *Bemessenung von erinstufigen Belebungsanlagen* DWA-A131-2016（一段活性污泥法设计计算规程）就取消了 BOD_5 计算，而是采用 COD_{Cr} 为计算参数。且调查报告中也无 BOD_5。

(5) 单位人口总氮产生当量与污水处理厂规模等级成反比。调查显示合流制占比低的北部和东北部地区进水总氮浓度明显高于合流制占比高的地区，但是合流制占比低的东北部地区其污水处理厂规模与进水 COD_{Cr} 浓度相反，与总氮进水浓度成反比。也就是说污水处理厂规模越大，进水的总氮浓度越低。其他地区没有明显规律，详见图13-5。各地区进水单位当量人口总氮产生量也与污水处理厂规模明显成反比，各地区总氮产生量相近，详见图13-6。

(6) 单位人口总磷产生当量与污水处理厂规模等级成反比。与总氮一样，调查显示合流制占比低的北部和东北部地区进水总磷浓度明显高于合流制占比高的地区，但与污水处理厂规模没有明显关系，详见图13-7。进水单位当量人口总磷产生量与污水处理厂规模也明显成反比，且各地区总磷产生量相近，详见图13-8。

(7) 小规模污水处理厂出水总磷污染负荷较高。德国10000当量人口以下的（1～3级）污水处理厂人口规模仅占调查总规模的7.53%，但是其总磷的排放负荷却仅占调查厂总磷排放负荷的24%。所以进一步降低小型污水处理厂出水的磷浓度是德国污水处理业界的重要任务，详见图13-9。

(8) 污水处理厂出水水质稳定。德国自1990年开始要求5000当量人口规模以上的污水处理厂必须除氮，20000当量人口规模以上污水处理厂必须除磷。根据德国

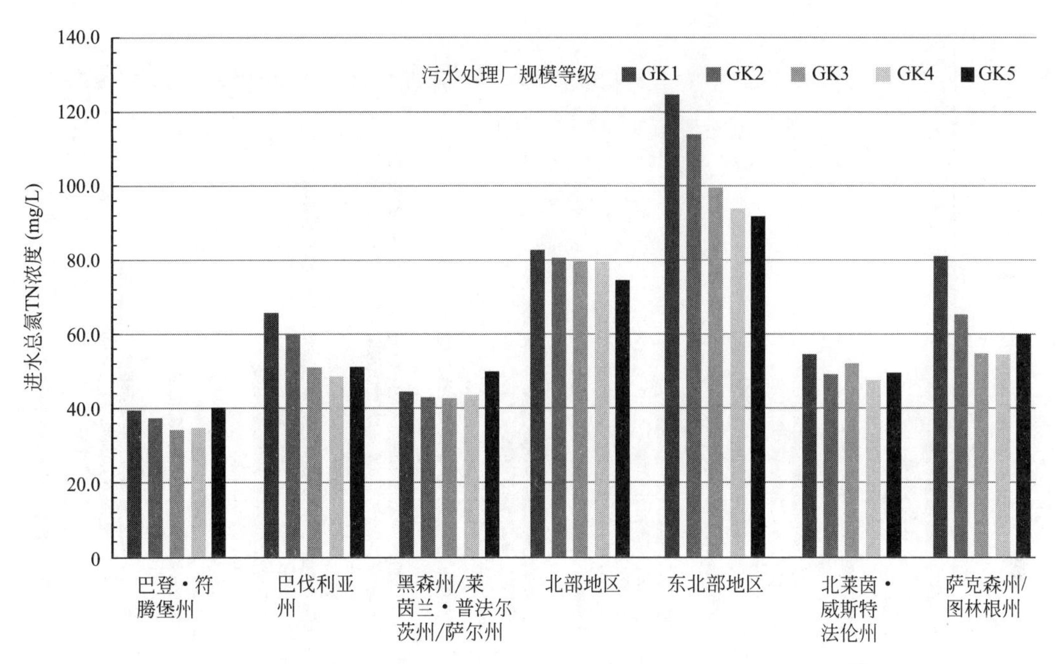

图 13-5　德国各地区污水处理厂规模与进水总氮 TN 浓度的关系[6]

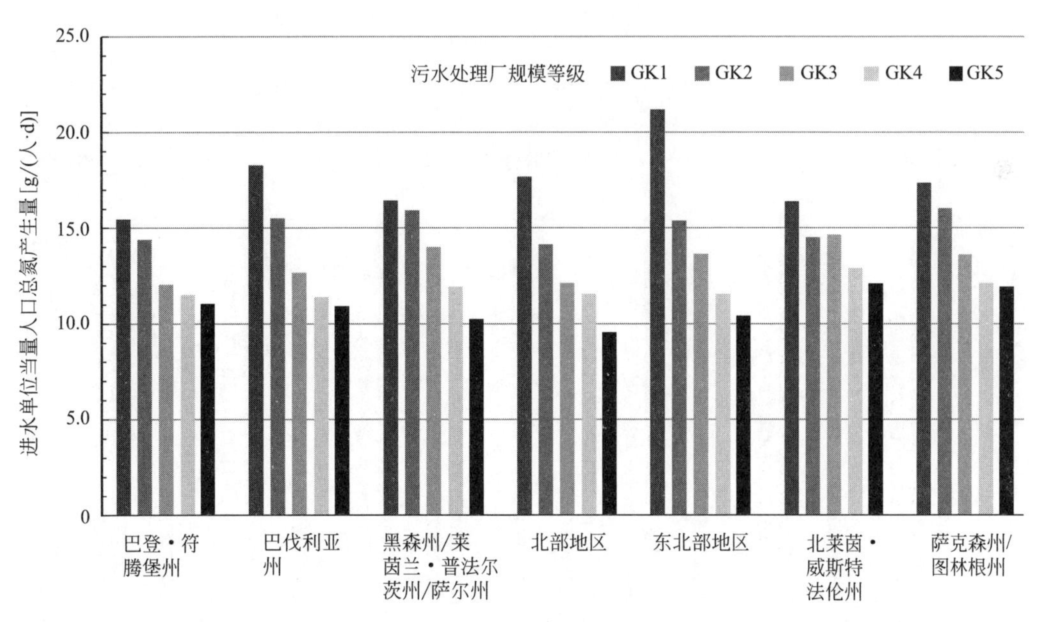

图 13-6　德国各地区污水处理厂规模与进水单位当量人口总氮 TN 产生量的关系[6]

Abwasserverordnung（《污水条例》，AbwV），其污水处理厂主要污染物出水水质限值详见表 13-14。虽然德国污水处理厂出水水质标准相较我国不是非常严格，但是污水处理厂出水在满足国家（联邦州）水质限值的基础上，还要根据德国 *Abwasserabgabengesetz*（《污水费法》，AbwAG），按照有害物质排放量缴纳排污费，这体现了其

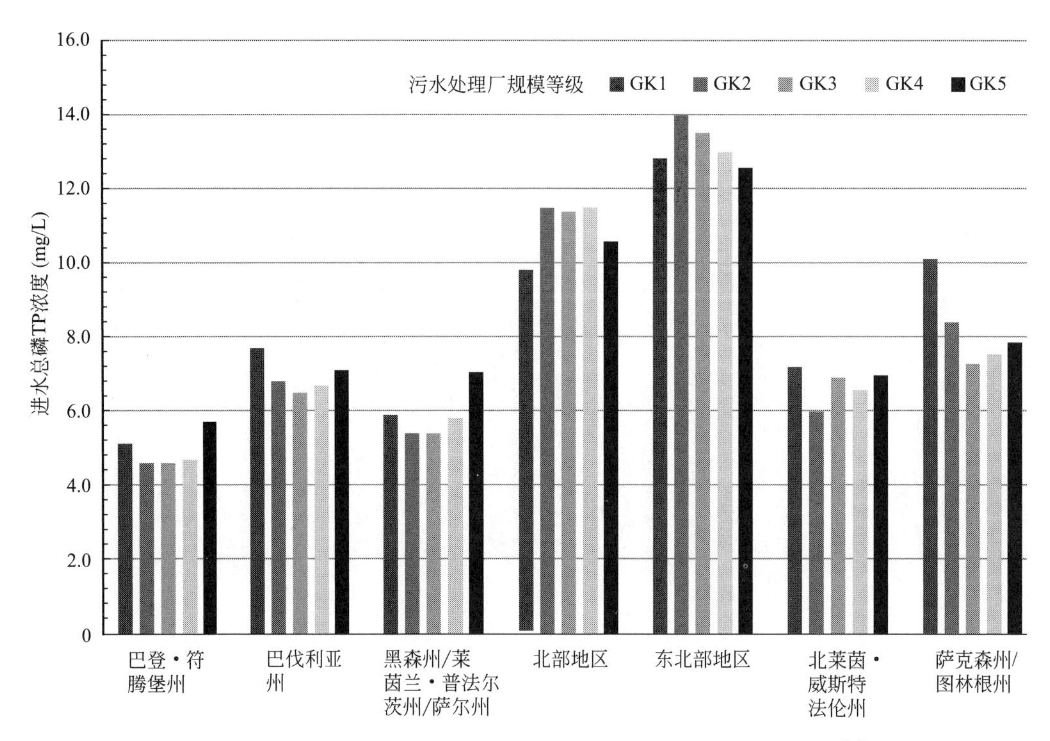

图 13-7　德国各地区污水处理厂规模与进水总氮 TN 浓度的关系[6]

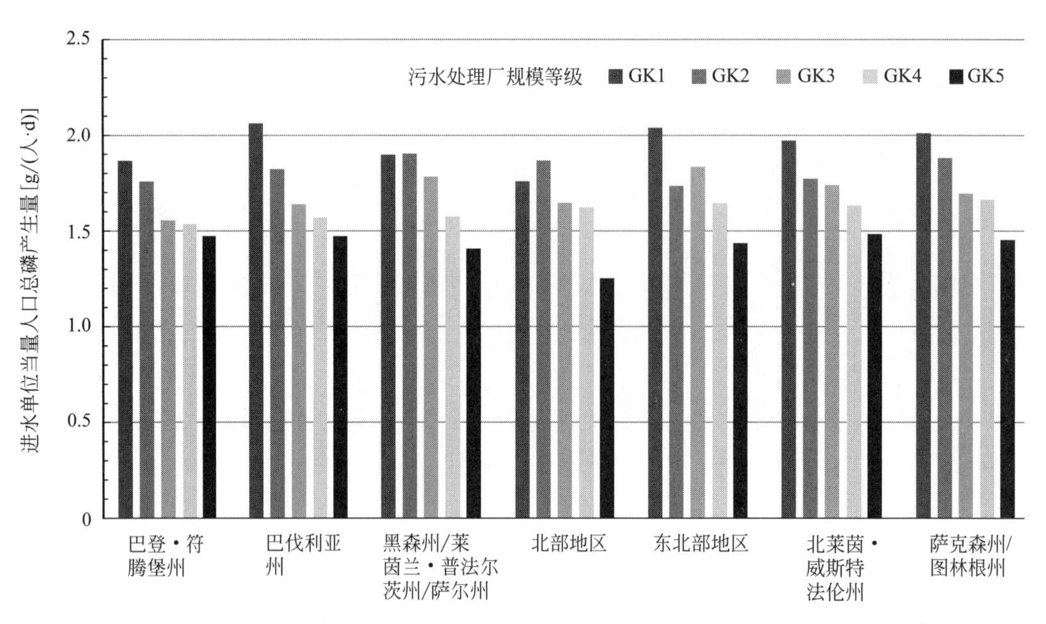

图 13-8　德国各地区污水处理厂规模与进水单位当量人口总磷 TP 产生量的关系[6]

出水水质不是为达标而达标。计费的有害物质包括剩余的有机物、营养物和有毒有害物质，计量标准详见表 13-15。德国排污费收费标准在不断提高，目前执行 2002 年的

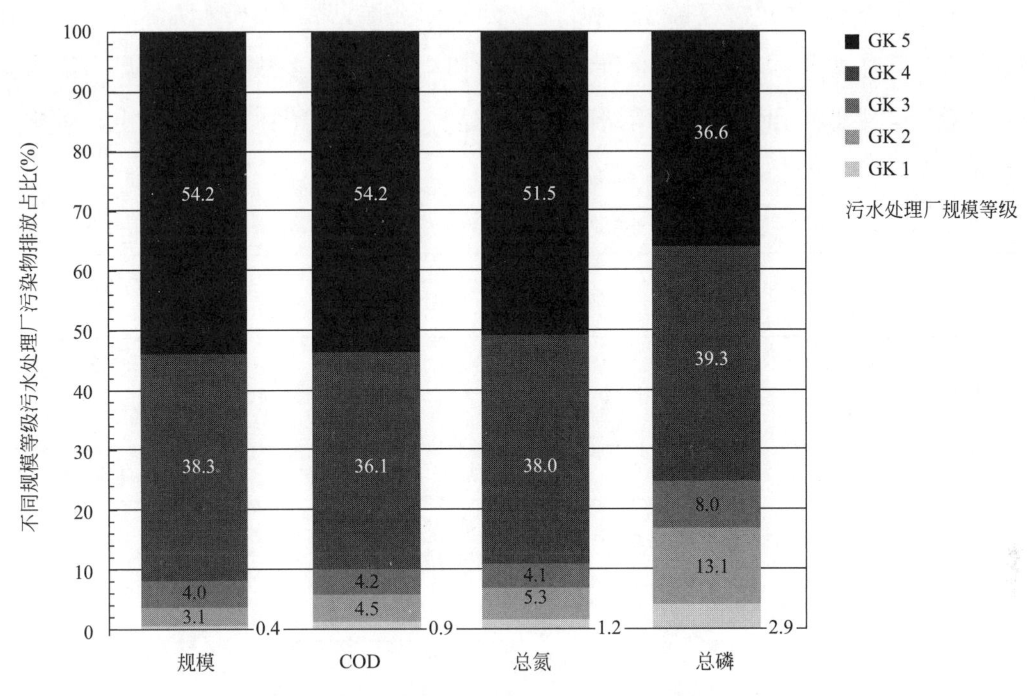

图 13-9 各规模等级污水处理厂污染物排放占比[6]

标准，一个有害物质单位为35.79欧元。

例如：当污水处理厂排放的COD浓度超过20mg/L，并且全年的排放量超过250kg时，则应按照50kg化学需氧量为一个收费单位缴费；再如，有机卤化物（以可吸附氯化物计），污水处理厂排放的卤化物浓度超过100μg/L，并且年排放总量超过10kg/年时，则以2kg卤素为一个收费单位缴费。

德国目前执行的污水处理厂主要水污染物排放限值（AbwAG） **表 13-14**

污水处理厂规模等级	污水处理厂规模（当量人口）	污染物排放标准(mg/L)				
		COD_{Cr}	BOD_5	NH_4-N	TN	TP
1	＜1000	≤150	≤40			
2	1000(含)～5000	≤110	≤25			
3	5000(含)～20000	≤90	≤20	≤10	≤18	
4	20000(含)～100000	≤90	≤20	≤10	≤18	≤2
5	≥100000	≤75	≤15	≤10	≤18	≤1

自2004年开始，德国污水处理厂污染物去除率始终保持在较高水平，有文章评价称，处理水平已到了生物处理的极限[8]。德国曾还按照污水处理厂耗氧物质负荷和营养物负荷的排放情况，将污染物排放水平分为五级，其中耗氧物质包括BOD_5、

COD_{Cr} 和 NH_4-N，营养物包括 TN 和 TP，分级标准详见表 13-16。实际上，德国各污水处理厂出水水质远优于排放标准（对照表 13-13），绝大多数污水处理厂污染物排放水平处于“很低”和“低”的等级水平上，这种分级体现了在达标基础上，对排放质量水平的综合评价。

有害物质（组）及重金属排放量标准（AbwAG）　　表 13-15

编号	有害物质(组)	一个有害物单位对应的污染物量	缴费限值（浓度和年排放量）
1	化学需氧(COD)	50kg	20mg/L,250kg/a
2	总磷	3kg	0.1mg/L,15kg/a
3	总氮	25kg	5mg/L,125kg/a
4	可吸附的有机卤化物	2kg 卤素（以有机化合态氯化物计）	100μg/L,10kg/a
5	金属及金属化合物		
5.1	汞	20g	1mg/L,100g/a
5.2	镉	100g	5mg/L,500g/a
5.3	铬	500g	50mg/L,2.5kg/a
5.4	镍	500g	50mg/L,2.5kg/a
5.5	铅	500g	50mg/L,2.5kg/a
5.6	铜	1000g	100mg/L,5kg/a
6	对鱼卵毒性物质	$6000m^3$ 污水除以 G(tief)EI	G(tief)EI=2

注：1. G（tief）EI 是稀释因数，即稀释后对处理后污水中的鱼卵进行测试，不再有毒性的稀释倍数；
2. 如果处理后的污水是排入海洋的，该毒性物质不再考核；原因是海水的盐分含量会使该数值失去意义，同样对于排入河海口的情况也不再适用。

德国污水处理厂出水水质水平分级　　表 13-16

等级	出水所含污染物情况	出水所含耗氧物质浓度			出水所含营养物质浓度	
		BOD_5	COD_{Cr}	NH_4-N	TN	TP
		mg/L				
1	很低	～5	～30	～1	～8	～0.5
2	低	6～10	31～50	2～3	9～13	0.6～1.0
3	一般	11～20	51～90	4～10	14～18	1.1～2.0
4	高	21～30	91～120	11～20	19～35	2.1～5.0
5	很高	>30	>120	>20	>35	>5.0

13.3.3　污水处理厂能耗情况[7]

各州污水处理单位人口耗电量差距不大。人均耗电量最低的是东北地区各州，最高的州是巴登·符腾堡州，折算的单位处理水量的耗电量与各地区污水处理厂进水浓度成正比。2020 年所调查污水处理厂的总耗电量为 3148GWh/年（亿瓦时），占德国全部污水处理厂耗电量的 84.7%，约占德国 2017 年总耗电的 129TWh（亿千瓦时）的 2.4%。德国处理单位水量耗电量在 0.31～0.69kWh/m^3，平均 0.38kWh/m^3[6,7]。此耗电量统计包括污泥处理，详见表 13-17、表 13-18。各污水处理厂能源自给的数据尚未完全掌握，能源自给量约为 1118GWh/年，特别是大型污水处理厂，如德国北部污水处理厂能源自给量可占耗电量的 50%以上，特别是规模较大的污水处理厂。相比之下，黑森州、莱茵兰·普法尔茨州、萨尔州污水处理厂能源自给量不足 30%，这与这些地区小型和不带厌氧消化的污水处理厂较多有关。在这基础上，德国还在大力推进 CO 收集、沼气发电、光伏发电、风力发电、改善水力条件等，实现提升污水处理厂能源自给率。

2020 年德国与奥地利调查污水处理厂能耗调查数据汇总表[7]　　**表 13-17**

地名		巴登·符腾堡州	巴伐利亚州	黑森州/莱茵兰·普法尔茨州/萨尔州	北部地区	东北部地区	北莱茵·威斯特法伦州	萨克森州/图林根州	德国合计或平均	奥地利
参数	单位									
能耗污水处理厂数量	座	856	1263	1180	341	286	472	437	4835	733
规模	百万人口	21.6	23.4	16.2	18.5	13.1	28.2	7.7	128.7	21.5
年均负荷	百万人口	15.5	16.5	15.6	14.1	11.5	21.5	6.2	100.9	14.8
总耗电量	GWh/年	524	527	460	453	320	674	191	3148	417
单位人口耗电量	kWh/(人·年)	33.8	32.0	29.4	32.2	27.8	31.3	30.7	31.2	28.2
折算单位处理水量的耗电量	kWh/m^3	0.36	0.39	0.37	0.64	0.68	0.34	0.47	0.38	0.40

续表

地名		巴登·符腾堡州	巴伐利亚州	黑森州/莱茵兰·普法尔茨州/萨尔州	北部地区	东北部地区	北莱茵·威斯特法伦州	萨克森州/图林根州	德国合计或平均	奥地利
参数	单位									
有能源自给的污水处理厂数量	座	268	无数据	202	84	68	214	62	898	338
能源自给量	GWh/年	209	无数据	125	185	158	360	82	1118	172.5
能源自给率	%	40	无数据	27	41	49	53	43	36	41

德国污水处理厂 2011 年能耗与 2020 年的比较[6,7] **表 13-18**

规模等级	调查数量（座）		规模（百万人口）		平均负荷（百万人口）		耗电量（GWh/年）		单位耗电量[kWh/(人·a)]	
	2011 年	2020 年	2011 年	2020 年	2011 年	2020 年	2011 年	2020 年	2011 年	2020 年
第一级	811	938	0.4	0.5	0.4	0.4	22.7	22.5	54.1	56.1
第二级	1292	1484	3.6	4.0	3.1	3.4	128.6	145.2	41.5	42.1
第三级	610	644	4.7	5.1	4.0	4.1	152.6	161.7	38.1	39.8
第四级	1415	1538	46.1	50.6	36.0	39.5	1229.3	1235.1	34.1	31.3
第五级	203	211	66.0	68.5	51.2	53.5	1684.6	1583.6	32.9	29.6
合计	4331	4835	120.8	128.7	94.7	100.9	3127.7	3148.1	34.0	31.2

13.3.4 污泥产量和处理处置情况[8]

德国污泥产量情况详见表 13-19，规模大于 5000 人口当量的污水处理厂，污泥人均产量十分接近，但是规模小于 5000 人口当量的污水处理厂，污泥产量波动较大，这与这些厂采用移动式脱水机有关[8]。

德国《污泥生物稳定化导则》DWA-M368 中规定：采用好氧生物稳定的，污泥产量为 18kg（干物质）/(人·a)；采用厌氧消化稳定的，污泥产量为 15kg（干物质）/(人·a)。若按照人均产泥量 15kg/(人·d) 计算，德国平均每处理一万立方米污水，产泥量约为 2000kg，相当于 10m^3（污泥含水率按照 80％计）。

2019 年调查的城镇污水处理厂污泥产量[8]　　表 13-19

规模分级		无厌氧消化			有厌氧消化		
规模	规模范围（人）	座数（座）	规模（人）	平均污泥产量［kg/(人·a)］	座数（座）	规模（人）	平均污泥产量［kg/(人·a)］
第一级	0～999	394	202200	16	1	999	9
第二级	1000～5000	889	2492576	14	5	20400	17
第三级	5001～10000	458	3523878	16	29	245500	13
第四级	10001～100000	625	16798996	16	456	18720670	15
第五级	100000 以上	39	15256000	15	93	28882864	15

德国目前污泥处理以热处理（干化、焚烧，包括在电厂等协同焚烧）为主，处理量约占总污泥量的 75％以上，但这些污泥在干化、焚烧处理之前都是经过厌氧消化稳定化处理的。约 23％的污泥经厌氧消化，或者好氧发酵处理后进行农业利用，或者用来进行土壤改良。德国污水处理厂污泥消化气产气量调查详见表 13-20。

德国污水处理厂污泥消化产气量调查表[8]　　表 13-20

污水处理厂规模等级	污水处理厂规模（当量人口）	沼气产量［L/(人·d)］
3	5000(含)～20000	20
4	20000(含)～100000	23
5	≥100000	27

1993 年 5 月 14 日，德国颁布了《垃圾填埋条例》（*TA Siedlungsabfall*，简称 TASi），该条例规定，只允许有机物含量不超过 5％的垃圾物质进行填埋。这一法律经过了 12 年的过渡时期之后彻底禁止污泥填埋，于 2005 年完全关闭了污泥填埋途径。在 2005 年全面禁止污泥填埋之后，污泥总体产量呈现稍微下降的趋势，其主要原因是在污泥脱水过程中，石灰添加量的下降。

2013 年 4 月 5 日对“垃圾填埋条例”进行了修订，允许垃圾填埋场存放合格的污泥焚烧灰分（灼烧减量＜5％）。德国对单独焚烧的灰分进行临时储存，目的是未来能够对其中的磷进行回收。在2005年之后，污泥土地利用减少的主要原因是：有害物质（卤化物、重金属、微污染）、絮凝剂、磷资源回收。

2015年德国对肥料法（DüMV）进行了修订，对污泥作为肥料时内有害物质的上限含量做出了十分严格的规定。并规定，自2017年1月1日开始，农用污泥脱水使用的高分子调理絮凝药剂只能选用2年内生物降解能力至少超过20%的产品；自2019年开始，对无法证明具有至少20%可生物降解的絮凝剂必须采取实施用量限制措施。污泥农用时，每年通过污泥输入农田的高分子调理絮凝药剂不能高于15kg/hm^2，但对于可部分或全部降解的高分子絮凝剂来说，则不受这一用量规定的限制。

德国城镇污水处理厂的污泥处理产物能否农用的争论在此后仍然一直存在。反对污泥农用的原因为：城镇污泥内含有重金属、持久性有机污染物质、残留药物和化妆品等。经过十多年的修订，德国污水处理厂污泥法（AbfKlärV）于2017年10月正式宣布生效。

新版污泥法明确规定：在规定的过渡期（12年或15年）之后，所有规模超过5万人口当量的污水处理厂都必须从污泥或者污泥灰中进行磷回收，同时禁止污泥的直接土地利用。大于10万当量人口的污水处理厂，此规定自2029年执行；大于5万且小于或等于10万当量人口的污水处理厂，2032年执行，即自2029年或者2032年起全面禁止污泥农用。

该污水处理厂污泥法规定污水处理厂有义务进行磷回收，磷含量＞20gP/kg DS的，必须将磷回收至＜20gP/kg DS，或者证明磷回收效率至少为50%。磷含量高于40gP/kg DS的，磷回收效率可以降低，或者承诺污泥进行单独焚烧，或者协同焚烧，并从灰渣中回收磷，回收比例高于80%；或者对含磷灰分/碳质残余物进行物质性利用。根据《垃圾填埋条例》，可对含磷灰分/碳质残余物进行暂时存放，暂时存放期为5年，以便对其进行磷回收；如有政府相关部门批准，可以延长暂存期。

为满足“污泥条例”的要求，需要形成“过渡性处理能力”，故过渡期需要投入大量的人力、物力、资金建设污泥磷回收设施。过渡期内能满足污泥允许在水泥厂、燃煤电厂和垃圾焚烧厂协同焚烧，但是实现协同焚烧的前提条件是污泥干化处理能力要满足要求。

法规没有规定必须采用的具体磷回收工艺技术。污水处理厂既可以建造单独污泥焚烧装置，然后从污泥灰中进行磷回收，也可以采用化学结晶沉淀工艺进行磷回收（例如鸟粪石MAP工艺）。目前从城镇污泥（污水）进行磷回收的技术不完全成熟，从城镇污泥灰中进行磷回收的工艺，在德国目前尚无大规模大型设备成功运行的经验，故法规为大面积采用磷回收工艺提供了足够的过渡期。

规模小于50000人口当量的污水处理厂如果污泥质量符合标准，可以作为肥料直接农用。对于这些土地利用的污泥来说，今后除了政府监管之外，还将进一步引入污泥质量监督管理体系。受自管理、有害物质限值、絮凝剂可降解性等愈加严格的限制，德国数量众多的小型污水处理厂，多开始采用太阳能干化装置进行污泥干化处理，然后干污泥被收集到污泥单独焚烧厂集中处置。

13.3.5　污水处理监督管理

德国污水处理厂运行达标采用2h一个样的24h混合样分析。污水处理厂年均值达标，即视为运行达标。监管部门抽检主要是看COD、SS、NH_4-N、TN、TP等指标。

联邦和地方对监管部门监督性抽样检查的瞬时样取样有严格的规定，如有的州规定采用10min样，即在10min内，2min一个样，采用5个样的混合样。监督性抽样的样品有两种处理方法：一是瞬时样分三份，监管部门、污水处理厂和第三方各一个，三者检测数据误差在一定范围，则有效；二是瞬时样一分二，监管部门和污水处理厂各一份，保留一份，若误差超出范围，则委托第三方复查第三份样本。判定一个厂排放是否超标，则采用“四五”法则：即如果本次检测有一个样品一个指标超标，且没有超标100%，则追溯前四次，如果前四次没有超标，则本次抽检合格。污水处理厂在线监测数据只作为指导运行的参考，不能够作为监管的手段，因为在线监测仪器的测定方法不是德国工业标准（DIN）规定的方法。

13.4　德国排水受纳水体情况[10]

2012～2014年，德国地表水体中的氮输入量为487000t/a。与1983～1987年期间（超过100万t/a）相比，减少了约50%（图13-10）。这主要归因于点源（市政污水处理厂和工业直接排放）氮输入的减少。得益于技术水平和处理能力的提高，污水处理厂在2012～2014年总氮输入中的比例仅为19%，较1983～1987年（超过40%）有大幅降低，来自扩散源的氮输入减少了35%。2012～2014年，51%的氮是通过地下水进入地表水体的，农业来源的氮输入约占总氮输入的75%，即在地表水体氮输入中占主导地位[10]。

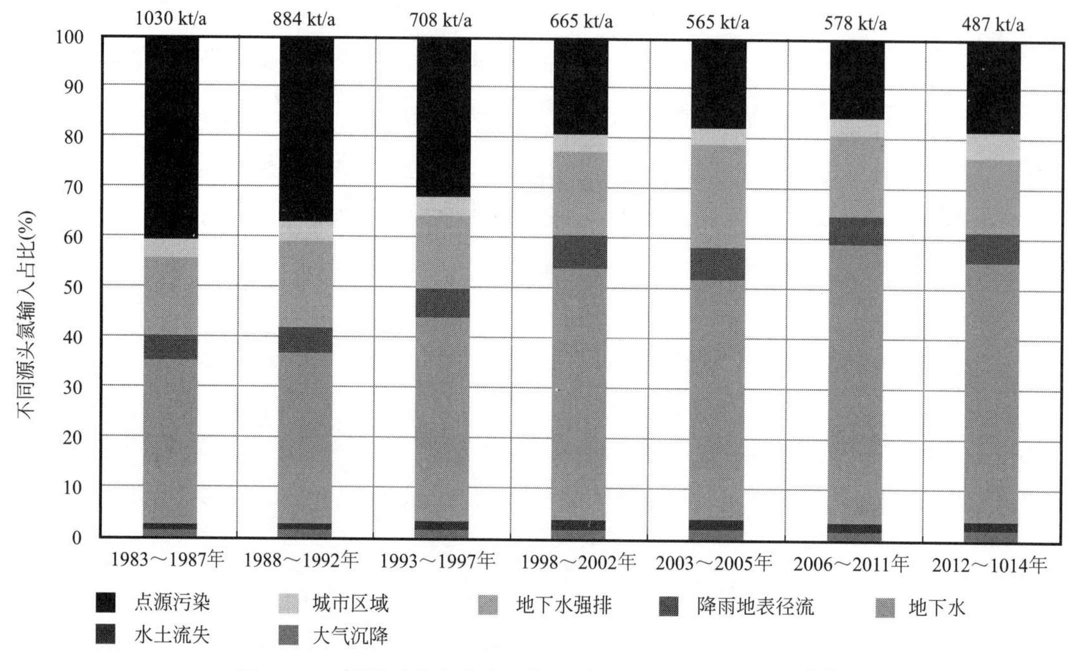

图 13-10 德国地表水体点面氮源分布及随时间变化情况[10]

2012～2014年，德国地表水体中的磷输入总量约为23000t/a（图13-11）。相比1983～1987年，减少了72%，约59000t/a，这主要归因于点源输入的减少。尽管点源输入显著减少，2012～2014年仍占总磷输入量的34%。在过去20年中，面源磷输入仅减少了29%。其中，来自城市区域（合流制排水系统溢流、分流制排水系统、未接入市政污水处理厂或排水系统的居民区）的输入在面源输入减少中占最大比例。在扩散路径中，除了城市区域外，地下水的磷输入约占总输入量的21%，其次是水土流失输入，占16%。农业磷输入约占总磷输入的50%[10]。

污水处理厂对水体保护做出了重要贡献，并减少了营养物质和化学物质的输入。尽管在污水处理方面取得了显著技术进步，但德国业界认为，来自污水处理厂的营养物质和污染物在某些区域的输入仍然过高，还需要进一步减少。

在德国判断水体质量的最重要的规定是于2000年颁布的《欧盟水框架指令》WRRL，该指令是第一部以生态为导向的水体保护指令，并且强调广泛的公众参与。《欧盟水框架指令》WRRL和《欧盟海洋战略框架指令》MSRL，其要求成员国维护水体状态（禁止恶化），并在水体状态未达良好标准的地方实施措施进行改善，目标是在2027年之前，使所有地表水体达到良好的生态和化学状态。

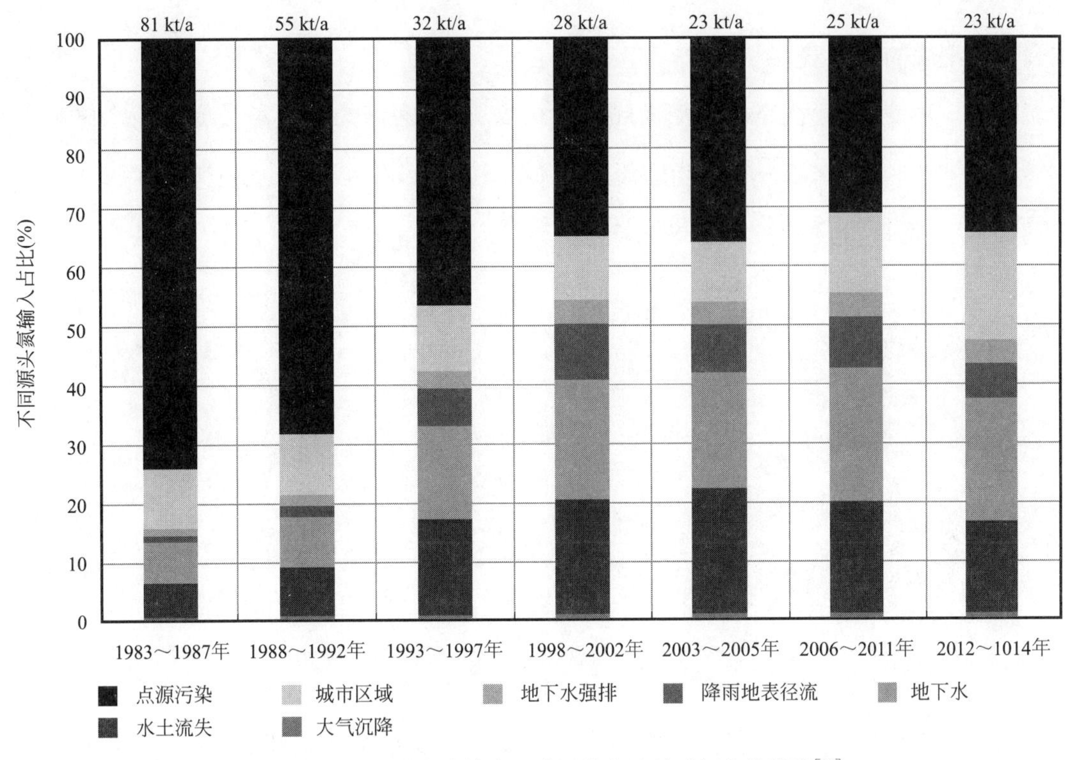

图 13-11　德国地表水体点面磷源分布及随时间变化情况[10]

WRRL 把水体划分为“天然地表水体”和“显著改变地表水体和人工地表水体”两类。天然地表水体处于“良好状态”时，该天然地表水体的生态状态和化学状态均被评估为“良好”。对于显著改变和人工地表水体，当生态潜力至少被评估为“良好”且化学状态被评估为“良好”时，即可认为其处于良好状态。

1）水体的化学状态

WRRL 将 45 种化学高环境风险学物质指定为优先物质，为其在整个欧洲范围内设定了环境质量标准阈值，其中 21 种物质甚至被分类为优先危险物质，另外其中有 8 种被称为“普遍存在的物质”。它们在监测时适用特殊规则，并且可以在化学状态判定时进行单独考虑。

为了监测水体的化学状态，会测量水中悬浮物、沉积物或水生生物（如鱼类或贻贝）中的污染物浓度。如有一种物质的环境质量标准超标，化学状态将不再被视为良好，必须进行干预。然而德国地表水体，受“普遍存在的物质”的影响，所有水体的化学状态均被评定为不良。鱼类中汞和特定阻燃剂的环境质量标准在所有地方均已超标。如果将水体中 8 种“普遍存在的物质”另外评判，则大多数地表水体处于良好的化学状态[11]。

2）水体的生态状态/生态潜力

图13-12是地表水体生态状态（自然水体）或生态潜力（显著改变地表水体和人工地表水体）分级表。不同等级的生态状态/生态潜力被赋予不同的颜色，便于展示评估结果。

Farbe 代表色彩	Zustand	状态	Potenzial	潜力
	sehr gut	非常好		
	gut	好	gut und besser	好/更优
	mäßig	一般	mäßig	一般
	unbefriedigend	不好	unbefriedigend	不好
	schlecht	差	schlecht	差

图13-12　地表水体生态状况以及生态潜力分级图示

2021年德国地表水体目前只有9％的水体达到良好的生态状态/潜力。水体处于“一般”状态，生态状态/潜力没有完全达到WRRL给出的生态目标的水体占36％，且占比最多。34％的水体被认为是“不好”的，18％的水体被认为是状态“差”的。如果将生态潜力与生态状态分开考虑，则在目标达成程度上会出现明显差异。目前，约有14％的天然水体达到了WRRL的管理目标。相比之下，只有5％“显著改变地表水体和人工地表水体”达到了这一目标，近60％的生态潜力仅达到第4级“不好”[11]。

13.5　法律构架和技术标准

作为欧洲环保中坚力量，德国环保理论、经验和技术水平在国际上处于领先地位，并积极参与制定国际（ISO）欧盟（EU）环保法律法规及行业标准。德国现行环保法律结构及实例如图13-13所示，遵循下级行政单位在上级行政单位颁布的法律基础上，依据实地地质、经济、技术、人口情况，对上级法律法规做出本土化解释和细化、具体化、完善化规定，并遵循下级标准可以高于上级标准但不能低于上级标准的原则。同时，实际运营单位可以根据自身技术水平和投资能力，自行申请提高排放标准，在得到批准后可降低排放费缴纳额度，以用于升级技术装备等。这个体系有利于各级行政单位能够不断根据变化的环境、经济、技术等需求或限制来及时调整策略和要求，避免造成人力、财力浪费和环境负担。

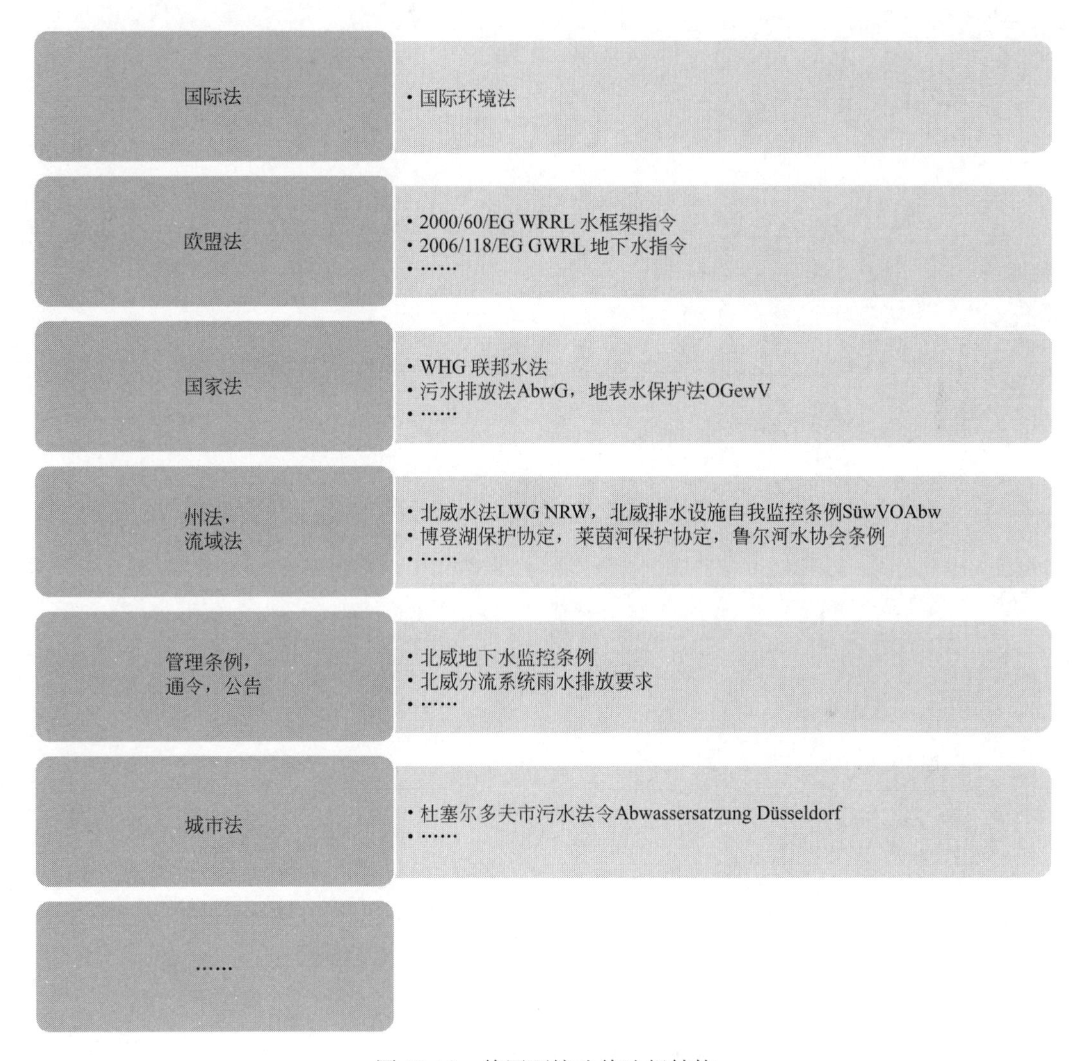

图 13-13　德国环境法律法规结构

德国技术规范系统及实例如图 13-14 所示。现行的行业标准由不同机构制定，其系统极其庞大且复杂，分类分级非常细致，经常相互穿插引用。各类发布机构和技术文件主要针对不同使用者的需求，相互认可，互相之间不存在重要性区别。

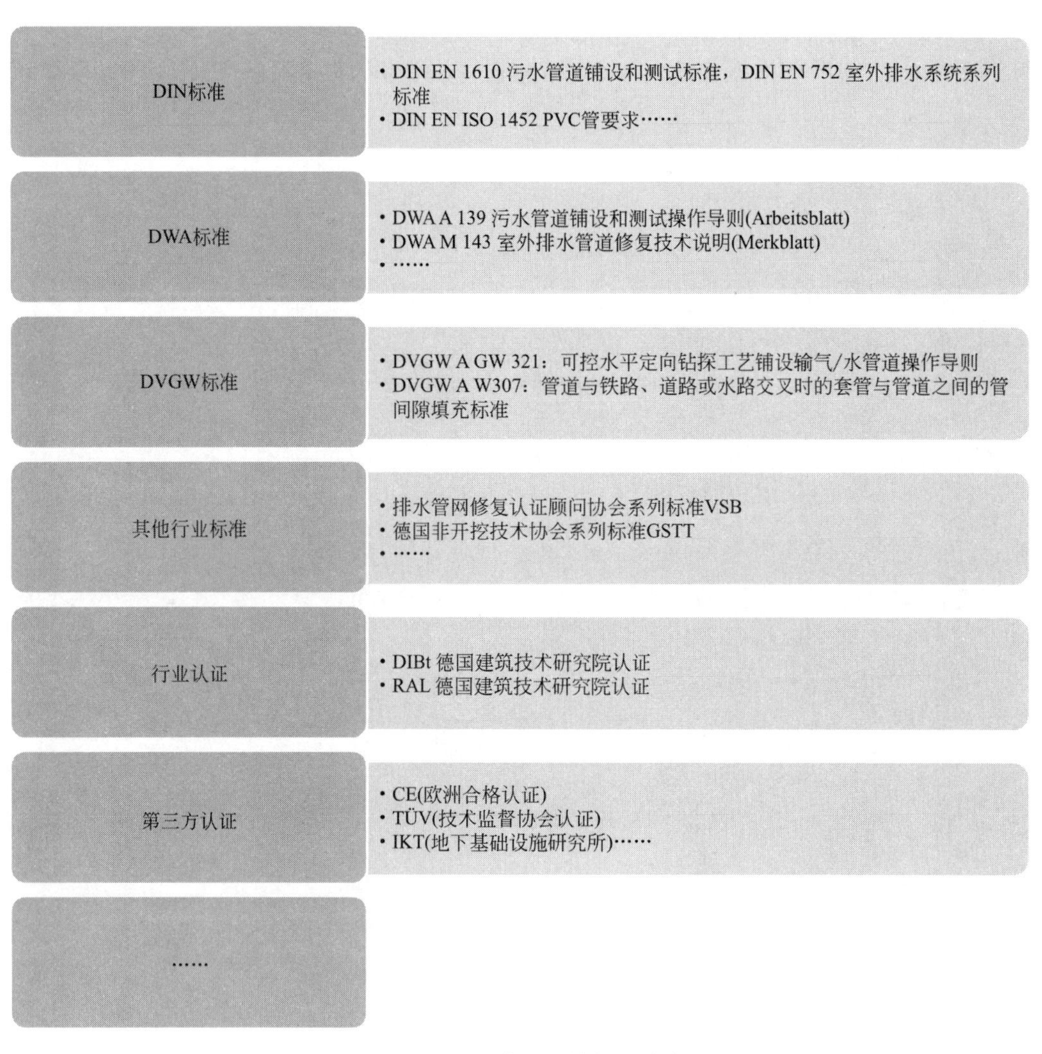

图 13-14　德国环境标准分类

13.6　几点启示

1. 节水是治水的前提。德国是一个节约用水工作非常有成效的国家，其人均用水量不足 128L/（人・d）。德国人均用水量定义相当于我国的综合生活用水量，我国目前综合生活用水量是德国的 1 倍以上。节水是最大的减污措施，一定要把“以水定城、以水定地、以水定人、以水定产”落到实处。其中，首先一定要把我国现行的用水量标准中的用水量指标值，按照节水需要和实际情况降下来。

2. 外来水控制是我国现有排水管网治理的首要任务。外来水是排水管道的“敌人”，外来水使我国的污水管道、合流管道时时处于满管流、压力流状态，让源头污水接不进去，让合流管丧失了截流倍数，还让污水处理厂进水污染物浓度失真，甚至是“清水进、清水出”，让污水处理厂失去了污染物削减的真正作用。和德国相比，我国不仅要解决污水管道、合流管道的外来水，还要解决雨水管道的外来水。外来水使我国的雨水管道旱天存在满管流、压力流情况，导致雨水管道中的积泥清不出来，就让受纳水体“下雨就黑臭”。无视现状排水管道的外来水，将满管流、高水位、压力流运行当成防止地下水入渗、地面塌陷的“法宝”，只是自欺欺人，只会导致污水处理厂污染物雨天进水体。德国2019年统计的平均外来水占比为30.4%，要注意的是，这是全年平均值，其中还包括了合流制地区雨天收集的雨水。根据我国污水处理厂进水浓度推算，外来水占比可能旱天即超过50%，雨天则更高。雨天污水处理厂溢流，各种排水口高浓度溢流、出流就是上述情况最好的证明。

此外，以外来水占污水量的比例来衡量外来水量的方法是否适合于我国是值得商榷的。一是其测定范围需要有明确的排水边界，还要在夜深人静、无污水排放的时候测定；二是我国城市高楼鳞次栉比，建筑密度很高，其单位面积的污水产生量要比德国高很多。本书作者认为更适宜的方法是结合排水管道检测，采用单位管长的外水量来衡量。本书作者曾经做过一个研究：按照单位管长测算，德国污水管道的外水量是13.4m^3/(km·d)。而在我国很多城市此数据为150～300m^3/(km·d)，甚至更高。按此推算，我国日均旱天外来水量高达7400万～14800万m^3。依据《中国城镇水务行业年度发展报告》(2022)统计，2022年我国年均污水处理量为706.1亿m^3（日均19345万m^3），外来水量占比为38.2%～76.5%。

衡量排水管道质量达标的标准应为：污水管道、(旱天)合流管道非满流，有浓度；雨水管道旱天无水流、少积泥。

3. 雨天出流污染物削减一定要采用综合措施。各种雨水池是削减雨天合流制溢流污染和分流制出流污染的重要措施，也是今后排水系统最重要的组成部分之一。我国许多城市也在大力推进雨水池的建设，但效果并不尽如人意。究其原因，一是没有直面高水位、满管流的排水管道现状，没有真正认识到末端雨水池雨天截的是管道中的“存水”，没有真正理解“初期雨水效应”的正确含义；二是以截流若干毫米所谓的“初期雨水”为雨水池设计依据，导致这些“调蓄池”调蓄的是管道存水和外来水；三是忽视对雨天排水口入河污染物的分析。实际情况是雨天合流制的溢流污染、分流制的出流污染物是由管道中的积泥、径流污染和污水（合流、混接）三部分构成的。不管源头径流污染、不清雨水管道中的积泥，分流制不管混接污水（包括雨水口纳污），溢流和出流的污染物浓度必定高于真正的生活污水浓度；四是缺少对现状条件下排水设施已建成“初雨调蓄池”对雨天截流污染物真正作用的分析。“初期雨水调蓄池”不能是“一招鲜”，“初期雨水”也是个尚待商榷的概念。目前德国业界的目标是将进入水体的污染物总量从 600kg(COD_{Cr})/(年·hm^2)，削减到不超过 250kg/(年·hm^2)。实现这个目标绝不可能仅靠雨水池这一招。近十年来德国业界对新型排水系统的不断尝试就是证明，况且其排水管道得到良好养护（如积泥厚度控制在管径的 1/40 以下）就是保证。

我国住房城乡建设部等四部委在 2022 年印发的《深入打好城市黑臭水体污染防治攻坚战实施方案》中指出：有条件的地区在完成片区管网排查修复改造的前提下，采取增设调蓄设施、快速净化设施等措施，降低合流制管网雨季溢流污染，减少雨季污染物入河湖量。

不采取源头径流污染控制、不将现状排水管道整治好、不将外水赶出去、不将排水管道养护好、不将雨水管道中的积泥真正有效地清出来、不将雨水管道中的混接污水赶出去、不将道路雨水口纳污消除掉，“调蓄池”“初雨调蓄池”就发挥不了其设计功能。另外我们把具有不同功能、用于不同条件和场合的雨水池都称为“调蓄池”这种简单化处理方式已经不适应当下的理论发展和技术认知。仅仅按照若干毫米数计算“调蓄池”容积这种粗暴处理方式只能导致“事数倍而功未半”。

4. 排水体制一定要实现真正的合流制或者分流制。在德国无论是传统的合流制，还是分流制排水系统，其均是以满足相关技术规定为前提的，且能够实现合流污水，或者雨水得到有效处理，实现对水环境的有效保护。由于两种排水体制都会有有害物质的排放，所以选用的排水体制应是有害物质的排放是最低的。在德国，在真正意义上的传统合流制、分流制两种排水体制基础上，以削减有害物质排放为目标，使排水系统得到不断的完善。我国现有排水系统因外来水、雨污混接、合流分流制区域互相交叉、雨水口纳污、高水位满管流运行等原因，导致两种排水体制都不是真正的合流制或者分流制排水系统。“憋流制”是本书作者对排水现状无奈的“戏称”。对分流制雨水排水系统末端高水位运行的雨水泵站进行的所谓污水截流，截的却是地下水，而绝不是混接污水；淹没在水体常水位下的排水口作为沿河截污，截的不是混接污水，而是水体水。它们雨天排放的是管道积泥、径流污染和来自雨水口收纳的污染物。雨天出现的高浓度污染物排放现象，是因为“零存整取”，或者是“翻肠倒海”的“呕吐”的结果。所以治缺陷、赶外水、降水位、清积泥、改混接、管住雨水口纳污是让现状排水系统恢复到真正意义上的两种排水体制的重要对策。放弃雨水泵站和雨水排水口末端所谓截污是最容易实现的措施，也是减少外来水、降低管道水位、利于管道养护最简单的措施。雨水管道中的积泥主要还是来自径流污染。因此在整治排水系统的基础上，一定要把“海绵城市”当作技术措施来做。要认识到，“海绵城市”是技术术语，是绿色设施的中国表述。德国水协2023年1月在其专业刊物*Korrespondenz Abwasser Abfall*中刊载的《排水系统现状调查、规划、建设、运营、修复的创新工艺、方法、技术》中提到：近十多年来，治水的哲学思想发生了很大的变化，越来越多的雨水在源头被回收、再利用……设计、建造和运行可以储存、下渗、排放的雨水设施是不久将来的重要任务……补充或/及丰富以蓝、绿色为基础设施的排水系统。一定要将雨水管道清积泥作为控制进入水体污染物的重要手段，这是排水管网养护的重要工作。

5. 污水处理厂非满负荷运行是值得借鉴的经验。德国污水处理厂不是满负荷运行的，其平均负荷率为75.7%。这与德国污水处理厂设计处理能力为旱季污水量的两倍有关。德国这一两倍旱流污水量的计算规定的初衷是为了解决进管、进厂外来水的问题。由于行业针对地下水等外水入渗问题持续做出的努力，目前外来水主要成分是不可避免的合流制雨水。如在分流制占比高的东北部地区，外来水比例仅占污水量的4.6%，柏林市更是声称零外来水。而合流制比例较高的巴登·符腾堡州，外来水量占82.9%，也是以雨水为主。由于外来水减少的原因，在污水处理厂设计两倍旱流污水量规定的指导下，德国二次沉淀池容积远大于我国各污水处理厂的二次沉淀池，使之能够充分发挥固液分离、污泥浓缩和活性污泥储存（避免雨季高峰流量将活性污泥冲出系统）三大功能。这也为德国处理不断增多的雨水截流池出水提供了基础条件。我国污水处理厂取消负荷率考核是管理的重大进步，但是设计以平均日水量乘日变化系数的方法值得讨论，至少对二次沉淀池的设计是不利的。如果为二次沉淀池设计足够大的容积，就能更加从容地应对日益严格的标准提升。但是降低负荷率的前提一定是收纳真正的、有正确浓度的污水，而不是“稀汤寡水”。

6. 我国高质量城镇排水网建设和维护任重道远。德国排水管道总长达60.8万km，人均7.32m，柏林、汉堡、不莱梅三个直辖市也达2.99～4.67m。尽管如此，德国仍然坚持排水管道建设，近年来每年增长3.3%。现存的排水管道“正值壮年”，管龄36.9年（调查推测），或者45.3年（按照管长折算）。虽然大城市管龄明显要大得多，但是德国水协特别指出：管龄不应作为是否需要修复的指标。例如 100 年以上的砖石结构排水管道往往仍处于非常良好的状态。德国有 85.7%的管道已进行过一次以上的检测，系统约有不到五分之一需要在中短期内进行修复，以支管接入处突出和裂缝为主要结构性缺陷。德国业界称：排水系统的使用寿命为 100 年，这就意味着，以现阶段的修复投入只能维持系统现状排水系统功能，并不能改善它，故预计中短期内需要修复的排水管道比例会进一步增加。德国水协指出，今后与公共部门通过选择有质量保证的管道建设公司一样，建设私有地块上私有管道的业主也应选择有质量保证的管道建设公司。

据《中国城镇水务行业年度发展报告》(2022) 数据，中国城市和县城排水管道总长度为 111.07 万 km，其中污水（含合流）管道总长度为 49.3 万 km。按照城市人口推算人均排水管道长度不足 2m。可见，相比德国，我国排水管道建设仍然需要加大力度。特别是要把高质量作为建设的重要任务。“选择有质量保证的管道建设公司”的做法是值得我们借鉴的。本书作者认为应该要这样做：要选择有技术、有装备、有质量保证、有良心的设计单位、管材生产企业、管道施工企业、监理企业。我们要的是有质量、有功能的排水管道。最简单明了和切中要害的质量标准就是“污水管道低水位、有浓度、水畅流；雨水管道旱天无水流、少积泥”。

它山之石可以攻玉，希望本文可以在了解德国排水管网系统建设、管理经验的基础上，促使业界同仁认真思考我国排水管网建设、管理中存在问题和问题缘由，启发出真正有效的优秀措施来。以问题为导向、以目标为导向、以结果有效为导向，像“心灵手巧细致认真的改衣服的大妈”一样，打好现状排水系统改造的“补丁”，把我们的排水系统改造好。

致谢

德国水、污水和废弃物处理协会（DWA）和德国联邦统计局定期组织进行德国排水管网和污水处理情况的调查，其专业刊物 *Korrespondenz Abwasser · Abfall*（《排水与垃圾》）每年均会刊载相关调查情况的报告。经授权，本文依据德国水协近年调查报告整理而成，供同行参考，并向德国水协和各位报告作者表示诚挚的谢意。

本章参考文献

[1] DETTMAR, J., WEIß, G.: Im Spiegel der Statistik: Abwasserkanalisation und Regnwasserbahandlung in Deutschland [J]. KA Korrespondenz Abwasser, Abfall 2023, 70(5), 341-351.

[2] Arbeitsblatt DWA-A102-1/BWK-A 3-1: Grundsätze zur Bewirtschaftung und Behandlung von Regenwetterabflüssen zur Einleitung in Oberflächengewässer-Teil 1: Allgeneines [S]. Hennef, 2020.

[3] BERGER, C., FALK, C., HETZEL, F., PINNEKAMP, J., RUPPELT, J., SCHLEIFFER, P., SCHMITT, J.: Zustand der Kanalisation in Deutschland [J]. KA Korrespondenz Abwasser, Abfall 2020, 67(12), 939-953.

[4] DWA-Arbeitsgruppe BIZ-1.1 "Kläranlagen-Nachbarschaften": 35. Leistungsnachweis kommunaler Kläranlagen, Fremdwasser [J]. KA Korrespondenz Abwasser, Abfall 2023, 70(10), 781-789.

[5] Arbeitsbericht des DWA-Hauptausschusses Entwässerungssysteme anlässlich des 75-jährigen Bestehens der DWA: Innovative Verfahren, Prozesse, Technologien bei Zustandserfassung, Planung, Bau, Betrieb und Sanierung von Entwässerungssystemen [J]. KA Korrespondenz Abwasser, Abfall 2023, 70(1), 22-31.

[6] DWA-Arbeitsgruppe BIZ-1.1 "Kläranlagen-Nachbarschaften": 34. Leistungsnachweis kommunaler Kläranlagen, Nährstoffe im Abwasser [J]. KA Korrespondenz Abwasser, Abfall 2022, 69(11), 943-951.

[7] DWA-Arbeitsgruppe BIZ-1.1 "Kläranlagen-Nachbarschaften": 33. Leistungsnachweis kommunaler Kläranlagen, Entwicklung des Stromverbrauchs [J]. KA Korrespondenz Abwasser, Abfall 2021, 68(11), 918-926.

[8] DWA-Arbeitsgruppe BIZ-1.1 "Kläranlagen-Nachbarschaften": 32. Leistungsnachweis kommunaler Kläranlagen, Kläranlagen Klärschlammanfall [J]. KA Korrespondenz Abwasser, Abfall 2020, 67(11), 876-884.

[9] Arbeitsblatt DWA-A 131: Bemessung von einstufigen Belebungsanlagen [S]. Hennef, 2016.

[10] Umweltbundesamt(MoRE): Gewässer in Deutschland: Zustand und Bewertung [R]. Dessau-Roßlau, 2017.

[11] BMUV/UBA: Die Wasserrahmenrichtlinie - Gewässer in Deutschland 2021, Fortschritte und Herausforderungen [R]. Bonn, Dessau, 2022.

附　　录

附录1 七大流域包含城市

流域名称	城市名称
长江流域	上海、南京、无锡、江阴、宜兴、常州、溧阳、苏州、常熟、张家港、昆山、太仓、南通、启东、如皋、仪征、镇江、丹阳、扬中、句容、靖江、泰兴、杭州、嘉兴、海宁、平湖、桐乡、湖州、合肥、巢湖、芜湖、无为、马鞍山、铜陵、潜山、黄山、滁州、宣城、广德、宁国、南昌、景德镇、乐平、萍乡、九江、瑞昌、共青城、庐山、新余、鹰潭、贵溪、赣州、瑞金、龙南、吉安、井冈山、宜春、丰城、樟树、高安、抚州、上饶、德兴、南阳、邓州、武汉、黄石、大冶、十堰、丹江口、宜昌、宜都、当阳、枝江、襄阳、老河口、枣阳、宜城、鄂州、荆门、京山、钟祥、孝感、应城、安陆、汉川、荆州、监利、石首、洪湖、松滋、黄冈、麻城、武穴、咸宁、赤壁、随州、广水、恩施、利川、仙桃、潜江、天门、长沙、宁乡、浏阳、株洲、醴陵、湘潭、湘乡、韶山、衡阳、耒阳、常宁、邵阳、武冈、邵东、岳阳、汨罗、临湘、常德、津市、张家界、益阳、沅江、郴州、资兴、永州、祁阳、怀化、洪江、娄底、冷水江、涟源、吉首、重庆、成都、简阳、都江堰、彭州、邛崃、崇州、自贡、攀枝花、泸州、德阳、广汉、什邡、绵竹、绵阳、江油、广元、遂宁、射洪、内江、隆昌、乐山、峨眉山、南充、阆中、眉山、宜宾、广安、华蓥、达州、万源、雅安、巴中、资阳、马尔康、康定、会理、西昌、贵阳、清镇、六盘水、遵义、赤水、仁怀、安顺、毕节、黔西、铜仁、凯里、都匀、福泉、昆明、安宁、宣威、昭通、水富、丽江、禄丰、楚雄、香格里拉、汉中、安康、商洛、陇南、玉树等200个城市
黄河流域	太原、晋城、晋中、运城、临汾、吕梁、呼和浩特、包头、乌海、鄂尔多斯、巴彦淖尔、乌兰察布、济南、东营、泰安、聊城、滨州、菏泽、洛阳、新乡、焦作、濮阳、三门峡、济源示范区、西安、铜川、宝鸡、咸阳、渭南、延安、榆林、兰州、白银、天水、武威、平凉、庆阳、定西、临夏、合作、西宁、海东、同仁、茫崖、格尔木、德令哈、银川、石嘴山、吴忠、固原、中卫等51个城市
珠江流域	广州、韶关、深圳、珠海、佛山、江门、肇庆、惠州、河源、清远、东莞、中山、云浮、南宁、柳州、桂林、梧州、贵港、百色、贺州、河池、来宾、崇左、兴义、兴仁、曲靖、玉溪、个旧、开远、蒙自、弥勒、罗定、台山、开平、恩平、鹤山、英德、连州、北流、岑溪、桂平、合山等42个城市
淮河流域	徐州、新沂、邳州、海安、连云港、淮安、盐城、东台、扬州、高邮、泰州、兴化、宿迁、蚌埠、淮南、淮北、天长、明光、阜阳、界首、宿州、六安、亳州、青岛、胶州、平度、莱西、淄博、枣庄、滕州、烟台、龙口、莱阳、莱州、招远、栖霞、海阳、潍坊、青州、诸城、寿光、安丘、高密、昌邑、济宁、曲阜、邹城、威海、荣成、乳山、日照、临沂、邹平、郑州、荥阳、新密、新郑、登封、开封、平顶山、舞钢、汝州、许昌、禹州、长葛、漯河、商丘、永城、信阳、周口、项城、驻马店等72个城市
海河流域	北京、天津、石家庄、晋州、新乐、唐山、滦州、遵化、迁安、秦皇岛、邯郸、武安、邢台、南宫、沙河、保定、涿州、安国、高碑店、张家口、承德、平泉、沧州、泊头、任丘、黄骅、河间、廊坊、霸州、三河、衡水、深州、辛集、定州、大同、阳泉、长治、朔州、怀仁、忻州、原平、德州、乐陵、禹城、临清、安阳、林州、鹤壁、卫辉、辉县等50个城市
松花江流域	霍林郭勒、扎兰屯、乌兰浩特、长春、榆树、德惠、吉林、蛟河、桦甸、舒兰、磐石、松原、扶余、白城、洮南、大安、敦化、梅河口、哈尔滨、尚志、五常、齐齐哈尔、讷河、鸡西、鹤岗、双鸭山、大庆、伊春、铁力、佳木斯、富锦、七台河、牡丹江、海林、宁安、黑河、北安、五大连池、嫩江、绥化、安达、肇东、海伦、漠河等44个城市
辽河流域	赤峰、通辽、沈阳、新民、鞍山、海城、抚顺、本溪、北镇、营口、盖州、大石桥、辽阳、灯塔、盘锦、铁岭、调兵山、开原、公主岭、四平、双辽、辽源等22个城市

附录2　19个城市群包含城市

梯队分级	城市群名称	城市名称
第一梯队（优化提升）	京津冀城市群	北京、天津、石家庄、唐山、秦皇岛、邯郸、邢台、保定、张家口、承德、沧州、廊坊、衡水共13个城市
	长三角城市群	上海、南京、无锡、常州、苏州、南通、盐城、扬州、镇江、泰州、杭州、宁波、嘉兴、湖州、绍兴、金华、舟山、台州、合肥、芜湖、马鞍山、铜陵、安庆、滁州、池州、宣城、温州共27个城市
	珠三角城市群	广州、深圳、珠海、佛山、江门、肇庆、惠州、东莞、中山等9个城市
	成渝城市群	重庆、成都、自贡、泸州、德阳、绵阳、遂宁、内江、乐山、南充、眉山、宜宾、广安、达州、雅安、资阳共16个城市
	长江中游城市群	南昌、景德镇、萍乡、九江、新余、鹰潭、吉安、宜春、抚州、上饶、武汉、黄石、宜昌、襄阳、鄂州、荆门、孝感、荆州、黄冈、咸宁、仙桃、潜江、天门、长沙、株洲、湘潭、衡阳、岳阳、常德、益阳、娄底共31个城市
第二梯队（发展壮大）	山东半岛城市群	济南、青岛、淄博、枣庄、东营、烟台、潍坊、济宁、泰安、威海、日照、临沂、德州、聊城、滨州、菏泽共16个城市
	粤闽浙沿海城市群	温州、衢州、丽水、福州、厦门、莆田、三明、泉州、漳州、南平、龙岩、宁德、鹰潭、赣州、抚州、上饶、汕头、梅州、潮州、揭阳共20个城市
	中原城市群	郑州、开封、洛阳、平顶山、安阳、鹤壁、新乡、焦作、濮阳、许昌、漯河、三门峡、南阳、商丘、信阳、周口、驻马店、济源区、邯郸、邢台。山西省长治、晋城、运城、蚌埠、淮北、阜阳、宿州、亳州、聊城、菏泽共30个城市
	关中平原城市群	西安、铜川、宝鸡、咸阳、渭南、商洛、杨凌区、运城、临汾、天水、平凉、庆阳共12个城市
	北部湾城市群	南宁、北海、防城港、钦州、玉林、崇左、湛江、茂名、阳江、海口、儋州、东方共12个城市
第三梯队（培育发展）	哈长城市群	哈尔滨、齐齐哈尔、大庆、牡丹江、绥化、长春、吉林、四平、辽源、松原、延吉共11个城市
	辽中南城市群	沈阳、新民、大连、瓦房店、庄河、鞍山、海城、抚顺、本溪、营口、盖州、大石桥、辽阳、灯塔、盘锦、铁岭、调兵山、开原共18个城市

续表

梯队分级	城市群名称	城市名称
第三梯队（培育发展）	山西中部城市群	太原、古交、阳泉、晋中、介休、忻州、原平、吕梁、孝义、汾阳共10个城市
	黔中城市群	贵阳、清镇、遵义、仁怀、安顺、毕节、凯里、都匀、福泉共9个城市
	滇中城市群	昆明、曲靖、玉溪、楚雄、个旧、开远、蒙自、弥勒共8个城市
	呼包鄂榆城市群	呼和浩特、包头、鄂尔多斯、榆林共4个城市
	兰州-西宁城市群	兰州、白银、定西、临夏、西宁、海东共6个城市
	宁夏沿黄城市群	银川、灵武、宁东能源化工基地、石嘴山、吴忠、青铜峡、中卫共7个城市
	天山北坡城市群	乌鲁木齐、克拉玛依、昌吉、阜康、奎屯、乌苏、沙湾、石河子、五家渠共9个城市

附录3 中国水协已发布团体标准名单

序号	团标名称	团标编号
1	城镇排水与污水处理系统应对重大疫情技术标准	T/CUWA 70051—2021
2	城镇居民生活污水污染物产生量测定	T/CUWA 10101—2021
3	城镇排水设施保护技术规程	T/CUWA 40051—2021
4	排水球墨铸铁管道工程技术规程	T/CUWA 40071—2021
5	智能水表通用技术条件	T/CUWA 60051—2021
6	城镇排水管道原位固化修复用 内衬软管	T/CUWA 60052—2021
7	城镇供水系统原水工程运行、维护及安全技术规程	T/CUWA 20051—2021
8	中小型饮用水纳滤处理技术规程	T/CUWA 20052—2021
9	中小型饮用水电渗析处理技术规程	T/CUWA 20053—2021
10	城镇供水系统全过程水质管控技术规程	T/CUWA 20054—2022
11	城镇排水系统通沟污泥处理处置技术规程	T/CUWA 50051—2022
12	炭砂滤池设计标准	T/CUWA 20055—2022
13	管式动态混合器	T/CUWA 60053—2022
14	再生水输配系统运行、维护及安全技术规程	T/CUWA 30051—2022
15	雨水生物滞留设施技术规程	T/CUWA 40052—2022
16	城镇排水和污水处理企业安全生产标准	T/CUWA 10102—2022
17	居住区供水系统防冻工程技术标准	T/CUWA 20056—2022
18	城市节水规划标准	T/CUWA 30052—2022
19	城镇污水处理厂进水异常应急处置规程	T/CUWA 40052—2022
20	供水厂次氯酸钠发生系统及应用技术规程	T/CUWA 20057—2022
21	城市供水企业绩效评估技术规程	T/CUWA 20058—2022
22	城镇排水管网系统化运行与质量评价标准	T/CUWA 40053—2022
23	城镇排水管网流量和液位在线监测技术规程	T/CUWA 40054—2022

续表

序号	团标名称	团标编号
24	城镇供水管网模型构建与应用技术规程	T/CUWA 20059—2022
25	上向流反硝化滤池设计标准	T/CUWA 50053—2023
26	城镇水务数据分类编码及主数据识别规则	T/CUWA 10103—2023
27	臭氧水处理工程技术规程	T/CUWA 10104—2023
28	城市供水系统用户端可靠性评价规程	T/CUWA 20060—2023
29	排水管道工程自密实回填材料应用技术规程	T/CUWA 40055—2023
30	钢结构装配式污水处理设施技术规程	T/CUWA 50054—2023
31	饮用水纳滤阻垢剂性能试验方法	T/CUWA 60054—2023
32	城镇污水资源与能源回收利用技术规程	T/CUWA 70052—2023
33	城镇排水管道螺旋缠绕内衬法修复用 硬聚氯乙烯(PVC-U)带状型材	T/CUWA 60055—2023
34	二次加压与调蓄供水系统运行监控平台技术规程	T/CUWA 20061—2023
35	城镇供水厂二氧化氯应用技术标准	T/CUWA 20062—2023
36	城镇排水管道资产评估与管理技术规程	T/CUWA 40056—2023
37	城镇污水处理厂碳减排评估标准	T/CUWA 50055—2023
38	城镇水务地理信息采集与质量控制技术规程	T/CUWA 10105—2023
39	城市供水企业突发事件应急预案编制技术规程	T/CUWA 20063—2024
40	供水用薄壁不锈钢管通用技术条件	T/CUWA 60056—2024
41	高浓度复合粉末载体生物流化床技术规程	T/CUWA 50056—2024
42	城镇排水管网系统诊断技术规程	T/CUWA 40057—2024
43	城镇水务信息在线采集技术标准	T/CUWA 10106—2024
44	城镇污水移动床生物膜反应器处理技术规程	T/CUWA 50057—2024
45	施工工地排水处理及利用技术标准	T/CUWA 50058—2024
46	饮用水毒性检测方法技术标准	T/CUWA 20064—2024
47	供水管网地理信息系统建设标准	T/CUWA 20065—2024
48	城镇污水处理厂智慧化技术标准——A/A/O 系列工艺	T/CUWA 50059—2024
49	智慧水厂评价标准	T/CUWA 10107—2024

附录 4　城镇水务行业设备更新推荐目录

为响应国务院印发的《推动大规模设备更新和消费品以旧换新行动方案》通知，指导城镇水务行业企业积极落实住房城乡建设部印发的《推进建筑和市政基础设施设备更新工作实施方案的通知》要求，中国水协组织相关分支机构和专家编制《城镇水务行业设备更新推荐目录》，供参考使用。

1. 适用领域与范围

本推荐目录分为两部分：

(1)《城镇水务行业设备更新推荐目录（供水）1.0》（扫码下载）。适用于从源头到龙头的城镇供水系统各项设备更新工作，包括但不限于城镇供水管网、自来水厂及居民小区二次供水（加压调蓄）等设施设备。

(2)《城镇水务行业设备更新推荐目录（排水）1.0》（扫码下载）。适用于源、网、厂等城镇排水系统各项设备更新工作，包括但不限于城镇排水管网、污水处理厂、污泥处理及海绵城市建设等设施设备。

2. 编制依据与原则

秉持鼓励先进、淘汰落后的原则，在深入调研和分析城镇水务行业设备现状的基础上，依据国家及行业相关政策、标准和规范，既立足于解决当前问题，又着眼于未来城镇水务行业绿色、低碳、智慧发展需求，致力于提升设备的安全可靠性，推动产业向高端化、智能化、绿色化、国产化方向迈进，实现城镇水务行业设备的全面升级与换代。

3. 设备更新总体要求

为确保设备更新的科学性与实效性，设备更新应遵循以下要求：

(1) 符合政策导向。落实国家发展改革委《产业结构调整指导目录》、住房城乡建设部《房屋建筑和市政基础设施工程危及生产安全施工工艺、设备和材料淘汰目录》、工业和信息化部《高效能落后机电设备（产品）淘汰目录》等相关文件要求，坚决淘汰国家明令禁用或节能降碳不达标的设备。

（2）满足年限约束。超过使用年限的设备可直接更新，尚未达到使用年限的设备应结合其他原则确定更新需求。

（3）坚持标准引领。对不满足国家或地方现行安全、质量、环保、能耗等标准的设备及时进行更新。

（4）强化风险防控。对存在安全隐患或影响处理水质稳定性的设备及时进行更新。

（5）推进技术革新。以先进新兴技术推动传统行业转型升级，注重节能降碳、数字化转型等，鼓励使用新产品、新技术。

（6）确保经济合理。对老化严重、维修成本过高或已无维修价值的设备及时进行更新。

附录 5　国家发展改革委 住房城乡建设部 生态环境部 关于推进污水处理减污降碳协同增效的实施意见

（发改环资〔2023〕1714 号）

附录 6　住房城乡建设部 生态环境部 国家发展改革委 财政部 市场监管总局 关于加强城市生活污水管网建设和运行维护的通知

（建城〔2024〕18 号）

附录 7　节约用水条例

（国令第 776 号）

附录 8　国家发展改革委 水利部 工业和信息化部 住房城乡建设部 农业农村部关于加快发展节水产业的指导意见

（发改环资〔2024〕898 号）

附录 9　国家发展改革委 财政部印发《关于加力支持大规模设备更新和消费品以旧换新的若干措施》的通知

（发改环资〔2024〕1104 号）

附录 10　财政部 税务总局 水利部 关于印发《水资源税改革试点实施办法》的通知

（财税〔2024〕28 号）

附录 11　中共中央办公厅 国务院办公厅关于推进新型城市基础设施建设打造韧性城市的意见